Johann Reth
Hellmut Kruschwitz
Dieter Müllenborn
Klemens Herrmann

Grundlagen der Elektrotechnik

Johann Reth

Hellmut Kruschwitz

Dieter Müllenborn

Klemens Herrmann

Grundlagen der Elektrotechnik

9., überarbeitete und erweiterte Auflage

Mit 537 Bildern

Friedr. Vieweg & Sohn   Braunschweig / Wiesbaden

1. Auflage 1963
2., überarbeitete und erweiterte Auflage 1966
3., durchgesehene und verbesserte Auflage 1970
4., unveränderte Auflage 1972
5., verbesserte und erweiterte Auflage 1975
6., verbesserte Auflage 1978
7., verbesserte Auflage 1980
   Nachdruck 1982
   Nachdruck 1985
8., durchgesehene Auflage 1986
9., überarbeitete und erweiterte Auflage 1989

Der 1. Auflage dieses Buches lag die 9. Auflage des Werkes Reth, Grundlagen der Elektrotechnik, Verlag Technik, Berlin, zugrunde.

Satz: Vieweg, Braunschweig
Druck und buchbinderische Verarbeitung: Lengericher Handelsdruckerei, Lengerich

ISBN-13: 978-3-528-54016-6   e-ISBN-13: 978-3-322-85081-2
DOI: 10.1007/978-3-322-85081-2

Vorwort zur 9. Auflage

Dieses Lehrbuch vermittelt vor allem Studierenden an den Fachschulen Elektrotechnik und Maschinentechnik ein breitgefächertes Basiswissen der Elektrotechnik.

In diesem Buch sind Lerninhalte elektrischer Grundlagenfächer und elektrischer Energietechnik stark praxisorientiert dargestellt, so daß dieses Buch ebenso für die Schulformen Fachoberschulen und Fachgymnasien des Fachbereiches Technik, als auch den Eingangssemestern der Fachhochschule zu empfehlen ist, aber auch den in der Praxis stehenden Technikern und Ingenieuren nützliche Hinweise geben kann.

Aus der Strukturierung des Lehrstoffes ist der Praxisbezug deutlich sichtbar durch:

— die inhaltliche Verbindung der elektrischen Stromkreise mit den technischen Anwendungen bei der chemischen und der Kraftwirkung des elektrischen Stromes.
— den Zusammenhang elektrischer Energie und Leistung bei der Elektrolyse und der Unformung in Lichtenergie und Wärme.
— die Wechselwirkung zwischen elektrischen Stromkreisen, magnetischen und elektrischen Feldern und deren Anwendungen in elektrischen Maschinen, Transformatoren und Kondensatoren.
— die Bedeutung der VDE 0100/DIN 57100 in der praktischen Ausführung der Schutzmaßnahmen gegen gefährliche Körperströme.
— die Zuordnung der Darstellung von Meßwerken und Meßmethoden und der Prüfung der Schutzmaßnahmen nach VDE 0100

Zur Herleitung der Berechnungsgleichungen werden nur elementare mathematische Kenntnisse vorausgesetzt. Dennoch ist auf eine wissenschaftlich exakte, durch Beschreibung und bildliche Darstellung der Vorgänge leicht faßliche und durchgehend praxisnahe Darstellung des Lehrstoffes Wert gelegt.

Die im Detail vorgerechneten Beispiele zeigen die mathematische Behandlung der physikalischen Größen in den Berechnungsgleichungen. In der Wechselstromtechnik sind viele Beispiele zusätzlich mit Hilfe der komplexen Rechnung gelöst, so daß Kenntnisse der komplexen Rechnung nicht zwingend erforderlich sind. Für das Selbststudium ist es zu empfehlen, die am Ende der Kapitel stehenden Aufgaben durchzuarbeiten und zur Wissensüberprüfung die Lösungen mit denen im Anhang des Buches zu vergleichen.

Für die konstruktive Kritik zur Verbesserung des Lehrbuches bedanke ich mich.

Braunschweig, im Februar 1989 *Klemens Herrmann*

Inhaltsverzeichnis

2 Wechselwirkung zwischen Magnetismus und elektrischen Strömen

4 Wechselstrom und Drehstrom

5 Elektrische Maschinen und Apparate

6 Elektrische Energieanlagen, Energieverteilung

7 Schutzmaßnahmen gegen gefährliche Körperströme (VDE 0 100/DIN 57 100)

8 Elektrische Meßgeräte

Verzeichnis der Tafeln

Formelzeichen, Maßeinheiten, Abkürzungen

A	Fläche, Querschnitt
A	Ampere
A	Amperewindungen
α	Drehwinkel
α	Temperaturzahl
$\ddot{A}$	(Temperaturkoeffizient) elektrochemisches Äquivalent
B	Magnetische Induktion
B_C	kapazititiver Blindleitwert
B_L	induktiver Blindleitwert
β	Temperaturzahl
C	Coulomb
C	Kapazität
C_{ers}	Ersatzkapazität
c	Lichtgeschwindigkeit
c	spezifische Wärme
cd	Candela
D	Verschiebungsdichte
d	Durchmesser
da	deka
Δ	Differenz
E_v	Beleuchtungsstärke
E	elektrische Feldstärke
E, U_0	Ursprung, Quellenspannung
E_{v_m}	mittlere Beleuchtungsstärke
e	Elementarladung
ϵ	Dielektrizitätskonstante
ϵ	Emissionswinkell
ϵ_0	Influenzkonstante
ϵ_r	relative Dielektrizitätskonstante
η	Wirkungsgrad
η_{Ah}	Amperestundenwirkungsgrad
η_{La}	Lichtausbeute
η_{Wh}	Wattstundenwirkungsgrad
F	Farad
F	Kraft
f	Frequenz
f_0	Resonanzfrequenz
Φ_v	Lichtstrom
Φ	Magnetfluß
φ	Phasenverschiebung
G	Leitwert
G_{ers}	Ersatzleitwert
γ	Wichte

H	Henry
H	magnetische Feldstärke
h	Höhe
h	Stunde
Hz	Hertz
I	effektive Stromstärke
I_v	Lichtstärke
I	Stromstärke
I_a	Abschaltstrom
I_a	Ankerstrom
I_b	Blindstrom
I_{v_ϵ}	Lichtstärke in der Ausstrahlungsrichtung
I_F	Fehlerstrom
I_{gf}	Grenzfehlerstrom
I_{ges}	Stromstärke im unverzweigten Stromkreis
I_k	Kurzschlußstrom
I_m	Höchststromstärke
I_n	Nennstrom
I_s	Spitzenstrom
I_s	Scheinstrom
I_w	Wirkstrom
i	Augenblicksstromstärke
$\hat{\imath}$	Scheitelwert des Wechselstroms
i	Inzidenzwinkel
J	Joule
J	Stromdichte
j	Imaginäre Zahl ($\sqrt{-1}$)
K	Kelvin
k	Kilo
κ	Leitfähigkeit (Einheitsleitwert)
L	Leuchtdichte
L	Induktivität
l	Länge
Im	Lumen
lx	Lux
Λ	magnetischer Leitwert
M	Mega-
M	Drehmoment
m	Meter
m	Milli-
m	Masse
m	Menge
μ	Mikro-
μ	magnetische Leitfähigkeit (absolute Permiabilität)

μ_0	Induktionskonstante
μ_r	relative Permeabilität
N	Newton
N	Windungszahl
n	Drehzahl
n	Erweiterungszahl für Meßbereiche
n	Nano-
n_D	Drehfelddrehzahl
Ω	Ohm
Ω	Raumwinkel
ω	Winkelgeschwindigkeit, Kreisfrequenz
ω_0	Resonanzkreisfrequenz
$\omega \cdot t$	Phasenwinkel
P	elektrische Leitung
P	Leistung
P	Wirkleistung
P_{ab}	abgegebene Leistung
P_e	effektive Leistung
P_i	indizierte Leistung
P_m	mechanische Leistung
P_{st}	Strangleistung
P_v	Verlustleistung
P_{zu}	zugeführte Leistung
p	Augenblickswert der Leistung
$\hat{p}$	Scheitelwert der Leistung
p	Piko-
π	Ludolfsche Zahl (3,1416)
Q	Blindleistung
Q	bewegte Elektrizitätsmenge
Q	Ladungsmenge
Q	Stromwärme
Q	Wärmemenge
Q_n	Nutzwärme
R	Widerstand
R	Wirkwiderstand
R_a	äußerer Widerstand
R_a	Ankerwiderstand
R_B	Betriebserde
R_A	Erdungswiderstand
R_{ers}	Ersatzwiderstand
R_i	innerer Widerstand
R_k	Kaltwiderstand
R_L	Leitungswiderstand
R_M	Gesamtwiderstand des Meßgerätes

R_M	menschlicher Körperwiderstand
R_m	magnetischer Widerstand
R_N	Normalwiderstand
R_n	Nebenwiderstand
R_s	Schutzwiderstand
R_S	Schleifenwiderstand
R_T	Widerstand bei der Temperatur T
R_v	Vorschaltwiderstand
R_w	Warmwiderstand
r	Radius
ρ	Dichte
ρ	spezifischer Widerstand (Einheitswiderstand)
ρ	Rückstrahlvermögen
S	Scheinleistung
S	Siemens
s	Weg
s	Sekunde
s	Schlupf
sb	Stilb
σ	Ladungsdichte

T	Tesla
T	Periodendauer (Periode)
t	Zeit
Θ	Durchflutung
τ	Temperaturbeiwert
u	effektive Spannung
U	Spannung, Leiterspannung
U_0	Urspannung, Quellensapnnung
U_L	Berührungsspannung
U_F	Fehlerspannung
U_g	Gegenspannung
U_m	Höchstspannung
U_n	Nutzspannung Nennspannung
U_{st}	Strangspannung
U_v	Spannungsverlust
u	Augenblicksspannung
$\hat{u}$	Scheitelwert der Wechselspannung
u_k	Kurzschlußspannung
$\ddot{u}$	Übersetzungsverhältnis

V	Volt
v	Geschwindigkeit
var	Voltampere reaktiv
W	Arbeit
W	Stromarbeit
W	Verlustarbeit
W	Watt
Wb	Weber
X	Blindwiderstand
X_C	kapazitiver Blindwiderstand
X_L	induktiver Blindwiderstand
Y	Scheinleitwert
Z	Scheinwiderstand
$\underline{U}, \underline{I}$ $\underline{Z}, \underline{Y}$	komplexe Darstellung von Wechselgrößen
$\lvert\underline{I}\rvert,$ $\lvert\underline{U}\rvert,$ $\lvert\underline{Z}\rvert$	Betrag einer komplexen Wechselgröße

1. Elektrischer Gleichstrom

1.1. Grundbegriffe

1.1.1. Wesen der Elektrizität

1.1.1.1. Das Elektron als Bestandteil des Atoms

Alle elektrischen Zustände und Vorgänge sind an das Vorhandensein kleinster Elementarteilchen geknüpft, die man *Elektronen* nennt.

> **Das Elektron ist der Träger der kleinsten Elektrizitätsmenge, des Elementarquantums der Elektrizität.**

Die Elektronen sind Bestandteile der Atome der chemischen Grundstoffe.

Das Atom (atomos, griech., das Unteilbare) galt lange Zeit als der kleinste, nicht mehr teilbare Baustein der Materie. Erst in neuerer Zeit ergab sich aus Versuchen, daß das Atom aus noch kleineren Teilchen zusammengesetzt ist. *Rutherford* [1]) hat von dem Aufbau eines Atoms ein Modell entworfen, das von *Niels Bohr* [2]) weiterentwickelt wurde und das in den Grundzügen seine Bedeutung bis in die Gegenwart behalten hat. Danach besteht ein Atom eines chemischen Grundstoffes aus einem *Atomkern* und einer den Kern schalenförmig umgebenden *Hülle* (Bild 1.1). Sie wird von einer für das einzelne Atom charakteristischen Anzahl von Elektronen gebildet, die den Atomkern in bestimmten, verschieden geneigten, elliptischen oder kreisförmigen Bahnen von verschiedenen Durchmessern umkreisen und die sogenannten *Elektronenschalen* des Atoms bilden. In Bild 1.2a) und b) sind einfache Atommodelle dargestellt. Den einfachsten Aufbau zeigt das leichteste Atom, das Wasserstoffatom (Bild 1.2a). Es besteht aus einem Kern, um den ein Elektron kreist. Beim Heliumatom kreisen zwei Elektronen um den Kern auf der gleichen Bahn (Bild 1.2b). Je schwerer ein Atom ist, um so größer ist die Zahl der den Kern umkreisenden Elektronen, die sich auf Bahnen von verschiedenen Durchmessern verteilen (Bild 1.1).

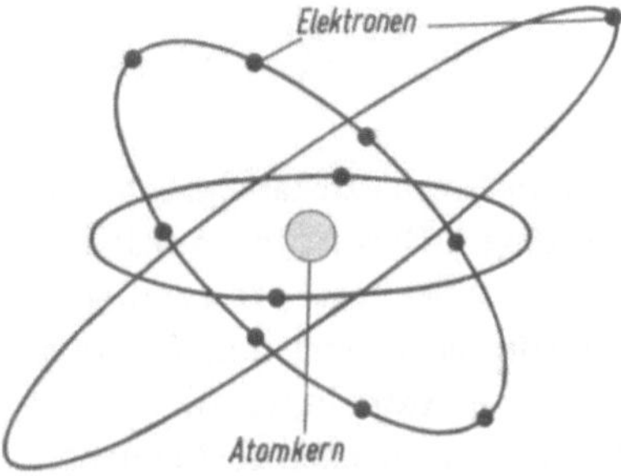

Bild 1.1. Atommodell (vereinfacht)

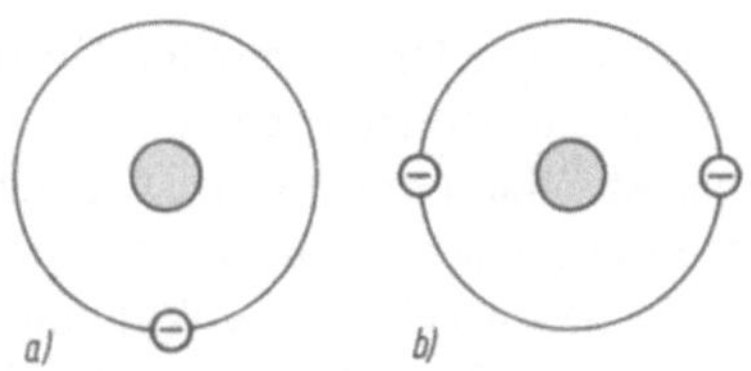

Bild 1.2. Modell a) des Wasserstoffatoms, b) des Heliumatoms (vereinfacht)

---

[1]) *Ernest Rutherford*, engl. Physiker, 1871–1937, 1908 mit dem Nobelpreis ausgezeichnet.
[2]) *Niels Bohr*, dänischer Physiker, 1885–1962, 1922 mit dem Nobelpreis ausgezeichnet.

1.1.1.2. Elektrische Ladungen

Begriffsbestimmung

Ist in einem Atom die ihm entsprechende normale Zahl Elektronen enthalten, so zeigt das Atom bzw. eine aus solchen Atomen zusammengesetzte Atomgruppe keine elektrischen Eigenschaften. Durch Aufnahme oder Abgabe von Elektronen wird das Atom bzw. die Atomgruppe elektrisch geladen.

Arten der elektrischen Ladungen

Schon lange bevor man Kenntnis von der Existenz der Elektronen hatte, war von der Lehre der Reibungselektrizität her bekannt, daß es zweierlei Arten elektrischer Ladungen gibt. Die elektrische Ladung, die beim Reiben eines Glasstabes mit Leder entsteht, bezeichnet man willkürlich als *positive Ladung*, die elektrische Ladung eines mit Wolle geriebenen Hartgummistabes als *negativ*.

Die physikalischen Erscheinungen bei ruhenden elektrischen Ladungen werden in der *Elektrostatik* behandelt, deren wichtigstes Gesetz lautet:

> **Gleichartig elektrisch geladene Körper stoßen einander ab, ungleichartig geladene Körper ziehen einander an.**

Aus Versuchen hatte sich ergeben, daß das Elektron, unter Beibehaltung der früher willkürlich eingeführten Bezeichnung elektrischer Ladungen, eine negative Ladung hat und jede Gesamtladung Q ein ganzzahliges Vielfaches n der Elementarladungen ist.

> **Das Elektron ist der Träger der negativen Elementarladung. Es beträgt**

$$e = \pm\, 1{,}602 \cdot 10^{-19}\ As \qquad \boxed{Q = n \cdot e}$$

Die negative Ladung eines geriebenen Hartgummistabes kommt dadurch zustande, daß er Elektronen aus dem Reibzeug aufnimmt, das selbst durch den Verlust an Elektronen positiv geladen wird. Dagegen wird der Glasstab beim Reiben positiv elektrisch, weil er Elektronen an das Reibzeug abgibt, das sich dadurch negativ auflädt. Diese Elektronenbewegung zwischen zwei verschiedenartigen Stoffen tritt schon bei einer innigen Berührung der beiden Stoffe auf. Man spricht deshalb besser von Kontaktelektrizität als von Reibungselektrizität.

Es besteht folgende Zuordnung:

> **Elektron**   **negative Elementarladung**
> **Elektronenüberschuß**   **negative Ladung**
> **Elektronenmangel**   **positive Ladung**

Die Atome fast aller chemischen Grundstoffe zeigen in ihrem Normalzustand trotz des Gehalts an Elektronen nach außen keine elektrischen Wirkungen. Dies ist nur möglich, weil der Atomkern eine positive Ladung hat, die gleich der Summe der negativen Ladungen der den Kern umkreisenden Elektronen ist (Bild 1.3). Die beiden entgegengesetzt gleichen Ladungen heben sich in ihrer Wirkung nach außen auf, so daß das Atom in seinem Normalzustand nach außen „elektrisch neutral" erscheint. (Eine Ausnahme machen die Elemente mit natürlicher Radioaktivität, auf die hier nicht näher eingegangen wird.)

Zum Unterschied von elektrisch neutralen Atomen bezeichnet man positiv oder negativ geladene Atome oder Atomverbände als *Ionen* (ion, griech., wandernd).

Stellt man schematisch ein neutrales Atom durch einen Kreis dar (Bild 1.4), so entspricht einem Ion ein Kreis mit einem angelagerten bzw. ausgebrochenen Elektron, je nachdem ob das Ion eine negative (Bild 1.4b) oder eine positive Ladung (Bild 1.4c) hat.

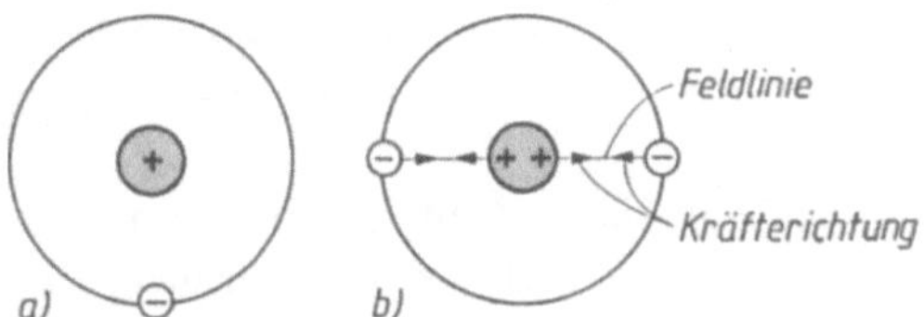

Bild 1.3. Elektrisch neutrale Atome
(schematisch)

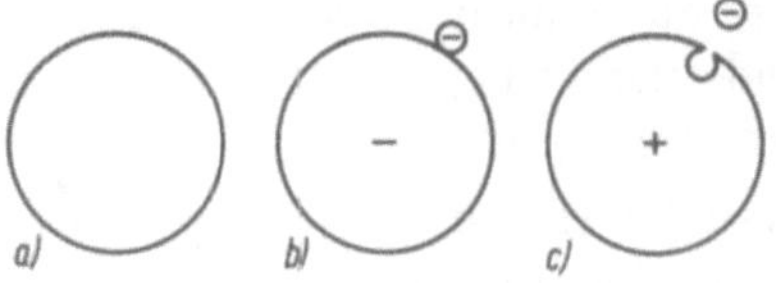

Bild 1.4. Schematische Darstellung
a) eines elektrisch neutralen Atoms,
b) eines negativ geladenen Ions,
c) eines positiv geladenen Ions

Auf die um den Atomkern kreisenden Elektronen wirken zwei Kräfte in entgegengesetzter
Richtung: Infolge der kreisenden Bewegung wirken radial nach außen Zentrifugalkräfte,
denen die Anziehungskräfte das Gleichgewicht halten, die nach dem Grundgesetz der Elektrostatik zwischen den ungleichartigen Ladungen des Atomkerns und der Elektronen der
Hülle wirksam sind. Diesen Raumzustand nennt man „elektrisches Feld", dessen Stärke
sich berechnen läßt durch s. Abschnitt 3.2.1.

$$E = \frac{F}{Q}$$

E	F	Q
$\dfrac{N}{AS}$	N	$A \cdot S$

(Definition)

Diese Anziehungskräfte binden die Elektronen der Hülle an den Kern, sie nehmen aber,
wie alle sich im Raum ausbreitenden Wirkungen, mit dem Quadrat der Entfernung vom
Wirkungszentrum ab. Deshalb sind die Elektronen der inneren Elektronenschalen fest an
den Atomkern gebunden, während sich die Elektronen der äußeren Schale durch physikalische Einwirkungen, wie Reibung, Wärme, Licht oder chemische Vorgänge, leicht vom
Atomkern trennen und auf andere Atome übertragen lassen oder aber auch vorübergehend
frei bestehen können. Infolge ihrer loseren Bindung an den Atomkern sind die Elektronen
der äußersten Schale im wesentlichen an den elektrischen Vorgängen beteiligt. In vielen
festen Körpern, am meisten in den Metallen, werden durch die feste Aneinanderlagerung
der Atome in den Molekülen und Kristallverbänden einige Elektronen der äußeren Schalen
von ihren Atomkernen gelöst und innerhalb dieses Verbandes frei beweglich. Man nennt
diese Elektronen daher *freie Elektronen* oder auch *Leitungselektronen*, da auf ihrem Vorhandensein die elektrische Leitfähigkeit dieser Stoffe beruht.

1.1.1.3. Elektrischer Strom

Bewegte elektrische Ladungen bezeichnet man als elektrischen Strom. Die Träger von elektrischen Ladungen können Elektronen oder Ionen sein.

1.1.2. Mechanismus des elektrischen Stromes

1.1.2.1. Leiter und Nichtleiter

Ein elektrischer Strom kann nur in Stoffen auftreten, in denen Ladungsträger vorhanden
und frei beweglich sind. Diejenigen Stoffe, die viele Ladungsträger enthalten und ihrer
Bewegung nur einen geringen Widerstand entgegensetzen, nennt man *Leiter* der Elektrizi-

tät, Stoffe, die nur wenige Ladungsträger enthalten und ihrer Bewegung einen so großen Widerstand entgegensetzen, daß praktisch kein Strom fließen kann, nennt man *Nichtleiter* oder *Isolatoren.*

Feste Leiter sind in erster Linie die Metalle, wie z.B. Gold, Silber, Kupfer, Aluminium, Eisen. Die bewegten Ladungsträger sind bei metallischen Leitern die freien Elektronen.

Nichtleitende feste Stoffe sind u. a. Glas, Porzellan, Bernstein, Glimmer, Paraffin, Gummi, Papier, Seide, Baumwolle und Kunststoffe. Mit Hilfe von Isolierstoffen kann man den Übergang des elektrischen Stromes von einem Leiter zu einem anderen verhindern. Drähte, die mit festen Isolierstoffen umwickelt oder gelackt sind, nennt man *isolierte Leitungen.*

Mit sehr empfindlichen Meßgeräten kann man nachweisen, daß auch die in der Technik als Nichtleiter verwendeten Stoffe eine gewisse, wenn auch nur geringe Leitfähigkeit aufweisen. Es gibt also keine idealen Nichtleiter. Da aber ihre Leitfähigkeit im Vergleich zu den Metallen äußerst gering ist, kann man diese Stoffe in der Praxis wie ideale Nichtleiter verwenden.

Eine Zwischenstellung zwischen den metallischen Leitern und den Nichtleitern nehmen die *Halbleiter,* z.B. Kohle, Silicium, Selen, Kupfer(I)-oxid, ein. Auch bei diesen nicht-metallischen Stoffen wird die Leitfähigkeit durch Elektronen vermittelt. Über die Leitungs-vorgänge in Halbleitern und deren technische Verwendung wird im Abschnitt 5.5.5 berichtet. Unter den Flüssigkeiten gibt es ebenfalls Leiter und Nichtleiter.

Leitende Flüssigkeiten sind Quecksilber und Schmelzen von Metallen. Bei ihnen wird die Stromleitung wie bei Metallen durch Elektronen vermittelt. Auch wäßrige Lösungen von Salzen, Säuren und Basen leiten den Strom. Die Träger der Ladungen sind bei diesen Flüssigkeiten Ionen. Der Vorgang der Ionenleitung wird in Abschnitt 1.7.1 noch ausführlich behandelt.

Nichtleitende Flüssigkeiten sind z. B. destilliertes Wasser und Öle.

Alle Gase sind Nichtleiter, in denen aber unter dem Einfluß starker elektrischer Felder oder durch den Einfall energiereicher Strahlen Ionen entstehen können, die eine mehr oder weniger starke Leitfähigkeit herbeiführen.

1.1.2.2. Stromkreis

Wenn man ein elektrisches Gerät, z. B. eine elektrische Kochplatte, in Betrieb nehmen will, schließt man sie mit zwei gegeneinander isolierten Leitungen an einen Steckkontakt an, der selbst wieder durch zwei Anschlußleitungen mit dem Generator im Elektrizitätswerk verbunden ist. Die Heizdrahtwicklung der Kochplatte mit der Hin- und Rückleitung zum Elektrizitätswerk bilden einen in sich *geschlossenen Leiterkreis.* Durch Einbau eines Schalters in die Kochplatte kann der Leiterkreis beliebig unterbrochen oder geschlossen werden.

> ***Ein elektrischer Strom kann nur in einem geschlossenen Leiterkreis fließen.***

Damit eine elektrische Strömung in einem geschlossenen Leiterkreis zustande kommt, muß an irgendeiner Stelle des Leiterkreises eine Antriebsenergie wirksam sein, die die Strömung verursacht. Im angeführten Beispiel ist die Energiequelle der Generator im Elektrizitätswerk.

> ***Den von einem elektrischen Strom durchflossenen Leiterkreis bezeichnet man als Stromkrreis.***

Die wesentlichen Bestandteile einer elektrischen Anlage sind demnach die *Energiequelle*, die das Strömen der Ladungsträger (Elektronen oder Ionen) verursacht, ein *Elektrogerät*, in dem der Strom die gewünschte Wirkung auslöst, und die *Leitungen*, die das Elektrogerät mit der Energiequelle verbinden.

Eine vollständige kleine elektrische Anlage ist z.B. die elektrische Taschenlampe (Bild 1.5). Sie enthält als Energiequelle eine Batterie galvanischer Elemente, einen kleinen Akkumulator oder, in modernen Dynamotaschenlampen, einen durch Muskelkraft betriebenen kleinen Generator, und als Elektrogerät eine kleine Glühlampe, deren Glühdraht durch den elektrischen Strom bis zur Weißglut erhitzt wird.

Um eine elektrische Anlage schematisch, d.h. übersichtlich darzustellen, verwendet man in der Technik für die Einzelteile der Anlage *genormte Schaltzeichen*, z.B. nach DIN 40715. Einige dieser Schaltzeichen sind in Tafel 1.1 angegeben. In Bild 1.6 ist der Stromkreis des Bildes 1.5 unter Verwendung dieser Schaltzeichen schematisch dargestellt.

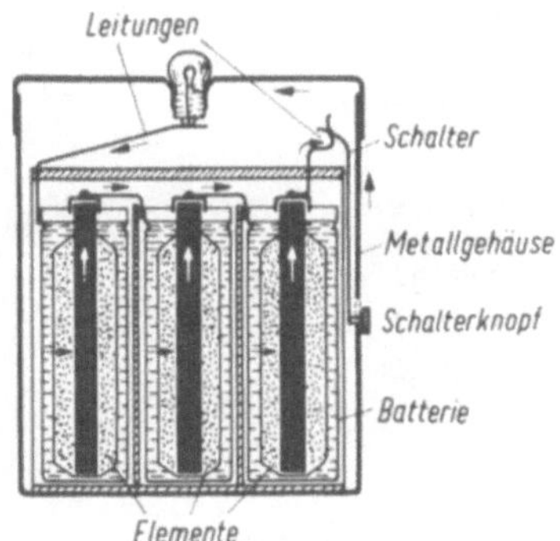

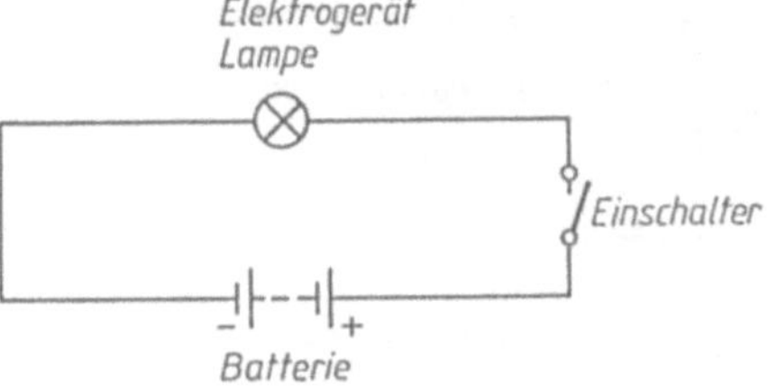

Bild 1.6. Darstellung des Stromkreises von Bild 1.5 unter Verwendung von Schaltzeichen

Bild 1.5. Elektrische Taschenlampe als Beispiel eines Stromkreises

Bild 1.7
Die Leitungselektronen bewegen sich durch das Gitter der Atome (schematische Darstellung)

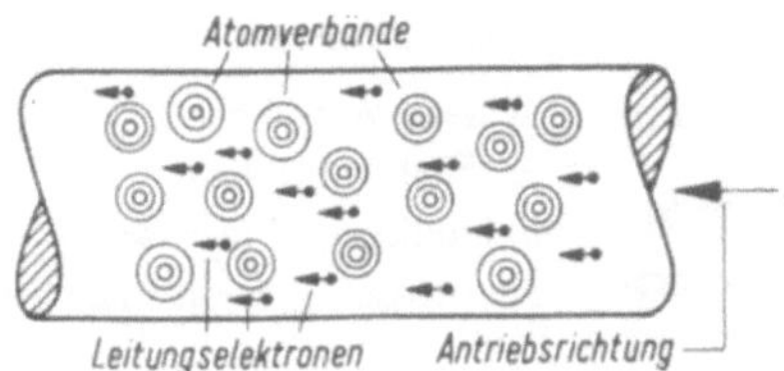

1.1.2.3. Der elektrische Strom in metallischen Leitern

Der elektrische Strom in einem metallischen Leiter besteht in der gerichteten Bewegung der freien Elektronen des Leiterwerkstoffes. Die dazu erforderliche Antriebsenergie liefert eine in den Leiterkreis eingeschaltete Energiequelle. Sie treibt die freien Elektronen des Leiterkreises durch das Gitter, das aus den Atomkernen mit den gebundenen Elektronen der inneren Elektronenschalen gebildet wird (Bild 1.7) und das der Bewegung der freien Elektronen einen mehr oder weniger großen Widerstand entgegengesetzt. Dieser Widerstand „R" ist um so größer, je größer die Anzahl der an den Ort gebundenen Rumpfatome ist, die sich den bewegten Elektronen entgegenstellen. Daraus ergibt sich, daß der Widerstand eines Leiters mit seiner Länge zunimmt. Einen veränderbaren Widerstand erhält man, wenn man einen langen Draht auf einen Isolator aufspult, und mittels eines Gleitkontaktes verschiedene Drahtlängen abgreift.

Tafel 1.1: *Wichtige genormte Schaltzeichen*

Schaltzeichen	Benennung	Schaltzeichen	Benennung
	Stromarten		*Schalter*
—	Gleichstrom		a) einpolig allgemein
~	Wechselstrom		b) handbetätigt
≈	Allstrom Gleich- und Wechselstrom		c) Taster, handbetätigt, mit selbsttätigem Rückgang
3 ~	Drehstrom		d) dreipolig, handbetätigter Schloßschalter
	Leitungen		
	Leiter allgemein		*Meßgeräte*
	Leitungskreuzung	(A)	Strommesser
	a) ohne Verbindung		
	b) mit fester Verbindung	(V)	Spannungsmesser
	Leitungsabzweigung		*Leistungsmesser*
	a) mit fester Verbindung	(W)	a) anzeigend
	b) mit lösbarer Verbindung	[W]	b) schreibend
	Stromsicherung		*Zähler*
	Erdung (allgemein)	[Ah]	a) Amperestundenzähler
	Schaltelemente		b) Wattstundenzähler
	Widerstände	[Wh]	
	a) allgemein		*Spannungsquellen*
	b) stufig verstellbar	+|−	a) Galvanische Spannungsquelle (Element, Akku)
	c) stetig verstellbar (Spannungsteiler)	+|60V|−	b) Batterie
	d) induktiver Widerstand		*Maschinen*
	e) Drosselspule mit Eisenkern	(G) (M)	a) Gleichstromgenerator bzw. -motor, allgemein
	Umspanner, Transformator	(1G~) (1M~)	b) Wechselstromgenerator bzw. -motor, allgemein
	a) ohne Eisenkern	(3G~) (3M~)	c) Drehstromgenerator bzw. -motor, allgemein
	b) mit Eisenkern		
	c) Kurzzeichen		
	Kapazität		
	Kondensator		
	Kondensator (stetig verstellbar)		

Weitere Schaltzeichen siehe Anhang

In jeder einen elektrischen Strom verursachenden Energiequelle wird eine primäre (ursprüngliche) Energie (z.B. chemische Energie in den galvanischen Elementen, mechanische Energie im Wasserkraftwerk oder Wärmeenergie im Dampfkraftwerk) in elektrische Energie umgeformt, und zwar dadurch, daß die im Leiterkreis vorhandenen freien Elektronen von der einen Anschlußklemme der Energiequelle abgesaugt und zur anderen Anschlußklemme getrieben werden.

Man bezeichnet die Klemme mit dem Überschuß an Elektronen — entsprechend der Bezeichnung elektrischer Ladungen — als den *negativen Pol*, die andere Klemme mit dem Mangel an Elektronen als den *positiven Pol* der Energiequelle.

Die Energiequelle ist im Stromkreis die Stelle des Energieumsatzes von primärer Energie in elektrische Energie.

1.1.2.4. Richtung des elektrischen Stromes

Richtung des Elektronenstromes

Die Elektronen fließen im äußeren Stromkreis vom negativen Pol der Energiequelle mit seinem Überschuß an Elektronen zum positiven Pol, der einen Elektronenmangel aufweist, innerhalb der Energiequelle vom positiven zum negativen Pol (Bild 1.8). Die Energiequelle bewirkt, daß der Zustandsunterschied der beiden Pole dauernd aufrecht erhalten wird.

Der Elektronenstrom fließt im äußeren Stromkreis vom negativen Pol zum positiven Pol.

Um irrtümliche Vorstellungen von vornherein auszuschließen, sei besonders darauf hingewiesen, daß die Energiequelle die im Stromkreis fließenden Elektronen nicht erzeugt, sondern nur die im Leiterkreis schon vorhandenen Leitungselektronen in Bewegung setzt. In den elektrischen Geräten, die man mit dem Sammelnamen „Verbraucher" bezeichnet, werden die Elektronen auch nicht verbraucht!

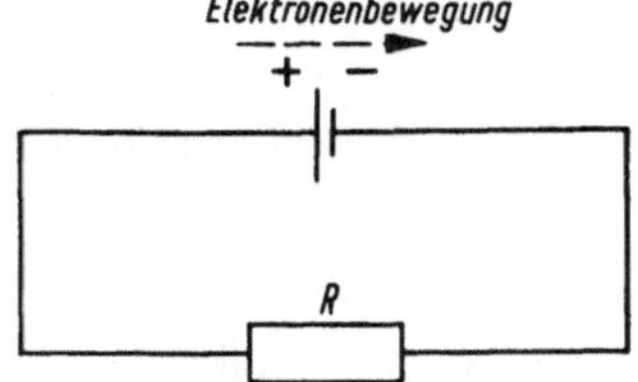

Bild 1.8
Richtung des Elektronenstromes

1.1.2.5. Elektrische Urspannung, Quellenspannung

Die Ladungsträger eines Stromkreises besitzen infolge des Bewegungsantriebs, den sie durch die Energiequelle erhalten, einen gewissen Bewegungsdrang. Diesen Bewegungsdrang der Ladungsträger bezeichnet man als *Urspannung*, die Energiequelle selbst als Urheber der Urspannung als *Spannungsquelle*. Die Größe der durch eine Spannungsquelle erzeugten Urspannung ist bestimmt durch die ihr wirksame Antriebsenergie.

Die Urspannung oder Quellenspannung kennzeichnet den durch die Antriebsenergie der Spannungsquelle bestimmten Bewegungsdrang der Ladungsträger im Stromkreis.

Die Urspannung (Formelzeichen E, früher „elektromotorische Kraft" EMK genannt) treibt die Ladungsträger durch den äußeren Leiterkreis vom negativen zum positiven Pol und durch die Spannungsquelle, die selbst als Teil des Leiterkreises Stromdurchgangsstelle ist und verrichtet dabei die Stromarbeit $W = F \cdot s$.

Die elektrische Urspannung der Spannungsquelle ist die Ursache des elektrischen Stromes.

Bei einem vollen Umlauf im Stromkreis verliert jeder Ladungsträger die ihm von der Spannungsquelle mitgeteilte Antriebsenergie, wobei eine andere Energieform, z.B. Wärmeenergie, entsteht. Das Maß für die Größe der Urspannung ist also der Energiebetrag, den die Spannungsquelle jedem einzelnen Ladungsträger mitteilt und den dieser bei einem vollen Umlauf

$$E \cdot s = \frac{F}{Q} \cdot s = \frac{W}{Q}$$
$$\begin{array}{c|c} s & Q \\ \hline m & N \cdot m \end{array} \qquad \text{(Definition)}$$

im Stromkreis wieder abgibt.

Technische Stromrichtung

Vor Kenntnis der Elektronentheorie hatte man angenommen, daß, entsprechend der willkürlich gewählten Polbezeichnung, am positiven Pol der Energiequelle ein Überschuß, am negativen Pol ein Mangel an Ladungsträgern vorhanden ist, demzufolge die Ladungsträger im äußeren Stromkreis vom positiven zum negativen Pol fließen. Obwohl diese Annahme unseren erweiterten Kenntnissen widerspricht, hat man in der Elektrotechnik die ursprünglich angenommene Stromrichtung aus praktischen Erwägungen beibehalten. Unter „Stromrichtung" schlechthin wird im folgenden in Übereinstimmung mit dem Gebrauch der Elektrotechnik und der Normung entsprechend die der Elektronenbewegung entgegengesetzte Stromrichtung verstanden, die man auch als technische Stromrichtung bezeichnet (Bild 1.9). Man sagt:

Der elektrische Strom fließt im äußeren Stromkreis vom positiven Pol zum negativen Pol der Energiequelle.

Elektrische Urspannungen kann man erzeugen

1. durch innige Berührung zweier verschiedenartiger Stoffe (Reibungs- oder Kontaktelektrizität),

2. durch chemische Vorgänge in den galvanischen Elementen,

3. durch Bewegen eines Leiters in einem Magnetfeld.

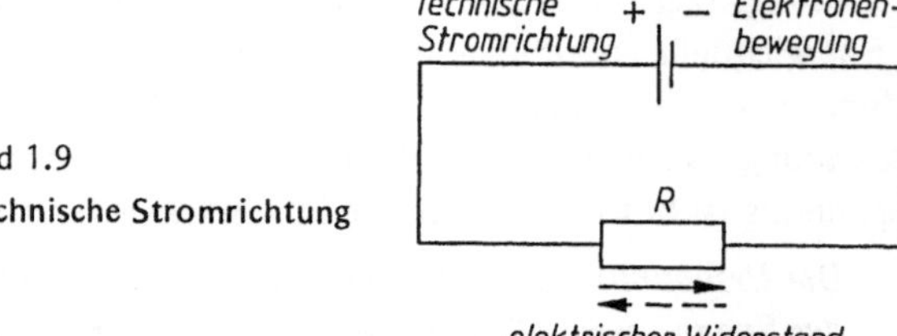

Bild 1.9

Technische Stromrichtung

1.1.2.6. Stromarten

Hat die Spannungsquelle gleichbleibende Pole, so fließt der Strom stets in gleicher Richtung und heißt *Gleichstrom* (genormtes Schaltzeichen:—). Wird jedoch jeder Pol der Spannungsquelle abwechselnd Plus- und Minuspol und ändert dabei die Stärke der Urspannung, ändert auch der Strom im Stromkreis im Takte des Polwechsels seine Richtung und Stärke, er wird zum *Wechselstrom* (genormtes Schaltzeichen: ~).

> **Gleichstrom fließt in gleicher, Wechselstrom in wechselnder Richtung und Stärke.**

Gleichströme werden durch galvanische Elemente, Akkumulatoren, Thermoelemente oder Gleichstromgeneratoren erzeugt. Die von den Fernkraftwerken für die allgemeine Elektrizitätsversorgung gelieferten Ströme sind Wechselströme, die durch Wechselstromgeneratoren erzeugt werden.

Die folgenden Abschnitte beschränken sich auf die Untersuchung der Vorgänge im Gleichstromkreis.

1.2. Wirkungen des elektrischen Stromes

Die bisher beschriebenen Vorgänge im elektrischen Stromkreis entziehen sich der unmittelbaren Wahrnehmung durch die menschlichen Sinnesorgane. Daß in einem Leiterkreis ein elektrischer Strom fließt, kann man *nur* an den Wirkungen erkennen, die in Teilen der Strombahn oder in ihrer Umgebung auftreten.

Technisch von Bedeutung sind vor allem die Wärmewirkung, die magnetische Wirkung und die chemische Wirkung.

1.2.1. Wärmewirkung

Versuch 1.1:

Ein dünner Draht, der nach Bild 1.10 zwischen zwei Fußklemmen ausgespannt ist, erwärmt sich, wenn Strom durch den Draht fließt, und zeigt die für die Erwärmung charakteristische Ausdehnung, die an der Durchbiegung des Drahtes erkennbar ist. Bei starken Strömen wird der Draht glühend und schmilzt schließlich durch. Die gleiche Wirkung beobachtet man, wenn man die Anschlüsse an der Spannungsquelle umpolt.

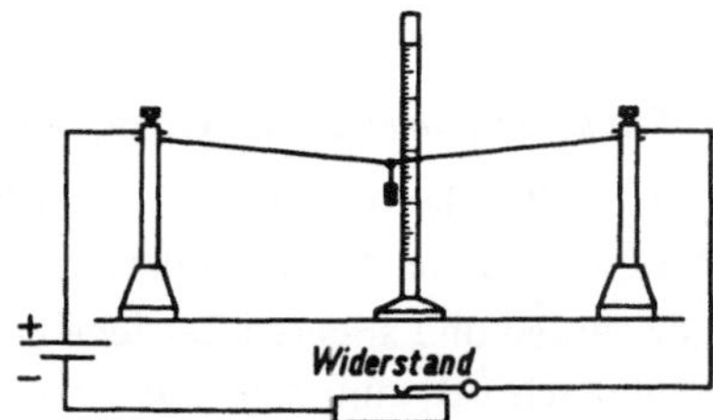

Bild 1.10. Wärmewirkung des elektrischen Stromes

> **Die Wärmewirkung des elektrischen Stromes ist unabhängig von der Stromrichtung.**

Die Wärmewirkung tritt deshalb bei Gleich- und Wechselstrom auf. Sie wird in den zahlreichen, bekannten Wärmegeräten für den Haushalt technisch genutzt.

Die Stromwärme in metallischen Leitern wird durch den Widerstand verursacht, den die Ladungsträger überwinden müssen, wenn sie durch das Atomgitter des Leiters getrieben werden, und entspricht der Reibungswärme bei der mechanischen Bewegung. Sie tritt deshalb in allen Leitern auf.

Während eine starke Wärmewirkung des elektrischen Stromes in den elektrischen Wärmegeräten beabsichtigt ist, ist sie in den Anschlußleitungen der elektrischen Geräte und in den Wicklungen der elektrischen Maschinen und Transformatoren unerwünscht, weil die in Wärme umgewandelte elektrische Energie dem beabsichtigten Verwendungszweck verloren geht. In diesem Sinn bezeichnet man die Stromwärme als *schädliche Wärme* und spricht z.B. von *Kupferverlusten* in den Wicklungen elektrischer Maschinen.

Eine sehr wichtige Rolle spielt die Wärmewirkung des elektrischen Stromes beim Schutz elektrischer Leitungen gegen Überlastung durch Schmelzsicherungen.

Die stärksten Wärmewirkungen (über 3 273 K) des elektrischen Stromes treten im elektrischen *Lichtbogen* auf, in dem z.B. Metalle zusammengeschweißt und geschmolzen werden.

1.2.2. Magnetische Wirkung

Versuch 1.2:

Eine freischwingende Magnetnadel stellt sich unter dem Einfluß des magnetischen Erdfeldes in die Nord-Südrichtung ein. Hält man über die Magnetnadel einen stromführenden geradlinigen Leiter, so wird sie aus ihrer Nord-Südrichtung abgelenkt (Bild 1.11).

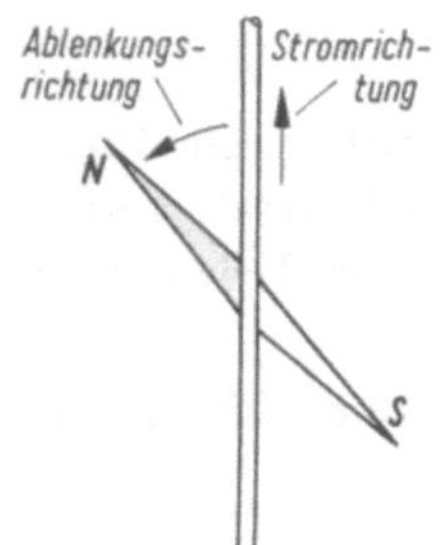

Bild 1.11
Magnetische Wirkung des elektrischen Stromes

Ein stromführender Leiter ruft in seiner Umgebung magnetische Wirkungen hervor.

In Spulen mit vielen Windungen verstärkt sich die magnetische Wirkung des elektrischen Stromes so, daß die in ihnen auftretenden magnetischen Kräfte technisch verwertbar sind.

In Walzwerken und anderen Betrieben der Schwerindustrie verwendet man z.B. zum Sortieren von Schrott, zum Auf- und Abladen von Stahlblöcken den *Lasthebemagnet*. Seine Wirkung beruht darauf, daß ein mit einer Spule umwickelter Eisenkern (Bild 1.12) magnetisch wird, wenn durch die Spule ein elektrischer Strom fließt, und daß er seinen Magnetismus verliert, wenn der Strom unterbrochen wird.

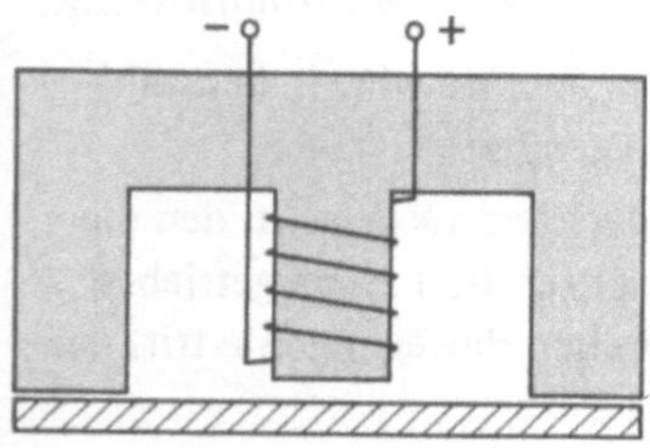

Bild 1.12
Schaltung des Lasthebemagneten

Durch die magnetischen Kräfte stromdurchflossener Spulen werden unter anderem auch der Klöppel der elektrischen Klingel und der Anker im Elektromotor bewegt.

1.2.3. Kraftwirkungen und Kräfte zwischen elektrischen Strömen in parallelen Leitern

Versuch 1.3:

Zwischen zwei senkrecht übereinander befestigten Trägern werden nach Bild 1.13 zwei Metallbänder lose aufgehängt, so daß sie in einem Abstand von wenigen Zentimetern ungefähr parallel verlaufen. Schließt man die beiden Bänder über einen Stromwender *W* an eine Gleichspannungsquelle an, so werden die beiden Leiter vom Strom in gleicher Richtung durchflossen. Die beiden Leiter ziehen einander an, auch wenn man mit dem Stromwender die Stromrichtung in beiden Leitern umkehrt.

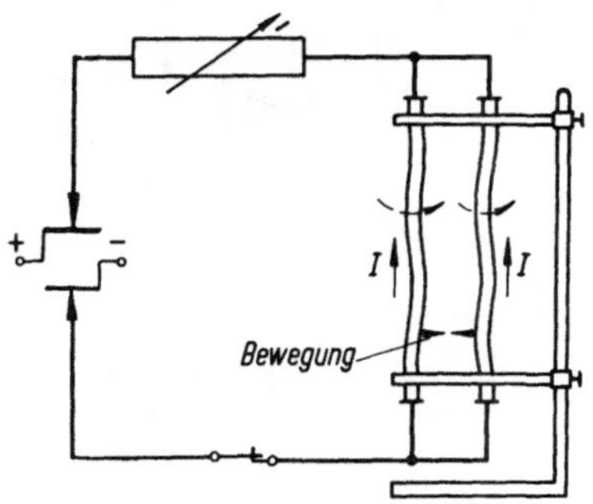

Bild 1.13. Die parallelen Ströme haben gleiche Richtung

Parallele Stromleiter, in denen Ströme gleicher Richtung fließen, ziehen einander an.

Versuch 1.4:

In der Schaltung nach Bild 1.14 fließt der Strom in den parallelen Leitern in entgegengesetzter Richtung. Die beiden Leiter stoßen einander ab.

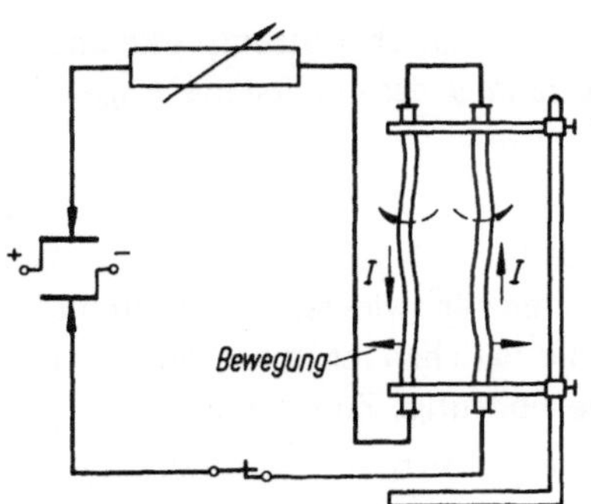

Bild 1.14

Die parallelen Ströme sind entgegengesetzt gerichtet

Parallele Stromleiter, in denen entgegengesetzt gerichtete Ströme fließen, stoßen einander ab.

Um die zwischen den parallelen Leitern auftretenden Kräfte zu messen und ihre Abhängigkeit von den sie bestimmenden Größen zu ermitteln, müssen die Versuche mit einem in seinen Abmaßen genau definierten Leitersystem durchgeführt werden.

Versuch 1.5:

Auf einem horizontal und isoliert gelagerten Leiterstab
sind in lotrechter Richtung zwei Leiterstäbe in beliebig
wählbarem Abstand d festgeklemmt (Bild 1.15). Der eine
Leiterstab ist starr, der andere enthält ein Mittelstück
von der Länge l, das um eine auf der Bildebene senkrecht stehende Achse drehbar gelagert ist. Sein freies
Ende taucht in eine mit Quecksilber gefüllte Wanne.
Die beiden freien Enden des starren Leiterstabes und
des Wannenträgers sind über einen veränderlichen
Widerstand und einen Schalter mit den Polen einer
Gleichspannungsquelle verbunden. Bei geschlossenem
Schalter fließt der Strom in entgegengesetzter Richtung
durch die beiden Leiterstäbe. Das bewegliche Leiterstück wird von dem starren Leiterstück abgestoßen.
Dadurch verschiebt sich der am freien Ende des beweg-
lichen Leiterstücks befestigte Zeiger gegenüber dem mit
der Quecksilberwanne verbundenen feststehenden
Zeiger.

Zieht man das ausgelenkte Leiterstück mit einem in seinem Mittelpunkt angreifenden Dynamometer in seine
Gleichgewichtslage bis zur Deckung der beiden Zeiger
zurück, so zeigt das Dynamometer die Gegenkraft an.
Sie hält der gesuchten abstoßenden Kraft der beiden
entgegengerichteten Ströme das Gleichgewicht, ist ihr
also gleich.

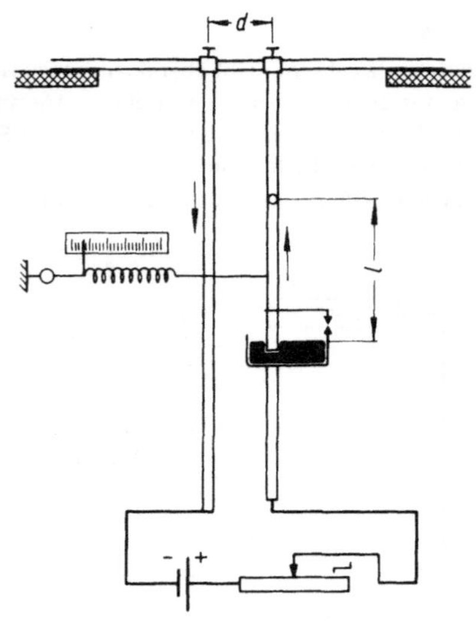

Bild 1.15. Messung der zwischen parallelen
stromdurchflossenen Leitern wirkenden
Kraft

Durch Versuche mit verschieden langen Pendeln bei sonst unveränderten Verhältnissen
findet man, daß die abstoßende Kraft F der Pendellänge l proportional ist:

$$F \sim l.$$

Ändert man dagegen den Abstand d der beiden Leiterstäbe bei gleicher Stromstärke und
gleicher Pendellänge, so ist die abstoßende Kraft dem Abstand d der Leiterstäbe umgekehrt proportional:

$$F \sim \frac{1}{d}.$$

Verringert man schließlich den im Stromkreis eingeschalteten Gleitwiderstand, so nimmt
mit dem stärkeren Strom in den parallelen Leiterstäben die zwischen ihnen wirkende Kraft
zu. Zwischen ihr und der Stärke des Stromes besteht eine eindeutige Zuordnung.

Durch Zusammenfassen der Ergebnisse des Versuches 1.5 ergibt sich:

> *Die mechanische Kraft, die auf parallele von dem gleichen Strom durchflossene
> Leiter wirkt, ist abhängig von der Länge des beweglichen Leiters, dem gegensei-
> tigen Abstand der Leiter und der Stärke des Stromes.*

Aus Versuch 1.5 folgt:

> *Bei demselben Abstand der parallelen Leiter und unveränderter Pendellänge ist
> die auf das Pendel wirkende abstoßende Kraft ausschließlich von der Stärke des
> Stromes abhängig.*

1.2.4. Chemische Wirkung

Versuch 1.6:

Von den beiden Polen einer Gleichspannungsquelle werden
nach Bild 1.16 zwei Drähte in ein mit angesäuertem Wasser
gefülltes Gefäß eingeführt. Man beobachtet, daß an den beiden Drähten Gase aufsteigen. Eine Untersuchung der Gase
ergibt, daß sich an dem mit dem negativen Pol der Spannungsquelle verbundenen Draht Wasserstoff, an dem mit dem positiven Pol verbundenen Draht Sauerstoff abscheidet. Wasserstoff und Sauerstoff sind aber die chemischen Bestandteile
des Wassers.

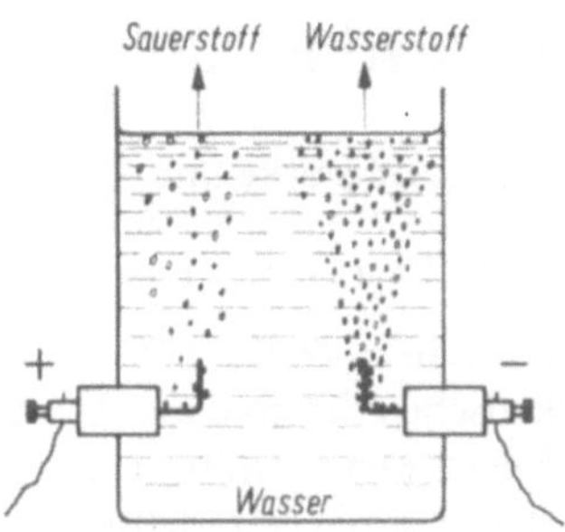

Bild 1.16. Chemische Wirkung des
elektrischen Stromes

> **Angesäuertes Wasser wird durch den elektrischen Gleichstrom in seine Bestandteile
> Wasserstoff und Sauerstoff zerlegt.**

Versuch 1.7:

Ersetzt man in Versuch 1.6 das angesäuerte Wasser durch eine Kupfersulfatlösung, die in das Gefäß eingeführten Drähte durch Kohlestifte, so schlägt sich an dem mit dem negativen Pol der Spannungsquelle
verbundenen Kohlestift Kupfer aus der Lösung nieder.

> **In Flüssigkeiten, in denen Metallsalze gelöst sind, scheidet der elektrische Gleich-
> strom am negativen Pol das Metall aus der Lösung ab.**

Aus den Versuchen 1.6 und 1.7 folgt:

1. Der Vorgang der Elektrizitätsleitung in Flüssigkeiten kann mit einer chemischen Zersetzung der Flüssigkeit verbunden sein.
2. Die chemische Wirkung des elektrischen Gleichstromes ist an den beiden Polen verschieden, also von der Stromrichtung abhängig.
3. Aus Metallsalzlösungen scheidet der Gleichstrom am negativen Pol das Metall ab.

Vergleicht man die Stoffmengen, die von einem konstanten Gleichstrom bei verschiedener
Einschaltdauer des Stromes aus einer leitenden Flüssigkeit abgeschieden werden, so findet
man, daß diese Stoffmengen sich in dem gleichen Verhältnis ändern wie die Einschaltdauer
des Stromes.

> **Die vom elektrischen Strom in leitenden Flüssigkeiten abgeschiedenen Stoffmengen
> sind bei gleichbleibendem Strom der Stromdauer proportional.**

Mit der Stromdauer ändert sich aber bei einem konstanten Gleichstrom auch die Zahl der
die Flüssigkeit durchströmenden Ladungsträger in gleichem Verhältnis und — da jedes Elektron der Träger der gleichen Elementarladung ist — auch die von den Ladungsträgern transportierte Elektrizitätsmenge. Somit ist die Stoffmenge $m \sim Q$, die ein konstanter Gleichstrom aus einer leitenden Flüssigkeit abscheidet, der durch die Flüssigkeit transportierten
Elektrizitätsmenge proportional.

1.3. Bestimmungsgrößen des elektrischen Stromes

1.3.1. Stromstärke und Elektrizitätsmenge

1.3.1.1. Begriffsbestimmung

Entsprechend dem geläufigen Begriff Stromstärke beim Wasserstrom bezeichnet man beim
elektrischen Strom die in der Zeiteinheit durch einen beliebigen Querschnitt der Leitung
fließende Elektrizitätsmenge als Stärke des Stromes oder kurz als *Stromstärke*. Die Stromstärke ist also das Verhältnis der in einer bestimmten Zeit durch einen Leiterquerschnitt
fließenden Elektrizitätsmenge zur Dauer des Stromes.

$$\text{Stromstärke} = \frac{\text{bewegte Elektrizitätsmenge}}{\text{Stromdauer}} \qquad \text{(Definition)}$$

In der Physik ist es üblich, Definitionen und Beziehungen zwischen physikalischen Größen,
wie sie in den physikalischen Gesetzen zum Ausdruck kommen, in mathematischer Form
anzugeben, indem man die Wortbezeichnungen der physikalischen Größen durch Formelzeichen ersetzt und sie durch Rechenzeichen miteinander verbindet.

Bezeichnet man z. B. die bewegte Elektrizitätsmenge, die in der Zeit t durch den Leiterquerschnitt fließt, mit Q, so erhält man nach der Definition der Stromstärke (Formelzeichen I) die Gleichung:

$$I = \frac{Q}{t} \qquad \text{(Definitionsgleichung)}$$

1.3.1.2. Einheit der Stromstärke

Bei den im Abschnitt 1.2 beschriebenen Versuchen wurde festgestellt, daß die Wirkung eines
elektrischen Stromes sich gleichsinnig mit seiner Stärke ändert. Somit lassen sich Ströme
hinsichtlich ihrer Stärke durch ihre Wirkungen miteinander vergleichen, die sie in derselben
Versuchsanordnung verursachen. Die zum Messen erforderliche Maßeinheit erhält man dadurch, daß man für eine genau definierte Versuchsanordnung ein bestimmtes Quantum der
Wirkung festsetzt, das der Einheit der Stromstärke entspricht. Wie die in Abschnitt 1.2
beschriebenen Versuche erkennen lassen, kann dies auf verschiedene Weise geschehen.
Nach internationaler Vereinbarung vom Jahre 1954 wird die Einheit der Stromstärke mit
Hilfe der elektrodynamischen Wirkung des Stromes definiert.

Aufgrund der im Versuch 1.5 ermittelten eindeutigen Zuordnung von Stromstärke und
der in Newton [1] (Kurzzeichen N) meßbaren dynamischen Kraft, hat man die Kraft fest-

---

[1] Das Newton ist die Einheit der Kraft im absoluten Maßsystem, das aufgrund internationaler Verein-
barungen 1954 durch die X. Generalkonferenz für Maß und Gewicht an Stelle der früher verwendeten Maßsysteme (CGS-System, technisches Maßsystem) verbindlich erklärt wurde. Laut DIN-Norm
vom November 1971 (1301) stellt die Krafteinheit Newton eine abgeleitete SI (Système International d'Unités)-Einheit dar. Die Basiseinheiten des SI-Systems sind: das Meter (m), das Kilogramm (kg),
die Sekunde (s), das Ampere (A), das Kelvin (K), die Candela (cd) und das Mol (mol).

gelegt, die in einem genau definierten Leitersystem der Einheit der Stromstärke, dem Ampere [2]) (Kurzzeichen A) entspricht:
Ein zeitlich unveränderlicher Strom hat die Stärke 1 A, wenn derselbe Strom durch zwei geradlinige, unendlich lange, im Abstand von 1 m parallele Leiter mit der Permiabilität 1 von vernachlässigbarem Querschnit fließt und die durch den Strom hervorgerufene elektrodynamische Kraft je 1 m Länge der Doppelleitung $2 \cdot 10^{-7} \, N = 2 \cdot 10^{-7} \, kgms^{-2}$ beträgt. [3])

Vor dem Jahre 1954 hatte man die Einheit der Stromstärke mit Hilfe der chemischen Wirkung des elektrischen Stromes definiert. Wie in Versuch 1.6 angegeben, ist die von einem konstanten Gleichstrom durch die Flüssigkeit transportierte Ladungsmenge der aus der Flüssigkeit abgeschiedenen Stoffmenge proportional. Demzufolge hat man in einer früheren internationalen Vereinbarung als 1 A die Stromstärke festgesetzt, die aus einer wäßrigen Silbernitratlösung je Sekunde 1,118 mg Silber abscheidet. Die Einheit Ampere wird zum Unterschied von dem jetzt geltenden „absoluten Ampere" (Kurzzeichen A_{abs} = A) als internationales Ampere (Kurzzeichen A_{int}) bezeichnet.
Zwischen den beiden Einheiten besteht folgender Zusammenhang:

$$1 \, A = 1 \, A_{abs} = 0,999\,85 \, A_{int}.$$

Vom Ampere abgeleitete Einheiten:

$$1 \, mA \text{ (Milliampere)} = 0,001 \, A \quad = 10^{-3} \, A$$
$$1 \, \mu A \text{ (Mikroampere)} = 0,000\,001 \, A = 10^{-6} \, A$$
$$1 \, kA \text{ (Kiloampere)} = 1000 \, A \quad = 10^{3} \, A$$

Gebräuchliche Stromstärken:

Strom in Gebrauchsglühlampen	0,2...0,5 A
Strom in Kochplatten	2...5 A
Strom in Starkstromleitungen	mehrere 100 A

Die technischen Geräte zum Messen der Stromstärke nennt man *Strommesser* oder *Amperemeter* (Schaltzeichen für Strommesser siehe Tafel 1.1). Die Anzeige der Strommesser beruht auf der magnetischen Wirkung oder der Wärmewirkung des elektrischen Stromes. Ihr Aufbau und ihre Wirkungsweise wird in Kapitel 8 ausführlich behandelt. Zum Verständnis der Schaltskizzen sei vermerkt, daß ein Strommesser so in die Leitung einzuschalten ist, daß der zu messende Strom durch den Strommesser fließt.

1.3.1.3. Einheit der Elektrizitätsmenge

Durch Auflösen der Definitionsgleichung für die Stromstärke nach Q erhält man die von der Stromstärke I in der Zeit t bewegte Elektrizitätsmenge Q:

$$\boxed{Q = It}$$

---

[2]) Die Einheit der elektrischen Stromstärke ist nach dem französischen Physiker *Ampère* (1775—1836) benannt.

[3]) Beachte: Für die physikalischen Größen sind genormte Formelzeichen (z. B. Stromstärke *I*, Länge *l*, Zeitdauer *t*) eingeführt worden, die *schräg* (kursiv) gedruckt werden; dagegen werden die Kurzzeichen für die Maßeinheiten dieser Größen (z. B. Ampere A, Meter m, Sekunde s) in Steildruck gesetzt.

Durch diese Beziehung zwischen den elektrischen Größen Q und I ist mit der Einheit der Stromstärke auch die Einheit der Elektrizitätsmenge festgelegt.

> *Die Einheit der Elektrizitätsmenge wird von einem Strom von 1 A in 1 s geliefert und wird als 1 As (Amperesekunde) oder als 1 C (Coulomb[1]) bezeichnet.*

Es besteht also die Einheitengleichung:

$$1 \text{ Coulomb} = 1 \text{ Ampere} \cdot 1 \text{ Sekunde} = 1 \text{ Amperesekunde}$$
$$1 \text{ C} = 1 \text{ A} \cdot 1 \text{ s} = 1 \text{ As}$$

In der größeren Einheit Amperestunde (Kurzzeichen Ah) wird die Elektrizitätsmenge gemessen, wenn man die Zeit t in Stunden (Kurzzeichen h) angibt.

$$\text{Einheitengleichung:} \quad 1 \text{ A} \cdot 1 \text{ h} = 1 \text{ Ah}$$
$$1 \text{ Ah} = 1 \text{ A} \cdot 3600 \text{ s} = 3600 \text{ As}$$

● *Beispiel 1:*   Wie groß ist die von einem Strom von 3 A in 15 s gelieferte Elektrizitätsmenge?

Gesucht: Q *Gegeben:* $I = 3 \text{ A}$
                                                $t = 15 \text{ s}$

Lösung: $Q = It$
                     $Q = 3 \text{ A} \cdot 15 \text{ s}$

Ergebnis: $Q = 45 \text{ As}$

● *Beispiel 2:*   Ein Akkumulator wird mit einer Stromstärke von 2 A 15 h lang geladen. Welche Elektrizitätsmenge ist in ihm gespeichert?

Gesucht: Q *Gegeben:* $I = 2 \text{ A}$
                                                $t = 15 \text{ h}$

Lösung: $Q = It$
                     $Q = 2 \text{ A} \cdot 15 \text{ h}$

Ergebnis: $Q = 30 \text{ Ah}$

In physikalischen und technischen Formeln bedeutet ein Formelzeichen eine in einer bestimmten Einheit gemessene Größe. Das Formelzeichen bedeutet also ein Produkt aus der Maßzahl und der Maßeinheit.

> *Größe = Zahlenwert × Einheit*

Die in den Gleichungen als Faktoren auftretenden Einheiten sind wie Zahlen zu behandeln. Die Maßeinheit der abgeleiteten Größe (z.B. Q) ergibt sich zwangsläufig aus den Maßeinheiten der die Größe bestimmenden Faktoren (z.B. Ah aus A und h). Der Zusammenhang zwischen den abgeleiteten Einheiten und den Grundeinheiten wird durch die *Einheitengleichungen* angegeben, die man sich genau einprägen muß.

■ **Aufgaben zu Abschnitt 1.3.1**

1. Gib in Ampere an:
   a) 450 mA;   b) 0,025 mA;   c) 7,10 mA.
2. Wieviel Milliampere sind:
   a) 0,01 A;   b) 720 μA;   c) 0,008 A;   d) 0,03 μA.

---

[1]) *Charles Augustin de Coulomb*, franz. Physiker, 1736—1806.

3. Verwandle in höhere Einheiten:
   a) 10^3 A; b) 10^9 A; c) $10^5\,\mu$A; d) $3{,}10\,\mu$A; e) 0,5 mA.
4. Welche Elektrizitätsmenge wird in einem Strom von 2,5 A in 8 h bewegt?
5. Wie lange muß ein Akkumulator mit einem Fassungsvermögen von 60 Ah geladen werden, wenn der Ladestrom 1,5 A beträgt?
6. Mit welcher Ladestromstärke muß ein Akkumulator bei einem Fassungsvermögen von 120 Ah geladen werden, damit die Ladung in 48 h beendet ist?

1.3.2. Spannung

1.3.2.1. Urspannung und Spannung

Im Abschnitt 1.1.2.5 wurde ausgeführt, daß die im Stromkreis wirksame Urspannung durch die Antriebsenergie bestimmt ist, die die Spannungsquelle den Ladungsträgern im Stromkreis mitteilt und die bei einem vollen Umlauf der Ladungsträger im Stromkreis „verbraucht", d.h. in eine andere Energieform umgewandelt wird.

Um die Ladungsträger durch ein beliebiges Leiterstück des Stromkreises zu bewegen, ist eine Energie erforderlich, die ein Teil der ihnen von der Spannungsquelle mitgeteilten Antriebsenergie ist. Beim Durchlaufen jedes einzelnen Leiterstückes verlieren somit die Ladungsträger einen Teil ihrer Antriebsenergie. Dem Verlust an Antriebsenergie entspricht ein Abfall der Urspannung längs des Leiterkreises. Den an einem Leiterstück des Stromkreises wirksamen Teil der Urspannung nennt man *Spannung* (Formelzeichen U).

Ein Teil der Urspannung fällt schon innerhalb der Spannungsquelle ab, da sie selbst ein Teil des Stromkreises ist. Der an den Polen der Spannungsquelle noch wirksame Teil der Urspannung heißt *Klemmenspannung*. Die Spannung, die zum normalen Betrieb eines elektrischen Geräts erforderlich ist, nennt man die *Betriebs-* oder *Nennspannung*.

1.3.2.2. Elektrische Energie und Spannung, Stromarbeit und Leistung

Bezeichnet man die durch die Klemmenspannung U der Spannungsquelle durch den äußeren Stromkreis bewegte Ladungsmenge mit Q, die von ihr dabei abgegebene Energie mit W, so kennzeichnet der Quotient aus der Energie W und der transportierten Ladungsmenge Q, also der auf die Ladungseinheit entfallende Energiebetrag, den im äußeren Stromkreis wirksamen Bewegungsdrang:

$$\boxed{\text{Klemmenspannung } U = \frac{W}{Q}} \qquad \text{(Definitionsgleichung)} \qquad (1)$$

wobei W den Energieverlust der Ladung Q beim Durchlaufen des äußeren Stromkreises bedeutet.

Wenn die Spannung U der Spannungsquelle im Stromkreis einen Strom der Stärke I verursacht, so ist die während der Stromdauer t bewegte Gesamtladung Q:

$$Q = It. \qquad (2)$$

Setzt man diesen Wert in die Gl. (1) ein, so erhält man

$$U = \frac{W}{It}$$

und durch Auflösen nach W:

$$W = UIt.$$

Der Energieverlust W ist aber gleich der Stromarbeit, die der von der Spannung U verursachte Strom I in der Zeit t verrichtet:

$$\text{Stromarbeit } W = UIt.$$

Wie in der Mechanik bezeichnet man den Quotienten aus der Stromarbeit W und der Stromdauer t als Leistung (P). Somit ist:

$$\text{Elektrische Leistung } P = \frac{W}{t} = UI.$$

Die Leistung eines von der Spannung U verursachten elektrischen Stromes der Stärke I ist gleich dem Produkt aus Spannung und Stromstärke.

Die in Abschnitt 1.2 beschriebenen Versuche zeigen, daß die Energie des elektrischen Stromes sich in Wärmeenergie (Versuch 1.1), in mechanische Energie (Versuch 1.2 bis 1.5) oder in chemische Energie (Versuch 1.6) umformen läßt. Bei allen Energieumwandlungen kann nach dem allgemein gültigen Naturgesetz von der Erhaltung der Energie weder Energie verloren gehen noch gewonnen werden. Unverändert bleibt der Energiebetrag, verändert wird nur die Erscheinungsform der Energie. Für alle Erscheinungsformen der Energie kann man deshalb als einheitliche Maßeinheit die schon in der Mechanik eingeführte Energieeinheit verwenden.

Das Maß für die Energie eines Körpers ist die Arbeit, die er verrichten kann. Man erhält sie, wenn man die aufgewendete Kraft mit dem in der Kraftrichtung zurückgelegten Weg multipliziert:

$$\text{Arbeit} = \text{Kraft} \cdot \text{Weg} \qquad W = Fs$$

Mißt man die Kraft in N, den Weg in m, so erhält man die Maßeinheit der Arbeit:

$$1\,\text{N} \cdot 1\,\text{m} = 1\,\text{Nm} = 1\,\text{Joule}[1]) = 1\,\text{J}.$$

Die Leistung ist die in der Zeiteinheit verrichtete Arbeit. Mißt man die Arbeit in der Einheit Nm = J, erhält man als Einheit der Leistung Nm/s = J/s, die man als Watt [2]) (Kurzzeichen W) bezeichnet. Es ist

$$1\,\text{W} = 1\,\text{J/s} = 1\,\text{Nm/s}.$$

[1]) Nach *James Prescott Joule*, engl. Physiker, 1818–1889.

[2]) *James Watt*, 1736–1819, Erfinder der Dampfmaschine.

Hiervon abgeleitet:	Gebräuchliche Leistungen:
1 Milliwatt (mW) $= 10^{-3}$ W	Rasierapparat 0,3 ... 0,5 W
1 Kilowatt (kW) $= 10^3$ W	Bügeleisen 0,8 ... 1,5 kW
1 Megawatt (MW) $= 10^6$ W $= 10^3$ kW	Großkraftwerk 800 ... 1500 MW

1.3.2.3. Einheit der Spannung

In der Gleichung $P = UI$ für die Leistung des elektrischen Stromes sind die Einheiten der Leistung (W) und der Stromstärke (A) bestimmt.

Setzt man diese Einheiten in der nach U aufgelösten Gleichung $U = \frac{P}{I}$ ein, so wird auch der Zahlenwert von U gleich 1. Die Einheit der Spannung bezeichnet man als 1 Volt [3]) (Kurzzeichen V). Somit ist:

$$1 \text{ Volt} = \frac{1 \text{ Watt}}{1 \text{ Ampere}}; \quad 1 \text{ V} = \frac{1 \text{ W}}{1 \text{ A}} \quad \text{und} \quad 1 \text{ W} = 1 \text{ V} \cdot 1 \text{ A}.$$

1 V ist die Spannung, die an den Enden eines Leiters wirken muß, damit ein Strom von 1 A in ihm die Leistung 1 W erzeugt.

Vom Volt abgeleitete Einheiten sind:

1 mV (Millivolt)	$= 0,001$ V	$= 10^{-3}$ V
1 μV (Mikrovolt)	$= 0,001$ mV	$= 10^{-6}$ V
1 kV (Kilovolt)	$= 1\,000$ V	$= 10^3$ V
1 MV (Megavolt)	$= 1\,000\,000$ V	$= 10^6$ V

Gebräuchliche Spannungen:

Galvanische Elemente	1 ... 1,5 V
Akkumulatorenzelle (Bleisammler)	2 V
Netzspannung für Lichtstrom	110 ... 220 V
für Kraftstrom	220 ... 380 V
Straßenbahnnetz	550 ... 750 V Gleichstrom
Schnell-, Hoch- und Untergrundbahn	750 ... 1500 V Gleichstrom
Vollbahnen	1500 ... 3000 V Gleichstrom
	6 ... 30 kV Wechselstrom
Überland-Versorgungsnetz	10 kV, 15 kV, 30 kV, 60 kV, 110 kV, 220 kV und 380 kV.

Die chemischen Spannungsquellen (galvanische Elemente und Akkumulatoren) liefern nur geringe Spannungen von 1 ... 2 V. Sind höhere Spannungen erforderlich, so schaltet man mehrere Elemente wie in Bild 1.5 hintereinander, damit die Urspannungen der einzelnen Spannungsquellen in der gleichen Richtung wirken und sich addieren. Dies ist der Fall, wenn man jeweils den positiven Pol der einen Spannungsquelle mit dem negativen Pol der folgenden leitend verbindet.

Die Meßgeräte zum Messen der Spannung heißen *Spannungsmesser* oder *Voltmeter* (Schaltzeichen für Spannungsmesser siehe Tafel 1.1).

Der Spannungsmesser ist dem Stromkreis oder dem Teil des Stromkreises parallelzuschalten, an dessen Enden die Spannung gemessen werden soll.

---

[3]) Das Volt ist benannt nach dem italienischen Physiker *Alessandro Volta*, 1745–1827.

■ **Aufgaben zu Abschnitt 1.3.2**

1. Gib in Volt an:
   a) 75 mV;   b) 0,5 mV;   c) 10^{-4} mV;   d) 0,0002 mV;   e) 0,06 kV.
2. Wieviel Millivolt sind:
   a) 24 V;   b) 0,09 V;   c) 375 μV;   d) 0,7 μV;   e) 10^4 μV.
3. Verwandle in höhere Einheiten:
   a) 10^2 V;   b) $25 \cdot 10^5$ V;   c) 10^7 V;   d) 2 873 μV;   e) 226 000 mV.

1.3.3. Widerstand und Leitwert

1.3.3.1. Begriffsbestimmung

Versuch 1.8:

Nach dem Schaltplan in Bild 1.17 wird ein Stromkreis, in dem
eine Glühlame, eine Spule und ein Strommesser hintereinander
geschaltet sind, an eine Spannungsquelle gelegt. Nimmt man je
einen der beiden Verbraucher aus dem Stromkreis heraus, so
zeigt der Strommesser jedesmal einen stärkeren Strom an, wird
der Verbraucher wieder in den Stromkreis eingeschaltet, so
sinkt die Stromstärke

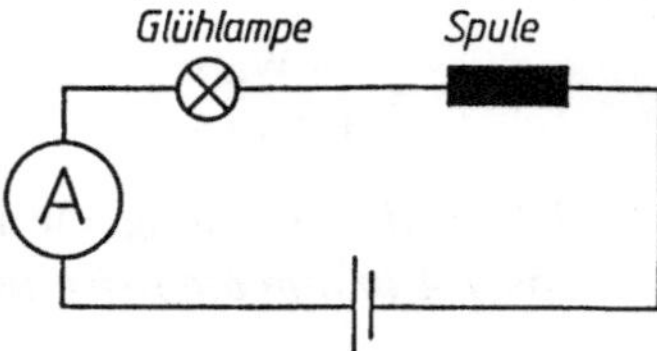

Bild 1.17. Schaltplan zu Versuch 1.8

Jeder Verbraucher hat also die Eigenschaft, den Strom im Stromkreis zu schwächen, ihm
einen Widerstand zu bieten. Man kennzeichnet also mit dem Begriff Widerstand eine Leitereigenschaft, die das Verhalten des Verbrauchers gegenüber dem Stromdurchgang zeigt.

Die Stromstärke in einem Stromkreis ist demnach außer von der Spannung, die den Strom
verursacht, auch von dem Widerstand des Leiterkreises abhängig. Es besteht also eine Beziehung zwischen der Spannung U, der Stromstärke I und dem Widerstand R des Stromkreises.

1.3.3.2. Zusammenhang zwischen Spannung und Stromstärke im Stromkreis

Versuch 1.9:

Nach dem Schaltplan in Bild 1.18 wird an einen Verbraucher R eine regelbare Spannung gelegt. Die
Stromstärke I im Stromkreis wird durch den Strommesser A, die Spannung U am Verbraucher durch
den Spannungsmesser V angezeigt. Die einander zugeordneten Werte von Spannung und Stromstärke
sind in der folgenden Tabelle eingetragen.

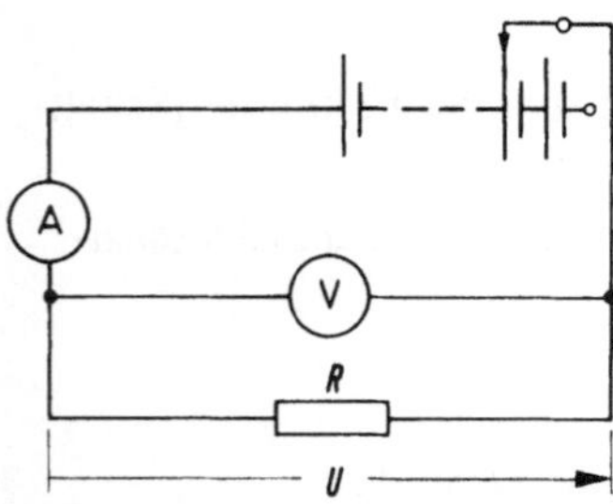

Bild 1.18. Schaltplan zu Versuch 1.9

U	I	$\dfrac{U}{I} = R$
in V	in A	in V/A
2	0,025	$\dfrac{2}{0,025} = 80$
4	0,050	$\dfrac{4}{0,050} = 80$
6	0,075	$\dfrac{6}{0,075} = 80$
8	0,100	$\dfrac{8}{0,100} = 80$
10	0,125	$\dfrac{10}{0,125} = 80$

Das in Spalte 3 der Tabelle gebildete Verhältnis $\dfrac{U}{I}$ aus Spannung und Stromstärke hat für den untersuchten Verbraucher einen konstanten Wert R. Ersetzt man im Versuch 1.9 den Verbraucher durch andere Verbraucher, so erhält man andere Werte für die Stromstärken. Für das Verhältnis $\dfrac{U}{I}$ ergeben sich aber in jedem Fall wieder konstante, für die einzelnen Verbraucher charakteristische Werte.

1.3.3.3. Definition des elektrischen Widerstandes

Aus dem Begriff des Widerstandes folgt, daß von zwei Verbrauchern demjenigen ein größerer Widerstand zuzuschreiben ist, der bei gleicher Stromaufnahme in beiden Verbrauchern eine höhere Spannung erfordert bzw. der bei gleicher Spannung an beiden Verbrauchern einen geringeren Strom aufnimmt. Wie der Widerstand eines Verbrauchers, ist auch der für ihn charakteristische konstante Quotient $R = \dfrac{U}{I}$ größer, wenn entweder bei gleicher Stromstärke I die Spannung U größer ist, bzw. wenn bei gleicher Spannung U die Stromstärke I kleiner ist. Man definiert deshalb:

$$\text{Widerstand des Verbrauchers} = \frac{\text{Spannung am Verbraucher}}{\text{Stromstärke im Verbraucher}}$$

oder in Formelzeichen:

$$\text{Widerstand } R = \frac{U}{I} \qquad \text{(Definitionsgleichung des Widerstandes).}$$

Das in der Tabelle zu Versuch 1.9 in Spalte 3 gebildete Verhältnis $\dfrac{U}{I}$ gibt somit den Widerstand des Verbrauchers an.

1.3.3.4. Maßeinheit des Widerstandes

In der Definitionsgleichung des Widerstandes $R = \dfrac{U}{I}$ sind die Einheiten der Spannung $U = 1$ V und der Stromstärke $I = 1$ A bekannt. Setzt man diese Werte in die Gleichung ein, so wird der Zahlenwert für den Widerstand $R = 1$. Die Einheit des Widerstandes wird als 1 Ohm [1]) (Kurzzeichen Ω) bezeichnet.

Zwischen den Einheiten des Widerstandes, der Spannung und der Stromstärke besteht also die Einheitengleichung

$$1\,\Omega = \frac{1\,\text{V}}{1\,\text{A}}\ .$$

Ein Leiter hat den Widerstand 1 Ohm, wenn bei einer an seinen Enden angelegten Spannung von 1 V die Stromstärke 1 A beträgt.

Technisch wird die Widerstandseinheit $1\,\Omega$ durch den Widerstand einer Quecksilbersäule dargestellt, deren Länge bei 273 K und dem Druck 760 Torr bei durchweg gleichem Querschnitt von $1\,\text{mm}^2$ 1,063 m beträgt.

Vom Ohm abgeleitete Einheiten sind:

$$\begin{aligned}
1\,\text{m}\Omega \ \ (\text{Milliohm}) &= 10^{-3}\,\Omega \\
1\,\mu\Omega \ \ (\text{Mikroohm}) &= 10^{-6}\,\Omega \\
1\,\text{k}\Omega \ \ (\text{Kiloohm}) &= 10^{3}\,\Omega \\
1\,\text{M}\Omega \ \ (\text{Megaohm}) &= 10^{6}\,\Omega\,.
\end{aligned}$$

1.3.3.5. Leitwert

Je größer der elektrische Widerstand eines Verbrauchers ist, desto geringer ist seine Fähigkeit, den Strom zu leiten und umgekehrt. Man kann deshalb das Verhalten eines Verbrauchers im Stromkreis auch durch eine Größe ausdrücken, die angibt, wie gut der Verbraucher den Strom zu leiten vermag. Man nennt diese Größe den Leitwert (Formelzeichen G) des Verbrauchers.

Der Leitwert eines Verbrauchers ist um so größer, je kleiner sein Widerstand ist und umgekehrt ist der Widerstand um so größer, je kleiner der Leitwert ist. Somit ist der Leitwert der Kehrwert des Widerstandes:

$$\text{Leitwert} = \frac{1}{\text{Widerstand}} \qquad\qquad G = \frac{1}{R}$$

$$\text{Widerstand} = \frac{1}{\text{Leitwert}} \qquad\qquad R = \frac{1}{G}$$

Die Einheit des Leitwertes ist das Siemens (Kurzzeichen S). Zwischen den Einheiten des Leitwertes und des Widerstandes bestehen somit die Einheitengleichungen:

$$1\,\text{S} = \frac{1}{\Omega} \quad \text{bzw.} \quad 1\,\Omega = \frac{1}{\text{S}}\,.$$

Vom Siemens abgeleitete Einheiten sind:

$$\begin{aligned}
1\,\text{mS} \ \ (\text{Millisiemens}) &= 10^{-3}\,\text{S} \\
1\,\mu\text{S} \ \ (\text{Mikrosiemens}) &= 10^{-6}\,\text{S} \\
1\,\text{kS} \ \ (\text{Kilosiemens}) &= 10^{3}\,\text{S}\,.
\end{aligned}$$

---

[1]) *Georg Simon Ohm*, deutscher Physiker, 1789–1854.

■ **Aufgaben zu Abschnitt 1.3.3**

1. Verwandle in Ohm:
   a) 250 kΩ; b) 0,03 kΩ; c) 7 805 mΩ; d) 0,049 mΩ; e) 0,642 mΩ; f) $7 \cdot 10^{-4}$ MΩ.

2. Wieviel Kiloohm sind:
   a) 427 Ω; b) 54 MΩ; c) $3{,}7 \cdot 10^{-5}$ MΩ; d) 0,06 Ω; e) 10^7 Ω; f) 10^{12} Ω ?

3. Wieviel Ohm sind:
   a) 0,02 S; b) 25 S; c) 0,125 kS; d) 5 mS?

4. Wie groß sind die Leitwerte für folgende Widerstände:
   a) 40 Ω; b) 0,5 Ω; c) 0,05 Ω; d) 1 mΩ; e) $4 \cdot 10^{-2}$ Ω ?

5. Der Eigenwiderstand eines Strommessers beträgt 0,0025 Ω. Berechne seinen Leitwert!

6. Welchen Widerstand hat eine Heizwendel mit dem Leitwert 0,014 S ?

1.4. Ohmsches Gesetz

1.4.1. Strom-Spannungskennlinie

Aus dem Versuch 1.9 hat sich ergeben, daß der den Widerstand R bestimmende Quotient $\frac{U}{I}$ eine für einen Leiter charakteristische konstante Zahl ist, solange die Temperatur des Leiters sich nicht ändert. (Die Abhängigkeit des Widerstandes von der Temperatur wird in Abschnitt 1.5.1 nachgewiesen.) Diese Feststellung hat als erster *Georg Simon Ohm* gemacht. Man nennt dieses Gesetz Ohmsches Gesetz:

$$R = \frac{U}{I} = \text{konstant}$$

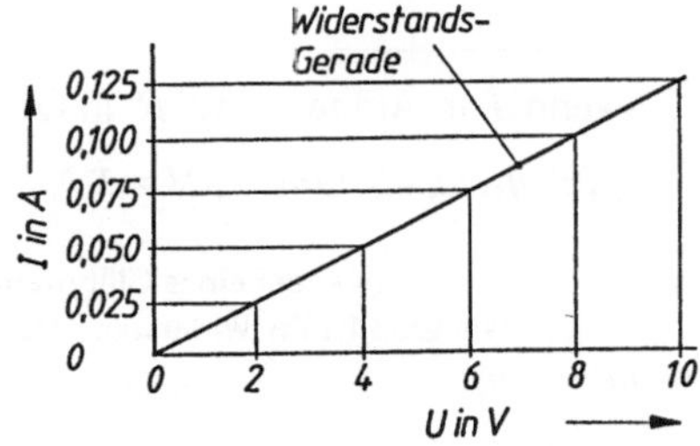

Bild 1.19. Strom-Spannungskennlinie

Stelle man die in der Tabelle zu Versuch 1.9 ersichtliche Abhängigkeit der Stromstärke von der Spannung graphisch dar, indem man zu jedem Spannungswert den ihm zugeordneten Stromwert in ein rechtwinkliges Koordinatensystem einträgt, so erhält man die *Strom-Spannungskennlinie* des Verbrauchers (Bild 1.19). Sie ist für alle Leiter, für die das Ohmsche Gesetz gilt, eine Gerade durch den Nullpunkt des Koordinatensystems, deren Neigungen den unterschiedlichen Widerständen der Verbraucher entsprechen.

Bei den Widerständen, für die das Ohmsche Gesetz in der bisher behandelten Form gilt, hat der Widerstand unabhängig von der Spannung, die am Widerstand liegt, bzw. unabhängig von der Strombelastung des Widerstandes bei gleichbleibender Temperatur einen konstanten Wert. Man bezeichnet diese Widerstände als *ohmsche Widerstände* (siehe hierzu auch Abschnitt 4.1.4). Solche sind hauptsächlich die metallischen Leiter, während z.B. die Widerstände leitender Flüssigkeiten diese Bedingung nicht erfüllen.

1.4.2. Anwendungen des Ohmschen Gesetzes

1.4.2.1. Berechnung einfacher Stromkreise

Das Ohmsche Gesetz ist das wichtigste Gesetz für die Berechnung elektrischer Stromkreise, da sie im allgemeinen aus metallischen Leitern bestehen, auf die es anwendbar ist.

In seiner ursprünglichen Form $R = \dfrac{U}{I}$ dient das Ohmsche Gesetz zur Bestimmung

1. des *Widerstandes* aus einer Strom- und Spannungsmessung:

$$\boxed{R = \frac{U}{I}}$$

wenn U in Volt und I in Ampere bekannt sind:

Einheitengleichung $1\,\Omega = \dfrac{1\,\text{V}}{1\,\text{A}}$

2. der *Stromstärke* in der nach I aufgelösten Form:

$$\boxed{I = \frac{U}{R}}$$

wenn U in Volt und R in Ohm bekannt sind:

Einheitengleichung $1\,\text{A} = \dfrac{1\,\text{V}}{1\,\Omega}$

3. der *Spannung* in der nach U aufgelösten Form:

$$\boxed{U = I \cdot R}$$

wenn I in Ampere und R in Ohm bekannt sind:

Einheitengleichung $1\,\text{V} = 1\,\text{A} \cdot 1\,\Omega$

● *Beispiel 1:*   Die Heizwendel eines Glühofens nimmt bei 220 V Spannung einen Strom von 4,4 A auf. Wie groß ist ihr Widerstand (Bild 1.20)?

Gesucht: R *Gegeben:* $U = 220\,\text{V}$

            $I = 4,4\,\text{A}$

Lösung: $R = \dfrac{U}{I}$

            $R = \dfrac{220\,\text{V}}{4,4\,\text{A}}$

Ergebnis: $R = 50\,\Omega$

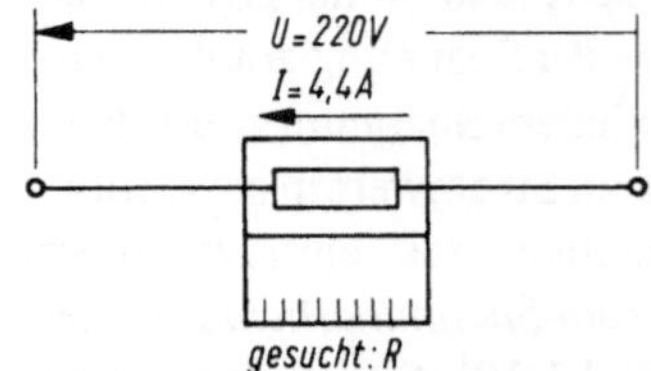

Bild 1.20. Skizze zu Beispiel 1

● *Beispiel 2:*   Welcher Strom fließt in einer Glühlampe bei 110 V Spannung, wenn der Warmwiderstand der Lampe 200 Ω beträgt (Bild 1.21)?

Gesucht: I *Gegeben:* $U = 110\,\text{V}$

            $R = 200\,\Omega$

Lösung: $I = \dfrac{U}{R}$

            $I = \dfrac{110\,\text{V}}{200\,\Omega}$

Ergebnis: $I = 0,55\,\text{A}$

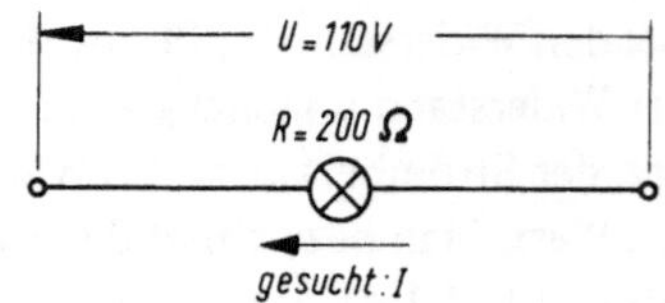

Bild 1.21. Skizze zu Beispiel 2

● *Beispiel 3:*   Welche Spannung muß man an einen Verbraucher von 300 Ω Widerstand anlegen, damit
                   er die zu seinem Betrieb erforderliche Stromstärke von 0,25 A erreicht (Bild 1.22)?

Gesucht: U *Gegeben:* $R = 300\,\Omega$
                                      $I = 0,25$ A

Lösung: $U = I R$
               $U = 0,25\ \text{A} \cdot 300\,\Omega$

Ergebnis: $U = 75$ V

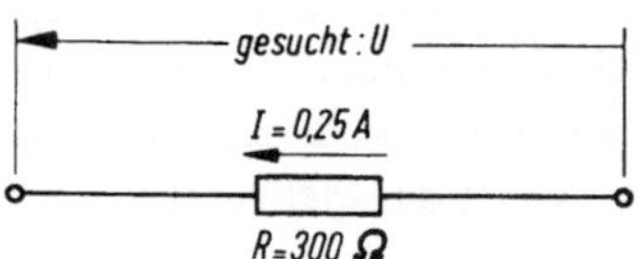

Bild 1.22. Skizze zu Beispiel 3

■ **Aufgaben zu Abschnitt 1.4.2.1**

1. Wie groß ist die Stromstärke in einer 110-V-Glühlampe, deren Warmwiderstand 220 Ω beträgt?

2. Welchen Widerstand hat eine Heizwendel, durch die bei 220 V Spannung 3,4 A fließen?

3. Auf dem Sockel einer Taschenlampen-Glühlampe stehen die Angaben: 4,5 V/0,07 A.
   Berechne den Warmwiderstand der Lampe!

4. Für welche Spannung ist die Heizplatte eines elektrischen Plätteisens verwendbar, die einen Widerstand von 88 Ω hat und für eine Höchststromstärke von 2,5 A bemessen ist?

5. Ein Spannungsmesser hat einen Widerstand von 1 200 Ω. Welcher Strom fließt durch den Spannungsmesser, wenn er 168 V anzeigt?

6. Ein Spannungsmesser mit einem Meßbereich von 250 V nimmt bei Vollausschlag 0,125 A auf.
   Berechne den Widerstand des Spannungsmessers!

7. Welchen Widerstand darf ein Verbraucher haben, der an eine 220-V-Leitung angeschlossen ist, die mit 6 A abgesichert ist?

8. Die Heizwicklung eines Schmelztiegels hat einen Widerstand von 40 Ω und kann mit 2,75 A belastet werden. Für welche Spannung ist der Schmelztiegel verwendbar?

1.4.2.2. Spannungsmessung

Auf der Anwendung des Ohmschen Gesetzes beruht die Messung einer Spannung mit einem elektromagnetischen Spannungsmesser: z.B. Drehspulmeßgerät.
Der Spannungsmesser ist ein Strommesser mit vorgeschaltetem und zu einem Gerät mit ihm vereinigten Widerstand (Bild 1.23). Die Stärke des Stromes, der beim Anschluß des Meßgeräts an die Klemmen einer Spannungsquelle durch den Strommesser fließt und den Zeigerausschlag des beweglichen Organs des Strommessers bewirkt, ist durch den Gesamtwiderstand R_M des Geräts bestimmt. Nach dem Ohmschen Gesetz ist die an den Klemmen des

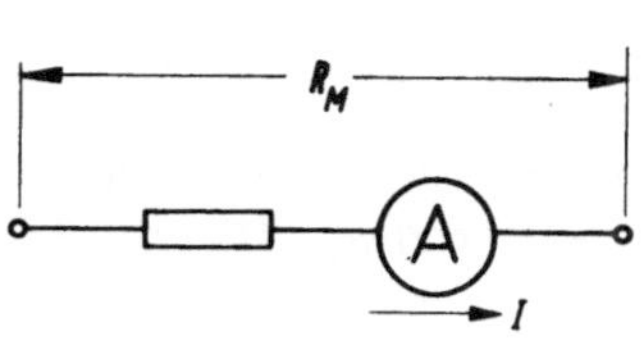

Bild 1.23. Strommesser als Spannungsmesser

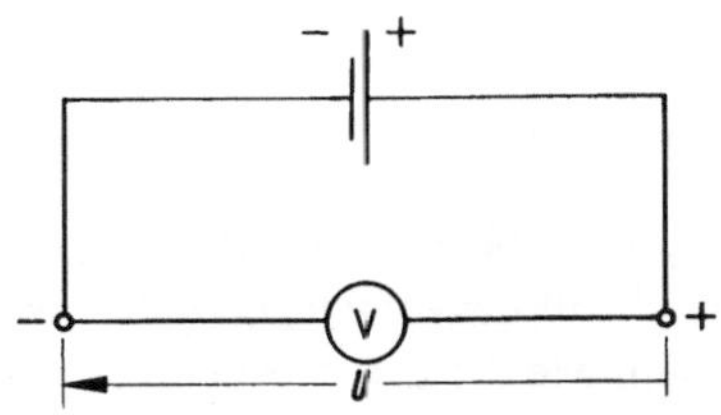

Bild 1.24. Schaltung des Spannungsmessers

Spannungsmessers liegende Spannung $U = IR_M$, wenn I die vom Strommesser angezeigte Stromstärke ist und R_M der Gesamtwiderstand des Meßgeräts ist. Da dieser einen unveränderlichen Wert hat, ist somit jedem Stromwert I ein Spannungswert U zugeordnet, der sich als Produkt aus dem Stromwert I und dem Widerstand R_M des Gerätes ergibt. Setzt man in der Skala des Strommessers die den Amperezahlen entsprechenden Spannungswerte ein, so ist das Meßgerät in Volt geeicht.

Um die Klemmenspannung einer Spannungsquelle zu messen, werden die durch +- und —-Zeichen unterschiedenen Klemmen des Spannungsmessers mit den gleichbezeichneten Klemmen der Spannungsquelle verbunden (Bild 1.24).

In Bild 1.25 sind an die Klemmen B und C einer Spannungsquelle hintereinander ein Strommesser A und ein Widerstand R und außerdem ein Spannungsmesser V geschaltet. Der Spannungsmesser liegt parallel zum Stromkreis $BARC$. Die Klemmenspannung der Spannungsquelle kann am Spannungsmesser abgelesen werden; sie kann aber auch nach dem Ohmschen Gesetz aus dem Widerstand R des Stromkreises und der am Strommesser A abgelesenen Stromstärke errechnet werden.

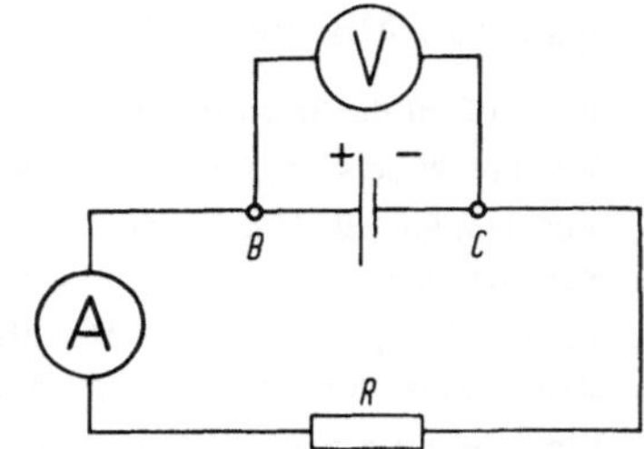

Bild 1.25. Spannungsmessung an Teilen eines Stromkreises

Die am Spannungsmesser abgelesene Spannung ist der berechneten Spannung gleich. Die an den beiden Punkten B und C der parallelgeschalteten Leiterkreise BVC und $BARC$ herrschende Spannung ist also vom Leitungsweg unabhängig.

Man kann folglich mit dem Spannungsmesser nicht nur die Klemmenspannung von Spannungsquellen, sondern auch die Spannungen an den Enden beliebiger Leiterstücke messen, indem man den Spannungsmesser parallel zum Leiterstück schaltet.

1.4.2.3. Meßbereicherweiterung von Spannungsmessern

Der Höchstwert der Skala eines Meßgeräts gibt dessen Meßbereich an. Beträgt z. B. der Skalenendwert eines Spannungsmessers 10 V, so ist sein Meßbereich 10 V, d.h., mit dem Spannungsmesser sind Spannungen zwischen 0 V und 10 V meßbar.

Nach dem Ohmschen Gesetz ist die von dem Spannungsmesser angezeigte Spannung U das Produkt aus der Stromstärke I und dem Meßwerkwiderstand R_M. Bezeichnet man die Stromstärke, die der Spannungsmesser bei dem Skalenendwert U_m aufnimmt, mit I_m, so ist

$$U_m = I_m R_M,$$

wobei I_m die Höchststromstärke ist, mit der das Meßgerät belastet werden darf. Soll der Meßbereich auf das n-fache erweitert werden, so muß der neue Skalenendwert U'_m n mal so groß sein wie der ursprüngliche Skalenendwert U_m:

$$U'_m = n U_m.$$

Die Zahl n nennt man die *Erweiterungszahl* des Meßbereichs. Damit das Meßwerk bei der höheren Spannung U'_m keinen höheren Strom als I_m aufnimmt, muß ihm ein Widerstand R_v vorgeschaltet werden, der so groß sein muß, daß bei der höchstzulässigen Stromstärke I_m:

$$U'_m = I_m (R_M + R_v)$$

ist. Durch Einsetzen der Werte von U_m und U'_m in die Gleichung $U'_m = nU_m$ erhält man:

$$I_m (R_M + R_v) = nI_m R_M$$

und nach Division durch I_m:

$$R_M + R_v = nR_M .$$

Hieraus ergibt sich:

$$\boxed{R_v = R_M (n - 1)}$$

Um den Meßbereich eines Spannungsmessers auf das n-fache zu erweitern, muß dem Meßgerät ein Widerstand vorgeschaltet werden, der das $(n-1)$fache seines Widerstandes beträgt.

Soll z. B. der Meßbereich eines Spannungsmessers von 10 V auf 250 V erweitert werden, so ist:

$$U'_m = 250\,\text{V}, \quad U_m = 10\,\text{V} \quad \text{und} \quad n = \frac{U'_m}{U_m} = \frac{250\,\text{V}}{10\,\text{V}} = 25$$

und der Vorschaltwiderstand

$$R_v = R_M (25 - 1) = 24\,R_M .$$

■ **Aufgabe zu Abschnitt 1.4.2.3**

Berechne den Vorschaltwiderstand eines Spannungsmessers für einen Meßbereich von 5 V, wenn das Meßwerk bei Vollausschlag einen Strom von 0,4 mA aufnimmt, und die Drehspule einen Widerstand von 500 Ω hat!

1.5. Der Widerstand als Schaltelement

Die Bezeichnung Widerstand wird in doppeltem Sinn gebraucht, nämlich für die Leitereigenschaft eines Verbrauchers und für den Verbraucher selbst. In Schaltskizzen werden die Verbraucher meist durch das allgemeine Symbol für Widerstände dargestellt.

1.5.1. Berechnung von Widerständen

1.5.1.1. Einheitswiderstand und Einheitsleitwert

Versuch 1.10:

Schaltet man in einer Versuchsanordnung nach Bild 1.26 zwischen die Klemmen A und B Drähte von 1 m Länge und 1 mm² Querschnitt aus verschiedenen Leiterwerkstoffen ein, so kann man aus je einer Strom- und Spannungsmessung die Widerstände der einzelnen Drähte berechnen.

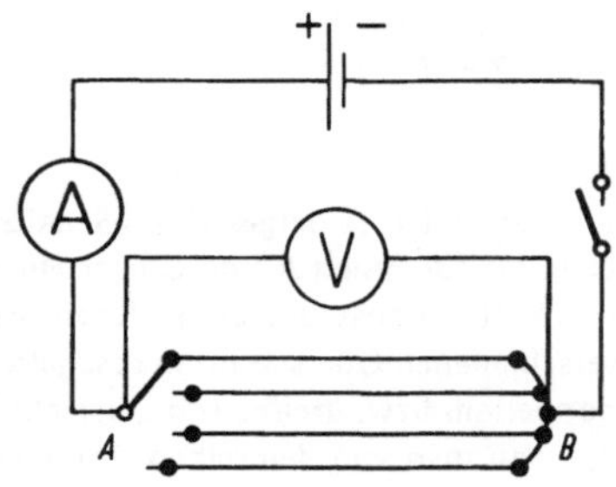

Bild 1.26. Schaltplan zu Versuch 1.10

Der Versuch ergibt:

1. Drähte gleicher Länge und gleichen Querschnitts aus verschiedenen Leiterwerkstoffen haben verschiedene Widerstände.

2. Drähte von 1 m Länge und 1 mm² Querschnitt aus dem gleichen Leiterwerkstoff haben bei gleicher Temperatur immer den gleichen, für den Werkstoff charakteristischen Widerstand.

In dem seit 1954 international vereinbarten absoluten Maßsystem bezeichnet man den Widerstand eines Körpers von 1 m² Querschnitt und 1 m Länge aus einem beliebigen Leiterwerkstoff als den Einheitswiderstand oder den spezifischen Widerstand (ρ) des betreffenden Stoffes.

Der Einheitswiderstand ρ ist eine Materialkonstante, die nur noch (in angebbarer Weise) von der Temperatur abhängt, wie im Abschnitt 1.5.1.3 gezeigt wird. Den Kehrwert des Einheitswiderstandes $\frac{1}{\rho}$ nennt man die *elektrische Leitfähigkeit* oder den *Einheitsleitwert* und bezeichnet ihn mit dem griechischen Buchstaben κ :

$$\text{Einheitsleitwert } \kappa = \frac{1}{\rho}$$

Durch Auflösen der Gleichung nach ρ erhält man:

$$\text{Einheitswiderstand } \rho = \frac{1}{\kappa}$$

Zwischen dem Einheitsleitwert und dem Einheitswiderstand bestehen also die gleichen Beziehungen wie zwischen dem Leitwert und dem Widerstand.

1.5.1.2. Berechnungsgleichung für Widerstände

Versuch 1.11:

Nach der Schaltskizze in Bild 1.26 werden zwischen die Klemmen *A* und *B* nacheinander Drähte verschiedener Länge, mit gleichem Querschnitt und aus gleichem Werkstoff, geschaltet und durch Messen der Stromstärke und Spannung deren Widerstände bestimmt.

Je länger der Draht ist, um so größer ist sein Widerstand. Doppelte Drahtlänge ergibt den doppelten Widerstand, dreifache Drahtlänge den dreifachen Widerstand.

Der Widerstand eines Drahtes ist seiner Länge proportional.

$$R \sim l$$

Versuch 1.12:

Nach der in Bild 1.27 dargestellten Schaltskizze werden zwischen die Klemmen *B* und *C* über einen Kurbelschalter Drähte gleicher Länge und aus gleichem Werkstoff, aber mit verschiedenen Querschnitten geschaltet. Eine Leitung von doppeltem bzw. dreifachem Querschnitt erhält man leicht, wenn man von demselben Draht zwei bzw. drei gleich lange Stücke parallel schaltet. Die Widerstände dieser Drähte werden durch Messen der Stromstärke und Spannung bestimmt.

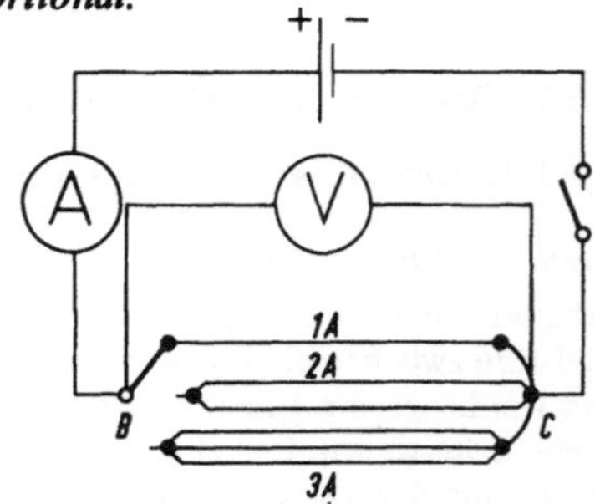

Bild 1.27. Schaltplan zu Versuch 1.12

Der Widerstand ist um so kleiner, je größer der Querschnitt ist. Bei doppeltem Querschnitt ist der Widerstand halb so groß wie bei einfachem Querschnitt. Dreifacher Querschnitt ergibt den dritten Teil des Widerstandes.

Der Widerstand eines Drahtes ist seinem Querschnitt umgekehrt proportional.

$$R \sim \frac{1}{A}$$

Durch Zusammenfassen der Ergebnisse aus den Versuchen 1.10, 1.11 und 1.12 erhält man für den Widerstand eines Drahtes von der Länge l in Meter, dem Querschnitt A in Quadratmeter und dem Einheitswiderstand (spez. Widerstand) ρ bzw. dem Einheitsleitwert (Leitfähigkeit) κ des Leiterwerkstoffes die Formeln:

$$R = \rho \, \frac{l}{A} \qquad \text{bzw.} \qquad R = \frac{l}{\kappa A}$$

Setzt man in der nach ρ aufgelösten Gleichung $\rho = \frac{RA}{l}$ für R, A und l die Maßeinheiten Ω, m^2 und m ein, so erhält man für ρ die Maßbezeichnung $\frac{\Omega\,m^2}{m} = \Omega m$ und für κ die Maßbezeichnung $\frac{m}{\Omega\,m^2} = \frac{Sm}{m^2} = \frac{S}{m}$.

Im Elektromaschinenbau und in der Fernmeldetechnik werden die Drahtdicken meist mit ihrem Durchmesser angegeben. In diesem Falle muß also der Querschnitt A aus dem Durchmesser d berechnet werden:

$$A = \frac{d^2 \pi}{4} \, .$$

Die Einheitswiderstände und -leitwerte der für die Elektrotechnik wichtigsten Leiterwerkstoffe sind in Tafel 1.2 enthalten und nach steigenden Einheitswiderständen bzw. fallenden Einheitsleitwerten geordnet.

In den bisherigen Lehrbüchern und Tabellenwerken wird die Maßbezeichnung von ρ mit $\frac{\Omega\,mm^2}{m}$ und von κ mit $\frac{Sm}{mm^2}$, d.h. die Länge in m und der Querschnitt in mm^2 angegeben. In diesem Falle entfallen die Faktoren 10^{-6} und 10^6 in der folgenden Tabelle bei unveränderten Zahlenwerten. Die Zahlenwerte von ρ geben dabei an, welchen Widerstand ein Draht von 1 m Länge und 1 mm^2 Querschnitt des betreffenden Werkstoffs hat, während die Zahlenwerte von κ angeben, wieviel Meter Draht von 1 mm^2 Querschnitt den Widerstand von 1 Ω ergeben.

Diese Materialkonstanten kennzeichnen die elektrischen Eigenschaften der verschiedenen Leiterwerkstoffe.

Für die Fernleitung des elektrischen Stromes werden nur Leiterwerkstoffe verwendet, die bei einem niedrigen Preis einen möglichst geringen Einheitswiderstand haben. Diese Bedingungen erfüllen vor allem Kupfer und Aluminium.

Tafel 1.2: *Einheitswiderstände und Einheitsleitwerte metallischer Leiter bei 293 K*

Werkstoff	$\rho \cdot 10^{-6}$ in Ωm	$\kappa \cdot 10^6$ in $\frac{S}{m}$	Werkstoff	$\rho \cdot 10^{-6}$ in Ωm	$\kappa \cdot 10^6$ in $\frac{S}{m}$
Silber	0,016	62,5	Bronze	0,018 ... 0,056	55 ... 18
Kupfer	0,01786	56	Aldrey	0,033	30
Gold	0,023	44	Messing	0,07 ... 0,09	14 ... 11
Aluminium	0,02857	35	Neusilber	0,30	3,3
Magnesium	0,045	22	Gold-Chrom	0,33	3,0
Wolfram	0,055	18	Nickelin	0,43	2,3
Zink	0,063	16	Manganin	0,43	2,3
Nickel	0,08 ... 0,11	13 ... 9	Novokonstant	0,45	2,2
Eisen	0,10 ... 0,15	10 ... 7	Rheotan	0,47	2,15
Zinn	0,11	9	Isabellin	0,50	2,0
Platin	0,11 ... 0,14	9 ... 7	Konstantan	0,50	2,0
Blei	0,21	4,8	Resistin	0,50	2,0
Quecksilber	0,96	1,04	Kruppin	0,85	1,18
Wismut	1,2	0,83	Chromnickel	1,1	0,91
Kohle	100,0	0,01	Megapyr	1,4	0,71
			Kantal	1,45	0,69

Die Werkstoffwerte werden durch Reinheitsgrad bzw. Legierungsgrad beeinflußt.

1.5.1.3. Widerstandswerkstoffe

Für den Bau hochohmiger Widerstände und für Feldsteller, Anlasser, Heizwiderstände usw.
hat man Widerstandsbaustoffe, genormt nach DIN 64 460, entwickelt. Der hohe Einheitswiderstand dieser Werkstoffe ermöglicht kleine Drahtlängen und geringe Abmessungen der
Widerstände. Während der Einheitswiderstand von Kupfer $\rho = 0{,}01786 \cdot 10^{-6}$ Ωm ist, hat
z. B. Eisen $\rho = 0{,}13 \cdot 10^{-6}$ Ωm, Konstantan $\rho = 0{,}5 \cdot 10^{-6}$ Ωm und Aluchrom
$\rho = 1{,}2 \cdot 10^{-6}$ Ωm.

Die Zahlen lassen erkennen, welche geringe Länge im Vergleich zu Kupfer für einen Widerstand erforderlich ist.

1.5.1.4. Einheitswiderstand von Isolierstoffen

Die Isolierung von Leitungen soll verhindern, daß der elektrische Strom von einem Leiter
in einen anderen übertritt; deshalb müssen die Isolierstoffe dem Stromdurchgang einen aus-
reichenden Widerstand entgegensetzen. Für die Verwendbarkeit eines Isolierstoffes ist in
erster Linie sein Einheitswiderstand bestimmend.

> *Der Einheitswiderstand eines Isolierstoffes ist der Widerstand eines Würfels*
> *von 1 cm Kantenlänge.*

Als Maßbezeichnung für den Einheitswiderstand eines Isolierstoffes ergibt sich aus der
Berechnungsgleichung für Widerstände demnach $\frac{\Omega \text{cm}^2}{\text{cm}} = \Omega$cm.

Die Einheitswiderstände von Isolierstoffen werden nur in Zehnerpotenzen angegeben, da
ihre Werte stark schwanken.

Tafel 1.3

Einheitswiderstände fester Isolierstoffe

Werkstoffe	ρ in Ωcm	Werkstoffe	ρ in Ω cm
Bernstein	10^{16}	Paraffin	10^{14}
Glas	10^{12}	Polyäthylen (PE)	10^{16}
Glimmer	$10^{12} \dots 10^{15}$	Polyvinychlorid (PVC)	10^{14}
Gummi	10^{13}	Polystyrol	10^{16}
Hartgummi	$10^{10} \dots 10^{16}$	Preßspan	10^{8}
Keramiken	10^{10}	Porzellan	$3 \cdot 10^{12}$
Kunstharz	$10^{6} \dots 10^{12}$	Schellack	10^{14}
Marmor	$10^{7} \dots 10^{9}$	Steatit	10^{12}
Mikanit	10^{13}	Vinidur	10^{13}

Der Einheitswiderstand ist allerdings nicht allein ausschlaggebend für die Verwendbarkeit eines Isolierstoffes. Die neuzeitliche Isolationstechnik hat hochwertige Isolierstoffe geschaffen, die eine hohe Durchschlagsfestigkeit aufweisen, von Wasser und Öl nicht angegriffen werden, wasserabweisend, temperaturbeständig, feuersicher und mechanischen Beanspruchungen gewachsen sind. Da aber die einzelnen Isolierstoffe nicht alle diese Eigenschaften in sich vereinigen, muß man, je nach den Anforderungen, die im Einzelfall an die Isolation gestellt werden, unter der großen Zahl von Isolierstoffen die geeigneten auswählen.

● *Beispiel 1:* Wieviel Meter Chromnickeldraht von 0,1 mm² Querschnitt werden für eine Heizwendel benötigt, deren Widerstand 99 Ω betragen soll (Bild 1.28)?

Gesucht: l

Gegeben: $R = 99\,\Omega$
$A = 0,1\ \text{mm}^2$

Werkstoff: Chromnickel
$\rho = 1,1\ \dfrac{\Omega\,\text{mm}^2}{\text{m}}$

Lösung: $R = \rho\,\dfrac{l}{A}$

$l = \dfrac{RA}{\rho}$

$l = \dfrac{99\,\Omega \cdot 0,1\ \text{mm}^2}{1,1\,\dfrac{\Omega\,\text{mm}^2}{\text{m}}}$

Bild 1.28. Skizze zu Beispiel 1

Ergebnis: $l = 9\ \text{m}$

● *Beispiel 2:* Ein Aluminiumdraht von 2,4 mm Durchmesser ist 942 m lang. Berechne den Widerstand des Drahtes (Bild 1.29)!

Gesucht: R

Gegeben: $l = 942\ \text{m}$
$d = 2,4\ \text{mm}$

Werkstoff: Aluminium
$\rho = 0,0286 \cdot 10^{-6}\,\Omega\,\text{m}$

Lösung: $R = \rho\,\dfrac{l}{A}$

$A = \dfrac{d^2\pi}{4}$

$A = \dfrac{(2,4 \cdot 10^{-3}\ \text{m})^2\pi}{4}$

$A = 1,44 \cdot 10^{-6}\ \text{m}^2 \cdot 3,14$

$A = 4,52 \cdot 10^{-6}\ \text{m}^2$

$R = 0,0286 \cdot 10^{-6}\,\Omega\,\text{m} \cdot \dfrac{942\ \text{m}}{4,52 \cdot 10^{-6}\ \text{m}^2}$

Bild 1.29. Skizze zu Beispiel 2

Ergebnis: $R \approx 6\,\Omega$

■ Aufgaben zu den Abschnitten 1.5.1.1 bis 1.5.1.4

1. Berechne den Widerstand einer 5 km langen Starkstromfreileitung aus Kupfer mit einem Querschnitt von 9,9 mm^2!

2. Welchen Querschnitt müßte man in Aufgabe 1 einer Aluminiumleitung geben, damit sie denselben Widerstand wie die Kupferleitung erhält?

3. Wieviel Meter Konstantandraht von 1 mm^2 Querschnitt sind erforderlich, um 1 Normalohm (1-Ω-Widerstand) herzustellen?

4. Welchen Querschnitt muß eine Kupfersteigleitung von 5,6 m Einfachlänge erhalten, wenn ihr Widerstand höchstens 0,049 Ω betragen darf?

5. Welchen Durchmesser müßte ein Aluminiumdraht haben, wenn er denselben Widerstand haben soll wie ein gleichlanger Kupferdraht von $d = 1$ mm?

6. Welchen Querschnitt müßte ein Aluminiumdraht haben, wenn sein Widerstand dem eines gleichlangen Kupferdrahtes von 1 mm^2 Querschnitt gleich sein soll?

7. Wie verhalten sich die Gewichte zweier gleich langer Drähte aus Kupfer und aus Aluminium, wenn beide Drähte gleichen Widerstand haben?

$$\left(\gamma_{Cu} = 8,9\,\frac{g}{cm^3}\,;\quad \gamma_{Al} = 2,7\,\frac{g}{cm^3}\right)$$

8. Nach einer neuerrichteten Werkhalle wird eine Kupferleitung von 35 mm^2 Querschnitt gelegt. Die Werkhalle ist von der Anschlußstelle 160 m entfernt. Wie groß ist der Widerstand der Doppelleitung?

9. Welchen Querschnitt muß eine Kupfersteigleitung von 7,6 m Einfachlänge erhalten, wenn ihr Widerstand höchstens 0,0656 Ω betragen darf?

10. Ein Regelwiderstand von 600 Ω soll aus Konstantandraht von 0,5 mm Durchmesser hergestellt werden. Wieviel Meter Draht sind erforderlich?

1.5.1.5. Temperaturabhängigkeit von Widerständen

Versuch 1.13:

Nach der in Bild 1.30 angegebenen Versuchsanordnung werden zwischen den Fußklemmen *A* und *B* nacheinander Drähte aus verschiedenen Werkstoffen ausgespannt und mit einer Bunsenbrennerflamme erwärmt. Die Stromstärken und Spannungen werden vor und nach dem Erwärmen gemessen und die Widerstände der Drähte in kaltem und warmem Zustand berechnet.

Der Widerstand der meisten Metalle ändert sich mit der Temperatur. Die Änderung ist bei den einzelnen Leiterwerkstoffen sehr verschieden. Bei den meisten Metallen nimmt der Widerstand mit der Temperatur zu. Bei einigen Metallegierungen und bei Kohle nimmt der Widerstand bei Temperaturerhöhung ab.

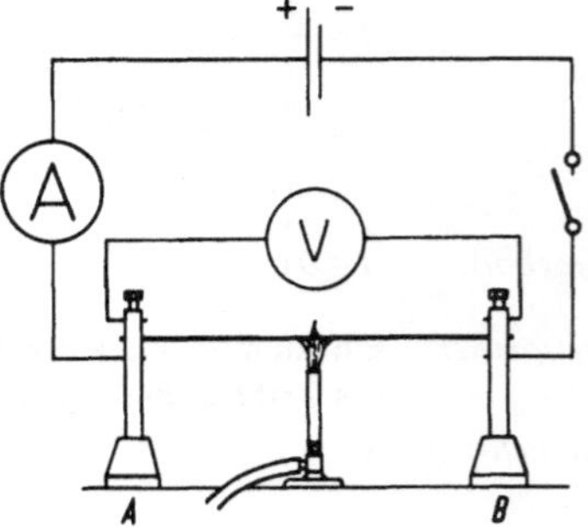

Bild 1.30. Schaltungsanordnung zu Versuch 1.13

Die Erklärung für das unterschiedliche Verhalten des Widerstandes von Metallen einerseits, von Kohle und gewissen Legierungen andererseits bei Temperaturänderungen ergibt sich aus der kinetischen Theorie der Wärme. Danach befinden sich die Atome bzw. die Moleküle der festen, flüssigen und gasförmigen Körper in einer dauernden, ungeordneten Bewegung, die um so stärker ist, je höher die Temperatur des Körpers ansteigt. Bei festen Körpern, deren Atome an den Ort gebunden sind, besteht diese Bewegung in Schwingungen

der Atome bzw. Moleküle um ihre Gleichgewichtslage. Legt man nun an einen metallischen
Leiter eine elektrische Spannung, so bewegen sich die freien Elektronen durch das Gitter
der Atome (siehe hierzu Bild 1.7), wobei sie durch die dauernden Zusammenstöße mit diesen in ihrer Bewegung um so mehr gehemmt werden, je stärker und weiter bei steigender
Temperatur die Schwingungen der Atome sind. Demzufolge steigt der Widerstand des Leiters bei steigender Temperatur. Kohle und gewisse Metallegierungen dagegen enthalten bei
niedrigen Temperaturen nur wenig freie Elektronen. Wenn aber mit steigender Temperatur
die Gitterschwingungen stärker werden, werden aus den Atomen bisher gebundene Elektronen losgerissen. Mit der Vergrößerung der Zahl der freien Elektronen bewegen sich beim
Anlegen einer elektrischen Spannung mehr Ladungsträger, d.h., der elektrische Strom wird
stärker, der Widerstand des Leiters also kleiner.

Der Einfluß der Temperatur auf den Widerstand eines Leiters wird durch die *Temperaturzahl* (Temperaturkoeffizient) α berücksichtigt.

> *Die Temperaturzahl α gibt an, um welchen Bruchteil seines Widerstandes sich der
> Widerstand eines Leiters bei einer Temperaturänderung um 1 K ändert.*

Die Maßbezeichnung der Temperaturzahl ist $\frac{1}{K}$

Da die Temperaturzahlen innerhalb eines großen Temperaturbereiches keinen konstanten
Wert haben, ihr Wert also von der Ausgangstemperatur abhängt, gibt man für α Mittelwerte
für einen bestimmten Temperaturbereich an. Die Tafel 1.4 enthält die Mittelwerte von α
im Temperaturbereich von 273 K ... 393 K für die Ausgangstemperatur von 293 K.

Tafel 1.4: *Temperaturzahlen metallischer Leiter bei 293 K*

Werkstoff	α_{293} $10^{-3}\,K^{-1}$	β_{293} $10^{-6}\,K^{-2}$	Werkstoff	α_{293} $10^{-3}\,K^{-1}$	β_{293} $10^{-6}\,K^{-2}$
Silber	3,8	0,7	Aldrey	3,6	–
Kupfer	3,93	0,6	Messing	1,5	–
Gold	4,0	0,5	Neusilber	0,25	–
Aluminium	3,77	1,3	Gold-Chrom	0,001	0,1
Magnesium	3,9	1	Nickelin	0,23	–
Wolfram	4,1	1	Manganin	±0,01	0,4
Zink	3,7	2	Novokonstant	-0,01...-0,04	–
Nickel	3,7...6	9	Rheotan	0,23	–
Eisen	4,5...6	6	Isabellin	0,02...0,04	–
Zinn	4,2	6	Konstantan	-0,03	–
Platin	2...3	0,6	Resistin	±0,02	–
Blei	4,2	2	Kruppin	0,7	–
Quecksilber	0,92	1,2	Chromnickel	0,1	–
Wismut	4,2	–	Megapyr	0,025	–
Kohle	-0,5	–	Kantal	0,06	–

Ein negativer Wert für α bedeutet, daß der Widerstand bei einer Temperaturerhöhung abnimmt.

Die Temperaturzahlen der reinen Metalle unterscheiden sich nur sehr wenig voneinander. Man prägt sich deshalb zweckmäßigerweise für Überschlagsrechnungen bei reinen Metallen ein:

$$\alpha_{\text{mittel}} = 4 \cdot 10^{-3} \, \frac{1}{K} \, .$$

Nur die Temperaturzahlen von Platin und Quecksilber weichen stärker von $4 \cdot 10^{-3}$ ab. Die Temperaturzahlen der angeführten Metallegierungen sind sehr klein, so daß ihr Widerstand von der Temperatur nahezu unabhängig ist. Aus diesen Legierungen, vor allem aus Konstantan, Manganin und Novokonstant, werden Widerstandsnormale und Widerstände für Meßgeräte hergestellt, deren Widerstandswerte von der Temperatur möglichst unabhängig sein müssen.

Erhöht sich die Temperatur eines Leiters von der Normaltemperatur 293 K auf die Endtemperatur T, so beträgt die Temperatursteigerung $T - 293$ K. Bezeichnet man den Widerstand des Leiters bei der Normaltemperatur mit R_{293}, so beträgt die Widerstandszunahme bei 1 K Temperatursteigerung $\alpha_{293} R_{293}$ und bei einer Temperaturzunahme um $T - 293$ K: $\alpha_{293} R_{293} (T - 293 \text{ K})$, somit der Gesamtwiderstand bei der Endtemperatur T:

$$R_T = R_{293} + \alpha_{293} R_{293} (T - 293 \text{ K})$$

oder

$$R_T = R_{293} [1 + \alpha_{293} (T - 293 \text{ K})] \, .$$

Diese Gleichung ist nur anwendbar für die Ausgangstemperatur von 293 K im Temperaturbereich von 273 K … 373 K. Für höhere Temperaturen verwendet man die erweiterte Gleichung:

$$R_T = R_{293} [1 + \alpha_{293} (T - 293 \text{ K}) + \beta_{293} (T - 293 \text{ K})^2] \, .$$

Die Werte von β sind in Tafel 1.4 enthalten.

Soll, ausgehend von einem Kaltwiderstand R_k, bei einer beliebigen Temperatur $T_k \neq 293$ K der Warmwiderstand R_w bei der höheren Temperatur T_w berechnet werden, so muß man die auf die Temperatur 293 K bezogenen Berechnungsformeln sowohl auf den Widerstand R_k als auch auf den Widerstand R_w anwenden. Es ist:

$$R_w = R_{293}[1 + \alpha_{293} (T_w - 293 \text{ K})] \quad R_k = R_{293} [1 + \alpha_{293} (T_k - 293 \text{ K})] \, .$$

Durch Division der beiden Gleichungen erhält man:

$$\frac{R_w}{R_k} = \frac{1 + \alpha_{293} (T_w - 293 \text{ K})}{1 + \alpha_{293} (T_k - 293 \text{ K})} \, .$$

Dividiert man Zähler und Nenner des Bruches auf der rechten Seite der Gleichung durch α_{293}, so erhält man

$$\frac{R_w}{R_k} = \frac{\dfrac{1}{\alpha_{293}} + T_w - 293 \text{ K}}{\dfrac{1}{\alpha_{293}} + T_k - 293 \text{ K}} \, .$$

Setzt man als Abkürzung für $\dfrac{1}{\alpha_{293}} - 293\,\text{K} = \tau$ ein, so erhält man:

$$\frac{R_\text{w}}{R_\text{k}} = \frac{\tau + T_\text{w}}{\tau + T_\text{k}}.$$

Somit ist:

$$R_\text{w} = R_\text{k}\,\frac{\tau + T_\text{w}}{\tau + T_\text{k}} \quad \text{bzw.} \quad R_\text{k} = R_\text{w}\,\frac{\tau + T_\text{k}}{\tau + T_\text{w}}.$$

Für τ ergeben sich bei

Kupfer: $\qquad \tau = \dfrac{1}{\alpha_{293}} - 293\,\text{K} = (254 - 293)\,\text{K} = -39\,\text{K}$

Aluminium: $\quad \tau = \dfrac{1}{\alpha_{293}} - 293\,\text{K} = (265 - 293)\,\text{K} = -28\,\text{K}.$

● *Beispiel 1:*   Der Widerstand eines Wolframdrahtes beträgt bei 293 K 40 Ω. Wie groß ist sein Widerstand bei 1 293 K (Bild 1.31)?

Gesucht: R_{1293} *Gegeben:* $R_{293} = 40\ \Omega\quad T = 1\,293\,\text{K}$

                              Werkstoff: Wolfram $\alpha_{293} = 0{,}0041\ \dfrac{1}{\text{K}}$

                                          $\beta_{293} = 0{,}000\,001\ \dfrac{1}{\text{K}}$

Lösung: $R = R_{293}[1 + \alpha_{293}\,(T - 293\,\text{K}) + \beta_{293}\,(T - 293\,\text{K})^2]$

               $R = 40\ \Omega[1 + 0{,}0041\ \dfrac{1}{\text{K}}\ 1000\,\text{K} + 0{,}000\,001\ \dfrac{1}{\text{K}}\ 10^6\,\text{K}]$

               $R = 40\ \Omega[1 + 4{,}1 + 1]$

               $R = 40\ \Omega \cdot 6{,}1$

Ergebnis: $R = 244\ \Omega$

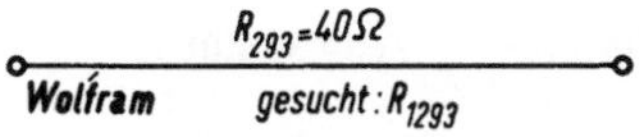

Bild 1.31. Skizze zu Beispiel 1

● *Beispiel 2:*   Die Feldspule eines Gleichstromgenerators ist mit Kupferdraht gewickelt und hat bei 285 K einen Widerstand von 18 Ω. Welchen Widerstand hat die Feldspule, wenn sich ihre Temperatur auf 348 K erhöht (Bild 1.32)?

Gesucht: R_w *Gegeben:* $R_\text{k} = 18\ \Omega$

                                  $T_\text{k} = 285\,\text{K}$

                                  $T_\text{w} = 348\,\text{K}$

                                Werkstoff: Kupfer

Lösung: $R_\text{w} = R_\text{k}\,\dfrac{\tau + T_\text{w}}{\tau + T_\text{k}} \qquad \tau = -39\,\text{K}$

               $R_\text{w} = 18\ \Omega\,\dfrac{(-39\,\text{K} + 348\,\text{K})}{(-39\,\text{K} + 285\,\text{K})}$

               $R_\text{w} = \dfrac{18\ \Omega \cdot 309\,\text{K}}{246\,\text{K}}$

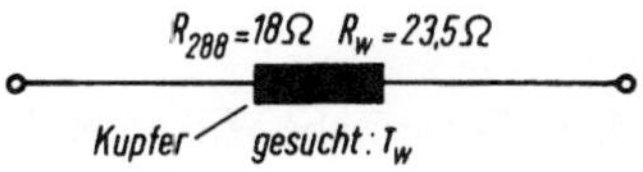

Bild 1.32. Skizze zu Beispiel 2

Ergebnis: $R_\text{w} = 22{,}60\ \Omega$

1.5.1.6. Temperaturbestimmung durch Widerstandsmessung

Durch Auflösen der Gleichung $\dfrac{R_\text{w}}{R_\text{k}} = \dfrac{\tau + T_\text{w}}{\tau + T_\text{k}}$ nach T_w erhält man für

$$T_\text{w} = \frac{R_\text{w} - R_\text{k}}{R_\text{k}}\,(\tau + T_\text{k}) + T_\text{k}$$

und für die Temperaturerhöhung:

$$T_\mathrm{w} - T_\mathrm{k} = \frac{R_\mathrm{w} - R_\mathrm{k}}{R_\mathrm{k}} \, (\tau + T_\mathrm{k}).$$

In dieser Form wird die Gleichung verwendet, um die Temperaturen in Spulen von elektrischen Maschinen durch Widerstandsmessungen zu überwachen. Dies ist notwendig, da hohe Temperaturen die Isolation der Wicklungen zerstören.

● *Beispiel:*   Die Kupferwicklung eines Transformators hat bei 288 K einen Widerstand von 18 Ω. Im Dauerbetrieb steigt der Widerstand auf 23,5 Ω. Welche Temperatur hat die Wicklung angenommen (Bild 1.33)?

Gesucht: T_w *Gegeben:* $R_\mathrm{k} = 18\ \Omega$

$R_\mathrm{w} = 23,5\ \Omega$

$T_\mathrm{k} = 288\ \mathrm{K}$

Werkstoff: Kupfer

Lösung: $T_\mathrm{w} = \dfrac{R_\mathrm{w} - R_\mathrm{k}}{R_\mathrm{k}} \, (\tau + T_\mathrm{k}) + T_\mathrm{k}$ $\tau = -39\ \mathrm{K}$

$$T_\mathrm{w} = \frac{23,5\ \Omega - 18\ \Omega}{18\ \Omega} \, (-39\ \mathrm{K} + 288\ \mathrm{K}) + 288\ \mathrm{K}$$

$$T_\mathrm{w} = \frac{5,5\ \Omega}{18\ \Omega} \, 249\ \mathrm{K} + 288\ \mathrm{K}$$

$$T_\mathrm{w} = 76,08\ \mathrm{K} + 288\ \mathrm{K}$$

Ergebnis: $T_\mathrm{w} = 364,08\ \mathrm{K}$

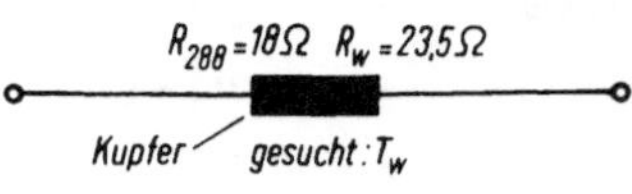

Bild 1.33. Skizze zu Beispiel 3

■ **Aufgaben zu den Abschnitten 1.5.1.5 und 1.5.1.6**

1. Eine Magnetspule hat bei Normaltemperatur einen Widerstand von 50 Ω; sie erwärmt sich im Betrieb auf 343 K. Wie groß ist ihr Warmwiderstand, wenn die Spule mit Kupferdraht bewickelt ist?

2. Wieviel Kelvin beträgt die Temperatursteigerung einer Kupferwicklung, wenn ihr Widerstand von 35 Ω bei 293 K auf 41,6 Ω ansteigt?

3. Die Kupferwicklung einer Drosselspule hat bei 288 K einen Widerstand von 30 Ω. Im Betrieb wird der Widerstand mit 36 Ω gemessen. Wieviel Kelvin beträgt die Temperatursteigerung in der Spule?

1.5.2. Technische Widerstände

In elektrischen Schaltungen werden häufig Schaltelemente gebraucht, deren Aufgabe es ist, durch ihren Widerstand den Strom auf eine bestimmte Höhe zu begrenzen. Diese *Widerstandsgeräte* bestehen meist aus langen, auf Keramikrohr aufgespulten Drähten aus Werkstoffen mit hohen Einheitwiderständen. Für *Meßwiderstände* und *Widerstandsnormale*, von denen eine weitgehende Temperaturunabhängigkeit gefordert wird, werden Manganin und Konstantan verwendet, deren Temperaturzahlen klein sind. Sehr hohe Widerstände erhält man, wenn man dünne Kohleschichten (Schichtwiderstände) oder Metalloxid auf einen keramischen Träger aufbringt.

Widerstände mit genau abgeglichenen Widerstandswerten nennt man *Festwiderstände*.

Durch Verschieben des Gleitkontaktes G bei „stellbaren Widerständen" wird die Zahl der im Stromkreis liegenden Windungen und damit der eingeschaltete Widerstand vergrößert oder verkleinert.

Kennzeichnung

Widerstand und Toleranz wurden durch Zahlen oder Farbkennzeichnung nach DIN 41 429 in Form von Ringen oder Punkten angegeben, wobei der erste Ring näher am Ende des Widerstandes liegt.

Tafel 1.5:

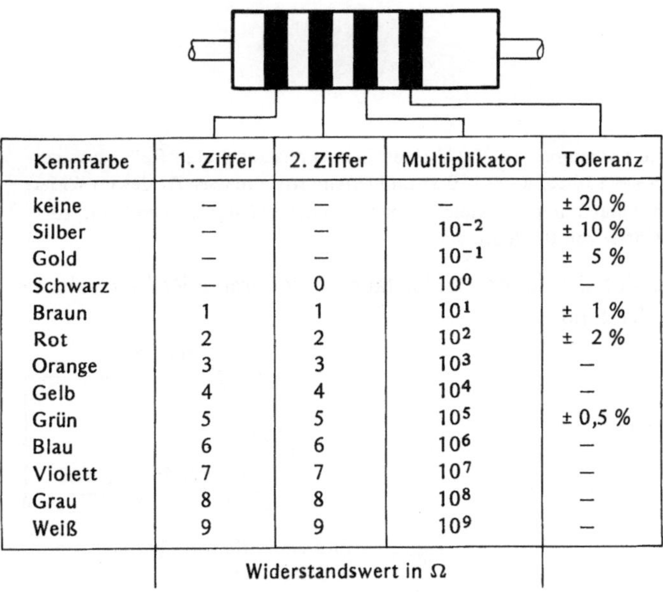

Kennfarbe	1. Ziffer	2. Ziffer	Multiplikator	Toleranz
keine	—	—	—	± 20 %
Silber	—	—	10^{-2}	± 10 %
Gold	—	—	10^{-1}	± 5 %
Schwarz	—	0	10^0	—
Braun	1	1	10^1	± 1 %
Rot	2	2	10^2	± 2 %
Orange	3	3	10^3	—
Gelb	4	4	10^4	—
Grün	5	5	10^5	± 0,5 %
Blau	6	6	10^6	—
Violett	7	7	10^7	—
Grau	8	8	10^8	—
Weiß	9	9	10^9	—

Widerstandswert in Ω

IEC[1]-Reihen: Die Werte gelten in Ω, kΩ oder MΩ und für Kondensatoren in pF, nF oder μF

E6	1,0		1,5		2,2		3,3		4,7		6,8	
E12	1,0	1,2	1,5	1,8	2,2	2,7	3,3	3,9	4,7	5,6	6,8	8,2
E24	1,0 1,1	1,2 1,3	1,5 1,6	1,8 2,0	2,2 2,4	2,7 3,0	3,3 3,6	3,9 4,3	4,7 5,1	5,6 6,2	6,8 7,5	8,2 9,1

● *Beispiel:*   Ein Kohleschichtwiderstand hat die Farbringe Orange-Weiß-Gelb-Silber. Wie groß ist sein Widerstandswert und seine Toleranz?

Gesucht: R *Gegeben:* Farbringe

Lösung: $R = 39 \cdot 10^4 \ \Omega \pm 10 \% = 390 \ \text{k}\Omega \pm 10 \%$; IEC: E12

Sind Widerstände mit fünf Farbringen gekennzeichnet, so bilden die ersten drei Ringe den Ohm-Wert, der vierte den Multiplikator und der fünfte die Toleranz.

---

[1]) Internationale Elektrotechnische Kommission

1.5.3. Schalten von Widerständen

Widerstände können unter sich und mit Verbrauchern in verschiedener Weise zusammen-
geschaltet werden.

1.5.3.1. Reihenschaltung von Widerständen

Begriffsbestimmung

Sind in einem Stromkreis mehrere Widerstände (Verbraucher) so geschaltet, daß derselbe
Strom alle Widerstände der Reihe nach durchfließt, so nennt man eine solche Schaltung
eine *Reihenschaltung, Hintereinanderschaltung* oder *Serienschaltung* von Widerständen
(Bild 1.34).

Ersatzwiderstand

Versuch 1.14:

Schließt man nach Bild 1.34 an eine Spannung von 220 V einen Leiterkreis aus drei in Reihe geschalteten Widerständen R_1 = 110 Ω, R_2 = 150 Ω, R_3 = 180 Ω und einem Strommesser A, dessen Widerstand im Vergleich zu den anderen Widerständen so klein ist, daß er vernachlässigt werden kann, so
zeigt der Strommesser eine Stromstärke von 0,5 A an.

Nach dem Ohmschen Gesetz ergibt sich für den Widerstand R der drei in Reihe geschalteten Widerstände ein Gesamtwiderstand

$$R = \frac{U}{I}$$

$$R = \frac{220\,\text{V}}{0,5\,\text{A}}$$

$$R = 440\,\Omega.$$

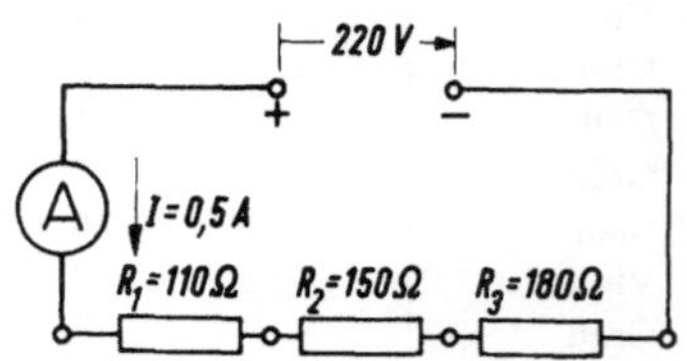

Bild 1.34. Reihenschaltung von
Widerständen

Der gleiche Widerstand ergibt sich durch Addition der Einzelwiderstände:

$$R_1 + R_2 + R_3 = 110\,\Omega + 150\,\Omega + 180\,\Omega = 440\,\Omega$$

also ist:

$$R = R_1 + R_2 + R_3.$$

*Der Gesamtwiderstand in Reihe geschalteter Widerstände ist gleich der Summe der
Einzelwiderstände.*

In Reihe geschaltete Widerstände können also durch einen einzigen Widerstand ersetzt werden, den man als *Ersatzwiderstand* (R_{ers}) der Reihenschaltung bezeichnet.

*Der Ersatzwiderstand in Reihe geschalteter Widerstände ist gleich der Summe der
Einzelwiderstände.*

$$\boxed{R_{ers} = R_1 + R_2 + R_3}$$

Allgemein:

$$R_{ers} = \sum_1^n R_n \qquad ^{1})$$

Der Ersatzwiderstand einer Reihenschaltung von Widerständen wird also durch Zuschalten weiterer Widerstände vergrößert; er ist *größer* als der größte Widerstand der Reihe.

Stromstärke im Stromkreis mit reihengeschalteten Widerständen

Der Strommesser in Versuch 1.14 zeigt unabhängig davon, ob er vor, zwischen oder hinter den Widerständen in den Stromkreis eingeschaltet wird, immer die gleiche Stromstärke von 0,5 A an.

Die durch die einzelnen Widerstände fließenden Ströme I_1, I_2, I_3 sind gleich der Stromstärke I im Gesamtstromkreis.

$$I_1 = I_2 = I_3 = I$$

Die Stromstärke in einem Stromkreis mit in Reihe geschalteten Widerständen ergibt sich nach dem Ohmschen Gesetz aus:

$$I = \frac{U}{R_{ers}} = \frac{U}{\sum\limits_1^n R_n}$$

Spannungen an den in Reihe geschalteten Widerständen

Die angelegte Spannung U liegt am Ersatzwiderstand R_{ers}. Sie teilt sich aber an den einzelnen Widerständen je nach ihrer Größe proportional zu ihnen auf.

$$U = U_1 + U_2 + U_3 \ldots \qquad U = I \cdot R_1 + I \cdot R_2 + I \cdot R_3 = I \cdot R_{ers}$$

● *Beispiel:* An einer Spannung von 220 V liegen zwei hintereinander geschaltete Widerstände von 55 Ω und 82,5 Ω (Bild 1.35). Wie groß ist a) der Ersatzwiderstand der Reihenschaltung; b) die Stromstärke im Stromkreis?

Gesucht: a) R_{ers}
b) I

Gegeben: $R_1 = 55\ \Omega$
$R_2 = 82,5\ \Omega$

Lösung a): $R_{ers} = R_1 + R_2$
$R_{ers} = 55\ \Omega + 82,5\ \Omega$

Ergebnis: $R_{ers} = 137,5\ \Omega$

Lösung b): $I = \dfrac{U}{R_{ers}}$

$I = \dfrac{220\ V}{137,5\ \Omega}$

Ergebnis: $I = 1,6\ A$

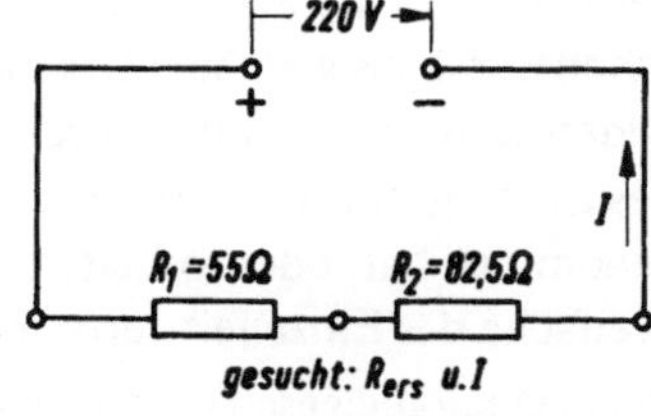

Bild 1.35. Skizze zum Beispiel

$^{1})$ Σ, in Verbindung mit Formelzeichen bedeutet die Summe der Formelgrößen, wobei die Grenzen der Summation unter und über das Σ geschrieben werden.

Hier heißt der Ausdruck $\sum\limits_1^n R_n$: Summe der Widerstände R_n von 1 bis n.

1.5.3.2. Parallelschaltung von Widerständen

Begriffsbestimmung

Verteilt sich in einem Stromkreis (Bild 1.36) der elektrische Strom zwischen zwei Punkten A und B auf mehrere Widerstände, so liegt eine *Parallelschaltung* (*Nebeneinanderschaltung*) von Widerständen vor.

Alle parallelgeschalteten Widerstände liegen an der gleichen Spannung. Die Parallelschaltung ist die am häufigsten angewendete Schaltung; so sind z.B. die sämtlichen an das öffentliche Versorgungsnetz angeschlossenen Verbraucher parallelgeschaltet (Bild 1.37), da sie alle für eine bestimmte Spannung, die Netzspannung, bemessen sind.

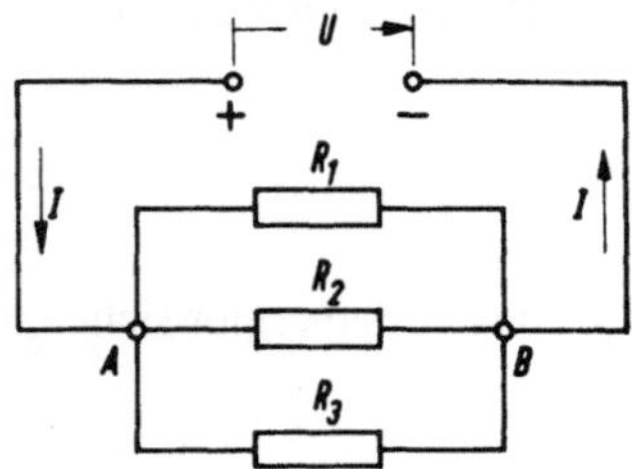

Bild 1.36. Parallelschaltung von Widerständen

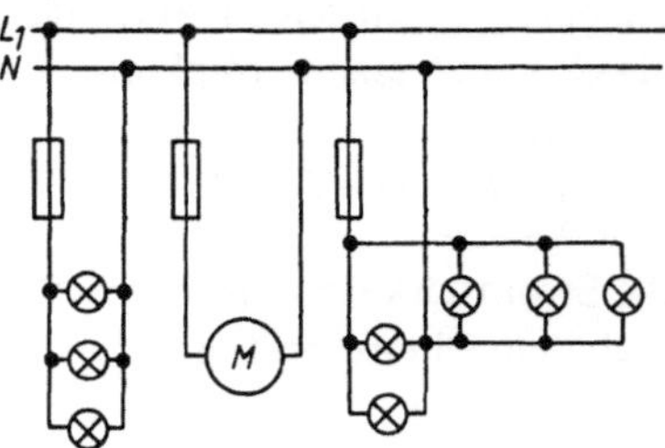

Bild 1.37. Parallelschaltung im Verbrauchernetz

Ersatzwiderstand

Auch parallelgeschaltete Widerstände haben einen Ersatzwiderstand, der bei gegebener Spannung U im Stromkreis die Stromstärke I im unverzweigten Stromkreis nach dem Ohmschen Gesetz bestimmt und aus der Spannung U und der Stromstärke I berechnet werden kann. Es ist:

$$R_{\text{ers}} = \frac{U}{I}.$$

Im Versuch 1.12 wurden gleiche Widerstände (Drähte gleicher Länge mit gleichem Querschnitt und aus gleichem Werkstoff) parallel geschaltet. Dort ergab sich, daß der Gesamtwiderstand von zwei bzw. drei parallelgeschalteten Widerständen durch die Vergrößerung des Leitungsquerschnitts auf die Hälfte bzw. den dritten Teil des Einzelwiderstandes abgenommen hat, oder in Leitwerten ausgedrückt, daß der Gesamtleitwert das zwei- bzw. dreifache des Einzelleitwertes betrug.

Bei drei parallelgeschalteten gleichen Leitwerten ist:

$$G_{\text{ers}} = 3\,G = G + G + G$$

Der Ersatzleitwert parallelgeschalteter gleicher Leitwerte ist gleich der Summe der Einzelleitwerte.

Werden verschiedene Leitwerte parallel geschaltet, so kann man sich jeden einzelnen Leitwert selbst wieder zusammengesetzt denken aus parallelgeschalteten gleichen Leitwerteinheiten, so daß allgemein auch für beliebige Leitwerte das Gesetz gilt:

Der Ersatzleitwert parallelgeschalteter Leitwerte ist gleich der Summe der Einzelleitwerte.

$$G_{ers} = G_1 + G_2 + G_3 + \ldots + G_{n-1} + G_n = \sum_1^n G_n$$

Während also bei der Reihenschaltung von Widerständen der Ersatzwiderstand gleich der Summe der Einzelwiderstände ist, ist bei der Parallelschaltung von Widerständen der Ersatzleitwert gleich der Summe der Einzelleitwerte.

Ersetzt man in der obigen Gleichung die Leitwerte nach der Formel $G = \frac{1}{R}$ durch die Widerstände, so erhält man für die Berechnung des Ersatzwiderstandes parallelgeschalteter Widerstände die Gleichung:

$$\frac{1}{R_{ers}} = \frac{1}{R_1} + \frac{1}{R_2} + \frac{1}{R_3} + \cdots \frac{1}{R_{n-1}} + \frac{1}{R_n} = \sum_1^n \frac{1}{R_n}$$

Für den Ersatzwiderstand von zwei parallelgeschalteten Widerständen ergibt sich aus

$$\frac{1}{R_{ers}} = \frac{1}{R_1} + \frac{1}{R_2}$$

durch Addieren der Brüche auf der rechten Seite der Gleichung:

$$\frac{1}{R_{ers}} = \frac{R_1 + R_2}{R_1 R_2}$$

und die für die Berechnung des Ersatzwiderstandes bequemere Formel:

$$R_{ers} = \frac{R_1 R_2}{R_1 + R_2}$$

Sind mehr als zwei Widerstände parallel geschaltet, ist es zumeist einfacher, die Leitwerte zu addieren.

Für eine Parallelschaltung von n gleichen Widerständen R erhält man aus

$$\frac{1}{R_{ers}} = \frac{1}{R} + \frac{1}{R} + \frac{1}{R} + \ldots + \frac{1}{R} = \frac{n}{R}$$

$$R_{ers} = \frac{R}{n}$$

Der Ersatzwiderstand von n parallelgeschalteten gleichen Widerständen ist gleich dem n-teil Teil eines Einzelwiderstandes.

Stromstärke im Hauptstromkreis

Die Stromstärke im Hauptstromkreis ergibt sich nach dem Ohmschen Gesetz aus der Spannung U, die an der Parallelschaltung liegt und dem Ersatzwiderstand R_{ers} der parallelgeschalteten Widerstände.

$$I = \frac{U}{R_{ers}}.$$

● *Beispiel 1:*   Drei Widerstände von 20 Ω, 30 Ω und 60 Ω sind parallel geschaltet und an 120 V angeschlossen (Bild 1.38). Wie groß ist a) der Ersatzwiderstand der Parallelschaltung, b) die Stromstärke im Hauptstromkreis, wenn der Widerstand der Zuleitungsdrähte vernachlässigt werden kann?

Gesucht: a) R_{ers} *Gegeben:* $R_1 = 20$ Ω $R_3 = 60$ Ω
             b) I $R_2 = 30$ Ω U = 120 V

Lösung a): $\dfrac{1}{R_{ers}} = \dfrac{1}{R_1} + \dfrac{1}{R_2} + \dfrac{1}{R_3}$

$\dfrac{1}{R_{ers}} = \dfrac{1}{20\,\Omega} + \dfrac{1}{30\,\Omega} + \dfrac{1}{60\,\Omega}$

$\dfrac{1}{R_{ers}} = \dfrac{3+2+1}{60\,\Omega}$

$\dfrac{1}{R_{ers}} = \dfrac{1}{10\,\Omega}$

Ergebnis: $R_{ers} = 10$ Ω

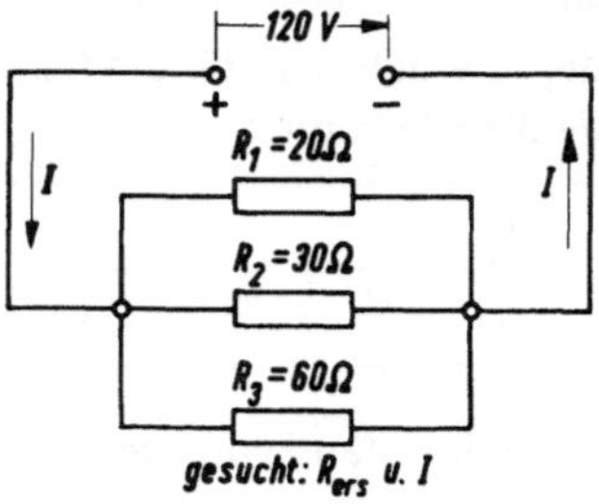

Lösung b): $I = \dfrac{U}{R_{ers}}$

$I = \dfrac{120\text{ V}}{10\,\Omega}$

Ergebnis: $I = 12$ A

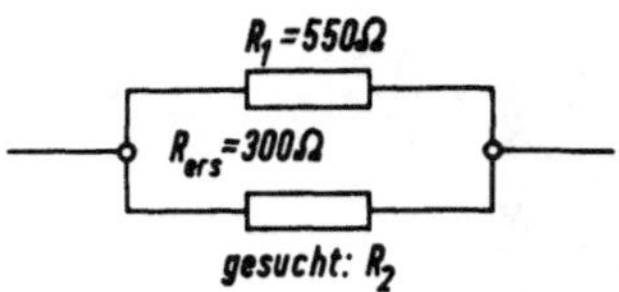

Bild 1.38. Skizze zu Beispiel 1

● *Beispiel 2:*   Der Ersatzwiderstand von zwei parallelgeschalteten Widerständen beträgt 300 Ω (Bild 1.39). Wie groß ist der zweite Widerstand, wenn der erste 550 Ω beträgt?

Gesucht: Widerstand R_2 *Gegeben:* R_{ers} = 300 Ω
                                              R_1 = 550 Ω

Die Gleichung muß nach R_2 aufgelöst werden:

Lösung: $R_{ers} = \dfrac{R_1 R_2}{R_1 + R_2}$

$R_1 R_2 = R_{ers} R_1 + R_{ers} R_2$

$R_2(R_1 - R_{ers}) = R_1 R_{ers}$

$R_2 = \dfrac{R_1 R_{ers}}{R_1 - R_{ers}}$

$R_2 = \dfrac{550\,\Omega \cdot 300\,\Omega}{550\,\Omega - 300\,\Omega}$

$R_2 = \dfrac{165\,000\,\Omega}{250\,\Omega}$

Ergebnis: $R_2 = 660$ Ω

Bild 1.39. Skizze zu Beispiel 2

1.5.3.3. Gemischte Schaltung von Widerständen

Begriffsbestimmung

Stromkreise, die teils aus in Reihe geschalteten Widerständen, teils aus parallelgeschalteten Widerständen
zusammengesetzt sind, bezeichnet man als *gemischte
Schaltungen*. Gemischte Schaltungen kommen in der
Technik sehr häufig vor. So liegt z. B. in allen Strom-
versorgungsanlagen der Ersatzwiderstand der parallelgeschalteten Verbraucher in Reihe mit dem inneren
Widerstand des Generators und dem Widerstand der
Anschlußleitungen (Bild 1.40).

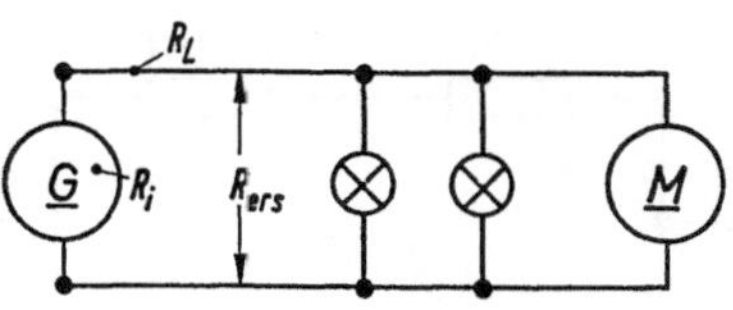

Bild 1.40. Gemischte Widerstands-
schaltung

Ersatzwiderstand

Zur Berechnung des Ersatzwiderstandes gemischter Schaltungen muß man sich zunächst
ein übersichtliches Schaltbild anfertigen. Man ersetzt die Gruppen parallel bzw. in Reihe
geschalteter Widerstände durch ihre Ersatzwiderstände und führt dadurch die gemischte
Schaltung auf eine einfache Reihenschaltung bzw. Parallelschaltung zurück. Dies soll an
folgenden Beispielen gezeigt werden.

● *Beispiel 1:*　　Berechne den Ersatzwiderstand der Schaltung nach Bild 1.41!

　Gesucht:　　R_{ers}　　　　　　*Gegeben:* $R_1 = 15\ \Omega$

　　　　　　　　　　　　　　　　　　　　　$R_2 = 10\ \Omega$

　　　　　　　　　　　　　　　　　　　　　$R_3 = 40\ \Omega$

　Lösung:　　Man ersetzt im Schaltbild die beiden parallelgeschalteten Widerstände R_1 und R_2 durch
　　　　　　　　ihren Ersatzwiderstand $R_{1,2}$ und erhält damit eine Reihenschaltung der beiden Wider-
　　　　　　　　stände $R_{1,2}$ und R_3, deren Ersatzwiderstand R_{ers} berechnet wird:

$$R_{ers} = R_{1,2} + R_3$$

$$R_{1,2} = \frac{R_1 R_2}{R_1 + R_2}$$

$$R_{1,2} = \frac{15\ \Omega \cdot 10\ \Omega}{15\ \Omega + 10\ \Omega}$$

$$R_{1,2} = \frac{150\ \Omega^2}{25\ \Omega}$$

$$R_{1,2} = 6\ \Omega$$

$$R_{ers} = 6\ \Omega + 40\ \Omega$$

　Ergebnis:　　$R_{ers} = 46\ \Omega$

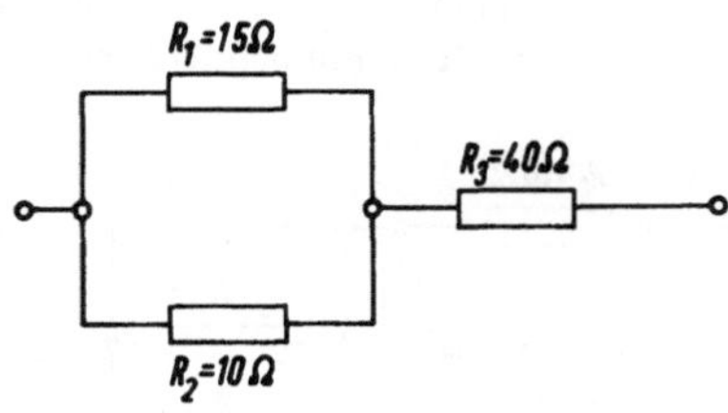

Bild 1.41. Skizze zu Beispiel 1

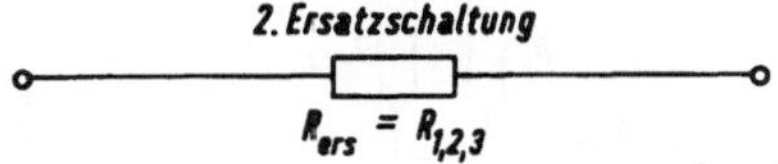

● *Beispiel 2:*   Berechne den Ersatzwiderstand der Schaltung nach Bild 1.42!

Gesucht: R_{ers} *Gegeben:* R_1 = 6 Ω
                                              R_2 = 15 Ω
                                              R_3 = 8 Ω
                                              R_4 = 6 Ω

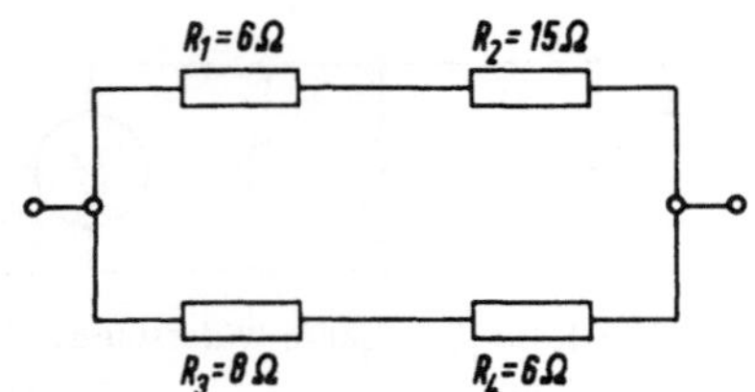
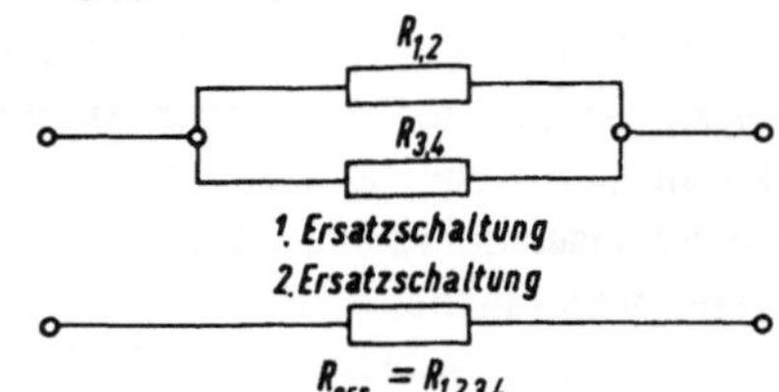

Bild 1.42. Skizze zu Beispiel 2

Lösung: Es sind zwei Gruppen von reihengeschalteten Widerständen parallelgeschaltet. Man ersetzt im Schaltbild die beiden in Reihe geschalteten Widerstände R_1 und R_2 durch den Ersatzwiderstand $R_{1,2}$, ebenso die Widerstände R_3 und R_4 durch den Ersatzwiderstand $R_{3,4}$ und berechnet den Ersatzwiderstand der Parallelschaltung R_{ers}:

$$R_{ers} = \frac{R_{1,2}\, R_{3,4}}{R_{1,2} + R_{3,4}}$$

$R_{1,2} = R_1 + R_2$ $R_{3,4} = R_3 + R_4$ $R_{ers} = \dfrac{21\ \Omega \cdot 14\ \Omega}{21\ \Omega + 14\ \Omega}$

$R_{1,2} = 6\ \Omega + 15\ \Omega$ $R_{3,4} = 8\ \Omega + 6\ \Omega$

$R_{1,2} = 21\ \Omega$ $R_{ers} = \dfrac{21 \cdot 14\ \Omega^2}{35\ \Omega}$

                                  $R_{3,4} = 14\ \Omega$

Ergebnis: $R_{ers} = 8,4\ \Omega$

● *Beispiel 3:*   Berechne den Ersatzwiderstand der Schaltung nach Bild 1.43!

Gesucht: R_{ers} *Gegeben:* R_1 = 10 Ω R_4 = 8 Ω
                                              R_2 = 20 Ω R_5 = 5 Ω
                                              R_3 = 30 Ω R_6 = 6 Ω

Lösung: Die Widerstände R_2 und R_3 sind parallelgeschaltet und ergeben den Ersatzwiderstand $R_{2,3}$. Dieser ist mit dem Widerstand R_4 in Reihe geschaltet und liefert den Ersatzwiderstand $R_{2,3,4}$, der parallel zum Widerstand R_5 liegt. Der Ersatzwiderstand $R_{2,3,4,5}$ liegt in Reihe mit den Widerständen R_1 und R_6.

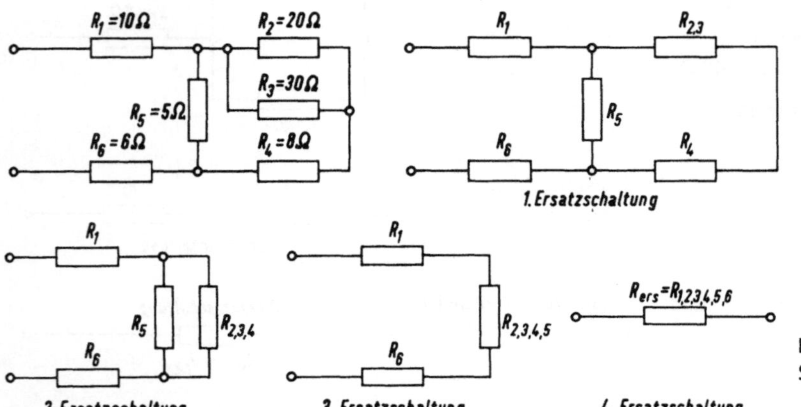

Bild 1.43.
Skizze zu Beispiel 3

$$R_{ers} = R_1 + R_{2,3,4,5} + R_6$$

$$R_{2,3} = \frac{R_2 R_3}{R_2 + R_3}$$

$$R_{2,3} = \frac{20\ \Omega \cdot 30\ \Omega}{20\ \Omega + 30\ \Omega} \qquad R_{2,3} = 12\ \Omega$$

$$R_{2,3,4} = R_{2,3} + R_4$$

$$R_{2,3,4} = 12\ \Omega + 8\ \Omega \qquad R_{2,3,4} = 20\ \Omega$$

$$R_{2,3,4,5} = \frac{R_{2,3,4}\, R_5}{R_{2,3,4} + R_5}$$

$$R_{2,3,4,5} = \frac{20\ \Omega \cdot 5\ \Omega}{20\ \Omega + 5\ \Omega} \qquad R_{2,3,4,5} = 4\ \Omega$$

Ergebnis: $\qquad R_{ers} = 20\ \Omega$ $\qquad\qquad\qquad\qquad R_{ers} = 10\ \Omega + 4\ \Omega + 6\ \Omega$

■ Aufgaben zu Abschnitt 1.5.3

1. Berechne den Ersatzwiderstand einer Reihenschaltung von drei Widerständen mit 15 Ω, 30 Ω, 45 Ω!

2. Welchen Widerstand muß man mit zwei Widerständen von 56 Ω und 32 Ω in Reihe schalten, damit der Ersatzwiderstand 116 Ω beträgt?

3. In einem elektrischen Heizofen für 220 V Spannung ist bei der Schalterstellung 1 eine Heizwendel von 100 Ω Widerstand eingeschaltet (Bild 1.44). Bei der Schalterstellung 2 wird ihr eine zweite Heizwendel von gleichem Widerstand parallelgeschaltet.
   a) Welchen Widerstand hat der Heizofen bei der Schalterstellung 2?
   b) Wie groß ist die Stromaufnahme bei beiden Schalterstellungen?

4. Einem Widerstand von 42 Ω wird ein Widerstand von 28 Ω parallelgeschaltet. Wie groß ist der Widerstand der Verzweigung?

5. Welchen Widerstand muß man einem Widerstand von 10 Ω parallelschalten, damit der Ersatzwiderstand der Parallelschaltung 2 Ω beträgt?

6. Drei Widerstände von 48 Ω, 16 Ω und 12 Ω sind gegeben. Wie groß ist der Ersatzwiderstand
   a) bei Reihenschaltung, b) bei Parallelschaltung der drei Widerstände?

7. Zwei Widerstände von 10 kΩ und 6 kΩ sind parallelgeschaltet. Welchen Widerstand muß man noch parallelschalten, damit man einen Ersatzwiderstand von 1,5 kΩ erhält?

8. An das 220-V-Netz werden zur Beleuchtung einer Maschinenhalle 5 Lampen mit je 160 Ω Widerstand und 12 Lampen mit je 486 Ω Widerstand parallelgeschaltet. Wie groß ist der Gesamtwiderstand der Beleuchtungsanlage, wenn man den Widerstand der Anschlußleitungen nicht berücksichtigt?

9. Drei Verbraucher mit 60 Ω, 40 Ω und 30 Ω liegen in Parallelschaltung an 110 V Spannung. Der Widerstand der Anschlußleitung beträgt 2,5 Ω.
   a) Wie groß ist der Gesamtwiderstand der Schaltung?
   b) Welche Stromstärke nimmt die Schaltung auf?

10. Berechne die sämtlichen Widerstände, die sich aus drei Widerständen von 4 Ω, 6 Ω und 12 Ω herstellen lassen durch a) Reihenschaltung, b) Parallelschaltung, c) gemischte Schaltung!

11. Fertige für die Berechnung des Ersatzwiderstandes der Schaltung in Bild 1.45 durch Umzeichnen eine übersichtliche Schaltskizze an! Wie groß ist der Ersatzwiderstand der Schaltung?

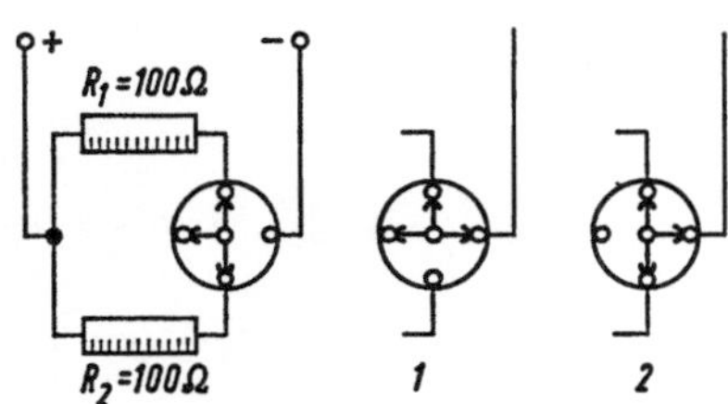

Bild 1.44. Skizze zu Aufgabe 3

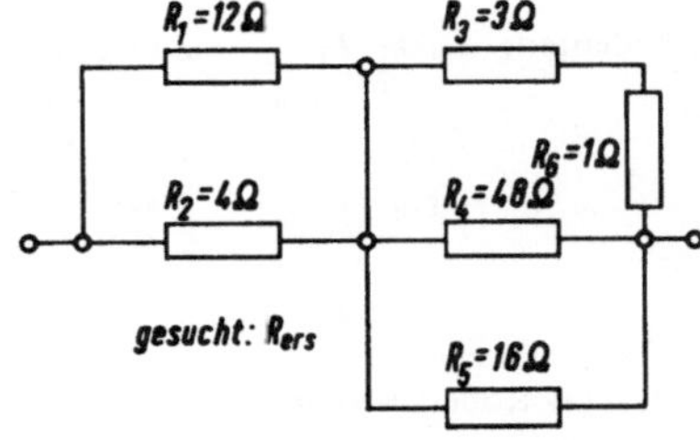

Bild 1.45. Skizze zu Aufgabe 11

1.6. Strom und Spannung in zusammengesetzten Stromkreisen

1.6.1. Stromverteilung in verzweigten Stromkreisen

1.6.1.1. Das 1. Kirchhoffsche Gesetz[1]

Teilt sich ein Stromkreis zwischen den Punkten A und B in einzelne Zweige (Bild 1.46), so liegt eine Stromverzweigung vor. Die Widerstände R_1, R_2, R_3 der Zweige sind parallelgeschaltet. Der Punkt A, in dem sich der Stromkreis teilt, und der Punkt B, in dem die Zweige sich wieder vereinigen, heißen die *Knotenpunkte* der Verzweigung.

Aus der einfachen Überlegung, daß ein dauernder Strom nur dann bestehen kann, wenn die einem Punkt im Stromkreis zufließende Elektrizitätsmenge gleich der abfließenden Menge ist, folgt das

1. Kirchhoffsche Gesetz (Knotenpunktsatz): Die Summe der einem Knotenpunkt zufließenden Ströme ist gleich der Summe der abfließenden Ströme.

$$\Sigma I_{zu} = \Sigma I_{ab}$$

Für den in Bild 1.46 dargestellten Stromkreis ist
im Knotenpunkt A: $I_{ges} = I_1 + I_2 + I_3$
im Knotenpunkt B: $I_1 + I_2 + I_3 = I_{ges}$

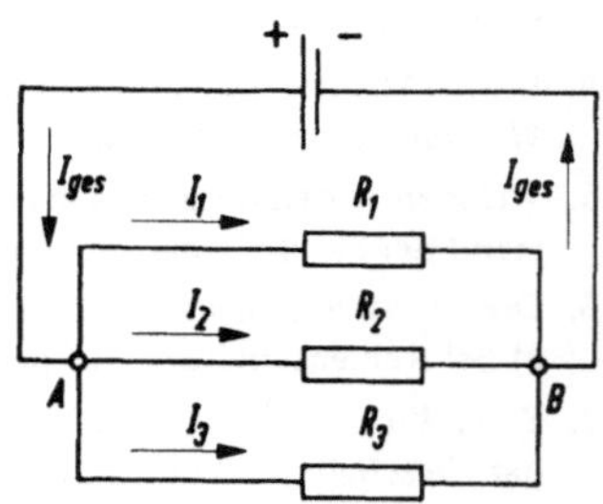

Bild 1.46. Knotenpunktsatz

1.6.1.2. Abhängigkeit der Zweigströme von den Zweigwiderständen

Die an den Enden der einzelnen Zweige herrschenden Spannungen sind gleich der Spannung zwischen den Knotenpunkten A und B. Durch die Widerstände der Zweige sind die Zweigströme I_1, I_2, I_3 bestimmt. Nach dem Ohmschen Gesetz ist der Spannungsabfall in den einzelnen Zweigen gleich der Spannung $U = I_{ges} R_{ers}$ zwischen den Knotenpunkten. Somit ist

$$U = I_1 R_1 = I_2 R_2 = I_3 R_3 = I_{ges} R_{ers}.$$

Es bedeuten:
I_1, I_2, I_3 — Zweigströme
R_1, R_2, R_3 — Zweigwiderstände
I_{ges} — Stromstärke im unverzweigten Stromkreis
R_{ers} — Ersatzwiderstand der Verzweigung.

---

[1] Gustav Robert Kirchhoff, Physiker 1824–1887

Daraus folgt:

$$I_1 : I_2 = R_2 : R_1 \quad \text{und} \quad I_1 : I_3 = R_3 : R_1, \quad \text{d.h.:}$$

Die Stromstärken in den einzelnen Zweigen einer Stromverzweigung verhalten sich umgekehrt wie die Widerstände der Zweige.

Bildet man die Verhältnisse der Zweigströme zum Gesamtstrom, so erhält man

$$I_1 : I_{ges} = R_{ers} : R_1 \quad \text{und} \quad I_1 = \frac{R_{ers}}{R_1} I_{ges}$$

$$I_2 : I_{ges} = R_{ers} : R_2 \quad \text{und} \quad I_2 = \frac{R_{ers}}{R_2} I_{ges}$$

$$I_3 : I_{ges} = R_{ers} : R_3 \quad \text{und} \quad I_3 = \frac{R_{ers}}{R_3} I_{ges}$$

Wenn die Widerstände der Zweige bekannt sind, so kann man nach 1.5.3.2 den Ersatzwiderstand R_{ers} berechnen. Aus R_{ers} und der Spannung U ergibt sich der Strom I_{ges} im unverzweigten Stromkreis und hieraus die Zweigströme in den einzelnen Widerständen.

- *Beispiel:*   Drei Widerstände von 20 Ω, 30 Ω und 60 Ω sind nach Bild 1.47 parallelgeschaltet und an ein 120-V-Netz angeschlossen. Der Widerstand der Zuleitungsdrähte soll unberücksichtigt bleiben.

    a) Wie groß ist der Ersatzwiderstand der Verzweigung und der äußere Gesamtwiderstand des Stromkreises?

    b) Wie groß ist die Stromstärke im Hauptstromkreis?

    c) Bestimme die Stromstärken in den Zweigwiderständen!

Gesucht: a) R_{ers} *Gegeben:* $R_1 = 20 \ \Omega$
            b) I_{ges} $R_2 = 30 \ \Omega$
            c) I_1, I_2, I_3 $R_3 = 60 \ \Omega$
                                            $U = 120 \ \text{V}$

Lösung a): $\quad \dfrac{1}{R_{ers}} = \dfrac{1}{R_1} + \dfrac{1}{R_2} + \dfrac{1}{R_3}$

$$\frac{1}{R_{ers}} = \frac{1}{20 \ \Omega} + \frac{1}{30 \ \Omega} + \frac{1}{60 \ \Omega}$$

$$\frac{1}{R_{ers}} = \frac{3+2+1}{60 \ \Omega} = \frac{1}{10 \ \Omega}$$

Ergebnis: $R_{ers} = 10 \ \Omega$

Lösung b): $\quad I_{ges} = \dfrac{U}{R_{ers}}$

$$I_{ges} = \frac{120 \ \text{V}}{10 \ \Omega}$$

Ergebnis: $I_{ges} = 12 \ \text{A}$

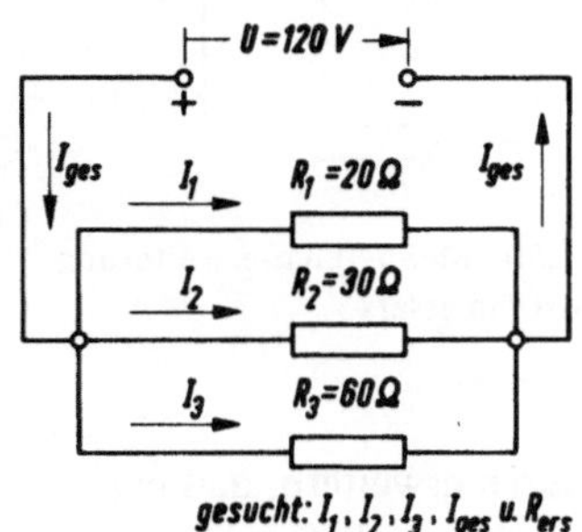

Bild 1.47. Skizze zum Beispiel

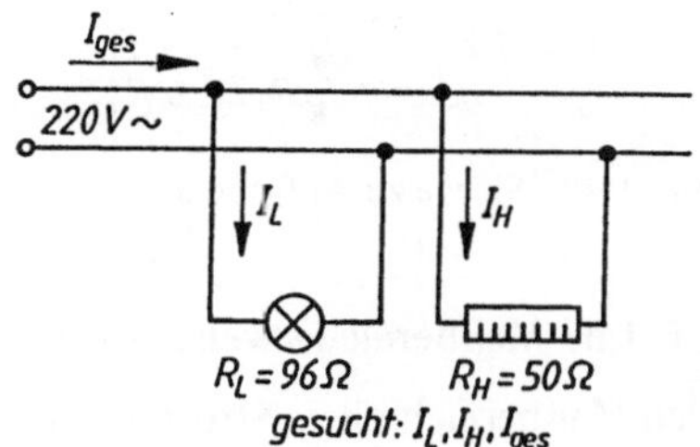

Bild 1.48. Skizze zu Aufgabe 2

Lösung c): $I_1 = I_{ges} \dfrac{R_{ers}}{R_1}$ $I_2 = I_{ges} \dfrac{R_{ers}}{R_2}$ $I_3 = I_{ges} \dfrac{R_{ers}}{R_3}$

$I_1 = 12\,A\,\dfrac{10\,\Omega}{20\,\Omega}$ $I_2 = 12\,A\,\dfrac{10\,\Omega}{30\,\Omega}$ $I_3 = 12\,A\,\dfrac{10\,\Omega}{60\,\Omega}$

Ergebnis: $I_1 = 6\,A$ $I_2 = 4\,A$ $I_3 = 2\,A$

■ Aufgaben zu den Abschnitten 1.6.1.1 und 1.6.1.2

1. Welcher Strom fließt im unverzweigten Stromkreis, wenn die Zweigströme 2,75 A, 3,25 A und 4,5 A betragen?

2. a) Welcher Gesamtstrom wird dem 220-V-Netz entnommen, an das eine Glühlampe mit 96 Ω Widerstand und ein elektrischer Heizofen mit 50 Ω Widerstand parallelgeschaltet sind (Bild 1.48)?
   b) Wie groß sind die Ströme in den beiden Verbrauchern?

3. Drei Widerstände von 4 Ω, 5 Ω und 12 Ω sind parallelgeschaltet. Wie groß ist:
   a) der Ersatzwiderstand der parallelgeschalteten Widerstände;
   b) der Gesamtstrom bei Anschluß an 44 V Spannung;
   c) jeder der Zweigströme?

4. Zur Beleuchtung eines Zimmers sind fünf Lampen mit je 800 Ω Widerstand parallel an 220 V Spannung gelegt.
   a) Wie groß ist der Ersatzwiderstand der Beleuchtungsanlage, wenn sämtliche Lampen eingeschaltet sind?
   b) Mit welcher Stromstärke ist die Zuleitung belastet?
   c) Welche Stromstärke nimmt jede Lampe auf?

5. In einer Werkstatt sind nach Bild 1.49 an das 220-V-Netz angeschlossen: ein Warmwasserspeicher mit 31 Ω Widerstand, ein Härteofen mit einer Stromaufnahme von 5,9 A und ein Elektromotor mit einer Stromaufnahme von 9 A.
   a) Welche Stromstärke nimmt der Warmwasserspeicher auf?
   b) Mit welchem Strom ist die Zuleitung belastet?
   c) Welchen Gesamtwiderstand hat die elektrische Anlage?
   d) Berechne den Widerstand des Härteofens!

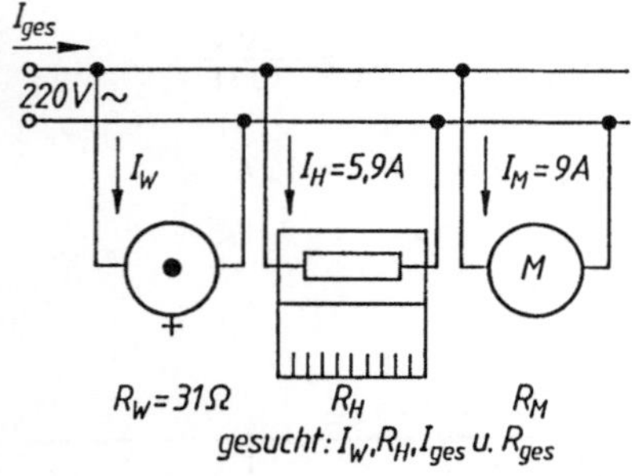

Bild 1.49. Skizze zu Aufgabe 5

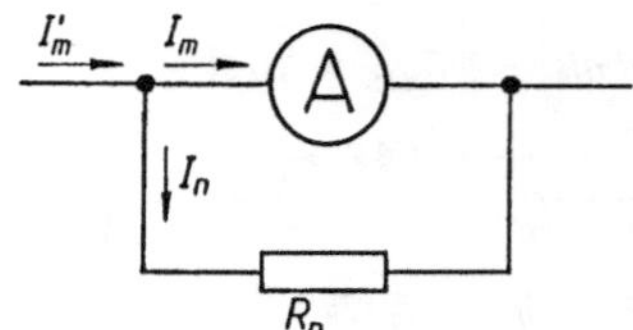

Bild 1.50. Meßbereichserweiterung des Strommessers

1.6.1.3. Meßbereicherweiterung von Strommessern

Den Meßbereich eines Strommessers kann man nachträglich dadurch erweitern, daß man den im Stromkreis vorhandenen Strom nur zum Teil durch das Meßwerk fließen läßt. Zu diesem Zweck schaltet man dem Meßwerk nach Bild 1.50 einen Widerstand parallel, den man als *Nebenwiderstand* oder *Shunt*[1]) bezeichnet. Dieser Widerstand muß so bemessen sein, daß ein genau definierter Strom durch das Meßwerk fließt.

Die Stromstärke, die den Vollausschlag im Strommesser bewirkt, sei I_m beim ursprünglichen Meßbereich, I'_m beim erweiterten Meßbereich. Soll der Meßbereich auf das n-fache erweitert werden, so muß

$$I'_m = nI_m$$

sein, wobei n die *Erweiterungszahl* des Meßbereichs ist.

Durch das Meßwerk darf also bei n-fach vergrößertem Meßbereich nur der n-te Teil der Stromstärke im Hauptstromkreis fließen

$$I_m = \frac{1}{n} I'_m \,.$$

Nach dem Kirchhoffschen Gesetz gilt nach Bild 1.50

$$I_n = I'_m - \frac{I'_m}{n}$$

Durch den Nebenwiderstand R_n muß nach der Verzweigungsregel der Strom I_n am Meßwerk vorbeigeleitet werden. Es ist:

$$I_n = \frac{n-1}{n} I'_m \,.$$

Durch Division der beiden Gleichungen für I_m und I_n erhält man:

$$\frac{I_m}{I_n} = \frac{1}{n-1} \,.$$

Nach der Kirchhoffschen Regel verhalten sich andererseits die Stromstärken in den Zweigen umgekehrt wie die Zweigwiderstände. Bezeichnet man den Widerstand des Meßwerkes mit R_M, den des Nebenwiderstandes mit R_n, so ist

$$\frac{I_m}{I_n} = \frac{R_n}{R_M} \,.$$

Durch Vergleich der letzten beiden Gleichungen erhält man:

$$\frac{R_n}{R_M} = \frac{1}{n-1} \,.$$

Somit beträgt der Nebenwiderstand bei n-facher Erweiterung des Meßbereichs eines Strommessers:

$$\boxed{R_n = \frac{R_M}{n-1} \,.}$$

Beispiel: Soll der Meßbereich eines Strommessers verzehnfacht werden, so muß dem Meßwerk ein Widerstand parallelgeschaltet werden, der $\frac{1}{9}$ des Meßwerkwiderstandes beträgt.

---

[1]) to shunt, engl., verschieben.

■ **Aufgaben zu Abschnitt 1.6.1.3**

1. Ein Strommesser mit einem Eigenwiderstand von 1 Ω hat einen Meßbereich von 250 mA. Wie groß muß der Nebenwiderstand sein, wenn der Meßbereich des Strommessers auf 25 A erweitert werden soll?

2. Bei einem Eigenwiderstand von 5 Ω hat ein Strommesser einen Meßbereich von 100 mA.
   a) Wie groß muß der Nebenwiderstand sein, der den Meßbereich auf 10 A erhöht?
   b) Wie groß ist der Gesamtwiderstand des Strommessers mit erweitertem Meßbereich?

1.6.1.4. Parallelschaltung von Spannungsquellen

Sind mehrere Spannungsquellen so in einem Stromkreis eingeschaltet, daß alle positiven und alle negativen Pole miteinander verbunden sind (Bild 1.51), so sind die Spannungsquellen parallelgeschaltet. Auch hier liegt eine Stromverzweigung vor.

Betrachtet man den einfachen Fall, daß alle Spannungsquellen die gleiche Spannung aufweisen, dann ist die im äußeren Stromkreis wirksame Spannung U der Spannung der einzelnen Spannungsquellen gleich:

$$U = U_1 = U_2 = U_3$$

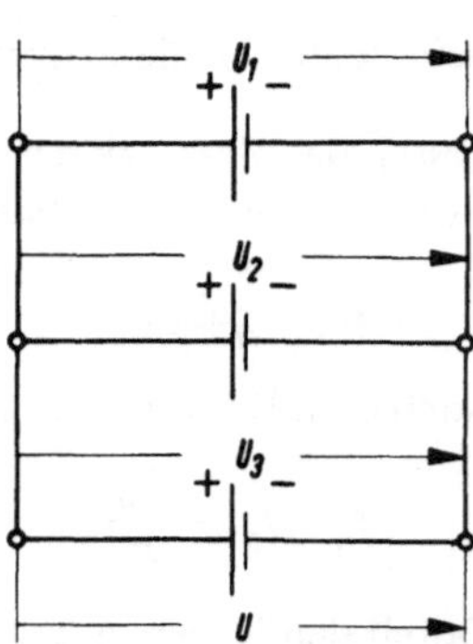

Bild 1.51. Parallelschaltung von Spannungsquellen

Jede Spannungsquelle ist Stromdurchgangsstelle und hat wie jeder Leiter einen Widerstand, den man als den inneren Widerstand R_i der Spannungsquelle bezeichnet. Jede Spannungsquelle kann man also durch eine Reihenschaltung der Urspannung E und des inneren Widerstandes R_i ersetzt denken. Das Bild 1.52 zeigt die *Ersatzschaltung für eine Spannungsquelle*. Im Bild 1.53 ist ein Stromkreis mit parallelgeschalteten Spannungsquellen unter Verwendung der Ersatzschaltung für Spannungsquellen dargestellt.

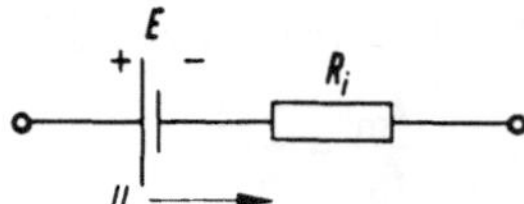

Bild 1.52. Ersatzschaltung für Spannungsquellen

Der Widerstand des Stromkreises setzt sich zusammen aus dem äußeren Widerstand R_a und dem inneren Widerstand der parallelgeschalteten Spannungsquellen. Bei n gleichen Spannungsquellen beträgt der innere Widerstand $\frac{R_i}{n}$, der Gesamtwiderstand R des Stromkreises somit $R = R_a + \frac{R_i}{n}$.

Ist E die Urspannung jeder Spannungsquelle, so beträgt die Stromstärke im Stromkreis nach dem Ohmschen Gesetz

$$I = \frac{E}{R_a + \dfrac{R_i}{n}}.$$

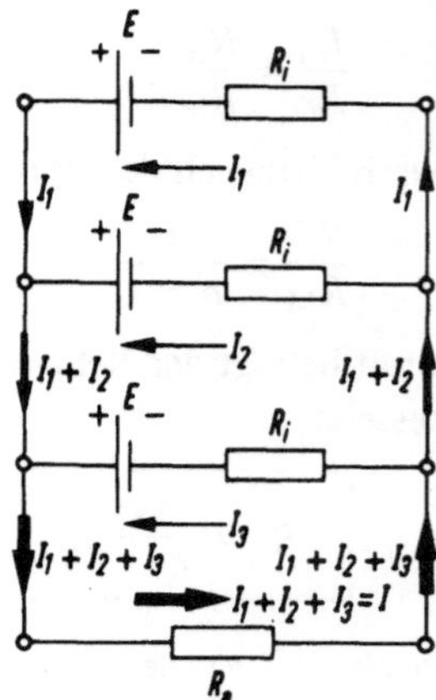

Bild 1.53. Stromkreis mit parallelgeschalteten Spannungsquellen

Ist der äußere Widerstand R_a im Vergleich zum inneren Widerstand $\frac{R_i}{n}$ sehr groß, so daß $\frac{R_i}{n}$ vernachlässigt werden kann, so wird

$$I = \frac{E}{R_a},$$

das heißt:

Ein Parallelschalten von Spannungsquellen ist bei großem äußerem Widerstand ohne Einfluß auf die Stromstärke im Stromkreis.

Ist dagegen der äußere Widerstand des Stromkreises sehr klein gegen $\frac{R_i}{n}$, so daß R_a vernachlässigt werden kann, so wird

$$I = \frac{E}{\frac{R_i}{n}} = n\,\frac{E}{R_i}, \quad \text{d.h.:}$$

Bei sehr kleinem äußerem Widerstand steigt die den Spannungsquellen entnehmbare Stromstärke proportional der Zahl der parallelgeschalteten Spannungsquellen.

Wird die Zahl der einer Spannungsquelle parallelgeschalteten Verbraucher immer größer, so nimmt der äußere Widerstand des Stromkreises ab und die von der Spannungsquelle abgegebene Stromstärke zu. Eine Spannungsquelle kann aber auch bei verschwindend kleinem äußerem Widerstand keinen stärkeren Strom liefern als den, der sich nach dem Ohmschen Gesetz aus der gegebenen Urspannung und dem inneren Widerstand der Spannungsquelle ergibt. Übersteigt der Strombedarf der Abnehmer diesen maximalen Strom der Spannungsquelle, so müssen mehrere Spannungsquellen parallel geschaltet werden. Die von ihnen lieferbare Höchststromstärke ist gleich der Summe der Höchststromstärken der einzelnen Spannungsquellen.

Bei gleichen Spannungsquellen sind diese an der Stromlieferung in gleichem Umfang beteiligt. In Bild 1.53 ist

$$I_1 = I_2 = I_3 \quad \text{und} \quad I = I_1 + I_2 + I_3.$$

Batterien sollen nur dann zueinander parallelgeschaltet werden, wenn ihre Spannungen genau übereinstimmen, da sonst über die niedrigen Innenwiderstände starke Ausgleichströme fließen, die unter Umständen zur Zerstörung der Batterien führen oder zumindest die Lebensdauer der Batterien erheblich verringern können. Primärelemente verschiedenen Alters soll man deshalb _niemals_ parallelschalten!

Liefert in Bild 1.54 der Generator I einen Höchststrom I_1 = 100 A und Generator II einen Höchststrom I_2 = 200 A, so können die parallelgeschalteten Generatoren einen Strombedarf von $I = I_1 + I_2$ = 100 A + 200 A = 300 A decken.

■ **Aufgaben zu Abschnitt 1.6.1.4**

1. Drei Elemente (E = 1,2 V, R_i = 3 Ω) sind in Parallelschaltung mit einem äußeren Widerstand von 0,2 Ω verbunden. Wie groß ist die Stromstärke im äußeren Stromkreis?
2. Mit welcher Stromstärke ist in Aufgabe 1 jedes der drei Elemente belastet?

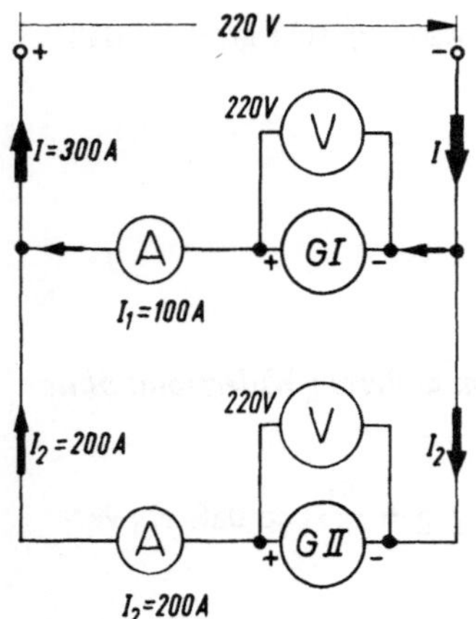

Bild 1.54. Parallelschaltung von Generatoren

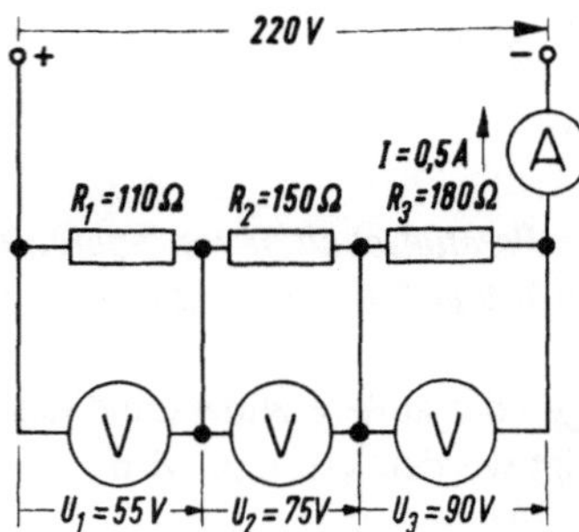

Bild 1.55. Schaltplan zu Versuch 1.15

1.6.2. Spannungsverteilung in Stromkreisen mit in Reihe geschalteten Widerständen

1.6.2.1. Gültigkeit des Ohmschen Gesetzes für Teile eines Stromkreises

Versuch 1.15:

Schließt man nach Bild 1.55 an eine Spannung von 220 V einen Leiterkreis aus drei hintereinandergeschalteten Widerständen $R_1 = 110\ \Omega$, $R_2 = 150\ \Omega$ und $R_3 = 180\ \Omega$ und einem Strommesser, dessen Widerstand so klein ist, daß er vernachlässigt werden kann, so zeigt der Strommesser, unabhängig davon, an welcher Stelle er in den Stromkreis eingeschaltet wird, in Übereinstimmung mit dem Ohmschen Gesetz die Stromstärke

$$I = \frac{220\ \text{V}}{440\ \Omega} = 0{,}5\ \text{A}$$

an.

Mit dem Spannungsmesser V, den man nach Bild 1.55 nacheinander an die Widerstände R_1, R_2, R_3 legt, werden folgende Spannungen gemessen:

Widerstand	Stromstärke	Spannung	Produkte IR
$R_1 = 110\ \Omega$	$I = 0{,}5\ \text{A}$	$U_1 = 55\ \text{V}$	$IR_1 = 0{,}5\ \text{A} \cdot 110\ \Omega = 55\ \text{V}$
$R_2 = 150\ \Omega$	$I = 0{,}5\ \text{A}$	$U_2 = 75\ \text{V}$	$IR_2 = 0{,}5\ \text{A} \cdot 150\ \Omega = 75\ \text{V}$
$R_3 = 180\ \Omega$	$I = 0{,}5\ \text{A}$	$U_3 = 90\ \text{V}$	$IR_3 = 0{,}5\ \text{A} \cdot 180\ \Omega = 90\ \text{V}$

Die in der letzten Spalte aus dem Widerstand und der Stromstärke errechneten Produkte IR stimmen zahlenmäßig mit den gemessenen Spannungswerten überein. Es ist also:

$$U_1 = IR_1, \quad U_2 = IR_2, \quad U_3 = IR_3, \quad \text{d.h.:}$$

Die Spannung an jedem Leiterstück ist gleich dem Produkt aus seinem Widerstand und der Stromstärke.

Daraus folgt:

Das Ohmsche Gesetz gilt auch für jeden Teil eines Stromkreises.

Die Summe der Teilspannungen beträgt:

$$U_1 + U_2 + U_3 = IR_1 + IR_2 + IR_3 = IR_{\mathrm{ers}} = U.$$

Die Summe der Teilspannungen an reihengeschalteten Widerständen ist gleich der Gesamtspannung der Reihenschaltung.

Bildet man das Verhältnis der Teilspannungen, so ergibt sich:

$$U_1 : U_2 : U_3 = IR_1 : IR_2 : IR_3 = R_1 : R_2 : R_3.$$

Die Spannungen an den Teilwiderständen einer Reihenschaltung verhalten sich wie die Widerstände.

1.6.2.2. Spannungsabfall und Spannungsverlust

Sind in einem Stromkreis mehrere Widerstände in Reihe geschaltet, so fällt an jedem einzelnen Teilwiderstand der Teil der Gesamtspannung ab, der von der Stromstärke I am Teilwiderstand erzeugt wird. Man spricht deshalb von einem *Spannungsabfall* im Stromkreis. Wendet man diese Bezeichnung auf die Gleichung $U_1 + U_2 + U_3 = U$ an, so besagt sie:

Die Summe der Spannungsabfälle an den in Reihe geschalteten Widerständen eines Stromkreises ist gleich der Klemmenspannung der Spannungsquelle.

Ein Spannungsabfall tritt auch in den Anschlußleitungen auf, die den Verbraucher mit der Spannungsquelle verbinden, wenn der Widerstand der Anschlußleitungen nicht mehr vernachlässigt werden kann. Nach Bild 1.56 liegt dann eine Reihenschaltung des Leitungswiderstandes R_L und des Verbraucherwiderstandes R vor. Da dem Verbraucher durch den Spannungsabfall in R_L ein Teil der angelegten Spannung als Nutzspannung verloren geht, spricht man von einem *Spannungsverlust* (Formelzeichen U_v) in den Anschlußleitungen. Nach 1.4.2.1 ist:

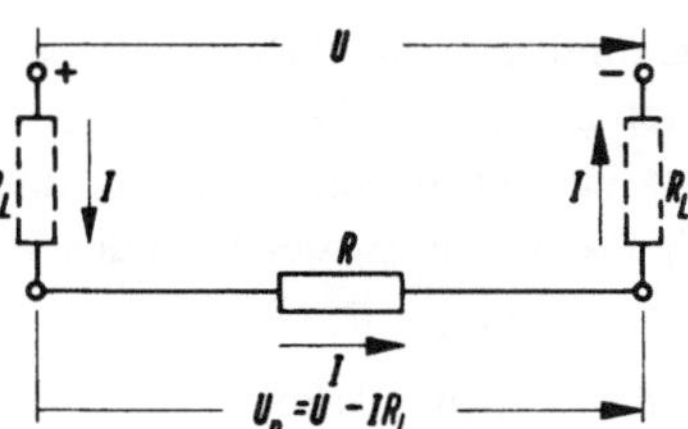

Bild 1.56. Reihenschaltung von Leitungswiderstand und Verbraucherwiderstand

$$\boxed{\text{Spannungsverlust} = \text{Stromstärke} \cdot \text{Leitungswiderstand}}$$

$$\boxed{U_v = IR_L}$$

Berücksichtigt man den Spannungsverlust in den Anschlußleitungen, so ist am Verbraucher als *Nutzspannung* U_n nur die um den Spannungsverlust U_v verminderte Klemmenspannung U wirksam.

$$\boxed{\text{Nutzspannung} = \text{Klemmenspannung} - \text{Spannungsverlust}}$$

$$\boxed{U_n = U - U_v = U - IR_L}$$

Ein Verbraucher erhält nur unter der Voraussetzung die zu seinem normalen Betrieb erforderliche Stromstärke, daß an seinen Klemmen als Nutzspannung die *Nennspannung* zur Verfügung steht, für die der Verbraucher bemessen ist. Der Spannungsverlust in den Zuleitungen muß deshalb möglichst niedrig gehalten werden. Je nach den Vorschriften der Energieversorgungsunternehmen (EVU) beträgt der zulässige Spannungsverlust bei Beleuchtungsanlagen bis zu 3 %, bei Kraftanlagen bis zu 5 % der Verbrauchernetz-Nennspannung.

Nach der Gleichung $U_v = IR_L$ ist der Spannungsverlust sowohl von der Stromstärke I als auch von dem Widerstand R_L der Leitung abhängig.

R_L ist von der Länge der Leitung, vom Querschnitt und dem Material abhängig. Je länger also die Leitung, um so größer wird R_L, je größer der Querschnitt, um so kleiner wird R_L. Für eine Streckenlänge l gilt die Gleichung:

$R_L = \dfrac{\rho l}{A}$, für Hin- und Rückleitung $R_L = \rho \dfrac{2l}{A}$. Den Spannungsverlust U_v errechnet man nach der Gleichung:

$$U_v = \rho \frac{2lI}{A}$$

1.6.2.3. Innerer Spannungsabfall in Spannungsquellen

In Bild 1.57 ist der einfache Stromkreis unter Verwendung der Ersatzschaltung für die Spannungsquelle dargestellt. Der Gesamtwiderstand des Stromkreises besteht demnach auch beim einfachen Stromkreis aus einer Reihenschaltung des äußeren Widerstandes R_a und des inneren Widerstandes R_i. Der Gesamtwiderstand des Stromkreises ist:

$$R = R_a + R_i$$

und die Stromstärke

$$I = \frac{E}{R_a + R_i}.$$

Durch Auflösen der Gleichung E erhält man

$$E = IR_a + IR_i.$$

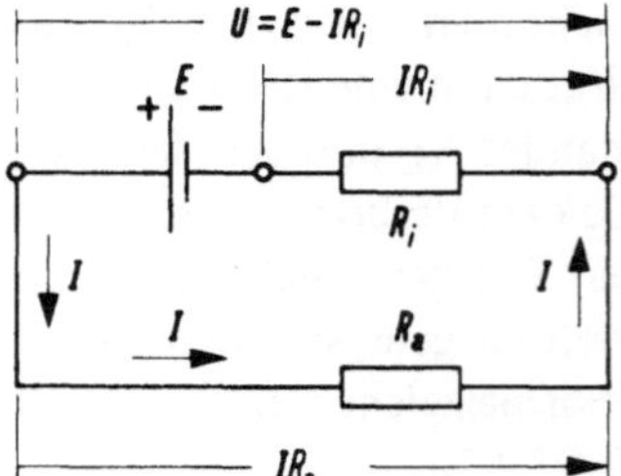

Bild 1.57. Innerer Spannungsabfall in Spannungsquellen

Nach dem Ohmschen Gesetz bedeutet IR_a den Spannungsabfall im äußeren Widerstand des Stromkreises, der gleich der Klemmenspannung U der Spannungsquelle ist. Dementsprechend ist IR_i der Spannungsabfall im inneren Widerstand der Spannungsquelle. Aus $E = U + IR_i$ erhält man durch Auflösen nach U die Klemmenspannung

$$U = E - IR_i.$$

Leerlauf der Spannungsquelle $R_a \to \infty$

Aus der letzten Gleichung ergibt sich, daß bei $I = 0$ die Klemmenspannung U gleich der Urspannung E der Spannungsquelle ist. Ist die Urspannung der Spannungsquelle konstant, wie z. B. in galvanischen Elementen oder Akkumulatoren, so ist die Klemmenspannung U von der Strombelastung abhängig, sie sinkt bei größerer Strombelastung und kann durch Zuschalten von weiteren Elementen ausgeglichen werden. In Elektrizitätswerken wird umgekehrt die Urspannung E des Generators der Strombelastung durch Spannungsregler angepaßt und dadurch die Klemmenspannung konstant gehalten.

Kurzschluß der Spannungsquelle $R_a = 0$; $P = 0$

Wird der äußere Widerstand des Stromkreises sehr klein, so kann die Stromstärke auch bei niedrigen Spannungen sehr hohe Werte annehmen. Bei unmittelbarer Berührung der Zuleitungsdrähte zum Verbraucher (Kurzschluß) liegen im Stromkreis nur der geringe, meist zu vernachlässigende Widerstand der Zuleitungsdrähte und der innere Widerstand der Spannungsquelle, die die Stärke des entstehenden Kurzschlußstromes bestimmen. Diese Widerstände sind so klein und daher der Kurzschlußstrom so stark, daß die vorschriftsmäßig in die Leitung einzubauenden Sicherungen durchschmelzen und den Leiterkreis unterbrechen.

Leistungsanpassung

Wesentlich für die Energie- und Nachrichtentechnik ist der Begriff der Leistungsanpassung. Da im allgemeinen in der Nachrichtentechnik kleine Leistungen verwendet werden, ist man bemüht, den Verbraucher so an eine Energiequelle anzupassen, daß möglichst wenig Energie bei einer derartigen Verbindung verlorengeht; d.h. es soll ein möglichst hoher Wirkungsgrad erzielt werden.

Zwischen den extremen Betriebszuständen Leerlauf- und Kurzschluß der Spannungsquelle gibt es ein Maximum der Leistung dann, wenn $R_a = R_i$ ist.

Beweis:

Aus der Beziehung

$$I = \frac{E}{R_a + R_i} = \frac{U_0}{R_a + R_i}$$

und

$$U = R_a I = U_0 \frac{R_a}{R_a + R_i}$$

folgt die Leistungsaufnahme des Widerstandes R_a mit

$$P = UI = U_0^2 \frac{R_a}{(R_a + R_i)^2} \quad \text{, siehe auch Abschnitt 1.8.3.}$$

Berechnung der Urspannung und des inneren Widerstandes einer Spannungsquelle

Die Urspannung einer Spannungsquelle ist einer direkten Messung nicht zugänglich. Sie kann aber, ebenso wie der innere Widerstand der Spannungsquelle, mit Hilfe der Gleichung $E = IR_a + IR_i$ berechnet werden, wenn man für zwei verschiedene äußere Widerstände R_a und R_a' die ihnen entsprechenden Stromstärken I und I' mißt (Bild 1.58). Man erhält dann zwei Gleichungen mit den beiden Unbekannten E und R_i, die sich aus den beiden Gleichungen berechnen lassen:

$$E = I R_a + IR_i$$
$$E = I'R_a' + I'R_i \, .$$

Durch Vergleich:

$$IR_a + IR_i = I'R'_a + I'R_i .$$

Nach Zusammenfassen der Glieder mit R_i:

$$R_i (I - I') = I'R'_a - IR_a$$

erhält man

$$R_i = \frac{I'R'_a - IR_a}{I - I'} .$$

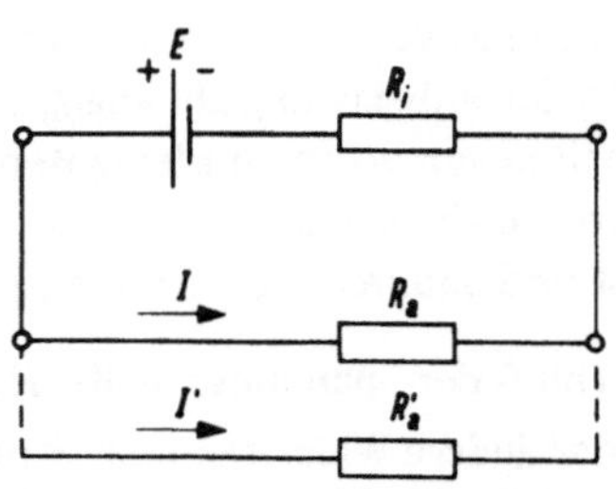

Bild 1.58. Berechne der Urspannung einer Spannungsquelle

Setzt man den für R_i gefundenen Wert in eine der beiden Ausgangsgleichungen ein, so erhält man die Urspannung E.

Eine Berechnung von E und R_i ist im Beispiel 3 durchgeführt.

● *Beispiel 1:*   Eine neu erbaute Werkhalle ist 200 m von dem allgemeinen Versorgungsnetz entfernt und soll mit diesem durch eine Aluminiumfreileitung verbunden werden. Der Strombedarf wird auf 50 A geschätzt. Der Spannungsverlust in der Zuleitung soll $u = 5\ \%$ der 225 V betragenden Netzspannung nicht überschreiten (Bild 1.59).

Wie groß ist
a) der zulässige Spannungsverlust in der Zuleitung?
b) der Widerstand der Freileitung?
c) der zu wählende Leiterquerschnitt?

Gesucht: a) U_v *Gegeben:* $l\ = 200\ \text{m}$
            b) R_L $I\ =\ \ 50\ \text{A}$
            c) A $U = 225\ \text{V}$
                                      $u =\ \ \ 5\ \%$

Lösung a): $U_v = u \cdot U$
                $U_v = 0{,}05 \cdot 225\ \text{V}$ Leiterwerkstoff: Aluminium
Ergebnis: $U_v = 11{,}25\ \text{V}$ (siehe Tafel 1.2, Seite 30)

Lösung b): $U_v = I R_L$

$$R_L = \frac{U_v}{I}$$

$$R_L = \frac{11{,}25\ \text{V}}{50\ \text{A}}$$

Ergebnis: $R_L = 0{,}225\ \Omega$

Bild 1.59. Skizze zu Beispiel 1

Lösung c): $R_L = \rho \dfrac{2l}{A}$

$$A = \rho \frac{2l}{R_L}$$

$$A = 0{,}028 \cdot 10^{-6}\,\Omega\text{m} \cdot \frac{2 \cdot 200\ \text{m}}{0{,}225\ \Omega} \qquad\qquad A = \frac{11\,200}{225} \cdot 10^{-6}\,\text{m}^2$$

Ergebnis: $A\ = 49{,}8 \cdot 10^{-6}\,\text{m}^2$

Es ist der nächst höhere genormte Querschnitt von 50 mm^2 zu wählen (siehe Tafel 1.7, Seite 87)

● *Beispiele 2:* Eine Sammlerzelle liefert eine Urspannung von 2,05 V und hat einen inneren Widerstand von 0,02 Ω. Wie groß ist der Kurzschlußstrom, wenn der Widerstand der Kurzschlußleitung vernachlässigt werden kann (Bild 1.60)?

Gesucht: I_k

Gegeben: $E = 2{,}05$ V
$R_a = 0\ \Omega$
$R_i = 0{,}02\ \Omega$

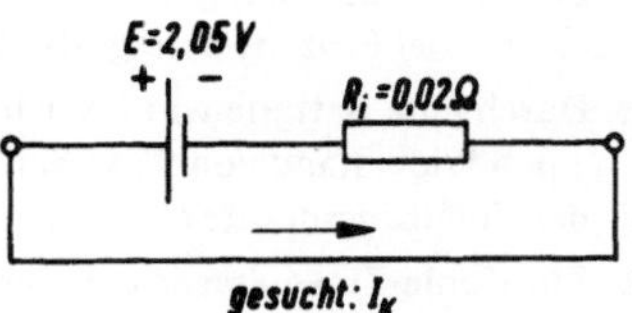

Lösung:

$$I = \frac{E}{R_a + R_i}$$

$$I_k = \frac{2{,}05\ \text{V}}{0\ \Omega + 0{,}02\ \Omega}$$

Ergebnis: $I_k = 102{,}5$ A

Bild 1.60. Skizze zu Beispiel 2

● *Beispiel 3:* Beim Anschluß eines Widerstandes von 1 Ω an ein galvanisches Element zeigt der Strommesser 1,23 A an, beim Anschluß eines Widerstandes von 15,7 Ω einen Strom von 0,1 A (Bild 1.61). Der Widerstand des Strommessers kann vernachlässigt werden. Wie groß ist

a) der innere Widerstand der Spannungsquelle;
b) die Urspannung der Spannungsquelle?

Gesucht: a) R_i
b) E

Gegeben: $R_1 = 1\ \Omega$
$R_2 = 15{,}7\ \Omega$
$I_1 = 1{,}23$ A
$I_2 = 0{,}1$ A

Lösung a):

$$R_i = \frac{I_2 R_2 - I_1 R_1}{I_1 - I_2}$$

$$R_i = \frac{0{,}1\ \text{A} \cdot 15{,}7\ \Omega - 1{,}23\ \text{A} \cdot 1\ \Omega}{1{,}23\ \text{A} - 0{,}1\ \text{A}}$$

$$R_i = \frac{1{,}57\ \text{A}\Omega - 1{,}23\ \text{A}\Omega}{1{,}13\ \text{A}}$$

$$R_i = \frac{0{,}34}{1{,}13}\ \Omega$$

Ergebnis: $R_i = 0{,}3\ \Omega$

Lösung b):

$E = I R_a + I R_i$
$E = 1{,}23\ \text{A} \cdot 1\ \Omega + 1{,}23\ \text{A} \cdot 0{,}3\ \Omega$
$E = 1{,}23\ \text{V} + 0{,}369\ \text{V}$

Ergebnis: $E = 1{,}6$ V

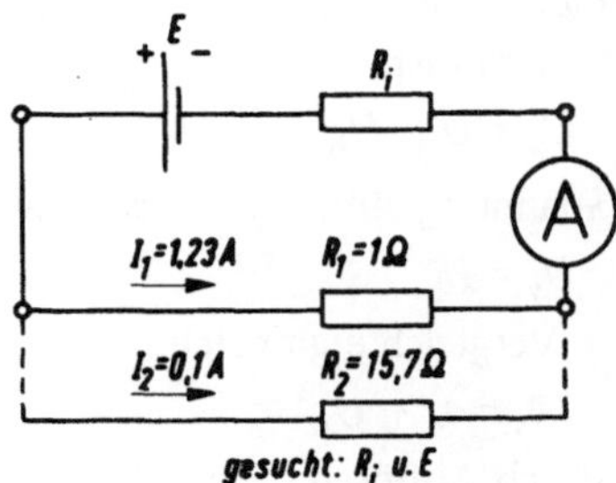

Bild 1.61. Skizze zu Beispiel 3

■ Aufgaben zu den Abschnitten 1.6.2.1 bis 1.6.2.3

1. Ein Verbraucher von 11 Ω Widerstand ist an 220 V Spannung angeschlossen. Die Zuleitung hat einen Widerstand von 0,4 Ω. Wie hoch ist der Spannungsabfall in der Zuleitung, und welche Spannung liegt am Verbraucher?

2. Der Spannungsverlust in einer 220-V-Lichtleitung soll 2 % nicht übersteigen. Wie groß darf ihr Widerstand nur sein, wenn die Leitung mit 3,5 A belastet ist?

3. Wie groß darf der Widerstand eines Kraftstromkabels, das bei einer Spannung von 220 V mit 25 A belastet ist, nur sein, wenn der Spannungsverlust in Kraftanlagen höchstens 5 % der Netzspannung betragen darf?

4. Die für eine Spannung von 220 V berechnete elektrische Anlage eines Werkes nimmt 170 A auf.
   Die Hin- und Rückleitung zum Kraftwerk hat zusammen einen Widerstand von 0,06 Ω.
   a) Wie groß ist der Widerstand der Anlage?
   b) Welche Spannung muß das Kraftwerk abgeben, um den Spannungsabfall auszugleichen?
   c) Wieviel Prozent beträgt der Spannungsverlust?

5. Durch eine Batterie von 6 V wird eine Klingelanlage gespeist, die (einschließlich der Zuleitungen)
   einen Widerstand von 51 Ω hat. Die Spannung am Wecker beträgt 4,6 V. Wie groß ist der Widerstand
   der Zuleitungsdrähte?

6. Ein Kohle-Zinkelement hat eine Urspannung von 1,6 V und einen inneren Widerstand von 0,3 Ω.
   Wie groß ist die Kurzschlußstromstärke?

7. Schließt man an ein Trockenelement einen Strommesser von 0,4 Ω und einen Widerstand von 0,9 Ω
   in Reihe an, so zeigt der Strommesser einen Strom von 1 A an. Ersetzt man den Widerstand durch
   einen solchen von 1,4 Ω, so zeigt der Strommesser einen Strom von 0,75 A an.
   a) Bestimme die Urspannung des Trockenelements!
   b) Bestimme den inneren Widerstand des Trockenelements!

1.6.2.4. Technische Anwendung der Spannungsteilung

Vorschaltwiderstand

Eine Reihenschaltung eines Verbrauchers mit einem Vorschaltwiderstand nach Bild 1.62
ist erforderlich, wenn die verfügbare Netzspannung U größer ist als die Nennspannung U_n
des Verbrauchers. Damit am Verbraucher die zu seinem normalen Betrieb erforderliche
Nennspannung U_n liegt, muß im Vorschaltwiderstand R_v der Teil der Netzspannung U
verbraucht werden, um den die Netzspannung die Nennspannung des Verbrauchers übersteigt. Somit ist:

$$U_v = U - U_n .$$

Der Spannungsabfall im Vorschaltwiderstand R_v ist:

$$U_v = I R_v .$$

Durch Vergleich ergibt sich:

$$I R_v = U - U_n$$

und durch Auflösen nach R_v:

$$\boxed{R_v = \frac{U - U_n}{I} .}$$

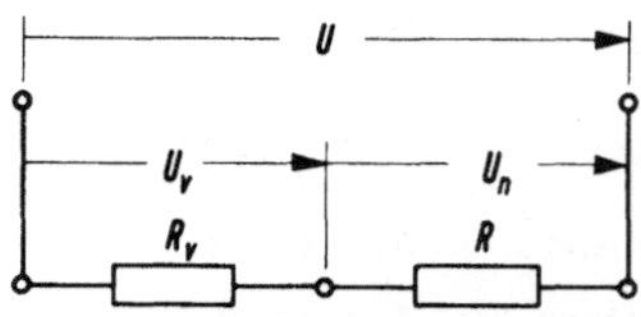

Bild 1.62. Vorschaltwiderstand

● *Beispiel:*   Eine Autoscheinwerferlampe nimmt bei der Nennspannung von 6 V einen Strom von 5 A
auf. Welcher Widerstand muß der Lampe vorgeschaltet werden, wenn sie an der Netzspannung von 110 V geprüft werden soll?

Gesucht: R_v *Gegeben:* $U_n =$ 6 V
                                            $I \ =$ 5 A
                                            $U \ = 110$ V

Lösung: $R_v = \dfrac{U - U_n}{I}$

                 $R_v = \dfrac{110\ \text{V} - 6\ \text{V}}{5\ \text{A}}$

                 $R_v = \dfrac{104\ \text{V}}{5\ \text{A}}$

Ergebnis: $R_v = 20,8\ \Omega$

Unbelasteter Spannungsteiler

In der Meßtechnik ist es zuweilen notwendig, von einer verfügbaren Spannung kleinere Spannungen abzugreifen. Dies ist durch *Spannungsteilung* möglich.

Der Spannungsteiler besteht aus zwei in Reihe geschalteten Widerständen R_1 und R_2 (Bild 1.63). An den äußeren Klemmen liegt die Netzspannung U, die in die Teilspannung U_1 und U_2 aufgeteilt wird; dann ist nach dem Gesetz der Spannungsverteilung

$$U_1 + U_2 = U.$$

Die Stromstärke im Spannungsteiler ist

$$I = \frac{U}{R_1 + R_2}$$

und der Spannungsabfall in den beiden Widerständen R_1 und R_2:

$$U_1 = IR_1 \quad \text{bzw.} \quad U_2 = IR_2.$$

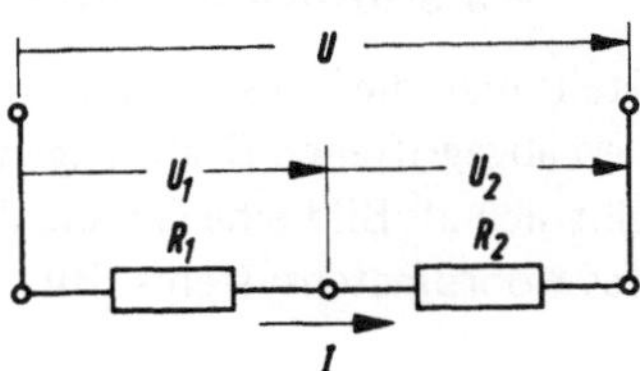
Bild 1.63. Spannungsteiler

Setzt man den oben berechneten Wert der Stromstärke in die letzten beiden Gleichungen ein, so erhält man:

$$U_1 = U\,\frac{R_1}{R_1 + R_2} \qquad \text{bzw.} \qquad U_2 = U\,\frac{R_2}{R_1 + R_2}$$

Diese Gleichungen sind nur gültig, wenn dem Spannungsteiler kein Strom entnommen wird.

Meist werden stetig *verstellbare Spannungsteiler* verwendet (Bild 1.64). Ein Schiebewiderstand wird durch einen Gleitkontakt in zwei Widerstände R_1 und R_2 unterteilt. Die Gesamtspannung liegt an den Außenklemmen des Schiebewiderstandes, die Teilspannungen werden zwischen einer Außenklemme und der mit dem Gleitkontakt verbundenen Klemme abgegriffen. Steht im Bild 1.69 der Gleitkontakt ganz links, so ist $U_1 = 0$, steht er in der Mitte, so ist $U_1 = \frac{U}{2}$, steht er ganz rechts, so ist $U_1 = U$. Mit dem stetig verstellbaren Spannungsteiler sind somit alle Spannungen zwischen 0 und U abgreifbar.

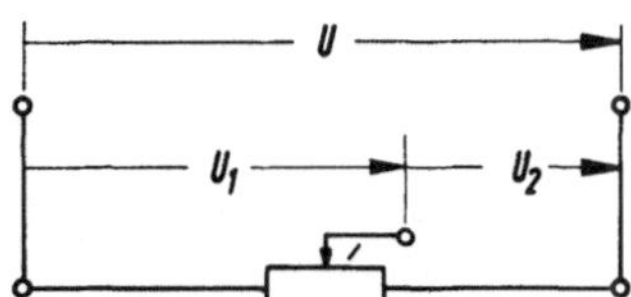
Bild 1.64. Verstellbarer Spannungsteiler

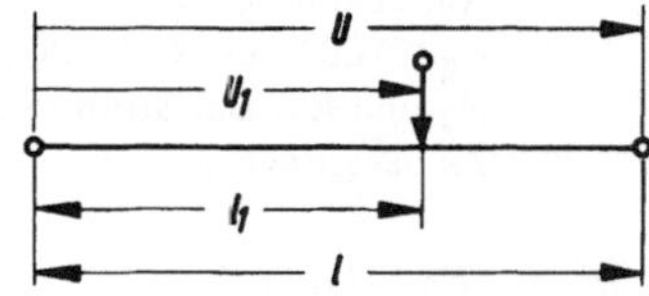
Bild 1.65. Linearer Spannungsteiler

An Stelle eines Schiebewiderstandes kann auch ein linear ausgespannter Widerstandsdraht mit einem Gleitkontakt verwendet werden (Bild 1.65). Da sich bei einem linearen Draht die Teilwiderstände wie die Drahtlängen verhalten, ist das Verhältnis der abgegriffenen Spannung U_1 zur Gesamtspannung U gleich dem Verhältnis der Teillänge l_1 zur Gesamtlänge l:

$$U_1 : U = l_1 : l$$

und

$$U_1 = U \frac{l_1}{l} = \frac{U}{l} l_1.$$

Mit U und l hat auch $\frac{U}{l}$ einen konstanten Wert (k), so daß $U_1 = k l_1$ wird, d.h.

Beim linearen Spannungsteiler ist die abgegriffene Spannung proportional der abgegriffenen Drahtlänge.

Stellt man die Teilspannungen in Abhängigkeit von den abgegriffenen Drahtlängen graphisch dar, so ergibt sich als Bild eine Gerade durch den Nullpunkt des Koordinatensystems (Bild 1.66).

Der belastete Spannungsteiler ist nach den Gesetzen der Stromverzweigung zu berechnen.

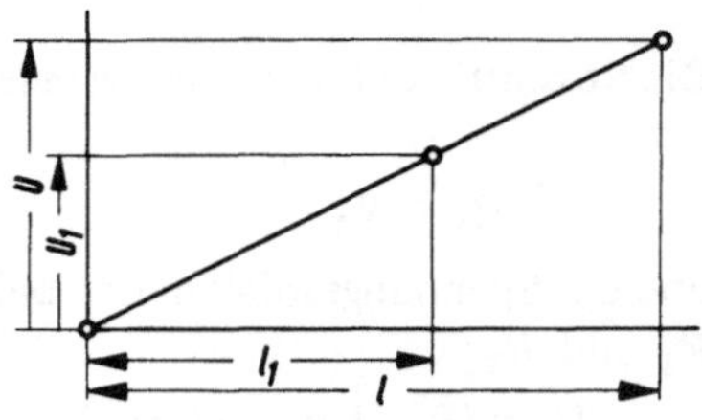

Bild 1.66. Abhängigkeit der Teilspannungen von der Drahtlänge

● *Beispiel:* Ein linearer Spannungsteiler besteht aus einem 1 m langen Draht, der über einem Meterstab ausgespannt ist. An seinen Außenklemmen liegt die Spannung von 1 V. Welche Spannung U_1 wird zwischen der linken Außenklemme und dem Gleitkontakt abgegriffen, wenn der Gleitkontakt 1 cm von der linken Außenklemme entfernt ist (Bild 1.67)?

Gesucht: U_1 *Gegeben:* $U = 1$ V
                                     $l = 100$ cm
                                     $l_1 = 1$ cm

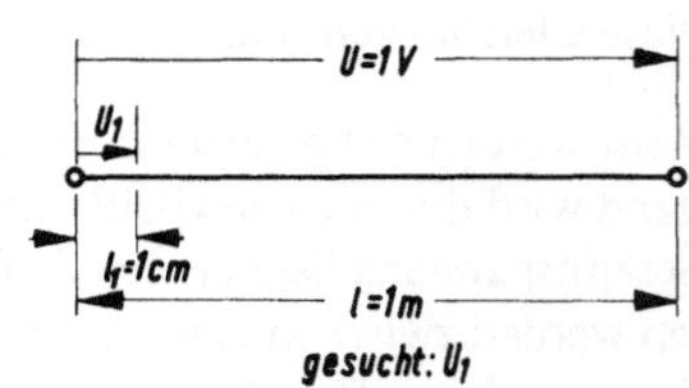

Lösung: $U_1 = 1 \text{ V} \cdot \dfrac{1 \text{ cm}}{100 \text{ cm}}$

$U_1 = \dfrac{l_1}{l}$

Ergebnis: $U_1 = 0{,}01$ V

Bild 1.67. Skizze zum Beispiel

Belasteter Spannungsteiler

●*Beispiel*   Am Spannungsteiler, Bild 1.68, liegt die Spannung $U_g = 100$ V an. R_1 ist 20 Ω und liegt in Reihe zu R_2 und R_3. Der Strommesser von R_3 zeigt 4 A an! Zu berechnen sind a) R_3, b) U_3, c) I_2 und d) I_g!

Gesucht: $R_3,\ U_3, I_2, I_g$

Gegeben: $R = 35$ Ω
                $R_1 = 20$ Ω
                $R_2 = R - R_1 = 15$ Ω
                $I_3 = 4$ A
                $U_g = 100$ V

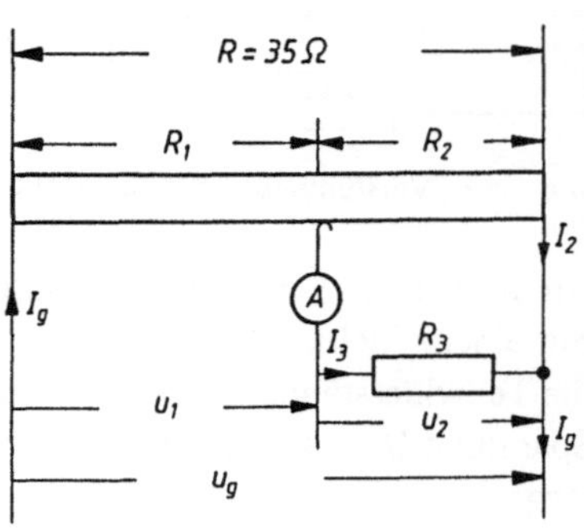

Bild 1.68. Skizze zum Beispiel

Lösung: Nach den Gesetzen der Stromverzweigung verhält sich: $\dfrac{I_2}{I_3} = \dfrac{R_3}{R_2}$, daraus

$\dfrac{R_2}{R_2 + R_3} = \dfrac{I_3}{I_2 + I_3}$ und daraus: $R_3 = \dfrac{R_2}{I_3}(I_2 + I_3) - R_2$, (Gl. 1) weil $\dfrac{U_2}{R_2} = I_2$ ergibt

und U_2 auch $U_g - U_1$ ist, kann man für $U_1 = (I_2 + I_3)R_1$ setzen. Daraus wird dann:

$$I_2 = \frac{U_g - U_1}{R_2} \text{ bzw. } I_2 = \frac{U_g - (I_2 + I_3)R_1}{R_2} \text{ bzw. } I_2 = \frac{U_g}{R_2} - \frac{I_2 R_1}{R_2} - \frac{I_3 R_1}{R_2} \text{ oder}$$

$$I_2 + \frac{I_2 R_1}{R_2} = \frac{U_g - I_3 R_1}{R_2} \text{ und siehe (Gl. 1) für } I_2$$

$$I_2 = \frac{U_g - I_3 R_1}{R_1 + R_2} \text{ ergibt für } R_3$$

a) $R_3 = \dfrac{R_2}{I_3}\left(\dfrac{U_g - I_3 R_1}{R_1 + R_2} + I_3\right) - R_2$

$\qquad R_3 = \dfrac{15\ \Omega}{4\ \text{A}}\left(\dfrac{100\ \text{V} - 4\ \text{A} \cdot 20\ \Omega}{20\ \Omega + 15\ \Omega} + 4\ \text{A}\right) - 15\ \Omega$

$\qquad R_3 = 3{,}75\left(\dfrac{20}{35} + 4\right) - 15\ \Omega$

$\qquad R_3 = 2{,}143\ \Omega$

b) $U_3 = I_3 R_3 \qquad\qquad U_3 = 4\ \text{A} \cdot 2{,}143\ \Omega$

$\qquad\qquad\qquad\qquad\quad U_3 = 8{,}572\ \text{V}$

c) $I_2 = \dfrac{U_3}{R_2} = \dfrac{8{,}572\ \text{V}}{15\ \Omega} = 0{,}57\ \text{A}$

d) $I_g = I_2 + I_3 = 4{,}57\ \text{A}$

$\qquad$ *Probe:* $I_g = I_1 = \dfrac{U_1}{R_1}$

$\qquad\qquad\quad I_g = \dfrac{91{,}428\ \text{V}}{20\ \Omega} = 4{,}57\ \text{A}$

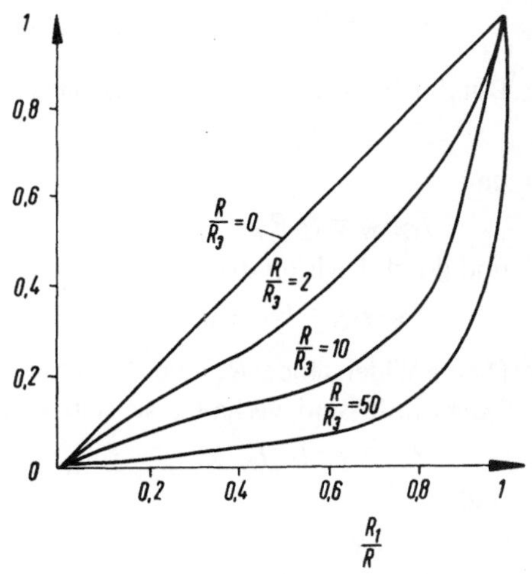

Bild 1.69. Kennlinien eines belasteten Spannungsteilers

Wheatstone-Kirchhoffsche Meßbrücke

Bei der Wheatstone-Kirchhoffschen Brücke (Bild 1.70) ist einem Spannungsteiler mit jeweils festem Teilungsverhältnis ein regelbarer Spannungsteiler parallelgeschaltet. Die beiden Teilungspunkte sind durch ein empfindliches Galvanometer G überbrückt. Der Spannungsteiler mit dem festen Teilungsverhältnis wird aus einem unbekannten Widerstand R_X und einem bekannten Normalwiderstand R_N gebildet, während der stellbare Spannungsteiler aus einem blanken Draht AB mit dem Schleifkontakt D besteht.

Die Wheatstone-Kirchhoffsche Brückenschaltung dient dazu, den unbekannten Widerstand R_X mit dem Normalwiderstand R_N zu vergleichen. Zu diesem Zweck wird der Schieber auf dem Brückendraht so lange verschoben, bis das Galvanometer in der Brücke stromlos ist. Dies ist der Fall, wenn der Spannungsabfall über AC gleich dem Spannungsabfall über AD und der Spannungsabfall über CB gleich dem Spannungsabfall über DB ist.

Somit ist

$$U_{AC} = U_{AD}$$

und

$$U_{CB} = U_{DB} .$$

Da die Brücke stromlos ist, ist

$$I_{AC} = I_{CB} = I_C$$

und

$$I_{DA} = I_{DB} = I_D .$$

Somit ist nach dem Ohmschen Gesetz:

$$U_{AC} = I_C R_X \quad \text{und} \quad U_{CB} = I_C R_N$$
$$U_{AD} = I_D R_1 \quad \text{und} \quad U_{DB} = I_D R_2 .$$

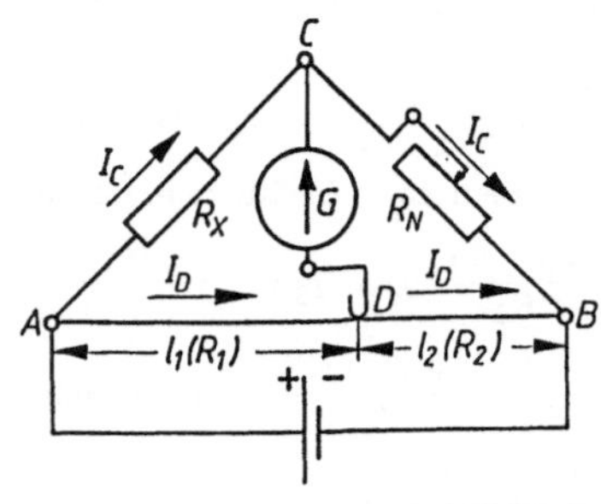

Bild 1.70. Wheatstone-Kirchhoffsche Meßbrücke

Durch Einsetzen der Spannungswerte in die Spannungsgleichungen erhält man:

$$I_C R_X = I_D R_1$$

und

$$I_C R_N = I_D R_2$$

und durch Division der beiden Gleichungen:

$$R_X : R_N = R_1 : R_2 .$$

Da die Widerstände R_1 und R_2 Teile eines Drahtes von gleichem Material und gleichem Querschnitt sind, verhalten sie sich wie die Drahtlängen; es ist

$$R_1 : R_2 = l_1 : l_2$$

und

$$R_X : R_N = l_1 : l_2$$

somit

$$\boxed{R_X = R_N \frac{l_1}{l_2} .}$$

■ Aufgaben zu Abschnitt 1.6.2.4

1. Zwei Widerstände von 15 Ω und 70 Ω sind in Reihe geschaltet und liegen an 110 V Spannung. Welche Spannungen können an dem Spannungsteiler abgegriffen werden?

2. Dem Widerstandsdraht eines linearen Spannungsteilers von 1 m Länge ist ein Metermaßstab unterlegt. Ersetze in einer Zeichnung die Zentimeterteilung durch die Verhältnisse l_1/l, die den Teillängen $l_1 = 10$ cm, 20 cm ... 90 cm und 100 cm entsprechen!

3. Wie groß ist die an einem linearen Spannungsteiler abgegriffene Spannung, wenn an den Außenklemmen eine Spannung von 1,5 V liegt und der Gleitkontakt über dem 25-cm-Strich des Maßstabes steht?

4. Bei einer Widerstandsmessung mit der Wheatstone-Kirchhoffschen Brücke wird das Galvanometer stromlos, wenn der Gleitkontakt bei einem 1 m langen Meßdraht auf 30 cm steht. Der eingeschaltete Normalwiderstand beträgt 100 Ω. Wie groß ist der gesuchte Widerstand?

1.6.3. Spannungsverteilung in Stromkreisen mit in Reihe geschalteten Spannungsquellen

1.6.3.1. Ableitung des 2. Kirchhoffschen Gesetzes für geschlossene Stromkreise

Sind in einem Stromkreis mehrere Spannungsquellen vorhanden und nach Bild 1.71 so geschaltet, daß jeweils der positive Pol der einen Spannungsquelle mit dem negativen Pol der folgenden Spannungsquelle verbunden ist, so wirken die Urspannungen E_1, E_2, E_3 der einzelnen Spannungsquellen alle in der gleichen Richtung und addieren sich in ihrer Wirkung der Gesamturspannung E:

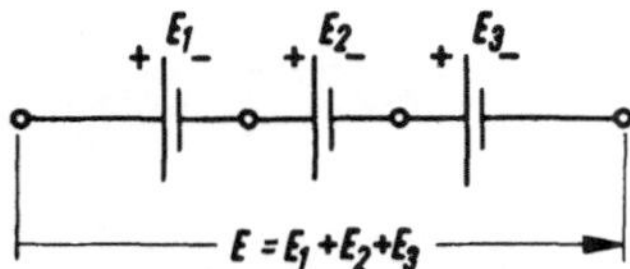

Bild 1.71. Reihenschaltung von
Spannungsquellen

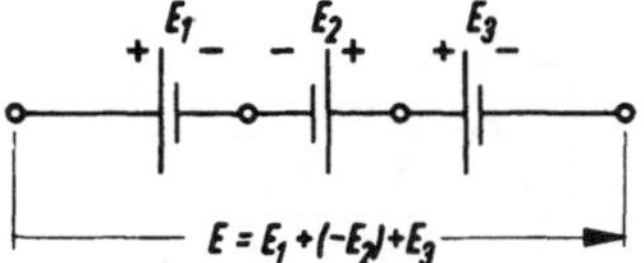

Bild 1.72. Gegenreihenschaltung
von Spannungsquellen

Verbindet man dagegen den positiven bzw. negativen Pol der einen Spannungsquelle mit dem gleichartigen Pol der folgenden (Bild 1.72), so wirken die Urspannungen so geschalteter Spannungsquellen in entgegengesetzter Richtung. In Bild 1.72 ist

$$E = E_1 + (-E_2) + E_3 = E_1 - E_2 + E_3 .$$

Eine aus positiven und negativen Größen gebildete Summe nennt man eine algebraische Summe.

Die Gesamturspannung in einem geschlossenen Stromkreis ist gleich der algebraischen Summe der Urspannungen aller Spannungsquellen.

Bei der Reihenschaltung von Spannungsquellen sind auch die inneren Widerstände der Spannungsquellen unter sich und mit dem äußeren Widerstand des Stromkreises in Reihe geschaltet.

Die algebraische Summe der Urspannungen der in Reihe geschalteten Spannungsquellen wird durch den Spannungsabfall in den inneren und äußeren Widerständen des Stromkreises aufgezehrt (Bild 1.73).

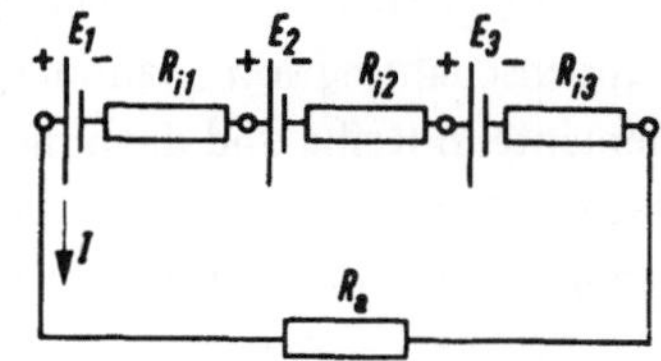

Bild 1.73. Kirchhoffsches Gesetz

2. Kirchhoffsches Gesetz (Maschensatz):
Die algebraische Summe aller Urspannungen in einem geschlossenen Stromkreis ist gleich der Summe der Spannungsabfälle in den inneren und äußeren Widerständen des Stromkreises.

$$E_1 + E_2 + E_3 + \ldots = IR_{i_1} + IR_{i_2} + IR_{i_3} + \ldots + IR_a .$$

Hieraus ergibt sich die Stromstärke im Stromkreis:

$$I = \frac{E_1 + E_2 + E_3 + \ldots}{R_{i_1} + R_{i_2} + R_{i_3} + \ldots + R_a}.$$

1.6.3.2. Reihenschaltung von gleichen Spannungsquellen

Werden Spannungsquellen mit gleichen Urspannungen gleichsinnig hintereinander geschaltet, so ist die Stromstärke im Stromkreis

$$I = \frac{nE}{R_a + nR_i}.$$

Wenn nR_i verschwindend klein gegenüber dem äußeren Widerstand R_a ist und deshalb vernachlässigt werden kann, wird

$$I = \frac{nE}{R_a}, \text{ d.h.:}$$

Bei großem äußerem Widerstand und sehr kleinem inneren Widerstand der Spannungsquelle wird die Stromstärke im Stromkreis durch Hintereinanderschalten von Spannungsquellen im Verhältnis ihrer Anzahl vergrößert.

Ist R_a gegenüber nR_i verschwindend klein, so wird

$$I = \frac{nE}{nR_i} = \frac{E}{R_i}, \text{ d.h.:}$$

Ist der innere Widerstand der Spannungsquellen groß, so wird durch das Hintereinanderschalten von mehreren Spannungsquellen der Strom im Verbraucherwiderstand R_a nur unwesentlich vergrößert.

1.6.3.3. Gruppenschaltung von Spannungsquellen

Sind neben hohen Spannungen auch hohe Stromstärken erforderlich, so wendet man die Gruppenschaltung von Spannungsquellen an. Bei einer Gruppenschaltung werden mehrere Elemente in Reihe und dann diese Reihen parallelgeschaltet. Bild 1.74 zeigt die beiden möglichen Gruppenschaltungen von sechs Elementen.

Die Gesamtspannung der Gruppenschaltung ist bestimmt durch die Spannung jeder Reihe (Summe der Spannungen der in Reihe geschalteten Elemente). Die Höchststromstärke, die der Gruppenschaltung entnommen werden kann, ist gleich dem Produkt aus der Höchststromstärke, die einem Element entnommen werden kann, und der Anzahl der Reihen. In Bild 1.74a sind sechs Elemente, von denen jedes 1,5 V Spannung liefert und mit höchstens 1 A

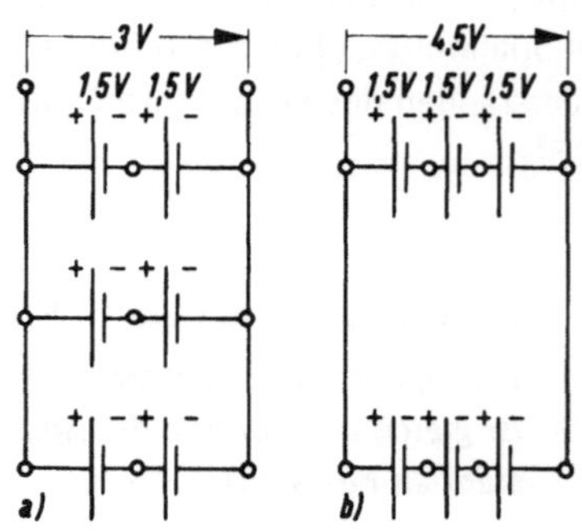

Bild 1.74. Gruppenschaltung von 6 Elementen

belastet werden darf, in drei Reihen zu je zwei Elementen bzw. in Bild 1.74b in zwei
Reihen zu je drei Elementen geschaltet. Es betragen:

	Gesamtspannung	Höchststromstärke
in Bild 1.79a:	$2 \cdot 1,5\ V = 3\ V$	$3 \cdot 1\ A = 3\ A$
in Bild 1.79b:	$3 \cdot 1,5\ V = 4,5\ V$	$2 \cdot 1\ A = 2\ A$

● *Beispiel:* 10 Elemente mit einer Urspannung von 1,5 V und einem inneren Widerstand von 0,3 Ω
je Element werden in Reihe geschaltet und an einen Widerstand von 27 Ω angeschlossen.
Berechne die Stromstärke im Stromkreis!

Gesucht: I

Gegeben: $E = 1,5\ V$

Lösung: $I = \dfrac{nE}{R_a + nR_i}$

$n = 10$

$R_i = 0,3\ \Omega$

$I = \dfrac{10 \cdot 1,5\ V}{27\ \Omega + 10 \cdot 0,3\ \Omega}$

$R_a = 27\ \Omega$

$I = \dfrac{15\ V}{30\ \Omega}$

Ergebnis: $I = 0,5\ A$

1.6.4. Vermaschter Stromkreis – Einzelne Netzmaschen – Überlagerungssatz nach Helmholtz

Der Begriff Netzmasche bedeutet eine willkürliche Zusammenschaltung von Spannungsquellen, Widerständen (ohmschen, induktiven, kapazitiven). Die Aufgabenstellung bei der
Lösung von Netzmaschen besteht darin, daß die Ströme in den einzelnen Stromzweigen
jeweils zu berechnen sind. Das Unterscheidungsmerkmal für Gleich- bzw. Wechselstrom-
maschen liegt in der Art der Spannungsquellen, d.h. im Gegensatz zu den Gleichstromnetz-
maschen werden die Wechselstromnetzmaschen mit Hilfe der komplexen Rechnung gelöst.
Im folgenden werden ausschließlich Gleichspannungsnetzmaschen behandelt.

Netzmaschen

Die Anzahl der unabhängigen Kreise ist identisch mit der Anzahl der Gleichungen, welche
sich aufstellen lassen. Ein unabhängiger Kreis hat zumindest einen Zweig, der in den vor-
angegangenen bzw. folgenden Kreisen nicht enthalten ist.

Mit Hilfe der in Abschnitt 1.6.1.1 und Abschnitt 1.6.3.1 behandelten Kirchhoffschen
Gesetze

$$\Sigma I = 0 \quad \text{für jeden Knotenpunkt und}$$
$$\Sigma U = \Sigma IR \quad \text{für jede Masche}$$

ist es möglich, Netzmaschen zu berechnen. Zur Lösung benötigt man so viele Gleichungen,
wie Unbekannte (Anzahl Zweige) vorhanden sind.

Es sind folgende Lösungsschritte anzuwenden:

1. Stromrichtungen willkürlich festlegen.
2. Umlaufsinn der Zählpfeilrichtung(en) willkürlich festlegen.
3. Spannungsrichtung der Spannungsquellen kennzeichnen, Teilspannungen festlegen.
4. Maschengleichung(en) unter Berücksichtigung von Lösungsschritt 2. und 3. aufstellen,
   Spannungen in Pfeilrichtung sind positiv (+), Spannungen gegen Pfeilrichtung sind
   negativ (−).

5. Knotenpunktsgleichung(en) unter Berücksichtigung von Lösungsschritt 2. und 3. aufstellen.

6. Die Addition der erhaltenen Produkte aus Lösungsschritt 4. und 5. bei Beachtung der Vorzeichen muß nach Kirchhoff Null ergeben.

● *Beispiel 1:* Es sollen die Widerstände in Bild 1.75 $R_1 = 10\ \Omega$; $R_2 = 5\ \Omega$; $R_3 = 15\ \Omega$; die Spannungsquellen $E_1 = 7{,}5$ V, $E_2 = 12{,}5$ V und der Strom $I_B = 2{,}5$ A; I_C abfließend 4 A sein.

Gesucht sind die Ströme I_1, I_2, I_3, I_A und die Spannungen U_1, U_2, U_3.

Gesucht: I_1, I_2, I_3, I_A *Gegeben:* $R_1 = 10\ \Omega$, $R_2 = 5\ \Omega$, $R_3 = 15\ \Omega$
            U_1, U_2, U_3 $E_1 = 7{,}5$ V, $E_2 = 12{,}5$ V

Lösung: Knoten A: $-I_A + I_3 - I_1 = 0 \Rightarrow I_A = I_3 - I_1$
            Knoten B: $I_B - I_2 + I_1 = 0 \Rightarrow I_B = I_2 - I_1$
            Knoten C: $-I_C - I_3 + I_2 = 0 \Rightarrow I_C = I_2 - I_3$
            Masche: $-E_1 + E_2 = I_1 R_1 + I_2 R_2 + I_3 R_3$
            I_1 und I_3 werden durch I_B und I_C ausgedrückt.
            $I_1 = I_2 - I_B;\quad I_3 = I_2 - I_C$

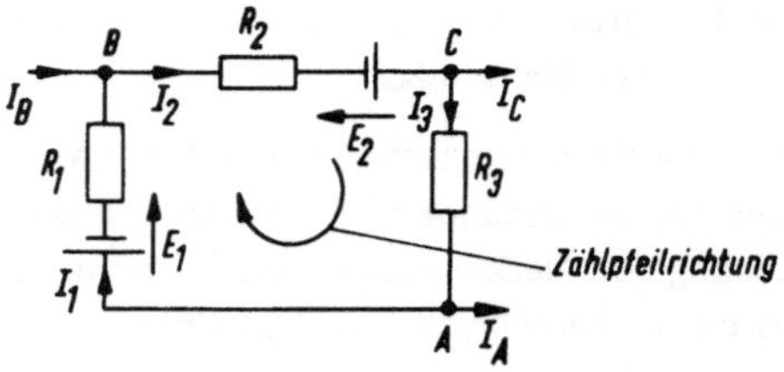

Bild 1.75
Maschennetz bzw. Ringnetz

Die Verknüpfung von Knoten und Maschengleichung ergibt durch Eliminieren von I_1 und I_3:

$$-E_1 + E_2 = (I_2 - I_B)\,R_1 + I_2 R_2 + (I_2 - I_C)\,R_3$$
$$-E_1 + E_2 = I_2 R_1 - I_B R_1 + I_2 R_2 + I_2 R_3 - I_C R_3$$
$$I_2 = \frac{-E_1 + E_2 + I_B R_1 + I_C R_3}{R_1 + R_2 + R_3} = \frac{(5 + 25 + 60)\ \text{V}}{30\ \Omega} = 3\ \text{A}$$

$\begin{aligned} I_3 &= I_2 - I_C \\ &= (3 - 4)\ \text{A} \\ I_3 &= -1\ \text{A} \end{aligned}$ $\qquad$ $\begin{aligned} I_1 &= I_2 - I_B \\ &= (3 - 2{,}5)\ \text{A} \\ I_1 &= 0{,}5\ \text{A} \end{aligned}$ $\qquad$ $\begin{aligned} I_A &= I_3 - I_1 \\ &= (-1 - 0{,}5)\ \text{A} \\ I_A &= -1{,}5\ \text{A} \end{aligned}$

$\begin{aligned} U_1 &= I_1 R_1 \\ &= 0{,}5\ \text{A} \cdot 10\ \Omega \\ U_1 &= 5\ \text{V} \end{aligned}$ $\qquad$ $\begin{aligned} U_2 &= I_2 R_2 \\ &= 3\ \text{A} \cdot 5\ \Omega \\ U_2 &= 15\ \text{V} \end{aligned}$ $\qquad$ $\begin{aligned} U_3 &= I_3 R_3 \\ &= -1\ \text{A} \cdot 15\ \Omega \\ U_3 &= -15\ \text{V} \end{aligned}$

Probe über Kirchhoff II: $E_1 - E_2 + U_2 + U_3 = 0$
                           $\text{V}\,(7{,}5 - 12{,}5 + 5 + 15 - 15) = 0$
                           $0 = 0$

● *Beispiel 2:*   Die in Bild 1.76 gegebene Maschenschaltung ist mit nachstehenden Werten zu berechnen:

Gegeben: $E_3 = 20\,V; E_1 = E_2 = 10\,V$ $R_1 = R_3 = 200\,\Omega; R_2 = 75\,\Omega$

Gesucht: sind die Ströme I_1, I_2, I_3 nach Richtung und Größe

Lösung: Knotengleichung Punkt A:

$I_1 + I_3 - I_2 = 0 \Rightarrow I_2 = I_1 + I_3$ ①

Maschengleichung, Masche I.: $E_2 + I_1 R_1 + I_2 R_2 - E_1 = 0$

Masche II.: $E_2 + I_2 R_2 + I_3 R_3 - E_3 = 0$

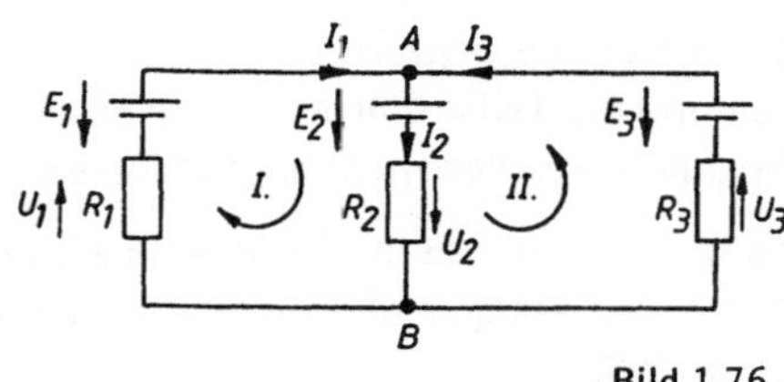

Bild 1.76

Masche I. und II. gleichsetzen:

$E_2 + I_1 R_1 + I_2 R_2 - E_1 = E_2 + I_2 R_2 + I_3 R_3 - E_3$

① einsetzen für I_2:

$E_2 + I_1 R_1 + R_2(I_1 + I_3) - E_1 = E_2 + R_2(I_1 + I_3) + I_3 R_3 - E_3$

nach I_3 umstellen:

$E_2 - E_1 + R_1 I_1 + R_2 I_3 + R_2 I_1 = E_2 - E_3 + R_2 I_1 + R_2 I_3 + R_3 I_3$

$R_2 I_3 = E_1 - E_2 - R_1 I_1 - R_2 I_1; \quad (R_2 + R_3) I_3 = E_3 - E_2 - R_2 I_1$

$$I_3 = \frac{E_1 - E_2 - R_1 I_1 - R_2 I_1}{R_2}; \qquad I_3 = \frac{E_3 - E_2 - R_2 I_1}{R_2 + R_3} \quad ②$$

Gleichsetzen der Gleichungen von I_3 und anschließend Kreuzprodukt bilden ergibt:

$(E_1 - E_2 - R_1 I_1 - R_2 I_1)(R_2 + R_3) = (E_3 - E_2 - R_2 I_1) R_2$

$E_1(R_2 + R_3) - E_2(R_2 + R_3) - E_3 R_2 + E_2 R_2 = R_2 I_1(R_2 + R_3) - R_2^2 I_1 + R_1 I_1(R_2 + R_3)$

$E_1(R_2 + R_3) - E_2(R_2 + R_3) - E_3 R_2 + E_2 R_2 = I_1 [R_1(R_2 + R_3) + R_2 R_3]$

$$I_1 = \frac{E_1(R_2 + R_3) - E_2 R_3 - E_3 R_2}{R_1(R_2 + R_3) + (R_2 R_3)}$$

$$I_1 = \frac{10\,V(75\,\Omega + 200\,\Omega) - 10\,V \cdot 200\,\Omega - 20\,V \cdot 75\,\Omega}{200\,\Omega(75\,\Omega + 200\,\Omega) + 75\,\Omega \cdot 200\,\Omega}$$

$$I_1 = \frac{2750\,V\Omega - 2000\,V\Omega - 1500\,V\Omega}{15000\,\Omega^2 + 40000\,\Omega^2 + 15000\,\Omega^2}$$

$$I_1 = \frac{-750\,\Omega V}{70000\,\Omega^2}$$

$$I_1 = -0,0107\,A = 10,7\,mA$$

Aus ② folgt:

$$I_3 = \frac{E_3 - E_2 - R_2 I_1}{R_2 + R_3} = \frac{20\,V - 10\,V - 75\,\Omega \cdot 0,0107\,A}{(75 + 200)\,\Omega} = \frac{10\,V - 0,8025\,V}{275\,\Omega}$$

$I_3 = 0,03344\,A = 33,4\,mA$

Aus ① folgt:

$I_2 = I_1 + I_3 = (0,0107 + 0,03344)\,A = 0,04414\,A$

Probe nach Kirchhoff:

$I_1 - I_2 + I_3 = 0 = 0,0107 - 0,04414 + 0,03344$

Überlagerungssatz nach Helmholtz

Mit an Umfang steigenden Netzmaschen und somit zunehmender Anzahl an Unbekannten, vermehrt sich der rechnerische Aufwand sprunghaft. Daher greift man auf Methoden der Lösung von Netzmaschen, die eine derart aufwendige Rechenarbeit ersparen. Zu diesen Methoden zählen die Knotenpunktspotentialmethode, Methode nach Maxwell, Ersatz-Maschenmethode, Methode nach dem Helmholtzschen-Überlagerungssatz, auf die in diesem Kapitel näher eingegangen wird.

Bei diesem Lösungsprinzip werden sämtliche Spannungsquellen bis auf eine kurzgeschlossen und die Teilströme der zu suchenden Zweigströme berechnet, derart als seien jene Spannungsquellen nicht angeschlossen.

Es werden nun Masche für Masche wiederum alle Spannungsquellen bis auf eine zweite, dritte usw. kurzgeschlossen und wie vorbeschrieben, die dabei entstehenden Teilströme berechnet.

Die Addition aller ermittelten Teilströme eines Zweiges (unter Berücksichtigung der Stromrichtungen) ergibt das Resultat des Zweigstromes.

● *Beispiel:*

Gegeben: Bild 1.82   *Gesucht: I, I_1, I_2*

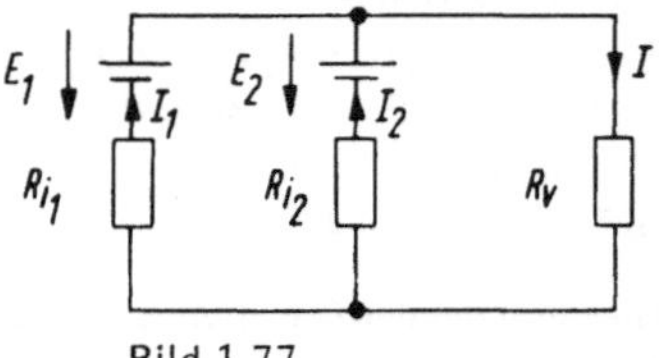

Bild 1.77

$R_{i_1} = 0{,}8\ \Omega$

$R_{i_2} = 0{,}3\ \Omega$

$R_v = 4\ \Omega$

$E_1 = E_2 = 50\ V$

Lösung: E_2 wird kurzgeschlossen. R_{i_2} und R_v sind parallelgeschaltet und liegen in Reihe mit R_{i_1} und E_1, Der durch R_{i_1} fließende Teilstrom ergibt sich mit

$$I_1'' = \frac{E_1}{\left(R_{i_1} + \dfrac{R_{i_2}\,R_v}{R_{i_2} + R_v}\right)} = \frac{50\ V}{\left(0{,}8 + \dfrac{0{,}3 \cdot 4}{0{,}3 + 4}\right)\Omega} = \frac{50\ V}{1{,}079\ \Omega} = 46{,}339\ A \uparrow \text{(Stromrichtung)}$$

Der Strom teilt sich auf in $I'' = \dfrac{I_1''\,R_{i_2}}{R_{i_2} + R_v} = \dfrac{46{,}339\ A \cdot 0{,}3\,\Omega}{(0{,}3 + 4)\ \Omega} = 3{,}23\ A \downarrow$ und

$$I_2'' = \frac{I_1''\,R_v}{R_{i_2} + R_v} = \frac{46{,}34\ A \cdot 4\ \Omega}{(0{,}3 + 4)\ \Omega} = 43{,}11\ A \downarrow$$

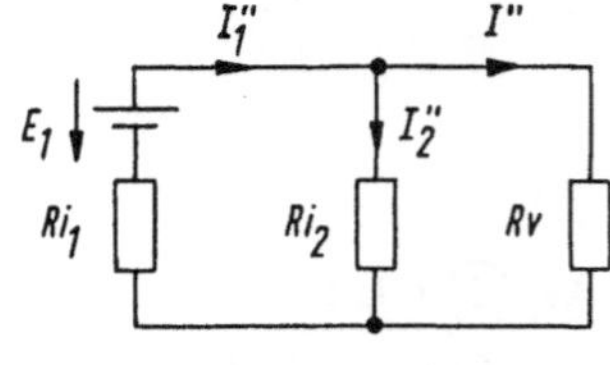

Bild 1.78

Ein Kurzschluß von E_1 ergibt die Parallelschaltung von R_{i_1} und R_v, in Reihe geschaltet mit R_{i_2} und E_2. Der Strom I_2' fließt durch R_{i_2} (Bild 1.84).

$$I_2' = \frac{E_2}{\left(R_{i_2} + \dfrac{R_{i_1}\,R_v}{R_{i_1} + R_v}\right)} = \frac{50\ V}{\left(0{,}3 + \dfrac{0{,}8 \cdot 4}{0{,}8 + 4}\right)\Omega} = 51{,}73\ A \uparrow$$

I_2' verteilt sich als

$$I_1' = \frac{I_2'\,R_v}{R_{i_1} + R_v} = \frac{51{,}73\ A \cdot 4\ \Omega}{(0{,}8 + 4)\ \Omega} = 43{,}11\ A \downarrow \text{ und}$$

$$I' = 51{,}73\ A - 43{,}11\ A$$
$$= 8{,}62\ A \downarrow$$

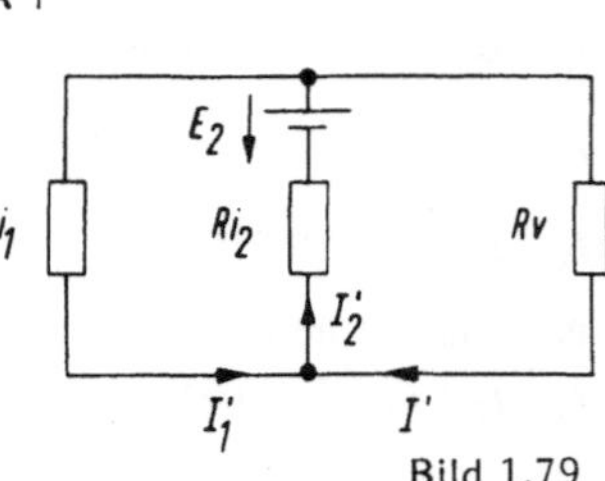

Bild 1.79

Die Zweigströme ergeben sich nun als

$$I = I' + I'' = (8{,}62 + 3{,}23)\ \text{A} = 11{,}85\ \text{A} \downarrow$$
$$I_1 = I_1'' - I_1' = (46{,}34\ \text{A} - 43{,}11)\ \text{A} = 3{,}23\ \text{A} \uparrow$$
$$I_2 = I_2' - I_2'' = (51{,}73 - 43{,}11)\ \text{A} = 8{,}62\ \text{A} \uparrow$$

■ Aufgaben zu Abschnitt 1.6.3

1. Vier Sammler ($E = 2\,\text{V}$, $R_i = 0{,}02\ \Omega$) werden einmal in Reihe, einmal parallelgeschaltet. Wie groß ist in jedem Fall die Gesamturspannung, die Stromstärke und die Klemmenspannung beim Anschluß eines äußeren Widerstandes von 15 Ω?

2. Sechs Elemente ($E = 1{,}1\,\text{V}$, $R_i = 3\ \Omega$) sind zu einer Batterie zu vereinigen. In welcher der vier möglichen Schaltungen liefert die Batterie bei einem äußeren Widerstand von 2 Ω die höchste Stromstärke?

3. Ein Verbraucher, der eine Stromstärke von 1,5 A erfordert und einen Widerstand von 9,4 Ω hat, soll durch eine Batterie von Trockenelementen ($E = 1{,}5\,\text{V}$, $R_i = 0{,}3\ \Omega$) betrieben werden.
   a) Wieviel Elemente müssen in Reihe geschaltet werden, um die erforderliche Spannung zu erzeugen?
   b) Welche Schaltung muß angewandt werden, wenn je Element nur eine Höchststromstärke von 0,3 A entnommen werden darf?
   c) Wieviel Elemente enthält die zum Betrieb des Verbrauchers erforderliche Batterie?

■ Aufgaben zu Abschnitt 1.6.4

1. Für die in Bild 1.80 gezeichnete Schaltung ($E_1 = 24\ \text{V}$, $E_2 = 12\ \text{V}$, $E_3 = 9\ \text{V}$) sind alle Zweigströme zu berechnen!

2. Die Schaltung in Bild 1.81 ist mit Hilfe des Helmholtzschen Überlagerungssatzes zu berechnen. Gesucht ist der Strom I_1, der durch den Widerstand R_1 fließt!
   $E_1 = 60\ \text{V}$
   $E_2 = 90\ \text{V}$
   $R_1 = R_5 = 15\ \Omega$
   $R_4 = 30\ \Omega = R_2$
   $R_3 = 10\ \Omega$

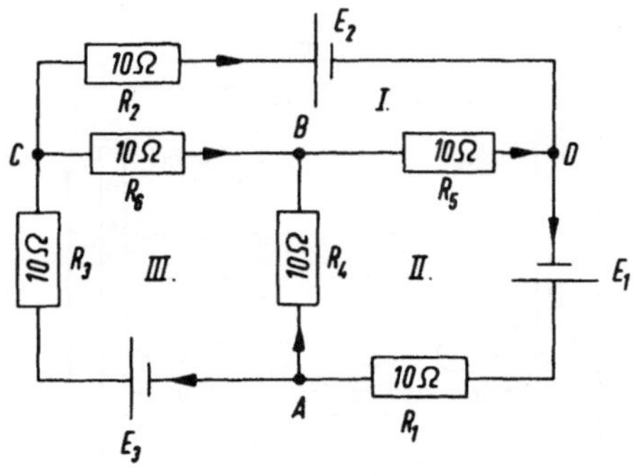

Bild 1.80.　Skizze zu Aufgabe 1

Bild 1.81.　Skizze zu Aufgabe 2

1.7. Elektrischer Strom in Elektrolyten

1.7.1. Elektronenleitung – Ionenleitung

In einem metallischen Leiter kommt, wie bekannt, ein elektrischer Strom dadurch zustande, daß eine an ihn angelegte Gleichspannung die im Leiter vorhandenen freien Elektronen bewegt; dabei bleibt der Leiter selbst unverändert. Man bezeichnet diesen Leitungsvorgang als *Elektronenleitung.*

In Metallen erfolgt unter Einwirkung einer Spannung eine Elektronenbewegung.

Bei der Untersuchung der Wirkungen des elektrischen Stromes im Abschnitt 1.2.4 wurde
festgestellt, daß auch Flüssigkeiten den elektrischen Strom leiten, wobei sie durch den elektrischen Strom chemisch zersetzt werden. Man nennt diesen Vorgang *Elektrolyse.* Neben
den leitenden Flüssigkeiten, die man als *Elektrolyte* bezeichnet, gibt es auch nichtleitende
Flüssigkeiten, wie z. B. Öle und destilliertes Wasser. Durch einen Zusatz von Salzen, Säuren oder Basen wird auch destilliertes Wasser leitend. An der Leitfähigkeit der Lösung sind
also die eingebrachten Stoffe wesentlich beteiligt. Durch Versuche hat man gefunden, daß
ein Teil der ursprünglich elektrisch neutralen Moleküle der gelösten Stoffe in Ionen zerfällt
(dissoziiert). Man nennt diesen Vorgang *elektrolytische Dissoziation.* Sie kommt dadurch
zustande, daß in der Lösung die Moleküle der gelösten Stoffe aufgelockert werden und
zum Teil in ihre entgegengesetzt geladenen Bestandteile zerfallen (Bild 1.82). Das Verhältnis der in Ionen gespaltenen Moleküle zu den ungespaltenen ist bei den verschiedenen
Stoffen sehr verschieden und wird als *Dissoziationsgrad* bezeichnet; er hängt von der Konzentration der Lösung ab. Der Vorgang der Aufspaltung neutraler Moleküle in Ionen sei an
folgenden Beispielen gezeigt:

Molekül	Ionen	Beispiel
Säure	Wasserstoff und Säurerest	$H_2SO_4 \rightarrow 2H^+ + SO_4^{--}$
Salz	Metall und Säurerest	$KCl \rightarrow K^+ + Cl^-$
Base	Metall und OH-Gruppe	$NaOH \rightarrow Na^+ + OH^-$

Die hochgestellten +- und −-Zeichen geben die Art und die Zahl der in einem Ion enthaltenen Elementarladungen an.

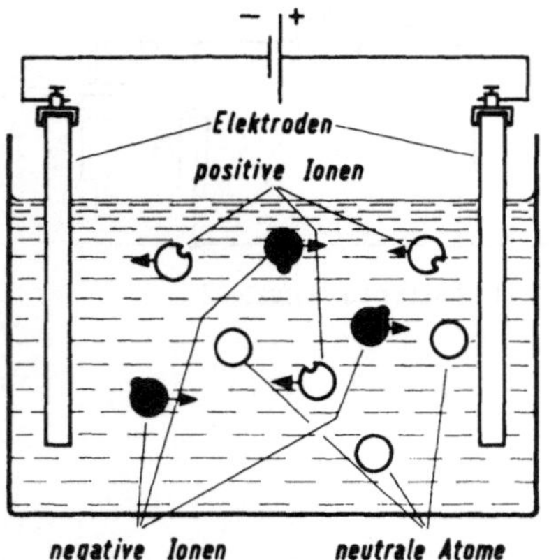

Bild 1.82. In einem Elektrolyten ist ein
Teil der elektrisch neutralen Moleküle in
Kationen und Anionen dissoziiert

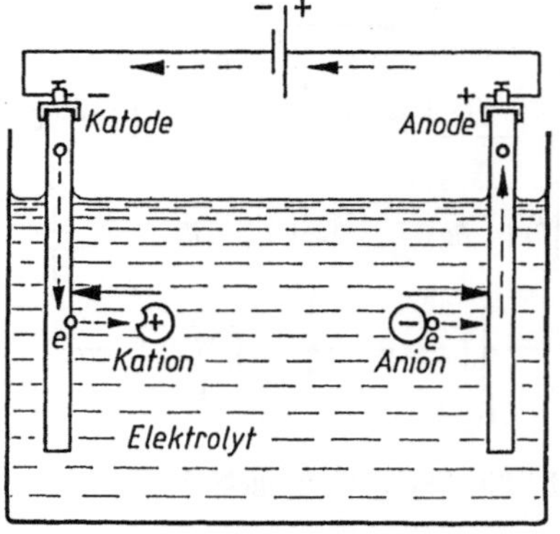

Bild 1.83. Ionen- und Elektronenbewegung in Elektrolyten

Führt man in einen Elektrolyten zwei Elektroden ein, und legt man eine Gleichspannung
an die Elektroden an, so fließt ein elektrischer Strom. Die mit dem positiven Pol verbundene Elektrode bezeichnet man als *Anode*, die mit dem negativen Pol verbundene als *Katode*. Die Anode besitzt also eine positive, die Katode eine negative Ladung. Infolge dieser
Ladungen der Elektroden werden die negativen Ionen des Elektrolyten von der Anode angezogen und von der Katode abgestoßen, die positiv geladenen Ionen dagegen von der Katode angezogen und von der Anode abgestoßen. Unter dem Einfluß dieser Kräfte wandern
die Ionen im Elektrolyten. Die negativen Ionen (Säurerest- und OH^--Ionen), die zur Anode
wandern, nennt man *Anionen*, die positiven (Metall- und Wasserstoff-Ionen), die zur Katode wandern, *Kationen*. Dieses Verhalten ist bestimmend für ihre Bezeichnung (ion, griech.
wandernd). Das Bild 1.83 zeigt die durch die Ionenbewegung (ausgezogener Pfeil) verursachte Bewegung der Elektronen (gestrichelter Pfeil) an. Das an der Katode sich anlagernde
Kation entnimmt das ihm fehlende Elektron der negativen Ladung der Katode, die sich
durch ein nachströmendes Elektron ergänzt, während das überschüssige Elektron des
Anions an die Anode abgegeben wird und zur Spannungsquelle zurückfließt.

In Elektrolyten erfolgt unter Einwirkung einer Gleichspannung eine Ionenbewegung.

1.7.2. Beispiele für die Elektrolyse

Die Zersetzung von verdünnter Salzsäure und die Zersetzung von Wasser, das mit Schwefelsäure angesäuert ist, sind Beispiele für eine Elektrolyse.

In einer *Salzsäurelösung* dissoziiert das Salzsäuremolekül (HCl) in das positiv geladene
Wasserstoff-Ion (H^+) und das negativ geladene Chlorid-Ion (Cl^-) (Bild 1.84a). Durch Kohleelektroden wird dem Elektrolyten Gleichstrom zugeführt. An der Katode wird Wasserstoff
abgeschieden, während das an der Anode aufsteigende Gas an seinem typischen Geruch als
Chlorgas erkennbar ist. Die Abscheidungsprodukte sind hier die stofflichen Bestandteile
der Ionen. In vielen Fällen werden sie jedoch nicht unmittelbar abgeschieden, nämlich
dann, wenn sich die Ionen mit dem Elektrolyten oder dem Elektrodenmaterial chemisch
verbinden. Ein Beispiel hierfür bietet die Elektrolyse des Wassers.

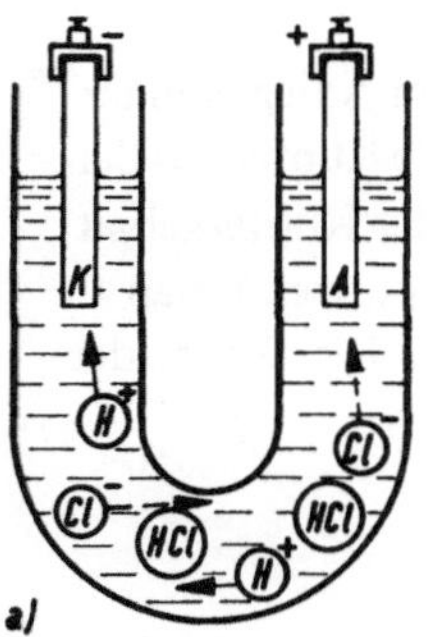
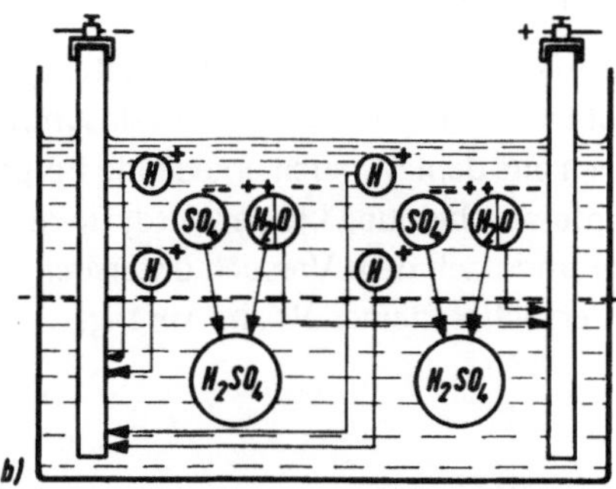

Bild 1.84. Elektrolyse a) von Salzsäure, b) von verdünnter Schwefelsäure

1.7.2.1. Elektrolyse des angesäuerten Wassers

Gießt man einige Tropfen Schwefelsäure (H_2SO_4) in Wasser, so zerfällt das Schwefelsäuremolekül in die Ionen H^+, H^+ und SO_4^{--} (Bild 1.84b). Im Bild ist über dem Trennungsstrich
der Zustand des Elektrolyten, bestehend aus Wassermolekülen und dissoziierten Schwefel-
säuremolekülen, vor Anlegen einer Spannung an die Platin- oder Kohleelektroden dargestellt, während unter dem Trennungsstrich die durch die angelegte Spannung verursachte
Ionenbewegung durch Pfeile gekennzeichnet ist. (Diese Darstellung und die folgende Erklärung sind stark vereinfacht.) Vier H^+-Ionen werden an der Katode abgeschieden, wobei
sie ihre vier positiven Ladungen ($4 \oplus$) an die Katode abgeben:

$$4H^+ \rightarrow 2H_2 \uparrow + 4 \oplus {}^1).$$

Zwei Atomgruppen SO_4^{--} verbinden sich mit den Wassermolekülen des Lösungswassers
nach der Formel

$$2SO_4^{--} + 2H_2O = 2H_2SO_4 + O_2 \uparrow {}^1) + 4 \ominus.$$

Aus dem Anion SO_4^{--} und dem Lösungswasser H_2O bildet sich an Stelle des zersetzten
Schwefelsäuremoleküls ein neues Schwefelsäuremolekül, während der Sauerstoff als Gas
entweicht. Der an der Katode abgeschiedene Wasserstoff ist das Kation der Elektrolyse,
der an der Anode abgeschiedene Sauerstoff ist sekundär durch eine Reaktion des Anions
SO_4^{--} mit dem Lösungswasser entstanden.

So wird die Schwefelsäure immer wieder erneuert, das Wasser aber allmählich verbraucht.
Man spricht deshalb von einer *Wasserzersetzung*. Zur Durchführung dieses Versuches genügt
es bereits, das Wasser leicht anzusäuern. Welche Säure man nimmt, ist gleichgültig. Meist
genügt schon der geringe Säuregehalt von Leitungs- oder Quellwasser.

Bei den angeführten Beispielen der Elektrolyse bleiben die Platin- oder Kohleelektroden
unverändert; Änderungen an den Elektroden können aber auftreten, wenn die Abscheidungsprodukte der Elektrolyse mit dem Elektrodenmaterial chemische Verbindungen ein-
gehen.

1.7.2.2. Elektrolyse von Kupfersulfatlösung

Schon bei Versuch 1.7 in Abschnitt 1.2.4 wurde festgestellt, daß sich beim Anlegen einer
Spannung an die Kohleelektroden in einer Kupfersulfatlösung an der Katode Kupfer aus der
Lösung abscheidet. Die sich aus dem Versuch ergebende Folgerung, daß der Kupfergehalt
der Lösung durch die Kupferabscheidung kleiner wird, findet man bestätigt, wenn man
die Dichte der Lösung vor und nach dem Versuch untersucht. Man findet: Die Dichte der
Lösung ist am Ende des Versuches kleiner als am Anfang.

${}^1)$ Die senkrechten Pfeile hinter $2H_2$ und O_2 bedeuten, daß die Ausscheidungsprodukte als Gase ent-
weichen.

Kehrt man nunmehr bei dem Versuch die Stromrichtung um, so verliert die jetzt mit dem positiven Pol verbundene Elektrode ihren Kupferbelag, während sich an der mit dem negativen Pol verbundenen Elektrode wieder Kupfer abscheidet. Daraus folgt:

Enthält die Anode das im Elektrolyten gelöste Metall, so geht es bei der Elektrolyse in die Lösung über.

Verwendet man bei dem Versuch als Elektroden zwei Kupferplatten und eine gesättigte Kupfersulfatlösung, so zeigt die Wägung der beiden Platten vor und nach dem Versuch, daß der Massenverlust der Anode gleich der Massenzunahme der Katode ist. Der Kupfergehalt der Lösung bleibt, wie Dichtemessungen ergeben, unverändert; denn von einem dissoziierten Kupfersulfatmolekül verbindet sich der Säurerest SO_4 mit dem Kupfer der Anode wieder zu Kupfersulfat, während sich das Kupfer-Ion der Lösung direkt an der Katode abscheidet. Oberflächlich gesehen findet ein Transport des Kupfers von der Anode zur Katode statt.

1.7.3. Elektrochemische Äquivalentzahlen

Bei der Elektrizitätsleitung in Elektrolyten werden, wie die Beispiele im letzten Abschnitt gezeigt haben, an den Elektroden Stoffe abgeschieden. Durch Wägen der bei der Elektrolyse abgeschiedenen Stoffmengen findet man das

1. Faradaysche Gesetz:

Die bei der Elektrolyse abgeschiedenen Stoffmengen m sind der durch die Ionen transportierten Ladungsmenge proportional.

$$m = \ddot{A} I t.$$

Der Proportionalitätsfaktor $\ddot{A}$ ist das Verhältnis der ausgeschiedenen Stoffmenge zur transportierten Ladungsmenge und heißt das *elektrochemische Äquivalent* des betreffenden Stoffes.

Die Maßbezeichnung von $\ddot{A}$ ergibt sich aus den Maßeinheiten von m mg bzw. g und It As bzw. Ah mit $\frac{mg}{As}$ bzw. $\frac{g}{Ah}$. Jeder Stoff hat eine für ihn charakteristische Äquivalentzahl.

Tafel 1.6: *Elektrochemische Äquivalente*

Stoff	Äquivalentzahl $\ddot{A}$		Stoff	Äquivalentzahl $\ddot{A}$	
	in $\frac{mg}{As}$	in $\frac{g}{Ah}$		in $\frac{mg}{As}$	in $\frac{g}{Ah}$
Silber	1,118	4,0248	Blei (II)	1,074	3,87
Zink	0,3387	1,2196	Wasserstoff	0,0104	0,0374
Kupfer (II)	0,3294	1,186	Sauerstoff	0,0829	0,2984
Nickel (II)	0,3041	1,0958	Chlor	0,367	1,3212

● *Beispiel:*   Welche Kupfermenge m wird durch einen Strom von 12 A in 5 h aus einer Kupferlösung abgeschieden?

Gesucht: m *Gegeben:* $I = 12$ A
                                                            $t = \;\;5$ h

Lösung: $m = \ddot{A} I t$

                                          Aus Tafel 1.5: $\ddot{A} = 1{,}186 \; \dfrac{\text{g}}{\text{Ah}}$

                  $m = 1{,}186 \; \dfrac{\text{g}}{\text{Ah}} \cdot 12 \, \text{A} \cdot 5 \, \text{h}$

Ergebnis: $m = 71{,}16$ g

1.7.4. Technische Anwendung der Elektrolyse

Auf dem Faradayschen Gesetz beruhte die vor Einführung des absoluten Maßsystems international vereinbarte Festlegung der Stromstärkeeinheit durch die chemische Abscheidung von 1,118 mg Silber je Sekunde aus einer Silbernitratlösung. Da die abgeschiedenen Silbermengen durch Wägen genau feststellbar sind, ist ein zuverlässiges Eichen von Strommessern möglich.

Zahlreich sind die Anwendungen der Elektrolyse. Sie wird zum *Reindarstellen von Kupfer und Zink* (Elektrolytkupfer, Elektrolytzink), beim Verarbeiten von Kalisalzen zu Chlor, Ätznatron und Ätzkali und zum Gewinnen von Wasserstoff und Sauerstoff in chemischen Großbetrieben verwendet. Durch *Schmelzelektrolyse*, d.h., durch die Elektrolyse geschmolzener Salze, wird Natrium, Magnesium und Aluminium gewonnen. Auf Gegenstände aus unedlen Metallen wird durch Elektrolyse eine dünne Schicht aus edleren Metallen, z. B. Nickel, Chrom, Silber oder Gold, aufgebracht, um sie vor Korrosion [1]) zu schützen oder ihr Aussehen zu verschönen (*Galvanostegie*). Nachbildungen von beliebigen Formen werden in der *Galvanoplastik* hergestellt. Ein Abdruck in Gips oder Wachs wird durch einen Graphitüberzug elektrisch leitend gemacht und als Katode in ein Elektrolysebad gehängt, bis sich eine genügend starke, abnehmbare Metallschicht niedergeschlagen hat. Nach dem gleichen Verfahren werden im graphischen Gewerbe von Schriftsätzen originalgetreue Druckplatten, sogenannte Galvanos, hergestellt.

Das Auflösen der Anode bei der Elektrolyse wird neuerdings in der Technik beim *elektrolytischen Polieren* angewendet. An den als Spitzen hervortretenden Unebenheiten der Anode ist bei angelegter Spannung die Feldstärke besonders groß, daher wird vornehmlich dort Metall abgetragen und die Oberfläche geglättet. Das elektrolytische Polieren ist im Vergleich zum mechanischen Polieren dadurch besonders vorteilhaft, daß die Oberfläche widerstandsfähiger gegen *Korrosion* wird, der Massenverlust abnimmt und sich das Reflexionsvermögen der polierten Fläche von etwa 85 % auf 95 % erhöht.

■ Aufgaben zu Abschnitt 1.7

1. Wie groß ist das elektrochemische Äquivalent von Quecksilber, wenn durch 2,88 A in 7 min 15 s 1,303 g Quecksilber niedergeschlagen werden?

---

[1]) Korrosion, von der Oberfläche ausgehende Zerstörung von Metallen durch chemische und atmosphärische Einwirkung.

2. Welche Stromstärke ist erforderlich, wenn bei der elektrolytischen Reindarstellung von Kupfer in 48 h 1,25 t abgeschieden werden sollen?

3. Wie lange dauert das galvanische Verzinken eines Gegenstandes, der dabei um 35,6 g schwerer werden soll, wenn die günstigste Stromstärke 58 A beträgt?

4. Ein Drehspulstrommesser ist mit einem Silber-Coulombmeter in Reihe geschaltet. Während der Zeiger 50,3 s lang auf dem 25. Teilstrich steht, werden 281,2 mg Silber abgeschieden. Welcher Stromstärke entspricht ein Teilstrichabstand?

1.8. Elektrische Energie, Arbeit und Leistung

1.8.1. Anwendungen der Berechnungsgleichungen

Mit Hilfe des Ohmschen Gesetzes kann man die im Abschnitt 1.3.2.2 entwickelten Gleichungen zur Berechnung der elektrischen Arbeit und Leistung noch umformen:
Setzt man in der Leistungsgleichung $P = UI$ den aus der Gleichung $U = IR$ sich ergebenden Wert von U ein, so erhält man für die elektrische Leistung

$$P = I^2 R$$

Entsprechend ergibt sich durch Einsetzen von I aus der Gleichung $I = \dfrac{U}{R}$

$$P = \frac{U^2}{R}$$

Ferner erhält man durch Einsetzen des Formelzeichens P für das Produkt UI in der Gleichung für die Stromarbeit $W = UIt$:

$$W = Pt$$

Je nachdem, ob man in dieser Gleichung die Zeit in Sekunden oder in Stunden mißt, erhält man hieraus als Einheiten der Stromarbeiten die *Wattsekunde* (Kurzzeichen Ws) oder die *Wattstunde* (Kurzzeichen Wh) bzw. die *Kilowattstunde* (Kurzzeichen kWh). Somit ist die Maßeinheit der abgeleiteten Größe (W) durch die Einheiten der Bestimmungsgrößen (P und t) bestimmt. Will man die abgeleitete Größe in einer anderen Maßeinheit erhalten, so muß die allgemeine Gleichung auf diese Einheit zugeschnitten werden. Dies kann in folgender Weise geschehen:

Zunächst gibt man in der allgemeinen Gleichung an, in welchen Maßeinheiten die einzelnen Formelgrößen gemessen werden, indem man unter jedes Formelzeichen mit Schrägstrich die Maßeinheit setzt, die jeder Größe entspricht. Aus der Formel $W = UIt$ erhält man dann

$$W/_{Wh} = U/_V \cdot I/_A \cdot t/_h \, .$$

Die Maßeinheit für W (Wh) ergibt sich als Produkt der Maßeinheiten der Bestimmungsgrößen:

$$Wh = V\,A\,h \, .$$

Wenn man den Schrägstrich als Bruchstrich auffaßt, so bedeuten die Quotienten aus den Formelgrößen und den Maßeinheiten ($W/_\text{Wh}$, $U/_\text{V}$ ...) die Maßzahlen der Formelgrößen, da jedes Formelzeichen das Produkt aus der Maßzahl und der Maßeinheit ist. (Man wählt den Schrägstrich an Stelle des waagerechten Bruchstriches, um anzudeuten, daß die Ausdrücke $W/_\text{Wh}$ usf. Symbole für die Maßzahlen sind.) Die obige Gleichung stellt also eine Gleichung zwischen den Maßzahlen der Formelgrößen, also eine reine Zahlenwertgleichung dar. Sie läßt in ihrer allgemeinen Form noch erkennen, welche Beziehung zwischen den Maßeinheiten, die den Zahlenwerten entsprechen, besteht. Im vorliegenden Fall:

$$Wh = VAh.$$

Will man nun, wie es in der Praxis üblich ist, die Arbeit in Kilowattstunden messen (1 kWh = 1000 Wh), so muß man die obigen Zahlenwertgleichungen durch den Umrechnungsfaktor 1000 dividieren. Es ist

$$W/_\text{kWh} = W/_\text{1000 Wh} = \frac{U/_\text{V} \cdot I/_\text{A} \cdot t/_\text{h}}{1000}$$

die auf Kilowattstunden *zugeschnittene Größengleichung* für die elektrische Arbeit [1]).

● *Beispiel 1:*   Welche elektrische Arbeit verbraucht ein Plätteisen für 500 W in 3 h?

Gesucht: W *Gegeben:* $P = 500$ W
                                                      $t = \quad 3$ h

Lösung: $W = Pt$
              $W = 500$ W $\cdot\ 3$ h
              $W = 1\,500$ Wh
Ergebnis: $W = 1{,}5$ kWh

● *Beispiel 2:*   Welche Stromstärke nimmt das Plätteisen des Beispiels 1 auf, wenn es für 220 V bemessen ist?

Gesucht: I *Gegeben:* $P = 500$ W
                                                      $U = 220$ V

Lösung: $P = UI$

              $I = \dfrac{P}{U}$

              $I = \dfrac{500 \text{ W}}{220 \text{ V}}$

Ergebnis: $I = 2{,}27$ A

---

[1]) In diesem Buch werden die Maßeinheiten in den Größengleichungen in der eben angewandten Schreibweise immer dann angegeben, wenn die Gefahr besteht, daß durch falsche Wahl der Einheiten Berechnungsfehler entstehen können.

● *Beispiel 3:*   Welche Stromarbeit gemessen in kWh verbraucht ein elektrischer Heizofen für 220 V, der
4,5 A aufnimmt und 5 h in Betrieb ist?

Gesucht: W/kWh *Gegeben:* $U = 220$ V
$\qquad\qquad\qquad\qquad\qquad\qquad\qquad\qquad\quad I = 4{,}5$ A
$\qquad\qquad\qquad\qquad\qquad\qquad\qquad\qquad\quad t = 5$ h

Lösung: $W/\text{kWh} = \dfrac{U/\text{V} \cdot I/\text{A} \cdot t/\text{h}}{1000}$

$\qquad\qquad W/\text{kWh} = \dfrac{220 \cdot 4{,}5 \cdot 5}{1000}$

$\qquad\qquad W/\text{kWh} = 4{,}95$

Ergebnis: $W = 4{,}95$ kWh

■ Aufgaben zu Abschnitt 1.8.1.

1. Die Stromaufnahme einer 220-V-Glühlampe beträgt 0,27 A. Welche Leistung nimmt die Glühlampe
auf?

2. Der Gemeinschaftsraum eines Betriebes wird durch 16 Stück 150-W-Lampen erleuchtet.
   a) Welche elektrische Stromarbeit wird bei $1\frac{1}{2}$ stündiger Brenndauer der Lampen verbraucht?
   b) Wieviel kostet die stündliche Beleuchtung des Gemeinschaftsraumes bei einem Kilowattstundenpreis von 0,30 DM?

3. Wie lange kann eine 40-W-Glühlampe brennen, bis sie 1 kWh verbraucht hat?

4. Welche elektrische Leistung verbraucht ein Elektromotor, der bei 220 V Spannung eine Stromstärke
von 45 A aufnimmt?

5. Das Heizelement eines Warmwasserbereiters für 220 V Spannung hat einen Widerstand von 11 Ω.
   a) Welche Stromstärke nimmt der Warmwasserbereiter auf?
   b) Welche Leistung verbraucht er?

6. Welchen Widerstand muß der Heizdraht eines elektrischen Kochgerätes haben, das bei 220 V Spannung eine Leistung von 800 W aufnimmt?

7. An ein 110-V-Netz wird ein Widerstand von 55 Ω angeschlossen. Welche Leistung wird in dem
Widerstand verbraucht?

8. Wie groß ist der Widerstand einer 60-W-Glühlampe für 220 V Spannung?

9. Mit welcher Stromstärke wird eine Leitung durch einen Verbraucher belastet, der ihr 6,5 kW bei
einer Klemmenspannung von 213 V entnimmt?

1.8.2. Wirkungsgrad

Elektrische Energie kann zu jedem beliebigen Zeitpunkt und mit einfachen technischen
Mitteln in andere Energieformen, z.B. in Wärme, mechanische Energie, Licht oder in chemische Energie, umgewandelt werden. Wie bei jeder Energieumwandlung treten auch bei
der Umwandlung der elektrischen Energie in andere Energieformen Energieverluste auf,
da ein Teil der dem elektrischen Gerät zugeführten Energie in eine andere als die gewünschte
Energieform verwandelt wird.

Bezeichnet man allgemein die einem elektrischen Gerät zugeführte elektrische Leistung als
indizierte Leistung (Formelzeichen P_i) und die von einem Gerät abgegebene Leistung
(Nutzleistung) als *effektive Leistung* (Formelzeichen P_e) so ist das Verhältnis

$$\frac{\text{effektive Leistung}}{\text{indizierte Leistung}} = \frac{P_e}{P_i} = \frac{P_{ab}}{P_{zu}} \quad ^{1)}$$

---

1) Für P_e wird zuweilen das Formelzeichen P_{ab} (abgeführte Leistung) und für P_i das Zeichen P_{zu}
(zugeführte Leistung) verwendet.

ein Maß für die Güte der Umwandlung. Dieses Verhältnis bezeichnet man als den *Wirkungs-grad*

$$\text{Wirkungsgrad} = \frac{\text{effektive Leistung}}{\text{indizierte Leistung}} \qquad \boxed{\eta = \frac{P_e}{P_i}} \quad \text{oder:} \quad \boxed{\eta = \frac{P_{ab}}{P_{zu}}}$$

Der Wirkungsgrad ist eine unbenannte Zahl, die stets *kleiner* als 1 ist. Sie wird als Dezimal-zahl (z. B. 0,75) oder in Prozenten (0,75 = $^{75}/_{100}$ = 75 %) angegeben. Die Güte der Energie-umwandlung ist um so besser, je mehr sich der Wirkungsgrad der Zahl 1 oder 100 % nähert. Jeder technische Fortschritt kann einen besseren Wirkungsgrad erbringen, aber $\eta = 1$ bzw. 100 % oder darüber hinaus ist nach dem Gesetz von der Erhaltung der Energie unmöglich, es gibt also kein *Perpetuum mobile*.

1.8.3. Leistungsbilanz im Grundstromkreis — Leistungsübertragung und Wirkungsgrad

Im einfachen unverzweigten Stromkreis (Grundstromkreis Bild 1.85a) ist die in der Spannungsquelle erzeugte *Urspannung E* gleich der *Summe* der Spannungsabfälle im inneren Widerstand R_i der Spannungsquelle und im äußeren Widerstand R_a des Stromkreises, also

$$E = IR_i + IR_a = I\,(R_i + R_a).$$

Durch Multiplizieren der Spannungsgleichung mit der Stromstärke I erhält man die *Leistungsgleichung:*

$$EI = I^2 R_i + I^2 R_a \quad \text{oder} \quad P_E = P_i + P_a\,.$$

Es bedeuten: $P_E = EI$ die in der Spannungsquelle erzeugte Leistung
 $P_i = I^2 R_i$ der Leistungsverbrauch im inneren Widerstand
 $P_a = I^2 R_a$ die an den äußeren Stromkreis abgegebene Nutzleistung

In Worten:
Die in der Spannungsquelle erzeugte Leistung P_E ist gleich der Summe der im Innern der Spannungsquelle verbrauchten Leistung P_i und der an den äußeren Stromkreis abgege-benen Nutzleistung P_a.

Aus $\dfrac{P_i}{P_a} = \dfrac{R_i}{R_a}$ folgt:

Die im inneren Widerstand der Spannungsquelle verbrauchte und die an den äußeren Stromkreis abgegebene Leistung verhalten sich wie deren Widerstände.

In der *Nachrichtentechnik* werden im Vergleich zu Starkstromanlagen nur geringe Lei-stungen übertragen. Damit in einem Verbraucher einer Nachrichtenanlage eine möglichst hohe Wirkung erzielt wird, muß von der in der Spannungsquelle erzeugten Leistung der Verbraucher einen recht hohen Leistungsanteil aufnhemen. Die richtige Bemessung des Verbraucherwiderstandes R_a ist daher wichtig (siehe Abschnitt 1.6.2.3 Leistungsanpassung).

Aus $I = \dfrac{E}{R_i + R_a}$ und $P_a = I^2 R_a$ erhält man

$$P_a = E^2 \frac{R_a}{(R_i + R_a)^2} = \frac{E^2}{R_i} \frac{\dfrac{R_a}{R_i}}{\left(1 + \dfrac{R_a}{R_i}\right)^2}$$

Setzt man für das Widerstandsverhältnis $\dfrac{R_a}{R_i} = x$ in die Gleichung ein, so wird

$$P_a = \frac{E^2}{R_i} \frac{x}{(1 + x)^2}$$

Da im allgemeinen bei den Spannungsquellen in der Nachrichtentechnik, z.B. bei galvanischen Elementen, E und R_i und somit auch E^2/R_i konstant sind, ändert sich P_a gleichsinnig mit der Funktion

$$y = \frac{x}{(1 + x)^2}.$$

Die Werte dieser Funktion y ergeben sich aus folgender Tabelle:

x	0	0,2	0,4	0,6	0,8	1	1,2	1,4	1,6
$1 + x$	1	1,2	1,4	1,6	1,8	2	2,2	2,4	2,6
$(1 + x)^2$	1	1,44	1,96	2,56	3,24	4	4,84	5,76	6,76
$\dfrac{x}{(1 + x)^2}$	0	0,139	0,204	0,235	0,247	0,25	0,247	0,243	0,236

Die der Tabelle entsprechende Kurve (Bild 1.85b) hat ein Maximum für $x = \dfrac{R_a}{R_i} = 1$. Für

diesen Wert, $x = 1$, nimmt auch die vom Verbraucher aufgenommene Leistung

$P_a = \dfrac{E^2}{R_i} \dfrac{x}{(1 + x)^2}$ den Höchstwert an. Es ist dann $R_a = R_i$, d.h. in der *Nachrichtentechnik* ist

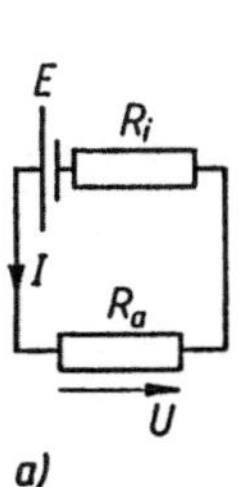

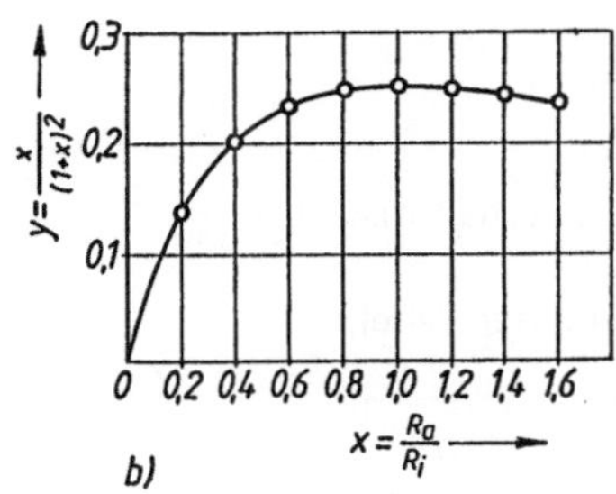

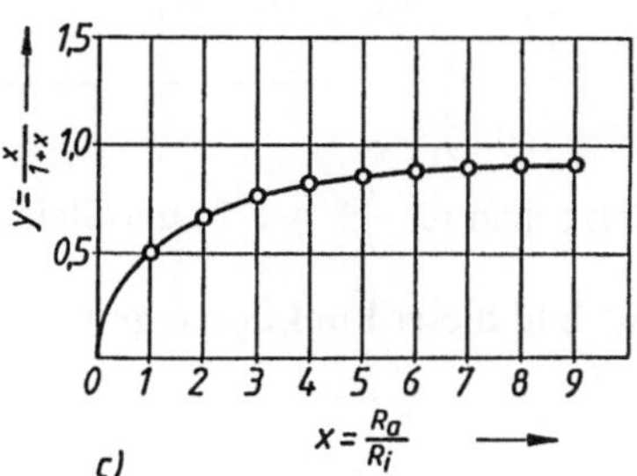

Bild 1.85. Beziehungen zwischen innerem und äußerem Widerstand, a) Grundstromkreis, b) Funktionsbild: Anpassung des äußeren und des inneren Widerstandes an die Spannungsquelle, c) Abhängigkeit des Wirkungsgrades vom Verhältnis des Außenwiderstandes zum Innenwiderstand

die vom Verbraucher aufgenommene Leistung am größten, wenn der äußere Widerstand R_a gleich dem inneren Widerstand R_i der Spannungsquelle ist. Man bezeichnet dieses *Angleichen* des äußeren Widerstandes des Stromkreises an den inneren Widerstand der Spannungsquelle als *Anpassung*.

Aus $R_a = R_i$ folgt, daß auch $IR_a = IR_i = U$ ist, und aus $E = IR_a + IR_i = 2U$, daß $U = \frac{E}{2}$ ist d.h.:

Die Netzspannung am Verbraucher ist bei der Anpassung die Hälfte der Urspannung der Spannungsquelle.

Der Wirkungsgrad ist

$$\eta = \frac{P_a}{P} = \frac{UI}{EI} = \frac{U}{E} = \frac{E/2}{E} = \frac{1}{2} = \frac{50}{100} = 50\,\%,$$

d.h., der Höchstwert der vom Verbraucher in der Nachrichtentechnik bei Anpassung aufgenommenen Leistung beträgt nur die Hälfte der von der Spannungsquelle erzeugten Leistung; die andere Hälfte wird im inneren Widerstand der Spannungsquelle in Wärme umgewandelt. Dieser niedrige Wirkungsgrad ist aber praktisch ohne Bedeutung, denn die übertragene Leistung ist an sich gering.

In der *Energietechnik* sind dagegen, wie bekannt, alle Verbraucher für eine bestimmte Netzspannung bemessen. Ihr Widerstand ist so berechnet, daß der aus Spannung und Widerstand resultierende Strom die gewünschte Leistung ergibt. Gerade diese Leistung — und nicht eine möglichst hohe Leistung wie in Schwachstromanlagen — soll die Spannungsquelle als Nutzleistung P_a an den Verbraucher abgeben.

Eine Starkstromanlage arbeitet nur dann wirtschaftlich, wenn das Verhältnis der vom Verbraucher aufgenommenen Leistung zu der vom Generator erzeugten Leistung möglichst groß ist, d.h. der Wirkungsgrad aus $\frac{P_a}{P_E}$ muß möglichst hoch sein. Es ist:

$$\eta = \frac{P_a}{P_E} = \frac{R_a}{R_i + R_a} = \frac{\dfrac{R_a}{R_i}}{1 + \dfrac{R_a}{R_i}}$$

Setzt man für $\frac{R_a}{R_i} = x$ in die Gleichung ein, so erhält man $\eta = \frac{x}{1+x}$.

Als Bild dieser Funktion ergibt sich auf Grund der Tabelle

x	0	1	2	3	4	...	n
η	0	$\frac{1}{2}$	$\frac{2}{3}$	$\frac{3}{4}$	$\frac{4}{5}$	...	$\frac{n}{n+1}$

die im Bild 1.85c dargestellte Kurve. Je größer x wird, um so mehr nähert sich der Wirkungsgrad η dem Wert 1. Die Bedingung für einen hohen Wirkungsgrad ist also erfüllt, wenn $R_i \ll R_a$ ist und demzufolge auch

$$IR_i \ll IR_a$$

d.h., wenn der Spannungsabfall innerhalb des Generators verschwindend klein im Vergleich zum Spannungsabfall am Verbraucher ist.

Damit wird die Klemmenspannung am Verbraucher

$$U = IR_a = E - IR_i$$

bei verschwindend kleinem IR_i angenähert gleich der Urspannung E des Generators, also unabhängig von der Belastung.

1.8.4. Umformung der elektrischen Energie in Wärmeenergie

Atome bzw. Moleküle eines Körpers befinden sich in einer seinem Wärmezustand entsprechenden ungeordneten Bewegung. Dient der Körper als Leiter, durch den die angelegte elektrische Spannung die Ladungsträger treibt, so übertragen die bewegten Ladungsträger beim Zusammenstoß mit den Atomen bzw. Molekülen des Gitters einen Teil ihrer Bewegungsenergie an diese. Dabei wandelt sich ein Teil der Bewegungsenergie der Ladungsträger in Wärmeenergie um.

1.8.4.1. Elektrisches Wärmeäquivalent – Joulesches Gesetz

Bei einer verlustlosen Umwandlung von elektrischer Energie in Wärmeenergie ist nach dem Gesetz von der Erhaltung der Energie die im Widerstand verbrauchte elektrische Energie (gemessen in Wattsekunden bzw. Wattstunden) gleichwertig der vom Strom im Widerstand entwickelten Wärmeenergie W (gemessen in Joule).

$$W = UIt$$

Die Wärmemenge, die der Stromarbeit einer Wattsekunde entspricht, ergibt sich aus folgendem Versuch:

Versuch 1.16:

In ein Kalorimetergefäß wird nach Bild 1.86 eine abgemessene Menge m destillierten Wassers eingefüllt. Eine Drahtwendel, die in das Wasser eintaucht, wird über den veränderlichen Widerstand R und ein Strommesser A an die Spannungsquelle angeschlossen. Der der Drahtwendel parallel geschaltete Spannungsmesser V zeigt die Spannung an den Enden der Drahtwendel an. Aus den Werten für die Stromstärke I und die Spannung U, die den verschiedenen Vorschaltwiderständen entsprechen, und der jeweiligen Dauer t des Stromdurchganges wird einerseits die in Wattsekunden gemessene Stromarbeit UIt berechnet, andererseits aus der Wassermenge m und der am Thermometer abgelesenen Temperatursteigerung $T_2 - T_1$ die vom Wasser aufgenommene Wärmemenge Q:

$$Q = mc\,(T_2 - T_1)$$

Es bedeuten: m Wassermenge
c spezifische Wärme
T_2 Endtemperatur
T_1 Anfangstemperatur

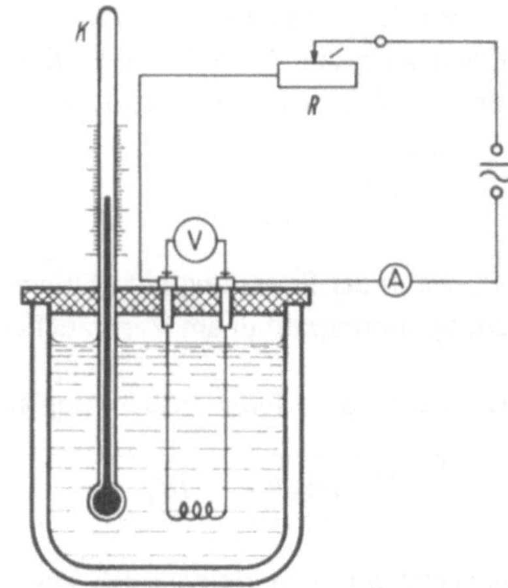

Bild 1.86. Kalorimeter

Für Wasser ist die spezifische Wärme $c = \dfrac{4\,186{,}8\ \mathrm{J}}{\mathrm{kg\,K}}$. Teilt man die errechnete Wärmemenge Q durch die sie erzeugende Stromarbeit W, so gibt $\dfrac{Q}{W}$ die der Stromarbeit von 1 Ws entsprechende Wärmemenge an. Man bezeichnet sie als das *elektrische Wärmeäquivalent*.

Bei dem Versuch 1.16 haben sich beispielsweise folgende Werte ergeben:

Wassermenge	$m = 270\ \mathrm{g}$	Stromstärke	$I = 1{,}88\ \mathrm{A}$
Temperatur-steigerung	$T_2 - T_1 = 3{,}91\ \mathrm{K}$	Spannung an der Heizwendel	$U = 40\ \mathrm{V}$
spezifische Wärme	$c = \dfrac{4\,186{,}8\ \mathrm{J}}{\mathrm{kg\,K}}$	Stromdauer	$t = 60\ \mathrm{s}$

entwickelte Wärmemenge

$$Q = \frac{4\,186{,}8\ \mathrm{J}}{\mathrm{kg\,K}} \cdot 0{,}27\ \mathrm{kg} \cdot 3{,}91\ \mathrm{K}$$

$$Q = 4512\ \mathrm{J}$$

Stromarbeit $W = 40\ \mathrm{V} \cdot 1{,}88\ \mathrm{A} \cdot 60\ \mathrm{s} = 4512\ \mathrm{Ws}$

Hieraus ergibt sich das von *Joule* [1]) festgestellte elektrische Wärmeäquivalent:

$$\frac{Q}{W} = \frac{\mathrm{J}}{\mathrm{Ws}} = \frac{\mathrm{kg\,m^2\,s^2}}{\mathrm{s^2\,kg\,m^2}} = 1\,.$$

Der elektrischen Arbeit von 1 Ws entspricht eine Wärmemenge von 1 J. Für 1 kWh = 1000 W $\cdot$ 3600 s = $3{,}6 \cdot 10^6$ Ws erhält man die Wärmemenge $3{,}6 \cdot 10^6$ J.

Elektrisches Wärmeäquivalent: *1 Ws $\hat{=}$ 1 J*

1 kWh $\hat{=}$ 3,6 $\cdot$ 10⁶ J

---

[1]) *James Prescott Joule*, engl. Physiker 1818—1889.

Aus der Formel für das elektrische Wärmeäquivalent erhält man durch Auflösen nach Q die Wärmemenge, die der elektrischen Arbeit $W = UIt$ entspricht:

$$Q = \frac{J}{Ws}\, UIt_s$$

und entsprechend:

$$Q = \frac{3{,}6 \cdot 10^6\,J}{kWh}\, \frac{UIt_h}{1000}$$

Setzt man nach dem Ohmschen Gesetz $U = IR$ bzw. $I = \frac{U}{R}$ in die Gleichung ein, so erhält man das *Joulesche Gesetz*:

$$Q = \frac{J}{Ws}\, I^2 Rt \qquad\text{bzw.}\qquad Q = \frac{J}{Ws}\, \frac{U^2}{R}\, t$$

In Worten ausgedrückt, lautet das *Joulesche Gesetz*:

> *Die in einem Leiter erzeugte Wärmemenge (Q) ist dem Produkt aus dem Quadrat der Stromstärke (I^2), dem Widerstand (R) und der Dauer (t) des Stromdurchflusses proportional.*

● *Beispiel 1:* Ein elektrischer Schmelztiegel für 220 V nimmt 2,3 A auf und ist 1,5 h in Betrieb. Welche Wärmemenge wird dem Schmelzgut zugeführt?

Gesucht: Q

Gegeben: $U = 220$ V
$I = 2{,}3$ A
$t = 1{,}5$ h

Lösung: $Q = \frac{J}{Ws}\, UIt$

$Q = \frac{J}{Ws} \cdot 220\,V \cdot 2{,}3\,A \cdot 5400\,s \qquad Q = 2{,}73 \cdot 10^6\,J$

Ergebnis: $Q = 2{,}73 \cdot 10^6\,J$

● *Beispiel 2:* Ein Tauchsieder von 40 Ω Widerstand liegt an 220 V Spannung. Welche Wärmemenge erzeugt der Strom in 8 min? Welche Menge Wasser von 293 K können zum Sieden gebracht werden (Siedepunkt 373 K)?

Gesucht: a) Q
b) m

Gegeben: $R = 40\ \Omega$
$U = 220$ V
$t = 8$ min
$T_1 = 293$ K
$T_2 = 373$ K

Lösung a): $Q = \dfrac{J}{Ws}\dfrac{U^2}{R}t$

$$Q = \frac{J}{Ws}\frac{220^2\,V^2}{40\,\Omega}\,480\,s \qquad\qquad 1\,\Omega = \frac{1\,V}{1\,A}$$

$$Q = \frac{J}{Ws}\frac{48\,400\,V^2}{40\,V/A}\,480\,s \qquad\qquad 1\,V \cdot 1\,A = 1\,W$$

$$Q = 580\,800\,\frac{J\,Ws}{Ws}$$

Ergebnis: $Q = 580\,800\,J$

$Q = 5{,}808 \cdot 10^5\,J$

Lösung b): $Q = cm\,(T_2 - T_1)$

$$m = \frac{Q}{c\,(T_2 - T_1)} \qquad\qquad m = \frac{5{,}808 \cdot 10^5\,J}{4{,}1868 \cdot 10^3\,\dfrac{J}{kg\,K} \cdot 80\,K}$$

Ergebnis: $m = 1{,}734\,kg$

■ Aufgaben zu Abschnitt 1.8.4.1

1. Eine Bogenlampe ist mit einem Vorschaltwiderstand von 14 Ω an eine Spannung von 220 V angeschlossen. Die Stromstärke wird mit 12 A gemessen.
   a) Welche Leistung wird in dem Widerstand vernichtet?
   b) Welche Wärme wird bei einstündiger Brenndauer der Bogenlampe im Widerstand erzeugt?
   c) Welche Spannung liegt an der Lampe?
2. In einem Thermogefäß werden täglich 6 l Wasser mit einer Kochplatte von 285 K auf 363 K erwärmt. Welche Kosten erwachsen monatlich für die Wassererwärmung bei einem Kilowattstundenpreis von 0,30 DM? Wärmeverluste bleiben unberücksichtigt!
3. Welche Wassermenge kann durch einen Widerstand von 25 Ω bei 110 V Spannung in 30 min von 288 K auf 333 K erhitzt werden, wenn man von Wärmeverlusten absieht?

1.8.4.2. Wärmewirkung und Stromdichte

Beim Anschluß einer Glühlampe an das Netz erhitzt sich der Glühfaden der Lampe bis zur Weißglut, wogegen die dickeren Zuleitungsdrähte keine merkliche Erwärmung zeigen, obwohl im ganzen Stromkreis der gleiche Strom fließt. Die Wärmewirkung in einem Draht ist also nicht von der Stromstärke allein abhängig, sondern auch vom Querschnitt des Leiters. Sie wird um so großer, je kleiner der Querschnitt des Leiters ist.
Die Wärmewirkung des Stromes wird durch die Stromdichte J bestimmt

Die Stromdichte J ist das Verhältnis der Stromstärke I zum Leiterquerschnitt A.

$$\boxed{J = \frac{I}{A}}$$

Die Stromdichte gibt somit die auf 1 m² bzw. 1 mm² des Leiterquerschnittes entfallende Stromstärke an. Die Maßeinheit der Stromdichte ergibt sich aus den Maßeinheiten der Stromstärke (in A) und des Leiterquerschnitts (in m² bzw. in mm²): Sie ist $\dfrac{A}{m^2}$ bzw. $\dfrac{A}{mm^2}$

$1\dfrac{A}{m^2} = 10^{-6}\dfrac{A}{mm^2}$.

Um die Abhängigkeit der Wärmewirkung von der Stromdichte zahlenmäßig festzustellen, muß man im Jouleschen Gesetz den Widerstand R durch die den Leiterquerschnitt enthaltende Gleichung $R = \rho \frac{l}{A}$ ersetzen. Aus

$$Q = \frac{\text{Joule}}{\text{Ws}} I^2 \rho \frac{l}{A} t$$

erhält man durch Erweitern des Bruches $\frac{l}{A}$ mit A:

$$Q = \frac{J}{\text{Ws}} \left(\frac{I}{A}\right)^2 \rho \, (lA) \, t$$

oder unter Berücksichtigung, daß $\frac{I}{A} = J$ ist:

$$Q = \frac{\text{Joule}}{\text{Ws}} J^2 \rho \, (lA) \, t \, .$$

Daraus folgt:

Die in einem Drahtvolumen (lA) je Sekunde entwickelte Wärmemenge ist dem Quadrat der Stromdichte proportional.

und

In gleichlangen Drähten (l = konst) von demselben Querschnitt (A = konst), aber aus verschiedenen Werkstoffen, ist die bei gleicher Stromstärke (I = konst) erzeugte Wärmemenge dem spezifischen Widerstand des Leiterwerkstoffes proportional.

$$\boxed{Q = k\rho}$$

Dieses Ergebnis kann man in eindrucksvoller Weise demonstrieren, wenn man mehrere Drähte von gleichem Querschnitt, aber aus verschiedenem Werkstoff hintereinander an eine Spannungsquelle schaltet. Obwohl die Stromstärke I und auch die Stromdichte unter den angegebenen Bedingungen in allen Drahtstücken gleich sind, ist die Erwärmung sehr verschieden. Bei entsprechender Steigerung der Stromdichte glühen die Drahtstücke in der Reihenfolge auf, die durch die Größenordnung ihrer spezifischen Widerstände gegeben ist.

● *Beispiel 1:*   In einem Draht von 1,5 mm Durchmesser fließt ein Strom von 2 A. Wie groß ist die Stromdichte?

Gesucht: J *Gegeben:* $d = 1,5$ mm

$I = 2$ A

Lösung: $J = \dfrac{I}{A}$

$A = \dfrac{d^2 \pi}{4}$ $A = \dfrac{1,5^2 \, \text{mm}^2 \cdot 3,14}{4}$ $A = 1,77 \, \text{mm}^2$

$J = \dfrac{2 \, \text{A}}{1,77 \, \text{mm}^2}$

Ergebnis: $J = 1,13 \, \dfrac{\text{A}}{\text{mm}^2}$

● *Beispiel 2:*   Welche Wärmemenge erzeugt ein Strom von 2 A in einem 1 m langen Chromnickeldraht von 0,75 mm^2 Querschnitt in 1 min?

Gesucht: Q *Gegeben:* $I = 2$ A
$$l = 1 \text{ m}$$
$$A = 0,75 \cdot 10^{-6} \text{ m}^2$$
$$t = 60 \text{ s}$$
aus Tafel 1.2: $\rho = 1,1 \cdot 10^{-6}$ Ωm

Lösung: $$Q = \frac{\text{Joule}}{\text{Ws}} \, I^2 \, \rho \, \frac{l}{A} \, t$$

$$Q = \frac{\text{Joule}}{\text{Ws}} \cdot 4 \text{ A}^2 \cdot 1,1 \cdot 10^{-6} \, \Omega\text{m} \cdot \frac{1 \text{ m}}{0,75 \cdot 10^{-6} \text{ m}^2} \cdot 60 \text{ s}$$

Ergebnis: $Q = 352,0$ J

■ Aufgaben zu Abschnitt 1.8.4.2

1. Wie groß ist die Stromdichte im Glühfaden einer Glühlampe mit der Aufschrift 220 V/40 W, wenn die Drahtdicke des Glühfadens 23,5 μm beträgt?

2. Wie groß ist die in der Glühlampe der Aufgabe 1 in 1 s entwickelte Wärmemenge?

3. Vergleiche die Stromdichte im Glühfaden der Glühlampe der Aufgabe 1 mit der Stromdichte in den Zuleitungsdrähten von 1 mm^2 Querschnitt!

4. In einem Leitungsdraht, in dem ein Strom von 1 A fließt, geht der Durchmesser von 1 mm auf 0,6 mm über. Wie groß ist die Stromdichte in den beiden Teilen?

Belastbarkeit von Leitungen

Um in den Zuleitungsdrähten eine unzulässige Erwärmung zu verhindern, darf die Stromdichte einen gewissen Betrag nicht überschreiten. Dieser zulässige Grenzwert ist bei gleichem Leitermaterial für die einzelnen Drahtdicken verschieden. Er kann aus Belastungstabellen für Leitungen berechnet werden.

Nach Tafel 1.7, Gruppe 1, ist für einen Kupferdraht von 1 mm^2 Querschnitt die höchste, dauernd zulässige Stromstärke 11 A bei einer Stromdichte von $J = 11$ A/1 mm^2 = 11 A/mm^2, wogegen ein Draht von 240 mm^2 Querschnitt der Gruppe 2 mit einem Strom von 453·A belastet werden darf. Hier beträgt die Stromdichte nur

$$J = \frac{453 \text{ A}}{240 \text{ mm}^2} = 1,89 \text{ A/mm}^2 .$$

Die zulässige Stromdichte nimmt mit zunehmender Drahtdicke ab, weil die Abkühlung bei dicken Drähten geringer ist als bei dünnen; denn der Querschnitt $A = \pi \frac{d^2}{4}$ eines Drahtes nimmt mit dem Quadrat des Durchmessers zu, die die Abkühlung bestimmende Oberfläche $A_0 = \pi d l$ aber nur mit der ersten Potenz des Durchmessers. Der dickere Draht hat demnach bei gleicher Stromdichte eine verhältnismäßig kleinere Abkühlungsoberfläche als ein dünner Draht.

Aus diesem Grund werden z.B. Mehrleiterkabel nur in Ausnahmefällen mit größeren Querschnitten als etwa 150...180 mm^2 verlegt; bei sehr starken Strömen verwendet man vielmehr zwei oder mehrere parallele Kabel.

Tafel 1.7: *Strombelastbarkeit I_B in A isolierter, nicht im Erdreich verlegter Leitungen sowie Zuordnung von Leitungsschutz-Sicherungen und -Schaltern I_S in A bei Dauerlast bei einer Umgebungstemperatur von 30 °C* [1])

Nenn-querschnitt in mm²	Gruppe 1				Gruppe 2				Gruppe 3			
	Cu		Al		Cu		Al		Cu		Al	
	I_B	I_S	I_B	I_S	I_B	I_S	I_B	I_S	I_B	I_S	I_B	I_S
0,75	–	–	–	–	12	6	–	–	15	10	–	–
1	11	6	–	–	15	10	–	–	19	10	–	–
1,5	15	10	–	–	18	10 [1])	–	–	24	20	–	–
2,5	20	16	15	10	26	20	20	16	32	25	26	20
4	25	20	20	16	34	25	27	20	42	35	33	25
6	33	25	26	20	44	35	35	25	54	50	42	35
10	45	35	36	25	61	50	48	35	73	63	57	50
16	61	50	48	35	82	63	64	50	98	80	77	63
25	83	63	65	50	108	80	85	63	129	100	103	80
35	103	80	81	63	135	100	105	80	158	125	124	100
50	132	100	103	80	168	125	132	100	198	160	155	125
70	165	125	–	–	207	160	163	125	245	200	193	160
95	197	160	–	–	250	200	197	160	292	250	230	200
120	235	200	–	–	292	250	230	200	344	315	268	200
150	–	–	–	–	5	250	263	200	391	315	310	250
185	–	–	–	–	382	315	301	250	448	400	353	315
240	–	–	–	–	453	400	357	315	528	400	414	315
300	–	–	–	–	504	400	409	315	608	500	479	400
400	–	–	–	–	–	–	–	–	726	630	569	500
500	–	–	–	–	–	–	–	–	830	630	649	500

Verlegearten:

Gruppe 1:　Eine oder mehrere in Rohr verlegte einadrige Leitungen;

Gruppe 2:　Mehraderleitungen, z.B. Mantelleitungen, Rohrdräte, Bleimantel-Leitungen, Stegleitungen, bewegliche Leitungen;

Gruppe 3:　Einadrige, frei in Luft verlegte Leitungen und Kabel, wobei diese mit einem Zwischenraum, der mindestens ihrem Durchmesser entspricht, verlegt sind.

Anmerkung: In Schaltanlagen und Verteilern ist die jeweils in Frage kommende Gruppe zu beachten.

Zulässige Strombelastbarkeit I_B bei höheren Umgebungstemperaturen

Umgebungstemperatur in °C	Strombelastbarkeit in % der Werte	
	Gummiisolierung (zulässige Leitertemperatur 60 °C)	PVC-Isolierung (zulässige Leitertemperatur 70 °C)
über 30 bis 35	91	94
über 35 bis 40	82	87
über 40 bis 45	71	79
über 45 bis 50	58	71
über 50 bis 55	41	61

[1]) nach VDE 0100, 0636 und 0641

1.8.4.3. Technische Verwendung der Stromwärme

Um elektrische Energie in Wärmeenergie umzuwandeln, verwendet man in der Technik die elektrischen Wärmegeräte. Sie beruhen entweder auf der Entwicklung der Jouleschen Wärme in Widerständen oder auf der Auswertung der hohen Temperaturen im elektrischen Lichtbogen.

Wärmegeräte mit Widerstandsheizung enthalten oft einen zu einer Wendel gewickelten Heizdraht, der aus Leiterwerkstoffen mit hohem spezifischem Widerstand und hohem Schmelzpunkt hergestellt ist. In den Haushalt-Wärmegeräten (elektrischen Kochplatten, Plätteisen, Tauchsieder) und vielen industriellen Wärmegeräten, in denen die erforderlichen Temperaturen unter 1273 K liegen (Leimkocher, Lötkolben), wird für die Heizwicklung Chromnickeldraht (80 % Nickel und 20 % Chrom) verwendet, der eine Dauertemperatur von 1373 K aushalten kann. Beim Erhitzen bildet sich auf dem Draht eine Chromoxidschicht, die den Draht vor weiterer Zerstörung schützt. Die Heizwendel ist meist in wärmebeständige keramische Isolierkörper eingebettet. Für höhere Temperaturen, wie sie z. B in Glüh- und Härteöfen erforderlich sind, werden Silit- oder Globarstäbe als Heizkörper verwendet, mit denen Temperaturen bis zu 1623 K bzw. 1773 K erreicht werden. Noch höhere Temperaturen erreicht man mit Heizkörpern aus Molybdän (2373 K) und Wolfram (3073 K).

Auf der Entwicklung der Jouleschen Wärme in Widerständen beruht auch die *Widerstandsschweißung*. In einer Schweißmaschine wird durch die beiden sich zunächst lose berührenden Werkstücke ein starker elektrischer Strom geleitet, der im hohen Übergangswiderstand an der Berührungsstelle eine starke Erwärmung verursacht. Nachdem die beiden Schweißstellen schweißwarm geworden sind, werden sie unter starkem Druck zusammengepreßt. Bei dicken Blechen oder flachen Werkstücken wird an Stelle einer Nietung die *Punktschweißung* mit Hilfe der Punktschweißmaschine, zur Herstellung von Schweißnähten an Stelle einer Nietung oder Lötung die *Nahtschweißung* mit Hilfe der Nahtschweißmaschine verwendet.

Bei der *Lichtbogenschweißung* benutzt man dazu die hohe Temperatur im elektrischen Lichtbogen, Bild 1.87, den man zwischen einer Metallelektrode und dem Werkstück zieht. Dadurch wird sowohl die Metallelektrode als auch das Werkstück zum Schmelzen gebracht und beim Abkühlen die Verbindung der Werkstückteile hergestellt.

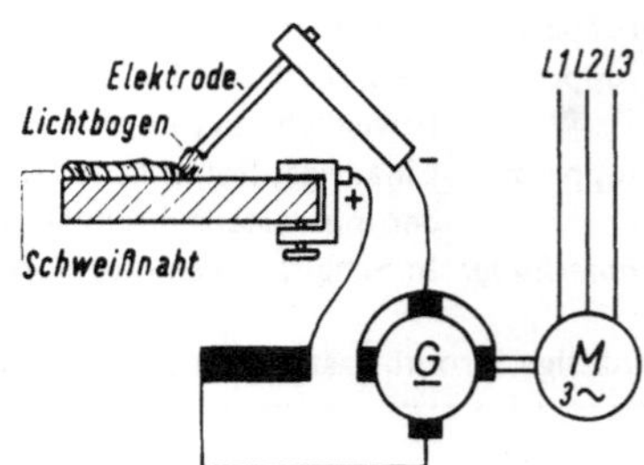

Bild 1.87. Lichtbogenschweißung schematisch

1.8.4.4. Thermischer Wirkungsgrad der Wärmegeräte

Beim Übertragen der im Heizleiter vom elektrischen Strom erzeugten Wärme auf das Wärmegut treten durch Wärmeleitung, Wärmeströmung und Wärmestrahlung *Wärmeverluste* auf. Je größer die Wärmeverluste sind, um so geringer wird die vom Heizgut aufgenommene nutzbare Wärmemenge und um so kleiner das Verhältnis der Nutzwärme zur Stromwärme, die nach dem Jouleschen Gesetz der elektrischen Stromarbeit entspricht. Man nennt dieses Verhältnis den *thermischen Wirkungsgrad* (Formelzeichen η) des Wärmegeräts.

$$\text{thermischer Wirkungsgrad} = \frac{\text{Nutzwärme}}{\text{Stromwärme}} \qquad\qquad \eta = \frac{Q_n}{Q}$$

Da die Wärmeverluste durch Schutzmaßnahmen, wie z. B. Wärmeisolierung, vermindert, aber nie ganz beseitigt werden können, ist die Nutzwärme Q_n stets kleiner als die Stromwärme Q und somit der thermische Wirkungsgrad eine Zahl kleiner als 1.

Durch Auflösen der Gleichung $\eta = \frac{Q_n}{Q}$ nach Q_n erhält man die in einem Wärmegerät erzeugte Nutzwärme bei bekanntem Wirkungsgrad des Gerätes.

$$Q_n = \eta Q$$

Ein Wärmegerät, dessen Anschlußwert durch die Leistung P gegeben ist, erzeugt in der Zeit t eine Wärmemenge

$$Q_n/_J = 3{,}6 \cdot 10^6 \cdot P/_{kW} \cdot t/_h \;.$$

Die von einem Gerät mit dem Wirkungsgrad η erzeugte Nutzwärme ist somit

$$Q_n/_J = \eta \; 3{,}6 \cdot 10^6 \cdot P/_{kW} \cdot t/_h \;.$$

Umgekehrt läßt sich durch Auflösen der Gleichung nach P der Anschlußwert P eines Heizkörpers berechnen, der bei bekanntem Wirkungsgrad η in einer bestimmten Zeit t die verlangte Nutzwärme Q_n abgeben soll.

$$P/_{kW} = \frac{Q_n/_J}{\eta \cdot 3{,}6 \cdot 10^6 \cdot t/_h}$$

● *Beispiel:* Berechne den Anschlußwert einer Heizplatte, die bei einem Wirkungsgrad von 80 %
1 l Wasser in 7 min um 80 K erwärmt!

Gesucht: P *Gegeben:* $m = 1$ kg
$$T_2 - T_1 = 80 \text{ K}$$
$$t = 7 \text{ min}$$
$$\eta = 0{,}80$$

Lösung: $\displaystyle P/_{kW} = \frac{Q_n/_J}{\eta \cdot 3{,}6 \cdot 10^6 \cdot t/_h}$

$$Q_n = cm \, (T_2 - T_1)$$

$$Q_n = \frac{4186{,}8 \text{ J} \cdot 1 \text{ kg} \cdot 80 \text{ K}}{\text{kg K}} \qquad Q_n = 3{,}349 \cdot 10^5 \text{ J} \quad Q_n/_J = 3{,}349 \cdot 10^5$$

$$t = \frac{7 \text{ min}}{60 \frac{\text{min}}{\text{h}}} \qquad\qquad t = 0{,}1167 \text{ h} \qquad t/_h = 0{,}1167$$

$$P/_{kW} = \frac{3{,}349 \cdot 10^5}{0{,}8 \cdot 3{,}6 \cdot 10^6 \cdot 0{,}1167}$$

$$P/_{kW} = 0{,}996$$

Ergebnis: $P \approx 1$ kW

■ **Aufgaben zu Abschnitt 1.8.4.4**

1. In welcher Zeit können auf einer elektrischen Heizplatte, die 800 W aufnimmt, $2\,l$ Wasser von 285 K zum Sieden (373 K) gebracht werden? Der Wirkungsgrad betrage 80 %.

2. In einem elektrischen Warmwasserspeicher mit einem Fassungsvermögen von $40\,l$ soll ein Heizelement eingebaut werden, das so zu bemessen ist, daß Wasser von 284,5 K in 3 h auf 353 K erwärmt wird.
   a) Wieviel Watt muß das Heizelement aufnehmen unter Berücksichtigung eines Wirkungsgrades von 80 %?
   b) Mit welcher Sicherung ist der Warmwasserspeicher abzusichern, wenn er an 220 V Spannung angeschlossen wird?

3. Wie groß ist der Wirkungsgrad eines Warmwasserboilers, der in 8 h $100\,l$ Wasser von 293 K auf 363 K erwärmt und 1200 W aufnimmt?

4. Durch einen elektrischen Widerstand von 61 Ω sollen $15\,l$ Wasser von 291 K zum Sieden (373 K) gebracht werden. Die Wärmeverluste betragen 15 %.
   a) Wie groß ist die Stromstärke, wenn die Spannung 220 V beträgt?
   b) Nach welcher Zeit siedet das Wasser?

5. Ein Warmwasserspeicher, Wirkungsgrad 85 %, soll in 1,5 h $50\,l$ Wasser von 293 K auf 363 K erwärmen.
   a) Welche Leistung in Kilowatt nimmt er auf?
   b) Welcher Strom fließt bei 220 V in der Leitung?

6. Ein Tauchsieder nimmt bei einer Netzspannung von 220 V einen Strom von 4,5 A auf. Sein Wirkungsgrad beträgt 90 %. Wieviel Liter Wasser lassen sich mit ihm in 36 min von 290 K auf 373 K erwärmen?

7. Auf welche Temperatur werden $20\,l$ Wasser durch $5,86 \cdot 10^6$ J erwärmt, wenn die Anfangstemperatur 292 K beträgt?

8. Welche elektrische Arbeit zeigt ein kWh-Zähler an, wenn ein Wärmegerät mit einem Wirkungsgrad von 86 % $1,025 \cdot 10^6$ J an das Wasser abgibt?

1.8.5. Beziehungen zwischen den Arbeits- und Leistungsgrößen

1.8.5.1. Beziehungen zwischen elektrischen, jouleschen und mechanischen Einheiten

Wie allgemein bekannt ist, läßt sich mechanische Arbeit in Wärme und elektrische Energie (Reibungswärme) und umgekehrt Wärme mit Hilfe von Wärmekraftmaschinen in mechanische Arbeit umwandeln. Es bestehen somit auch Beziehungen zwischen den joulschen, mechanischen und elektrischen Einheiten.

Tafel 1.8: *Umrechnungszahlen von Arbeits- und Leistungseinheiten*

Maßeinheiten		
elektrisch	Joule	mechanisch
1 Ws	1 J	$1\ \text{Nm} = 1\,\dfrac{\text{kg} \cdot \text{m}^2}{\text{s}^2}$
1 kWh	$3,6 \cdot 10^6$ J	
1 W	$1\,\dfrac{\text{J}}{\text{s}}$	$1\,\dfrac{\text{Nm}}{\text{s}} = 1\,\dfrac{\text{kg} \cdot \text{m}^2}{\text{s}^3}$

1.8.5.2. Wirkungsgrad der Umformung von elektrischer und mechanischer Arbeit

Die technischen Mittel zur Umformung von mechanischer und elektrischer Arbeit sind die elektrischen Maschinen. An der Welle des Generators wird mechanische Arbeit verbraucht und an seinen Klemmen elektrische Arbeit gewonnen. Dem Motor wird elektrische Arbeit zugeführt und an seiner Riemenscheibe mechanische Arbeit verrichtet.

Das Verhältnis der je Sekunde abgegebenen Arbeit, d.h. der *effektiven Leistung* (Formelzeichen P_e), zu der je Sekunde zugeführten Arbeit, d.h. der *indizierten Leistung* (Formelzeichen P_i), nennt man den

$$\text{Wirkungsgrad} = \frac{\text{effektive Leistung}}{\text{indizierte Leistung}} \qquad \eta = \frac{P_e}{P_i} \qquad \text{oder:} \qquad \eta = \frac{P_{ab}}{P_{zu}}$$

Bei der Berechnung des Wirkungsgrades ist darauf zu achten, daß die effektive und die indizierte Leistung in denselben Maßeinheiten angegeben werden.

Die Differenz zwischen der indizierten Leistung P_i und der effektiven Leistung P_e ist die *Verlustleistung* $P_v = P_i - P_e$.

Durch Einsetzen von $P_e = \eta P_i$ erhält man

$$\text{Verlustleistung } P_v = P_i (1 - \eta)$$

und durch Multiplikation mit der Betriebsdauer t der Maschine die

$$\text{Verlustarbeit } W_v = P_i (1 - \eta) t.$$

■ Aufgaben zu Abschnitt 1.8.5

1. Ein Motor, dem 6 kW elektrische Leistung zugeführt wird, gibt an der Riemenscheibe eine mechanische Leistung von 4,5 kW ab.
   a) Welchen Wirkungsgrad hat der Motor?
   b) Wie groß ist die tägliche Verlustarbeit, wenn der Motor 6 h in Betrieb ist?

2. Der Gleichstromgenerator einer Netzersatzanlage wird durch einen 8,832 kW-Elektromotor angetrieben und liefert bei 220 V Spannung einen Strom von 30,1 A. Wie groß ist der Wirkungsgrad der Netzersatzanlage?

3. Ein Elektromotor gibt an der Riemenscheibe 5,33 kW ab. Welche elektrische Leistung nimmt er auf, wenn der Wirkungsgrad 82 % beträgt?

4. Berechne für den Motor der Aufgabe 3 die Verlustleistung!

1.8.6. Umformung elektrischer Energie in Lichtenergie

1.8.6.1. Bedeutung der künstlichen Beleuchtung

Wohlbefinden und Leistungsfähigkeit des Menschen hängen in hohem Maße von der richtigen Anwendung des künstlichen Lichtes ab. Unfälle und gesundheitliche Schäden können bei vorschriftsmäßiger Beleuchtung, sei es am Arbeitsplatz oder bei der Raum- und Straßenbeleuchtung, vermieden werden.

1.8.6.2. Licht und Farbwiedergabe

Unter dem Begriff „Licht" versteht man elektromagnetische Wellen mit einer Ausbreitungsgeschwindigkeit von $c = 300\,000$ km/s. Das Licht ist ein Teil des großen elektromagnetischen Wellenbandes, das von den kürzesten Wellenlängen — *der kosmischen Strahlung* — bis zu den sehr langen Wellenlängen — *dem technischen Wechselstrom* — reicht (Bild 1.88). Der Mensch nimmt nur einen kleinen Ausschnitt dieser elektromagnetischen Wellen ($\lambda = 400$ nm ... 700 nm) als *sichtbares* Licht wahr. Dennoch sind in diesem kleinen Ausschnitt die Farben *violett, blau, blau-grün, gelb-grün, gelb, orange* und *rot*, ineinander übergehend, enthalten (Bild 1.89). Ein Glasprisma, auf das ein Bündel „weißen" Sonnelichts fällt, zeigt uns dieses sichtbare Spektrum, das auch beim Regenbogen zu beobachten ist.

Wir nehmen nur das gesamte Lichtgemisch wahr, können jedoch die farbigen Einzelanteile eines Lichtgemisches nicht unterscheiden. Fehlen Teile des Spektrums, so ist das Licht farbig, fällt weißes Licht auf einen Körper, so erscheint er weiß, wenn er alle Lichtsorten gleichmäßig reflektiert, er erscheint schwarz, wenn er alles zugestrahlte Licht absorbiert.

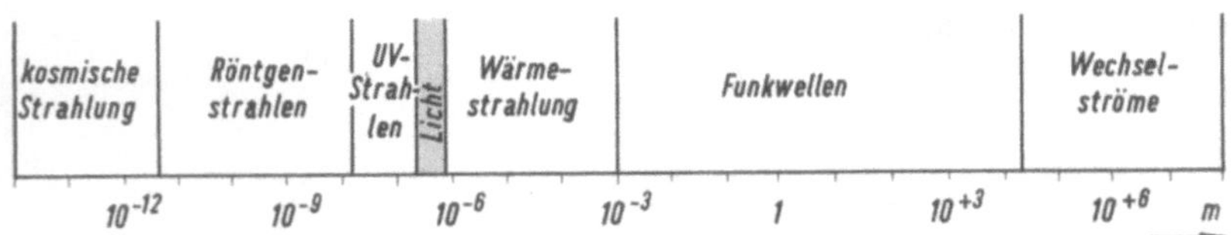

Bild 1.88. Elektromagnetische Wellenstrahlung

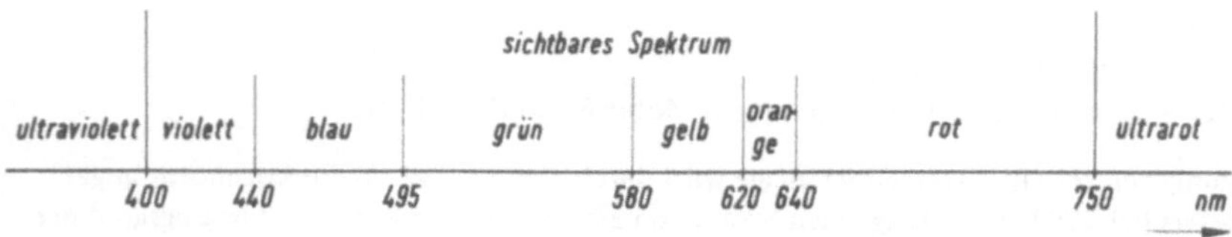

Bild 1.89. Spektrum des Sonnenlichtes

Sieht ein Körper rot aus, so absorbiert seine Oberfläche das gesamte auf ihn fallende Licht mit Ausnahme des roten Anteils. Würde allerdings das auf den Körper fallende Licht keinen Rotanteil haben, erschiene uns der Körper schwarz. In seiner spektralen Zusammensetzung unterscheidet sich *künstliches Licht* oft stark von der des Sonnenlichts. Daher weicht bei ihm die Farbwiedergabe mehr oder weniger von der bei Sonnenlicht ab. Es gibt

Lichtquellen, die in einem sehr engen Wellenbereich strahlen. Man nennt ihr Licht *mono-chromatisch*. In diesem Licht läßt sich nur die diesem Licht entsprechende Körperfarbe erkennen.

Mittels einer Farbtafel kann die Eigenschaft der Farbwiedergabe einer Lichtquelle geprüft werden. Die Herstellerfirmen geben die für richtige Beleuchtung wichtige Kenntnis der Farbwiedergabeeigenschaften ihrer Lichtquellen an.

1.8.6.3. Farbwiedergabe wichtiger Lichtquellen

Glühlampenlicht enthält alle Farben, vorwiegend rot und gelb. Alle „warmen" Farben werden besonders betont wiedergegeben.

Leuchtstofflampenlicht enthält durch seine Leuchtstoffe alle Farben. Man kann durch Mischung der Leuchtstoffe verschiedene „Weißtöne" erzielen, vom Tageslichtweiß bis zum glühlampenlichtähnlichen Warmweiß. Die Farbwiedergabe, besonders durch Zwei-schichtlampen, ist sehr gut. Neu entwickelte L-Lampen mit einer Reflexschicht sind beson-ders geeignet für die Wiedergabe der natürlichen Farben von Delikatessen, für Pflanzen und Aquarien.

Quecksilberdampflicht (Hochdrucklampe) enthält vorwiegend grünes und gelbes sowie ge-ringere Anteile violettes und blaues Licht. Die Farbwiedergabe ist nicht besonders gut, für viele Zwecke aber ausreichend.

Mischlicht (Quecksilberhochdruckbrenner mit Glühwendel) enthält infolge Mischung alle Farben und erscheint tageslichtähnlich.

Natriumdampflicht ist reines gelbes (monochromatisches) Licht, gibt nur gelbe Körper-farben wieder und läßt alle anderen Farben verschwinden.

Xenonlicht stimmt in seiner spektralen Zusammensetzung mit dem mittleren Tageslicht fast überein und gibt alle Farben hervorragend wieder.

Halogenlicht strahlt tageslichtähnlich und hat eine gute Farbwiedergabe.

1.8.6.4. Lichtelektrische Grundgrößen und ihre Einheiten (DIN 5031)

Raumwinkel

Bild 1.90 zeigt eine Lichtquelle im Mittelpunkt einer Hohl-kugel vom Radius r = 1 m. Schneidet man ein Stück Kugel-oberfläche aus, z.B. 1 m², so tritt ein Teil des Lichtstromes aus der Kugel heraus. Ebenso wie eine ebene Kreisfläche kann man auch die Kugel in Winkel aufteilen. Unser Kegel-ausschnitt bildet mit seinen Begrenzungslinien bis zum Kugelmittelpunkt einen räumlichen Winkel, Raumwinkel Ω genannt.

Ist A ein Stück der Kugelfläche vom Radius r, so umschlie-ßen die vom Mittelpunkt der Kugel nach der Umrandung der Kugelfläche A ausgehenden Strahlen einen Raum-winkel der Größe

$$\Omega = \frac{A}{r^2}$$

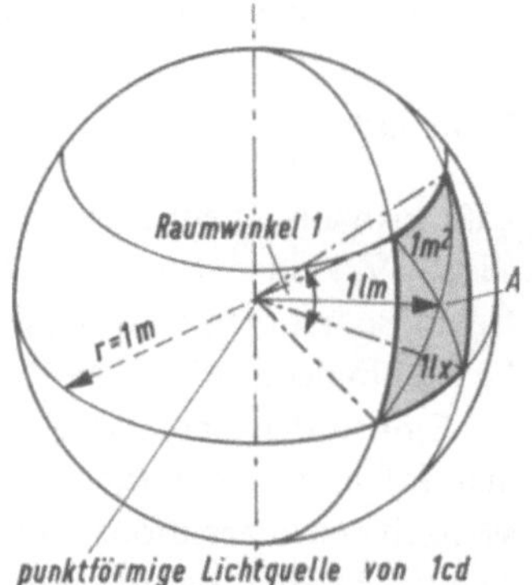

Bild 1.90. Darstellung des Raumwinkels

Ein Raumwinkel hat demzufolge die Größe 1, wenn die von ihm ausgeschnittene Kugelfläche A den Wert r^2 annimmt.

Man nennt diesen Einheitswert für den Raumwinkel **Steradiant** (Kurzzeichen sr).

Der Steradiant ist der Raumwinkel, für den das Verhältnis der von ihm ausgeschnittenen Kugelfläche zum Quadrat des Kugelradius gleich 1 ist.

Der volle Raumwinkel einer Kugel ist $\dfrac{4\pi r^2}{r^2} = 4\pi$ sr $= 12{,}56$ sr.

Lichtstrom

Die Lichtleistung, die eine Lichtquelle in den Raum strahlt, heißt Lichtstrom Φ, Maßeinheit *Lumen* (lm) (Bild 1.91. 1 lm ist der Lichtstrom der von einer Lichtquelle der Lichtstärke 1 cd (*Candela*) in den Raumwinkel $\Omega = 1$ ausgestrahlt wird. Für die Allgebrauchslampen der Hauptreihe ist die Lichtleistung in der Tafel 1.9 angegeben. Der Gesamtlichtstrom Φ_{ges} ist von der Leistungsaufnahme der Lampe abhängig.

Tafel 1.9: *Leistungsaufnahme und Lichtstrom der Allgebrauchslampen nach Osram*

Glühlampen-Leistungs-aufnahme in W	Gesamtlichtstrom Φ_{ges} in lm	
	bei 110 V	bei 220...235 V [1])
15	135	120
25	260	230
40 D	490	430
60 D	820	730
75 D	1 070	960
100 D	1 560	1 380
150 D	2 380	2 220
200 D	3 250	3 150
300 D	5 100	5 000
500	9 300	8 400
1 000	20 000	18 800
2 000	43 000	40 000

[1]) Lichtstromwerte beziehen sich auf 228 V.

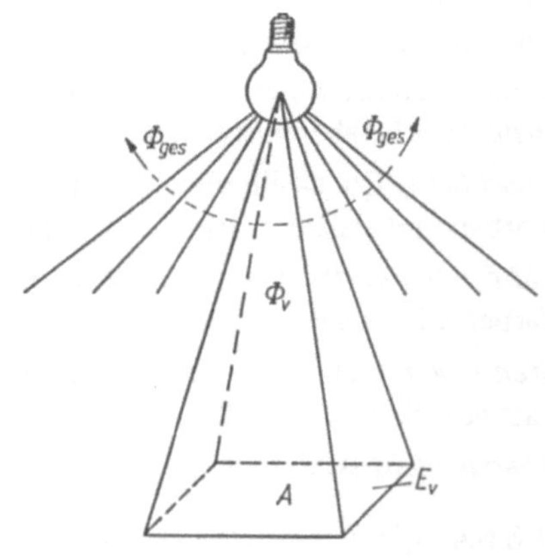

Bild 1.91. Lichtstrom und Beleuchtungsstärke

Lichtstärke

Läßt man aus einem sehr kleinen Kugelausschnitt (Bild 1.92) einen Teil des Lichtstromes heraustreten, so hat man eine Möglichkeit, die Stärke des Lichtes in der bestimmten Richtung zu messen. Als Einheit der Lichtstärke (Kurzzeichen I_v) kannte man früher die Hefnerkerze (HK), heute mißt man sie nach der internationalen Einheit Candela (cd; 1 cd = 1,16 HK). Beispielsweise hat eine Stearinkerze senkrecht zur Flamme eine Lichtstärke von 1 cd, eine Glühlampe (40 W) $\approx$ 35 cd.

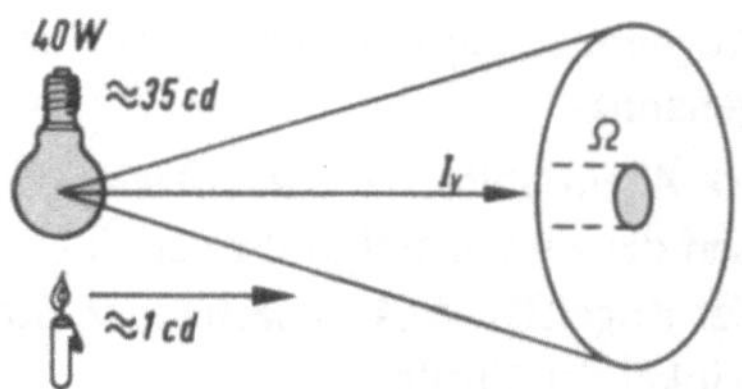

Bild 1.92. Veranschaulichung des Begriffs Lichtstärke

Der von einer Lichtquelle ausgehende Lichtstrom ist im allgemeinen nicht gleichmäßig über den Raum verteilt, sondern in den verschiedenen Ausstrahlungsrichtungen verschieden stark (s. Lichtverteilungskurven, Bild 1.121). Die Lichtstärke einer Lichtquelle in einer bestimmten Richtung wird durch den Quotienten aus dem Lichtstrom Φ_v in einem gleichmäßig ausgestrahlten, d.h. genügend kleinen, Raumwinkel Ω und der Größe des Raumwinkel Ω angegeben.

$$\boxed{\text{Lichtstärke} = \frac{\text{Lichtstrom}}{\text{Raumwinkel}}} \qquad \boxed{I_v = \frac{\Phi_v}{\Omega}}$$

● *Beispiel:*   Eine 100-W-Glühlampe hat einen Gesamtlichtstrom Φ_{ges} von 1300 lm. Wie groß ist ihre mittlere Lichtstärke I_{vm}?

Gesucht: I_{vm} *Gegeben:* $\Phi_{ges} = 1300$ lm
                                           $\Omega = 4\pi = 12{,}56$ sr

Lösung: $I_{vm} = \dfrac{\Phi_{ges}}{\Omega}$

               $I_{vm} = \dfrac{1300 \text{ lm}}{12{,}56 \text{ sr}}$

Ergebnis: $I_{vm} = 103{,}5$ cd

Beleuchtungsstärke

Verteilt sich ein Lichtstrom Φ_v gleichmäßig auf eine Fläche A, so beleuchtet er sie mit einer bestimmten Stärke. Man mißt die Beleuchtungsstärke (Formelzeichen E_v) durch den Quotienten aus dem Lichtstrom und der Flächeneinheit:

$$\boxed{\text{Beleuchtungsstärke} = \frac{\text{Lichtstrom}}{\text{Fläche gemessen in m}^2}} \qquad \boxed{E_v = \frac{\Phi_v}{A}}$$

Daraus ergibt sich:

$$\boxed{\text{Lichtstrom} = \text{Beleuchtungsstärke} \cdot \text{Fläche gemessen in m}^2}$$

$$\boxed{\Phi_v = E_v A}$$

Die Einheit der Beleuchtungsstärke ist das *Lux* (Kurzzeichen lx).
Sie ist vorhanden, wenn der Lichtstrom 1 lm auf ein Kugelflächenstück von 1 m² trifft.

$$1 \text{ lx} = \frac{1 \text{ lm}}{1 \text{ m}^2} \qquad \text{bzw.} \quad 1 \text{ lm} = 1 \text{ lx} \cdot 1 \text{ m}^2$$

Größenvorstellung:

Sonnenlicht	ca. 100 000 lx	40-W-Lampe in 1 m Entfernung 35 lx
Tageslicht	ca. 3 000 lx	1 cd in 1 m Entfernung 1 lx
Vollmondlicht ca.	0,1 lx	

Da, wie schon erwähnt, die künstlichen Lichtquellen das Licht nicht gleichmäßig nach allen Richtungen ausstrahlen und selbst bei einer gleichmäßigen Ausstrahlung die Beleuchtungsstärke $\dfrac{\Phi_v}{A}$ an verschiedenen Stellen einer ausgedehnten ebenen Fläche aufgrund unterschiedlicher Entfernung zur Lichtquelle verschieden ist, gibt die Gleichung im allgemeinen die Be-

Tafel 1.10: *Beleuchtungsstärke — Richtwerte für Arbeitsräume nach DIN 5035[1])*

Ansprüche an die Beleuchtung	Arbeit	Allgemeinbeleuchtung allein, mittlere Beleuchtungsstärke in lx	Platzbeleuchtung mit zusätzlicher Allgemeinbeleuchtung	
			Platzbeleuchtung-[2]) in lx	Zusätzliche Allgemeinbeleuchtung[3]) in lx
sehr gering	—	30	—	—
gering	grob	60	—	—
mäßig	mittelfein	120	250	20
hoch	fein	250	500	40
sehr hoch		600	1 000	80
außergewöhnlich	sehr fein	—	4 000	300

[1]) Umfassende Auskunft über Art des Raumes oder der Tätigkeit in diesem der empfohlenen Lichtfarbe und der Nennbeleuchtungsstärke gibt DIN 5035, Teil 2.

[2]) Die Werte der Platzbeleuchtung gelten für einen mittleren Reflexionsgrad des Arbeitsgutes von 25 %.

[3]) Den Werten der Allgemeinbeleuchtung ist ein mittlerer Reflexionsgrad der Raumbegrenzungsflächen von 30 % zugrunde gelegt.

leuchtungsstärke für einen Punkt der beleuchteten Fläche an. Ist Φ_v der Lichtstrom, der auf eine ausgedehnte Fläche A trifft, so gilt für die mittlere Beleuchtungsstärke E_{vm}:

$$E_{v_m} = \frac{\Phi_v}{A}$$

Bezieht man die Beleuchtungsstärke auf die Oberfläche der Vollkugel vom Radius r ($A = 4\pi r^2$) und berücksichtigt man, daß $\Phi_v = 4\pi I_v$ ist, so erhält man durch Einsetzen in die Gleichung für die *Beleuchtungsstärke*

$$E_v = \frac{4\pi I_v}{4\pi r^2} \quad \text{oder} \quad E_v = \frac{I_v}{r^2}$$

Die Beleuchtungsstärke einer Fläche nimmt mit dem Quadrat ihres Abstandes von der Lichtquelle ab (Lambertsches Entfernungsgesetz) (Bild 1.93).

$$1\ \text{lx} = \frac{1\ \text{cd}}{(1\ \text{m})^2}$$

Die Gleichung $E_v = \frac{I_v}{r^2}$ gibt auch die allgemein für ebene Flächen gültige Beziehung zwischen der in Candela gemessenen Lichtstärke I_v und der in Lux gemessenen Beleuchtungsstärke E_v an unter der Voraussetzung, daß die Fläche relativ klein ist und senkrecht zur Richtung des einfallenden Lichtes steht.

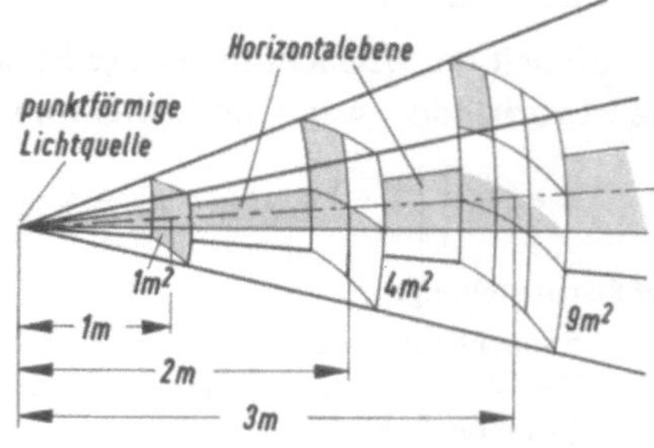

Bild 1.93. Die Beleuchtungsstärke nimmt mit dem Quadrat der Entfernung ab. Beträgt sie in 1 m Entfernung 1 lx, so sind es in bei einem Abstand von 2 m $\frac{1}{4}$ lx und bei 3 m $\frac{1}{9}$ lx .

Neigt sich die Flächennormale gegenüber dem einfallenden Lichtstrahl, so geht der Cosinus dieses Neigungswinkels i (Inzidenzwinkel = Einfallswinkel) in die Gleichung ein. Die Beleuchtungsstärke ist in diesem Fall gleich der Punktbeleuchtungsstärke:

$$E_{\mathrm{v}} = \frac{I_{\mathrm{v}}}{r^2} \cos i$$

● *Beispiel:* Welche Punktbeleuchtungsstärke wird durch eine Glühlampe von maximal 1200 cd auf einer horizontalen, relativ kleinen Fläche in 12 m Entfernung erzeugt?

Gesucht: E_{v} *Gegeben:* $I_{\mathrm{v}} = 1200$ cd
$r = 12$ m

Lösung: $E_{\mathrm{v}} = \dfrac{I_{\mathrm{v}}}{r^2}$

$E_{\mathrm{v}} = \dfrac{1200\ \mathrm{cd}}{(12\ \mathrm{m})^2}$

$E_{\mathrm{v}} = \dfrac{1200\ \mathrm{cd}}{144\ \mathrm{m}^2}$ *Ergebnis:* $E_{\mathrm{v}} = 8{,}33$ lx

Leuchtdichte

Der Helligkeitseindruck, den unser Auge von einer selbstleuchtenden oder Licht reflektierenden Fläche empfängt, ist bestimmt durch die Leuchtdichte (Formelzeichen L_{v}).

Die Leuchtdichte ist das Verhältnis der Lichtstärke I_{v} einer leuchtenden Fläche zur Größe A dieser Fläche:

$$\text{Leuchtdichte} = \frac{\text{Lichtstärke}}{\text{sichtbare Fläche in m}^2} \qquad\qquad L_{\mathrm{v}} = \frac{I_{\mathrm{v}}}{A}$$

Die Fläche A wird im absoluten Maßsystem in m^2 angegeben, so daß sich auf Grund der Definitionsgleichung als Maßeinheit der Leuchtdichte

$$1\,\frac{\mathrm{cd}}{\mathrm{m}^2}$$

ergibt. Die vorher verwendete Einheit der Leuchtdichte 1 Stilb (Kurzzeichen sb), ist auf die Flächeneinheit $1\ \mathrm{cm}^2$ bezogen.

$$1\ \mathrm{sb} = \frac{1\ \mathrm{cd}}{\mathrm{cm}^2}\,; \qquad 1\ \mathrm{sb} = 10^4\ \frac{\mathrm{cd}}{\mathrm{m}^2}\,.$$

Die Leuchtdichte einer D-Lampe beträgt etwa $0{,}05\ \mathrm{cd/m}^2$.

Bildet die Ausstrahlungsrichtung einer leuchtenden Fläche A nach dem Auge des Beobachters einen Winkel ϵ mit der Flächennormale (ϵ = Emissionswinkel = Ausstrahlungswinkel) (Bild 1.94), so ergibt sich für den Beobachter die scheinbare Größe A_e der Leuchtfläche aus $A_e = A \cos \epsilon$.

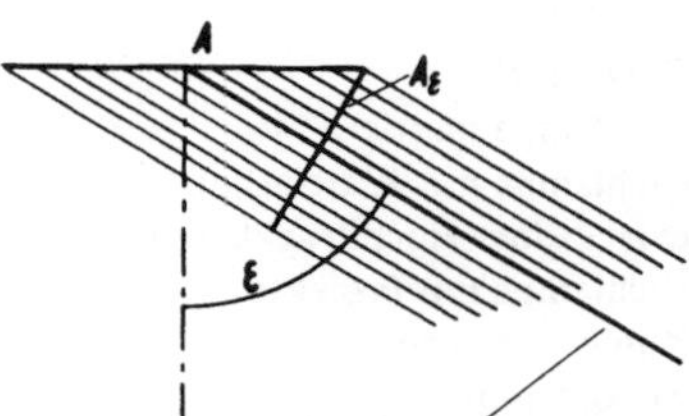

Bild 1.94. Leuchtdichte einer Fläche bei beliebiger Ausstrahlungsrichtung

Bezeichnet man die Lichtstärke in der Ausstrahlungsrichtung mit I_{v_ϵ}, so ist die Leuchtdichte

$$L_v = \frac{I_{v_\epsilon}}{A \cos \epsilon}$$

Leuchtflächen mit hoher Leuchtdichte blenden. Eine *Blendung* tritt nicht auf, wenn die Leuchtdichte kleiner als 10^{-4} cd/m^2 ist. Um die Blendwirkung durch Glühlampen zu verringern, verwendet man mattierte Glaskolben oder Opalglaskolben, die als selbstleuchtende Flächen wirken. Durch die etwa 200fache Vergrößerung der Leuchtfläche wird die Leuchtdichte auf 1/200 der Leuchtdichte einer Klarglaslampe gesenkt. Bei angestrahlten, nicht selbstleuchtenden Flächen ist die Leuchtdichte gering. Sie beträgt meist nur einen Bruchteil der Leuchtdichte der Lichtquellen und wird durch das Rückstrahlvermögen ρ der Fläche stark beeinflußt.

$$L_v = \frac{I_{v\epsilon}\, \rho}{A \cos \epsilon}$$

Je nach Art der Arbeit sind Mindestleuchtschichten erforderlich. Für „feine Arbeit" z.B. ist eine Mindestleuchtdichte von etwa 30 cd/m^2 zweckmäßig.

Tafel 1.11: *Umrechnung der Leuchtdichte-Einheiten*

	cd/cm^2 (sb)	cd/m^2	f L[1]
1 cd/m^2	10^{-4}	1	0,292
1 cd/cm^2	1	10^4	2920
1 asb	$3,18 \cdot 10^{-5}$	0,318	0,0929
1 fL	$3,42 \cdot 10^{-4}$	3,42	1

[1] Foot-Lambert, als Einheit für die Leuchtdichte in angelsächsischen Ländern.

Tafel 1.12: *Leuchtdichten natürlicher und künstlicher Lichtquellen*

Lichtquelle	Leuchtdichte $L_v \cdot 10^4$ cd/m^2
Mittagssonne	$\approx$ 150 000
Vollmond	0,25
Glimmlampe	0,02
Leuchtstofflampe	0,3...1,4
Stearinkerze	0,75
Gasglühlicht	3...30
Glühlampe mattiert	5...40
Glühlampe mit Klarglaskolben	200...2000
Quecksilber-Hochdrucklampe (klar)	200...1000
Glühlampe mit Projektor	$\approx$ 3 000
Kohle-Bogenlampe	$\approx$ 18 000...180 000
Xenonlampen	20 000...300 000
Natriumdampf-Hochdrucklampen (klar)	300...650
— beschlämmt	4...25
Beleuchtete Flächen	
beleuchtete Straße	0,2...5
Decke und Wände in bel. Räumen	1...300

● *Beispiel:*   Wie groß ist die Leuchtdichte einer Klarglasglühlampe von 1500 cd, wenn die Leuchtdrahtwendel eine strahlende Fläche von $1{,}2\ \text{cm}^2$ hat?

Gesucht: L_V *Gegeben:* $I_V = 1500\ \text{cd}$
$$A = 1{,}2\ \text{cm}^2$$

Lösung: $L_V = \dfrac{I_V}{A}$

$$L_V = \frac{1500\ \text{cd}}{1{,}2 \cdot 10^{-4}\ \text{m}^2} \qquad \text{oder} \qquad L_V = \frac{1500\ \text{cd}}{1{,}2\ \text{cm}^2}$$

Ergebnis: $L_V = 1250 \cdot 10^4\ \dfrac{\text{cd}}{\text{m}^2}$

Lichtausbeute

Bezieht man den von einer Lichtquelle ausgestrahlten Lichtstrom Φ_V auf die von ihr aufgenommene elektrische Leistung P, so erhält man die Lichtausbeute (Formelzeichen η_{La}) als optisch-elektrischen Wirkungsgrad:

$$\boxed{\text{Lichtausbeute} = \frac{\text{Lichtstrom in lm}}{\text{elektr. Leistung in W}}} \qquad \boxed{\eta_{La} = \frac{\Phi_V}{P}}$$

Je höher die Lichtausbeute einer Lampe, desto größer wird die mittlere Beleuchtungsstärke bei gleichem Energieaufwand. Mit der Lampenleistung steigt die Lichtausbeute, wobei diese bei Niedervoltlampen höher ist, denn dickere Drähte nehmen höheren Strom auf.
Die Einheit der Lichtausbeute ergibt sich aus den Maßeinheiten für Φ_V (lm) und P (W); sie ist lm/W. Die Lichtausbeute ist also eine Art Wirkungsgrad der Lichtquelle.

● *Beispiel:*   Berechne die Lichtausbeute einer 220-V-D-Lampe mit einer Leistungsaufnahme von 200 W!

Gesucht: η_{La} *Gegeben:* $U = 220\ \text{V}$
$$P = 200\ \text{W}$$

aus Tafel 1.8: $\Phi_V = 3150\ \text{lm}$

Lösung: $\eta_{La} = \dfrac{\Phi_V}{P}$

$$\eta_{La} = \frac{3150\ \text{lm}}{200\ \text{W}}$$

Ergebnis: $\eta_{La} = 15{,}75\ \dfrac{\text{lm}}{\text{W}}$

■ Aufgaben zu den Abschnitten 1.8.6.1 bis 1.8.6.4

1. Eine 110-V-Glühlampe für 60 W liefert einen Lichtstrom von 820 lm. Wie groß ist die mittlere Lichtstärke der Lampe?

2. Welche mittlere Lichtstärke hat eine D-Lampe für 220 V und 150 W?

3. Vergleiche die Lichtstärke der Glühlampe von Aufgabe 1 mit der Lichtstärke einer D-Lampe für 60 W und 220 V!

4. Welche Beleuchtungsstärke wird durch eine Glühlampe von max. 2000 cd
   a) auf einer horizontalen Fläche in 10 m Entfernung,
   b) auf einer unter einem Winkel von 45° gegen die Waagerechte geneigte Fläche in der gleichen Entfernung erzielt?

5. Welcher Lichtstrom ist erforderlich, um auf einer Fläche von 2 m² eine mittlere Beleuchtungsstärke von 400 lx zu erzielen?

6. Ein Arbeitsplatz ist mit einer mittleren Beleuchtungsstärke von 120 lx zu beleuchten. Welche max.
   Lichtstärke muß die Lampe haben, wenn sie 2 m über dem Arbeitsplatz aufgehängt werden soll?

7. Welche Lichtstärke braucht die Lampe (Aufgabe 6) nur zu haben, wenn die Lichtausbeute durch
   einen Reflektor um 30 % vergrößert wird?

8. Eine 60-W-Glühlampe erzeugt in 1 m Entfernung eine mittlere Beleuchtungsstärke von etwa 60 lx.
   Wie groß ist der Gesamtlichtstrom, den die Lampe liefert?

9. Die Glühlampe eines Projektors hat eine Lichtstärke von 1800 cd; die strahlende Fläche der Leuchtdrahtwendel beträgt 1,2 cm². Wie groß ist die Leuchtdichte der strahlenden Fläche?

10. Vergleiche die Lichtausbeute in einer 40-W-D-Lampe für 220 V mit derjenigen einer 100-W-D-
    Lampe für 220 V!

11. Vergleiche die Lichtausbeute einer 40-W-D-Lampe für 220 V mit derjenigen einer 40-W-D-Lampe
    für 110 V!

1.8.6.5. Elektrische Lampen

Glühlampen

In einem evakuierten oder mit einem neutralen Gas gefüllten Glaskolben befindet sich ein
dünner Leuchtfaden, dem durch zwei in den Fuß des Glaskolbens eingeschmolzene Drähte
der elektrische Strom zugeführt wird; dieser erhitzt den Leuchtfaden so stark, daß er glühend wird und Licht ausstrahlt.

Die ersten Glühlampen, 1855 von *Heinrich Goebel* und 1879 von *Thomas Alva Edison*
entwickelt, waren Kohlefadenlampen. Eine verkohlte Bambusfaser wurde bei ≈ 2073 K
zum Glühen gebracht. Ihre Lichtausbeute war mit 3 lm/W gering, die Lichtfarbe rötlich-
gelb. Seit 1901 kennt man die Metalldrahtglühlampe, die man bis heute weiterentwickelt
hat. Aus Wolfram (Schmelzpunkt 3643 K) stellte man erst Einfachwendel (Bild 1.95),
später auch Doppelwendel (Bild 1.96) her, weil durch den Doppelwendelleuchtdraht der
Lichtstrom bei gleichem Stromverbrauch bis 20 % anstieg. Der Wolframdraht einer 15-W-
Lampe ist hauchdünn (ein Sechstel der Dicke eines Frauenhaares), und beim Aufwendeln
sind Toleranzen von $\frac{1}{1000}$ mm einzuhalten. Der glühende Draht im evakuierten Glaskolben
verdampft langsam und die abfliegenden Teilchen schwärzen im Laufe der Zeit den Kolben.
Die Verdampfungsgeschwindigkeit läßt sich durch Füllung des Lampenkolbens mit Edel-
gasen (Argon, Krypton usw.) herabsetzen. Durch Krypton ist eine höhere Erhitzung des
Leuchtdrahtes möglich. Dadurch wird das Licht „weißer" und der Kolben kann kleinere

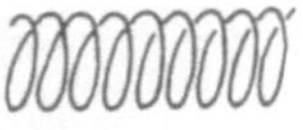

Bild 1.95. Ein-
fachwendel

Bild 1.96. Doppel-
wendel

Abmessungen erhalten. Die geringe Dicke des Glühdrahtes ist ausschließlich durch den erforderlichen Widerstand bei hohen Spannungen bedingt, nicht aber, um eine hohe Temperatur und damit eine günstige Lichtausbeute zu erzielen. Diese ist bei stärkeren Glühdrähten viel günstiger, wie sich aus folgender Gegenüberstellung der Lichtausbeute von 25-W-Lampen für verschiedene Spannungen ergibt.

Leistungsaufnahme	25 W	25 W	25 W
Spannung	12 V	110 V	220 V
Lichtstrom	462 lm	260 lm	230 lm
Lichtausbeute	$18,5\,\frac{lm}{W}$	$10,4\,\frac{lm}{W}$	$9,2\,\frac{lm}{W}$

Die Kleinspannungslampen stehen also hinsichtlich der Lichtausbeute weit an der Spitze, haben jedoch eine geringere Lebensdauer als die Normalspannungslampen, die im Mittel auf 1000 Brennstunden bemessen ist. Die Metalldrahtlampe ist also von Natur aus eine Niederspannungslampe.

Die Spannung, bei der eine Glühlampe die normale elektrische Leistung aufnimmt und den normalen Lichtstrom abgibt, ist die *Nennspannung*; sie ist ebenso wie die aufgenommene Leistung auf dem Glaskolben oder auf dem Lampensockel vermerkt. Überschreitet die Netzspannung die Nennspannung der Glühlampe, so gibt sie einen größeren Lichtstrom ab, während sich gleichzeitig ihre normale, auf 1000 Brennstunden bemessene Lebensdauer verkürzt. Der Lichtstrom und die Lebensdauer einer Glühlampe sind somit von der *Betriebsspannung* abgängig. Diese Abhängigkeit, bezogen auf die der Nennspannung entsprechenden Normalwerte, zeigt Bild 1.97. Aus dem Diagramm ist ersichtlich, daß bei einem Steigen der Betriebsspannung um nur 5 % der Nennspannung die *Lebensdauer* der Lampe auf 50 % ihres Normalwertes absinkt, während der Lichtstrom nur um 23 % steigt; umgekehrt beträgt bei einer Abnahme der Betriebsspannung um 5 % der Lichtstrom nur 83 % des Normalwertes, während sich die Lebensdauer der Lampe verdoppelt.

Die normale Lebensdauer einer Glühlampe wird aber auch verkürzt, wenn sie starken Erschütterungen ausgesetzt ist. Man verwendet deshalb in Fahrzeugen, Maschinenräumen und Handleuchten Lampen mit stoßfester Aufhängung des Glühdrahtes (*Centralampen*). Solche Lampen werden von Glühlampenfabriken z. B. für 25 W, 40 W und 60 W geliefert; sie haben allerdings eine geringere Lichtausbeute als die Allgebrauchslampen.

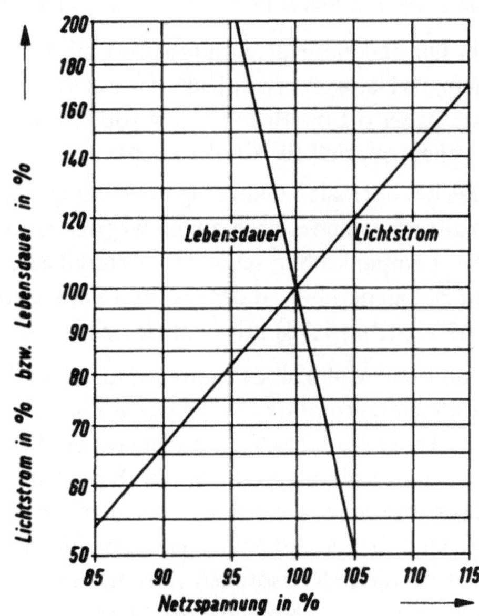

Bild 1.97. Abhängigkeit des Lichtstromes und der Lebensdauer der Glühlampen von der Netzspannung

Tafel 1.13: *Lichtstrom, Lichtausbeute und mittlere Lebensdauer der Lichtwurf-lampen B und der Halogenglühlampen*

Leistung in W	110 V		220 V		Mittlere Lebensdauer
	Lichtstrom in lm	Lichtausbeute in $\frac{\text{lm}}{\text{W}}$	Lichtstrom in lm	Lichtausbeute in $\frac{\text{lm}}{\text{W}}$	Brennstunden
500	9 450	18,9	8 600	17,2	300
500	11 000	22	10 500	21	100
1 000	20 600	20,6	19 500	19,5	300
1 000	24 500	24,5	21 000	21	100
2 000	46 000	23	44 000	22	300
3 000	73 500	24,5	64 000	21,3	300
5 000	125 000	25	120 000	24	300
10 000	–	–	250 000	25	300

Glühlampen besonders hoher Leistungsaufnahme und Lichtausbeute sind die *Lichtwurf-lampen*, die in Projektionsapparaten, Scheinwerfern und Filmstudiolampen verwendet werden. Wie die Tafel 1.13 zeigt, ist die höhere Lichtausbeute mit einer verkürzten Lebens-dauer der Lampen erkauft. Der Leuchtdraht dieser Lampen, die nur in bestimmten Brenn-stellungen verwendet werden, ist flächenhaft angeordnet.

Halogen-Glühlampen

Lichtwurflampen werden verdrängt von Halogenlampen, die trotz ihrer sehr kleinen Ab-messungen einen höheren Lichtstrom liefern.

Ihr Quarz- oder Hartglaskolben ist mit Gas gefüllt, dem als Halogen etwas Jod oder Brom zugesetzt ist. Daher oft die Bezeichnung Jod-Halogen-lampen, speziell für Kfz-Beleuchtung.

Das bei normalen Glühlampen verdampfende Wolfram, welches nach außen wandert und den Lampenkolben schwärzt, verbindet sich im Halogenkolben in der warmen Zone unter 1673 K (Bild 1.98) mit dem Halogen.

Durch die Molekülbewegung wandern die Teil-chen der Verbindung in die heiße Zone über 1673 K und am heißen Wendel vorbei, die Halogenverbindung zerfällt durch die Hitze, das freiwerdende Wolfram setzt sich zum größten Teil am Wendel *wieder* ab. Dieser fortwährende Kreisprozeß verhindert eine Schwärzung des Kolbens, der Lichtstrom bleibt konstant solange die Lampe betriebs-fähig ist.

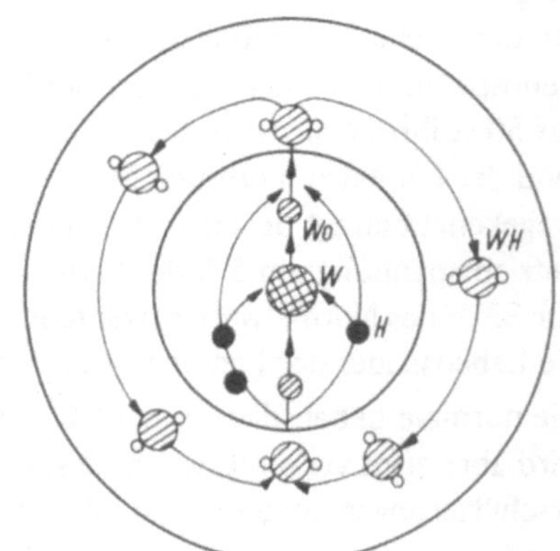

Bild 1.98. Kreisprozeß in Halogen-Glühlampen

W = Wolframwendel, W_0 = Wolfram-teilchen, H = Halogen, WH = Wolfram-Halogenverbindung

Schraffierter Raum = Zone unter 1673 K
Weißer Raum   = Zone über 1673 K

Tafel 1.14: *Halogen-Glühlampen*

Betriebs-spannung in V	Leistung in W	Lichtstrom in lm	Licht-ausbeute in $\frac{lm}{W}$	Mittlere Lebensdauer h
für Projektion				
6	20	450	22,5	100
12	50	1 400	28	50
12	100	3 000	30	50
24	150	5 000	33,33	50
				Brennstellung beachten !
für Studio-Beleuchtung				
120 oder 220	2 000	52 000	26	250
220	5 000	125 000	25	bis 2 000
für Kfz-Beleuchtung				
6/12	55	1350/1550 ±15 %	24,5/28,18	150
12	60/55	1650/1000 ±15 %	~27,5	150

Die Lampen müssen ihre eigene Sicherung (mittelträge) erhalten und die angegebene Brenn-lage (zumeist waagerecht) ist einzuhalten.

Außer für Flutlichtanlagen findet man sie an Projektoren, Studiolampen, Flugplatzbeleuch-tung und in Kfz-Scheinwerfern. Wegen ihrer konstanten Farbtemperatur [1]) (3200 K) sind sie für das Farbfernsehen, für Farbfilmaufnahmen usw., besonders geeignet.

Elektrische Bogenlampe

Wenig Verwendung findet heute noch die früher vorwiegend in der Straßenbeleuchtung eine große Rolle spielende Bogenlampe (Bild 1.99). Legt man eine Spannung an zwei

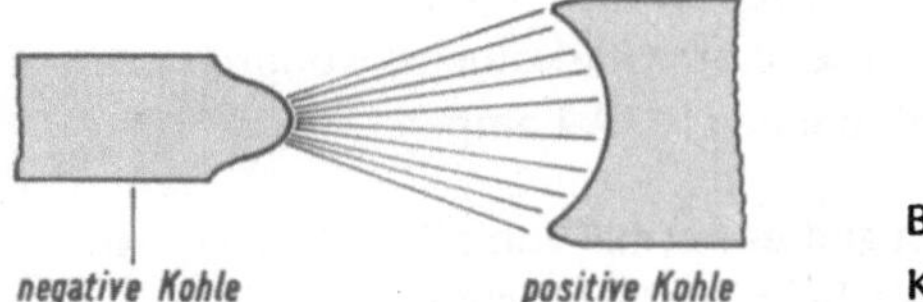

Bild 1.99
Kohlelichtbogen

---

[1]) Ein Körper, der jede Strahlung ganz gleich welcher Wellenlänge absorbiert, heißt schwarzer Körper. Die Farbtemperatur einer Lichtquelle ist die Temperatur desjenigen schwarzen Körpers, der die gleiche Farbart hat wie die Lichtquelle. Die Farbkennzeichnung einer Lichtquelle kann also, vereinfacht, durch die Farbtemperatur geschehen.

Kohlestäbe und zieht sie auseinander (Lichtbogenschweißung), so bildet sich ein stark
blendender Lichtbogen. Die hierbei auftretenden Ultraviolett-Strahlen sind für das Auge
sehr gefährlich und müssen durch Schutzglas absorbiert werden. Man findet Bogenlampen
vorwiegend in Projektions- und Lichtpausapparaten. Für Lichtbogen wird Gleichstrom verwendet, da Wechselstrom-Lichtbogen unruhig flackern.

Gasentladungslampen

Als intensive Lichtquellen für die Beleuchtung von Straßen und Plätzen werden zumeist
Metalldampflampen verwendet. Während bei den Temperaturstrahlern die elektrische Energie im Strahlkörper in Wärmeenergie umgeformt wird, die ihn erhitzt und zum Leuchten
bringt, werden in den Metalldampflampen im Innern
eines Glaskolbens aus einer erhitzten Katode Elektronen
ausgesprüht, die beim Zusammenprall mit den Molekülen
des Metalldampfes diesen unmittelbar zum Leuchten an-
regen. An der Strahlung ist also das Gesamtvolumen des
Metalldampfes beteiligt, im Gegensatz zu den Temperaturstrahlern, die Oberflächenstrahler sind.

Die *Quecksilberdampfhochdrucklampe* (HQA-Lampe)
(Bild 1.100) besteht aus einem mit einem Sockel ver-
sehenen kugelförmigen oder zylindrischen Glaskolben,
in dem sich das mit Edelgas von einigen Atmosphären-
druck gefüllte und außerdem noch flüssiges Quecksilber enthaltende Entladungsrohr befindet.

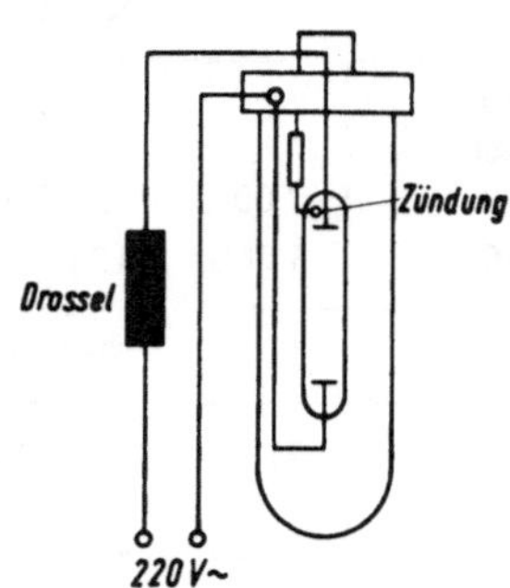

Bild 1.100. Quecksilberdampfhochdrucklampe

Nach dem Anlegen einer Wechselspannung von 220 V spricht eine Zündvorrichtung an.
Durch die Erwärmung des Entladungsrohres verdampft das in ihm befindliche Quecksilber.
Mit zunehmender Dampfdichte sinkt der Widerstand der Entladungsstrecke, so daß der
Strom ansteigt; zu dessen Begrenzung wird der Lampe eine Drosselspule (Spule mit großer
Selbstinduktion, vgl. Abschnitt 2.4.5) vorgeschaltet. Wenn sich nach einer kurzen Einbrenn-
dauer (ca. 3 min) der erforderliche Dampfdruck eingestellt hat, leuchtet der Quecksilberdampf in blauweißem Licht auf. Da das Licht keine gelben und roten Strahlen enthält,
wirkt es kalt. Dagegen beträgt die Lichtausbeute einer Lampe HQA 1000 W beispielsweise
55 lm/W, während eine 1000-W-Glühlampe eine Lichtausbeute von 18,8 lm/W hat. HQLS-
Lampen haben eine Leuchtstoffschicht auf der Innenseite des Glaskolbens, wodurch Lichtfarbe und Farbwiedergabe wesentlich besser sind als bei den HQA-Lampen.

Die zumeist verwendeten HQLS-Hochdrucklampen gibt es normal von 50...2000 W, bei
einer Lichtstromabgabe von 2000...130000 lm. Hierbei steigt die Lichtausbeute von
40 lm/W auf 65 lm/W. Die Brennstellung bei diesen Lampen ist beliebig.

Besonders hohe Wirtschaftlichkeit bei naturgetreuer Farbwiedergabe gibt die Halogen-
Metalldampflampe mit Dysprosium-Jodidzusätzen, bekannt als Osram – power stars.
Diese HQI-Lampen gibt es von 250 W/20000 lm bis 3500 W/300000 lm, dabei werden

Lichtausbeuten von 80...85,7 lm/W erreicht. Bei diesen Lampen ist die angegebene Brennstellung zu beachten.

Ein für allgemeine Beleuchtungszwecke geeignetes *Mischlicht* erhält man, wenn man eine Wolframlampe mit einer Quecksilberdampflampe in demselben Glaskolben vereinigt (Bild 1.101). Mischlichtlampen (HWS) benötigen kein Vorschaltgerät, weil die Wolframwendel als Vorschaltwiderstand dient. Die mittlere Lebensdauer von HQA-Lampen beträgt ca. 6000, die von HWS-Lampen ca. 3000 Betriebsstunden. Die Lichtausbeute sinkt allerdings auf 25...30 lm/W ab.

Die *Natrium-Dampflampe* unterscheidet sich im Aufbau und in ihrer Schaltung nur wenig von der Quecksilberdampflampe. Das zumeist U-förmige Entladungsrohr enthält Edelgas und etwas metallisches Natrium, das durch Doppelwendelelektroden verdampft wird.

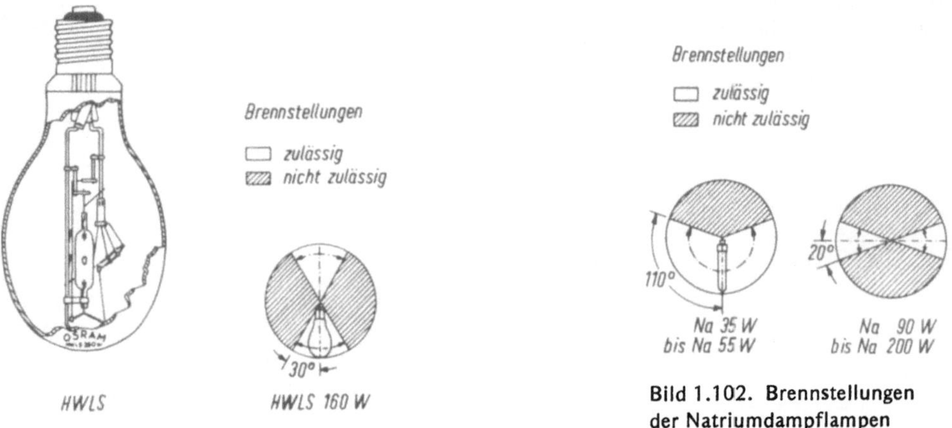

Bild 1.101. Mischlichtlampe

Bild 1.102. Brennstellungen der Natriumdampflampen

Auch diese Lampen dürfen nur in angegebener Brennstellung betrieben werden, weil sich das erkaltende Natrium sonst an den Heizwendel niederschlagen kann (Bild 1.102).

Die *Natrium-Niederdrucklampen* (Na) sind Lichtquellen von besonders hoher Wirtschaftlichkeit. Das ausgestrahlte Licht ist aber monochromatisch gelb-orange. Man benutzt sie vorwiegend an Straßenkreuzungen, weil sie ein gutes Durchdringungsvermögen im Nebel haben. Für Allgemeinbeleuchtung werden sie mit HQA oder HQLS-Lampen gemeinsam verwendet, denn das monochromatische Licht läßt alle Farben, außer gelb, dunkelgrau bzw. schwarz erscheinen.

Die Lichtausbeute der Na 35 W beträgt bei 4600 lm schon 131,4 lm/W, liegt also viel höher als bei der HQA-Lampe. Mit der Lampe Na 180 W, 31 500 lm steigt die Lichtausbeute schon auf 175 lm/W.

Natrium-Hochdrucklampen (NaV), z. B. Osram-Vialox, geben eine warmweiße Lichtfarbe. Ihr Spektrum hat neben mehreren Linien ein Kontinuum, das farbiges Sehen ermöglicht. Dafür ist die Lichtausbeute etwas geringer, nämlich zwischen 92...117 lm/W. Sie werden

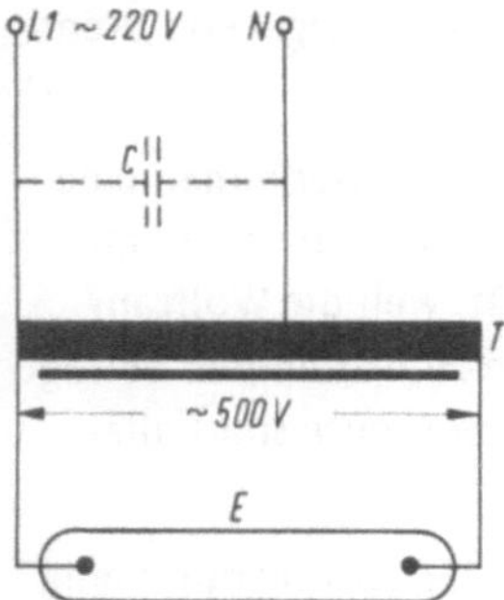

Bild 1.103. Schaltbild einer Natriumdampflampe (C Kompensationskondensator, T Streufeldtransformator, E Lampe, L_1 spannungsführende Zuleitung, N spannungslose Zuleitung).

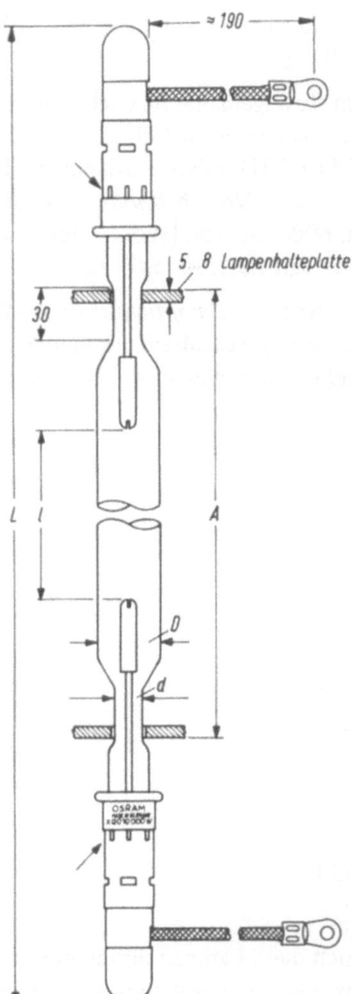

Bild 1.104
Xenon-Langbogenlampe XQO 20 kW

vorwiegend zur Beleuchtung von Industrieanlagen, in Hüttenwerken und Gießereien, bzw. Hafenanlagen verwendet. Na-Lampen erhalten einen Streufeldtransformator als Zündgerät (Zündspannung ca. 500 V) (Bild 1.103) oder Drosselspule und Starter bei stabförmigen Lampen.

Der $\cos\varphi$ ist ca. 0,3, wenn Streufeldtransformatoren und ca. 0,5, wenn Drosselspulen vorgeschaltet werden. Bis zum Erreichen des Nennlichtstromes dauert es je nach Lampentyp einige Minuten. Die Lebensdauer der Lampen beträgt im Mittel ca. 4000 h.

Xenon-Lampen. Überall dort, wo es auf gute Farbwiedergabe ankommt, hat die Xenon-Lampe mit ihrer stets gleichbleibenden tageslichtähnlichen Lichtfarbe Einzug gehalten. Man nennt sie auch Xenon-Hochdrucklampe, weil ihre Entladung bei hohem Druck (bis 24 bar (24 at.)), im Edelgas Xenon erfolgt. Das röhrenförmige Entladungsgefäß besteht aus Quarzglas, in den meisten Fällen vom Glas der Lampe umgeben, damit die UV-Strahlen nicht durchgelassen werden.

Xenon-Langbogenlampen (Bild 1.104) verwendet man für Außenbeleuchtung, Marktplätze, Sportstätten (Flutlicht) usw. Sie zeichnen sich durch hohe Lichtströme, z.B. 500 klm, aus. Sie benötigen Zündgerät und Vorschaltdrossel, können an 220 V oder 380 V Wechselspannung betrieben werden und benötigen, wie z.B. die 20-kW-Lampe, einen Kompensations-Kondesator von 330 μF (380 V). Die Zündung wird erleichtert, wenn das Zündgerät nicht mit der Lampe im selben Außenleiter liegt (Bild 1.105).

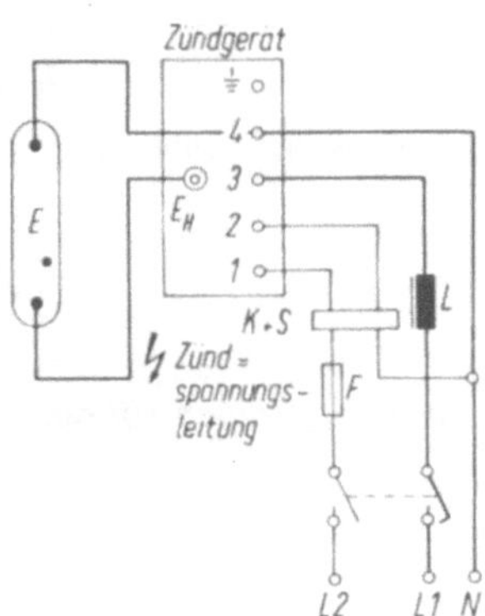

Bild 1.105. Prinzipschaltung der
XQO 6000 W und XQO 10 000 W

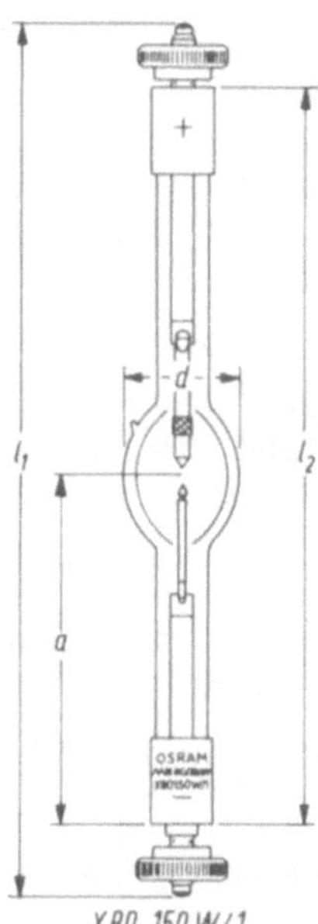

Bild 1.106
Xenon-Kurzbogenlampe

Xenon-Kurzbogenlampen für Bildwerfer, Filmgeräte, Scheinwerfer usw. zeichnen sich durch kleine Abmessungen, gegenüber der Langbogenlampe aus (Bild 1.106). Sie arbeiten mit Gleichstrom, Gleichrichterleerlaufspannung ca. 75 ... 80 V, Brennspannung ca. 20 ... 30 V (Bild 1.107). Ihr Lichtstrom ist von Spannungsschwankungen unabhängig; die Leuchtdichte ist sehr hoch, bis 95 000 cd/m^2; die angegebene Brennstellung ist zu beachten.

In der Kfz.-Technik, im Motorenbau, in der Elektrotechnik usw. findet die Xenon-Impuls-Entladungslampe (XIE) Anwendung als Lichtblitz-Stroboskop. Bei der Zündzeitpunkteinstellung des Otto-Motors scheint z. B. die Schwungscheibe still zu stehen, wenn die Lampe kurzzeitige intensive Lichtblitze abgibt.

Hochspannungsleuchtröhren

Für Lichtwerbeanlagen werden *Edelgasleuchtröhren* verwendet, deren Lichtfarbe durch die Gasfüllung bestimmt ist. Neongas liefert rotes, Helium rötlich-weißes Licht und eine Mischung von Neon, Argon und Quecksilber blaues Licht. Durch Zusatz von Quecksilber

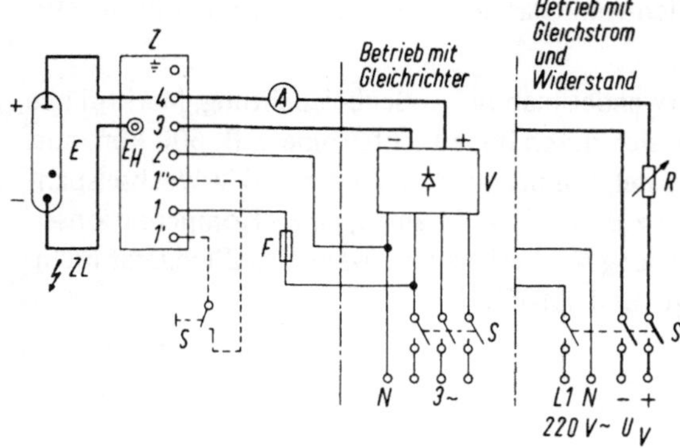
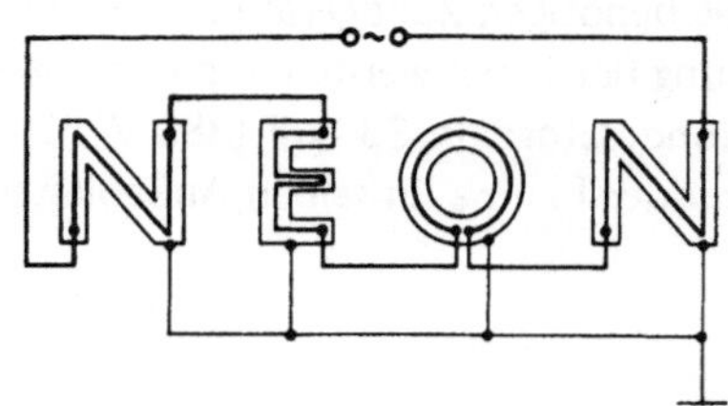

Bild 1.107. Xenon-Kurzbogenlampe mit Überlagerungs-
zündgerät (Z), Zündleitung (ZL) und Gleichrichter, bzw.
Vorwiderstand

Bild 1.108. Edelgasleuchtröhre

Tafel 1.15: *Abhängigkeit der Betriebsspannung und -stromstärke der Edelgasleuchtröhren
vom Rohrdurchmesser und der Gasfüllung der Rohre*

Füllung	Grund-entladung	Elektroden-verlustspannung je System in V	Rohr-durchmesser in mm	Spannungs-bedarf je 1 m Rohr in V	Betriebsstrom in mA
Neon	Rot	150	22	300	50
			17	350	35
			13	400	25
			10	425	15
Neon			22	210	50
Argon	Blau	200	17	250	35
Quecksilber			13	290	25
			10	320	15
Helium	Rosa				

erhält man im Neonrohr blauweißes Licht und in Verbindung mit einer gelb gefärbten
Röhre grünes Licht.

Die Edelgasleuchtröhren werden über einen Hochspannungs-Streufeldtransformator (vgl.
Abschnitt 5.3.1) an ein Wechselstromnetz angeschlossen und mit Hochspannung betrieben. Die einzelnen Buchstaben einer Leuchtschrift werden hintereinander geschaltet
(Bild 1.108). Die erforderliche Betriebsspannung setzt sich aus der Brennspannung für
jeden laufenden Meter Rohrlänge zuzüglich einer Elektrodenverlustspannung (Katoden-
fall) für jede Einzelröhre zusammen, die beide ebenso wie die Betriebsstromstärke von
dem Rohrdurchmesser und der Gasfüllung der Röhre abhängen. Diese Abhängigkeit ergibt sich aus Tafel 1.15.

Laut VDE 0128 § 4 (Vorschriftenwerk Deutscher Elektrotechniker) dürfen nur so viele Röhren an einen Transformator angeschlossen werden, daß die erforderliche Betriebsspannung von 7500 V nicht überschritten wird. Alle Anlagen müssen dem VDE entsprechen und dürfen nur von Elektromeistern errichtet werden, die hierfür besonders zugelassen sind.

Nach VDE 0128 ist die größte zulässige Gruppenerdspannung bei Leuchtgruppen mit ungeerdeten Hochspannungsstromkreisen 7,5 kV und bei Leuchtgruppen mit im Mittelpunkt geerdeten Hochspannungskreisen 15 kV (Effektivspannungen). Die sekundäre Nennleistung einer Gruppe darf 1,2 kVA nicht überschreiten.

Hochspannungs-Leuchtstoffröhre

Leuchtstoffröhren sind wie die Edelgasleuchtröhren Gasentladungslampen mit einer Edelgasfüllung von niedrigem Druck, enthalten aber eine größere Menge von Quecksilberdampf. Dadurch enthält das Licht der Röhre viele ultraviolette Strahlen. Auf der Innenwand der Glasröhre sind phosphoreszierende Stoffe, sogenannte Leuchtstoffe (Erdalkalioxide) aufgetragen, die beim Auftreffen der primären, kurzwelligen, unsichtbaren Ultraviolettstrahlung langwelliges, sichtbares Phosphoreszenzlicht ausstrahlen. Die Farbe des ausgestrahlten Lichtes ist von der Art der verwendeten Leuchtstoffe abhängig. Durch eine geeignete Auswahl und Zusammensetzung dieser Leuchtstoffe kann jede gewünschte Lichtfarbe erzielt werden. Die in der Röhre bei der Gasentladung primär erzeugte, für das Auge schädliche Ultraviolettstrahlung wird durch die Glaswand der Röhre fast völlig absorbiert. Die moderne Lichttechnik hat mit der Entwicklung der Leuchtstoffröhren eine grundsätzliche Abkehr vom Temperaturstrahler und den Übergang zum *Kaltlicht* vollzogen.

Die *Hochspannungs-Leuchtstoffröhren* werden wie die Edelgasleuchtröhren mit Wechselspannung unter Zwischenschaltung eines Streufeldtransformators für maximal 7500 V (VDE-entsprechend) betrieben (Bild 1.109).

Die gebräuchlichen Typen tragen je nach der Leuchtfarbe die Typenbezeichnungen

Bild 1.109. Hochspannungs-Leuchtstoffröhrenanlage $U = 7,5$ kV

LL-GeW	Leuchtfarbe:	gelblich weiß
LL-BW	Leuchtfarbe:	Blüten-weiß
LL-RW	Leuchtfarbe:	rötlich-weiß

LL = Lumilux-Leuchtröhre
FL = Filterglas-Leuchtröhre
KG = Klarglas-Leuchtröhre
ER = Einheitsröhre für Innenbeleuchtung
ERA = Einheitsröhre für Außenbeleuchtung

Es bedeutet: ERA — RW 28/120 — Einheitsröhre für Außenbeleuchtung, 28 mm Durchmesser, 120 mA-Elektroden. Die Form der Elektrodenstellung wird mit dem Buchstaben A oder B am Schluß der Kennzeichnung festgehalten.

Diese Normaltypen werden in Leuchtlängen von 100 cm, 150 cm und 200 cm geliefert.
Der Lichtstrom und die Lichtausbeute der einzelnen Typen für den laufenden Meter
Leuchtlänge sind von dem Röhrenbetriebsstrom und der Leuchtlänge der einzelnen
Röhren abhängig. In Tafel 1.16 sind die entsprechenden Werte für die Typen LL-GeW
enthalten.

Tafel 1.16: *Lichtstrom und Lichtausbeute der LL-GeW-Hochspannungs-Leuchtstoffröhren in Abhängigkeit von Betriebsstrom und Leuchtlänge*

Betriebsstrom	50 mA		75 mA		100 mA		120 mA	
Type mit Leuchtlänge in cm	Licht-strom in lm	Licht-ausbeute in $\frac{lm}{W}$	Licht-strom in lm	Licht-ausbeute in $\frac{lm}{W}$	Licht-strom in lm	Licht-ausbeute in $\frac{lm}{W}$	Licht-strom in lm	Licht-ausbeute in $\frac{lm}{W}$
LL-GeW 100	460	20	670	21	920	22	1 080	27
LL-GeW 150	690	23	1 020	25	1 350	27	–	–
LL-GeW 200	920	25	1 360	27	1 800	29	2 200	28

Aus Tafel 1.16 ist ersichtlich, daß bei Hochspannungs-Leuchtstoffröhren die Lichtausbeute
sowohl mit der Stärke des Betriebsstromes als auch mit der Länge der Röhre steigt. Mit
Hilfe dieser Tafel kann die für die Beleuchtung einer gegebenen Fläche A mit der mittleren
Beleuchtungsstärke E_{v_m} erforderliche Röhrenlänge l nach der Faustformel berechnet
werden:

$$l = \frac{E_{v_m} \cdot A}{\Phi_v \cdot \eta} \ .$$

(Der Verschmutzungsfaktor V bleibt hier unberücksichtigt!)

Bei hell gehaltenen Decken, Wandflächen und Vorhängen und direkter Beleuchtung kann
der *Raumwirkungsgrad* η mit 0,4 angenommen werden. Die erforderliche mittlere Beleuchtungsstärke E_{vm} ist der Tafel 1.10 zu entnehmen.

● *Beispiel:*　　a) Welche Leuchtröhrenlänge l der Type LL-GeW 150 ist bei 100 mA Betriebsstrom
　　　　　　　　für eine Allgemeinbeleuchtung bei mäßigen Ansprüchen (mittelfeine Arbeit) zur Aus-
　　　　　　　　leuchtung einer 500 m² großen Fläche bei hell gehaltenem Raum erforderlich?

　　　　　　　b) Wie groß ist die Anzahl n der erforderlichen Leuchtröhren?

Gesucht:　　a) l　　　　　　　*Gegeben:* $A = 500$ m²
　　　　　　b) n　　　　　aus Tafel 1.9: $E_{v_m} = 120$ lx
　　　　　　　　　　　　　　　　$\eta = 0,4$
　　　　　　　　　　aus Tafel 1.15: $\Phi_v = 1350$ lm

Lösung a):　　$l = \dfrac{E_{v_m} \cdot A}{\Phi_v \cdot \eta}$　　　　　*Lösung b):*　　$n = \dfrac{l}{1,5 \text{ m}}$

　　　　　　　$l = \dfrac{120 \text{ lx} \cdot 500 \text{ m}^2}{1350 \text{ lm} \cdot 0,4}$　　　　　$n = \dfrac{111 \text{ m}}{1,5 \text{ m}}$

Ergebnis:　　$l = 111$ m　　　　　　*Ergebnis:*　　$n = 74$

Die zum Betrieb der Hochspannungs-Leuchtstoffröhren erforderliche Spannung hängt von der Länge der Entladungsröhre ab und beträgt je laufendem Meter etwa 300...1000 V. Leuchtröhren und Leuchtstoffröhren haben eine Lebensdauer von über 10000 Betriebsstunden.
Eine große Rolle spielt die Temperatur bei L-Röhren, die vor allem im Freien betrieben werden. Die relative Leuchtdichte und damit der Lichtstrom sinken bei Kältegraden stark ab, so daß der Lichtstromabfall, bei 253 K gegenüber 303 K 80%, vor allem noch bei kaltem Wind, betragen kann. Eine Schutzumhüllung aus Plexiglas kann wirksame Abhilfe schaffen.

■ **Aufgabe zu Abschnitt 1.8.6.5**

Wieviel Streufeldtransformatoren sind zum Betrieb der Leuchtstoffröhrenanlage des letzten Beispiels nötig, wenn je 1 m Röhrenlänge etwa 600 V erforderlich sind?

Niederspannungs-Leuchtstofflampen

Auf die Innenwand des Glasrohres ist Leuchtstoff in dünner Schicht aufgetragen. Das Rohr enthält Edelgas von niedrigem Druck und eine geringe Menge Quecksilber. Die *Niederspannungs-Leuchtstofflampen* werden mit vorgeschalteten Drosselspulen an das 220-V-Wechselstromnetz angeschlossen. In die Lampenfassung ist der den Stromkreis schließende *Glimmzünder* eingebaut (Bild 1.110), der in einem kleinen, mit Neongas gefüllten Glasröhrchen einen *Bimetallschalter* enthält.

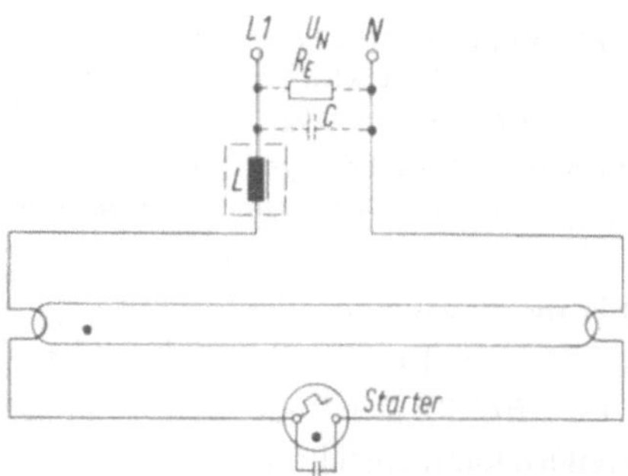

Bild 1.110. Niederspannungs-Leuchtstofflampe

Die beim Einschalten der Lampe am Glimmzünder liegende Netzspannung von 220 V löst eine Glimmentladung aus, die den Bimetallstreifen (ein aus 2 Metallen mit verschiedenen Wärmeausdehnungskoeffizienten zusammengesetzter Metallstreifen) erwärmt. Dadurch biegt er sich durch, bis die Schalterkontakte sich berühren und den Stromkreis schließen. Die Wolframelektroden der Lampen werden nunmehr durch den sie durchfließenden Strom aufgeheizt. Die aus den glühenden Elektroden ausgesprühten Elektronen ionisieren die Entladungsstrecke (Bild 1.111). Gleichzeitig erlischt die Glimmentladung im Glimmzünder, so daß sich das Bimetall abkühlt und sich der Kontakt im Glimmzünder öffnet. Bei der Stromunterbrechung verursacht die hohe Induktivität der Drosselspule an den Elektroden der Röhre einen Spannungsstoß, der die ionisierte

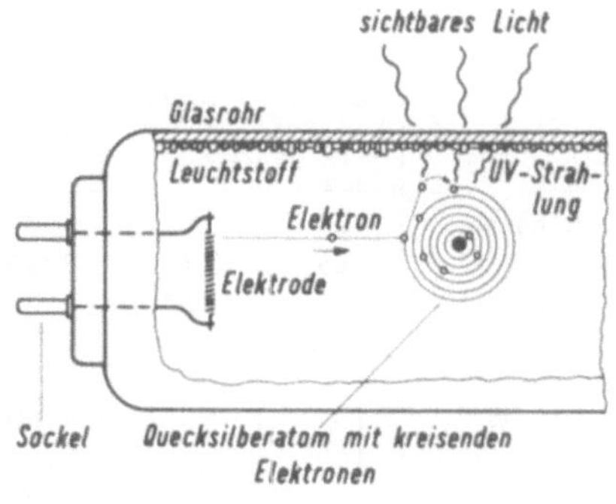

Bild 1.111. Gasentladung in Leuchtstoffröhren

Entladungsstrecke durchschlägt und die Leuchtstofflampe zündet. Es entsteht im Innern des Glasrohres eine lichtbogenartige Entladung, von der, wie bei der Hochspannungs-Leuchtstofflampe, außer einer schwachen Lichterscheinung ultraviolettes, dem Auge unsichtbares Licht ausgeht. Unter der Wirkung der Ultraviolettstrahlung sendet die Leuchtstoffschicht sichtbares Licht aus, während die Ultraviolettstrahlen selbst von der Glaswand absorbiert werden.

Der Zündvorgang, der im allgemeinen in wenigen Sekunden abläuft, kann sich insbesondere bei tiefen Außentemperaturen öfter wiederholen.

Die *Lichtfarbe* der Leuchtstofflampen ist von der Art der verwendeten Leuchtstoffe abhängig.

Die Niederspannungs-Leuchtstofflampen gibt es in drei Standardfarben:

Type nw, Lichtfarbe: neutralweiß
> Das Licht ist dem Sonnenlicht sehr ähnlich und ergibt auch bei Mischung mit Tageslicht kein Zwielicht.

Type ww, Lichtfarbe: warmweiß
> Diese Type wird bevorzugt zum Ausleuchten von Theaterfoyers, Gaststätten und für dekorative Zwecke verwendet.

Type tw, Lichtfarbe: tageslichtweiß
> Diese Type ist für solche Betriebe geeignet, in denen genaue Farbunterschiede festgestellt werden müssen.

Für die Angabe der Lichtfarbe findet man immer mehr Kennbuchstaben A, B, C bzw. F 15 T, F 20 T usw., oder nach „Osram" Kennziffern von z.Z. 15–77. Es bedeutet z.B. „L 65 W/20": L-Lampe, 65 W ohne Drossel, Lichtfarbe 20 = Hellweiß. Bei anderen Herstellern kann anstelle 20 der Kennbuchstabe A stehen!

Lichtstrom und Lampenleistung sind für einige Lampen, Universal-Weiß (Typ 25) und Hellweiß (Typ 20) der stark gekürzten Osram-Liste zu entnehmen.

Tafel 1.17: *Osram-Niederspannungs-Leuchtstofflampen (tw)*
Hauptprogramm

Type	Aufnahme bei 220 V/50 Hz		Licht-strom in lm	Lichtausbeute in $\frac{\text{lm}}{\text{W}}$ [1]
	in W [1]	in A		
L18W/11	27	0,37	1300	50
L36W/11	45	0,43	3250	71
L58W/11	69	0,67	5200	74
Hochleistungs-L-Lampen (nw)				
L115W/20	135	1,5	6900	53
L140W/20	160	1,5	8700	56

[1] mit Vorschaltgerät

Leuchtstofflampen gibt es in Stab-, U- und Ringform, in farbiger Ausführung und mit Reflexschicht (Bild 1.112). Hierbei wird der Lichtstrom nach unten gelenkt, anfallender Staub beeinträchtigt die Lichtabgabe der Lampe weniger. Bild 1.113 zeigt die Abhängigkeit des Lichtstromes von der Lampen-Umgebungstemperatur. Gegenüber den herkömmlichen L-Lampen halten Lampen mit Indium-Amalgam-Zusatz den Lichtstrom in weiten Temperaturbereichen (288 ... 343 K) konstant, so daß der Lichtstromgewinn bis 40 % betragen kann.

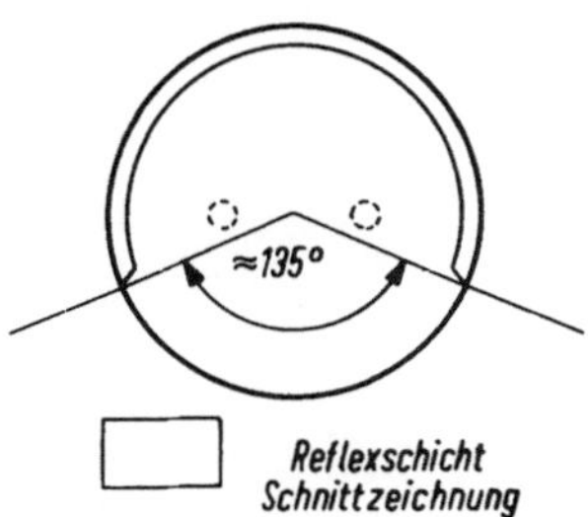

Bild 1.112. Leuchtstofflampe
mit Reflexschicht

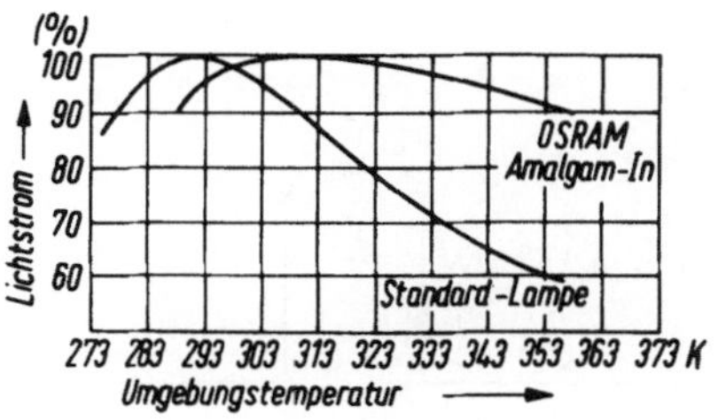

Bild 1.113. Abhängigkeit des Lichtstromes
von der Lampen-Umgebungstemperatur

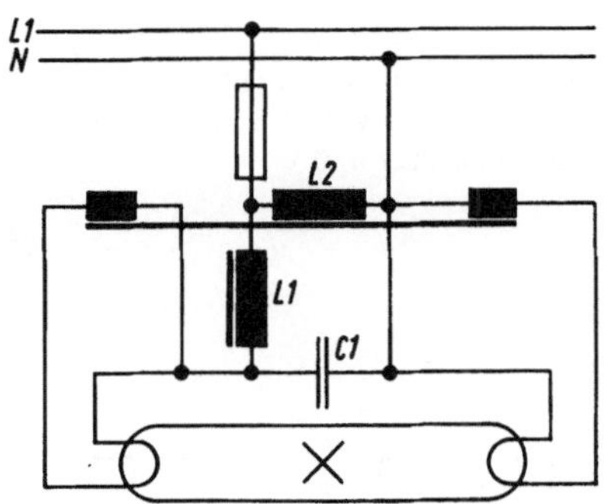

Bild 1.114

Starterlose Leuchtstofflampe mit Rapidstart
(Osram L 40 W/S)

Bild 1.114 zeigt eine *Leuchtstofflampe für starterlosen Betrieb*, geeignet für explosionsgeschützte Leuchten. Sie besitzen als Zündhilfe einen 2,5 mm breiten Metallstreifen, der sich über die gesamte Lampenlänge erstreckt. Diese Lampen können sehr gut in ihrer Helligkeit elektronisch gesteuert werden, denn sie besitzen keinen Starter, die Elektroden können unabhängig vom Betriebszustand vorgeheizt werden, die Drossel entfällt.

Für die Beleuchtung von Fluren, Schaufenstern usw. werden oft zwei Lampen räumlich auseinander, an ein Vorschaltgerät angeschlossen. Diese Reihen- oder Tandemschaltung ist für Wechselstrom (Bild 1.115) und für Gleichstrom möglich. Wechselstrom bringt jedoch die höhere Lichtausbeute. Die Reihenschaltung der Gleichstrom-Leuchtstofflampen (Bild 1.116) hat den Vorteil (siehe Tafel 1.18), daß höhere Betriebsspannungen möglich sind, Straßenbahnen usw.

Tafel 1.18: *Widerstandswerte für übliche Betriebsgleichspannungen*

Betriebsspannung V	L 18 W/.. G		L 36 W/.. G	
	Vorschaltwiderstand R_V Ω	belastbar A	Vorschaltwiderstand R_V Ω	belastbar A
220—	480	0,4	310	0,45
550—(450—650)	1 300	0,4	920	0,45
650—(550—750)	1 600	0,4	1 200	0,45

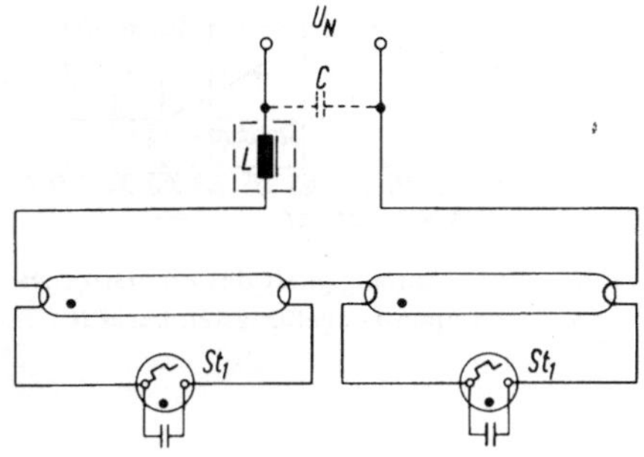

Bild 1.115. Tandemschaltung für 2 Lampen
à 20 W an 220 V ~. Treten insbesondere bei
Unterspannung längere Zündzeiten auf, so
ist einer der beiden Starter umzupolen
(Einsetzen des Starters um 180° gedreht).
St_1 Starter für 110 V Startspannung.

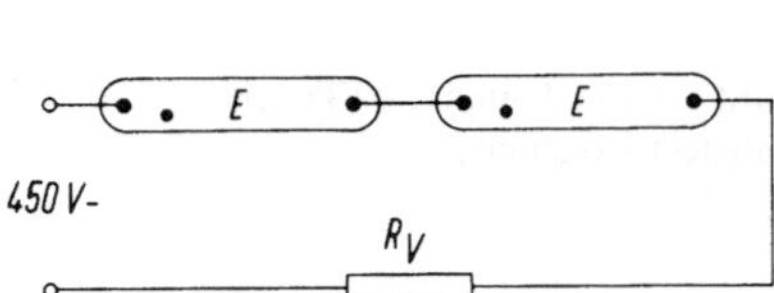

Bild 1.116. Reihenschaltung für
L 20 W/.. G bzw. L 40 W/.. G an Gleichspannung über 450 V

Leuchtstofflampen können auch mit Gleichstrom
betrieben werden, nur ist die Polarität öfter zu
wechseln, damit das Quecksilber nicht nur nach
einer Seite wandert. Als Vorschaltgerät dient ein
ohmscher Widerstand oder eine Glühlampe, die
Drossel dient lediglich der Zündung. Die Zündung erfolgt durch einen Glühstarter (siehe
Bild 1.117).

Der in Wechselstromleuchtstofflampen eingebaute *Kompensationskondensator* K_1 (Bild 1.110) soll die induktive
Phasenverschiebung der Drosselspule — der $\cos\varphi$ liegt
bei 0,5 — auf $\cos\varphi \approx 0,95$ verbessern (siehe Abschnitt
4.1.4.2). Hierbei sind die Vorschriften der Elektroversorgungsunternehmen zu beachten. Sind Rundsteueranlagen für die Steuerung der Straßenbeleuchtung in Betrieb, wird das *kapazitive Vorschaltgerät* (Bild 1.118)
oder die *Duo-Schaltung* (Bild 1.119) gefordert.

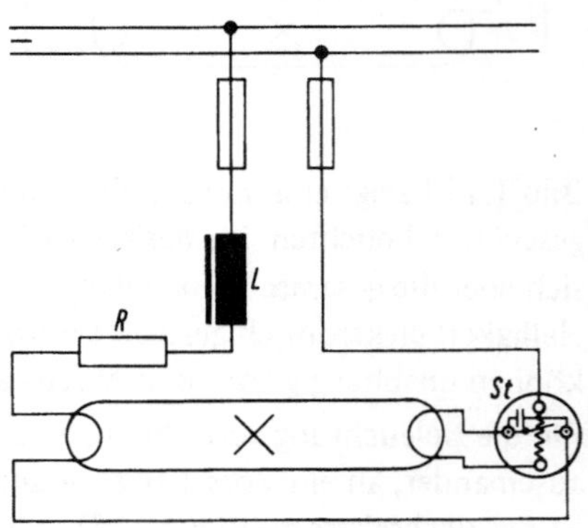

Bild 1.117. Leuchtstofflampe mit Glühstarter für Gleichstrom (L Drosselspule,
R Ohmscher Widerstand, St Glühstarter)

Die Schaltung nach Bild 1.118 erfordert für den Start-
vorgang eine zusätzliche Startwicklung, damit der erforderliche Anheizstrom fließen kann. Im Betrieb bleibt
die Hilfswicklung dann stromlos. Bei der Duo-Schaltung
sind die Induktivität L und die Kapazität C so bemessen,
daß sich ihre Phasenverschiebungen aufheben und der
$\cos\varphi$ fast 1 wird. Außerdem wird hier der sogenannte
stroboskopische Effekt (Flimmereffekt) unterbunden,
d.h. die durch den Wechselstrom (50 Hz) hervorgerufenen
Lichtstromschwankungen bemerkt das Auge kaum. Die
Schwankungen treten jetzt abwechselnd an zwei Lampen
auf, die Lichtströme erreichen aufgrund der induktiven
und der kapazitiven Phasenverschiebung abwechselnd ihre
Maximalwerte. Der Flimmereffekt ist besonders störend
bei Arbeiten an Werkzeugmaschinen, Drehbänken usw.,
deshalb ist hier die Duoschaltung oder die Dreiphasen-
schaltung (Bild 1.120) anzuwenden, wobei die Lampen
in Sternschaltung angeschlossen werden.

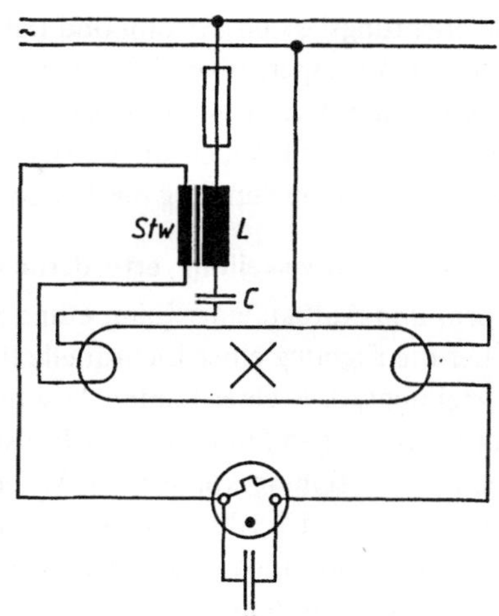

Bild 1.118. Leuchtstofflampe in kapazitiver Schaltung (L Drosselspule, *Stw*
Starthilfswicklung, C Kondensator)

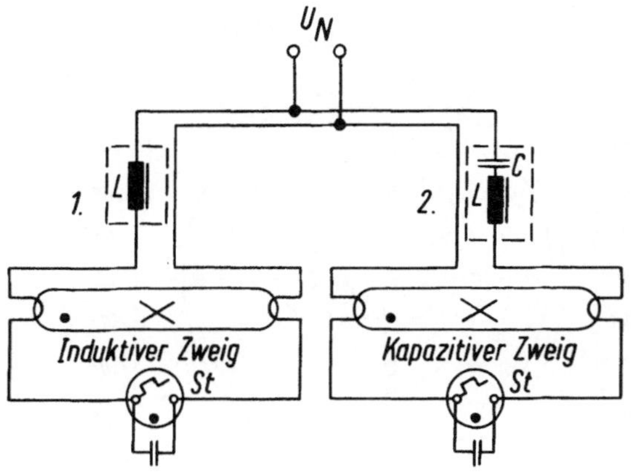

Bild 1.119. Duo-Schaltung von 2 Leuchtstofflampen

1. Induktiver Zweig
2. Kapazitiver Zweig

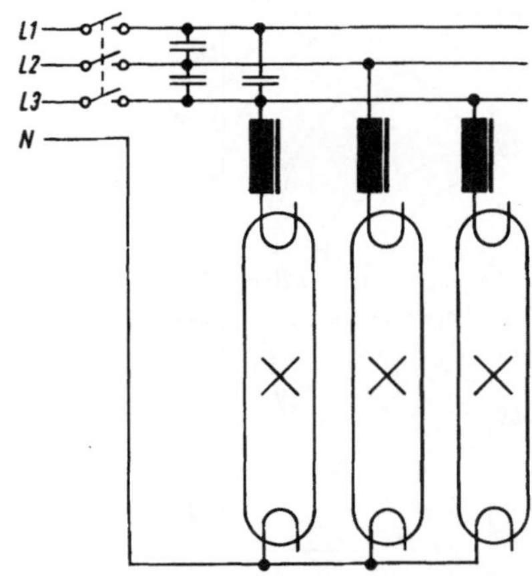

Bild 1.20. Leuchtstofflampengruppe am
Drehstromnetz in Sternschaltung

Wirtschaftlichkeit der Leuchtstofflampen

Die Entwicklung der Leuchtstofflampen ist ein wesentlicher Fortschritt der modernen
Lichttechnik, der gekennzeichnet ist durch blendungsfreie Beleuchtung, nahezu schatten-
freie Ausleuchtung der Arbeitsräume und beliebige Wahl der Lichtfarbe. Die Beleuchtung
durch Leuchtstofflampen schafft somit günstigere Arbeitsbedingungen als die Glühlampenbeleuchtung, sie ist aber auch in hohem Grad wirtschaftlich. Obwohl der Anschaffungs-
preis von Leuchtstofflampen höher liegt als der von Glühlampen, sind die jährlichen

Beleuchtungskosten (Strom- und Lampenersatzkosten) bei Leuchtstofflampen infolge einer Stromersparnis von 75 % bei gleicher Leistung und einer etwa fünf- bis siebenfachen Lebensdauer wesentlich niedriger als bei Glühlampenbeleuchtung. Deshalb bedeutet die Umstellung der Beleuchtungsanlage eines Betriebes auf Leuchtstofflampen für den einzelnen Betrieb eine Senkung der laufenden Kosten.

1.8.6.6. Lichtverteilung, erforderlicher Lichtstrom und Lampenzahl

Form und Aufbau einer Lampe sind bestimmend für die Verteilung des Lichtes im Raum. Über die Eignung einer Lichtquelle für einen bestimmten Beleuchtungszweck gibt die Lichtverteilungskurve einer Lampe Auskunft. Man erhält diese Kurve durch Messen der Lichtstärke an einigen Punkten einer kreisförmigen Bahn um die Lichtquelle. Bild 1.121 zeigt die Lichtverteilungskurve einer Allgebrauchs-(Glüh)lampe, aufgenommen in zwei Ebenen. Die Kurve, Bild 1.122, zeigt einen gerichteten Lichtstrom für Schaufenster usw. geeignet ohne Seitenstreuung, Bild 1.123 die Lichtverteilung einer Leuchtstofflampe. Weiterhin sind die Leuchten nach der Art ihrer Lichtverteilung in fünf Hauptgruppen unterteilt, wie es in DIN 5040 festgelegt ist (siehe Bilder 1.124 bis 1.128[1])). Je nachdem, ob nur der Arbeitsplatz, ein Raum oder eine Bühne mit und ohne Schatten zu beleuchten ist, kann man die Beleuchtungsart auswählen und auch mehrere Arten kombinieren.

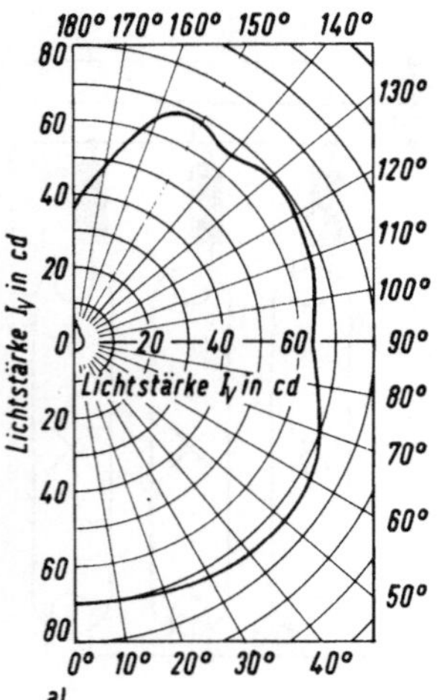
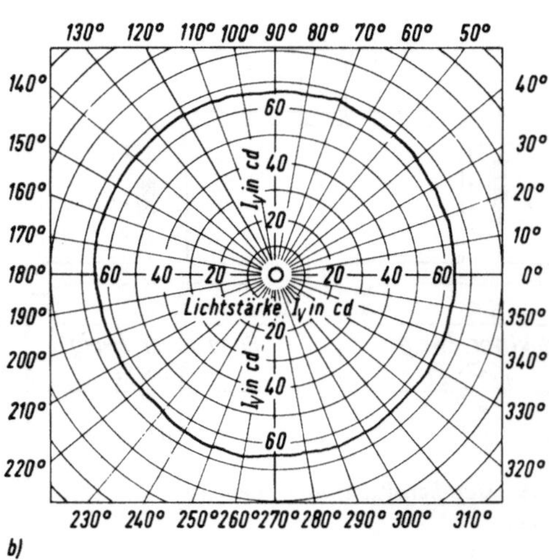

Bild 1.121. Lichtverteilungskurve einer Allgebrauchslampe a) in einer durch die Lampenachse gelegten Ebene, b) in einer senkrecht zur Lampenachse stehenden Ebene

Um den erforderlichen Lichtstrom einer Allgemeinbeleuchtung zu bestimmen, mißt man die erforderliche mittlere Beleuchtungsstärke E_{vm} in horizontaler Ebene mit dem *Luxmeter* (s. Abschnitt 1.8.7.3) 0,85 m über dem Boden. Die für Arbeitsräume erforderlichen Beleuchtungsstärken finden wir in Tafel 1.10. Ausgehend von der Bodenfläche A [m²] des zu beleuchtenden Raumes und der erforderlichen mittleren Beleuchtungsstärke E_{vm} [lx] ist

---

[1]) Abbildungen aus Normblatt DIN 5040 mit Genehmigung des Deutschen Normenausschusses.

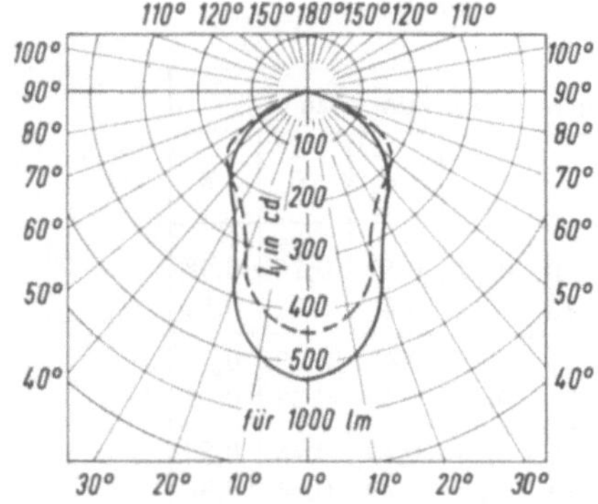

Bild 1.122. Lichtverteilung direkt, tiefstrahlend, große Tiefenwirkung

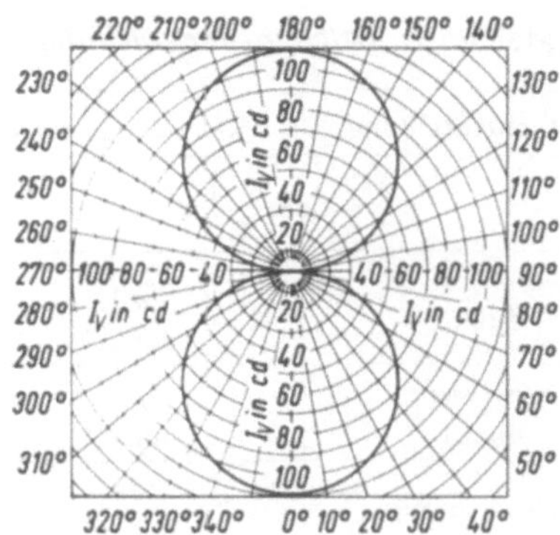

Bild 1.123. Lichtverteilung einer Osram-L-Lampe in einer durch die Lampenachse gelegten Ebene

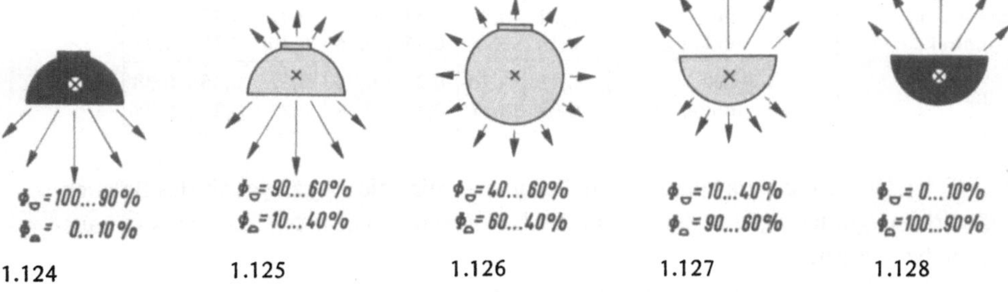

Bild 1.124. Direkt-Leuchten werfen das Licht nur nach unten (starker Schlagschatten), Gruppe A

Bild 1.125. Vorwiegend-Direkt-Leuchten strahlen mehr als die Hälfte des Lichtes nach unten, das übrige nach oben (mittlerer Schatten), Gruppe B

Bild 1.126. Gleichförmige-Leuchten verteilen das Licht je etwa zur Hälfte nach oben und unten (mittlerer bis schwacher Schatten), Gruppe C

Bild 1.127. Vorwiegend-Indirekt-Leuchten strahlen mehr als die Hälfte des Lichtes nach oben, das übrige nach unten (schwacher Schatten), Gruppe D

Bild 1.128. Indirekt-Leuchten werfen das Licht nur nach oben (fast kein Schatten), Gruppe E

der Beleuchtungswirkungsgrad η_B zu ermitteln. Raumform, Wandfarbe und Deckenfarbe spielen dabei eine Rolle. Der Betriebswirkungsgrad der ausgewählten Leuchte η_B, ist daher Raumwirkungsgrad η_R · Leuchtenwirkungsgrad η_L

$$\eta_B = \eta_R \cdot \eta_L .$$

η_L kann je nach Leuchtenart zwischen 0,9–0,45 liegen.

Den erforderlichen Lichtstrom Φ_V finden wir aus der Gleichung:

$$\text{Lichtstrom} = \frac{\text{Beleuchtungsstärke} \cdot \text{Fläche}}{\text{Beleuchtungswirkungsgrad}}$$

$$\Phi_V = \frac{E_V/\text{lx} \cdot A/\text{m}^2}{\eta_B}$$

Tafel 1.19: *Beleuchtungswirkungsgrad*

Lichtverteilung	Raumausstattung	Beleuchtungswirkungsgrad η						
$\dfrac{b}{h-1}$ oder $\dfrac{l}{h-1}$		1	1,5	2	3	4	6	8
direkt	hell	0,25	0,36	0,40	0,47	0,51	0,56	0,58
	dunkel	0,18	0,30	0,36	0,43	0,47	0,52	0,54
vorwiegend direkt	hell	0,17	0,25	0,30	0,37	0,41	0,49	0,53
	dunkel	0,09	0,16	0,23	0,28	0,30	0,38	0,41
gleichförmig	hell	0,16	0,23	0,28	0,35	0,39	0,46	0,50
	dunkel	0,09	0,15	0,19	0,25	0,29	0,34	0,38
linienförmig Leuchtstoff-Lp.	hell	0,20	0,29	0,35	0,44	0,49	0,57	0,62
	dunkel	0,11	0,19	0,24	0,31	0,36	0,43	0,47
$\dfrac{b}{h_\mathrm{d}-1}$ oder $\dfrac{l}{h_\mathrm{d}-1}$		1	1,5	2	3	4	6	8
vorwiegend indirekt	hell	0,21	0,27	0,31	0,38	0,42	0,48	0,50
	dunkel	0,13	0,17	0,21	0,26	0,30	0,35	0,38
indirekt	hell	0,15	0,20	0,23	0,28	0,32	0,36	0,38
	dunkel	0,08	0,11	0,14	0,18	0,21	0,23	0,25

Die Tafel 1.19 — sie gilt für quadratische Räume — zeigt die Abhängigkeit des Beleuchtungswirkungsgrades η_B von den geometrischen Raumverhältnissen und der Raumausstattung bzw. Farbe.

Die Raumverhältnisse sind festgelegt durch die Gleichung:

$$\frac{b}{h-1} \quad \text{oder} \quad \frac{l}{h-1} \quad \text{oder} \quad \frac{b}{h_\mathrm{d}-1} \quad \text{oder} \quad \frac{l}{h_\mathrm{d}-1} \,.$$

Es bedeuten: h Lichtpunkthöhe (Höhe der Leuchte vom Fußboden) in m
                  b Breite des Raumes in m
                  l Raumlänge in m
                  h_d Deckenhöhe in m

Dem Wirkungsgrad η_ges für rechteckige Räume ermittelt man nach:

$$\eta_\mathrm{ges} = \eta_b + \frac{\eta_l - \eta_b}{3}$$

Es bedeuten: η_b Wirkungsgrad für die Raumbreite
                  η_l Wirkungsgrad für die Raumlänge

● *Beispiel:*   Ein Schulraum, 9 m lang, 6 m breit, hell, soll durch Leuchtstofflampen mit E_{v_m} = 500 lx beleuchtet werden. Lichtpunkthöhe 4,15 m. Wie viele Lampen (n) sind erforderlich?

Gesucht: n *Gegeben:* E_v = 500 lx b = 6 m
                                                    h = 4 m A = 9·6 = 54 m^2
                                                      l = 9m

Lösung: für $\dfrac{l}{h-1} = \dfrac{9}{4,15-1} = 2,85$ laut Tafel 1.18 $\eta_l = 0,426$ interpoliert

für $\dfrac{b}{h-1} = \dfrac{6}{4,15-1} = 1,9$ laut Tafel 1.18 $\eta_b = 0,335$ interpoliert

$$\eta_R = \eta_b + \frac{\eta_l - \eta_b}{3}$$

$$\eta_R = 0,335 + \frac{0,426 - 0,335}{3} \qquad\qquad \eta_R = 0,365$$

Es stehen zur Verfügung z.B. Osram-Leuchtstofflampen L 36 W/11 mit einem Lichtstrom von 3250 lm oder L 58 W/11 mit 5200 lm. Diese Deckeneinbau-Leuchten mit Rastern haben einen Leuchtenwirkungsgrad $\eta_L = 0,6$. Der Verschmutzungsfaktor V ist 0,8!

Der erforderliche Gesamtlichtstrom ist somit:

$$\Phi_v/\text{lm} = \frac{E_{\text{m}}/\text{lx}\; A/\text{m}^2}{\eta_B\; V} \qquad\qquad \Phi_v/\text{lm} = \frac{E_{\text{m}}/\text{lx}\; A/\text{m}^2}{\eta_R\eta_L\; V}$$

$$\Phi_v/\text{lm} = \frac{500 \cdot 54}{0,365 \cdot 0,6 \cdot 0,8} \qquad\qquad \Phi_v = 154\,109\ \text{lm}$$

Bei Verwendung von 36-W-Lampen ist die erforderliche Lampenzahl

$$n = \frac{\Phi_v/\text{lm}}{\Phi_{v1}/\text{lm}} \qquad\qquad n = \frac{154\,109}{3250} \approx 47$$

und werden 58-W-Lampen gewählt, sind

$$n = \frac{154\,109}{5200} \approx 30$$

Für einfache oberflächliche Berechnungen genügt es in der Praxis, den Beleuchtungswirkungsgrad nach vorangegangenem Beispiel zu berechnen.

Für genauere Berechnungen ist es unerläßlich, Fachliteratur zu benutzen.

Es ist nicht allein Länge, Breite und Höhe des Raumes und ob hell oder dunkel, dazu die Lichtverteilung zu berücksichtigen, sondern die Reflexionsgrade der Decke, Wände und des Fußbodens. Die Reflexionsgrade (ρ_1; ρ_2; ρ_3) können je nach Material- oder Farbeigenschaft sehr unterschiedlich sein, weshalb neue umfangreiche Tabellen für den Raumwirkungsgrad herausgegeben wurden. Die Lichttechnische Gesellschaft (LiTG) Karlsruhe hat ein umfangreiches Tabellenwerk für die Projektierung von Beleuchtungsanlagen für Innenräume nach dem Wirkungsgradverfahren herausgegeben. Ebenso sei hingewiesen auf die DIN-Blätter 5031, 5032, 5035 und 5044 des deutschen Normenausschusses, aus denen die neuesten Daten ersichtlich sind.

Das obige Beispiel soll nach der Wirkungsgradmethode unter Berücksichtigung der Reflexion im Raum nochmals gerechnet werden:

Bevor der Tabellenwert (Tafel 1.20) abgelesen werden kann, muß der *Raumindex k* bekannt sein. Nach der Lichtverteilungsart ist zu unterscheiden (nach den Bildern 1.124

Tafel 1.20: *Raumwirkungsgrad*

Leuchte	Raumindex		Decke ρ_1 0,8			0,5		0,8	0,5		0,3
		Wände ρ_2	0,8	0,5	0,3	0,5	0,3	0,3	0,5	0,3	0,3
		Boden ρ_3	0,3					0,1			
	k										
C 3	0,6		0,47	0,21	0,14	0,20	0,13	0,15	0,19	0,14	0,13
	0,8		0,58	0,30	0,22	0,27	0,21	0,22	0,26	0,20	0,19
Gleichförmig-	1		0,66	0,37	0,28	0,32	0,26	0,27	0,32	0,25	0,23
Leuchte,	1,25		0,73	0,43	0,33	0,38	0,30	0,33	0,36	0,29	0,27
breitstrahlend	1,5		0,78	0,49	0,39	0,43	0,35	0,38	0,41	0,33	0,31
	2		0,87	0,60	0,49	0,51	0,43	0,47	0,49	0,41	0,37
	2,5		0,92	0,68	0,57	0,56	0,49	0,54	0,54	0,46	0,42
	3		0,96	0,74	0,63	0,60	0,53	0,59	0,57	0,50	0,46
	4		1,01	0,82	0,72	0,66	0,60	0,66	0,62	0,56	0,51
	5		1,05	0,87	0,78	0,70	0,64	0,70	0,65	0,60	0,54

bis 1.128), also A bis C oder D bis E. Für unser Beispiel ist $k = \dfrac{ab}{h(a+b)}$ nach Gruppe C_3 (siehe Tafel 1.20), a Raumlänge, b Raumbreite.

Lösung: $k = \dfrac{ab}{h(a+b)}$ $k = \dfrac{9 \cdot 6}{3,2\,(15)}$ $k = 1,1$

h = Lichtpunkthöhe über Nutzebene
h = 4,15 m − 0,85 m = 3,3 m !
Für Decke ρ_1 = 0,8, Wände ρ_2 = 0,3 und Fußboden ρ_3 = 0,1 ist bei Raumindex k = 1,1 in Tafel 1.19 zu interpolieren und man findet zwischen k = 1 und k = 1,1 den Raumwirkungsgrad η_R = 0,3. Der erforderliche Lichtstrom Φ_V ist nach dieser Methode $\Phi_V = \dfrac{500 \cdot 54}{0,3 \cdot 0,6 \cdot 0,8}$ $\Phi_V = 187\,500$ lm

und die Lampenzahl erhöht sich auf 58 Lampen zu 36 W bzw. auf 36 Lampen zu 58 W. Überschläglich benötigt man 20 % mehr Lampen nach diesem Beispiel.

1.8.7. Umformung anderer Energieformen in elektrische Energie

1.8.7.1. Umformung von chemischer Energie in elektrische Energie

Entstehen einer Urspannung durch chemische Vorgänge

Taucht man ein Metall in einen Elektrolyten, so werden nach einer Annahme von *Nernst*[1] zwei Kräfte wirksam, die einander entgegenwirken. Einerseits besteht auf seiten der Metallelektroden ein *Lösungsdruck,* der die Metall-Ionen in die Lösung treibt, andererseits üben die Ionen des Elektrolyten einen dem Lösungsdruck entgegengesetzten Druck aus und zeigen eine Tendenz, Metall-Ionen aus der Lösung auszuscheiden; man nennt diesen Druck den *osmotischen Druck der Ionen.*

---

[1] *Walther Nernst* (1864—1941), Professor der Physik in Göttingen

Ist der Lösungsdruck des Metalls größer als der osmotische Druck des Elektrolyten, so stellt sich ein Gleichgewichtszustand zwischen beiden dadurch ein, daß Metall-Ionen in Lösung gehen. Dies ist z. B. beim Eintauchen von Zink in verdünnte Schwefelsäure der Fall (Bild 1.129). Vom neutralen Zink gehen positive Zink-Ionen in Lösung. Dadurch erhält die Lösung eine positive, der Zinkstab eine negative Ladung[1]).

Die steigende positive Ladung der Lösung hindert durch Abstoßen der positiven Zink-Ionen ebenso wie die zunehmende negative Ladung des Zinkstabes durch Anziehen schließlich den Übertritt weiterer Zink-Ionen in die Lösung, weil mit zunehmender Konzentration von Zink-Ionen der osmotische Druck der Ionen im Elektrolyten dem Lösungsdruck das Gleichgewicht hält.

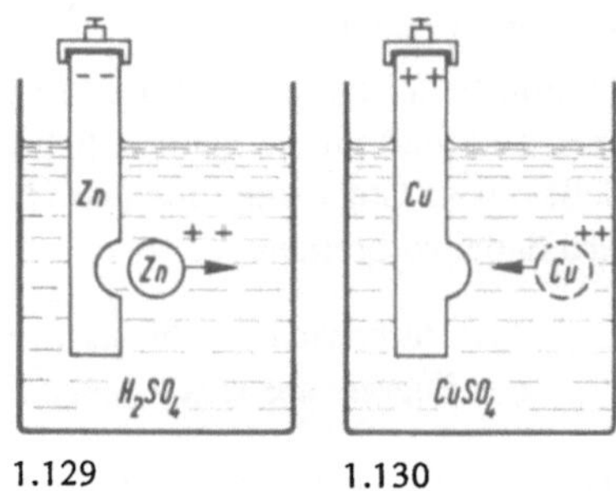

Bild 1.129. Übergang von elektrisch neutralen Zinkatomen in positiv geladene Zink-Ionen

Bild 1.130. Übergang positiv geladenei Kupfer-Ionen zu elektrisch neutralen Kupferatomen

Ist der Lösungsdruck des Metalls kleiner als der osmotische Druck des Elektrolyten, so stellt sich der dynamische Gleichgewichtszustand dadurch ein, daß sich aus der Lösung Ionen am Metall niederschlagen und vom Metallstab Elektronen aufnehmen, der dadurch positiv elektrisch wird. Dies ist bei Kupfer in Kupfersulfatlösung ($CuSO_4$) der Fall (Bild 1.130).

Taucht man zwei verschiedene Metalle in die gleiche Lösung ein, so kann man zwischen den beiden Platten eine *elektrische Spannung* feststellen. Ihre Größe ist vom Stoff der beiden Platten abhängig, nicht aber von deren Volumen oder Oberfläche.

Alle Metalle, ebenso auch Wasserstoff, Kohle, Braunstein u.a. Stoffe, können derart geordnet werden, daß der weiter rechts stehende Stoff ein höheres positives Potential hat als jeder links von ihm stehende. Eine solche Reihe nennt man *elektrochemische Spannungsreihe* (Bild 1.131).

Aus Bild 1.131 ergibt sich beispielsweise, daß zwischen Zink und Kohle eine Spannung von 1,5 V entsteht.

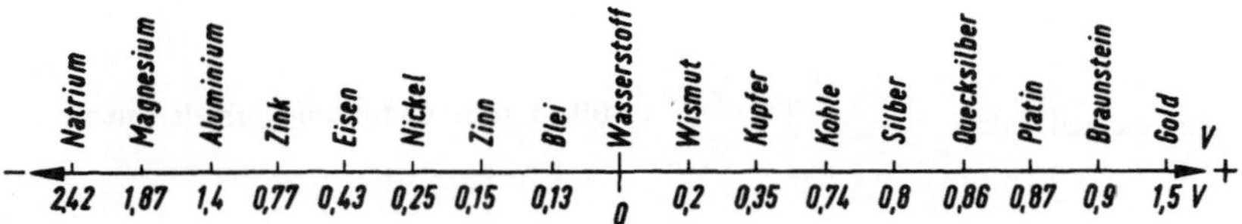

Bild 1.131. Elektrochemische Spannungsreihe

---

[1]) Da Zink zweiwertig ist, fehlen dem Zink-Ion zwei Elektronen, die auf dem Zinkstab zurückbleiben und ihn negativ aufladen.

Galvanische Elemente

Das älteste galvanische Element ist das *Volta-Element*. Es besteht aus einer Kupfer- und einer Zinkplatte in verdünnter Schwefelsäure. Seine Urspannung beträgt 1,05 V. Strom fließt nur so lange, wie Ionen von der Zinkelektrode in Lösung gehen. Die Zinkelektrode wird dabei verbraucht.

> *Der Verbrauch an chemischer Energie beim Auflösen des Zinks ist das Äquivalent der Energie des elektrischen Stromes.*

Das Volta-Element hat wegen der ihm anhaftenden, im folgenden beschriebenen Nachteile nur noch historischen Wert. Technische Verwendung findet nur noch das *Leclanché-Element*. Es enthält in einem Glasgefäß eine Kohle- und eine Zinkelektrode in einer Salmiaklösung. Die stabförmige Kohleelektrode ist von einem Beutel umgeben, der ein Gemisch von Kohle, Graphit und Braunstein enthält. Seine Urspannung beträgt 1,5 V. In dieser Form wird das Kohle-Zinkelement meist nur zum Betrieb von Hausklingelanlagen verwendet. Am weitesten verbreitet ist es als sogenanntes *Trockenelement* (Bild 1.132), in dem die Salmiaklösung von saugfähigen Stoffen, wie Sägemehl, aufgenommen oder gallertartig verdickt ist. Ein Nachteil des Kohle-Zinkelements ist es, daß der Zinkzylinder bei längerer Lagerung allmählich zerstört wird und das Element dadurch sich selbst verbraucht. Eine lange Lagerfähigkeit besitzen dagegen die sogenannten *Füllelemente*, die den Elektrolyten in Pulverform enthalten. Sie liefern erst eine Spannung, nachdem man das Pulver durch Einfüllen von Wasser gelöst hat. Trockenelemente werden u.a. für Taschenlampen, in Meßgeräten und als Anodenbatterien zum Betrieb von Kofferradiogeräten verwendet.

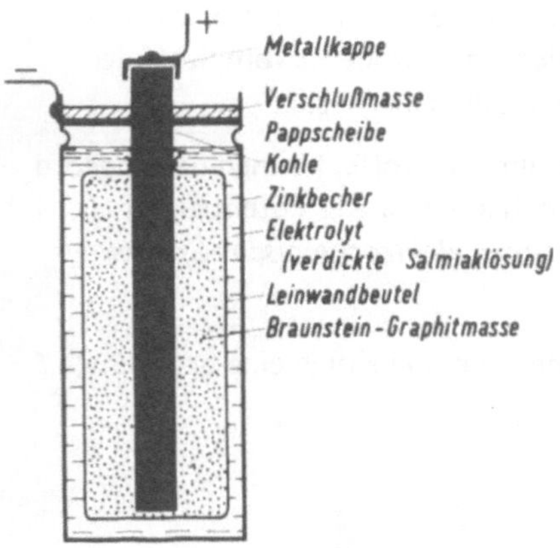

Bild 1.132. Kohle-Zinkelement mit Depolarisator

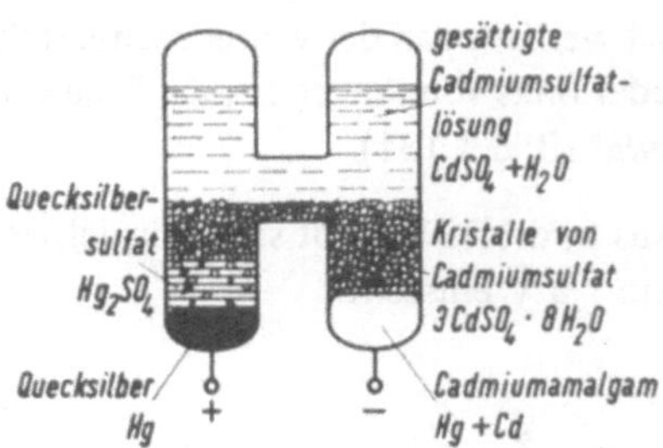

Bild 1.133. Cadmium-Normalelement

Von Bedeutung ist noch das *Cadmium-Normalelement* (Weston-Normalelement, Bild 1.133), das nach internationaler Vereinbarung als Spannungsnormal dient. Es enthält als Elektroden Quecksilbersulfat und Cadmiumamalgam und als Elektrolyt Cadmiumsulfatlösung.

Korrosion

Unbeabsichtigt entstehen galvanische Elemente beim Verbinden verschiedener Metalle, z.B. beim Übergang von einer Kupfer- oder Eisenleitung auf eine Aluminiumleitung, sobald Feuchtigkeit hinzutreten kann. Durch den geringen Übergangswiderstand (Kurzschluß) können starke Ströme auftreten, die durch Elektrolyse in kurzer Zeit das unedlere Metall zerstören (Bild 1.134).

Bild 1.134
Kontaktkorrosion (Lochfraß)

Polarisation — Depolarisation

Zwei Elektroden in einem Elektrolyten bilden immer dann ein galvanisches Element, wenn die Elektroden stofflich verschieden sind. Gleichartige Elektroden liefern keine Spannung, sondern bilden eine elektrolytische Zelle.

Versuch 1.17:

Man schließt an eine elektrolytische Zelle nach Bild 1.135 durch Umlegen des Zweiwegschalters nach links eine galvanische Batterie an; das Galvanoskop zeigt einen Strom an; es findet in der Zelle durch den von der Batterie gelieferten Strom eine Elektrolyse statt. Durch Umlegen des Zweiwegschalters nach rechts wird die Batterie abgeschaltet und die Zelle über das Galvanoskop und die Glühlampe kurzgeschlossen.

Obwohl die Spannungsquelle abgeschaltet ist, zeigt das Galvanoskop einen Strom an, der in entgegengesetzter Richtung wie der ursprüngliche Strom fließt.

Die ursprünglich gleichartigen Elektroden der elektrolytischen Zelle haben sich beim Stromdurchgang durch Anlagern gasförmiger Ionen oder durch chemische Verbindung der abgeschiedenen Ionen mit dem Elektrodenmaterial chemisch verändert.

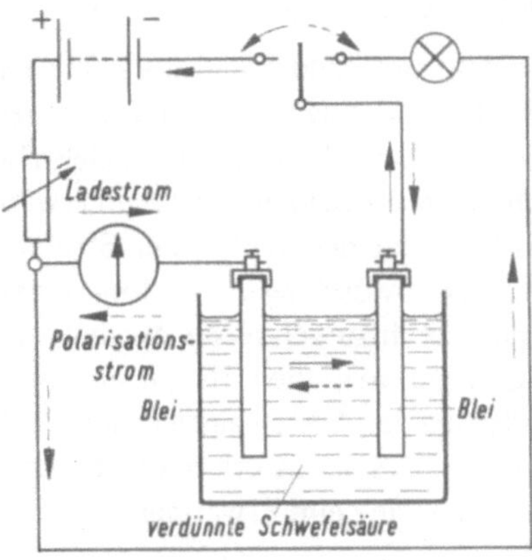

Bild 1.135. Polarisation

Die Veränderung, die die Elektroden einer elektrolytischen Zelle beim Stromdurchgang erfahren, bezeichnet man als *elektrolytische Polarisation*, die Elektroden als polarisiert. Die Polarisation bewirkt, daß die elektrolytische Zelle zu einem galvanischen Element wird. Die in ihm wirksame Urspannung hat die entgegengesetzte Richtung wie die ursprüngliche Spannung und heißt *Polarisationsspannung*, der von ihr verursachte Strom *Polarisationsstrom*.

Da sich beim Volta-Element die Kupferelektrode mit einer Wasserstoffhaut überzieht, Wasserstoff und Zink aber nur eine sehr geringe Spannung ergeben, sinkt die Spannung des Volta-Elements im Betrieb sehr rasch; es ist deshalb für den praktischen Gebrauch ungeeignet. Im Kohle-Zinkelement wird die Polarisation dadurch verhindert, daß sich der an der Kohleelektrode anlagernde Wasserstoff mit dem Sauerstoff des sauerstoffreichen

Braunsteins (MnO_2) zu Wasser verbindet und dadurch unschädlich wird. Man nennt diesen Vorgang *Depolarisation*.

In Luftsauerstoffelementen wird an Stelle des Braunsteins zur Depolarisation der Sauerstoff der Luft herangezogen. Diese Elemente haben genauso wie das Kohle-Zinkelement um den Kohlestab einen Beutel, doch ist dieser nicht mit Braunstein, sondern mit Aktivkohle gefüllt. Sie befindet sich in feinst pulverisiertem Zustand und hat die Eigenschaft, Sauerstoff durch Anlagerung an sich zu binden (daher der Name „aktiv"). Die Behälter der Luftsauerstoffelemente haben Luftlöcher, die während des Lagerns verschlossen sind, bei Inbetriebnahme der Elemente aber geöffnet werden müssen. Durch die geöffneten Luftlöcher dringt der Luftsauerstoff in den Kohlebeutel ein und lagert sich an der aktiven Kohle an. Der durch die Elektrolyse freiwerdende Wasserstoff dringt durch den Kohlebeutel hindurch und verbindet sich dabei mit dem der Kohle anhaftenden Sauerstoff zu Wasser. Der entstehende Wasserstoff kann sich nicht direkt mit dem Luftsauerstoff verbinden. Erst infolge der atomaren Anlagerung des Luftsauerstoffs an die Kohleteilchen ist die Verbindung des Wasserstoffs mit dem Sauerstoff zu Wasser möglich.

1.8.7.2. Umformung von Wärmeenergie in elektrische Energie

In einem nach Bild 1.136 aus zwei verschiedenen Metallen, z.B. aus Kupfer und Eisen, zusammengelöteten Leiterkreis fließt ein elektrischer Strom, wenn eine der beiden Lötstellen erwärmt wird. Das Fließen eines elektrischen Stromes wird durch den Ausschlag der im Innern der Leiterschleife drehbar gelagerten Magnetnadel angezeigt. Kühlt man die Lötstelle ab, so zeigt die Änderung der Ausschlagsrichtung der Magnetnadel an, daß der Strom in entgegengesetzter Richtung wie beim Erwärmen fließt.

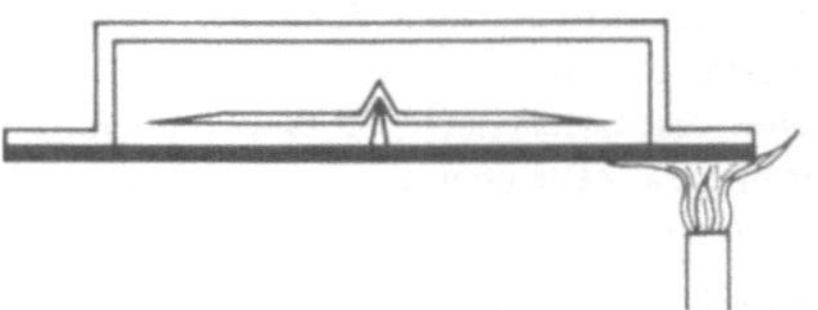

Bild 1.136. Thermoelement

Beim Erwärmen bzw. Abkühlen der Lötstelle zweier verschiedener Metalle entsteht eine elektrische Urspannung.

Sie kommt dadurch zustande, daß auch in verschiedenen Metallen ein unterschiedlicher Elektronendruck vorhanden ist, so daß an der Verbindungsstelle der Metalle Elektronen aus dem einen Metall in das andere übertreten. Die Differenz des Elektronendrucks an der Lötstelle ist die Ursache für die Elektronenbewegung und somit die Lötstelle der Sitz der Urspannung. In dem geschlossenen Leiterkreis sind zwei Lötstellen vorhanden. Die an ihnen wirkenden Urspannungen wirken einander entgegen, so daß keine Elektronenbewegung zustande kommt, solange an beiden Lötstellen die gleichen Verhältnisse, d.h. auch gleiche Temperatur, herrschen. Besteht zwischen beiden Lötstellen ein Temperaturunterschied, so sind die Urspannungen der beiden Lötstellen verschieden. Ihre Differenz ist die *Thermospannung* des Metallpaares. Die beschriebene Anordnung bezeichnet man als *Thermoelement*, den von der Thermospannung verursachten Strom als *Thermostrom*.

Das Thermoelement ist ein Gerät zum Umwandeln von Wärmeenergie in elektrische Energie.

Die Thermokraft eines Thermoelementes ist abhängig von der Temperaturdifferenz zwischen der Lötstelle und den beiden freien, an das Meßgerät angeschlossenen Enden des Elements. Beim Untersuchen verschiedener Metalle kann man diese in einer Reihe so anordnen, daß in einem Thermoelement aus zwei Metallen der Reihe der elektrische Strom beim Erwärmen der Lötstelle von dem in der Reihe vorausgehenden zum nachfolgenden Metall, beim Abkühlen in umgekehrter Richtung fließt. Man nennt eine so geordnete Reihe von Metallen die *thermoelektrische Spannungsreihe:*

Wismut, Konstantan, Nickel, Quecksilber, Platin, Blei, Gold, Platin mit 10 % Rhodium, Silber, Kupfer, Eisen, Antimon, Selen, Silicium.

Die Thermokraft eines Elementes ist bei einer bestimmten Temperaturerhöhung um so größer, je weiter die Bestandteile des Elements in der Spannungsreihe auseinanderliegen.

Tafel 1.21: *Thermoelemente*

Stoffpaar	Grenztemperatur in K	Spannung in V je 100 K
Kupfer-Konstantan	673	$4 \cdot 10^{-3}$
Eisen-Konstantan	1 173	$5 \cdot 10^{-3}$
Nickel-Nickelchrom	1 373	$4 \cdot 10^{-3}$
Platin-Platinrhodium	1 873	$1 \cdot 10^{-3}$
Iridium-Rhodiumiridium	2273...2573	$0,5 \cdot 10^{-3}$

An Stelle von Eisen wird neuerdings in Thermoelementen die Legierung Thermenol verwendet, die außer Eisen und Aluminium geringe Zusätze von Vanadium und Molybdän enthält; sie ist beständig gegen Hitze und korrosionsfest.

Thermoelemente erzeugen nur sehr niedrige Spannungen und kommen deshalb für Energielieferungen in technischem Ausmaß nicht in Betracht. Dagegen werden sie zum Messen tiefer und hoher Temperaturen verwendet, wo Flüssigkeitsthermometer versagen, und in solchen Fällen, wo Glasthermometer der Größe wegen nicht eingeführt werden können oder eine Fernmessung von Temperaturen erforderlich ist.

Mit Thermoelementen werden z. B. Kühlwassertemperaturen, Rauchgas- und Ofentemperaturen, die Temperaturen der Wicklungen elektrischer Maschinen und Transformatoren gemessen. In der Meßtechnik werden Thermoelemente, sogenannte Thermoumformer, in Verbindung mit Drehspulmeßwerken zum Messen von Stromstärken und Spannungen hochfrequenter Wechselströme verwendet.

Zur Fernmessung sehr hoher Temperaturen dient das *thermoelektrische Pyrometer*. Es besteht aus einem in eine keramische Hülle eingeschlossenen Thermoelement und einem mit ihm verbundenen, in Temperaturgraden geeichten Millivoltmeter (Bild 1.137). Je höher die zu messende Temperatur ist, um so höher müssen die Schmelzpunkte der Metalle des Thermoelements liegen. Sein Meßbereich ist auf Temperaturen beschränkt, die unterhalb der Schmelzpunkte der verwendeten Metalle liegen.

Thermoelemente für hohe Temperaturen werden nicht gelötet, sondern geschweißt, da sonst die Lötstelle auseinandergehen würde.

Ein großer Vorzug der ohne Umhüllung verwendeten Meßverbindungsstelle ist das fast trägheitsfreie Ansprechen auch bei rasch wechselnden Temperaturen.

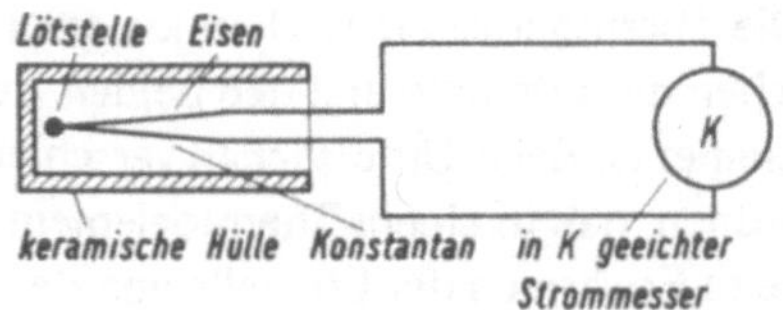

Bild 1.137. Thermoelektrisches Pyrometer

1.8.7.3. Umformung von Lichtenergie in elektrische Energie

Versuch 1.18:

Nach Bild 1.138 wird auf ein empfindliches Elektroskop eine frisch gereinigte Zinkplatte aufgesteckt und negativ aufgeladen. Beleuchtet man die Zinkplatte mit dem ultavioletten Licht einer Bogenlampe mit Nickelkohlen unter Verwendung einer Quarzlinse [1]), so sinkt die Spannung am Elektroskop; es verliert seine negative Ladung und erhält sogar eine positive Ladung. Dies läßt sich mit Hilfe eines geriebenen Ebonitstabes nachweisen, der negative Ladungen trägt. Beim Annähern des Ebonitstabes fallen die gespreizten Blättchen zusammen

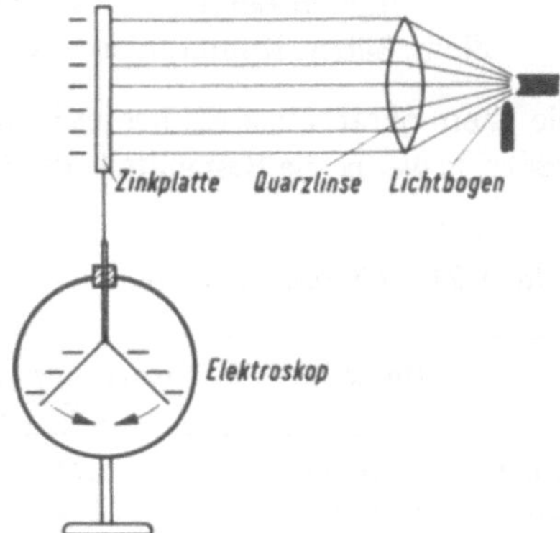

Bild 1.138. Lichtelektrischer Effekt

Die Ladung, die das Spreizen der Blättchen verursachte, wird durch die negative Ladung des Ebonitstabes aus den Blättchen in den Knopf des Elektroskops gezogen; sie muß also positiv sein, da sich nur ungleichartige Ladungen anziehen. Das Bestrahlen der Zinkplatte mit ultraviolettem Licht verursacht also eine Elektronenbewegung, und zwar treten nicht nur die im Überschuß vorhandenen Elektronen aus der Zinkplatte aus, sondern darüber hinaus noch weitere Elektronen, wodurch die positive Aufladung der Zinkplatte verursacht wird.

Alkaliphotozelle

Auf dem eben besprochenen *lichtelektrischen Effekt* beruht die *Alkaliphotozelle* (Bild 1.139).

Auf der inneren Rückwand eines evakuierten oder mit Edelgas gefüllten Glas- oder Quarzkolbens ist eine Schicht von Alkalimetallen (meist Kalium oder Cäsium) aufgetragen und leitend mit einem äußeren Kontakt verbunden. Vor der Schicht befindet sich als Gegenelektrode ein Drahtgitter mit einer Zuleitung im Sockel des Glaskolbens.

Verbindet man die beiden Kontakte der Zelle mit einem empfindlichen Galvanoskop, so zeigt es einen schwachen

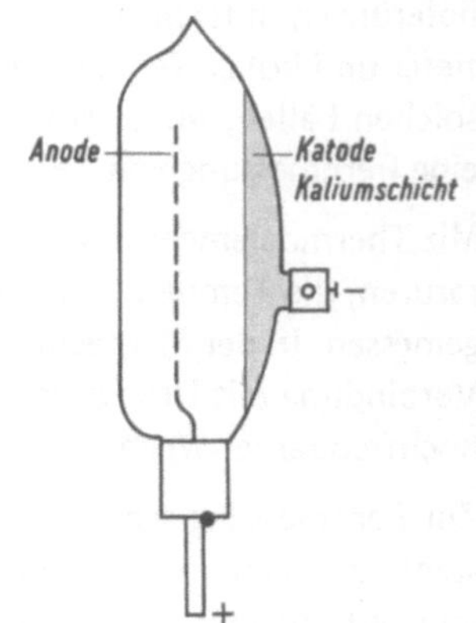

Bild 1.139. Alkali-Photozelle

---

[1]) Quarz absorbiert im Gegensatz zu Glas die ultravioletten Strahlen nicht.

Strom an, wenn man die lichtelektrische Schicht belichtet. Die aus ihr durch Bestrahlen mit Licht ausgelösten Elektronen erreichen zum Teil das Gitter und wandern durch das Galvanoskop zu dem durch den Verlust von Elektronen positiv geladenen Belag.

Einen wesentlich stärkeren *Photoelektronenstrom* erhält man, wenn man das Gitter der Photozelle über einen Hochohmwiderstand von mehreren Megohm mit dem positiven Pol, die lichtelektrische Schicht mit dem negativen Pol einer Spannungsquelle von etwa 100 V verbindet. Dabei zeigen Vakuumzellen und mit Edelgas gefüllte Zellen ein unterschiedliches Verhalten. Bei der Vakuumzelle gelangen schon bei niedrigen Spannungen alle durch das auffallende Licht ausgelösten Photoelektronen an das Gitter. Deshalb ist auch eine Vergrößerung der Spannung an den Elektroden ohne Einfluß auf die Stärke des Elektronenstroms; er ist der Sättigungsstrom, der der einfallenden Lichtenergie entspricht (Bild 1.140), Kurve I).

Während also bei den Vakuumzellen der Sättigungsstrom der reine Photoelektronenstrom ist, werden in den mit Edelgas gefüllten Zellen die durch die Lichtenergie aus der lichtelektrischen Schicht ausgelösten Photoelektronen bei steigender Spannung an den Elektroden so beschleunigt, daß sie beim Zusammenstoß mit den Molekülen des Füllgases durch *Stoßionisation* zusätzliche Ladungsträger erzeugen. Dadurch steigt der Photostrom gasgefüllter Zellen mit der Spannung an den Elektroden stark an (Bild 1.140), Kurve II). Die Empfindlichkeit

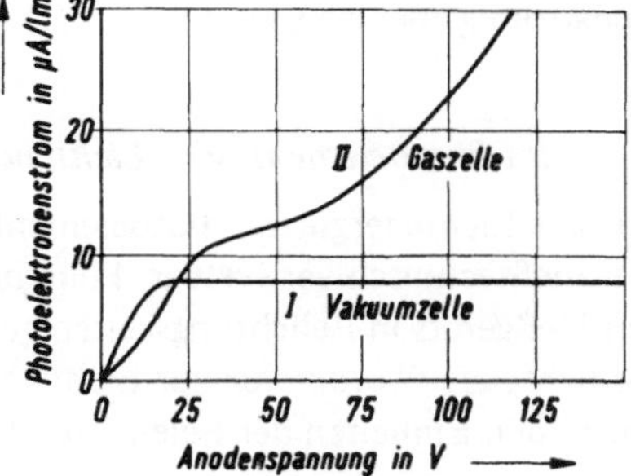

Bild 1.140. Empfindlichkeitskurven der Gas- und Vakuumzellen

der Gaszellen ist demnach größer als die der Vakuumzellen, bei beiden ist sie abhängig von der Art der lichtempfindlichen Schicht und von der Wellenlänge des einfallenden Lichts.

Die Energie des Photostroms liefert die an die Zelle angelegte Spannung, während die Photozelle als Ventil wirkt, das den Photostrom steuert. Der ausgelöste Elektronenstrom ist der Lichtstärke proportional und folgt allen Schwankungen des Lichtstroms trägheitslos. Dieser Eigenschaft verdankt die Alkali-Photozelle ihre vielseitige Verwendung in Wissenschaft und Technik.

Beim Tonfilm tastet ein Lichtstrahl den Tonstreifen des Filmes ab. Auf diesem sind Linien aufgezeichnet (Sprossenschrift), deren Schwärzungsgrad im Rhythmus der akustischen Schwingungen schwankt. Die im gleichen Takt wechselnde Intensität des austretenden Lichtstrahls löst in der Photozelle Stromschwankungen aus, die – nach Verstärkung – im Lautsprecher den Ton erzeugen.

Weitere Anwendung findet die Photozelle bei der Bildtelegraphie, beim Fernsehen, zur Steuerung von Relais für Beleuchtungsfernschalter, bei Zählwerken, Alarmanlagen, u.a., sowie bei der Automatisierung von Schalt-, Regel- und Meßvorgängen.

Sperrschicht-Photoelement

Während die mit einer äußeren Spannung betriebene Alkaliphotozelle lediglich den von der angelegten Spannung angetriebenen Strom steuert, fließt bei der Sperrschicht-Photozelle auch ohne äußere Spannung beim Belichten ein elektrischer Strom.

Im Sperrschicht-Photoelement ist auf eine gut leitende metallische Mutterelektrode ein elektrischer Halbleiter, z.B. eine Kupfer(I)-oxidschicht (Cu_2O) oder eine Selenschicht, aufgebracht (Bild 1.141). Auf diese Schicht ist als Gegenelektrode eine dünne, licht-

durchlässige Metallhaut aufgedampft. Durch Belichten werden im Halbleiter Elektronen ausgelöst, die entgegengesetzt der Richtung der einfallenden Lichtstrahlen in die Metallhaut übertreten. Die Mutterelektrode wird somit zum positiven, die Metallhaut zum negativen Pol der lichtelektrischen Zelle (Photoelement). Schließt man an die beiden Elektroden ein empfindliches Zeigerinstrument (Galvanometer) an, so kann der durch Belichten ausgelöste Elektronenstrom gemessen werden.

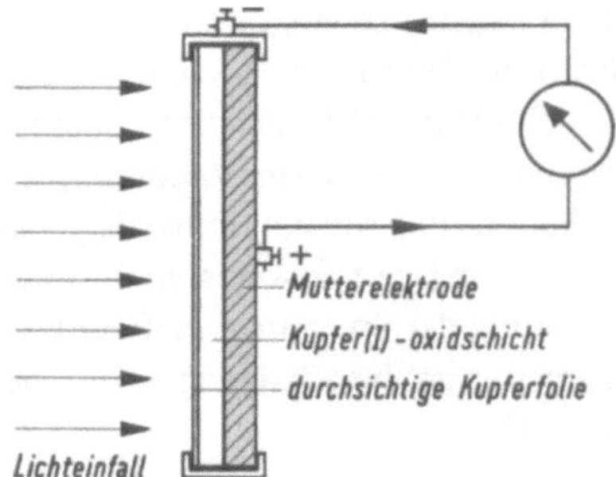

Bild 1.141. Sperrschicht-Photoelement

Im Photoelement wird Lichtenergie unmittelbar in elektrische Energie umgewandelt.

Die aus Lichtenergie im Photoelement gewinnbare elektrische Energie ist sehr gering und nur meßtechnisch verwertbar. Beim *photographischen Belichtungsmesser* wird die Skala des Meßgeräts in Belichtungszeiten geeicht. Außerdem verwendet man Sperrschicht-Photoelemente als *Photometer* zur Lichtstärkemessung, wobei die Skala des Meßgeräts unmittelbar in den Einheiten der Beleuchtungsstärke (lux) geeicht wird (Bild 1.142).

Das Sperrschicht-Photoelement spricht wegen seiner hohen Kapazität nicht auf schnelle Änderungen der Lichtintensität an.

Der neuesten Halbleitertechnik ist es gelungen, den Wirkungsgrad von Photozellen wesentlich zu verbessern; es wurden Silbersulfid-Photoelemente und Kadmiumsulfidelemente entwickelt, die einen höheren Nutzeffekt als die Selenphotoelemente haben. Man hat durch Gruppenschaltung sehr vieler derartiger Zellen schon Anlagen geschaffen, mit deren Hilfe im äquatorialen Wüstengegenden mit sehr gleichmäßiger Sonnenscheindauer in größerem Umfang die Gewinnung elektrischer Energie direkt aus dem Sonnenlicht möglich wurde. Die Entwicklung derartiger Anlagen wurde durch die Weltraumforschung stark vorangetrieben. Sonnenbatterien versorgen auch die künstlichen Erdsatelliten mit der zum Betrieb der Sender und Geräte erforderlichen elektrischen Energie.

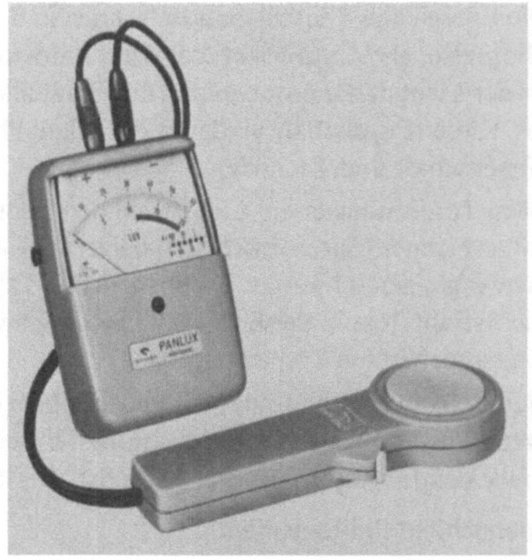

Bild 1.142. Beleuchtungsmesser mit Photoelement (Werkbild Gossen)

Anders arbeiten die Photowiderstände (Bild 1.143), deren Widerstand sich beim Lichteinfall ändert und dabei eine Spannungsverschiebung an einer Spannungsteilerschaltung hervorrufen kann. Die Kaltkatodenröhre einer Ölheizungsanlage z. B. zündet durch diese Spannungsverschiebung an ihrer Zündanode.

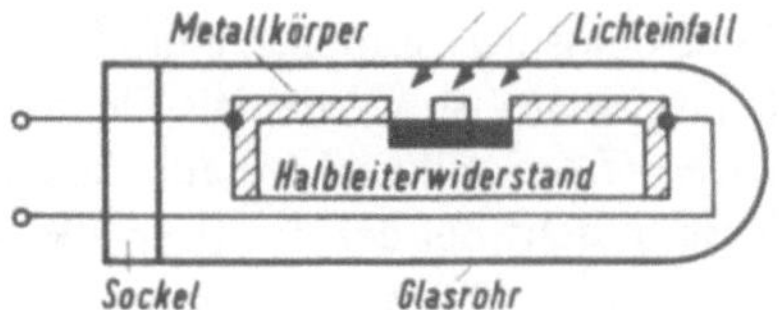

Bild 1.143. Photowiderstand

1.8.8. Speicherung elektrischer Energie

Ein Mittel, elektrische Energie zu speichern, ist der *Sammler* (*Akkumulator*), in dem elektrische Energie in chemische Energie umgeformt wird.

Zwar spielt er in der Energieversorgung heute nicht mehr die Rolle wie vor 50 Jahren, als es noch vorwiegend Gleichstrom-Kraftwerke gab, er ist aber auch heute noch unentbehrlich zur Stromversorgung in Kraftfahrzeugen, in der Schiffahrt, Nachrichtentechnik usw. Sammler sind elektrolytische Zellen, die erst nach einer vorausgegangenen Elektrolyse längere Zeit als Spannungsquelle wirksam sind. Man nennt sie deshalb im Gegensatz zu den galvanischen Elementen auch *Sekundärelemente*. Man hat also zwei aufeinanderfolgende Vorgänge zu unterscheiden. Im ersten Vorgang, der Ladung, nimmt der Sammler Strom auf; seine Elektroden werden durch die chemische Einwirkung der Zersetzungsprodukte des Ladungsstromes verändert, d.h. es wird elektrische Energie in chemische Energie verwandelt. Im zweiten Vorgang, der *Entladung*, gehen die Elektroden rückläufig in ihren ursprünglichen Zustand über, wobei der Sammler Strom abgibt. Damit wird die chemische Energie in elektrische Energie zurückverwandelt.

In der Praxis sind zwei Arten von Sekundärelementen im Gebrauch: der *Bleisammler* von *Planté* und der *alkalische Sammler* von *Edison*.

1.8.8.1. Bleisammler

Aufbau des Bleisammlers

Das Gefäß des *Bleisammlers* (Bild 1.144) besteht aus säurebeständigem Material, wie Hartgummi, Kunststoff, Glas oder keramischen Stoffen. Als Elektrolyt wird mit destilliertem Wasser verdünnte, chemisch reine Schwefelsäure von der Dichte 1,18 g/ml verwendet. Die Elektroden hängen in den Gefäßen, so daß unterhalb der Elektroden der sogenannte Schlammraum frei bleibt, damit durch Ablagerungen kein Kurzschluß im Sammler entstehen kann. Die Elektroden sind bei Standbatterien durch Glasröhrchen, bei transportablen Batterien durch perforierte Kunststoffplatten gegeneinander isoliert.

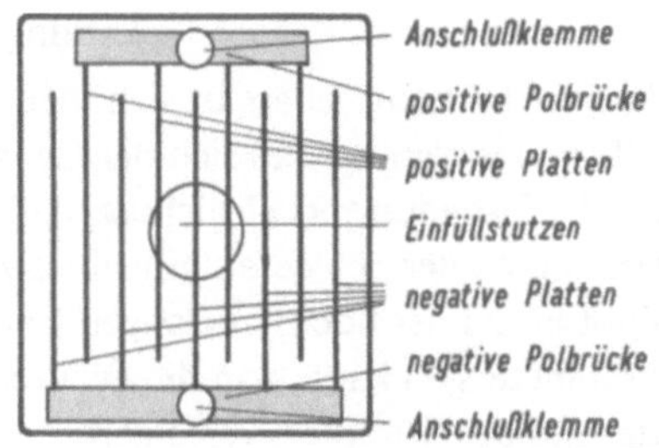

Bild 1.144. Aufbau eines einzelligen Bleisammlers (schematisch)

Da das Fassungsvermögen eines Sammlers durch die Größe der Oberfläche seiner Elektroden bestimmt ist, werden als Elektroden meist *Großoberflächenplatten* (Bild 1.145) oder *Gitterplatten* (Bild 1.146) aus Hartblei verwendet, deren Gitter mit einer Paste gefüllt sind. Diese besteht bei der positiven Platte aus Blei(IV)-oxid, bei der negativen Platte aus Blei. Die negative Platte hat eine graue, die positive Platte eine braune Farbe. An Stelle von größeren Platten, die man bei ortsgebundenen Sammlern verwendet, schaltet man bei transportablen Sammlern mehrere gleichartige kleinere Platten parallel und ordnet diese Plattenpakete so an, daß sich positive und negative Platten abwechseln. Den Abschluß bilden auf beiden Seiten negative Platten, die nur auf der Innenseite mit aktiver Masse gefüllt sind. Damit wird verhindert, daß sich eine der empfindlichen positiven Platten infolge einseitiger Belastung verzieht. Die negativen Platten sind dagegen unempfindlich. Die Nasen der positiven Platten werden bei der Anordnung der Platten nach der einen Seite, die der negativen Platten nach der anderen Seite gerichtet und an Bleileisten verlötet. Um ein Verdunsten des Wassers im Elektrolyten zu verhindern, werden die Sammlergefäße oben abgedeckt. Transportable Sammler werden mit einer Asphaltmasse vergossen, in die ein Einfüllstutzen mit Schraubverschluß zum Nachfüllen von Säure oder destilliertem Wasser eingelassen ist.

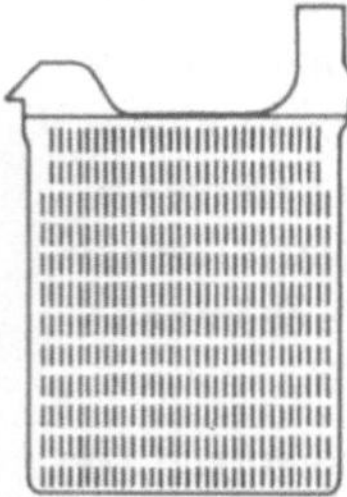

Bild 1.145. Großoberflächenplatte

Bild 1.146. Gitterplatte

Lade- und Entladevorgang im Bleisammler

Die chemischen Vorgänge, die sich beim Laden und Entladen des Bleisammlers abspielen, sind durch die Formel darstellbar:

$$Pb + PbO_2 + 2H_2SO_4 \xrightarrow[\text{Ladung}]{\text{Entladung}} 2PbSO_4 + 2H_2O.$$

Aus der Ladeformel ergibt sich, daß sich beim Laden des Sammlers Schwefelsäuremoleküle neu bilden, so daß sich der Gehalt an Schwefelsäure erhöht, während aus der Formel für die Entladung ersichtlich ist, daß beim Entladen der Schwefelsäuregehalt abnimmt. Die Dichte der Schwefelsäure eines voll aufgeladenen Sammlers beträgt 1,24 g/ml und sinkt bis zu der höchstzulässigen Entladung auf 1,18 g/ml. Mittels einer Senkwaage (eines Aräometers)[1]) kann man die Dichteänderung der Schwefelsäure und damit den Ladezustand des Sammlers verfolgen.

---

[1]) Aräometer, geeichter Schwimmkörper zum Messen der Dichte von Flüssigkeiten

Spannungsverlauf beim Laden und Entladen des Bleisammlers

Der Verlauf der beim Laden der Zelle mit konstantem Ladestrom von außen aufgezwungenen Spannung während einer 12stündigen Ladezeit zeigt das Bild 1.147. Nach anfänglich raschem Anstieg auf 2,15 V steigt die Spannung zunächst langsam, dann steiler auf den Wert von 2,4 V an. Von hier ab tritt eine starke Gasentwicklung (Knallgas!) auf mit steilerem Anstieg der Spannung auf den Höchstwert von 2,7 V. Nach dem Abschalten der Ladespannung sinkt die Zellenspannung auf den Wert von 2,05 V ab. Die erforderliche *Ladespannung* ist von der Zahl der angeschlossenen Zellen abhängig.

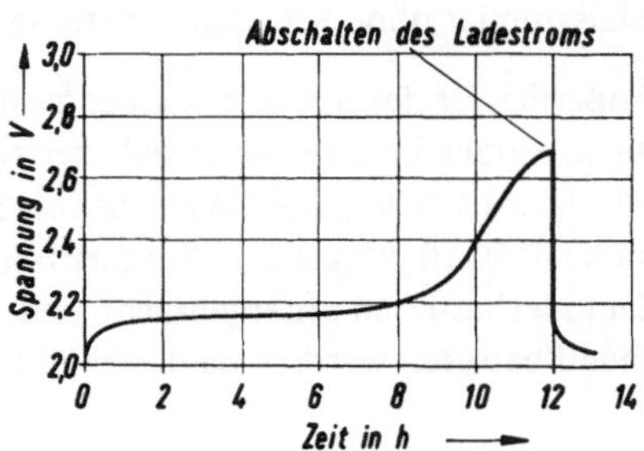

Bild 1.147. Spannungsverlauf beim Laden des Bleisammlers

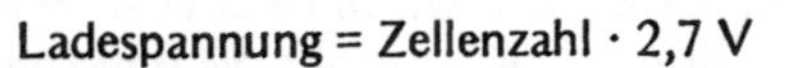

$$\text{Ladespannung} = \text{Zellenzahl} \cdot 2,7 \text{ V}$$

Die *Ladestromstärke* hängt von der Größe der Elektroden ab und ist vom Herstellerbetrieb vorgeschrieben. Beide Größen bestimmen die höchstzulässige *Ladestromdichte*, deren Überschreiten die Lebensdauer des Sammlers verkürzt.

Der *Spannungsverlauf beim Entladen* des Sammlers ist in Bild 1.148 angegeben. Die Kurve *a* gibt den Spannungsverlauf bei einer Entladestromstärke an, die etwa einer 10stündigen Entladedauer des Sammlers entspricht. Die Kurven *b* und *c* zeigen den Ver-

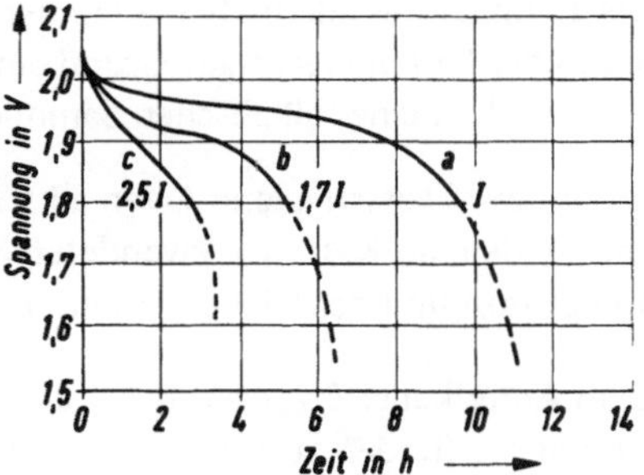

Bild 1.148. Spannungsverlauf beim Entladen des Bleisammlers

lauf der Spannung an, wenn der Entladestrom das 1,7- bzw. das 2,5fache des ursprünglichen Entladestroms beträgt. Der Spannungsabfall ist um so steiler, je größer die Entladestromstärke ist. Der steilere Spannungsabfall bei hohem Entladestrom ist u.a. auch dadurch verursacht, daß sich die Säure an der Plattenoberfläche rasch verbraucht und die unverbrauchte Säure nur langsam in die tiefer liegenden Schichten der Platten eindringt. Deshalb steigt nach einer gewissen Abschaltzeit die Spannung der Zelle wieder an.

Sinkt die Spannung auf 1,8 V (dies entspricht einer Säuredichte von 1,18 g/ml), so muß die Stromentnahme unterbrochen und der Sammler wieder aufgeladen werden, da die Zelle sonst Schaden erleiden würde. Die Spannung eines Sammlers ist kein sicherer Maßstab für dessen Ladezustand. Dieser kann bei Bleisammlern einwandfrei nur durch Messen der Säuredichte festgestellt werden.

Behandlung des Bleisammlers

Die Elektroden des Sammlers müssen dauernd von Säure bedeckt sein. Das beim Gasen des Sammlers verbrauchte Wasser muß durch Nachfüllen von destilliertem Wasser ersetzt werden. Leitungswasser schadet dem Sammler. Unsachgemäße Behandlung, z.B. Stehen-

lassen in ungeladenem Zustand, verändert die wirksame Masse der positiven Platte durch
Sulfatbildung und setzt das Fassungsvermögen des Sammlers herab. Dagegen kann der
Bleisammler ohne Schaden kurzzeitig überlastet werden.

Äußerlich ist der Sammler sauber zu halten und vor allem sind Säurespritzer zu beseitigen,
die in kurzer Zeit die Metallteile zerfressen. Zum Schutz müssen sie eingefettet werden.
Für das Aufstellen und Bedienen von Sammlerbatterien sind die von den Herstellern und
im VDE 0510 erlassenen Vorschriften und Richtlinien zu beachten. Räume, in denen
Sammlerbatterien untergebracht sind, dürfen auf keinen Fall mit offenem Licht oder rau-
chend betreten werden, da das beim Laden sich entwickelnde Knallgas hochexplosiv ist.

1.8.8.2. Alkalischer Sammler

Im Gegensatz zum Bleisammler, der nach dem verwendeten Elektrodenmaterial benannt
ist, hat der alkalische Sammler seinen Namen von der als Elektrolyt verwendeten Kalilauge.
Der Erfinder des alkalischen Sammlers ist der Schwede *Jungner*. Ihm wurde 1899 ein
deutsches Patent erteilt auf Grund einer Patentschrift, in der erstmalig die typischen
Kennzeichen eines alkalischen Sammlers angegeben sind.

Es gibt zwei verschiedene Arten alkalischer Sammler, die zwar gleiche Anoden haben, sich
aber in dem als Katode verwendeten Material unterscheiden: Der Nickel-Eisen-Sammler
von *Edison* und der Nickel-Cadmium-Sammler von *Jungner*.

Dem Amerikaner *Edison* gebührt das Verdienst, den ersten technisch brauchbaren alkalischen
Sammler erfunden zu haben, indem er als Elektroden Nickel und Eisen in Kalilauge verwendet hat.

Der Aufbau des Nickel-Eisen-Sammlers entspricht prinzipiell dem des Bleisammlers (siehe
Bild 1.144). Das Gehäuse und der Gehäusedeckel sind aus vernickeltem Stahlblech gefertigt.
Der Deckel hat einen Einfüllstutzen mit Schraubverschluß sowie zwei Durchführungen für
die Elektrodenträger. Diese sind gegen den Deckel ebenso wie die Elektroden gegen das
Gehäuse durch Hartgummi oder Kunststoffolien isoliert. Der Deckel ist mit dem Gehäuse
verschweißt.

Die positive Elektrode enthält als wirksame Masse zweiwertiges Nickelhydroxid ($Ni(OH)_2$),
die negative Elektrode zweiwertiges Eisenhydroxid ($Fe(OH)_2$).

Nach ihrem mechanischen Aufbau unterscheidet man drei verschiedene Elektrodenformen.
Die einfachste und in der Herstellung billigste Elektrode ist die *Taschenelektrode*, bei der
sich die aktive Masse in Taschen aus perforiertem, vernickelten Eisenblech befindet. Die
geringe Leitfähigkeit des Nickelhydroxids wird durch Beimengen von Grafitpulver verbessert. Bei der *Röhrchenelektrode* wird das Nickelhydroxid, dessen Leitfähigkeit durch Beimengen von Nickelflocken verbessert wird, in Röhrchen aus Nickelblech eingebracht. Bei
der *Faltbandelektrode* wird die aktive Masse zwischen zwei dünngewalzte, perforierte und
gefaltete Nickelfolien gefüllt.

Die als Elektrolyt verwendete Kalilauge hat bei 293 K eine Dichte von 1,2 g/ml. Die chemischen Vorgänge beim Laden und Entladen sind durch die Formel darstellbar:

$$\underset{\text{Fe(OH}_2)}{\overset{-\text{Platte}}{}} + 2\,\underset{\text{KOH}}{\overset{+\text{Platte}}{}} + 2\,\text{Ni(OH}_2) \underset{\text{Entladen}}{\overset{\text{Laden}}{\rightleftharpoons}} 2\,\underset{\text{Ni(OH)}_3}{\overset{+\text{Platte}}{}} + 2\,\text{KOH} + \underset{\text{Fe}}{\overset{-\text{Platte}}{}}$$

und in den Bildern 1.149 und 1.150 veranschaulicht.

Beim Laden wird in der negativen Elektrode das zweiwertige Eisenhydroxis zu metallischem Eisen reduziert, während in der positiven Elektrode das zweiwertige Nickelhydroxid in die höhere Oxydationsstufe, das dreiwertige Nickelhydroxid, (Ni(OH)_3) übergeht. Beim Entladen ist der Vorgang rückläufig.

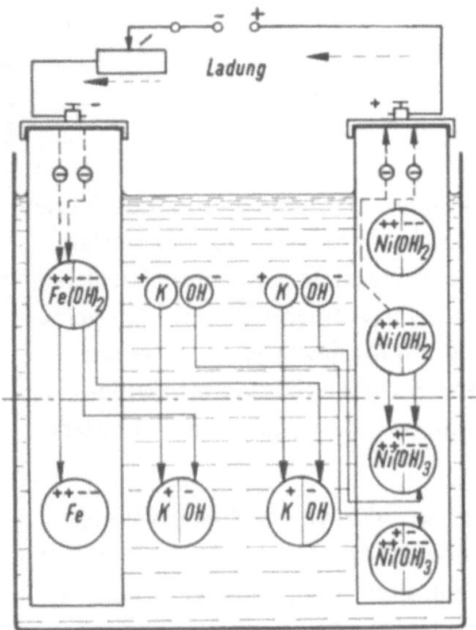

Bild 1.149. Ladevorgang beim Nickel-Eisensammler

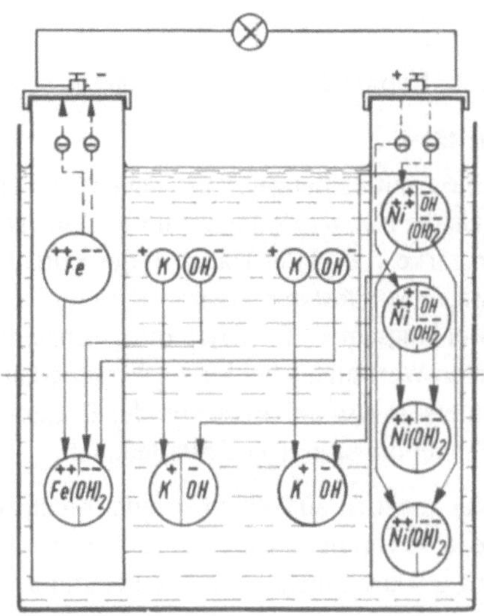

Bild 1.150. Entladevorgang beim Nickel-Eisensammler

Das Eisen (Fe) der Katode geht unter Ausscheidung von zwei Elektronen in den Ionenzustand (Fe^{++}) über und scheidet sich an der Katode als zweiwertiges Eisenhydroxid (Fe(OH)_2) ab. An der Anode geht das dreiwertige Nickelhydroxid in zweiwertiges Nickelhydroxid über. Die Kalilauge ist zwar an der chemischen Umsetzung beteiligt, verändert sich aber im ganzen gesehen nicht. Deshalb gibt auch eine Dichtemessung der Kalilauge keinen Aufschluß über den Ladezustand des Nickel-Eisen-Sammlers.

Beim Laden steigt die Spannung von 1,6 V auf etwa 1,8 V an, beim Entladen sinkt sie von 1,4 V auf 1,0 V. Die mittlere Betriebsspannung beträgt somit 1,2 V je Zelle.

Wegen der um 40 % niedrigeren Zellenspannung beim Nickel-Eisensammler ist eine um etwa 65 % höhere Zellenzahl erforderlich, um die gleiche Spannung wie mit Bleisammlern zu erreichen. Beim Einbau in Fahrzeuge wird dieser Nachteil durch das geringere Gewicht der Zellen zum Teil ausgeglichen.

Die Vorteile des Nickel-Eisensammlers liegen in seiner Unempfindlichkeit gegen mechanische und elektrische Beanspruchung. Ein Überladen ist unschädlich, solange die Temperatur der Kalilauge unter 318 K bleibt. Im Gegensatz zum Bleisammler kann er unbegrenzte Zeit ohne Schaden in entladenem Zustand stehen bleiben. Die Wartung beschränkt sich nur auf einen Laugenwechsel nach ein- bis zweijähriger Betriebszeit.

Eine weitere Verbesserung des alkalischen Sammlers wurde in jüngster Zeit dadurch erzielt, daß die positive Elektrodenmasse, das Nickelhydroxid, durch den Zusatz einer geringen Menge einer Kobaltverbindung in hohem Maße aktiviert wird mit dem Ergebnis einer 30 %-igen Leistungserhöhung. Die Leistung des neuen Sammlers liegt auch bei sehr niedrigen und bei abnorm hohen Temperaturen wesentlich höher als die der bisherigen alkalischen Sammler.

1.8.8.3. Kapazität und Wirkungsgrad

Kapazität

Die Elektrizitätsmenge Q, die man einem geladenen Sammler entnehmen kann, bezeichnet man als die *Kapazität* des Sammlers. Sie ist bestimmt durch das Produkt aus der Entladestromstärke I und der Dauer t der Entladung bis zum Absinken der Spannung auf den zulässigen Mindestwert (beim Bleisammler 1,8 V) und wird in Amperestunden (Ah) gemessen. Bei langsamem Entladen mit geringen Stromstärken nimmt das Produkt It einen größeren Wert an als bei kurzer Entladedauer mit starken Strömen. Die Kapazität des Sammlers ist also abhängig von der Entladedauer. Als *normale Kapazität* eines Sammlers gilt die bei dreistündiger Entladedauer.

Die Kapazität ist außerdem von der Menge der in den Elektroden vorhandenen aktiven Masse, also von der Größe der Elektroden bzw. der Größe der Oberfläche der aktiven Masse abhängig. Durch unsachgemäße Behandlung, z.B. Stehenlassen in ungeladenem Zustand bei Bleisammlern, wird das Fassungsvermögen des Sammlers herabgesetzt.

Wirkungsgrad

Da beim Laden des Sammlers ein Teil des Ladestroms für die Gasentwicklung verbraucht wird, ist die Elektrizitätsmenge, die dem Sammler entnommen werden kann (*Entladekapazität*) geringer als die von ihm beim Laden aufgenommene Elektrizitätsmenge (*Ladekapazität*). Das Verhältnis: $\dfrac{\text{Entladekapazität}}{\text{Ladekapazität}}$ nennt man Amperestundenwirkungsgrad η_{Ah}.

$$\text{Amperestundenwirkungsgrad} = \frac{\text{Amperestunden beim Entladen}}{\text{Amperestunden beim Laden}}$$

Der Amperestundenwirkungsgrad beträgt

    beim Bleisammler etwa   95...98 %;
    beim Nickel-Eisen-Sammler   70 %;
    beim Nickel-Cadmium-Sammler 75 %.

Vergleicht man die elektrische Energie, die man dem Sammler beim völligen Aufladen zuführt, mit der Energie, die der Sammler bei vollständigem Entladen abgibt, so erhält man den *Wattstundenwirkungsgrad* η_{Wh}:

$$\text{Wattstundenwirkungsgrad} = \frac{\text{Wattstunden beim Entladen}}{\text{Wattstunden beim Laden}}$$

Der Wattstundenwirkungsgrad ist wesentlich niedriger als der Amperestundenwirkungsgrad. Der Energieverlust entsteht vor allem dadurch, daß z.B. zum Laden des Bleisammlers eine mittlere Spannung von 2,3 V erforderlich ist, während beim Entladen nur eine mittlere Spannung von 1,9 V zur Verfügung steht. Der Nutzeffekt der Spannung beträgt somit etwa 83 %, während der Nutzeffekt des Stromes bei 95 % liegt. Demnach ist der Wattstundenwirkungsgrad beim Bleisammler:

$$\eta_{Wh} = 0,95 \cdot 83 \% = 78,85 \% \approx 79 \% .$$

Daß der Wattstundenwirkungsgrad schlechter ist, ist auch dadurch bedingt, daß sowohl beim Laden als auch beim Entladen durch den Strom in der Säure bzw. Lauge Wärme entsteht, die beim Laden für den chemischen Vorgang und beim Entladen für den Verbraucher verloren geht.

1.8.8.4. Verwendung von Sammlern

Als selbständige Spannungsquelle werden Sammler bei Taschen- und Grubenlampen, zur Versorgung der Fernmelde-, Fernsprech-, Feuermelder-, Uhren- und Raumsicherungsanlagen verwendet. Sie versorgen die elektrischen Anlagen der Kraftwagen, Bahnen, Schiffe und Flugzeuge mit elektrischem Strom. Im Kraftwagen und Flugzeug liefern sie außerdem die zum Betrieb des Anlaßmotors und die für die Zündung des Gasgemisches erforderliche Spannung.

■ **Aufgaben zu Abschnitt 1.8.8.**

1. Ein Bleisammler hat eine Kapazität von 60 Ah und soll laut Vorschrift des Herstellers mit 2 A geladen werden. Wie lange dauert das Laden?
2. Welche Ladespannung ist zum Aufladen einer 12zelligen Bleisammlerbatterie erforderlich?
3. Wieviel Bleisammlerzellen können höchstens hintereinander an ein 110-V-Netz angeschlossen werden?
4. Wie lange kann man einem Bleisammler von einer Ladekapazität von 45 Ah einen Strom von 2 A bei einem Amperestundenwirkungsgrad von 95 % entnehmen?
5. Eine Batterie von drei Bleisammlerzellen soll durch eine Batterie von Nickel-Stahlsammlern ersetzt werden. Wieviel Zellen sind erforderlich?
6. Wieviel Zellen von vollgeladenen Bleisammlern bzw. Nickel-Stahlsammlern braucht man, um eine Spannung von 110 V zu erzeugen?
7. Wieviel Schaltzellen müssen der Batterie der Aufgabe 6 zugeschaltet werden, wenn sie auch bei der niedrigsten Zellenspannung noch 110 V liefern soll?

2. Wechselwirkung zwischen Magnetismus und elektrischen Strömen

2.1. Magnetismus

2.1.1. Natürliche und künstliche Magnete

Ein in der Natur vorkommendes Eisenerz (Fe_3O_4) zieht Körper aus Eisen oder Stahl [1]) an und hält sie bei direkter Berührung fest. Diese Eigenschaft nennt man *Magnetismus*, das Eisenerz — auch Magneteisenstein genannt — einen *natürlichen Magneten.* Es wird im Harz, im Erzgebirge, in Schweden, Norwegen und in der Sowjetunion gefunden.

Die magnetische Eigenschaft läßt sich vom Magneteisenstein auf Stahl übertragen. Stahlmagnete sind *künstliche Magnete.* Je nach der Form der Stahlkörper unterscheidet man Stab-, Hufeisen-, Ring- und Nadelmagnete (Bild 2.1).

Der Magnetismus ist eine physikalische Erscheinung, die schon im Altertum bekannt war. Während man ihn früher für eine ursprüngliche Naturkraft hielt, hat man im 19. Jahrhundert festgestellt, daß zwischen dem Magnetismus und der Elektrizität eine enge Wechselwirkung besteht. Beim Fließen eines elektrischen Stromes treten magnetische Kräfte auf, die mit der Stärke des Stromes zunehmen. Da sich mit Hilfe des elektrischen Stromes heute Magnete herstellen lassen, die viel stärker als die natürlichen Magnete sind, haben die Magneteisenerze in Hinsicht auf ihren Magnetismus keine Bedeutung mehr. Magnete ziehen außer Eisen, wenn auch wesentlich schwächer, Körper aus Nickel und Kobalt an. Die magnetische Kraft dringt durch dünne Schichten aus Papier, Glas oder Kupferblech hindurch; sie wird nicht nur im *materieerfüllten Raum*, sondern auch im *Vakuum* übertragen.

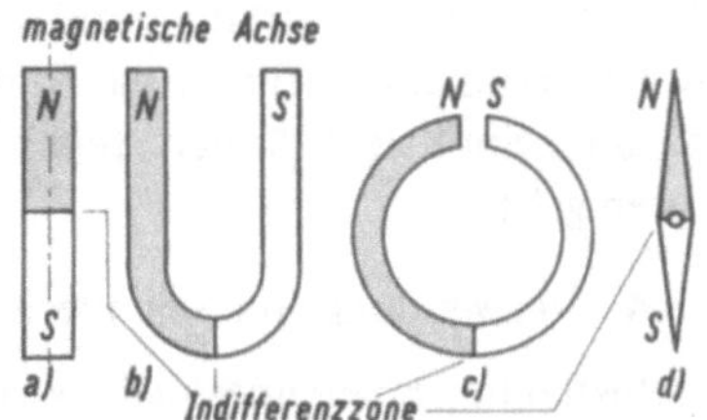

Bild 2.1. a) Stabmagnet, b) Hufeisenmagnet, c) Ringmagnet, d) Nadelmagnet

2.1.2. Magnetische Pole

An natürlichen und künstlichen Magneten beobachtet man beim Eintauchen in Eisenfeilspäne Stellen, an denen Büschel von Eisenfeilspänen haften. Es sind die Stellen größter magnetischer Wirksamkeit, die sogenannten *Pole des Magnets.* Jeder Magnet hat mindestens zwei Pole. Die Pole treten stets paarweise auf. Beim Stabmagnet liegen sie symmetrisch in der Nähe der Enden. Die Verbindungslinie der beiden Pole heißt *magnetische*

---

[1]) In der Technik wird alles ohne Nachbehandlung schmiedbare Eisen als Stahl bezeichnet. Auf dem Gebiete des Magnetismus dagegen versteht man unter „Eisen" Eisen schlechthin oder unter „Weicheisen" nur ungehärteten Stahl.

Achse. In der Mitte zwischen den beiden Polen befindet sich eine magnetisch unwirksame Stelle, die sogenannte *Indifferenzzone* (Bild 2.1). Lagert man einen Magnetstab oder einen Nadelmagnet drehbar um eine vertikale Achse, so stellen sie sich, wenn keine störenden Kräfte auf sie einwirken, von selbst so ein, daß immer der gleiche Pol nach Süden, der andere Pol nach Norden weist. Aus dieser Beobachtung muß man den Schluß ziehen, daß die beiden Pole des Magnets verschiedenartig sind. Um sie zu unterscheiden, bezeichnet man den nach Norden weisenden Pol als den *Nordpol* des Magnets, den nach Süden weisenden Pol als *Südpol.* Die Nordpole von Magnetnadeln sind meist durch Blaufärbung gekennzeichnet.

Nähert man den Nordpol eines Magnets dem Nordpol einer freischwingenden Magnetnadel, so stoßen sich die beiden Pole ab. Die gleiche Wirkung tritt auf, wenn man die beiden Südpole einander nähert. Beim Annähern des Südpols an den Nordpol der Nadel oder des Nordpols an den Südpol der Magnetnadel ziehen sich die beiden Pole an.
Hieraus ergibt sich das *Kraftwirkungsgesetz der Magnetpole* :

> **Gleichnamige Magnetpole stoßen einander ab, ungleichnamige Magnetpole ziehen einander an.**

2.1.3. Magnetische Influenz

Weicheisen wird in der Nähe eines Magnets selbst magnetisch (Bild 2.2). Dies zeigt das dem Weicheisen beim Eintauchen in Eisenfeilspäne anhaftende Büschel.

Die Untersuchung mit der Magnetnadel ergibt: Das dem erregenden Pol abgewandte, freie Ende des Weicheisens ist ein ihm gleichnamiger Pol, das ihm zugewandte Ende ein ihm ungleichnamiger Pol. Nach dem Entfernen des erregenden Magnetpols fällt das Büschel Eisenfeilspäne ab, das Weicheisen hat seinen Magnetismus verloren.

Die Erscheinung, daß Weicheisen schon in der Nähe eines Magnets selbst magnetisch wird, nennt man *magnetische Influenz* [1]). Sie ist die Ursache, daß Weicheisen sowohl von einem Nord- als auch von einem Südpol angezogen wird und umgekehrt auch Weicheisen die beiden Pole eines Magnets anzieht. Das dem erregenden Magnet zugewandte Stück des Weicheisens erhält durch Influenz einen entgegengesetzten Pol, so daß Weicheisen immer angezogen wird. Ob ein Stück Stahl magnetisch oder unmagnetisch ist, kann deshalb auch nie aus der Anziehung eines Magnetpols, sondern nur aus der abstoßenden Wirkung auf einen der beiden Pole eines Magnets geschlossen werden.

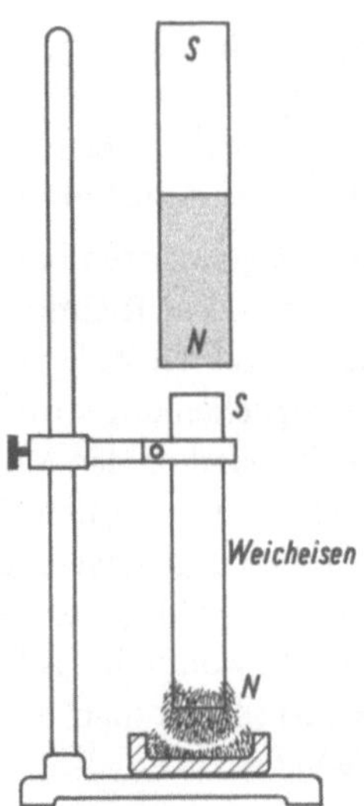

Bild 2.2. Magnetische Influenz

---

[1]) influere, lat., hineinfließen

2.1.4. Theorie des Molekularmagnetismus [1])

Bricht man eine magnetisierte Stricknadel in der Indifferenzzone durch (Bild 2.3), so weisen die beiden Teile an der ursprünglich unmagnetischen Bruchstelle entgegengesetzte Pole auf. Jeder Teil ist ein vollständiger Magnet mit zwei entgegengesetzten Polen geworden. Dieser Vorgang wiederholt sich bei jeder weiteren Teilung. Denkt man sich diese Teilung bis zu der Grenze, die durch die Molekülgröße gegeben ist, fortgesetzt, so kommt man zum Ergebnis, daß jedes einzelne Molekül eines Magnets selbst ein vollständiger Magnet mit einem Nord- und einem Südpol ist. Ein Magnet besteht hiernach aus einzelnen in gleicher Richtung liegenden magnetischen Molekülen, den sogenannten *Molekularmagneten* (Bild 2.4a).

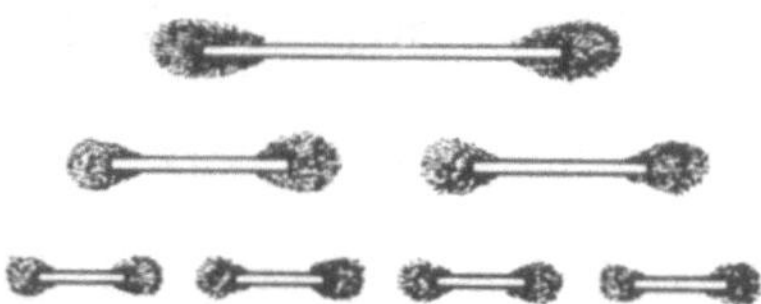

Bild 2.3. Teilung eines Magnetstabes

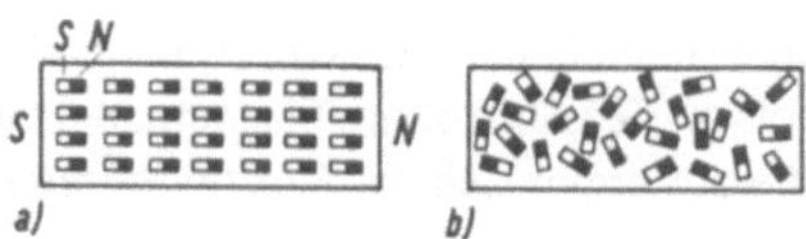

Bild 2.4

a) Anordnung der Molekularmagnete in Eisen nach dem Magnetisieren

b) Anordnung der Molekularmagnete im Eisen vor dem Magnetisieren

Nimmt man nun an, daß schon im unmagnetischen Zustand weiches Eisen und Stahl aus magnetischen Molekülen bestehen, die ungeordnet durcheinanderliegen (Bild 2.4b) und deshalb nach außen keine magnetischen Kraftwirkungen ausüben können, so lassen sich mit dieser Annahme alle Grunderscheinungen des Magnetismus einheitlich erklären.

Das Magnetisieren besteht in einem Richten der Molekularmagnete durch die magnetische Influenz. Der Richtkraft des erregenden Magnets steht die Bindekraft (Kohäsion) zwischen den einzelnen Molekülen des zu magnetisierenden Körpers entgegen, die sie in ihrer ursprünglichen ungeordneten Lage festzuhalten versucht. Bei weichem Eisen ist die Bindekraft zwischen den Molekülen im Vergleich zu Stahl gering, und deshalb sind seine Moleküle leicht beweglich. Sie setzen der Richtkraft des erregenden Magnets nur geringen Widerstand entgegen; weiches Eisen ist deshalb leicht magnetisierbar. Nach dem Entfernen des erregenden Magnets ziehen die Bindekräfte die Eisenmoleküle in ihre ungeordnete Lage zurück, wodurch das Eisen seinen Magnetismus verliert. Bleibt ein Teil der Moleküle gerichtet, so spricht man von einem *remanenten* [2]) *Magnetismus* und nennt diese Erscheinung *Remanenz*.

Stahl ist infolge der starken Bindekräfte seiner Moleküle erst durch mehrmaliges Bestreichen mit einem Magnet oder durch starke elektrische Ströme magnetisierbar, behält aber wegen der geringen Beweglichkeit seiner Moleküle seinen Magnetismus auch nach dem Ent-

---

[1]) Die Theorie der Molekularmagnete wurde gewählt, weil sie sehr anschaulich ist. Es handelt sich jedoch nur um eine Modellvorstellung. Die wirklichen Zusammenhänge liegen in der Orientierung der „Weißschen Bezirke", die durch den Elektronen-Spin im Kristall entstehen (to spin, engl., sich drehen) s. auch 2.2.5.1.

[2]) remanere, lat., zurückbleiben.

fernen des erregenden Magnets. Besonders stark sind die Bindekräfte in den *Spezial-Magnet-werkstoffen*. Das sind Legierungen von Stahl mit Chrom, Wolfram, Kobalt, Nickel, Molybdän oder Titan. Einen Körper, der dauernd magnetisch bleibt, nennt man einen *Dauermagnet*.

Auch das *Entmagnetisieren* von Stahl durch Hämmern oder Erhitzen auf Rotglut findet in der Molekulartheorie eine Erklärung; denn die Moleküle werden sowohl durch Hämmern als auch durch Erhitzen in Bewegung versetzt und nehmen unter dem Einfluß ihrer Bindekraft die ursprüngliche, ungeordnete Lage ein.

Aus der Theorie des Molekularmagnetismus folgt in Übereinstimmung mit dem Experiment, daß Eisen und Stahl nicht beliebig stark magnetisierbar sind. Das Höchstmaß der Magnetisierung — *die magnetische Sättigung* — ist dann erreicht, wenn alle Molekularmagnete gerichtet sind.

Diese ursprüngliche Fassung der Molekulartheorie des Magnetismus geht noch von der Annahme aus, daß der Magnetismus eine gewissen Stoffen eigene, ursprüngliche Naturkraft ist. Diese Theorie wurde später durch *Ampére* erweitert, der die magnetischen Erscheinungen im Zusammenhang mit den elektrischen Erscheinungen betrachtete und erkannte, daß die magnetischen Erscheinungen sich auf elektrische Vorgänge zurückführen lassen.

2.1.5. Magnetisches Feld

2.1.5.1. Begriffsbestimmung

Den Raum in der Umgebung eines Magnets, in dem die magnetischen Kraftwirkungen auftreten, nennt man ein *magnetisches Feld*. Ein kleiner Nadelmagnet stellt sich an jedem beliebigen Punkt des Feldes in eine ganz bestimmte Richtung ein, die die Richtung der magnetischen Kraft angibt. Bewegt man die Magnetnadel in der von ihr jeweils angezeigten Richtung, so beschreibt ihr Drehpunkt eine Linie, die die beiden Magnetpole verbindet. Man bezeichnet eine solche Linie als *Feldlinie* oder auch als *Kraftlinie*. Durch jeden beliebigen Punkt des Feldes geht eine solche Feldlinie, so daß unzählig viele Feldlinien das magnetische Feld erfüllen.

Es hat sich als zweckmäßig erwiesen, den Feldlinien einen Richtungssinn beizulegen. Als *Richtung der Feldlinie* nimmt man die Richtung an, in der sich ein frei beweglicher magnetischer Nordpol im Feld bewegt; er wird nach dem Kraftwirkungsgesetz vom Nordpol des erregenden Magnets abgestoßen und von seinem Südpol angezogen.

Die magnetischen Feldlinien verlaufen außerhalb des Magnets vom Nordpol zum Südpol.

2.1.5.2. Feldlinienbilder

Ein anschauliches Bild von dem Verlauf der Feldlinien erhält man, wenn man auf einen Magnet eine Glasplatte legt und sie mit Eisenfeilspänen gleichmäßig und in dünner Schicht bestreut. Durch die magnetische Influenz werden die Eisenspäne selbst zu kleinen Magneten, die sich wie Magnetnadeln in Richtung der magnetischen Kraft anordnen und sich zu Linien verketten, die an den Polen zusammenlaufen. Die Bilder 2.5a und b zeigen den Verlauf der Feldlinien eines Stab- und eines Hufeisenmagnets in einer Ebene, die parallel zur magnetischen Achse liegt, während die Bilder 2.6a und b den Feldlinienverlauf der gleichen Magnete in Ebenen darstellen, die senkrecht auf der magnetischen Achse stehen.

Die Feldlinien erfüllen den ganzen Raum um den Magnet. Eine Vorstellung von dem *räumlichen Feld* des Stabmagnets erhält man, wenn man sich das ebene Feld in Bild 2.5a um die magnetische Achse rotierend denkt.

Das *Feldlinienbild* ist jedoch nur eine grobsinnige Veranschaulichung des magnetischen Feldes. Im Bild wird nur eine beschränkte Zahl der unendlich vielen Feldlinien, die das Feld erfüllen, sichtbar.

Zwischen ungleichnamigen, ausgedehnten Polen, die sich gegenüberstehen (Bild 2.7), verlaufen die Feldlinien, wenn man von den Randlinien absieht, parallel und in gleichen Abständen voneinander. Ein solches Feld bezeichnet man als ein *homogenes Feld*. Das Bild 2.8 zeigt in schematischer Darstellung das magnetische Feld zwischen gleichnamigen Polen.

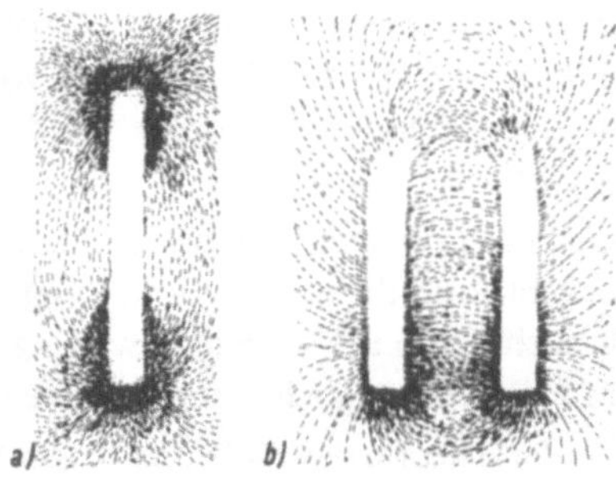

Bild 2.5. Feldlinienbilder a) Stabmagnet b) Hufeisenmagnet (Bildebene parallel zur magnetischen Achse

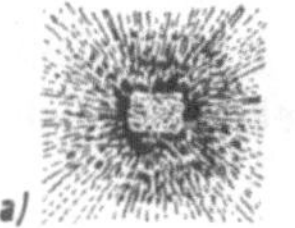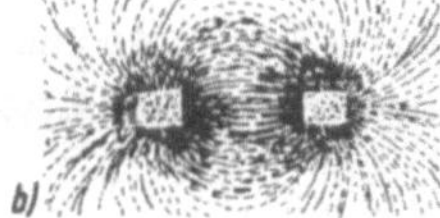

Bild 2.6. Feldlinienbilder a) Stabmagnet b) Hufeisenmagnet (Bildebene senkrecht zur magnetischen Achse)

Das magnetische Feld ist der Mittler der zwischen Magnetpolen festgestellten Kraftwirkungen. Diese lassen sich als Wirkungen von Kräften deuten, die längs der Feldlinien und senkrecht zu ihnen wirken. Die in Versuchen festgestellte Anziehung zwischen ungleichnamigen Polen läßt sich z.B. durch die Annahme erklären, daß in der Längsrichtung der Feldlinien wie in gespannten Gummifäden eine Zugspannung herrscht, die die Feldlinien zu verkürzen sucht. Da sich im Feldlinienbild gleichgerichtete Feldlinien an keiner Stelle durchkreuzen und sich gegenseitig ausweichen, muß senkrecht zur Feldlinienrichtung ein Druck herrschen, der die Feldlinien auseinanderdrängt. Im Bild 2.8 ist dieser senkrecht zwischen gleichgerichteten Feldlinien wirkende Druck auch die Ursache, daß sich gleichnamige Pole gegenseitig abstoßen.

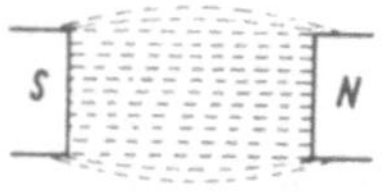

Bild 2.7

Bild 2.8

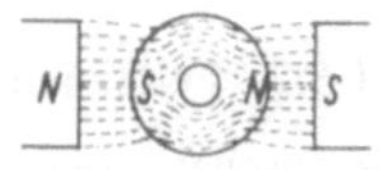

Bild 2.9   Bild 2.10

Bild 2.7.   Homogenes Feld (schematisch)
Bild 2.8.   Magnetisches Feld zwischen gleichnamigen Polen (schematisch)
Bild 2.9.   Weicheisen im homogenen Feld (schematisch)
Bild 2.10. Weicheisenring im homogenen Feld (schematisch)

Das Feldlinienbild ist aber nicht nur von der Lage und Stärke der Magnetpole, sondern auch von dem Stoff abhängig, der das Feld erfüllt. Bringt man ein Stück Eisen in ein homogenes Feld (Bild 2.9), so zieht es die Feldlinien in sich hinein; das Eisen bietet offenbar dem Durchgang der Feldlinien einen geringeren magnetischen Widerstand als Luft, weshalb fast alle Feldlinien diesen Weg nehmen und durch das Eisen verlaufen. Man sagt: Das Eisen hat eine größere *Durchlässigkeit* (*Permeabilität*) für magnetische Feldlinien als Luft.

Im magnetischen Feld ordnen sich die Molekularmagnete des Eisenkörpers in Richtung der Feldlinien ein, so daß an der Eintrittsstelle in den Eisenkörper ein Südpol, an der Austrittsstelle ein Nordpol entsteht (vgl. magnetische Influenz). Der Eisenkörper wird also selbst zum Magnet, solange er im Magnetfeld liegt. Das magnetische Feld der Molekularmagnete überlagert sich dem erregenden Feld und verstärkt das ursprüngliche magnetische Feld.

Vertauscht man den Eisenkörper im Bild 2.9 mit einem eisernen Ring (Bild 2.10), dann ist der Raum im Innern des Ringes vollkommen frei von magnetischen Feldlinien. Diese *Schirmwirkung* eines geschlossenen Eisenpanzers wird technisch zum Abschirmen magnetischer Fremdfelder, z.B. bei Meßgeräten, verwendet.

2.2. Elektromagnetismus, die Spule

2.2.1. Magnetisches Feld um stromführende Leiter

2.2.1.1. Magnetisches Feld eines linearen Leiters

Durch eine waagerecht aufgestellte, durchbohrte Cellonplatte wird ein geradliniger Leiter lotrecht hindurchgeführt und die Platte in dünner Schicht gleichmäßig mit Eisenfeilspänen bestreut. Läßt man durch den Leiter einen kräftigen Strom fließen, so ordnen sich die Eisenspäne nach leichtem Erschüttern in konzentrischen Kreisen um den Leiter an (Bild 2.11).

In der Umgebung eines stromführenden Leiters bildet sich ein magnetisches Feld aus, das unzertrennlich mit ihm verbunden ist.

> ***Die magnetischen Feldlinien sind in sich geschlossene Linien ohne Anfang und Ende.***

Der *Richtungssinn* der Feldlinien kann mit Hilfe einer Magnetnadel bestimmt werden, die sich nach Bild 2.11 im magnetischen Feld so einstellt, daß die Feldlinien am Südpol ein- und am Nordpol austreten. Läßt man den Strom in entgegengesetzter Richtung durch den Leiter fließen (Bild 2.12), so dreht sich die Magnetnadel um 180° und zeigt damit die Um-

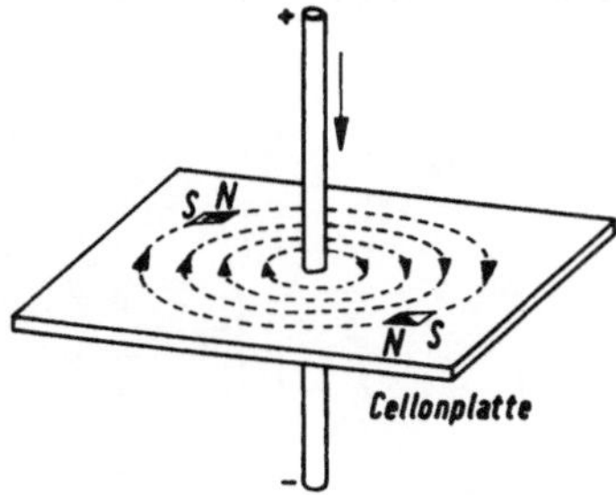

Bild 2.11. Magnetisches Feld eines geraden stromführenden Leiters

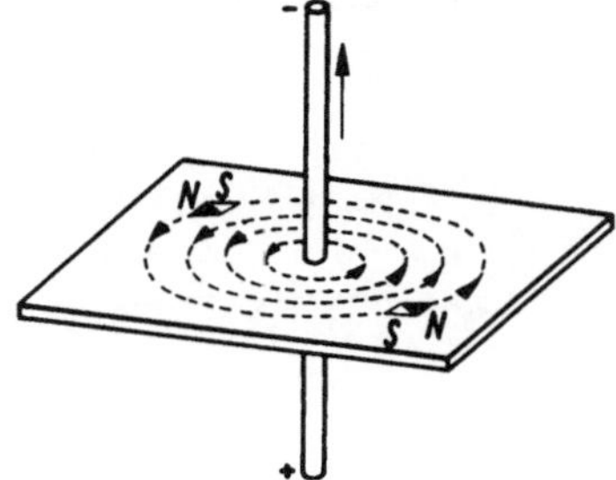

Bild 2.12. Abhängigkeit der Feldlinienrichtung von der Stromrichtung

kehr des Richtungssinns der Feldlinien an. Zwischen der Richtung des Erregerstroms und der Richtung der Feldlinien besteht ein enger Zusammenhang, der sich aus folgenden Merkregeln ergibt:

Uhrzeigerregel:
Für einen in Richtung des Stromes blickenden Beobachter verlaufen die Feldlinien im Uhrzeigersinn.

Rechtsschraubenregel:
Stromrichtung und Magnetfeldrichtung bilden eine rechtsgängige Schraube.

Um den Zusammenhang zwischen Feldlinienrichtung und Richtung des Stromes, der senkrecht zur Feldlinienebene verläuft, in dieser Ebene darstellen zu können, muß man zur Angabe der Stromrichtung in dem als Kreis erscheinenden Leiterquerschnitt besondere Kennzeichen einführen. Man denkt sich zu diesem Zweck in der Richtung des Stromes einen Pfeil schwimmend. Ein von oben auf die Feldlinienebene in Richtung des Stromes blickender Beobachter sieht dann auf das durch ein Kreuz (X) bezeichnete „Gefieder" des Strompfeils. Für ihn verlaufen die Feldlinien im Uhrzeigersinn (Bild 2.13 a). Einem von unten auf die Ebene blickenden Beobachter fließt der Strom entgegen; er sieht auf die mit einem Punkt (•) bezeichnete Spitze des Strompfeils. Für ihn verlaufen die Feldlinien entgegengesetzt dem Uhrzeigersinn (Bild 2.13b).

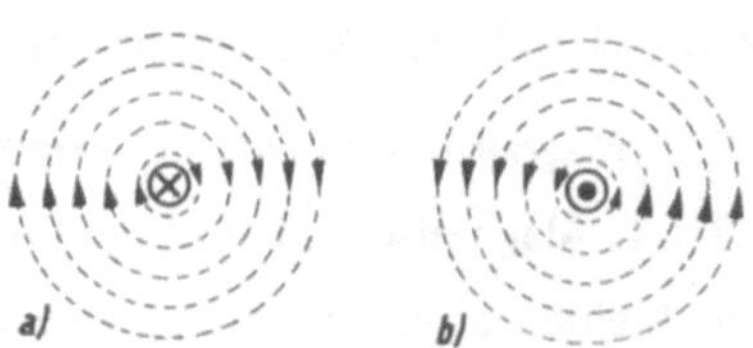

Bild 2.13. Kennzeichnung der Stromrichtung in der Ebene der Feldlinien

a) Strom in Zeichenebene gerichtet,
b) Strom aus Zeichenebene herauszeigend.

2.2.1.2. Magnetisches Feld von Stromschleifen und Spulen

Wird ein stromführender Leiter zu einer Schleife gebogen, so entsteht in jeder die Leiterschleife senkrecht schneidenden Ebene ein magnetisches Feld nach Bild 2.14. Im Innern der Schleife haben alle Feldlinien die gleiche Richtung. Werden mehrere Drahtschleifen zu einer Spule vereinigt (Bild 2.15), so überlagern sich ihre Magnetfelder im Innern der Spule und verstärken sich gegenseitig. Das resultierende Feld einer enggewickelten, im Verhältnis zum Durchmesser langen Spule, entspricht außerhalb der Spule völlig dem eines Stab-

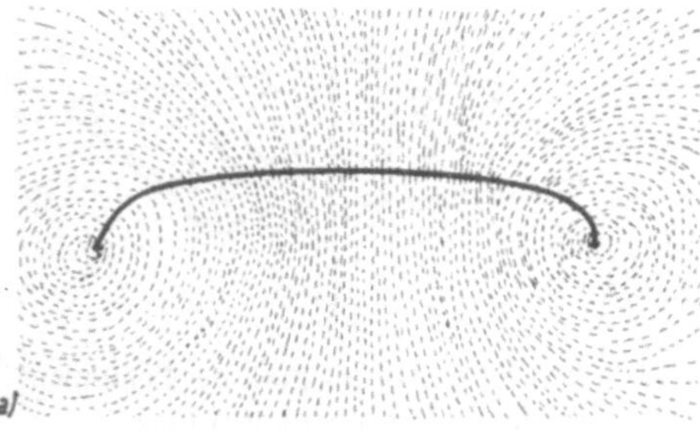
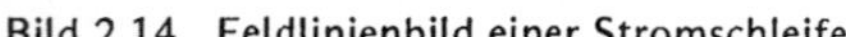
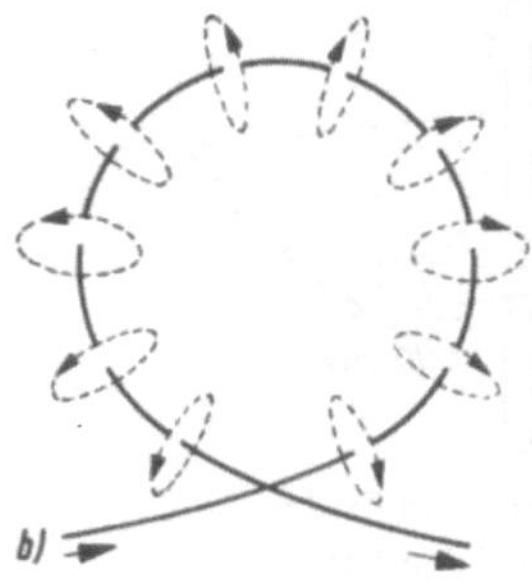

Bild 2.14. Feldlinienbild einer Stromschleife

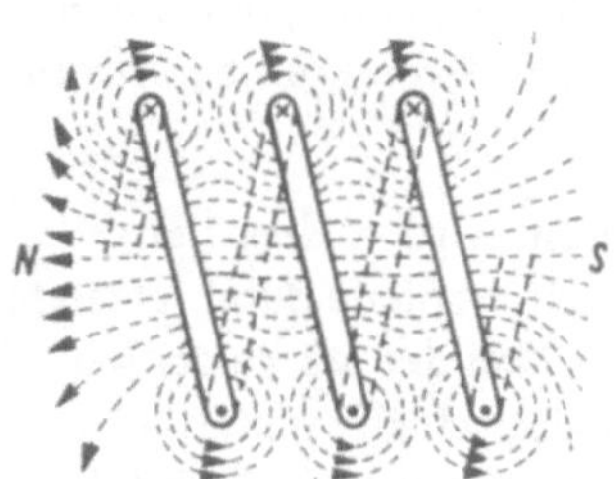

Bild 2.15. Magnetfeld einer Spule
mit drei Windungen

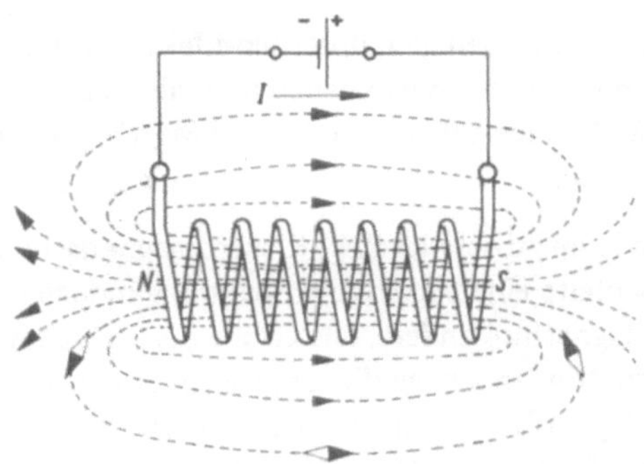

Bild 2.16. Magnetfeld einer zylindrischen Spule

magnets (Bild 2.16). Innerhalb der Spule verlaufen die Feldlinien parallel und in gleicher Dichte; das innere Spulenfeld ist *homogen*. Die beiden Spulenöffnungen, an denen die Feldlinien ein- und austreten, verhalten sich die Südpol und Nordpol eines Dauermagnets. Ihre Verteilung ist von dem Umlaufsinn des Stromes in der Spule abhängig und kann durch folgende Merkregeln bestimmt werden:

Uhrzeigerregel:

Ein auf eine Spulenöffnung blickender Beobachter steht vor einem Südpol, wenn der Strom die Spule im Uhrzeigersinn umfließt; ist der Umlaufsinn des Stromes entgegengesetzt dem Drehsinn des Uhrzeigers, so steht der Beobachter vor einem Nordpol (Bild 2.17).

Bild 2.17
Uhrzeigerregel

Umkehrung der Rechtsschraubenregel:

(Bestimmung der Polarität der stromdurchflossenen Spule.)
Dreht man eine rechtsgängige Schraube in Richtung des Stromes durch die Spulenwindungen, so bewegt sich die Schraube in Längsrichtung nach dem Nordpol der Spule.

2.2.2. Meßgrößen des magnetischen Feldes

2.2.2.1. Magnetfluß

Zur Definition der *Meßgrößen* des magnetischen Feldes geht man von dem einfachen und übersichtlichen homogenen Feld aus.

Ein in seiner ganzen Ausdehnung homogenes magnetisches Feld erhält man in einer eisenfreien, vom elektrischen Strom durchflossenen Ringspule von überall gleichem Wicklungsquerschnitt (Bild 2.18), dessen Durchmesser im Vergleich zum Durchmesser der Spule klein ist. Die Feldlinien verlaufen ganz im Innern des von der Wicklung umschlossenen Raums und bilden ein in sich geschlossenes Band von gleicher Feldliniendichte (magnetischer Kreis).

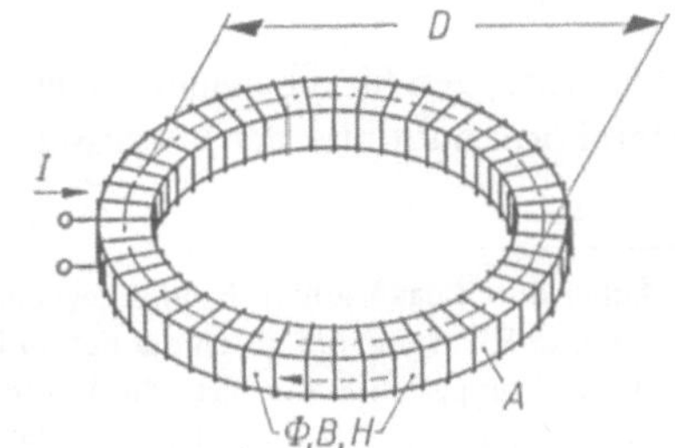

Bild 2.18. Ringförmige Spule

Es ist mit den geschlossenen Elektronenbahnen im elektrischen Stromkreis vergleichbar und wird im übertragenen Sinn als *Magnetfluß* (Formelzeichen: Φ) bezeichnet, obwohl in Wirklichkeit nichts fließt. Der Magnetfluß entspricht im elektrischen Stromkreis der Stromstärke.

Wie im Abschnitt 2.4 „Elektromagnetische Induktion" zu sehen ist, wird in einer Leiterschleife eine elektrische Spannung induziert, wenn sich der die Leiterschleife durchsetzende Magnetfluß ändert. Die Größe der induzierten Spannung kann als Maß der Stärke der Magnetflußänderung dienen. Der Betrag, um den sich der von der Leiterschleife umfaßte Magnetfluß in der Sekunde ändern muß, damit in ihr die Spannung 1 V induziert wird, ist die Einheit des Magnetflusses und heißt 1 Wb (Weber).

$$1\text{ V} \cdot 1\text{ s} = 1\text{ Vs} = 1\text{ Wb}.$$

2.2.2.2. Magnetflußdichte – magnetische Induktion

Unter Magnetflußdichte versteht man den auf 1 m^2 der Querschnittfläche A entfallenden Teil des Magnetflusses. Er wird angegeben durch das Verhältnis $\frac{\Phi}{A}$ und als *magnetische Induktion* bezeichnet (Formelzeichen B).

$$\boxed{\text{Magnetische Induktion} = \frac{\text{Magnetfluß}}{\text{Querschnittsfläche}}} \qquad \boxed{B = \frac{\Phi}{A}} \quad {}^1)$$

Die Feldlinien im Feldlinienbild sind die Linien der magnetischen Induktion.

In einem homogenen Feld, in dem die Feldlinien parallel und in gleicher Dichte verlaufen, ist die magnetische Induktion B konstant. Die Einheit der magnetischen Induktion ergibt sich aus der Gleichung $B = \frac{\Phi}{A}$ und den Einheiten für Φ in Wb und A in m^2.

Einheit der magnetischen Induktion: $1\,\dfrac{Wb}{m^2} = 1\ T\ (Tesla).$

Durch Auflösen der Definitionsgleichung für die magnetische Induktion nach Φ erhält man die Gleichung für den *Magnetfluß*:

$$\boxed{\text{Magnetfluß} = \text{Magnetische Induktion} \cdot \text{Querschnitt}} \qquad \boxed{\Phi = BA}$$

$$1\text{ Wb} = 1\text{ T} \cdot 1\text{ m}^2.$$

Die Gleichungen für die magnetische Induktion und den Magnetfluß gelten in der angegebenen Form nur unter der Voraussetzung, daß ein homogenes Feld vorliegt. Die Formeln

---

[1] Außer durch das Verhältnis Φ/A gegebenen Größe hat die magnetische Induktion B auch eine bestimmte Richtung, die durch die Feldlinienrichtung gegeben ist. Obwohl nach den Normen (DIN 40 121) für gerichtete Größen die Vektorschreibweise vorgeschrieben ist, verwenden wir als Formelzeichen lateinische Großbuchstaben, da in diesem Lehrbuch nur mit den Zahlenwerten dieser Größen gerechnet wird.

sind deshalb auch anwendbar für das Innenfeld einer langgestreckten Spule (Bild 2.16), nicht aber für deren äußeres Feld oder das ihm gleiche Feld eines Stabmagnets.

Der Magnetfluß ist allerdings auch in einem inhomogenen Feld, z. B. dem einer Zylinderspule, eine konstante Größe, weil die Feldlinien, die den Magnetfluß darstellen, in sich geschlossene Linien sind. Dagegen nimmt die Induktion $B = \frac{\Phi}{A}$ im äußeren Feld der Zylinderspule ab, weil die Fläche A, die alle Feldlinien senkrecht durchsetzt, um so größer wird, je größer ihre Entfernung von den Spulenenden ist.

Die magnetische Induktion ist die Strömungsgröße, die die Stärke des Magnetflusses an einer bestimmten Stelle des Feldes kennzeichnet; sie entspricht im elektrischen Stromkreis der Stromdichte $J = \frac{I}{A}$.

2.2.2.3. Magnetische Durchflutung

Magnetische Durchflutung (magnetische Spannung)

Im magnetischen Kreis des Bildes 2.18 wird der Magnetfluß durch den Strom in der Erregerspule angetrieben. Sie ist also die Umsatzstelle von elektrischer Strömungsenergie in magnetische Energie und deshalb mit der Spannungsquelle im elektrischen Stromkreis vergleichbar, in der chemische oder mechanische Energie in elektrische umgeformt wird.

> *Die Stromspule ist der Sitz der magnetischen Spannung, die den Magnetfluß antreibt.*

Außer Stromspulen sind auch Dauermagnete Quellen einer *magnetischen Urspannung.*

Die Stärke des Magnetflusses hängt von der magnetischen Erregung ab, die um so größer ist, je größer die Stromstärke I in der Spule und je größer deren Windungszahl N ist. Das Produkt aus der Stromstärke I und der Windungszahl N nennt man die *Durchflutung* (Formelzeichen Θ). Sie wird der magnetischen Urspannung gleichgesetzt.

Magnetische Spannung = Durchflutung	$\Theta = IN$

Die Einheit der magnetischen Spannung wird von einem Strom von 1 A in einer Windung erzeugt. Die Benennung der Maßeinheit ist Ampere, da die Windungszahl als reine Zahl keine Benennung hat.

Eine bestimmte Durchflutung (magnetische Spannung) kann, wie sich aus der obigen Formel ergibt, entweder durch hohe Stromstärken bei niedriger Windungszahl, oder durch niedrige Stromstärken bei entsprechend hoher Windungszahl erzeugt werden. So liefert z. B. ein Strom von 0,1 A in 1000 Windungen die gleiche Durchflutung wie ein Strom von 5 A in 20 Windungen, nämlich 100 A.

Ebenso wie im elektrischen Stromkreis tritt auch in den Widerständen, aus denen sich der magnetische Kreis zusammensetzt, ein *Spannungsabfall* (Formelzeichen V) auf.

> *In jedem Teilstück des magnetischen Kreises wird der Teil der magnetischen Spannung (Durchflutung) verbraucht, der nötig ist, um den magnetischen Fluß durch diesen Teil des magnetischen Kreises zu treiben.*

$$\Theta = V_1 + V_2 \ldots$$

Die Summe aller Spannungsabfälle ist gleich der magnetischen Urspannung. Diesem Gesetz entspricht im elektrischen Stromkreis das 2. Kirchhoffsche Gesetz.

Magnetische Feldstärke

Im homogenen Feld der Ringspule (Bild 2.18) haben die Feldlinien angenähert die gleiche Länge wie die mittleren Feldlinien l. Ist IN die den Magnetfluß antreibende Durchflutung und l die Länge der mittleren Feldlinien, so ist $\frac{IN}{l}$ der auf 1 m Feldlinie entfallende Spannungsabfall. Im homogenen Feld hat dieses *Spannungsgefälle je Meter Feldlinienlänge* einen konstanten Wert.

Das Spannungsgefälle je 1 m Feldlinie nennt man die magnetische Feldstärke H [1]**.**

$$H = \frac{IN}{l}$$

Die Einheit der magnetischen Feldstärke ist $\frac{A}{m}$.

Die Feldstärke H ist die von der magnetischen Durchflutung verursachte Spannungsgröße an einer bestimmten Stelle des magnetischen Feldes. Der Begriff der Feldstärke ist zunächst nur für das homogene Feld eines in sich geschlossenen magnetischen Kreises definiert. Durch Umformen der Definitionsgleichung erhält man

$$Hl = IN.$$

Diese Gleichung besagt, daß im homogenen Feld des magnetischen Kreises die magnetische Durchflutung gleich dem Produkt aus der konstanten Feldstärke H und der Länge l der mittleren Feldlinie ist. Umgekehrt kann man die Durchflutung berechnen, die erforderlich ist, um in einem homogenen Feld die Feldstärke H zu erzeugen.

Zerlegt man die Feldlinien l in die Teilstrecken

$$l_1, l_2, l_3 \ldots, \text{ so daß } l = l_1 + l_2 + l_3 + \ldots$$

ist, so erhält man durch Einsetzen in die obige Gleichung:

$$Hl = Hl_1 + Hl_2 + Hl_3 + \ldots$$

Hierbei bedeuten

$$Hl_1 = V_1; \quad Hl_2 = V_2; \quad Hl_3 = V_3 \ldots$$

entsprechend der Ausgangsgleichung die Spannungsabfälle längs der Teilstrecken $l_1, l_2, l_3 \ldots$ Hl_1; Hl_2; Hl_3 sind die Teilspannungen, die in den Teilstrecken $l_1, l_2, l_3 \ldots$ des homogenen Feldes die Feldstärke H erzeugen.

Die Gleichung $Hl = V$ ist nun auch auf den homogenen Teil eines im ganzen inhomogenen Feldes anwendbar, z. B. auf das Innenfeld einer Zylinderspule nach Bild 2.16.

---

[1] Durch die Feldlinienrichtung ist auch die Feldstärke einer bestimmten Richtung zugeordnet.

2.2.2.4. Magnetischer Widerstand — magnetischer Leitwert

Magnetischer Widerstand

Wie schon festgestellt, bieten die verschiedenen Stoffe dem Durchgang des magnetischen Flusses einen mehr oder weniger großen Widerstand, den man als *magnetischen Widerstand* (Formelzeichen R_m) bezeichnet. Der Definition des elektrischen Widerstandes entsprechend, wird auch der magnetische Widerstand als das Verhältnis der magnetischen Urspannung zum Magnetfluß definiert.

$$R_m = \frac{IN}{\Phi}$$

Die Einheit des magnetischen Widerstandes ist $1\,\frac{A}{Wb}$.

Durch Umformen der Definitionsgleichung für den magnetischen Widerstand erhält man das „Ohmsche Gesetz des magnetischen Kreises": [1]

$$\Phi = \frac{IN}{R_m}$$

Magnetischer Leitwert

Den Kehrwert des magnetischen Widerstandes nennt man den magnetischen Leitwert (Formelzeichen Λ).

$$\Lambda = \frac{1}{R_m} = \frac{\Phi}{IN}$$

Für die Einheit $1\,\frac{Wb}{A}$ hat man die Bezeichnung 1 Henry (Kurzzeichen H) eingeführt.

$$1\,\frac{Wb}{A} = 1\,H.$$

Wie der elektrische Leitwert ist auch der magnetische Leitwert direkt proportional dem Querschnitt A und umgekehrt proportional der Länge l des Leiters bei gleichem Leitermaterial. Bezeichnet man den Proportionalitätsfaktor mit μ, so ergibt sich als Berechnungsformel für den magnetischen Leitwert bzw. Widerstand:

$$\Lambda = \mu\,\frac{A}{l}\qquad \text{Magnetischer Leitwert}$$

$$R_m = \frac{1}{\mu}\,\frac{l}{A}\qquad \text{Magnetischer Widerstand}$$

---

[1] Das ohmsche Gesetz im elektrischen Stromkreis ist ein allgemein gültiges Strömungsgesetz. Im magnetischen Kreis paßt es nur formal, denn es gibt keine bewegten Magnetteilchen.

Durch den Proportionalitätsfaktor μ wird der Einfluß des Leitermaterials berücksichtigt. Dem Wert μ entspricht in der Formel für den elektrischen Leitwert bzw. Widerstand die elektrische Leitfähigkeit κ: er kennzeichnet somit die *magnetische Leitfähigkeit (Permeabilität)* des Stoffes.

Den für das Vakuum und angenähert auch für Luft geltenden Wert von μ nennt man die *Induktionskonstante* (Formelzeichen μ_0). Ihr Wert ist

$$\mu_0 = 4\pi \cdot 10^{-7}\,\frac{\mathrm{Wb}}{\mathrm{Am}} = 12{,}57 \cdot 10^{-7}\,\frac{\mathrm{Wb}}{\mathrm{Am}}.$$

Die Maßbezeichnung von μ bzw. μ_0 ergibt sich aus der nach μ aufgelösten Formel $\mu = \frac{\Lambda l}{A}$ und den Maßbezeichnungen für l in Meter, $\Lambda\,\frac{\mathrm{Wb}}{\mathrm{A}} = \mathrm{H}$ und A in Quadratmeter. Man erhält:

$$\frac{\frac{\mathrm{Wb}}{\mathrm{A}}\,\mathrm{m}}{\mathrm{m}^2} = \frac{\mathrm{Wb}}{\mathrm{Am}} = \frac{\mathrm{H}}{\mathrm{m}}.$$

Relative Permeabilität

Die Permeabilität μ eines beliebigen Stoffes (*absolute Permeabilität*) wird als Vielfaches der Induktionskonstanten μ_0 angegeben; dann ist

$$\mu = \mu_0\,\mu_\mathrm{r}.$$

μ_r nennt man die *relative Permeabilität* eines Stoffes; sie ist eine unbenannte Zahl. Für das Vakuum und angenähert auch für Luft ist $\mu_\mathrm{r} = 1$. Die relative Permeabilität der meisten Stoffe weicht nur wenig von diesem Wert ab.

Diejenigen Stoffe, die dem Durchgang der Feldlinien einen größeren Widerstand als Luft entgegensetzen, für die also der Wert von $\mu_\mathrm{r} < 1$ ist, nennt man *diamagnetische Stoffe*; hierher gehören z. B. Antimon, Blei, Kupfer, Wismut, Zink. Stoffe, die dem Durchgang der magnetischen Feldlinien einen geringeren Widerstand als Luft entgegensetzen, für die also $\mu_\mathrm{r} > 1$ ist, nennt man *paramagnetische* Stoffe. Zu dieser Gruppe gehören z. B. Aluminium, Kalium, Natrium, Silicium. Die Permeabilitätswerte sowohl der diamagnetischen als auch der paramagnetischen Stoffe sind konstante, für den betreffenden Stoff charakteristische Zahlen, die sich nur wenig von der relativen Permeabilität von Luft unterscheiden. Wesentlich anders verhält sich die dritte, technisch wichtigste Gruppe der *ferromagnetischen Stoffe*, zu der außer Eisen (ferrum) Kobalt und Nickel gehören. Die Werte von μ_r sind für die ferromagnetischen Stoffe wesentlich größer als 1 und sind von der magnetischen Induktion abhängig. Für gewisse Eisenlegierungen kann μ_r Werte bis zu 170 000 erreichen.

Das Verhalten des wichtigsten Vertreters dieser Gruppe wird im Abschnitt 2.2.3 näher untersucht.

2.2.2.5. Beziehung zwischen magnetischer Induktion B und Feldstärke H

Durch Vergleich der Definitionsgleichung für den magnetischen Widerstand $\left(R_\mathrm{m} = \frac{IN}{\Phi}\right)$ und der Bemessungsgleichung $\left(R_\mathrm{m} = \frac{1}{\mu}\,\frac{l}{A}\right)$ erhält man aus $\frac{1}{\mu}\,\frac{l}{A} = \frac{IN}{\Phi}$ durch Umformen:

$$\frac{\Phi}{A} = \mu\,\frac{IN}{l},$$

oder, da $\frac{\Phi}{A} = B$ und $\frac{IN}{l} = H$ ist,

$$B = \mu H \,.$$

Die den Magnetfluß an einer beliebigen Stelle des Feldes bestimmende magnetische Induktion B ist gleich dem Produkt aus der an dieser Stelle herrschenden Feldstärke H und der magnetischen Leitfähigkeit μ des Stoffes, der das magnetsiche Feld erfüllt.

Während im Abschnitt 2.2.2.3 die magnetische Durchflutung als Ursache des gesamten Magnetflusses im magnetischen Kreis erklärt wurde, besagt die Gleichung $B = \mu H$, daß die an einer bestimmten Stelle des magnetischen Kreises bestehende und als magnetische Induktion B bezeichnete Strömungsgröße durch die an dieser Stelle herrschende Feldstärke H als Spannungsgröße verursacht wird.

Ersetzt man μ durch $\mu_0 \mu_r$, so erhält man:

$$B = \mu_0 \mu_r H$$

und durch Einsetzen von $\mu_0 = 12{,}57 \cdot 10^{-7} \frac{\text{Wb}}{\text{Am}}$

$$B = 12{,}57 \cdot 10^{-7} \frac{\text{Wb}}{\text{Am}} \mu_r H \,.$$

Die Maßeinheit von B ergibt sich als Produkt der Maßeinheiten von $\mu_0 \left[\frac{\text{Wb}}{\text{Am}} \right]$ und $H \left[\frac{\text{A}}{\text{m}} \right]$. Man erhält die bereits bekannte Maßeinheit $\frac{\text{Wb}}{\text{m}^2} = \text{T}$.

● *Beispiel 1:*   Welche magnetische Durchflutung Θ wird von einem Strom von 0,5 A in einer Hohlspule von 200 Windungen erzeugt?

Gesucht: Θ *Gegeben:* $I = 0{,}5$ A
                                             $N = 200$
                                             $\Theta = 0{,}5 \text{ A} \cdot 200$

Lösung: $\Theta = IN$
Ergebnis: $\Theta = 100$ A

● *Beispiel 2:*   Wie groß ist die Feldstärke H in der Spule des 1. Beispiels, wenn deren Länge 12,5 cm beträgt?

Gesucht: H *Gegeben:* $I = 0{,}5$ A $l = 12{,}5$ cm
                                        $N = 200$

Lösung: $H = \dfrac{IN}{l}$ $H = \dfrac{0{,}5 \text{ A} \cdot 200}{0{,}125 \text{ m}}$

Ergebnis: $H = 800 \dfrac{\text{A}}{\text{m}}$

● *Beispiel 3:*   Die Magnetflußdichte B in einem Eisenkern von 9,5 cm^2 Querschnitt beträgt $0{,}4 \frac{\text{Wb}}{\text{m}^2}$. Wie groß ist der Magnetfluß im Eisenkern?

Gesucht: Magnetfluß Φ *Gegeben:* $B = 0{,}4 \frac{\text{Wb}}{\text{m}^2} = 0{,}4$ T
                                           $A = 9{,}5$ cm^2

Lösung: $\Phi = BA$

$$\Phi = 0{,}4 \frac{\text{Wb}}{\text{m}^2} \cdot 9{,}5 \cdot 10^{-4} \text{ m}^2$$

Ergebnis: $\Phi = 3{,}8 \cdot 10^{-4}$ Wb

● *Beispiel 4:*   Berechne die magnetische Induktion B in Luft bei einer magnetischen Feldstärke von $800 \frac{A}{m}$!

Gesucht: B *Gegeben:* $H = 800 \frac{A}{m}$

$\mu_r = 1$

Lösung: $B = 12{,}57 \cdot 10^{-7} \frac{Wb}{Am} \mu_r H$

$$B = 12{,}57 \cdot 10^{-7} \cdot 800 \frac{Wb}{Am} \frac{A}{m}$$

Ergebnis: $B = 10\,056 \cdot 10^{-7} \frac{Wb}{m^2}$

2.2.2.6. Vergleichende Übersicht zwischen den Meßgrößen und Gleichungen des elektrischen und magnetischen Kreises

elektrischer Stromkreis:

magnetischer Kreis:

elektrischer Strom I

magnetischer Fluß Φ

Stromdichte $J = \frac{I}{A}$

magnetische Induktion $B = \frac{\Phi}{A}$

elektrische Urspannung E

magnetische Durchflutung $\Theta = IN$

elektrischer Widerstand R

magnetischer Widerstand R_m

$$R = \frac{E}{I}$$

$$R = \frac{l}{\kappa A}$$

$$R_m = \frac{IN}{\Phi} = \frac{\Theta}{\Phi}$$

$$R_m = \frac{l}{\mu A} = \frac{l}{\mu_0 \mu_r A}$$

elektrischer Leitwert G

magnetischer Leitwert Λ

$$G = \frac{1}{R} = \frac{\kappa A}{l}$$

$$\Lambda = \frac{1}{R_m} = \frac{\mu A}{l} = \frac{\mu_0 \mu_r A}{l}$$

elektrische Leitfähigkeit κ

Permeabilität $\mu = \mu_0 \mu_r$

Ohmsches Gesetz $I = \frac{E}{R}$

Ohmsches Gesetz $\Phi = \frac{\Theta}{R_m} = \frac{IN}{R_m}$

■ Aufgaben zu Abschnitt 2.2.2

1. Welche Feldstärke wird in einer 8 cm langen Hohlspule mit 550 Windungen durch eine Stromstärke von 1,2 A erzeugt?

2. Welche Feldstärke wird in einer 18 cm langen Spule mit 1000 Windungen und einem Widerstand von 50 Ω entwickelt, wenn an die Spule eine Spannung von 45 V gelegt wird?

3. Wie groß sind in der Spule der Aufgabe 2 die magnetische Induktion und der Magnetfluß, wenn der wicklungsfreie Querschnitt der Spule 5 cm^2 beträgt?

4. Eine Spule von 12 cm Länge soll bei einer Stromstärke von 0,8 A eine Feldstärke von 126 000 A/m entwickeln. Wieviel Windungen muß die Spule erhalten?

5. Wie groß ist die absolute Permeabilität, wenn die relative Permeabilität des Stoffes 150 beträgt?

6. Berechne den magnetischen Widerstand einer Spule, wenn bei einer magnetischen Durchflutung von 90 A der Magnetfluß $54 \cdot 10^{-8}$ Wb beträgt!

2.2.3. Eisen im Magnetfeld

2.2.3.1. Magnetisierungslinien

Die magnetische Induktion B ist nach der Gleichung

$$B = \mu_0\,\mu_r\,H$$

abhängig von der Feldstärke H und der relativen Permeabilität μ_r des Stoffes, der das Magnetfeld erfüllt. Für das Vakuum und für Luft ist $\mu_r = 1$; ebenso ist die relative Permeabilität auch für alle dia- und paramagnetischen Stoffe eine Konstante, die angenähert 1 ist. Das Produkt $\mu_0\mu_r$ hat somit für das Vakuum und die Luft sowie für alle dia- und paramagnetischen Stoffe den konstanten und von H unabhängigen Wert $\mu_0 = 12{,}57 \cdot 10^{-7}\,\frac{Wb}{Am}$.

Stellt man die magnetische Induktion in ihrer Abhängigkeit von der Feldstärke graphisch dar, so ergibt sich in den angegebenen Fällen eine Gerade durch den Nullpunkt (Bild 2.19). Bezeichnet man den Neigungswinkel der Geraden mit φ, so ist

$$\tan\varphi = \frac{B}{H} = \mu_0 = 12{,}57 \cdot 10^{-7} = \frac{0{,}1257}{10^5}\,.$$

Linien, die die Abhängigkeit der magnetischen Induktion von der Feldstärke darstellen, nennt man *Magnetisierungslinien*.

Die Magnetisierungslinien für Vakuum, Luft und die dia- und paramagnetischen Stoffe stellen sich durch eine Gerade durch den Nullpunkt dar.

Für die ferromagnetischen Stoffe ist die relative Permeabilität μ_r, wie schon erwähnt, von der Feldstärke H abhängig. Aus diesem Grund sind die durch Versuche ermittelten und in Bild 2.20 dargestellten Magnetisierungslinien für Nickel (Ni), Grauguß (GG), Kobalt (Co), Dynamoblech IV und Stahlguß (Stg) Kurven; sie verlaufen nach einem anfänglich steilen, annähernd geradlinigen Anstieg bei höheren Feldstärken weniger steil. Von einem gewissen Punkt an, dem sogenannten *Sättigungspunkt*, laufen die Magnetisierungslinien parallel zur Magnetisierungslinie in Luft. In diesem Punkt sind alle Molekularmagnete im Eisen gerichtet, so daß bei einer weiteren Steigerung der Feldstärke die Induktion nur mehr in dem gleichen Maße zunimmt, wie in Luft. Die Bedeutung der Magnetisierungslinien für die Technik ergibt sich daraus, daß man aus ihnen für jede Feldstärke die magnetische Induktion ohne Rechnung entnehmen kann.

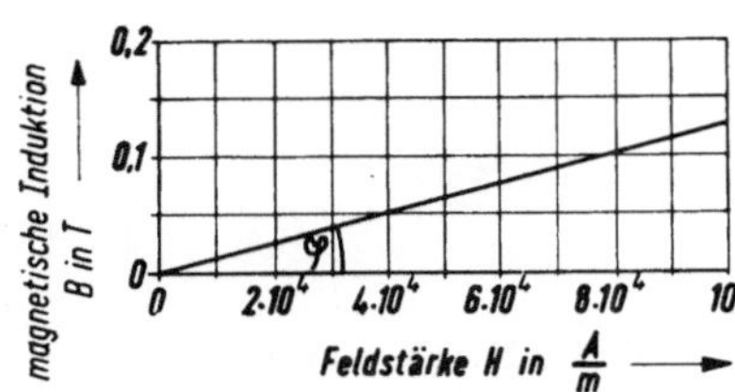

Bild 2.19. Abhängigkeit der magnetischen Induktion von der Feldstärke

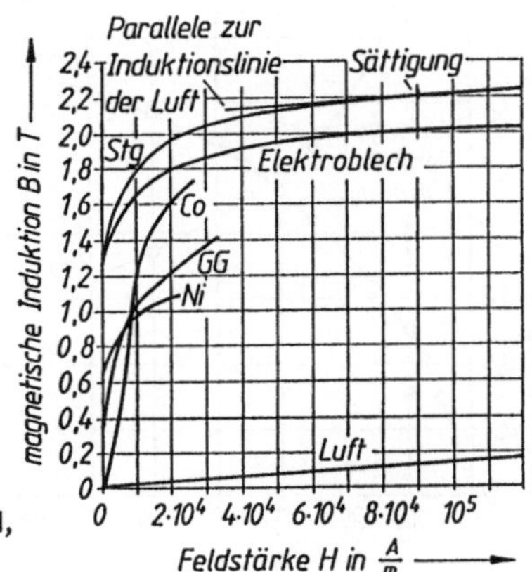

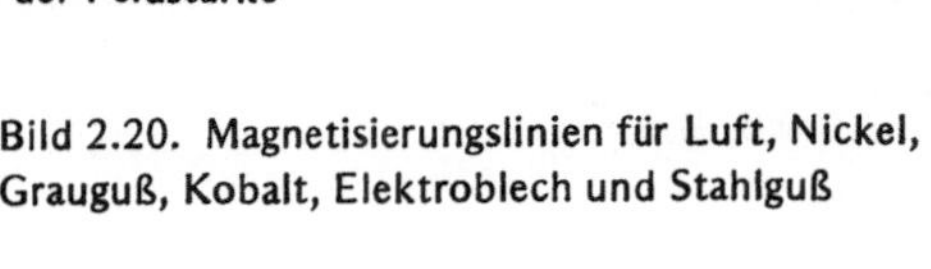

Bild 2.20. Magnetisierungslinien für Luft, Nickel, Grauguß, Kobalt, Elektroblech und Stahlguß

2.2.3.2. Abhängigkeit der relativen Permeabilität von der Feldstärke

Nach der Gleichung $\mu = \mu_0 \mu_r = \frac{B}{H}$ lassen sich für einen ferromagnetischen Stoff die Werte von μ_r in ihrer Abhängigkeit von der Feldstärke H errechnen, wenn seine Magnetisierungslinie (B über H) gegeben ist; es ist:

$$\mu_r = \frac{B}{\mu_0 H} \quad .$$

Dies soll am Beispiel der Magnetisierungslinie für Stahlguß gezeigt werden. Um ein genaues Ablesen zu ermöglichen, ist in Bild 2.21 die experimentell ermittelte Magnetisierungslinie von Stahlguß für niedrige Feldstärken dargestellt. Die nach der obigen Gleichung berechneten Werte von μ_r ergeben sich aus der Tabelle:

H in $\frac{A}{m}$	25	50	75	100	150	200	250	300
B in T	0,12	0,30	0,42	0,50	0,63	0,76	0,84	0,92
$\mu_0 H$ in 10^{-4} T	0,314	0,627	0,940	1,257	1,882	2,510	3,14	3,77
μ_r	3821	4784	4468	3977	3347	3027	2675	2440
H in $\frac{A}{m}$	350	400	500	600	700	800	900	1000
B in T	1,01	1,08	1,17	1,24	1,30	1,35	1,385	1,41
$\mu_0 H$ in 10^{-4} T	4,40	5,04	6,7	7,53	8,78	10,0	11,3	12,5
μ_r	2295	2142	1746	1646	1480	1350	1225	1128

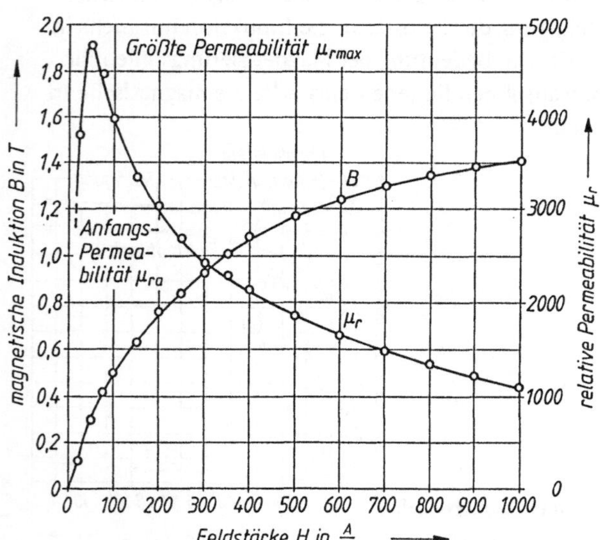

Bild 2.21. Experimentell ermittelte Magnetisierungslinie von Stahlguß für niedrige Feldstärke

Die relative Permeabilität des ferromagnetischen Stoffes steigt vom Anfangswert μ_{ra} steil mit Zunahme der magnetischen Induktion bis zum maximalen Wert $\mu_{r\,max}$ an und fällt danach trotz weiterer Zunahme der Induktion stark ab. In praktisch ausgeführten magnetischen Kreisen wird darum die Induktion immer so gewählt, daß $\mu_{r\,max}$ nicht überschritten wird.

2.2.3.3. Magnetische Hysteresis

Die Magnetisierungslinien haben die in Bild 2.20 angegebene Form nur dann, wenn die ferromagnetischen Stoffe aus dem unmagnetischen Zustand heraus durch allmählich steigende Feldstärken magnetisiert werden. Die Kurve OA im Bild 2.22a, die man als *Neukurve* bezeichnet, entspricht einer Magnetisierungslinie im Bild 2.20, dem Punkt A der Sättigungspunkt der Magnetisierungslinie. Schwächt man anschließend den Erregerstrom, so sind die den abfallenden Feldstärken zugeordneten Werte der magnetischen Induktion größer als die den gleichen Feldstärken entsprechenden Induktionswerte der Neukurve. Bei der Feldstärke $H = 0$ ist noch die Induktion OB vorhanden. Dieser Betrag ist ein Maß für den remanenten Magnetismus und wird *Remanenz* [1]) genannt. Die Remanenz verschwindet erst bei der negativen Feldstärke OC, der sogenannten *Koerzitivkraft* [2]). Bei weiter abfallenden Feldstärken nimmt die magnetische Induktion negative Werte an, entsprechend der Kurve CD. Läßt man die Feldstärke wieder ansteigen, so zeigen die Induktionswerte den durch die Kurve $DEFA$ angegebenen Verlauf. Die magnetische Induktion hinkt also wegen der Remanenz der magnetisierenden Feldstärke nach. Man bezeichnet diese Erscheinung als *Hysteresis* [3]) und die in sich geschlossene Kurve $ABCDEFA$ als *Hysteresisschleife*.

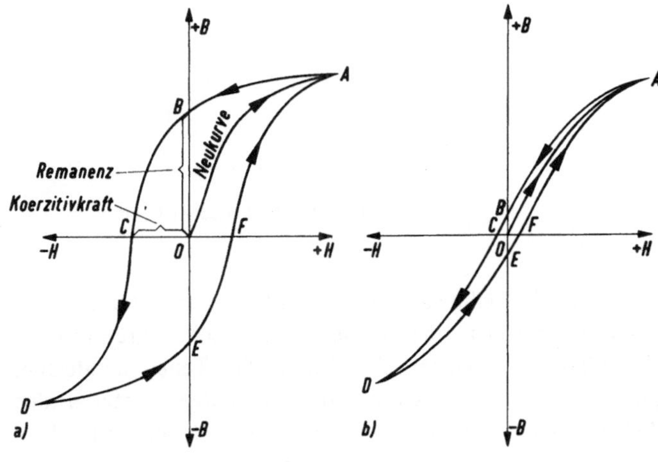

Bild 2.22

Hysteresisschleife für
a) magnetisch hartes Eisen,
b) magnetisch weiches Eisen

---

[1]) remanere (lat.), zurückbleiben

[2]) coercere (lat.), zusammenhalten

[3]) Hysteresis (griech.), das Zurückbleiben

Erwähnt sei hier noch, daß die Fläche der Hysteresisschleife zahlenmäßig dem Energiebetrag entspricht, der beim Ummagnetisieren des Eisens in einem Wechselfeld bei der Bewegung der Molekularmagnete gegen die innere Reibung aufgebracht werden muß und der in Wärme umgewandelt wird.

Bei weichem Eisen ist die Remanenz und die Koerzitivkraft gering und die Hysteresisschleife schmal (Bild 2.22b). Daher sind auch die Hysteresisverluste bei Weicheisen gering. Man verwendet deshalb in elektrischen Maschinen und Transformatoren, in denen das Eisen einem dauernden Ummagnetisieren durch Wechselstrom unterworfen ist, weiches Eisen. Eisensorten mit großer Remanenz und Koerzitivkraft, also mit großflächiger Hysteresisschleife, eignen sich dagegen für Dauermagnete.

2.2.4. Der magnetische Kreis mit Eisenkern und Luftspalt

Ein im Elektrogeräte- und Maschinenbau häufig verwendetes Bauelement ist der Elektromagnet mit Luftspalt. Bild 2.23 zeigt einen magnetischen Kreis mit Eisenkern und Luftspalt. Die Feldlinien treten aus dem Eisenkern in den Luftspalt über. Innerhalb jedes Abschnitts kann das Feld als homogen angenommen werden. Die Streuung der Feldlinien im Luftspalt kann dadurch berücksichtigt werden, daß man im Luftspalt einen um einen 15...20 % größeren Querschnitt annimmt als im Eisen.

Wie in Abschnitt 2.2.2.3 ausführlich begründet wurde, ist nunmehr die Gleichung $V = Hl$ für jeden der beiden als homogen anzusehenden Abschnitte anwendbar.

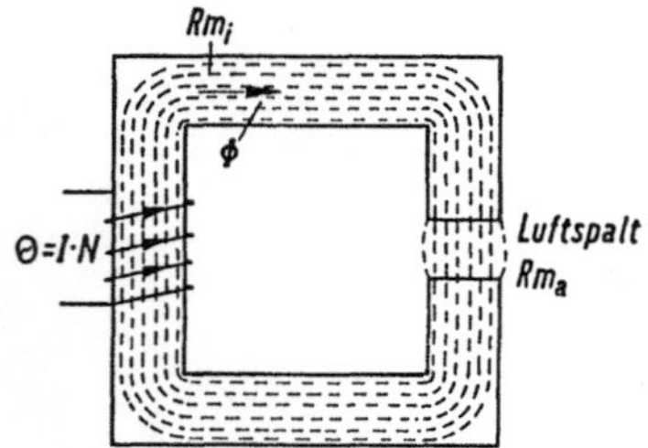

Bild 2.23. Magnetischer Kreis

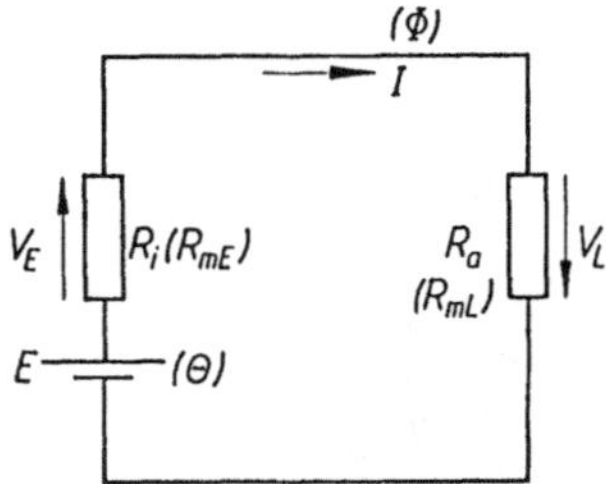

Bild 2.24. Elektrischer Kreis

Wie in einem elektrischen Stromkreis mit in Reihe geschalteten Widerständen (Bild 2.24) die Stromstärke in allen Teilen dieselbe ist, so ist auch in einem magnetischen Kreis mit verschiedenen magnetischen Widerständen der magnetische Fluß in allen Teilen der gleiche. Da aber der Luftspalt dem Magnetfluß einen viel größeren Widerstand entgegensetzt als der Eisenkern ($\mu_L < \mu_E$), muß die Feldstärke im Luftspalt auch viel größer sein als die Feldstärke im Eisen, um im Spalt den gleichen Fluß anzutreiben wie im Eisenkern.

Bezeichnet man die Feldstärken im Eisen und in Luft mit H_E und H_L und die mittlere Feldlinienlänge in den beiden Medien mit l_E und l_L, so ist die zum Antrieb des Magnetflusses erforderliche Durchflutung

$$\Theta = IN = H_E\, l_E + H_L\, l_L = V_E + V_L .$$

Zur Berechnung eines magnetischen Kreises mit Luftspalt sind die in Abschnitt 2.2.2 entwickelten Gleichungen

$$V = Hl, \quad H = \frac{B}{\mu_0} \quad \text{und} \quad \Phi = BA$$

auf die einzelnen Abschnitte des magnetischen Kreises anzuwenden.

Im allgemeinen liegt in der Technik die Aufgabe vor, die Durchflutung eines in seinen Abmaßen gegebenen magnetischen Kreises mit Luftspalt so zu berechnen, daß im Luftspalt eine bestimmte magnetische Induktion vorhanden ist. Wie die Rechnung im einzelnen durchzuführen ist, zeigt das folgende Beispiel:

● *Beispiel:* Der Eisenkern einer Ringspule mit Stahlgußkern hat einen mittleren Durchmesser von 5 cm und einen Eisenquerschnitt von $1 \cdot 10^{-4} \, \text{m}^2$. Der Luftspalt, in dem die magnetische Induktion 0,8 T betragen soll, ist 0,01 m lang. Wie groß muß die Durchflutung des magnetischen Kreises sein, wenn man die durch Streuung der Induktionslinien im Luftspalt bedingte Querschnittsvergrößerung mit 20 % in Rechnung stellt?

Gesucht: Θ $\qquad\qquad\qquad$ *Gegeben:* $d_\text{m} = 5 \text{ cm}$
$$l_\text{L} = 0,01 \text{ m}$$
$$B_\text{L} = 0,8 \text{ T}$$
$$A_\text{E} = 1 \cdot 10^{-4} \, \text{m}^2$$

Lösung: $\Theta = V_\text{L} + V_\text{E}$

Aus der im Luftspalt geforderten Induktion B_L und dem Luftspaltquerschnitt A_L erhält man den magnetischen Fluß in Luft

$$\Phi_\text{L} = B_\text{L} A_\text{L} \, .$$

Da der Luftspaltquerschnitt um 20 % größer sein soll als der Eisenquerschnitt A_E, ist
$$A_\text{L} = A_\text{E} + 0,20 \, A_\text{E} = 1,2 \, A_\text{E} \qquad A_\text{L} = 1,2 \cdot 10^{-4} \, \text{m}^2$$
somit
$$\Phi_\text{L} = 0,8 \text{ T} \cdot 1,2 \cdot 10^{-4} \, \text{m}^2 = 0,96 \cdot 10^{-4} \text{ Wb} \, .$$

Für die Feldstärke H_L besteht die Gleichung

$$H_\text{L} = \frac{B_\text{L}}{\mu_0 \mu_\text{r}}, \quad \text{wobei } \mu_\text{r} = 1 \text{ ist.}$$

$$H_\text{L} = \frac{0,8 \text{ T}}{12,57 \cdot 10^{-7} \, \frac{\text{Wb}}{\text{Am}}} = \frac{0,8 \text{ T} \cdot 10^7 \, \frac{\text{Am}}{\text{Wb}}}{12,57}$$

$$H_\text{L} = 636\,435 \, \frac{\text{A}}{\text{m}}$$

Somit ist die Teilspannung im Luftspalt

$$V_\text{L} = H_\text{L} \, l_\text{L} \qquad V_\text{L} = 636\,435 \, \frac{\text{A}}{\text{m}} \cdot 0,01 \text{ m} \qquad V_\text{L} = 6364,35 \text{ A}$$

Wendet man die Gleichung $\Phi = BA$ auf den Eisenabschnitt an, so erhält man für die Induktivität im Eisen

$$B_\text{E} = \frac{\Phi}{A_\text{E}} \qquad B_\text{E} = \frac{0,96 \cdot 10^{-4} \text{ Wb}}{1 \cdot 10^{-4} \, \text{m}^2} \qquad B_\text{E} = 0,96 \text{ T}$$

Die für 0,96 T im Stahlguß erforderliche Feldstärke H_E wird mit $260\,\frac{A}{m}$ nach Magnetisierungskurve bestimmt.

$$H_E = 260\,\frac{A}{m}$$

und

$$V_E = H_E\,l_E \qquad l_E = d_m\,\pi \qquad l_E = 0,05\ m \cdot 3,14$$

$$V_E = 260\,\frac{A}{m} \cdot 0,147\ m \qquad V_E = 38,22\ A$$

$$l_E = 0,157\ m - l_L$$
$$= 0,157\ m - 0,01\ m$$
$$= 0,147\ m$$

Somit ist

Ergebnis: $\Theta = 6364,35\ A + 38,22\ A \quad \Theta = 6402,57\ A$

Das Ergebnis des Beispiels zeigt, daß für eine näherungsweise Berechnung der Gesamtdurchflutung in einem magnetischen Kreis mit Luftspalt die Durchflutung im Eisenkern vernachlässigt werden kann.

2.2.5. Elektromagnet

2.2.5.1. Stromspule mit Weicheisenkern

Regelt man in der Spule (Bild 2.25) die Stromstärke so, daß der darüberhängende Eisenzylinder nur wenig herabgezogen wird, und führt man dann in den Spulenhohlraum ein möglichst gut eingepaßtes Stück Weicheisen ein, so beobachtet man eine wesentlich größere Dehnung der Feder. Das Magnetfeld der Spule wird also bei unveränderter Erregung durch die Anwesenheit des Weicheisenkerns um ein Vielfaches verstärkt.

Der Weicheisenkern hat somit die gleiche Wirkung, die eine Vergrößerung der magnetischen Erregung (*IN*) der Spule, d.h. eine Vergrößerung der Windungszahl je Zentimeter Spulenlänge oder eine Steigerung der Stromstärke, hervorbringt. Da die Windungszahl der Stromspule und die induzierende Stromstärke durch das Einführen des Eisenkerns nicht geändert werden, kam *Ampére* zu dem Schluß, daß die Verstärkerwirkung des Weicheisenkerns nur auf einer Verstärkung der in-

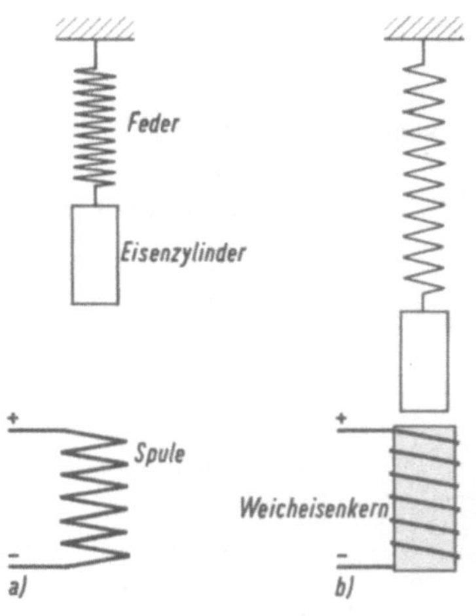

Bild 2.25. Verstärkung des Magnetfeldes einer Spule durch Weicheisenkern

duzierenden Stromstärke beruhen kann. Er erklärte diese Wirkung des Weicheisenkerns durch die Annahme, daß jedes Molekül im Weicheisen unmagnetisch ist und seine magnetische Eigenschaft erst von einem elektrischen Strom erhält, der das Molekül umkreist (*Erweiterung der Molekulartheorie des Magnetismus*). Die *Ampéreschen Molekularströme* werden durch die den Atomkern umkreisenden Elektronen gebildet. Ein kreisendes Elektron ist in elektrischer Hinsicht gleichwertig einem Kreisstrom und erzeugt wie dieser ein Magnetfeld. Auch in unmagnetischem Eisen sind diese Kreisströme und ihre molekularen Magnetfelder vorhanden. Bei der ungeordneten Lage der Moleküle im Weicheisen sind auch die

Ebenen und Richtungen der molekularen Kreisströme ungeordnet, so daß sie nach außen keine magnetische Wirkung ausüben. Erst unter der Einwirkung des induzierenden Stromes werden die Ebenen der Molekularströme so geordnet, daß diese parallel zu dem induzierenden Strom der Spule verlaufen und die magnetischen Achsen der molekularen Magnetfelder gleichgerichtet sind (Bild 2.26) (die Erklärung ergibt sich aus Versuch 2.1 in Abschnitt 2.3.2). Während die Molekularströme benachbarter Moleküle im Innern des Eisenkerns entgegengesetzt gerichtet sind und in sich ihrer Wirkung nach außen aufheben, verlaufen sie auf der Oberfläche in gleicher Richtung und wirken so, als ob der Eisenkern von einem einzigen Strom umkreist würde, der dem erregenden Strom gleichgerichtet ist und ihn verstärkt.

Eine stromführende Spule mit Weicheisenkern wird als Elektromagnet bezeichnet.

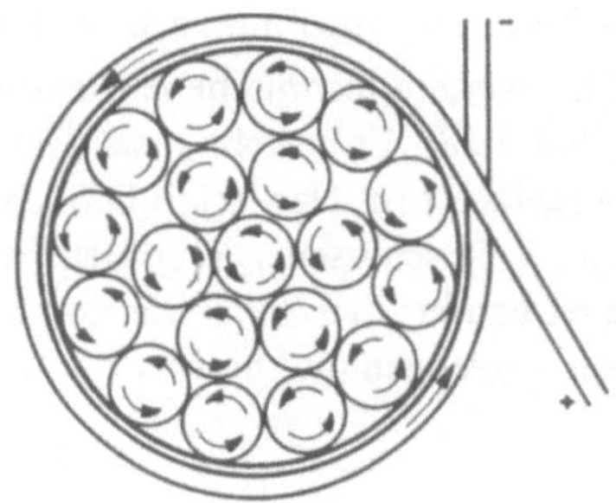

Bild 2.26. Amperesche Molekularströme

Der *Elektromagnet* hat gegenüber dem Dauermagnet, dem er physikalisch gleichwertig ist, besondere Vorteile. Die Kraftwirkungen können durch Schließen oder Öffnen des Stromkreises ausgeübt oder unterbrochen werden, sie können durch Ändern der Stromstärke in beliebiger Stärke und aus beliebiger Entfernung ausgeübt werden; außerdem werden für Elektromagnete keine hochwertigen Magnetwerkstoffe, sondern nur weiches Eisen verwendet. Diesen Vorteilen verdankt der Elektromagnet seine vielseitige technische Verwendung.

2.2.5.2. Bauformen der Elektromagnete

Die Bauformen der Elektromagnete sind vielgestaltig und ihrem Verwendungszweck angepaßt. Der *Hufeisenmagnet* (Bild 2.27) besteht aus einem U-förmigen Weicheisenkern, dessen *Schenkel* die Erregerwicklungen tragen. Die beiden Schenkel sind durch das *Joch* verbunden.

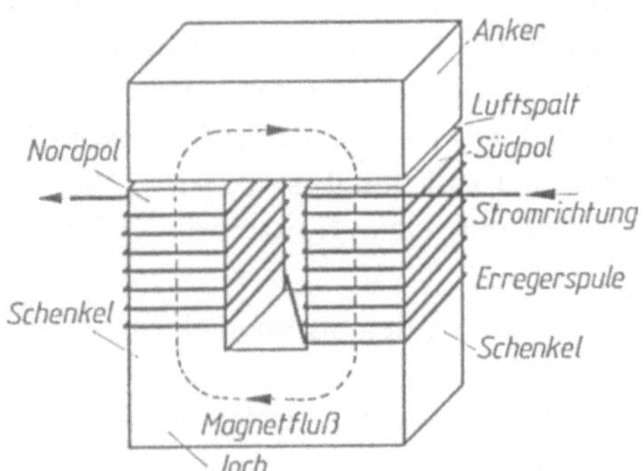

Bild 2.27.
Elektromagnet in Hufeisenform

Damit an den freien Enden der Schenkel entgegengesetzte Magnetpole entstehen, werden die beiden Erregerspulen so geschaltet, daß der Strom die beiden Schenkel bei Draufsicht in entgegengesetztem Sinn umfließt. Vor den Polen befindet sich, durch einen Luftspalt getrennt, der bewegliche *Anker.* Der Verlauf der Feldlinien ist durch die gestrichelte Linie angedeutet. Da sich die Feldlinien zu verkürzen suchen, wird der Anker von den Magnetpolen angezogen. Der Hufeisenmagnet ist das wesentliche Bauelement in vielen Geräten der Schwachstromtechnik, z.B. in der elektrischen Klingel und im Telegraph.

Eine weitere technische Anwendung des Elektromagnets ist das elektromagnetische Relais (Bild 2.28). Es besteht aus einem Elektromagnet *M*, dem ein als Hebel ausgebildeter Anker vorgelagert ist. Das Relais befindet sich im Stromkreis I, in dem beim Schließen des Schalters *S* ein schwacher, eventuell von fern kommender Strom fließt. Bei nicht erregtem Magnet berührt der Anker die Kontaktschraube *C*, bei erregtem Elektromagnet wird der Anker angezogen und berührt die Kontaktschraube *D*. Der Anker und die Kontaktschrauben

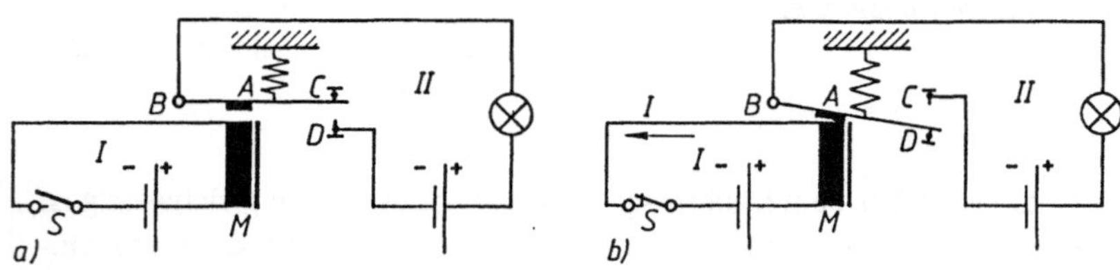

Bild 2.28. Elektromagnetisches Relais
a) in Arbeitsstromschaltung   b) in Ruhestromschaltung

des Relais sind das Schaltorgan in dem Stromkreis II, das den Stromkreis je nach der gewählten Schaltung schließt oder öffnet.

Das Relais kann so geschaltet werden, daß der im Stromkreis II gewünschte Vorgang ausgelöst wird, wenn der Schalter *S* im Stromkreis I geschlossen und dadurch der Anker bewegt wird. Man nennt diese Schaltung die *Arbeitsstromschaltung* (Bild 2.28a). Der Stromkreis II ist an die Ankerklemme *B* und die Kontaktschraube *D* angeschlossen. Er ist stromlos, wenn der Schalter *S* im Stromkreis I offen ist. Bei geschlossenem Schalter *S* wird der Anker *A* angezogen und schließt durch Berühren der Kontaktschraube *D* den Stromkreis II. Bei der *Ruhestromschaltung* (Bild 2.28b) ist der Stromkreis II an die Ankerklemme *B* und die Kontaktschraube *C* angeschlossen und der Stromkreis I im allgemeinen geschlossen. Da der Anker also angezogen ist und die Kontaktschraube *D* berührt, ist der Stromkreis II unterbrochen. Wird der Schalter *S* geöffnet, so berüht der zurückschlagende Anker die Kontaktschraube *C* und schließt den Stromkreis II. Der Vorgang in II wird beim Öffnen des Schalters *S* ausgelöst.

Das Relais dient also dazu, mit Hilfe eines schwachen Stromes den Strom in einem örtlichen Stromkreis zu steuern, d.h. zu schließen oder zu unterbrechen. So wird z.B. die elektrische Straßenbeleuchtung in Großstädten automatisch durch ein Relais eingeschaltet, das in Ruhestromschaltung durch den Strom lichtelektrischer Zellen gespeist wird.

In der Starkstromtechnik werden zum Schutz der elektrischen Anlagen an Stelle von Sicherungen meistens Selbstschalter verwendet, die beim Überschreiten der zulässigen Stromstärke den Stromkreis automatisch unterbrechen.

Beim *Überstromschalter* (Bild 2.29) fließt der Verbraucherstrom bei eingeschaltetem Netzschalter S durch die Wicklung des Elektromagnets.

Der Anker A ist als Sperrklinke ausgebildet, die den Netzschalter S in Einschaltstellung festhält. Die Feder F_1 wird so eingestellt, daß das Drehmoment der Federkraft auf den Anker ebenso groß ist, wie das von der Zugkraft des Elektromagnets bei der zulässigen Höchststromstärke ausgeübte Drehmo-

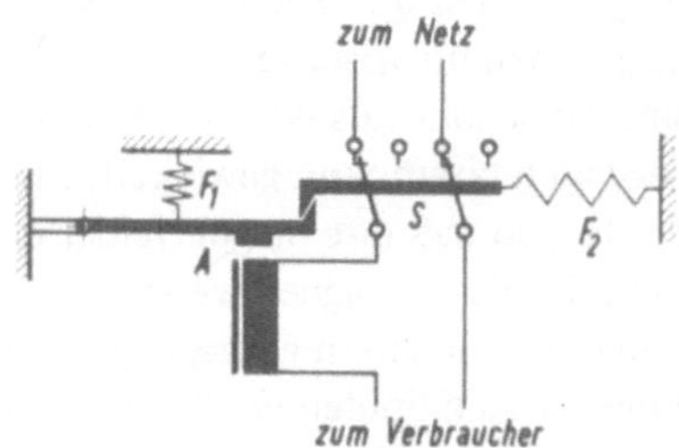

Bild 2.29. Überstromschalter

ment. Überschreitet der Verbraucherstrom diese Stromstärke, so zieht der Elektromagnet den Anker an, so daß der Schalter S freigegeben und durch die Kraft der Feder F_2 geöffnet wird.

Im *Lasthebemagnet*, der zum Sortieren von Schrott, zum Abladen und Umladen von Stahlblöcken in Gießereien, Walzwerken und anderen Stahl verarbeitenden Betrieben der Schwerindustrie verwendet wird, ist der Elektromagnet als *Topfmagnet* ausgebildet. Die Spule wird auf einen zylindrischen Eisenkern aufgeschoben, der von einem glockenförmigen Eisenmantel umgeben ist (Bild 1.12). Dadurch ist die Erregerspule vor mechanischen Beschädigungen geschützt.

Bei elektrischen Maschinen werden *Mantelmagnete* verwendet (Bild 2.30). Das Joch ist ein Hohlzylinder aus Weicheisen; auf der Innenseite sind paarweise *Polschuhe* aufgeschraubt. Diese tragen die *Erregerspulen*, die so geschaltet sind, daß abwechselnd Nord- und Südpole aufeinander folgen.

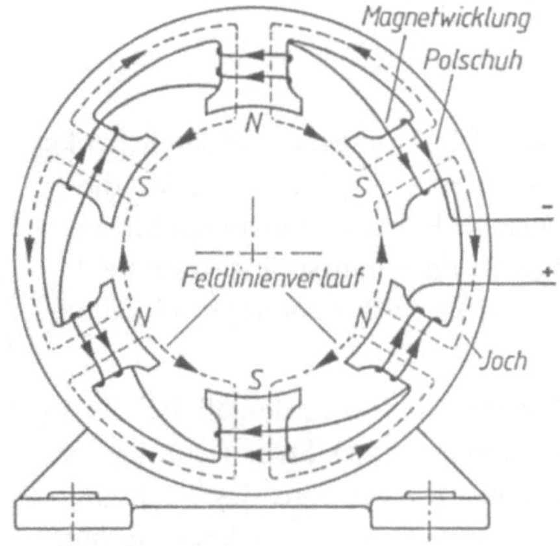

Bild 2.30. Mantelmagnet elektrischer Maschinen

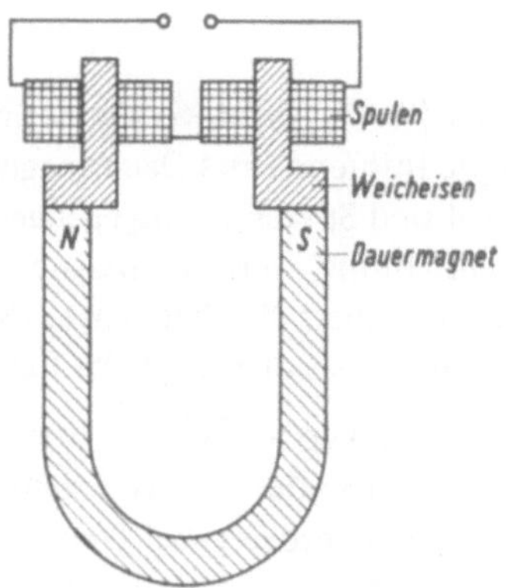

Bild 2.31. Polarisierter Elektromagnet

2.2.5.3. Polarisierte Elektromagnete

Elektromagnete, deren Weicheisenkerne durch unmittelbare Verbindung mit einem Dauermagnet selbst dauernd magnetisch sind, nennt man *polarisierte Elektromagnete*. Bild 2.31 zeigt einen polarisierten Elektromagnet. Auf die Pole eines hufeisenförmigen Dauermagnets sind Polschuhe aus Weicheisen aufgesetzt, die die Magnetspulen tragen. Diese sind in entgegengesetztem Sinn gewickelt. Fließt ein Strom in einer bestimmten Richtung durch die Spulen, so daß ihre Magnetfelder dem des Dauermagnets gleichgerichtet sind, so wird das Feld des Dauermagnets verstärkt. Bei entgegengesetzter Stromrichtung verlaufen die Feldlinien der Spulen in entgegengesetzter Richtung und schwächen das ursprüngliche Feld. Fließt in den Spulen ein Wechselstrom oder ein Strom wechselnder Stärke, so wie dies beim Mikrophonstrom des *Telefonhörers* (Bild 2.32) der Fall ist, so wird eine vorgelagerte, elastisch eingespannte Weicheisenscheibe im Rhythmus der Stromschwankungen stärker oder schwächer angezogen und dadurch in Schwingungen versetzt. Die Eisenmembran erhält durch den Dauermagnet eine Vorspannung, die die Eigenschwingungen der Membran unterdrückt.

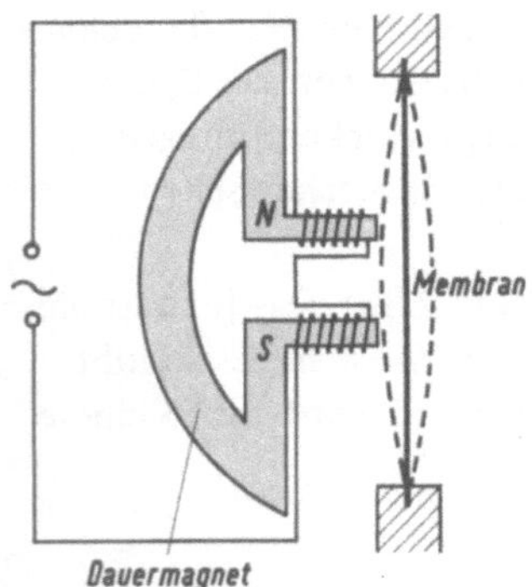

Bild 2.32. Telefonhörer mit polarisiertem Magnet

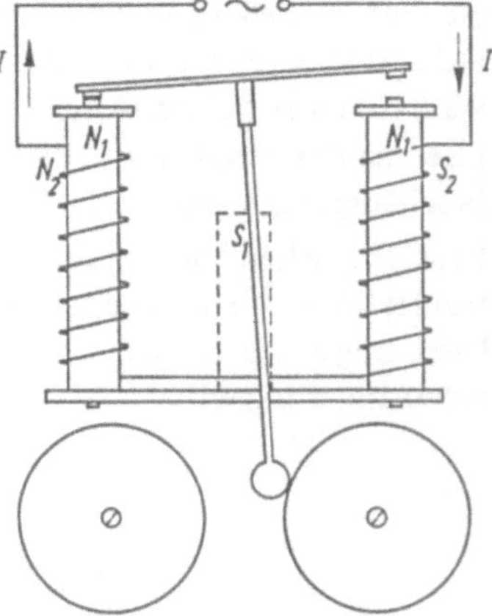

Bild 2.33. Wechselstromwecker

Auch der *Wechselstromwecker* enthält einen polarisierten Elektromagnet, dessen Schenkel durch die Influenz eines Dauermagnets gleichnamig polarisiert sind (Bild 2.33). Auf die Schenkel sind Spulen in entgegengesetztem Sinne gewickelt. Fließt in diesem ein Strom in der Pfeilrichtung, so ist das magnetische Feld der linken Spule dem ursprünglichen Feld des Dauermagnets gleichgerichtet (N_2), das dadurch verstärkt wird, während das Feld der rechten Spule das ursprüngliche Feld schwächt (S_2).

Der vor den Polen um seinen Mittelpunkt drehbar gelagerte Anker wird deshalb bei der angegebenen Stromrichtung von dem linken Pol, bei entgegengesetzter Stromrichtung vom rechten Pol angezogen. Bei Wechselstrom wird der Anker im Rhythmus des Wechselstromes von den beiden Polen abwechselnd angezogen, so daß der mit dem Anker verbundene Klöppel abwechselnd an die beiden Glockenschalen schlägt.

2.2.5.4. Tragkraft eines Magnetpols

Der von dem Elektromagnet (Bild 2.27) durch einen Luftspalt getrennte Anker wird von den magnetischen Feldlinien durchsetzt. Infolge der in den Feldlinien herrschenden Zugspannung wird der Anker angezogen. Die Größe der *Kraft*, die ein Magnetpol auf den vorgelagerten Anker ausübt, kann unter der Voraussetzung, daß der gesamte magnetische Fluß durch den Anker geht, näherungsweise nach einer der einander gleichwertigen Formeln berechnet werden:

$$F = \frac{B^2}{2\mu_0} A = \frac{BH}{2} A = \frac{\mu_0 H^2}{2} A = \frac{\Phi^2}{2\mu_0 A} \cdot$$

Sind beide Pole des Elektromagnets an der Anziehung beteiligt, so ist für A der doppelte Querschnitt des Luftspalts einzusetzen.

● *Beispiel:*   Welche Zugkraft entwickelt ein Lasthebemagnet bei einer Induktion $B = 0,9$ T und einem Querschnitt A von 0,02 m^2?

Gesucht: F *Gegeben:* $B = 0,9$ T

                                                     $A = 0,02$ m^2

Lösung: $F = \dfrac{B^2}{2\mu_0} A$

$$F = \frac{(0,9\ \text{T})^2}{2 \cdot 12,57 \cdot 10^{-7}\ \frac{\text{Wb}}{\text{Am}}} \cdot 0,02\ \text{m}^2$$

$$F = \frac{0,81 \cdot 10^7 \cdot 0,02\ (\text{Wb})^2\,\text{m}^2}{25,14\ \text{m}^4\ \frac{\text{Wb}}{\text{Am}}}$$

$$1\ \text{Wb} = 1\ \frac{\text{kg}\,\text{m}^2}{\text{s}^2\,\text{A}} = 1\ \text{Vs}$$

$$F = \frac{162\,000\ \text{Wb A}}{25,14\ \text{m}}$$

$$\frac{\text{Wb A}}{\text{m}} = \frac{\text{kg}\,\text{m}^2\,\text{A}}{\text{s}^2\,\text{Am}} = \frac{\text{kg}\,\text{m}}{\text{s}^2} = 1\ \text{N} = \frac{\text{Vs A}}{\text{m}} = \frac{\text{Ws}}{\text{m}} = \frac{\text{Nm}}{\text{m}}$$

Ergebnis: $F = 6\,443,9$ N

2.3. Wechselwirkungen zwischen magnetischen Feldern

Benachbarte magnetische Felder üben aufeinander Kraftwirkungen aus, die unabhängig davon sind, ob Dauermagnete oder stromführende Leiter die Träger der Felder sind. Die von den magnetischen Feldern aufeinander ausgeübten anziehenden und abstoßenden Kräfte übertragen sich auf die Feldträger und lösen je nach der Beweglichkeit und Form der Träger verschiedenartige Wirkungen aus.

2.3.1. Kraftwirkungen zwischen beweglichen Stromleitern

Die Kraftwirkungen zwischen beweglichen Stromleitern wurden schon im Abschnitt 1.2.3 untersucht, mit dem Ergebnis, daß parallele Stromleiter mit gleichgerichteten Strömen einander anziehen, solche mit entgegengesetzt gerichteten Strömen einander abstoßen.

Die beiden in Bild 2.34a und Bild 2.35a skizzierten Versuche beschränkten sich also lediglich auf die Feststellung der Art der Kraftwirkung (Anziehung bzw. Abstoßung).

Eine Erklärung für das unterschiedliche Verhalten ergibt sich aus den Feldlinienbildern 2.34b und 2.35b.

Jeder der beiden Leiter ist von einem magnetischen Feld umgeben. Die Richtung der Feldlinien, die den Leiter kreisförmig umgeben, ist von der Stromrichtung im Leiter abhängig und läßt sich mit der Rechtsschraubenregel bestimmen. In jedem Kreuzungspunkt zweier Feldlinien wirken zwei Kräfte in verschiedener Richtung, die sich zu einer resultierenden Kraft nach dem Satz vom Kräfteparallelogramm zusammensetzen.

Im Bild 2.34b umschlingen die resultierenden Feldlinien die beiden Leiter. Die in den Feldlinien wirksame Zugspannung drückt die beiden Leiter gegeneinander.

Das Bild 2.35b zeigt das resultierende Feld, das sich aus den Einzelfeldern der beiden entgegengesetzt gerichteten Strömen ergibt. Zwischen den beiden Leitern verlaufen die Feldlinien in gleicher Richtung und verstärken das Feld; außerhalb laufen die Feldlinien gegeneinander und schwächen das Feld. Da die gleichgerichteten Feldlinien zwischen den beiden Leitern sich gegenseitig abstoßen, werden die Leiter als Träger der beiden Felder auseinandergedrückt.

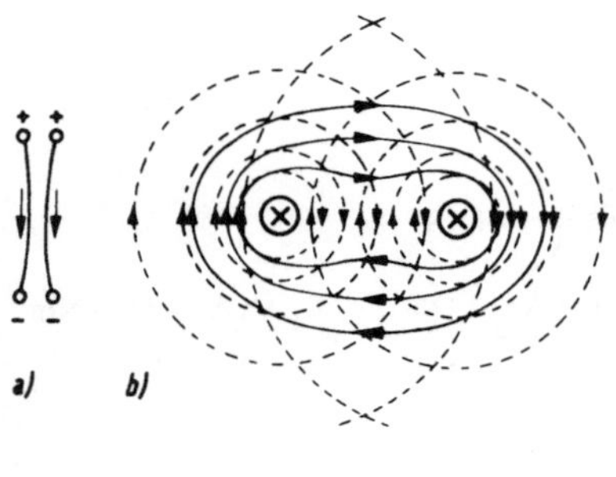

Bild 2.34. Kraftwirkung zwischen parallelen Stromleitern mit gleichgerichteten Strömen

a) Versuchsanordnung
b) resultierendes Feld

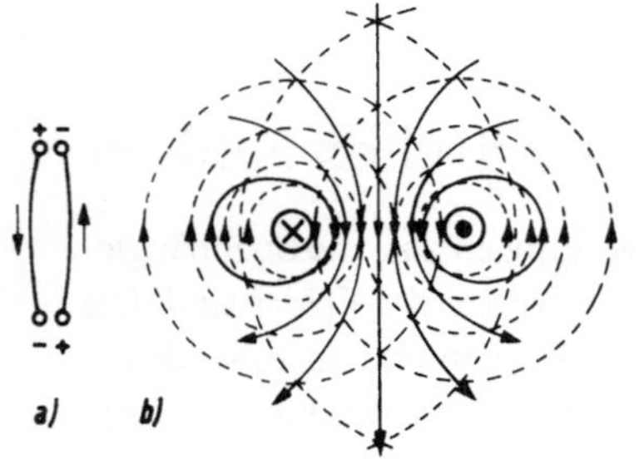

Bild 2.35. Kraftwirkung zwischen parallelen Stromleitern mit entgegengesetzt gerichteten Strömen

a) Versuchsanordnung
b) resultierendes Feld

2.3.2. Kraftwirkungen zwischen stromdurchflossenen Spulen

Versuch 2.1:

Zwei Spulen, deren Achsen eine Gerade bilden, sind nach Bild 2.36 beweglich aufgehängt und hintereinandergeschaltet.

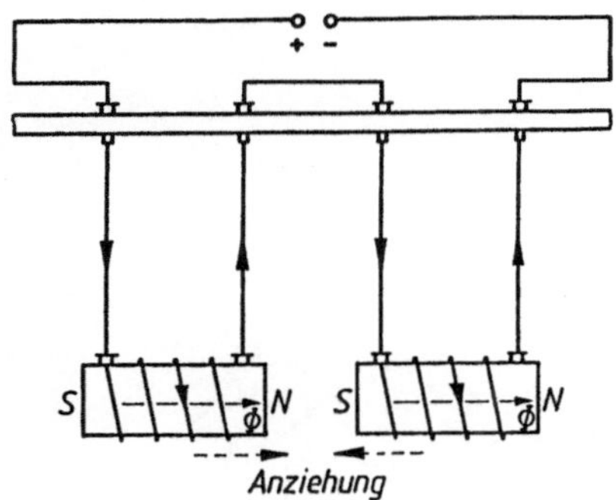

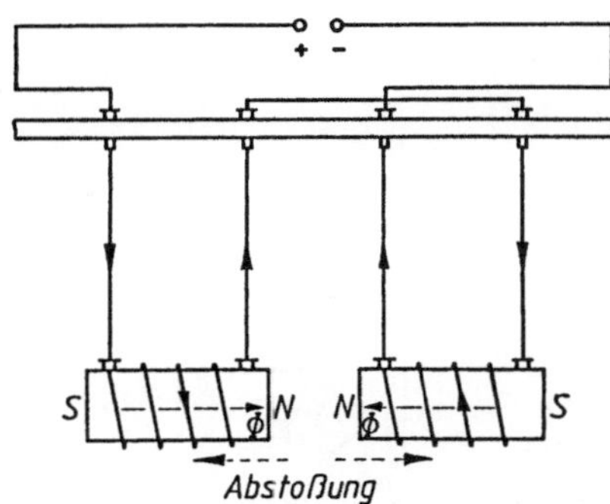

Bild 2.36. Anziehung von Stromspulen bei gleichsinnigem Stromumlauf

Bild 2.37. Abstoßung von Stromspulen bei gegensinnigem Stromumlauf

Bei gleichem Umlaufsinn des Stromes ziehen die Spulen einander an, bei entgegengesetztem Umlaufsinn des Stromes stoßen sie einander ab (Bild 2.37). Bei gekreuzter Achsenstellung der Spulen (Bild 2.38) erfolgt eine Drehung der beweglichen Spule, deren Richtungssinn sich ändert, wenn nur in einer der beiden Spulen die Stromrichtung geändert wird. Bei einer Stromumkehr in den beiden hintereinander- oder parallelgeschalteten Spulen bleibt die Drehungsrichtung unverändert.

Die Ergebnisse der drei Spulenversuche entsprechen dem Verhalten der den Spulen gleichwertigen Ersatzmagnete, deren Polarität sich nach der Faustregel bestimmt.

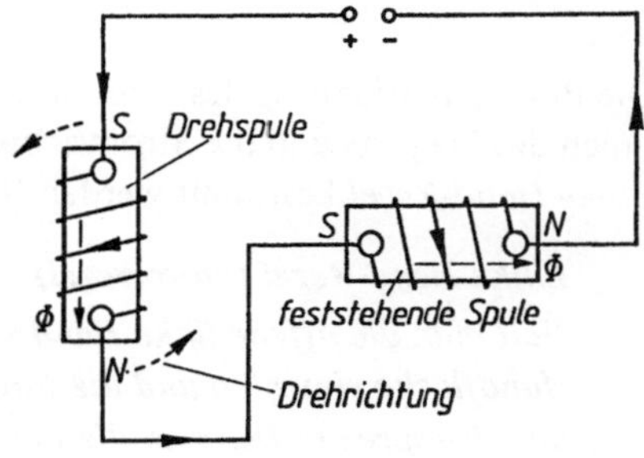

Bild 2.38. Drehung der Stromspulen bei senkrechter Achsenstellung

Gekreuzte Spulen suchen sich so parallel zu stellen, daß die Ströme die Spulen in gleichem Sinn umfließen.

Damit findet die Ausrichtung der Ampereschen Molekularströme bei der Magnetisierung durch den induzierenden Strom (Abschnitt 2.2.4) ihre Erklärung.

2.3.3. Beweglicher Stromleiter im magnetischen Feld

Versuch 2.2:

Bild 2.39 zeigt eine Versuchsanordnung, bei der ein Leiter L pendelnd an zwei leitenden Drähten a und b aufgehängt und in das magnetische Feld eines Hufeisenmagnets gebracht ist. Bei geöffnetem Stromkreis hängt der Leiter lotrecht. Bei geschlossenem Stromkreis fließt der Strom in der eingezeichneten Richtung, und der Leiter L wird nach links aus dem magnetischen Feld herausgetrieben. Bei Umkehr der Stromrichtung wird L nach rechts geschleudert. Auch beim Vertauschen der Magnetpole kehrt sich die Ausschlagsrichtung des Pendels um.

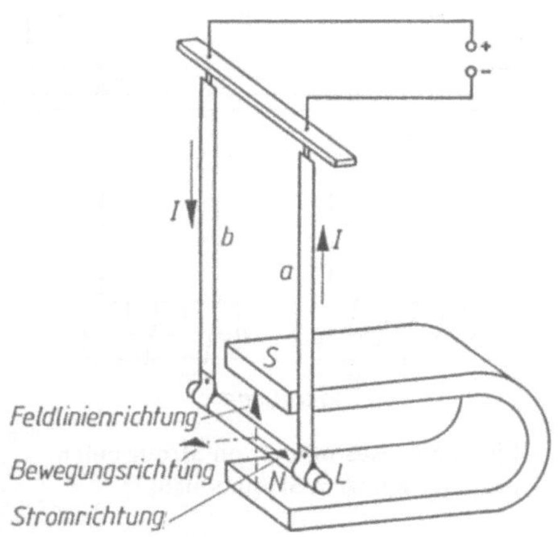

Bild 2.39. Stromleiter im Magnetfeld

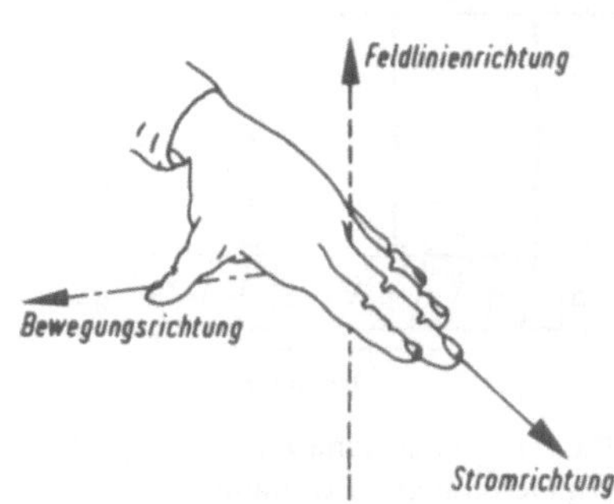

Bild 2.40. Bestimmung der Bewegungsrichtung (Linke-Hand-Regel)

Die Bewegungsrichtung des Stromleiters ist offenbar durch den Richtungssinn der Feldlinien des Magnets und die Stromrichtung im Leiter festgelegt und kann mit Hilfe der *Linke-Hand-Regel* bestimmt werden (Bild 2.40).

Linke-Hand-Regel (Motorregel):

Hält man die offene linke Hand so in das Magnetfeld, daß die Feldlinien in die innere Handfläche eintreten und die Fingerspitzen in die Stromrichtung zeigen, dann gibt der abgespreizte Daumen die Bewegungsrichtung des Leiters an.

Oder: Der bewegliche Leiter weicht der Feldlinienballung aus.

Die Erklärung für den Bewegungsantrieb, den ein stromdurchflossener Leiter in einem Magnetfeld erfährt, kann man dem Feldlinienbild 2.41, das dem Bild 2.39 entspricht, entnehmen. Der stromdurchflossene Leiter ist von einem Magnetfeld umgeben, dessen Verlauf sich aus der Rechtsschraubenregel ergibt. Dieses Feld überlagert sich dem Feld des Dauermagnets. Bei der angegebenen Stromrichtung verlaufen die Feldlinien der beiden Felder rechts vom Leiter in gleicher Richtung und verdichten sich; auf der linken Seite sind sie gegenläufig und schwächen sich. Aus der Überlagerung der beiden Felder ergibt sich das resultierende Feld (Bild 2.41). Die auf der rechten Seite des Leiters herrschende Feldlinienballung drückt den Leiter nach links.

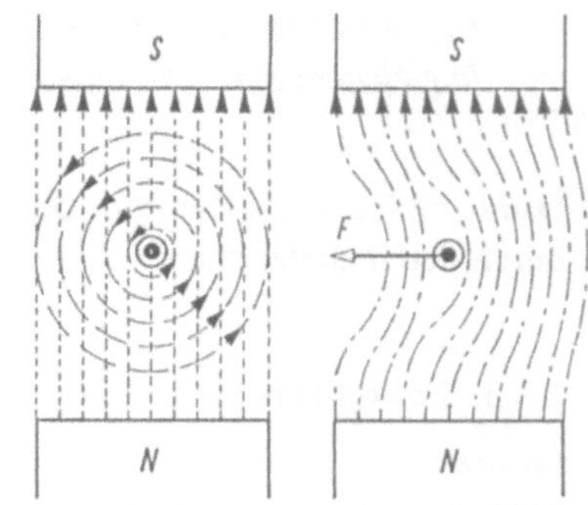

Bild 2.41. Überlagerung des Magnetfeldes durch das Feld des Stromleiters

Bei dem angegebenen Versuch findet eine *Energieumwandlung* statt: Dem Leiter wird *elektrische Energie* zugeführt, durch die Bewegung des Leiters wird *mechanische Energie* gewonnen.

Die Größe der auf dem Leiter wirkenden Kraft F ist proportional der magnetischen Induktion B, der Stromstärke I im Leiter und der Leiterlänge l innerhalb des magnetischen Feldes:

$$F = BIl.$$

● *Beispiel:*   Ein Leiter, in dem 8 A fließen, „schneidet" senkrecht ein Magnetfeld mit der Induktion von 1 T. Welche Kraft übt das Magnetfeld auf den Leiter aus, wenn seine wirksame, d.h. im Magnetfeld liegende Länge, 0,25 m beträgt?

Gesucht: F *Gegeben:* $B = 1$ T
                                        $I = 8$ A
                                        $l = 25$ cm $= 0,25$ m

Lösung: $F = BIl$

             $F = 1$ T $\cdot$ 8 A $\cdot$ 0,25 m $F = 2{,}0\ \dfrac{\text{Wb A}}{\text{m}}$

                                           1 Wb A = 1 Ws = 1 Nm

Ergebnis: $F = 2$ N

2.3.4. Bewegliche stromführende Spule im magnetischen Feld

Eine Spule ist nach Bild 2.42 in einem Magnetfeld drehbar gelagert. Fließt in der Spule ein Gleichstrom der angegebenen Richtung, so wirkt auf alle, auf den Feldlinien senkrecht stehenden Leiterstücke der linken Spulenseite nach der Motorregel eine nach oben gerichtete Kraft, auf der rechten Seite eine nach unten gerichtete Kraft. Die beiden Kräfte haben gleiche Größe.

Zwei gleiche Kräfte, die an einem Körper im Abstand d in entgegengesetzter Richtung angreifen, nennt man ein *Kräftepaar*. Jedes Kräftepaar bewirkt eine Drehbewegung. Die Größe des durch das Kräftepaar bewirkten Drehbestrebens wird zahlenmäßig durch das Produkt aus der Größe und dem Abstand der beiden Kräfte angegeben. Dieses Produkt heißt das *Drehmoment M* des Kräftepaares.

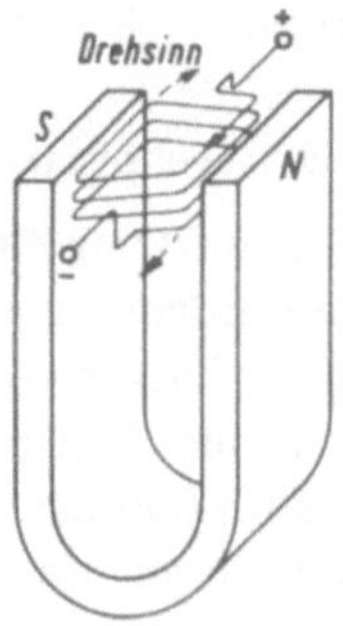

Bild 2.42. Stromspule im Magnetfeld

$$M = Fd$$

Hat die Spule N Windungen, dann ist die wirksame, d.h. die die Feldlinien senkrecht schneidende Leiterlänge $l \cdot N$ und das Drehmoment bei einem Spulendurchmesser d:

Drehmoment: $M = BIlNd = BINA$

Es bedeuten: B magnetische Induktion im Luftspalt
                   I Stromstärke
                   lN wirksame Drahtlänge
                   d mittlerer Spulendurchmesser
                   A Spulenfläche

Eine Umkehr der Stromrichtung bewirkt ebenso wie ein Vertauschen der Magnetpole eine Drehbewegung der Spule in entgegengesetzter Richtung.

● *Beispiel:*   Der 0,30 m lange Anker eines Elektromotors ist in einem mittleren magnetischen Feld
von 0,8 T drehbar gelagert und hat 1200 wirksame Leiter.

a) Welche Umfangskraft wirkt auf den Anker, wenn der Ankerstrom 12,5 A beträgt ?

b) Welches Drehmoment wirkt auf den Anker, wenn dessen Durchmesser 0,25 m
beträgt ?

Gesucht: a) F *Gegeben:* $B = 0,8$ T

b) M $I = 12,5$ A

$l = 0,30$ m

$N = 1200$

Lösung a): $F = B I l N$ $d = 0,25$ m

$F = 0,8$ T $\cdot$ 12,5 A $\cdot$ 0,30 m $\cdot$ 1200

$F = 3600 \; \dfrac{\text{Wb A}}{\text{m}}$ 1 Wb A = 1 Ws = 1 Nm

Ergebnis: $F = 3600$ N

Lösung b): $M = \dfrac{F\,d}{2}$

$M = \dfrac{3600 \text{ N} \cdot 0,25 \text{ m}}{2}$

Ergebnis: $M = 450$ Nm

2.3.5. Technische Anwendungen

Die Einwirkung eines Magnetfeldes auf eine Stromspule hat für die Elektrotechnik eine
große Bedeutung erlangt. Auf ihr beruht sowohl die Konstruktion der *Drehspul-Meßgeräte*
und der *elektrodynamischen Meßgeräte* für Strom-, Spannungs- und Leistungsmessung,
die in den Abschnitten 8.2.2 und 8.2.3 ausführlich besprochen werden, als auch die
Konstruktion der *Elektromotoren*, in denen drehbar gelagerten Stromspulen gleichgerichtete Drehimpulse erteilt werden. Die Elektromotoren werden in Abschnitt 5.1.2
behandelt.

2.4. Elektromagnetische Induktion

2.4.1. Grundversuch

Nicht minder bedeutungsvoll für die Entwicklung der Elektrotechnik ist die Entdeckung
des englischen Physikers *Michael Faraday* im Jahre 1831 geworden, daß es, in Umkehrung
des in Bild 2.39 dargestellten Versuches, möglich ist, durch Bewegen eines Leiters in einem
Magnetfeld elektrische Spannungen zu erzeugen.

Versuch 2.3:

Die in Bild 2.43 dargestellte Versuchsanordnung unterscheidet sich von derjenigen des Bildes 2.39 nur
dadurch, daß die Spannungsquelle durch ein empfindliches Galvanometer ersetzt und der Leiterkreis
somit im Ruhestand stromlos ist. Bei der Bewegung des Leiterstückes L im magnetischen Feld erhält
man folgende Ergebnisse:

1. Bewegt man das Leiterstück L in der Richtung des strichpunktierten Pfeiles, so zeigt der Ausschlag
des Galvanometers einen elektrischen Strom an.

2. **Bewegt man das Leiterstück in der entgegengesetzten Richtung, so fließt auch der Strom in umgekehrter Richtung.**

3. **Der Strom fließt nur so lange, wie die Bewegung des Leiterstückes quer zum Feld andauert.**

4. **Bei der Bewegung des Leiterstückes parallel zu den Feldlinien entsteht kein Strom.**

5. **Die Größe des Ausschlages am Galvanometer hängt von der Geschwindigkeit der Bewegung ab.**

6. **Bei gleicher Geschwindigkeit der Bewegung hängt die Stromstärke von der Stärke des Magnetfeldes ab.**

7. **Beim Vertauschen der Magnetpole fließt der Strom in umgekehrter Richtung wie unter 1 und 2 angegeben.**

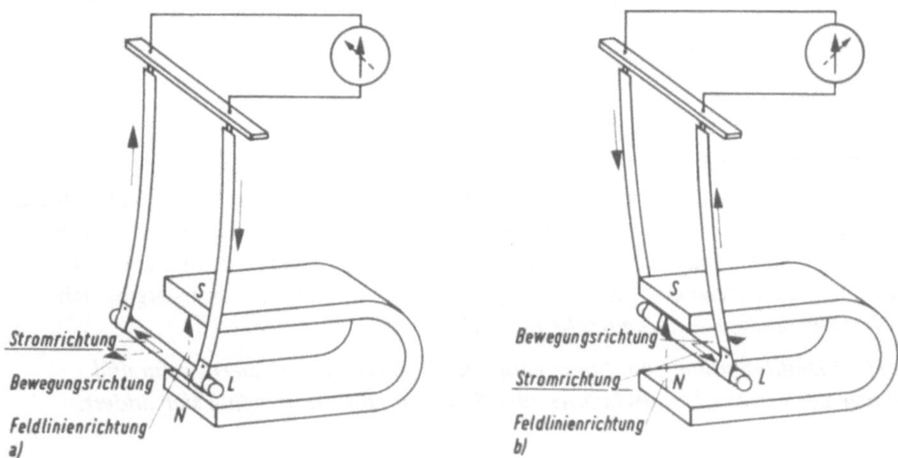

Bild 2.43. Induktionsstrom durch Bewegen eines Leiterstückes im Magnetfeld

a) Bewegung nach links   b) Bewegung nach rechts

Den bei bewegtem Leiterstück im Leiterkreis entstehenden Strom nennt man *Induktionsstrom* [1]), die ihn verursachende Spannung *induzierte Spannung*, den physikalischen Vorgang *elektromagnetische Induktion*.

Aus den Versuchsergebnissen folgt: Zwischen der Feldlinienrichtung, der Bewegungsrichtung des Leiterstückes L und der Richtung des induzierten Stromes besteht ein Zusammenhang, der durch die Rechte-Hand-Regel bestimmt werden kann:

> ***Rechte-Hand-Regel (Generatorregel):***
>
> ***Hält man die offene rechte Hand so in das Magnetfeld, daß die Feldlinien in die innere Handfläche eintreten und der abgespreizte Daumen die Bewegungsrichtung anzeigt (Bild 2.44), so geben die ausgestreckten Finger die Richtung der induzierten Urspannung an.***
>
> ***Oder: Der bewegliche Leiter wird gegen die Feldlinienballung angetrieben.***

Aus den Versuchsergebnissen 1 und 4 folgt, daß im bewegten Leiter eine Urspannung nur dann induziert wird, wenn der Leiter bei der Bewegung Feldlinien „schneidet". In diesem Fall ändert sich der den Leiterkreis durchsetzende Magnetfluß.

---

[1]) inducere (lat.), hineinführen.

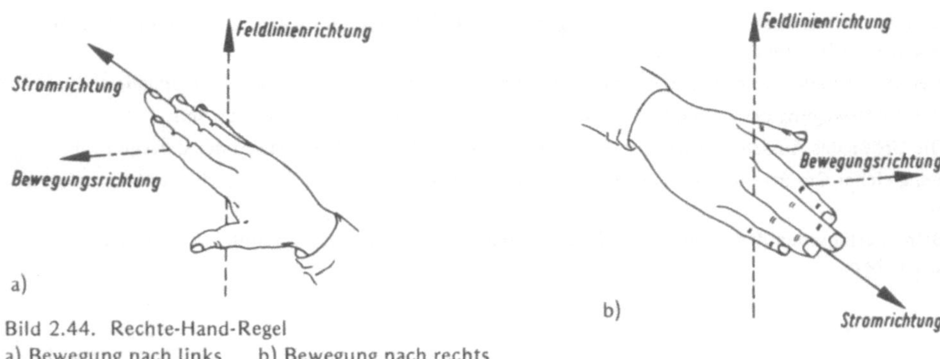

Bild 2.44. Rechte-Hand-Regel
a) Bewegung nach links   b) Bewegung nach rechts

2.4.2. Induktion in Spulen

Für den Vorgang der magnetischen Induktion ist nicht das „Schneiden" von Feldlinien das
Entscheidende, sondern nur die Änderung des Magnetflusses, der den Leiterkreis durchsetzt. Deshalb entstehen auch in ruhenden Drahtspulen beim Annähern (Bild 2.45a) oder
Entfernen eines Dauermagnets (Bild 2.45b) Induktionsspannungen. Hieraus ergibt sich
das nach *Faraday* benannte *Faradaysche Induktionsgesetz*:

> *In einer Drahtwindung oder Spule wird eine Urspannung induziert, wenn und
> solange der von der Drahtwindung oder Spule umfaßte Magnetfluß sich ändert.*

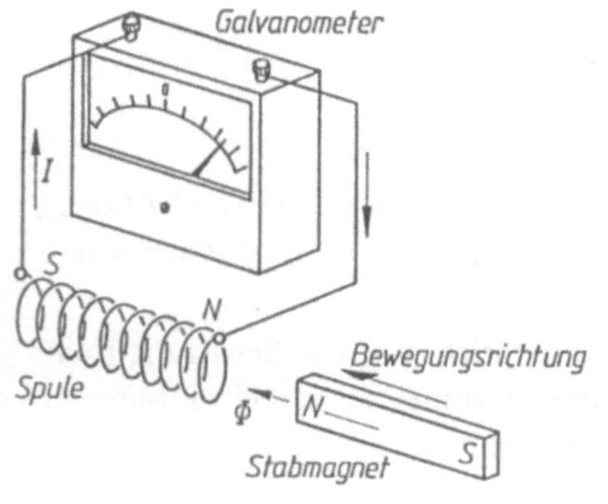

a) beim Annähern   b) beim Entfernen eines Magnets

Bild 2.45. Induktionsstrom in Spulen.

Für die Bestimmung der *Richtung des Induktionsstromes* in Spulen gilt folgende Regel:

> *Uhrzeigerregel:*
>
> *Für einen in Richtung der Feldlinien auf die Spule blickenden Beobachter fließt der
> Induktionsstrom entgegengesetzt dem Uhrzeigersinn, wenn die Feldlinienzahl sich
> vergrößert (Bild 2.45a); bei Abnahme der Feldlinien fließt der Induktionsstrom im
> Uhrzeigersinn (Bild 2.45b).*

Ohne jede Bewegung entstehen in einer zweiten Spule (Sekundärspule) die eine erste Spule (Primärspule) umschließt, Induktionsspannungen, wenn der das magnetische Feld erregende Strom der Primärspule ein- oder ausgeschaltet wird, weil sich dadurch der von der Sekundärspule umfaßte Magnetfluß ändert. Gleiches gilt auch, wenn der Strom verstärkt bzw. geschwächt wird. Die Richtung des Induktionsstromes in der Sekundärspule ergibt sich aus der Uhrzeigerregel für die Richtungsbestimmung des Induktionsstromes in Spulen: Umfließt z. B. in Bild 2.46a der Erregerstrom die Primärspule im Uhrzeigersinn, so verlaufen die Feldlinien nach der Rechtsschraubenregel von vorn nach hinten in die Bildebene hinein. Für den in dieser Richtung blickenden Beobachter fließt der in der Sekdundärspule induzierte Strom bei Vergrößerung des Magnetflusses entgegen dem Uhrzeigersinn, also nach Bild 2.46a auch entgegen der Stromrichtung in der Primärspule, bei Verminderung des Magnetflusses im Uhrzeigersinn (Bild 2.46b), d.h. in gleicher Richtung wie der das Feld erregende Strom.

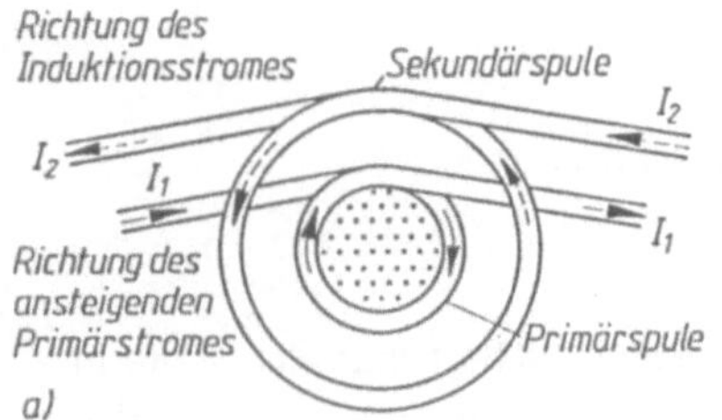

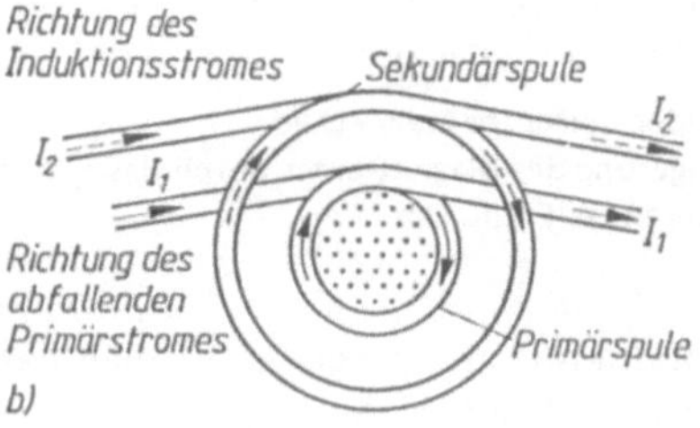

Bild 2.46. Richtung des Induktionsstromes
a) bei Vermehrung des Magnetflusses (Verstärkung des Primärstromes)
b) bei Verminderung des Magnetflusses (Schwächung des Primärstromes)

2.4.3. Lenzsche Regel

Bei der elektromagnetischen Induktion wird elektrische Energie gewonnen. Nach dem allgemein gültigen Naturgesetz von der Erhaltung der Energie kann eine neue Energieform nur durch Umwandlung aus einer anderen Energieform entstehen. Dies gilt auch für den Vorgang der elektromagnetischen Induktion, der zunächst für den im Magnetfeld bewegten linearen Leiter des Grundversuchs untersucht werden soll. Im Bild 2.47a ist der im Magnetfeld ruhende lineare Leiter des Bildes 2.43a dargestellt. Wird der Leiter wie beim Grundversuch nach links bewegt (Bild 2.47b), so fließt der Induktionsstrom vom Beschauer weg in die Bildebene hinein. Der induzierte Strom erzeugt in seiner Umgebung selbst wieder ein Magnetfeld, dessen Verlauf sich aus der Rechtsschraubenregel ergibt. Dieses Feld überlagert sich dem ursprünglichen Magnetfeld. Das resultierende Feld (vgl. Bild 2.41) zeigt Bild 2.47c; es übt auf den Leiter eine nach rechts gerichtete, also der den Induktionsstrom erzeugenden Bewegung entgegengerichtete Kraft aus. Gegen diese Kraft, die das Feld auf den stromführenden Leiter ausübt, muß man beim Bewegen des Leiters Arbeit verrichten. Sie ist, wie es dem Energiegesetz entspricht, der Gegenwart der durch Induktion gewonnenen elektrischen Energie.

Die Kraft, die das magnetische Feld auf den Induktionsstrom im bewegten Leiter ausübt, wirkt der Kraft entgegen, die den Induktionsstrom erzeugt.

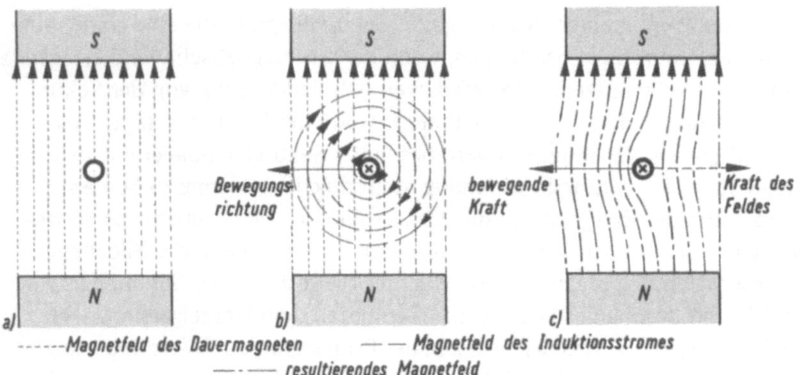

Bild 2.47. Der Gegenwert der durch Induktion gewonnenen elektrischen Energie ist die Arbeit, die man beim Bewegen des Leiters gegen die Kraft verrichten muß, die das Magnetfeld auf den stromführenden Leiter ausübt.

a) Ruhender Leiter im Magnetfeld,
b) Überlagerung des Magnetfeldes durch das Feld des Induktionsstromes,
c) resultierendes Feld.

Bei der Induktion in Spulen erhält man das gleiche Ergebnis. Nähert man der Spule im Bild 2.45a den Nordpol des Magnets, so ist der Induktionsstrom so gerichtet, daß an dem Spulenende, das dem Pol zugwandt ist, ein Nordpol entsteht. Beim Annähern des Magnetpols muß gegen die abstoßende Kraft der gleichnamigen Pole eine Arbeit verrichtet werden.

Entfernt man den Nordpol von der Spule (Bild 2.45b), so fließt der Induktionsstrom in der entgegengesetzten Richtung, so daß an dem Spulenende, das dem Pol zugewandt ist, ein Südpol entsteht. Da die ungleichnamigen Magnetpole sich gegenseitig anziehen, muß beim Entfernen des Magnets eine Arbeit verrichtet werden.

Die beim Bewegen des Magnets in beiden Fällen gegen die abstoßenden bzw. anziehenden Kräfte verrichtete Arbeit ist der Gegenwert für die durch Induktion gewonnene elektrische Energie.

Als Folge des Energiegesetzes ergibt sich in beiden Beispielen demnach die *Lenzsche Regel:*

> **Der in Leitern induzierte Strom ist stets so gerichtet, daß sein Magnetfeld der stromerzeugenden Ursache entgegenwirkt.**

Die Lenzsche Regel hat praktische Bedeutung für eine bequeme Richtungsbestimmung von Induktionsströmen.

2.4.4. Induktionsgesetz

2.4.4.1. Allgemeines Induktionsgesetz

Nach den Ergebnissen 5 und 6 des Grundversuchs 2.3 ist die in einer Leiterschleife induzierte Spannung um so größer, je größer die Änderungsgeschwindigkeit des magnetischen Flusses ist, der die Leiterschleife durchsetzt. Bezeichnet man die induzierte Urspannung mit E, die Änderung des Magnetflusses in dem kleinen Zeitabschnitt Δt [1]) mit $\Delta\Phi$, so ist die induzierte Urspannung

$$E = -\frac{\Delta\Phi}{\Delta t}$$

Es bedeuten:

- E Urspannung
- Δt kleiner Zeitabschnitt
- $\Delta\Phi$ Änderung des Magnetflusses im Zeitabschnitt Δt, gemessen in Weber
- $\dfrac{\Delta\Phi}{\Delta t}$ Änderungsgeschwindigkeit des Magnetflusses

In einer Spule, deren sämtliche Windungen von dem magnetischen Fluß Φ durchsetzt werden, wird in jeder einzelnen Windung eine Urspannung induziert, die sich mit den gleichgerichteten Urspannungen der anderen Windungen zu einer Gesamturspannung addieren. Induktionsgesetz für Spulen mit N Windungen:

$$E = -\frac{\Delta\Phi}{\Delta t}\, N$$

Aus dem allgemeinen Induktionsgesetz erhält man durch Auflösen nach $\Delta\Phi$:

$$\Delta\Phi = E\,\Delta t$$

2.4.4.2. Anwendung des allgemeinen Induktionsgesetzes auf die Bewegung eines Leiters im Magnetfeld

Das Magnetfeld sei homogen, die Magnetflußdichte B also konstant. Wird nach Bild 2.48 die Drahtschleife senkrecht zur Richtung der Feldlinien mit der Geschwindigkeit v bewegt und ist die wirksame, d.h. die die Feldlinien senkrecht schneidende Leiterlänge l, so ist die Magnetflußänderung in der Sekunde

$$\frac{\Delta\Phi}{\Delta t} = B\,l\,v$$

und die in einer Windung induzierte Urspannung

$$E = B\,l\,v \quad .$$

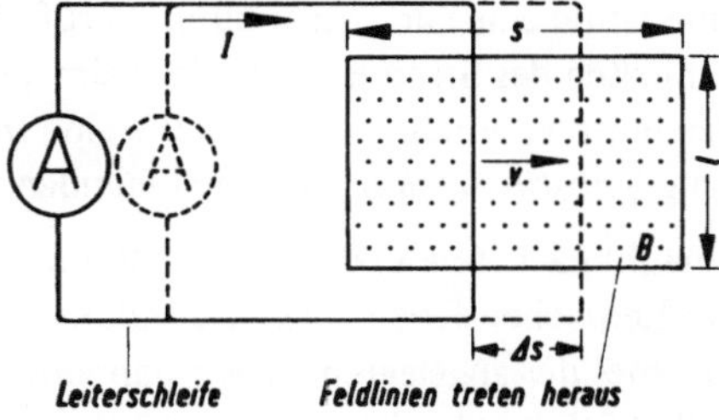

Bild 2.48. Ableitung des Induktionsgesetzes für die Bewegung eines Leiters im Magnetfeld

---

[1]) Das Zeichen Δ in Verbindung mit einem Formelzeichen, z.B. Δt, gibt eine kleine Differenz zweier Werte der Formelgröße an.

Für eine mit der Geschwindigkeit v gegen das Magnetfeld bewegte Spule mit N Windungen erhält das Induktionsgesetz die Form

$$E = BlvN$$

Es bedeuten: B magnetische Induktion
l wirksame Leiterlänge
v Geschwindigkeit der Bewegung
N Windungszahl

Mit der Entdeckung der Induktion war einerseits der Nachweis erbracht, daß mechanische Energie auch in elektrische Energie umwandelbar ist, andererseits war damit die Voraussetzung für die Entwicklung der Elektrotechnik geschaffen; denn die Erzeugung der elektrischen Energie in den Generatoren der Elektrizitätswerke beruht ausschließlich auf der Erscheinung der Induktion.

■ **Aufgaben zu Abschnitt 2.4.4**

1. Ein gerades Drahtstück eines Leiterkreises mit 5 Ω Widerstand wird durch ein magnetisches Feld senkrecht zur Richtung der Feldlinien mit einer Geschwindigkeit von 1 m/s bewegt. Die Feldliniendichte beträgt 0,75 T, die in das Feld eintauchende Drahtlänge 0,50 m.
   a) Wie groß ist die in dem Drahtstück induzierte Urspannung E ?
   b) Welcher Strom fließt in dem Stromkreis?
   c) Welche mechanische Leistung muß bei der Bewegung des Drahtstücks aufgewendet werden, wenn der Wirkungsgrad 80 % beträgt ?
2. Wie groß muß die Feldliniendichte in einem Generator sein, damit in jedem Ankerstab von 0,30 m Länge bei einer Umlaufgeschwindigkeit von 8 m/s eine Spannung von 4,8 V induziert wird ?

2.4.5. Selbstinduktion

Eine Magnetflußänderung in einer Spule erzeugt nicht nur in Leiterkreisen ihrer Umgebung Induktionsströme, sondern induziert auch in den eigenen Windungen der Spule eine Urspannung, weil ihre Windungen das sich verändernde Feld umschließen. Legt man z. B. an eine Spule eine Gleichspannung, so ruft die Magnetflußänderung, die beim Öffnen oder Schließen des Stromkreises oder beim Verstärken und Schwächen des Stromes auftritt, in den eigenen Windungen der Spule eine Induktionsspannung hervor. Man nennt diesen Vorgang *Selbstinduktion*, den entstehenden Strom *Selbstinduktionsstrom*.

Sowohl nach den an den Bildern 2.46a und b entwickelten Gedankengängen als auch nach der Lenzschen Regel wirkt die Induktionsspannung beim Einschalten oder Verstärken des Stromes der angelegten Gleichspannung entgegen. Der Strom kann deshalb nicht mit der vollen Stärke, die dem Ohmschen Gesetz entspricht (Bild 2.49a), einsetzen; er steigt erst allmählich zu seiner vollen Stärke an (Bild 2.49c). Die zum Aufbau des magnetischen Feldes erforderliche Energie wird dem Stromkreis entzogen, die elektrische Energie umgewandelt.

Beim Ausschalten des Stromes erzeugt umgekehrt das verschwindende magnetische Feld eine der angelegten Spannung gleichgerichtete Induktionsspannung. Sie verursacht einen dem ursprünglichen Strom gleichgerichteten Induktionsstrom, der den plötzlichen Strom-

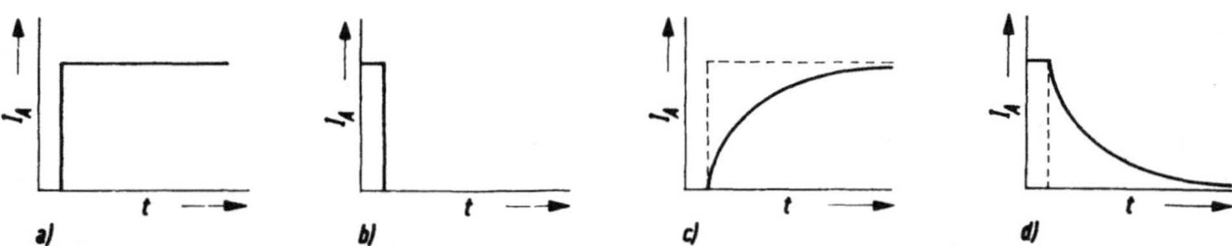

Bild 2.49. Stromverlauf beim Ein- und Ausschalten
a) und b) im ohmschen Widerstand   c und d) in einer Spule

abfall verhindert (Bild 2.49 b und Bild 2.49 d). Durch ihn wird die beim Aufbau des Magnetfeldes dem Stromkreis entzogene elektrische Energie diesem wieder zugeführt. Die magnetische Energie wird in elektrische Energie zurückverwandelt.

Somit hat die Selbstinduktion im Stromkreis dieselbe energiespeichernde Wirkung wie die träge Masse bei der Bewegung, die bei der Beschleunigung der Bewegung Energie aufnimmt und bei einer Verzögerung der Bewegung wieder abgibt.

Die Größe der Selbstinduktionsspannung E ergibt sich aus dem allgemeinen Induktionsgesetz. Für Spulen mit N Windungen ist

$$E = N \frac{\Delta \Phi}{\Delta t} \ .$$

Nach dem Ohmschen Gesetz des magnetischen Kreises ist

$$\Phi = \frac{IN}{R_\mathrm{m}} = \Lambda IN \qquad \text{wobei} \quad \Lambda = \frac{\mu A}{l} = \frac{\mu_0 \mu_\mathrm{r} A}{l} \ .$$

Unter der Voraussetzung, daß $\mu = \mu_0 \mu_\mathrm{r}$ einen konstanten Wert hat, ist auch der magnetische Leitwert Λ eine konstante Größe, die nur von den geometrischen Dimensionen des magnetischen Kreises (Länge l und Querschnitt A des magnetischen Flusses) abhängt. Da auch die Windungszahl N einer gegebenen Spule konstant ist, ist eine Änderung des magnetischen Flusses ausschließlich durch die Änderung der Stromstärke bestimmt. Es ist ohne Berücksichtigung des Vorzeichens:

$$\frac{\Delta \Phi}{\Delta t} = \Lambda N \frac{\Delta I}{\Delta t} \ .$$

Durch Einsetzen dieses Wertes in die allgemeine Induktionsgleichung erhält man

$$E = \boxed{N^2 \Lambda} \ \frac{\Delta I}{\Delta t} \ .$$

Der umrandete konstante Faktor $N^2 \Lambda$ heißt der *Beiwert der Selbstinduktion* oder die *Induktivität der Spule* (Formelzeichen L).

$$L = N^2 \Lambda = N^2 \mu_0 \mu_\mathrm{r} \frac{A}{l}$$

Somit ist

$$E = -L\,\frac{\Delta I}{\Delta t}\;.$$

Die Maßeinheit der Induktivität ist *Henry*; sie ist gleich der Maßeinheit des magnetischen Leitwerts Λ, da N eine unbenannte Zahl ist.

Die Einheit der Induktivität schreibt man einer Spule zu, wenn eine Änderung des Spulenstromes um 1 A je 1 s in der Spule eine Selbstinduktionsspannung von 1 V induziert.

Häufig wird die kleinere Einheit Millihenry (mH) verwendet.

$1\,\text{mH} = 10^{-3}\,\text{H}$

Die Induktivität kennzeichnet das Verhalten einer Spule gegenüber Stromänderungen; sie ist daher von besonderer Bedeutung im Wechselstromkreis (vgl. Abschnitt 4.1.4.2). Die Größe der Induktivität hängt vom Aufbau der Spule ab, und zwar ist sie dem Quadrat der Windungszahl (N^2) und der Größe der von den Windungen umfaßten Fläche A direkt, der Spulenlänge *umgekehrt* proportional. Da aber auch um den geraden, gestreckten Leiter beim Stromfluß ein Magnetfluß entsteht, so hat auch dieser eine, wenn auch sehr kleine Induktivität.

Man kann auch Spulen mit sehr geringer Induktivität herstellen, wenn man sie *doppelfädig (bifilar)* (Bild 2.50) wickelt; sie sind aber nur in den Fällen verwendbar, in denen es nicht auf den Umlaufsinn des Stromes ankommt.

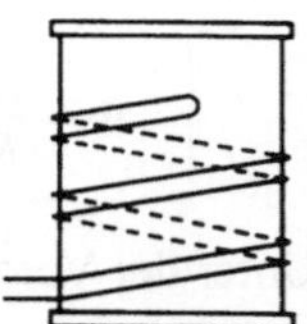

Der Begriff „Induktivität", mit dem man die Wirkung einer Spule bei veränderlichem Strom kennzeichnet, wird meist auch als Bezeichnung für die Spule selbst verwendet.

Bild 2.50
Bifilare Wirkung

• *Beispiel:*   Berechne die Selbstinduktivität einer eisenlosen Ringspule von 25 cm mittlerer Länge und einem Flußquerschnitt von 2 cm², die 250 Windungen hat!

Gesucht: L *Gegeben:* $N = 250$

$A = 2\,\text{cm}^2 = 2 \cdot 10^{-4}\,\text{m}^2$

$l = 25\,\text{cm} = 0{,}25\,\text{m}$

$\mu_r = 1$

Lösung: $L = N^2 \mu_0 \mu_r \dfrac{A}{l}$

$L = 250^2 \cdot 12{,}57 \cdot 10^{-7}\,\dfrac{\text{Wb}}{\text{Am}} \cdot 1 \cdot \dfrac{2 \cdot 10^{-4}\,\text{m}^2}{25 \cdot 10^{-2}\,\text{m}}$

$L = \dfrac{62\,500 \cdot 25{,}14 \cdot 10^{-9}\,\text{H}}{25}$

Ergebnis: $L = 0{,}0629\,\text{mH}$

2.4.6. Wirbelströme

Nicht nur in Drähten oder Spulen, sondern auch in ausgedehnten Metallmassen können Induktionsströme erheblicher Stärke auftreten. Man bezeichnet sie als *Wirbelströme*, da sie im Innern der Metallmassen ohne bestimmte Bahnen kreisen.

Versuch 2.4:

Zwischen den Polen eines Elektromagnets ist ein Ausschnitt eines Kreisringes aus Kupfer oder Aluminium pendelnd aufgehängt (Waltenhofensches Pendel, Bild 2.51). Das schwingende Pendel kommt beim Erregen des Magnets im Feld desselben fast augenblicklich zum Stillstand.

Im Pendelkörper entstehen Wirbelströme nach Bild 2.52. Nach der Lenzschen Regel bremsen die bei der Bewegung entstehenden Wirbelströme die Bewegung des Leiters ab.

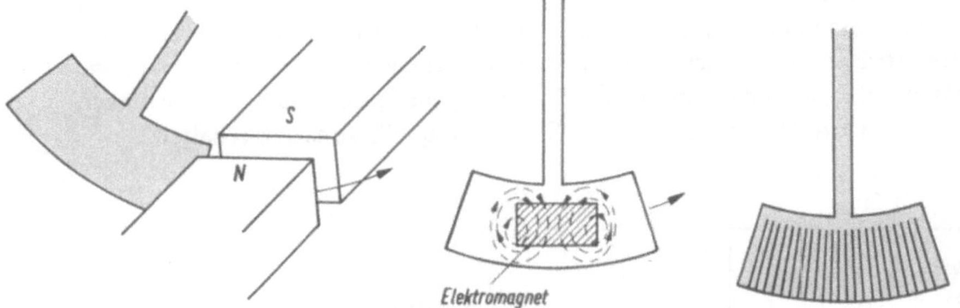

Bild 2.51. Waltenhofensches Pendel   Bild 2.52. Wirbelströme   Bild 2.53. Geschlitzte Pendelkörper zum Waltenhofenschen Pendel

Versuch 2.5:

Ersetzt man im letzten Versuch den massiven Pendelkörper durch einen geschlitzten Metallkamm (Bild 2.53), so schwingt er auch bei erregtem Magnet ohne merkliche Abbremsung durch das Magnetfeld.

> *Wirbelströme können durch Unterteilen der Metallmassen weitgehend verhindert werden.*

Von diesem Ergebnis macht man in der Technik bei der Konstruktion von Eicheisenkernen für Elektromagnete, Transformatoren, Generatoren und Elektromotoren Gebrauch. Man stellt sie nicht aus massivem Weicheisen her, sondern setzt sie aus einzelnen Lamellen zusammen, die man aus dünnen, mit Papier überklebten oder mit einer Lackschicht isolierten Blechen ausstanzt. Die gegeneinander elektrisch isolierten Bleche verhindern das Auftreten von Wirbelströmen, wenn die Schichten parallel zur Feldlinienrichtung verlaufen.

Das Auftreten von Wirbelströmen bedeutet einen Energieverlust, und außerdem wird durch die Wirbelstromenergie Wärme erzeugt, die meist unerwünscht ist. Man sucht deshalb das Auftreten von Wirbelströmen möglichst zu verhindern.

In manchen Fällen wird die bewegungshemmende Wirkung der Wirbelströme an Stelle mechanischer Bremsvorrichtungen verwendet. Eine solche Wirbelstrombremse ist die im Feld eines Dauermagnets kreisende Aluminiumscheibe eines Elektrizitätszählers. Auch zur Dämpfung der Zeigerbewegung in Meßgeräten werden Wirbelströme verwendet.

3. Elektrostatisches Feld, Kondensatoren

3.1. Ruhende elektrische Ladungen

Wie aus der Elektrostatik bekannt ist, werden Körper, und zwar sowohl Nichtleiter als auch Leiter, durch Reiben elektrisch. Dieser Vorgang beruht nach unserem heutigen Wissen darauf, daß bei einer innigen Berührung zweier Körper aus verschiedenem Material Elektronen aus dem einen Körper in den anderen übergehen. *Ruhende elektrische Ladungen* können auf metallischen Körpern auch dadurch hergestellt werden, daß man sie mit den Polen einer elektrischen Spannungsquelle leitend verbindet. Schließt man z. B. zwei isoliert aufgestellte Metallplatten nach Bild 3.1 an eine Gleichspannung an, so werden durch die in der Spannungsquelle wirkende Urspannung Elektronen von der einen Platte getrieben, bis zwischen den beiden Platten die gleiche Spannung vorhanden ist wie an den Polen der Spannungsquelle. Dieser Spannungszustand bleibt auch nach dem Abtrennen der beiden Platten von der Spannungsquelle zunächst erhalten.

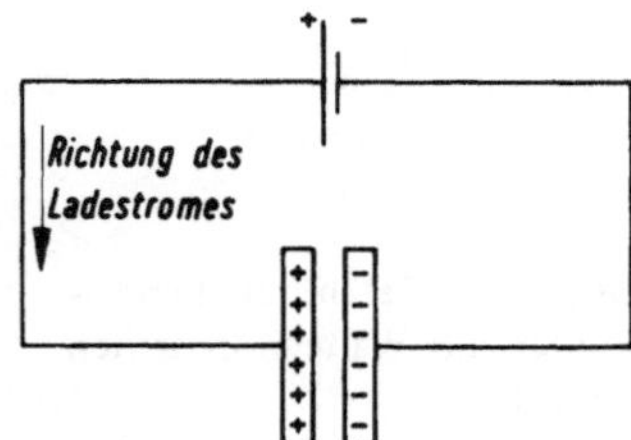

Bild 3.1. Aufladen eines Kondensators durch Anschluß an eine Gleichspannung

Aus dem Ladungsvorgang ergibt sich:

1. Die an die Platten angelegte Spannung ist die Ursache der Trennung der elektrischen Ladungen.

2. Die Ladungen der beiden Platten sind entgegengesetzt gleich.

3. Mit zunehmender Spannung der Spannungsquelle nimmt die Ladung der beiden Platten zu, und umgekehrt ist eine größere Ladung der beiden Platten die Ursache einer größeren Spannung zwischen ihnen. *Ladung und Spannung sind zwei voneinander abhängige Begriffe.*

4. Es ist unmöglich, eine positive oder negative Ladung isoliert zu erzeugen, da mit einer positiven Ladung gleichzeitig auch eine negative Ladung entsteht.

Coulombsches Gesetz — Punktladung

Experimentell läßt sich das von Coulomb aufgestellte Gesetz nachweisen.

Es besagt: Die Anziehungs- bzw. Abstoßkraft zwischen zwei punktförmig gedachten, statischen Elektrizitätsmengen ist dem Quadrat der Entfernung r reziprok und der jeweiligen Ladung Q_1 und Q_2 direkt proportional.

Für den luftleeren Raum läßt sich allgemein definieren:

$$F = \frac{1}{4 \cdot \pi \cdot \epsilon_0} \cdot \frac{Q_1 \cdot Q_2}{r^2}$$

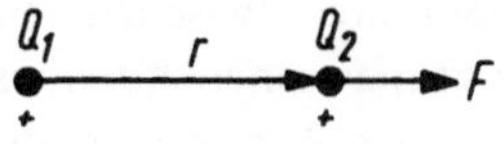

Bild 3.2

Die Konstante $\frac{1}{4}\pi$ ist bezogen auf die Kugelsymmetrie des Feldraumes, ϵ_0 ist die Influenzkonstante (siehe Abschnitt 3.3.2).

Ist die Gegenladung Q_2 unendlich weit von Q_1 entfernt, so ist diese ohne Einfluß auf die Kraftwirkung zwischen der Ladung Q_1 und Q_2.

In vereinfachter Schreibweise ergibt sich für

$$F = k\,\frac{Q_1 Q_2}{r^2}\,,$$

wobei der Ausdruck

$$\frac{k\,Q_1}{r^2} = E$$

dem Feld als Raumeigenschaft im homogenen Medium an einem Punkt entspricht. Diese Feldstärke E ist wie aus voriger Betrachtung hervorgeht, dem Quadrat der Entfernung proportional. Daraus folgt, daß um Elektroden mit geringen Radien eine hohe Feldstärke herrscht, es entstehen dort meistens bei entsprechend hohen Spannungen Entladungen (Koronaentladung).

3.2. Das elektrostatische Feld

3.2.1. Begriffsbestimmung

Es ist bekannt, daß Körper mit gleichartigen Ladungen einander abstoßen, solche mit ungleichartigen Ladungen einander anziehen. Die von den elektrischen Ladungen ausgehenden Kräfte werden durch den von einem Nichtleiter erfüllten Raum übertragen.

Den Raum, in dem sich die Kraftwirkungen elektrischer Ladungen nachweisen lassen, bezeichnet man als elektrisches Feld mit der Stärke: $E = \dfrac{F}{Q}$

3.2.2. Feldlinienbilder

Wie das magnetische Feld ist auch das elektrische Feld bestimmt, wenn man in jedem Punkt die Größe und Richtung der Kraft kennt, die auf eine gegebene elektrische Ladung ausgeübt wird. Über die Ausdehnung und Form der elektrischen Felder geben die *Feldlinienbilder* Aufschluß, die man durch Aufstreuen von Gipskristallen, Korkpulver oder anderen feinverteilten Stoffen auf eine durch die Ladungsträger geführte Schnittebene erhält. Diese Stoffe ordnen sich in Richtung der elektrischen Kraft an und verketten sich zu Linien, die man als *Feldlinien* bezeichnet. Sie geben in jedem Punkt die Richtung der elektrischen Kraft an. Die Form des elektrischen Feldes ist durch die geometrische Form der Ladungsträger und ihre gegenseitige Lage bestimmt.

Zwei Leiter, zwischen denen sich ein elektrisches Feld ausbildet, nennt man einen *Kondensator*[1]). Bild 3.3 zeigt das Feldlinienbild eines *Plattenkondensators*. Zwischen den beiden Platten verlaufen die Feldlinien, von den Randlinien abgesehen, parallel und in gleicher Dichte. Dieser Teil des Feldes ist ein homogenes Feld.

Im Bild 3.4a ist das elektrische Kraftfeld zwischen Körpern mit ungleichartigen Ladungen, im Bild 3.4b das Feld zwischen Körpern mit gleichartigen Ladungen dargestellt.

Deutet man das experimentelle Ergebnis, daß ungleichartig geladene Körper einander anziehen, am Feldlinienbild 3.4a, so kommt man zu der Annahme, daß in der Richtung der Feldlinie eine Zugspannung herrscht. Da die Feldlinien nicht geradlinig verlaufen, sondern mit zunehmender Entfernung von den geladenen Körpern auseinanderlaufen, müssen wir außerdem eine abstoßende Kraft senkrecht zur Richtung der Feldlinien annehmen.

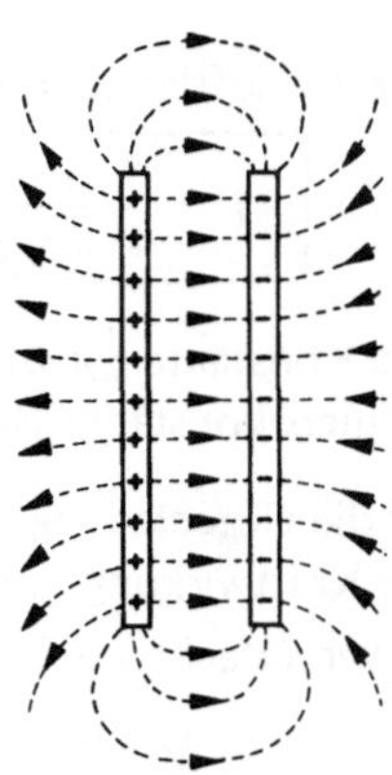

Bild 3.3. Elektrisches Feld des Plattenkondensators

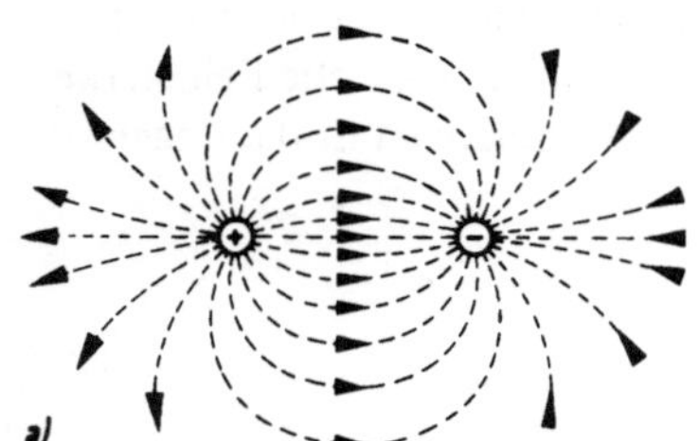

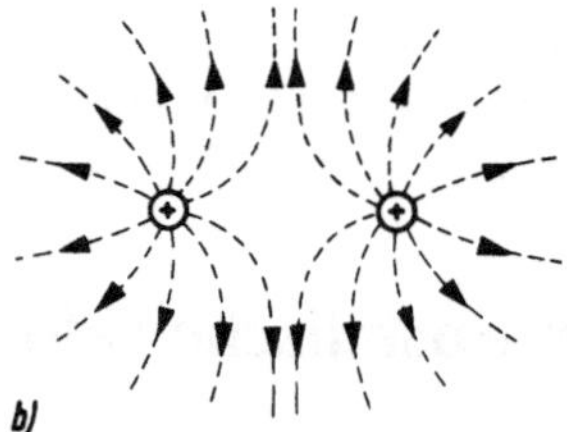

Bild 3.4. Elektrisches Feld a) zweier ungleichnamig geladener Körper, b) zweier gleichnamig geladener Körper (schematisch)

Im elektrischen Feld herrscht in der Richtung der Feldlinien eine Zugspannung, senkrecht zu ihrer Richtung eine Druckspannung.

Ebenso wie beim magnetischen Feld legt man auch beim elektrischen Feld den Feldlinien einen *Richtungssinn* bei.

Die Richtung einer Feldlinie ist die Bewegungsrichtung einer positiven Ladung im elektrischen Feld.

Im Gegensatz zu den magnetischen Feldlinien, die in sich geschlossene Linien sind, entspringen und enden die Feldlinien des elektrischen Feldes auf den elektrischen Ladungen. An den Enden jeder Feldlinie befinden sich gleich große, aber entgegengesetzte Ladungen.

---

[1]) condensare (lat.), verdichten.

3.2.3. Ladungserscheinungen im elektrostatischen Feld

3.2.3.1. Elektrische Influenz

Führt man einen isolierten Metallkörper in das Feld eines Plattenkondensators ein
(Bild 3.5), so werden die in ihm enthaltenen freien Elektronen von der positiv geladenen
Kondensatorplatte angezogen und wandern an die Oberfläche des Körpers, die der positiv
geladenen Platte des Kondensators gegenübersteht. Die ihr zugekehrte Seite des Metall-
körpers erhält somit eine negative, die ihr abgekehrte Seite eine positive Ladung. Diesen
Vorgang der Ladungstrennung in einem Leiter unter dem Einfluß eines elektrischen
Feldes nennt man *elektrische Influenz*. Betrachtet man die Verteilung der Ladungen
in Abhängigkeit von der Feldlinienrichtung, so stellt man fest, daß der Körper an der
Eintrittsstelle der Feldlinien eine negative, an der Austrittsstelle eine positive Ladung
erhält. Die Elektronen werden also entgegen der Feldlinienrichtung verschoben.

Da die Feldlinien in den Ladungen des Metallkörpers ihr Ende bzw. ihren Anfang haben,
ist der Raum im Innern des Körpers feldfrei.

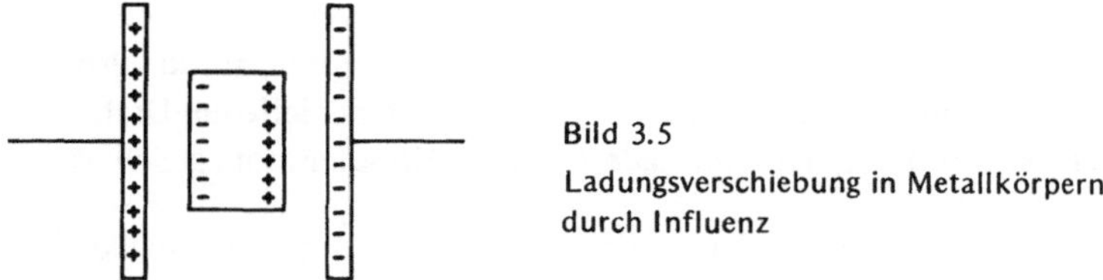

Bild 3.5
Ladungsverschiebung in Metallkörpern
durch Influenz

3.2.3.2. Dielektrische Polarisation

Auch der Isolator zwischen den Kondensatorplatten, den man auch als *Dielektrikum*
bezeichnet, erfährt unter der Einwirkung des elektrischen Feldes gegenüber seinem
Normalzustand Veränderungen. Jedes Molekül des Isolators enthält freie Elektronen,
die allerdings nur innerhalb des Moleküls beweglich sind. Durch die Kraftwirkung des
elektrischen Feldes können sie entgegen der Richtung der Feldlinien verschoben werden.
Dadurch ordnen sich die Ladungen innerhalb eines jeden Moleküls in der Weise, daß alle
negativen Ladungen der positiv geladenen Kondensatorplatte, alle positiven Ladungen
der negativ geladenen Kondensatorplatte zugekehrt sind. Einen Isolator, dessen Moleküle derartig geordnete Ladungen aufweisen, nennt man *polarisiert* (Bild 3.6).

Beim Aufladen eines Kondensators tritt in den Zuleitungen zum Kondensator ein Strom
auf, der auf der Bewegung der Elektronen beruht, die von der einen Seite abgesaugt und
zur anderen Seite des Kondensators hingedrückt werden. Aus den Betrachtungen über

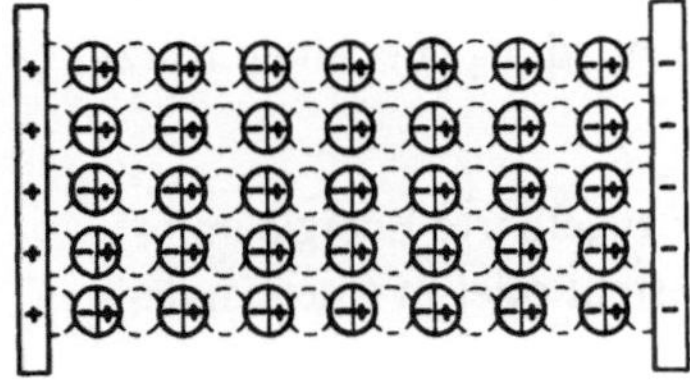

Bild 3.6
Polarisiertes Dielektrikum

einen Gleichstromkreis ist man gewöhnt, daß ein Strom nur in einer geschlossenen Leiterschleife entstehen kann. Hier aber ist der Kreis nicht geschlossen; denn das Dielektrikum zwischen den Belegungen des Kondensators ist ein Isolator und unterbricht den Leiterkreis. Nun entsteht aber infolge der entgegengesetzten Ladungen zwischen den Platten des Kondensators das elektrische Feld, dessen Vorhandensein durch die Influenzwirkung auf einen in dieses Feld gebrachten Leiter nachgewiesen werden kann. Befinden sich die beiden Platten des Kondensators im luftleeren Raum (im Vakuum), so ist diese Wirkung ebenso vorhanden, wie wenn sich Luft dazwischen befindet. Um das elektrische Feld zwischen den Platten aufzubauen, d. h. um in diesem Raum den Zwangszustand zu erzeugen, den man „elektrisches Feld" nennt, ist eine Energie notwendig, die sich über diesen Raum entsprechend der Feldliniendichte verteilt. Der Transport dieser Energie und ihre Verteilung über den Raum ist nicht anders vorstellbar als durch eine Strömung. Deshalb sagt man, beim Aufladen eines Kondensators fließt im Dielektrikum ein *dielektrischer Verschiebungsstrom,* so daß dadurch der Stromkreis nun doch geschlossen ist. Daß tatsächlich eine solche „Strömung" vorhanden ist, läßt sich dadurch nachweisen, daß man eine Drahtschleife derart in das Feld bringt, daß die elektrischen Feldlinien durch die Fläche dieser Schleife hindurchtreten. Legt man an einen Kondensator eine Gleichspannung an oder schaltet sie ab, oder legt man eine Wechselspannung an, so wird in der Drahtschleife ein Strom induziert, genauso, als wenn durch die Schleife ein Draht geführt wird, durch den ein Strom fließt, der dem Ladestrom des Kondensators gleich ist.

Befindet sich nun zwischen den Kondensatorplatten ein Dielektrikum, dessen Moleküle polarisiert werden, so ist dazu eine zusätzliche Energiezufuhr notwendig. Infolgedessen nimmt der Kondensator eine größere Ladung auf, d. h., der Ladestrom wird größer, als wenn die Polarisation nicht stattfände. Der Anteil des Ladestroms, der durch die Polarisation verursacht wird, ist der sogenannte *Polarisationsstrom.* Da der Verschiebungsstrom und der Polarisationsstrom im äußeren Stromkreis nicht voneinander zu unterscheiden und zu trennen sind, spricht man meistens ganz allgemein nur vom dielektrischen Verschiebungsstrom und meint damit die Summe der beiden Ströme.

Während im Vakuum das elektrische Feld und damit der Verschiebungsstrom trägheitslos den Spannungsänderungen am Kondensator folgt, werden bei der Polarisation im festen oder flüssigen Dielektrikum Masseteilchen (Moleküle und Atome bzw. Elektronen und Atomkerne) bewegt. Dabei entstehen Reibungen und damit Wärme. Damit ist gesagt, daß ein solches polarisierbares Dielektrikum sich im Wechselfeld (Feld einer Wechselspannung) erwärmt und dadurch Verluste verursacht. Außerdem sind die Änderungen der Polarisation nicht mehr trägheitslos, sondern die Polarisation bleibt in dem Dielektrikum noch eine Zeitlang bestehen, auch wenn die Kondensatorplatten kurzzeitig kurzgeschlossen werden. Auf dieser Tatsache beruht die sogenannte *dielektrische Nachwirkung,* die sich darin äußert, daß der Kondensator nach kurzzeitiger Entladung über einen Kurzschluß noch eine sogenannte *Restladung* aufweist.

Man kann feststellen, daß die beim Laden einem Kondensator zugeführte Energie im elektrischen Feld steckt, gleichgültig, ob dieses im Vakuum besteht oder in einem anderen Dielektrikum.

3.3. Meßgrößen des elektrostatischen Feldes

3.3.1. Elektrische Feldstärke

Die Ursache der Kraftwirkung auf eine elektrische Ladung im elektrischen Feld eines Kondensators ist die an den Kondensatorbelägen herrschende Spannung U. Diese Spannung ist auch an den Enden jeder einzelnen Feldlinie vorhanden. Durch einen Versuch läßt sich zeigen, daß die Spannung längs einer Feldlinie linear abfällt, d. h. gleichmäßig abnimmt. Bezeichnet man die Länge einer Feldlinie mit l, so ist U/l der *Spannungsabfall für 1 cm Feldlinienlänge.*

Das Spannungsgefälle im elektrischen Feld bezeichnet man als die elektrische Feldstärke E.

$$E = \frac{U}{l}$$

Die Feldstärke in einem beliebigen Punkt des elektrischen Feldes bestimmt die Größe der Kraftwirkung des Feldes in diesem Punkt. Sie ist gleich zusetzen mit ihr.

$$E = \frac{F}{Q} = \frac{U}{l}$$

Die Maßeinheit der Feldstärke ergibt sich aus den für die Spannung und die Feldlinienlänge gewählten Maßeinheiten, z.B. V/cm, V/m, kV/mm oder N/As.

Im homogenen Feld des Plattenkondensators sind alle Feldlinien gleich lang, und zwar gleich dem Abstand s der beiden Kondensatorplatten. Daher ist in einem solchen Kondensator die elektrische Feldstärke $E = \frac{U}{s}$ und hat an jedem beliebigen Punkt des homogenen Feldes den gleichen Wert.

Die elektrische Feldstärke im homogenen Feld eines Plattenkondensators ist der Quotient aus der Spannung und dem Plattenabstand des Kondensators:

$$E = \frac{U}{s}$$ (s. Beispiel)

Tafel 3.1: *Durchschlagsfestigkeit E_d, Dielektrizitätszahl ϵ_r und Verlustfaktor $\tan \delta$ [1] einiger Isolierstoffe*

Isolierstoff	E_d in kV/mm	ϵ_r	$\tan \delta$ [2]
Luft (293 K Normaldruck)	≈ 3	1	—
Hartpapier	≈ 20	3	bis 100
Glimmer	≈ 30	7	≈ 1
Paraffin	40	2	—
Porzellan	≈ 35	$\approx 5,5$	≈ 20
Polyäthylen (PE)	≈ 40	2,3	0,3
Polyvinylchlorid (PVC)	≈ 40	2,8	20
Styroflex	50	2,5	
Aluminiumoxid	1000	8,5	
Tempa S		14	
Tantal		≈ 27	
Epsilon 900		900	
Epsilon 7000		7000	

[1] s. Abschnitt 3.5.3.   [2] Tabellenwert $\times 10^{-3}$ für $f = 50$ Hz.

Die Feldstärke kann aber durch Erhöhen der Spannung U oder durch Verringern des Plattenabstandes nicht beliebig gesteigert werden. Bei einem bestimmten Grenzwert der Feldstärke, die man als *Durchschlagsfestigkeit* E_d des Dielektrikums bezeichnet, entlädt sich der Kondensator durch das Dielektrikum. Die zulässige *Betriebsfeldstärke* E des Kondensators muß deshalb stets kleiner sein als die Durchschlagsfestigkeit des Dielektrikums. In Tafel 3.1 ist die Durchschlagsfestigkeit einiger Isolierstoffe angegeben.

● *Beispiel:* **Wie groß ist die Feldstärke in einem Plattenkondensator mit einem Plattenabstand von 0,5 mm, wenn die Kondensatorspannung 220 V beträgt?**

Gesucht: E *Gegeben:* $U = 220$ V
                          $s = 0,5$ mm

Lösung: $E = \dfrac{U}{s}$

$E = \dfrac{220 \text{ V}}{0,5 \text{ mm}}$

Ergebnis: $E = 440 \dfrac{\text{V}}{\text{mm}} = 440 \dfrac{\text{kV}}{\text{m}}$

3.3.2. Elektrische Verschiebungsdichte

Durch die Spannung an den Platten eines Kondensators ist einerseits die Feldstärke, andererseits nach Abschnitt 3.1 auch die Größe der auf den Kondensatorplatten angesammelten Ladungen bestimmt. Bezeichnet man mit Q die Größe der Ladung auf jeder der beiden Kondensatorplatten und mit A deren Fläche, so ist Q/A die *Ladungsdichte* (Formelzeichen σ) auf jeder Platte. Sie ist ein Maß für die Stärke der Aufladung des Kondensators.

$$\sigma = \frac{Q}{A}$$

Wird an einer beliebigen Stelle des Kondensatorfeldes eine Metallplatte senkrecht eingeführt, so wird auf ihr nach Abschnitt 3.2.3 eine elektrische Ladung influenziert. Ist A_1 ihre Fläche und ψ die influenzierte Ladung oder Verschiebungsfluß, so ist ψ/A_1 die Dichte der *Influenzladung*, die man als elektrische *Verschiebungsdichte* (Formelzeichen D) bezeichnet.

Da in dem homogenen Feld eines Kondensators die Feldlinien parallel verlaufen, ist die elektrische Verschiebungsdichte auf einer zur Feldlinienrichtung senkrecht stehenden Platte gleich der Ladungsdichte der Kondensatorplatten.

$$D = \frac{\psi}{A_1} = \frac{Q}{A}$$

Die Maßeinheit der Verschiebungsdichte ist $\dfrac{\text{C}}{\text{m}^2} = \dfrac{\text{As}}{\text{m}^2}$

Die Ladungsverschiebung im elektrischen Feld tritt sowohl in Leitern als auch im Dielektrikum auf; sie ist durch die Feldstärke E verursacht. Infolgedessen wächst auch die Verschiebungsdichte proportional mit der Feldstärke, sie hängt aber außerdem von den Eigenschaften des Dielektrikums ab und ist um so größer, je leichter das Dielektrikum polarisierbar ist. Die Polarisierbarkeit des Dielektrikums wird durch die *Dielektrizitätskonstante* (Formelzeichen ϵ) gekennzeichnet.

$$D = \epsilon E$$

Den für das Vakuum und angenähert auch für Luft geltenden Wert der Dielektrizitätskonstanten nennt man die *Influenzkonstante* (Formelzeichen ϵ_0):

$$\epsilon_0 = 0{,}0886 \cdot 10^{-10}\ \frac{As}{Vm}$$

Die Maßeinheit für ϵ_0 ergibt sich aus der nach ϵ aufgelösten Gleichung $\epsilon = \dfrac{D}{E}$ und den Maßeinheiten für $D\text{:}\ \dfrac{As}{m^2}$ und $E\text{:}\ \dfrac{V}{m}$; sie ist

$$\frac{\dfrac{As}{m^2}}{\dfrac{V}{m}} = \frac{As}{Vm}$$

Die Dielektrizitätskonstante ϵ eines beliebigen Dielektrikums wird als Vielfaches der Influenzkonstanten ϵ_0 angegeben. Den unbenannten Zahlenfaktor nennt man die *relative Dielektrizitätskonstante* (Formelzeichen ϵ_r) oder Dielektrizitätszahl.

Somit ist

$$\text{Dielektrizitätskonstante} = \text{Influenzkonstante} \cdot \text{Dielektrizitätszahl}$$

$$\epsilon = \epsilon_0 \epsilon_r$$

3.4. Vergleich zwischen elektrischen und magnetischen Feldern

Zwischen elektrischen und magnetischen Feldern bestehen wesentliche elektrophysikalische Unterschiede: Ein elektrisches Feld wird durch zwei ruhende Ladungen erzeugt; die elektrischen Feldlinien entspringen und enden auf den elektrischen Ladungen. Ein magnetisches Feld wird durch den elektrischen Strom verursacht; die magnetischen Feldlinien sind in sich geschlossene Linien, ohne Anfang und Ende. Trotz dieser wesentlichen Unterschiede besteht ein weitgehender Gleichlauf im Aufbau der Formeln und deren Meßgrößen mit ihren Maßeinheiten (vgl. Tafel 3.2).

Tafel 3.2: *Vergleich der Meßgrößen zwischen elektrischen und magnetischen Feldern*

elektrisches Feld			magnetisches Feld		
Meßgröße	Formel	Maßeinheit	Meßgröße	Formel	Maßeinheit
Feldstärke	$E = \dfrac{U}{l}$	$\dfrac{\text{V}}{\text{m}}$	Feldstärke	$H = \dfrac{\Theta}{l}$	$\dfrac{\text{A}}{\text{m}}$
Influenzkonstante	$\epsilon_0 = 0{,}0886 \cdot 10^{-10}$	$\dfrac{\text{As}}{\text{Vm}}$	Induktionskonstante	$\mu_0 = 12{,}57 \cdot 10^{-7}$	$\dfrac{\text{Wb}}{\text{Am}} = \dfrac{\text{Vs}}{\text{Am}}$
relative Dielektri-zitätskonstante	ϵ_r	unbenannte Zahl	relative Permeabilität	μ_r	unbenannte Zahl
absolute Dielektri-zitätskonstante	$\epsilon = \epsilon_0 \epsilon_r$	$\dfrac{\text{As}}{\text{Vm}}$	absolute Permeabilität	$\mu = \mu_0 \mu_r$	$\dfrac{\text{Wb}}{\text{Am}} = \dfrac{\text{Vs}}{\text{Am}}$
Kapazität	C	$\text{F} = \dfrac{\text{As}}{\text{V}}$	Induktivität	L	$\text{H}\dfrac{\text{Wb}}{\text{A}} = \dfrac{\text{Vs}}{\text{A}}$
elektrische Spannung	$U = \Sigma\, E l$	V	magnetische Spannung	$V = \Sigma\, H l$	A
Verschiebungs-dichte	$D = \epsilon_0 \epsilon_r E$	$\dfrac{\text{As}}{\text{m}^2}$	magnetische Induktion	$B = \mu_0 \mu_r H$	T
Verschiebungs-fluß	$\psi = D A$	As	magnetischer Fluß	$\Phi = B A$	Wb = Vs

3.5. Der Kondensator

3.5.1. Ladung und Kapazität des Kondensators

Zwischen der Kondensatorspannung U, der Feldstärke E, der Verschiebungsdichte D und der Ladung Q des Kondensators besteht ein ursächlicher Zusammenhang, der durch die Gleichungen

$$E = \frac{U}{s}, \quad D = \epsilon E \quad \text{und} \quad D = \frac{Q}{A}$$

gegeben ist.

Löst man die Gleichung $D = \frac{Q}{A}$ nach Q auf, so erhält man aus $Q = D A$ bei Berücksichtigung der gegebenen Werte für D und E

$$Q = D A \qquad Q = \epsilon E A \qquad Q = \boxed{\frac{\epsilon A}{s}}\, U.$$

Für einen gegebenen Kondensator haben sowohl die Größe der Kondensatorflächen A als auch ihr gegenseitiger Abstand s und die Dielektrizitätskonstante ϵ des die Platten trennenden Isolators einen unveränderlichen Wert; damit ist der umrandete Zahlenfaktor $\frac{\epsilon A}{s}$ durch die geometrischen Dimensionen des Kondensators und die Dielektrizitätskonstante ϵ des Dielektrikums bestimmt; er ist eine konstante Zahl, die für jeden Kondensator einen anderen Wert annimmt.

Setzt man $\frac{\epsilon A}{s} = C$ in die obige Gleichung ein, so erhält man:

$$\boxed{Q = C\,U}$$

Diese Gleichung sagt aus:

1. Die von einem gegebenen Kondensator aufgenommene Ladung Q ist proportional der angelegten Spannung U.

2. Die von verschiedenen Kondensatoren bei der gleichen Spannung aufgenommenen Ladungen sind um so größer, je größer die den Kondensatoren entsprechenden Werte von C sind.

Der Faktor C ist also ein Maß für das Fassungsvermögen eines Kondensators; man nennt ihn deshalb die *Kapazität des Kondensators.*

$$\boxed{C = \frac{\epsilon A}{s} = \frac{\epsilon_0\, \epsilon_r A}{s}}$$

Die Kapazität eines Kondensators ist durch die Dielektrizitätskonstante des Isolators und die geometrischen Dimensionen des Kondensators bestimmt und zwar ist sie direkt proportional der Plattengröße und umgekehrt proportional dem Plattenabstand.

Setzt man in der Gleichung $Q = C\,U$ für $U = 1\,\mathrm{V}$ ein, so wird $Q = C$, d. h., der Proportionalitätsfaktor C ist zahlenmäßig gleich der Ladung, die den Kondensator auf die Spannung von $1\,\mathrm{V}$ auflädt.

Aus der Gleichung $C = \frac{Q}{U}$ und den Maßeinheiten für Q: As und U: V ergibt sich die Maßeinheit der Kapazität C: $\frac{\mathrm{As}}{\mathrm{V}}$. Diese Einheit wird zu Ehren des englischen Physikers *Faraday* 1 Farad genannt (Kurzzeichen F).

$$1\,\mathrm{F} = 1\,\frac{\mathrm{As}}{\mathrm{V}}$$

Das Farad ist eine sehr große Einheit; von ihm abgeleitete kleinere Einheiten sind:

    1 μF (Mikrofarad) $= 10^{-6}$ F
    1 nF (Nanofarad) $= 10^{-9}$ F
    1 pF (Pikofarad) $= 10^{-12}$ F

● *Beispiel 1:*   Welche Kapazität hat ein Luftkondensator, dessen Metallbeläge eine Fläche von
                    100 cm^2 und einen Abstand von 2 mm haben?

Gesucht: C   *Gegeben:* $A = 100$ cm^2
                                                     $s = 0{,}2$ cm
                                                     $\epsilon_r = 1$

Lösung: $C = \epsilon_0 \epsilon_r \dfrac{A}{s}$

$$C = 0{,}0886 \cdot 10^{-10}\,\frac{As}{Vm} \cdot 1 \cdot \frac{100 \cdot 10^{-4}\,m^2}{0{,}2 \cdot 10^{-2}\,m}$$

$$C = 44{,}3 \cdot 10^{-12}\,\frac{As}{V}$$

Ergebnis: $C = 44{,}3$ pF

● *Beispiel 2:*   An den Kondensator des Lösungsbeispiels 1 wird eine Spannung von 220 V gelegt.
                    Wie groß ist die Feldstärke zwischen den Belägen?

Gesucht: E   *Gegeben:* $U = 220$ V
                                                     $s = 0{,}002$ m

Lösung: $E = \dfrac{U}{s}$

$$E = \frac{220\,V}{0{,}002\,m}$$

Ergebnis: $E = 110\,000\,\dfrac{V}{m}$

● *Beispiel 3:*   Welche Ladung nimmt der Kondensator des Lösungsbeispiel 1 bei einer Spannung
                    von 220 V auf?

Gesucht: Q   *Gegeben:* $C = 44{,}3$ pF
                                                     $U = 220$ V

Lösung: $Q = C\,U$

$$Q = 44{,}3 \cdot 10^{-12}\,\frac{As}{V} \cdot 220\,V$$

Ergebnis: $Q = 9{,}746 \cdot 10^{-9}$ As

■ Aufgaben

1. Berechne die Dielektrizitätskonstante für Paraffin!
2. Ein Kondensator besteht aus zwei Metallplatten von 20 cm Durchmesser in 1 mm Abstand. Wie
   groß ist die Kapazität des Kondensators, wenn das Dielektrikum a) aus Luft, b) aus einer 1 mm
   starken Paraffinplatte besteht?
3. Berechne für den Kondensator der Aufgabe 2 bei einer angelegten Spannung von 220 V
   a) die Feldstärke,
   b) die vom Kondensator aufgenommene Ladung!

3.5.2. Schaltung von Kondensatoren

Kondensatoren können wie Widerstände parallel oder in Reihe geschaltet werden. Jede
dieser Schaltungen ist durch einen einzigen Kondensator ersetzbar, dessen Kapazität
der Kapazität der Parallel- bzw. Reihenschaltung entspricht.

3.5.2.1. Parallelschaltung von Kondensatoren

Drei Kondensatoren mit den Kapazitäten C_1, C_2 und C_3 sind nach Bild 3.7 parallelgeschaltet. Jeder der drei Kondensatoren liegt an der Spannung U und nimmt eine seiner Kapazität entsprechende Ladung auf; es ist

$$Q_1 = C_1 U, \quad Q_2 = C_2 U \quad \text{und} \quad Q_3 = C_3 U$$

Die von den parallelgeschalteten Kondensatoren aufgenommene Gesamtladung Q ist:

$$Q = Q_1 + Q_2 + Q_3$$

Durch Einsetzen von Q_1, Q_2 und Q_3 erhält man

$$Q = (C_1 + C_2 + C_3)\, U = C_{ers} U;$$

d.h., die Ladung, die parallelgeschaltete Kondensatoren an der Spannung U aufnehmen, ist ebenso groß wie die Ladung eines Kondensators, dessen Kapazität C_{ers} gleich der Summe der Einzelkapazitäten ist.

Daraus folgt:

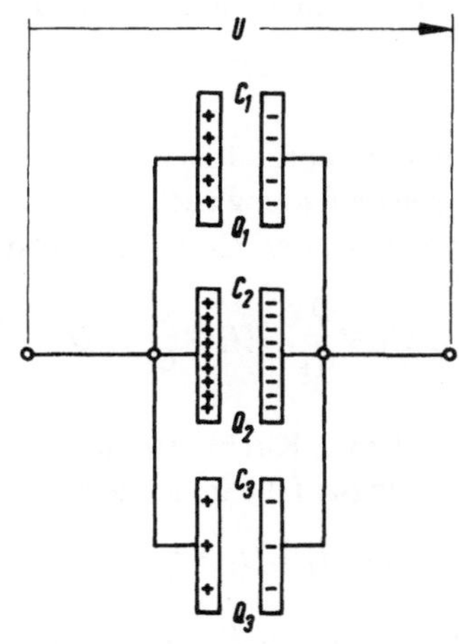

Bild 3.7. Parallelschaltung von Kondensatoren

Die Ersatzkapazität parallelgeschalteter Kondensatoren ist gleich der Summe der Einzelkapazitäten.

$$\boxed{C_{ers} = C_1 + C_2 + C_3}$$

3.5.2.2. Reihenschaltung von Kondensatoren

Drei Kondensatoren mit den Kapazitäten C_1, C_2, C_3 sind nach Bild 3.8a in Reihe geschaltet. Legt man an die äußeren Platten der Kondensatoren C_1 und C_3 die Spannung U, so erhalten zunächst diese entgegengesetzt gleiche Ladungen. Durch Influenz (vgl. Abschnitt 3.2.3) werden die Ladungen in den übrigen Platten derart verteilt, daß die inneren Platten der Kondensatoren C_1 und C_3 die entgegengesetzt gleichen Ladungen und

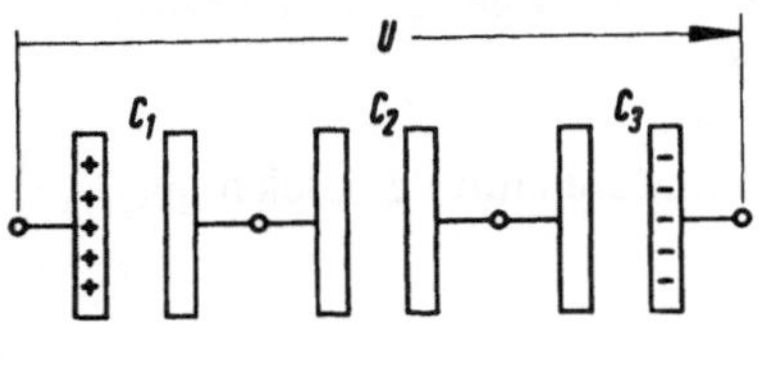
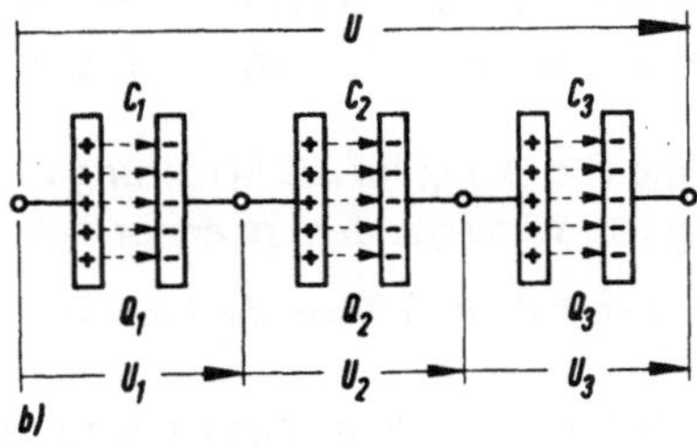

Bild 3.8. Reihenschaltung von Kondensatoren a) Aufladen der äußeren Platten durch Anlegen der Spannung, b) Aufladen der inneren Platten durch Influenz; $Q_1 = Q_2 = Q_3$

die mit den inneren Platten leitend verbundenen Platten des Kondensators C_2 gleiche
und gleichartige Ladungen erhalten wie die ihnen zugewandten äußeren Platten von
C_1 und C_3 (Bild 3.8b).

Somit sind die Ladungen Q_1, Q_2, Q_3 der einzelnen Kondensatoren gleich

$$Q_1 = Q_2 = Q_3 = Q$$

Wenn die Kapazitäten der in Reihe geschalteten Kondensatoren verschieden sind, erzeugt
die gleiche Ladung nach der allgemeinen Gleichung $U = Q/C$ verschiedene Spannungen.
Den Kapazitäten C_1, C_2, C_3 entsprechen die Spannungen

$$U_1 = \frac{Q}{C_1}, \quad U_2 = \frac{Q}{C_2}, \quad U_3 = \frac{Q}{C_3}$$

Nach dem 2. Kirchhoffschen Gesetz ist die Gesamtspannung U gleich der Summe der
Spannungsabfälle in den einzelnen Kondensatoren, somit

$$U = U_1 + U_2 + U_3$$

Durch Einsetzen der Werte von U_1, U_2, U_3 erhält man:

$$U = \frac{Q}{C_1} + \frac{Q}{C_2} + \frac{Q}{C_3}$$

Die Reihenschaltung von Kondensatoren kann durch einen Kondensator ersetzt werden,
der bei der gleichen Spannung U die gleiche Ladung Q aufnimmt. Bezeichnet man die
Kapazität des Ersatzkondensators mit C_{ers}, dann ist auch

$$U = \frac{Q}{C_{ers}}$$

Durch Vergleich der beiden letzten Gleichungen erhält man nach Division der Gleichung
durch Q:

$$\boxed{\frac{1}{C_{ers}} = \frac{1}{C_1} + \frac{1}{C_2} + \frac{1}{C_3}}$$

***Bei der Reihenschaltung von Kondensatoren ist der Kehrwert der Ersatzkapazität
gleich der Summe der Kehrwerte der Einzelkapazitäten.***

Vergleicht man die Gleichung für die Schaltung von Kondensatoren mit der Gleichung
für die Schaltung von Widerständen, so ergibt sich:

Kapazitäten verhalten sich wie die Leitwerte.

Bei der Parallelschaltung von Widerständen wird der Leitwert, bei der Parallelschaltung
von Kondensatoren die Kapazität größer. Bei der Reihenschaltung von Widerständen
wird der Leitwert, bei der Reihenschaltung von Kondensatoren die Kapazität kleiner.

Sonderfälle:

Für die Reihenschaltung von zwei Kondensatoren ergibt sich aus

$$\frac{1}{C_{ers}} = \frac{1}{C_1} + \frac{1}{C_2}$$

durch Addition der Brüche auf der rechten Seite der Gleichung

$$\frac{1}{C_{ers}} = \frac{C_1 + C_2}{C_1 C_2}$$

und die für die Rechnung bequemere Gleichung:

$$C_{ers} = \frac{C_1 C_2}{C_1 + C_2}$$

Sind die Kapazitäten von n in Reihe geschalteten Kondensatoren gleich, also $C_1 = C_2 = C_3 = \ldots = C$, so erhält man die der Parallelschaltung gleicher Widerstände entsprechende Gleichung:

$$C_{ers} = \frac{C}{n}.$$

● *Beispiel 1:*   Zwei Kondensatoren von 500 nF und 350 nF werden parallelgeschaltet. Berechne die Ersatzkapazität der Parallelschaltung!

Gesucht: C_{ers} *Gegeben:* $C_1 = 500$ nF
                                                   $C_2 = 350$ nF

Lösung: $C_{ers} = C_1 + C_2$
              $C_{ers} = 500$ nF $+ 350$ nF

Ergebnis: $C_{ers} = 850$ nF

● *Beispiel 2:*   Wie groß ist die Ersatzkapazität für zwei in Reihe geschaltete Kondensatoren von 500 pF und 300 pF?

Gesucht: C_{ers} *Gegeben:* $C_1 = 500$ pF
                                                   $C_2 = 300$ pF

Lösung: $C_{ers} = \dfrac{C_1 C_2}{C_1 + C_2}$

              $C_{ers} = \dfrac{500 \text{ pF} \cdot 300 \text{ pF}}{500 \text{ pF} + 300 \text{ pF}}$

              $C_{ers} = \dfrac{150\,000 \text{ (pF)}^2}{800 \text{ pF}}$

Ergebnis: $C_{ers} = 187,5$ pF

■ Aufgaben zu Abschnitt 3.5.2

1. Wie groß ist die Ersatzkapazität, wenn man zwei Kondensatoren mit den Kapazitäten von 150 pF und 300 pF

   a) in Reihe schaltet,
   b) parallel schaltet?

2. Berechne die Ersatzkapazität für die Reihenschaltung von vier Kondensatoren zu je 250 nF!
3. Die Spannung von 220 V liegt an zwei in Reihe geschalteten Kondensatoren mit 150 μF und 300 μF Kapazität.

   a) Berechne die Ersatzkapazität der Reihenschaltung!
   b) Wie groß ist die von der Ersatzkapazität aufgenommene Ladung?
   c) Wie verteilt sich die Spannung von 220 V auf die einzelnen Kondensatoren?

3.5.3. Verluste im Kondensator

3.5.3.1. Isolationsverluste

Ein an einer Gleichspannung aufgeladener Kondensator verliert nach dem Abschalten der Spannungsquelle nach einer kürzeren oder längeren Dauer seine Ladung. Da der die Kondensatorplatten trennende Isolator eine, wenn auch nur geringe Leitfähigkeit besitzt, fließt durch den Isolator ein schwacher Strom (Isolationsstrom), durch den sich die Ladungen ausgleichen. Dieser unerwünschte Strom bedeutet in Verbindung mit der Kondensatorspannung einen Leistungsverlust, den man als *Isolationsverlust* bezeichnet.

3.5.3.2. Dielektrische Verluste

Wie im Kapitel Polarisation festgestellt wurde, tritt beim Anschluß eines Kondensators an eine Gleichspannung innerhalb eines jeden Moleküls des Dielektrikums eine Elektronenbewegung auf, die man als *Verschiebungsstrom* bezeichnet. Beim Anschluß des Kondensators an eine Wechselspannung werden die Moleküle des Isolators dauernd im Rhythmus der Wechselspannung umpolarisiert, so daß ein Verschiebungsstrom in wechselnder Richtung fließt, solange die Wechselspannung am Kondensator liegt. Dadurch entsteht ein Leistungsverlust, der von der Frequenz der Wechselspannung, der Höhe der Spannung und der Kapazität des Kondensators abhängt, und den man als *dielektrischen Verlust* bezeichnet.

Während beim Anlegen einer Gleichspannung an den Kondensator nur ein Isolationsverlust auftritt, setzen sich beim Anschluß an eine Wechselspannung die Verluste aus dem Isolationsverlust und dem dielektrischen Verlust zusammen.

3.5.3.3. Ersatzschaltung für den verlustbehafteten Kondensator

Bei Berechnungen von Stromkreisen, die Kondensatoren als Schaltelemente enthalten, werden die Kondensatorverluste dadurch berücksichtigt, daß man den verlustbehafteten technischen Kondensator durch einen verlustfreien Kondensator ersetzt, dem ein ohmscher Widerstand parallelgeschaltet ist (Bild 3.9). Der Widerstand muß so bemessen sein, daß der Leistungsverlust im Widerstand gleich der Summe des Isolationsverlustes und des dielektrischen Verlustes ist. Für Isolierstoffe wird dafür der Verlustfaktor $\tan \delta$ angegeben (s. Tafel 3.1).

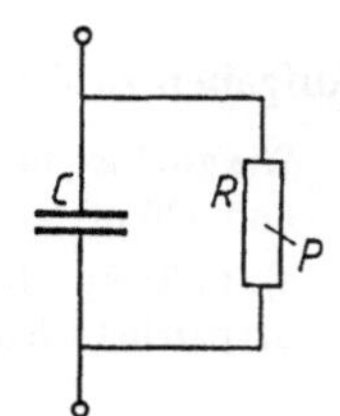

Bild 3.9
Ersatzschaltung für einen technischen Kondensator,
C verlustfreier Kondensator, R Verlustwiderstand

● *Beispiel:*   Berechne den Isolationswiderstand un die Verlustleistung eines Kondensators, wenn der
                 Isolationsstrom bei 220 V Spannung 4 μA beträgt!

Gesucht: R *Gegeben:* $U = 220$

                                          $I = 4\ \mu A$

Lösung: $R = \dfrac{U}{I}$ $P = \dfrac{U^2}{R}$

              $R = \dfrac{220\ V}{4 \cdot 10^{-6}\ A}$ $P = \dfrac{220^2\ V^2}{55 \cdot 10^6\ \Omega}$

              $R = 55 \cdot 10^6\ \Omega$ $P = 0{,}88\ mW$

Ergebnis: $R = 55\ M\Omega$

3.5.4. Kondensator als Schaltelement

Der Kondensator ist ein wichtiges Schaltelement in Gleichstromschaltapparaten zur
Unterdrückung des Öffnungsfunkens und in Schaltanordnungen der Nieder- und Hochfrequenztechnik. Die Anforderungen, die an die technischen Kondensatoren hinsichtlich
der Größe und Konstanz der Kapazität, der Spannungsfestigkeit des Dielektrikums und
der Verluste gestellt werden, sind sehr verschieden; dementsprechend ist auch ihre
technische Ausführung mannigfaltig. Man unterscheidet hinsichtlich

der *Kapazität*

   Kondensatoren mit fester Kapazität und solche mit veränderlicher Kapazität,

des *Dielektrikums:*

   Papier- und Glimmerkondensatoren, Kondensatoren mit Kunststoffolien, keramische
   Kondensatoren, Luftkondensatoren und Elektrolytkondensatoren,

der *Bauart:*

   Plattenkondensatoren, Becherkondensatoren, Rohrkondensatoren,
   Drehkondensatoren.

3.5.4.1. Kondensatoren mit fester Kapazität

Glimmerkondensatoren (Bild 3.10) werden bevorzugt als Normalkondensatoren für
Meßzwecke verwendet. Glimmer ist ein in der Natur vorkommender, sehr guter Isolierstoff, der sich in dünne Schichten spalten läßt; auf die Glimmerplatten werden die
Metallbeläge aufgebracht. Größere Kapazitäten werden durch Parallelschalten mehrerer
Elemente hergestellt. Infolge des hochwertigen Isolierstoffes können Glimmerkondensatoren auch mit hochfrequentem Wechselstrom hoch belastet werden; ihre Kapazität
ist konstant, die Verluste sind gering.

Bild 3.10
Glimmerkondensator

In *Papierkondensatoren* wird als Isolierstoff ein mit Öl oder Paraffin getränktes Papier
verwendet. Zwei lange Streifen dieses Papieres und zwei etwas schmalere Streifen einer
Aluminiumfolie werden abwechselnd aufeinandergeschichtet und aufgewickelt (Bild 3.11).
Diese Wickel werden in Rohre oder Becher (Bild 3.12) eingeführt und durch eine Ver-
gußmasse abgedichtet, nachdem beide Beläge mit je einem Anschlußkontakt leitend
verbunden wurden.

Die *Metallpapierkondensatoren (MP-Kondensatoren)* unterscheiden sich von den gewöhnlichen Papierkondensatoren lediglich durch die Metallbeläge. Diese werden in dünnster
Schicht auf ebenfalls sehr dünne Papierstreifen aufgedampft.

An Stelle von Papierstreifen werden in den *Kunststoffolienkondensatoren* Streifen des
hochwertigen Isolierstoffes Polystyrol verwendet.

Bild 3.11. Querschnitt durch
einen Papierwickelkondensator
(schematisch)

Bild 3.12. Papierkondensator
in Becherform

Keramikkondensatoren bestehen aus einem dünnwandigen, keramischen Körper verschiedener Form (z. B. Scheiben, Rohr) mit beiderseitig aufgebrannten Silberbelägen. Als
keramische Masse werden Spezialmassen, wie z. B. Kondensa, Frequenta, Tempa, die
eine hohe Dielektrizitätskonstante haben, verwendet. Kleinstkondensatoren (Bild 3.13)
werden für Spannungen von 250 ... 1500 V, Großkondensatoren in Platten- oder Topf-
form für Spannungen bis 12 kV gebaut.

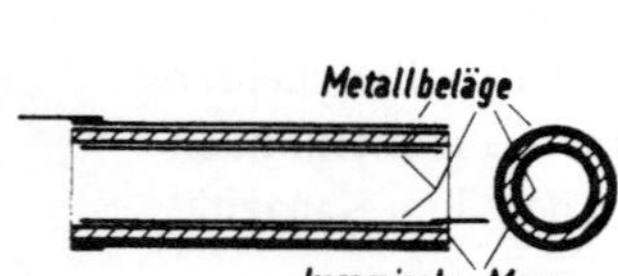

Bild 3.13. Keramik-Klein-
kondensator

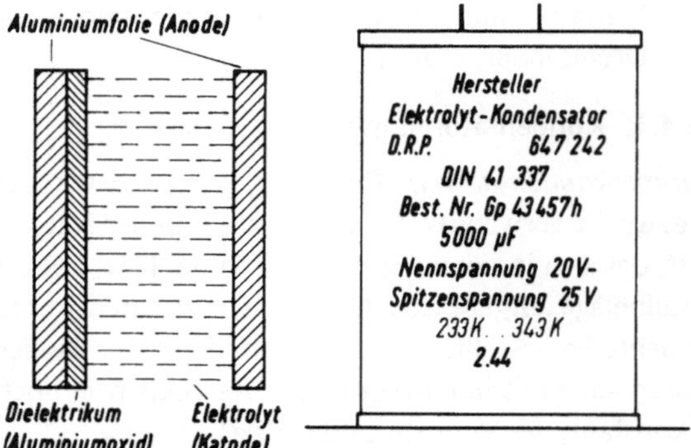

Bild 3.14. Elektrolytkondensator (schematisch)

Der *Elektrolytkondensator* enthält als Katode einen Elektrolyt und als Anode eine
Aluminiumelektrode (Bild 3.14). Der Isolator ist die auf der Aluminiumelektrode sich
bildende Aluminiumoxidhaut. Da Aluminiumoxid nur in einer Richtung als Isolator
wirkt, ist der Elektrolytkondensator nur für Gleichstrom verwendbar. Er wirkt nur dann
als Kondensator, wenn der positive Pol an der Aluminiumelektrode, der negative Pol an
dem Elektrolyt liegt.

3.5.4.2. Kondensatoren mit veränderlicher Kapazität

Die übliche Form eines Kondensators mit stetig veränderlicher Kapazität ist der *Dreh-kondensator* (Bild 3.15). In ein feststehendes Paket paralleler Metallplattensegmente wird ein zweites, um eine Achse drehbares Paket eingeführt und dem Drehwinkel entsprechend die wirksame Plattengröße verändert. Als Isolator verwendet man Luft, Öl oder Kunststoffolien. Ist *A* die einseitige Oberfläche einer der drehbaren Platten, *n* die Gesamtzahl aller festen und drehbaren Platten und *s* der Abstand einer drehbaren Platte von einer benachbarten festen Platte, so ist die Kapazität eines solchen Drehkondensators bei ganz eingedrehtem Rotor:

$$C = \frac{\epsilon A}{s}\,(n-1)$$

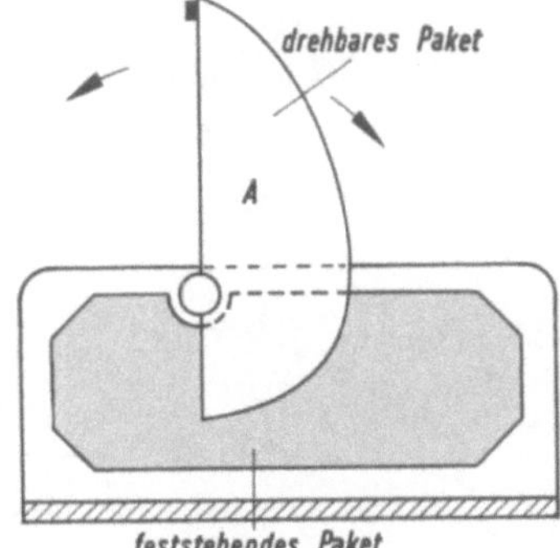

Bild 3.15
Luftdrehkondensator

Die Zahl *n* ist immer ungerade zu wählen, so daß der feststehende Teil (Stator) eine Platte mehr hat als der drehbare (Rotor). Diese Maßnahme ist empfehlenswert, damit die beiden äußeren Platten des Kondensators die gleiche Polarität haben und zwischen der oberen festen Platte und der unteren beweglichen Platte kein Streufeld entstehen kann.

Tafel 3.3: *Kennzeichnung der Kondensatoren nach DIN 41 920 durch Zahlen und Buchstaben*

	Kapazitätstoleranz			Nennspannung
	$C < 10\,\text{pF}$	$C > 10\,\text{pF}$		
B	± 0,1 pF	—	a	50 V_
C	± 0,25 pF	—	b	125 V_
D	± 0,5 pF	± 0,5 %	c	160 V_
F	± 1 pF	± 1 %	d	250 V_
G	± 2 pF	± 2 %	e	350 V_
H		± 2,5 %	f	500 V_
J		± 5 %	g	700 V_
K		± 10 %	h	1000 V_
M		± 20 %		
P		− 0 ... + 10 %	u	250 V~
R		− 20 ... + 30 %	v	350 V~
S		− 20 ... + 50 %	w	500 V~
Z		− 20 ... + 80 %		

Kapazitätswert in pF: nur Zahl z.B. 27 $\hat{=}$ 27 pF
Kapazitätswert in nF: Zahl und *n* z.B. 1 *n* $\hat{=}$ 1 nF

Kondensatoren mit veränderlicher, auf einen bestimmten Wert einstellbaren Kapazität
sind die *keramischen Scheibentrimmer* (Bild 3.16). Sie bestehen aus einem feststehenden und einem drehbaren Teil aus keramischer Spezialmasse (Tempa, Kondensa) mit
eingebrannten Belägen in Form von Kreissektoren. Der in der Mitte des Kondensators
im Bilde sichtbare Schraubenschlitz dient zum Verdrehen der beweglichen Scheibe
mittels eines Schraubenziehers. Der drehbare Sektor wird gegen den feststehenden so
lange verdreht, bis die gewünschte Kapazität erreicht ist.

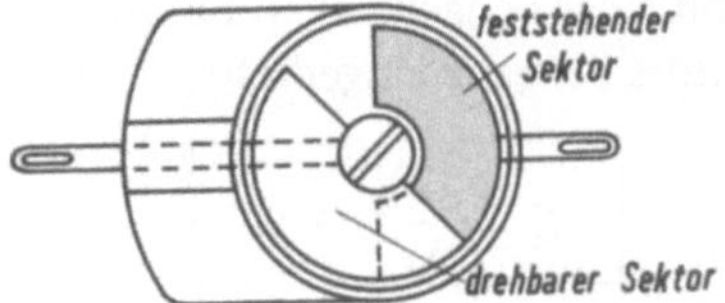

Bild 3.16
Keramischer Trimmerkondensator

4. Wechselstrom und Drehstrom

4.1. Wechselstrom

4.1.1. Erzeugung des Wechselstromes

Die mechanische Erzeugung elektrischer Ströme in den Generatoren der Elektrizitätswerke beruht auf der technischen Anwendung der elektromagnetischen Induktion. Im
Abschnitt 2.4 wurde gezeigt, daß in einer Spule eine elektrische Spannung induziert wird,
wenn sich der Magnetfluß innerhalb der Spule ändert. Dies erreicht man in technisch bequemer Weise, indem man eine Spule in einem ruhenden Magnetfeld dreht. Ein einfaches
Modell eines Generators zeigt Bild 4.1.

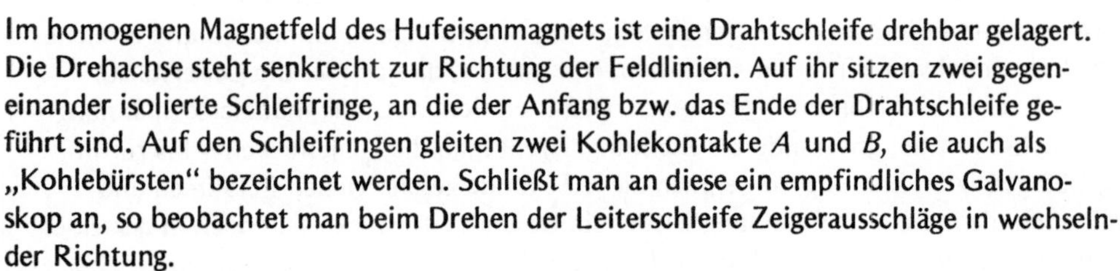

Bild 4.1
Modell eines Wechselstromgenerators

Im homogenen Magnetfeld des Hufeisenmagnets ist eine Drahtschleife drehbar gelagert.
Die Drehachse steht senkrecht zur Richtung der Feldlinien. Auf ihr sitzen zwei gegeneinander isolierte Schleifringe, an die der Anfang bzw. das Ende der Drahtschleife geführt sind. Auf den Schleifringen gleiten zwei Kohlekontakte A und B, die auch als
„Kohlebürsten" bezeichnet werden. Schließt man an diese ein empfindliches Galvanoskop an, so beobachtet man beim Drehen der Leiterschleife Zeigerausschläge in wechselnder Richtung.

Von den parallel zur Drehachse verlaufenden Drahtstücken a und b werden beim Drehen
der Leiterschleife Feldlinien geschnitten und dadurch in ihnen Spannungen induziert. Bei
gleicher Drehgeschwindigkeit ist die Höhe der induzierten Spannung nach dem Induktionsgesetz der Zahl der in den gleichen Zeitabschnitten geschnittenen Feldlinien proportional.
Ein vorläufiges Bild von dem Verlauf der Spannung während einer vollen Umdrehung der
Leiterschleife um 360° erhält man, wenn man die von ihr in gleichen Zeitabschnitten
geschnittenen Feldlinienzahlen miteinander vergleicht. Geht man von der in Bild 4.1
gezeichneten Anfangslage aus (Bild 4.2a), bei der die Leiterschleife senkrecht auf der
Richtung der Feldlinien steht, so bewegen sich die beiden Drahtstücke a und b in diesem Augenblick parallel zu den Feldlinien. Es werden also keine Feldlinien geschnitten,
und infolgedessen wird auch keine Spannung induziert.

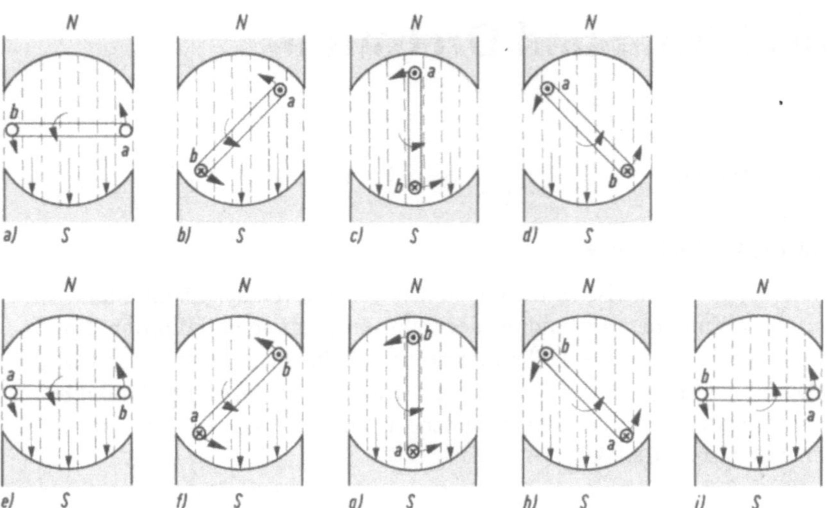

Bild 4.2. Drehung der Leiterschleife im Magnetfeld

Bei weiterem Drehen bewegen sich die Leiterstücke quer zu den Feldlinien. Es werden
zunächst nur wenige Feldlinien geschnitten, so daß nur eine geringe Spannung induziert
wird (Bild 4.2b). Die Richtung des Induktionsstromes ergibt sich aus der Rechte-Hand-
Regel. Das Leiterstück a bewegt sich nach links. Da die Feldlinien von oben nach unten
verlaufen, fließt der Strom in a auf den Beschauer zu, im Leiterstück b, das sich nach
rechts bewegt, vom Beschauer weg. Der Strom fließt also in der Drahtschleife im Uhrzeigersinn, wenn man in Richtung der Feldlinien auf die Drahtschleife blickt. Beim Weiterdrehen nimmt die Zahl der in der Zeiteinheit geschnittenen Feldlinien zu und erreicht
beim Drehwinkel von 90° (Bild 4.2c) ihren Höchstwert, da sich hier die Leiterstücke
senkrecht zur Feldlinienrichtung bewegen. Damit erreicht auch die induzierte Spannung
ihren Höchstwert bei unveränderter Richtung. Dreht man die Schleife weiter bis zur in
Bild 4.2d gezeigten Stellung, so nehmen die je Sekunde geschnittenen Feldlinien und
damit auch die induzierte Spannung wieder ab. Da die Leiterstücke sich noch in derselben
Richtung weiterbewegen (a nach links, b nach rechts), bleibt auch die Spannungsrichtung unverändert. In der Stellung e bewegen sich die Leiterstücke wieder parallel zu
den Feldlinien, so daß die Zahl der geschnittenen Feldlinien und damit auch die induzierte Spannung wieder auf den Wert Null absinkt. Beim Weiterdrehen in die Stellungen
f), g) und h) kehrt sich die Bewegungsrichtung der Leiterstücke a und b (a nach rechts,
b nach links) und damit nach der Rechte-Hand-Regel auch die Richtung der induzierten
Spannung um. In der in Bild 4.2g gezeigten Stellung erreicht die Spannung ihren größten
negativen Wert und steigt in der Stellung (Bild 4.2i), die der Ausgangsstellung entspricht,
wieder bis zum Wert Null an. Bei jeder weiteren Umdrehung wiederholt sich der beschriebene Vorgang. Während der Bewegung zwischen den Stellungen a) bis e) ist die mit dem
Leiterstück a verbundene Kohlebürste A der positive Pol, die mit dem Leiterstück b
verbundene Kohlebürste B der negative Pol des Generatormodells. Während der Bewe-

gung zwischen den Stellungen e) und i) ist umgekehrt die Kohlebürste A der negative,
die Kohlebürste B der positive Pol. In dem an die Pole angeschlossenen äußeren Teil
des Leiterkreises fließt also ein Strom wechselnder Stärke und wechselnder Richtung,
ein *Wechselstrom*.

4.1.2. Funktionsgleichungen des Wechselstromes

4.1.2.1. Ableitung der Funktionsgleichungen

Die zahlenmäßige Abhängigkeit der induzierten Wechselspannung vom Drehwinkel der
Leiterschleife ergibt sich aus folgender Überlegung: Die induzierte Wechselspannung
wird nach Abschnitt 2.4.2 bestimmt durch die Kraftflußänderung in der Leiterschleife,
d. h. durch die Zahl der aus der Schleife bei deren Drehung austretenden bzw. in sie
eintretenden Feldlinien.

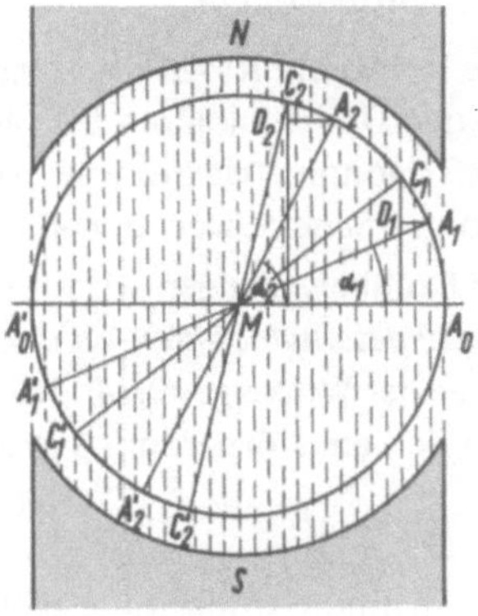

Bild 4.3

Ableitung der Spannungsfunktion

Angenommen seien ein homogenes Magnetfeld und eine gleichförmige Kreisbewegung
der Leiterschleife. Als Ausgangsstellung der Schleife sei in Bild 4.3 wieder die Lage
$A_0 A_0'$ gewählt, in der die Schleifenebene senkrecht auf der Feldlinienrichtung steht
(Indifferenzzone oder neutrale Zone). $A_1 A_1'$ stellt die Lage der Leiterschleife nach einer
Drehung um den Winkel α_1 aus der Anfangslage dar, $C_1 C_1'$ ihre Lage nach einer kurzen
Zeit dt, $A_2 A_2'$ die Lage der Schleife nach der Drehung um den Winkel α_2 und $C_2 C_2'$
ihre Lage nach der gleichen Zeit dt. Da $A_1 C_1$ und $A_2 C_2$ mit den Tangentenrichtungen
in A_1 und A_2 zusammenfallen, steht $A_1 C_1$ auf $A_1 A_1'$ und $A_2 C_2$ auf $A_2 A_2'$ senkrecht.
Daher ist

$$\sphericalangle A_1 C_1 D_1 = \alpha_1 \,(A_1 C_1 \perp A_1 M \text{ und } C_1 D_1 \perp A_0 M)$$
$$\sphericalangle A_2 C_2 D_2 = \alpha_2 \,(A_2 C_2 \perp A_2 M \text{ und } C_2 D_2 \perp A_0 M)$$

Das Verhältnis der in A_1 und A_2 induzierten Spannungen u_1 und u_2 ist gleich dem
Verhältnis der über die Strecken $A_1 D_1$ und $A_2 D_2$ austretenden Feldlinien. Da die Feld-
linien im homogenen Feld überall gleich dicht sind, ist dieses Verhältnis auch gleich dem
Verhältnis der Strecken $A_1 D_1$ und $A_2 D_2$:

$$\frac{u_1}{u_2} = \frac{A_1 D_1}{A_2 D_2} = \frac{A_1 C_1 \sin \alpha_1}{A_2 C_2 \sin \alpha_2}$$

Da ferner auch die in derselben Zeit dt von der Schleife zurückgelegten Kreisbögen bei einer gleichförmigen Bewegung gleich sind, ist

$$A_1 C_1 = A_2 C_2$$

und deshalb

$$u_1 : u_2 = \sin\alpha_1 : \sin\alpha_2$$

oder in anderer Form nach Einführung des Proportionalitätsfaktors $\hat{u}$ (sprich: u-Dach):

$$u = \hat{u} \sin\alpha$$

Die Spannungen, die in einer Leiterschleife bei gleichförmiger Rotation in einem homogenen Magnetfeld induziert werden, sind dem Sinus des Drehwinkels proportional.

Wie im Abschnitt 4.1.1 gezeigt wurde, nimmt die Wechselspannung u ihren Höchstwert für den Drehwinkel $\alpha = 90°$ an. In der Spannungsfunktion wird für $\alpha = 90°$, wie aus der Trigonometrie bekannt, $\sin 90° = 1$, und $u = \hat{u}$. Der Proportionalitätsfaktor $\hat{u}$ ist also der *Scheitelwert der Wechselspannung.*

Bei Drehbewegungen wird im allgemeinen der Drehwinkel α durch das Produkt aus der *Winkelgeschwindigkeit* ω und der Zeitdauer t der Bewegung ausgedrückt, wobei man unter der Winkelgeschwindigkeit den im Bogenmaß gemessenen Winkel versteht, um den sich ein Körper in 1 s dreht. Der in der Zeit t beschriebene Winkel ist dann:

$$\alpha = \omega t$$

Die Spannungsfunktion erhält dann die Form:

$$u = \hat{u} \sin\omega t$$

Wirkt die Wechselspannung auf einen ohmschen Widerstand, so ergeben sich die *Augenblickswerte* i *der Stromstärke* aus der Gleichung

$$i = \frac{u}{R} = \frac{\hat{u}}{R} \sin\omega t$$

oder, wenn man für $\dfrac{\hat{u}}{R} = \hat{\imath}$ einsetzt,

$$\boxed{i = \hat{\imath} \sin\omega t}$$

Eine wesentliche Verstärkung der Wirkung erhält man, wenn man an Stelle einer Drahtwindung eine Spule mit vielen Windungen im Magnetfeld dreht. Die an den einzelnen Windungen induzierten Spannungen addieren sich wie die Spannungen von in Reihe geschalteten Elementen zu einer Gesamtspannung.

4.1.2.2. Graphische Darstellung der Funktionsgleichungen des Wechselstromes

Der Spannungs- und Stromverlauf bei Wechselströmen läßt sich übersichtlich in *Zeigerdiagrammen* oder *Liniendiagrammen* darstellen.

Zeigerdiagramm

Unter einem *Zeiger* versteht man eine um ihren Endpunkt sich drehende Strecke. Zur
Darstellung der Sinusfunktion gibt man dem Zeiger eine Länge, die dem Scheitelwert
der Sinusfunktion entspricht. Läßt man den Zeiger entgegen dem Uhrzeigersinn und
mit gleicher Winkelgeschwindigkeit umlaufen, mit der die Leiterschleife in Bild 4.1
umläuft, so entspricht in jedem Augenblick die Zeigerstellung der Lage der Leiterschleife
(Bild 4.4).

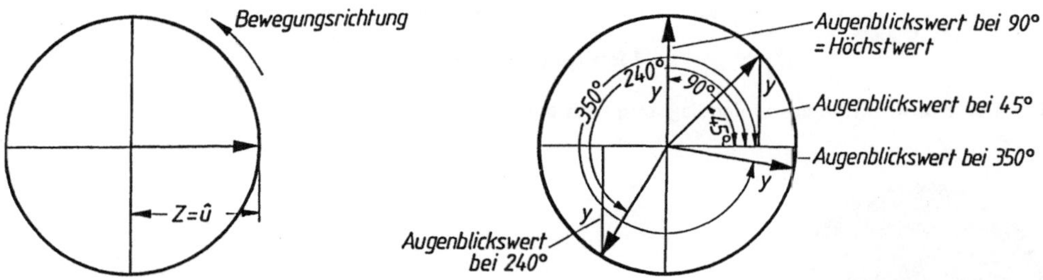

Bild 4.4. Zeigerdiagramm   Bild 4.5. Konstruktion der Augenblickswerte der Spannung

Den Augenblickswert der Spannung bzw. Stromstärke, der einer beliebigen Lage des
Zeigers beim Drehwinkel ωt entspricht, erhält man, wenn man von der Spitze des
Zeigers das Lot y auf die durch den Drehpunkt gehende Horizontalachse fällt (Bild 4.5).
In dem entstehenden rechtwinkligen Dreieck ist nämlich $y = \hat{u} \sin \omega t$, also gleich dem
Augenblickswert der Spannung. Für alle Drehwinkel ωt zwischen $0°$ und $180°$ ist das
Lot nach oben gerichtet, also positiv, für alle Winkel zwischen $180°$ und $360°$ nach
unten gerichtet, also *negativ*.

Liniendiagramm

Aus dem Zeigerdiagramm läßt sich in einfacher Weise das *Liniendiagramm* entwickeln
(Bild 4.6). Man zeichnet neben das Zeigerdiagramm ein rechtwinkliges Koordinatensystem. Auf der Horizontalachse wird eine Strecke abgetragen, die dem Kreisumfang
im Zeigerdiagramm gleich ist. Auf ihr werden die den einzelnen Bogenlängen im Zeigerdiagramm entsprechenden Winkelgrade als Teilungspunkte abgetragen. Die im Zeigerdiagramm für die einzelnen Drehwinkel ermittelten Spannungslote werden in das Koordinatensystem unter Berücksichtigung ihrer Abhängigkeit vom Drehwinkel übertragen. Verbindet man die Endpunkte der Lote zwanglos durch einen Linienzug, so erhält man das
Bild des Spannungs- bzw. Stromverlaufs beim Wechselstrom. Das Bild 4.6 entspricht
der aus der Mathematik bekannten *Sinuslinie*. Den in Bild 4.6 dargestellten Verlauf der
Wechselspannung bzw. des Wechselstromes bezeichnet man als *Welle* oder *Schwingung*.
Sie setzt sich zusammen aus einer positiven und einer negativen Halbwelle.

Den Strom- und Spannungsverlauf bei Wechselstrom, wie er sich im Liniendiagramm ergibt, kann man auch experimentell mit Hilfe eines Oszilloskops sichtbar machen. Schließt
man das Oszilloskop an eine Wechselspannung an, so wird auf dem Bildschirm die bereits
bekannte Wechselspannungskurve sichtbar (Bild 4.7).

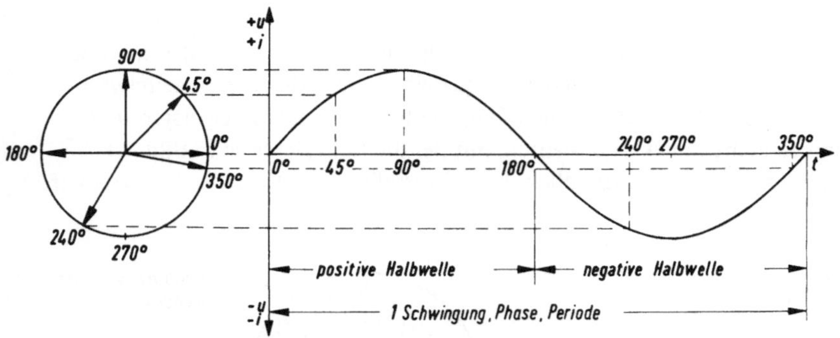

Bild 4.6. Konstruktion des Liniendiagramms aus dem Zeigerdiagramm

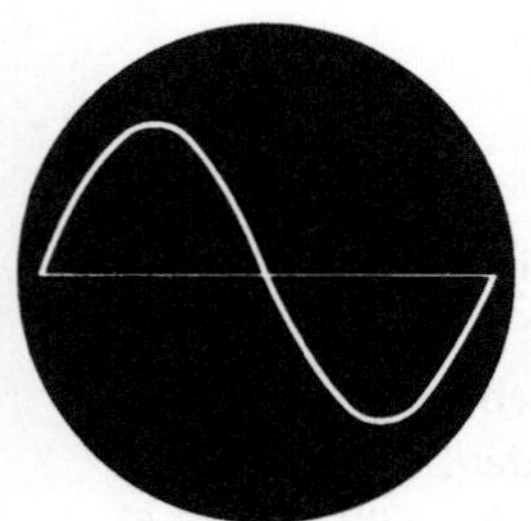

Bild 4.7
Schirmbild der Wechselspannung
im Oszilloskop

4.1.3. Bestimmungsgrößen des Wechselstromes

4.1.3.1. Periode

Nach jeder vollen Umdrehung der Leiterschleife im Magnetfeld wiederholt sich der in
Bild 4.6 dargestellte Vorgang. Einen Vorgang, der sich nach einer bestimmten Zeit
wiederholt, nennt man einen *periodischen Vorgang*.

> **Wechselspannung und Wechselstrom ändern sich periodisch nach einer
> Sinusfunktion.**

Die Zeit, die zum vollen Ablauf der Wechsel-
stromschwingung erforderlich ist, nennt man
die *Periodendauer* oder kurz die *Periode* des
Wechselstromes (Formelzeichen T). Beim
technischen Wechselstrom ist die Periode
$1/50$ s (Bild 4.8).

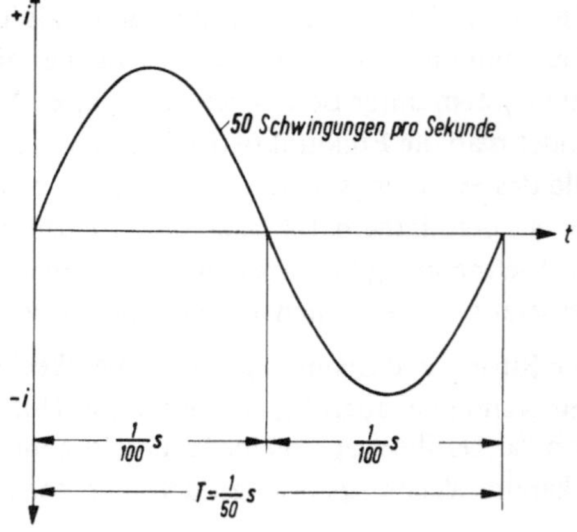

Bild 4.8
Technischer Wechselstrom

4.1.3.2. Phase und Phasenwinkel

Bei periodischen Vorgängen bezeichnet man den in gleichen Zeitabschnitten in gleicher Weise sich wiederholenden Ablauf einer Erscheinung als *Phase*. Bei den Wechselstromgrößen ist der augenblickliche Zustand im Zeitpunkt t durch den Drehwinkel ωt gegeben, den man als *Phasenwinkel* bezeichnet. Phasengleichheit zwischen den Augenblickswerten besteht nach Ablauf je einer Periode (T).

4.1.3.3. Frequenz

Als *Frequenz* (Formelzeichen f) bezeichnet man die Zahl der in der Zeiteinheit ablaufenden Perioden des Wechselstroms. Zwischen der Frequenz f und der Periode T besteht also die Beziehung:

$$\boxed{T = \frac{1}{f}} \quad \text{oder} \quad f = \frac{1}{T}\,.$$

Die Einheit der Frequenz ist 1 Hertz (Kurzzeichen Hz), benannt nach dem deutschen Physiker *Heinrich Hertz* (1857 bis 1894).

$$1\,\text{Hz} = 1\ \text{Schwingung in 1 s}$$

$$1\,\text{Hz} = \frac{1}{\text{s}} = \text{s}^{-1}$$

Der technische Wechselstrom hat die Frequenz $f = 50$ Hz (Kurzzeichen ~ 50 Hz; die dem Wechselstromzeichen $\sim$ beigefügte Zahl gibt die Frequenz des Wechselstromes an). Für elektrische Bahnen verwendet man in Deutschland Wechselstrom von $16\frac{2}{3}$ Hz. Größere Einheiten der Frequenz sind:

$$1\,\text{kHz} \ (\text{Kilohertz}) = 1000\,\text{Hz} = 10^3\,\text{Hz}$$
$$1\,\text{MHz} \ (\text{Megahertz}) = 1000\,\text{kHz} = 10^6\,\text{Hz}$$

Die Zahl der Perioden je Sekunde stimmt beim Bewegen einer Leiterschleife nur dann mit der Drehzahl n der Leiterschleife überein, wenn das Magnetfeld durch 1 Polpaar erzeugt wird. Bei 2 auf den Umfang gleichmäßig verteilten Polpaaren ergibt 1 Umdrehung 2 Perioden, bei p Polpaaren p Perioden. Führt die Leiterschleife n' Umdrehungen je Sekunde aus, so ist die Zahl der Perioden je Sekunde also die Frequenz: $f/\text{Hz} = n'/\frac{1}{\text{s}}\, p$. In der Technik wird aber die Drehzahl einer Maschine in Umdrehung je Minute angegeben. Ist n die Drehzahl je Minute, dann ist die Drehzahl je Sekunde

$$n'/\frac{1}{\text{s}} = \frac{1}{60}\, n/\frac{1}{\text{min}}$$

und die Frequenz

$$f/\text{Hz} = \frac{1}{60}\, n/\frac{1}{\text{min}}\, p$$

Hieraus kann umgekehrt die Drehzahl $n/\frac{1}{\min}$ berechnet werden, die zur Erzeugung eines Wechselstromes einer bestimmten Frequenz f erforderlich ist:

$$n/\frac{1}{\min} = \frac{60\ f/\text{Hz}}{p}$$

● *Beispiel:*   Berechne die zur Erzeugung eines technischen Wechselstromes erforderliche Drehzahl bei 3 Polpaaren!

Gesucht: $\boldsymbol{n}/\dfrac{1}{\min}$ *Gegeben:* f = 50 Hz
p = 3

Lösung: $n/\dfrac{1}{\min} = \dfrac{60\ f/\text{Hz}}{p}$

$\qquad\qquad n/\dfrac{1}{\min} = \dfrac{60 \cdot 50}{3}$

Ergebnis: $n = 1000\ \dfrac{1}{\min}$

Unter einem *Wechsel* versteht man einen Vorzeichenwechsel bzw. einen Nulldurchgang der Stromstärke oder Spannung des Wechselstromes. Die Wechselzahl ist also doppelt so groß wie der Zahlenwert der Frequenz des Wechselstromes. Ein Wechselstrom von 50 Hz hat demnach 100 Wechsel in der Sekunde.

4.1.3.4. Kreisfrequenz

Als Maß für die Geschwindigkeit der Drehbewegung der Leiterschleife wurde die Winkelgeschwindigkeit ω eingeführt. Mit der gleichen Geschwindigkeit bewegt sich der Zeiger im Zeigerdiagramm. Bei einem vollen Umlauf ist die vom Zeiger im Einheitskreis bestrichene Bogenlänge 2π (Bild 4.9). Hat der Wechselstrom eine Frequenz f, so ist der vom Zeiger in 1 s bestrichene Winkel, gemessen im Bogenmaß, nach der Definition gleich der Winkelgeschwindigkeit:

$$\omega = 2\pi f = \frac{2\pi}{T}$$

Man bezeichnet ω in der Elektrotechnik als Kreisfrequenz. Die Maßeinheit der Kreisfrequenz ist $\frac{1}{s} = s^{-1}$.

● *Beispiel:*   Wie groß ist die Kreisfrequenz eines Wechselstroms mit der Frequenz $16\frac{2}{3}$ Hz?

Gesucht: ω *Gegeben:* $f = 16\frac{2}{3}$ Hz

Lösung: $\omega = 2\pi f$

$\qquad\qquad \omega = 2 \cdot 3{,}14 \cdot \dfrac{50}{3}\dfrac{1}{s}$

$\qquad\qquad \omega = \dfrac{314}{3}\dfrac{1}{s}$

Ergebnis: $\omega = 104{,}66\ \dfrac{1}{s}$

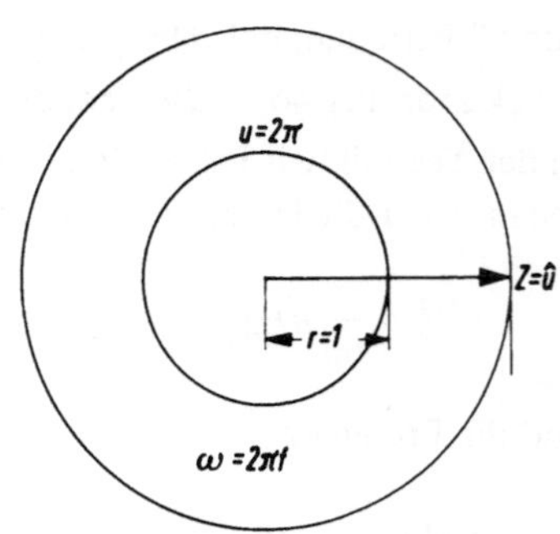

Bild 4.9. Kreisfrequenz

4.1.3.5. Effektivwerte der Spannung und Stromstärke des Wechselstromes

Während die Spannung und die Stromstärke beim Gleichstrom konstante Werte haben, die seine Wirkung bestimmen, schwanken die Wechselstromwerte dauernd zwischen dem positiven und dem negativen Scheitelwert. Trotz dieser schwankenden Werte unterscheidet sich erfahrungsgemäß die Wirkung des Wechselstromes, z. B. in allen Wärmegeräten und in Glühlampen, nicht von der Wirkung eines Gleichstromes. Man kann also einen Wechselstrom mit einem Gleichstrom vergleichen, der dieselbe Wirkung wie der Wechselstrom hat.

> Die Stromstärke und Spannung des Gleichstromes, der die gleiche Wirkung wie der Wechselstrom hat, nennt man die *effektive Stromstärke* (Formelzeichen I) bzw. *effektive Spannung* (Formelzeichen U) des Wechselstromes.

Die Wärmearbeit des Gleichstromes ist nach dem Jouleschen Gesetz $W = U\,I\,t = I^2 R\,t$. Die von ihm in einem Widerstand $R = 1\,\Omega$ entwickelte Wärmearbeit $W = I^2 t$ kann durch die Fläche eines Rechtecks dargestellt werden, das durch die Achsen des Koordinatensystems, durch den Zeitwert t auf der Zeitachse, die Ordinate im Punkt t und die Parallele zur Zeitachse im Abstand I^2 gebildet wird (Bild 4.10).

Konstruiert man zur Stromkurve des Wechselstromes die i^2-Kurve, so erhält man eine Sinuskurve von doppelter Frequenz (Bild 4.11). Da auch für die negativen Stromwerte i^2 positiv ist, verläuft die i^2-Kurve nur oberhalb der Zeitachse.

Auch bei Wechselstrom kann man die Stromstärke in einem kleinen Zeitabschnitt dt als konstant ansehen. Die in dieser Zeit verrichtete Stromarbeit ist entsprechend $i^2 dt$ und durch das schraffierte, schmale Rechteck $i^2 dt$ darstellbar (Bild 4.11). Die während

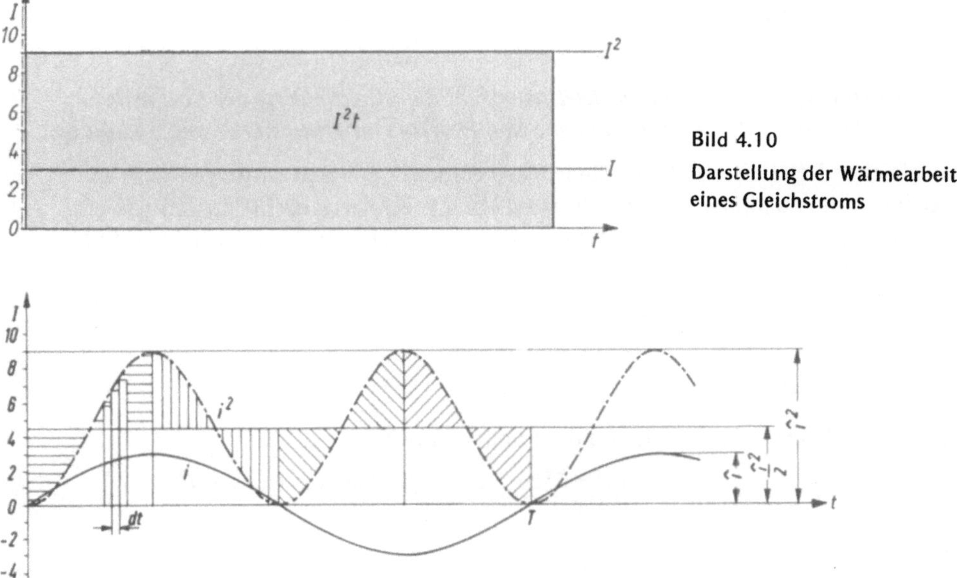

Bild 4.10

Darstellung der Wärmearbeit eines Gleichstroms

Bild 4.11. Darstellung der Wärmearbeit eines Wechselstroms

einer vollen Periode T verrichtete Gesamtarbeit wird dann dargestellt durch die Summe aller dieser schmalen Rechtecke, also durch die Fläche, die von dem der Periode T entsprechenden Stück der Zeitachse und der Kurve i^2 der Augenblickswerte begrenzt wird.

Die Flächeninhalte der einzelnen Rechtecke $i^2\,\mathrm{d}t$ schwanken zwischen den Werten Null und $\hat{\imath}^2\,\mathrm{d}t$. Ihre Mittelwerte liegen auf der Parallelen zur Zeitachse im Abstand $\dfrac{\hat{\imath}^2}{2}$. Da die über und unter dieser Parallelen liegenden, gleich schraffierten Flächenstücke gleich sind, ist die von der i^2-Kurve und der Zeitachse eingeschlossene Fläche gleich der Fläche des Rechtecks, dessen Seiten der Periode T und dem Mittelwert $\dfrac{\hat{\imath}^2}{2}$ entsprechen. Die Fläche $\dfrac{\hat{\imath}^2}{2}\,T$ versinnbildlicht also einerseits die Stromarbeit eines Gleichstroms der Stärke I, wobei $I^2 = \dfrac{\hat{\imath}^2}{2}$ ist, andererseits die Stromarbeit des Wechselstroms mit dem Scheitelwert $\hat{\imath}$ innerhalb einer Periode T. Somit ist:

$$I^2\,T = \frac{\hat{\imath}^2}{2}\,T$$

und

$$\boxed{I = \frac{\hat{\imath}}{\sqrt{2}} = 0{,}707\,\hat{\imath}} \qquad \text{bzw.} \qquad \boxed{\hat{\imath} = \sqrt{2}\,I = 1{,}414\,I}$$

„$\sqrt{2}$" ist der Scheitelfaktor der Sinusschwingung.

Die gleichen Überlegungen gelten für die Spannung

$$\boxed{U = \frac{\hat{u}}{\sqrt{2}} = 0{,}707\,\hat{u}} \qquad \text{bzw.} \qquad \boxed{\hat{u} = \sqrt{2}\,U = 1{,}414\,U}$$

Bei einem sinusförmigen Wechselstrom sind die Effektivwerte der Stromstärke und Spannung das 0,707fache der Scheitelwerte von Stromstärke und Spannung.

Zum gleichen Ergebnis wie die vorstehenden geometrischen Betrachtungen führt die Berechnung des quadratischen Mittelwertes. Man berechnet zunächst den Mittelwert der Quadrate zweier Funktionswerte, deren Phasen sich um $90°$ unterscheiden: Sind im Bild 4.12:

$$i_1 = \hat{\imath}\,\sin \omega t \quad \text{und} \quad i_2 = \hat{\imath}\,\sin(\omega t + 90°),$$

so ist

$$i_2 = \hat{\imath}\,\cos \omega t$$

und der Mittelwert i_m der Quadrate der Funktionswerte:

$$i_\mathrm{m} = \sqrt{\frac{i_1^2 + i_2^2}{2}} = \sqrt{\frac{\hat{\imath}^2 \sin^2 \omega t + \hat{\imath}^2 \cos^2 \omega t}{2}} = \sqrt{\frac{\hat{\imath}^2 (\sin^2 \omega t + \cos^2 \omega t)}{2}}$$

oder

$$i_\mathrm{m} = \sqrt{\frac{\hat{\imath}^2}{2}} = \frac{\hat{\imath}}{\sqrt{2}}$$

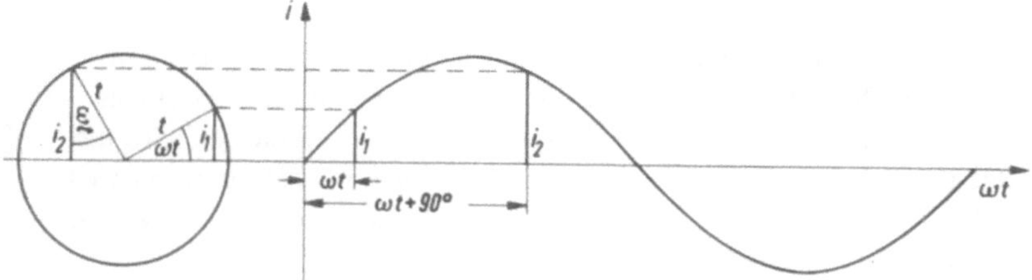

Bild 4.12. Berechnung des quadratischen Mittelwertes

Entsprechend ergibt sich als Mittelwert der Quadrate zweier Spannungswerte, deren Phasen sich um $90°$ unterscheiden:

$$u_{\mathrm{m}} = \sqrt{\frac{\hat{u}^2}{2}} = \frac{\hat{u}}{\sqrt{2}}$$

Diese Werte sind unabhängig von ωt; das bedeutet aber, daß auch für jeden beliebigen anderen Wert von ωt die quadratischen Mittelwerte der Quadrate zweier Funktionswerte i_1 und i_2 bzw. u_1 und u_2, deren Phasen um $90°$ gegeneinander verschoben sind, die gleichen Werte $i_{\mathrm{m}} = \dfrac{\hat{\imath}}{\sqrt{2}}$ bzw. $u_{\mathrm{m}} = \dfrac{\hat{u}}{\sqrt{2}}$ haben. Mithin sind die quadratischen Mittelwerte aller Funktionswerte innerhalb einer Periode und damit auch die Effektivwerte der Stromstärke und Spannung:

$$I = \frac{\hat{\imath}}{\sqrt{2}} \text{ bzw. } U = \frac{\hat{u}}{\sqrt{2}}$$

4.1.3.6. Phasenverschiebung

Mehrere Wechselspannungen, die in jedem Augenblick gleiche Richtung haben und zu gleichen Zeiten ihre Scheitelwerte und ihre Nullwerte erreichen, nennt man *phasengleich* oder auch *synchron*[1]). Damit Wechselspannungen phasengleich bleiben, müssen sie die gleiche Frequenz haben, während ihre effektiven Spannungen verschieden sein können. Wechselspannungen gleicher Stärke und gleicher Frequenz brauchen jedoch nicht phasengleich zu sein. Solche Spannungen erhält man, wenn man in einem konstanten Magnetfeld zwei um einen Winkel gegeneinander versetzte Spulen I und II umlaufen läßt (Bild 4.13). Es werden in ihnen zwei sinusförmige Spannungen induziert, die sich aber nicht decken.

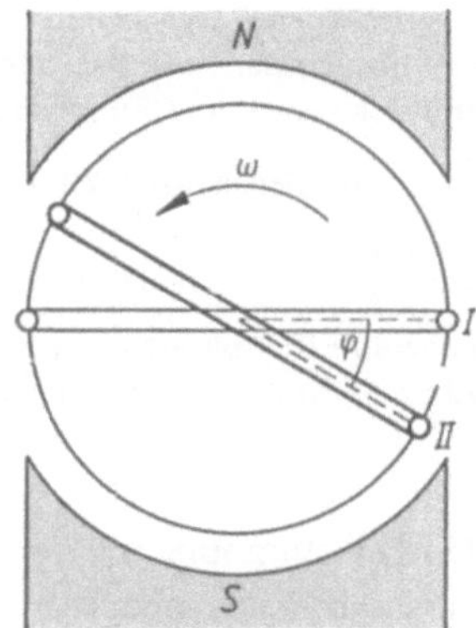

Bild 4.13. Zwei Spulen, deren Ebenen gegeneinander geneigt sind, werden im Magnetfeld gedreht.

---

[1]) synchron (griech.), gleichzeitig

Ihre ausgezeichneten Werte (Nulldurchgänge und Scheitelwerte) sind gegeneinander verschoben (Bild 4.14). Man sagt: Die Spannungen sind *phasenverschoben*. Bei dem in Bild 4.13 angegebenen Drehsinn tritt dieselbe Phasenlage in Spule II später ein als in Spule I; man sagt: Die Spannung u_2 eilt der Spannung u_1 nach. Gemessen wird die Phasenverschiebung in Winkelgeraden; den *Winkel der Phasenverschiebung* bezeichnet man mit dem griechischen Buchstaben φ; der Phasenverschiebung φ im Bild 4.14 entspricht im Bild 4.13 der Neigungswinkel φ der beiden Spulenebenen.

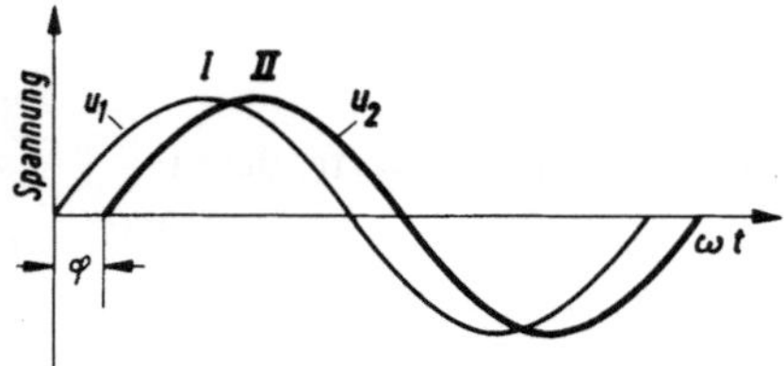

Bild 4.14
Phasenverschobene Spannungen

Da der Periode T der Vollwinkel 2π entspricht, entspricht auch umgekehrt dem Phasenwinkel φ eine Zeit, nämlich der Bruchteil der Periode, um den die Spannung u_2 der Spannung u_1 nacheilt.

4.1.4. Ohmsches Gesetz im Wechselstromkreis

4.1.4.1. Ohmscher Widerstand im Wechselstromkreis, Ohmscher Leitwert

Versuch 4.1:

In der in Bild 4.15 dargestellten Versuchsanordnung kann wahlweise an den induktionsfreien Widerstand R eine Gleich- oder Wechselspannung gelegt werden. Aus der gemessenen Gleichspannung $U_- = 6$ V und der vom Strommesser A angezeigten Stromstärke $I_- = 2$ A ergibt sich nach dem Ohmschen Gesetz der Widerstand

von R_- im Gleichstromkreis $R_- = \dfrac{U_-}{I_-}$;

$R_- = \dfrac{6\text{ V}}{2\text{ A}} = 3\ \Omega$. Schaltet man auf die Wechselspannung um, deren Effektivwert $U_\sim$ gleichfalls 6 V beträgt, so ergibt die Strommessung, daß auch $I_\sim = I_- = 2$ A ist.

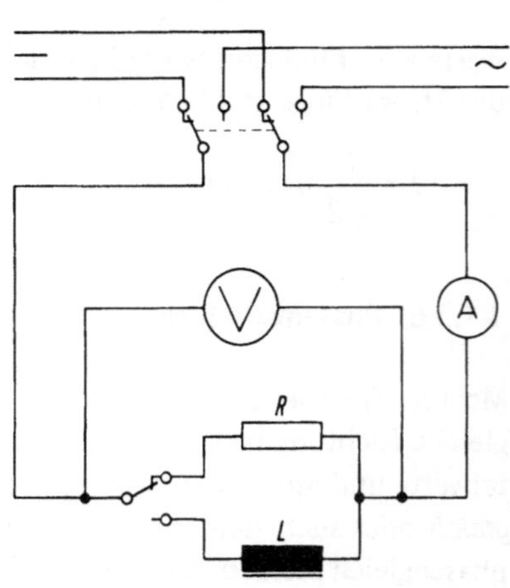

Bild 4.15. Versuchsanordnung zum Vergleichen von Widerständen im Gleich- und Wechselstromkreis

In Übereinstimmung mit der Definition des Widerstandes im Gleichstromkreis (ohmscher Widerstand) bezeichnet man auch im Wechselstromkreis das Verhältnis der Effektivwerte $\dfrac{U_\sim}{I_\sim}$ als Wechselstromwiderstand. Es ist

$$R_\sim = \frac{U_\sim}{I_\sim} = \frac{U_-}{I_-} = R_- \quad \text{und der Leitwert: } G_\sim = G_- = \frac{1}{R} \quad \text{(s. auch Abschnitt 4.1.4.6)}$$

Daraus folgt:

Der Wechselstromwiderstand eines induktionsfreien Leiters ist gleich seinem ohmschen Widerstand;

oder mit anderen Worten:

Das Ohmsche Gesetz ist auch bei Wechselstrom in einem Leiterkreis mit induktionsfreien Widerständen anwendbar.

Nimmt man die Strom- und Spannungskurve mit einem Zweistrahl-Oszilloskop gleichzeitig auf, so stellt man im Schirmbild fest, daß Strom und Spannung phasengleich sind (Bild 4.16). In dem Zeigerdiagramm, das dem Liniendiagramm entspricht, fallen der Strom- und Spannungszeiger in eine Richtung und werden auf der positiven reellen Achse aufgetragen.

Zur Kennzeichnung der gerichteten Eigenschaft einer Wechselgröße wird deren Formelzeichen unterstrichen. Strom und Spannung werden als komplexe zeitabhängige Größen, Widerstand und Leitwert als Operatoren betrachtet.

$$\underline{I} = \frac{\underline{U}}{R}, \quad \underline{Z} = R = \frac{\underline{U}}{\underline{I}}, \quad \underline{Y} = \frac{1}{\underline{Z}} = G$$

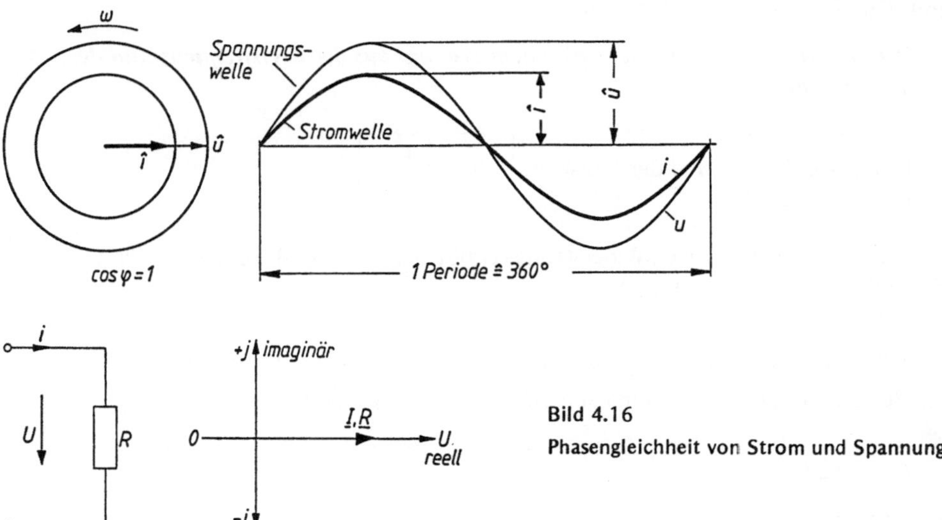

Bild 4.16
Phasengleichheit von Strom und Spannung

4.1.4.2. Induktivität im Wechselstromkreis

Induktiver Widerstand, induktiver Leitwert

Versuch 4.2:

In der Versuchsanordnung nach Bild 4.15 wird der Widerstand R mit Hilfe des Umschalters gegen die Spule L ausgetauscht. Die Spule ist so bemessen, daß beim Anlegen der Gleichspannung dieselbe Stromstärke im Stromkreis fließt wie beim Einschalten des Widerstandes R. Dann ist auch der ohm-

sche Widerstand der Spule gleich dem Widerstand R. Auch beim Einführen eines Eisenkerns in die
Spule ändert sich die Stromstärke nicht. Beim Umschalten auf die Wechselspannung $U_\sim = 6$ V sinkt
bei eisenfreier Spule die effektive Stromstärke auf 0,4 A; beim Einführen eines Eisenkerns in die
Spule wird die Stromstärke unmeßbar klein.

Die Stromstärke eines Wechselstromkreises mit einer Induktivität kann man also nicht
mehr nach dem Ohmschen Gesetz berechnen, sofern man unter dem Widerstand des
Stromkreises den im Gleichstromkreis gemessenen ohmschen Widerstand versteht. Will
man die Gültigkeit des Ohmschen Gesetzes allgemein auch auf den Wechselstromkreis
ausdehnen, so ist die geringere Stromstärke nach der Formel $I = \dfrac{U}{R}$ nur durch eine
scheinbare Vergrößerung des Widerstandes der Induktionsspule im Wechselstromkreis
erklärbar. Den aus den Effektivwerten U und I berechneten Widerstand nennt man den
Scheinwiderstand (Formelzeichen Z) zum Unterschied vom ohmschen Widerstand, den
man im Wechselstromkreis auch als *Wirkwiderstand* (Formelzeichen R) bezeichnet. Die
Widerstandszunahme der Spule infolge der Selbstinduktion bezeichnet man als *induktiven
Blindwiderstand* (Formelzeichen X_L).

Der Versuch hat ergeben, daß der Blindwiderstand zunimmt, wenn die Induktivität der
Spule durch Einführen des Eisenkerns vergrößert wird. Ebenso läßt sich durch einen Versuch zeigen, daß der Blindwiderstand der Spule mit der Frequenz des Wechselstroms zunimmt. Durch Messungen findet man:

***Der induktive Widerstand ist gleich dem Produkt aus der Kreisfrequenz und der
Induktivität.***

$$\boxed{X_L = \omega L} \qquad \text{und der Leitwert:} \qquad \boxed{B_L = \frac{1}{\omega L}}$$

Die Maßeinheit des induktiven Widerstandes ergibt sich aus den Maßeinheiten für ω: $\dfrac{1}{s}$
und L: $\dfrac{Wb}{A}$; sie ist $\dfrac{1}{s}\,\dfrac{Wb}{A} = \dfrac{Vs}{As} = \dfrac{V}{A} = \Omega$.

Wie der Wirkwiderstand wird also auch der Blindwiderstand in Ohm gemessen.

Unter Berücksichtigung der komplexen Schreibweise folgt für die Berechnung der Spannung:

$$\underline{U} = j\omega L\,\underline{I}$$

und für den Widerstand:

$$\underline{Z}_L = \frac{\underline{U}}{\underline{I}} = \frac{j\omega L\underline{I}}{\underline{I}} = j\omega L = jX_L,$$

wobei der induktive Widerstand auf der positiven imaginären Achse dargestellt wird (Bild
4.17) und für den Leitwert:

$$\underline{Y}_L = \frac{1}{\underline{Z}_L} = \frac{1}{j\omega L} = -jB_L \qquad \text{(s. Abschnitt 4.1.4.6)}.$$

Phasenverschiebung von Strom- und Spannungswelle

Schaltet man bei dem Versuch 4.1 an Stelle des Strom- und Spannungsmessers ein Zweistrahl-Oszilloskop ein, das den Strom- und Spannungsverlauf gleichzeitig sichtbar macht,
so beobachtet man, daß der Scheitelwert des Stromes immer zu einem späteren Zeitpunkt
erreicht wird als der Scheitelwert der Spannung (Bild 4.17). Die Spannung eilt dem Strom
voraus; *Strom und Spannung zeigen eine Phasenverschiebung* um den Winkel φ (Bild 4.17).

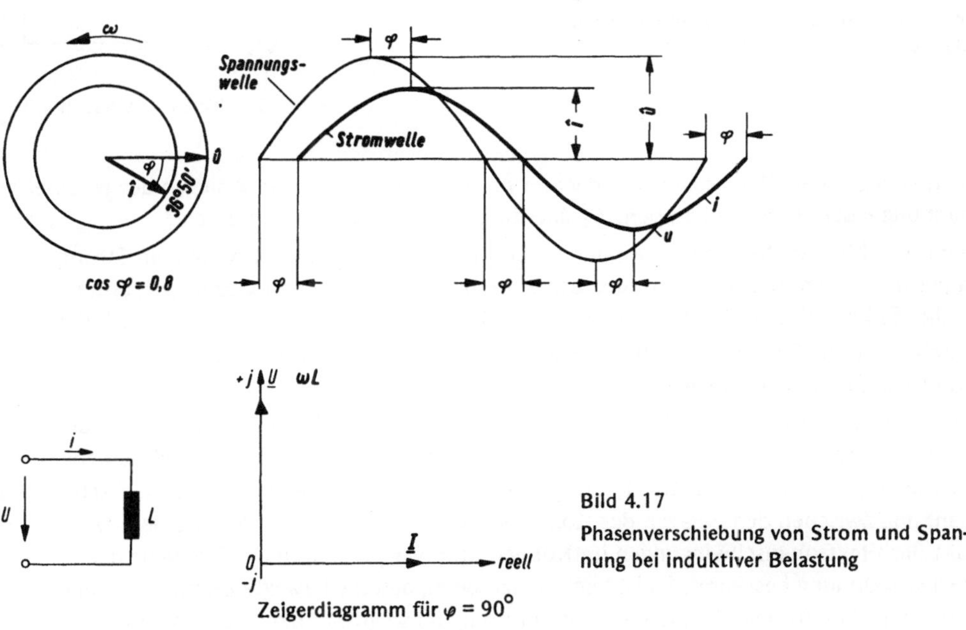

Bild 4.17
Phasenverschiebung von Strom und Spannung bei induktiver Belastung

Wie im Abschnitt Selbstinduktion (Abschnitt 2.4.5) ausgeführt wurde, tritt in einer
Spule beim Ansteigen des Wechselstromes durch die Selbstinduktion eine zusätzliche
Spannung auf, die der angelegten Spannung entgegenwirkt. Dadurch erreicht der Strom
seine volle Stärke, die der angelegten Spannung entspricht, erst, wenn die Spannung
wieder abnimmt. Beim Abfallen der Wechselspannung tritt dagegen in der Spule eine ihr
gleichgerichtete Spannung auf, die bewirkt, daß noch ein Strom fließt, wenn die Wechselspannung schon auf den Nullwert abgesunken ist.

*Die Selbstinduktion ist die Ursache der Phasenverschiebung zwischen Stromstärke
und Spannung. Die Spannung eilt der Stromstärke voraus.*

Bei rein induktiver Belastung, d. h., wenn der Wirkwiderstand der Spule gegenüber dem
induktiven Widerstand so klein ist, daß er vernachlässigt werden kann, beträgt die Phasenverschiebung 90°.

4.1.4.3. Kapazität im Wechselstromkreis

Kapazitiver Widerstand, kapazitiver Leitwert

Versuch 4.3:

In einem Stromkreis nach Bild 4.18 ist ein Kondensator in Reihe mit einer Glühlampe L_2 und parallel
dazu eine gleiche Glühlampe L_1 geschaltet. Durch
den Umschalter kann an den Stromkreis wahlweise
eine Gleichspannung oder eine Wechselspannung
gelegt werden.

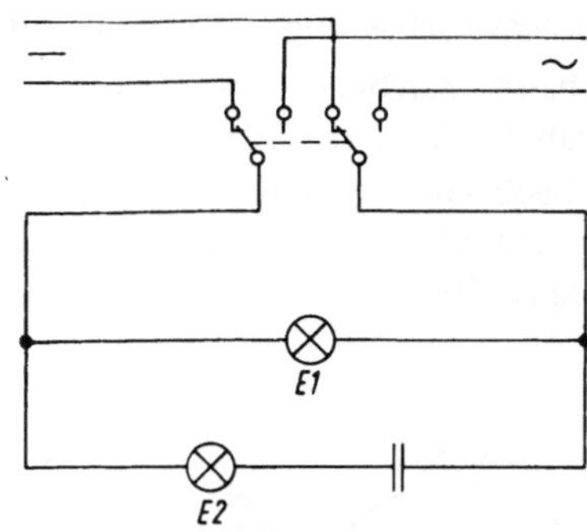

Bild 4.18. Schaltplan zu Versuch 4.3

Beim Anlegen der Gleichspannung leuchtet nur die Lampe L_1, beim Anlegen der Wechselspannung leuchten beide Lampen, L_2 allerdings weniger hell als die Lampe L_1.

Beim Anschluß an die Gleichspannung fließt durch den Kondensatorzweig kein Strom,
da der die beiden Beläge des Kondensators trennende Isolator den Leitungsweg unterbricht. Es kann deshalb im Kondensatorzweig kein dauernder Strom fließen. Nur beim
Anschluß an die Spannungsquelle erfolgt ein kurzzeitiger Stromstoß, durch den der
Kondensator aufgeladen wird.

Für den Wechselstrom stellt der Kondensator kein unüberwindliches Hindernis dar, er
wirkt nur noch wie ein Widerstand. Die Beläge des Kondensators erhalten dadurch abwechselnd positive und negative Ladungen, so daß die Elektronen durch die Wechselspannung zwischen den Belägen des Kondensators hin- und hergetrieben werden. Der
Takt der Elektronenschwingungen im Kondensatorzweig ist durch die Frequenz der
Wechselspannung bestimmt. Es ist leicht einzusehen, daß die bewegte Elektronenmenge
und damit die Stromstärke im Kondensatorzweig um so größer bzw. der scheinbare
Widerstand X_C des Kondensators um so kleiner ist, je größer die Kapazität des Kondensators und je höher die Kreisfrequenz der Wechselspannung ist. Zusammengefaßt ergibt
sich:

*Der Kondensator wirkt im Wechselstromkreis wie ein Widerstand, den man als
kapazitiven Widerstand oder als kapazitiven Blindwiderstand bezeichnet*

und

*Der kapazitive Widerstand ist der Kapazität des Kondensators und der Frequenz
der Wechselspannung umgekehrt proportional.*

$$X_C = \frac{1}{\omega C} \qquad \text{und der Leitwert:} \qquad B_C = \omega C$$

Die Maßeinheit des kapazitiven Widerstandes ergibt sich aus den Maßeinheiten

$$\text{für } \omega: \frac{1}{s} \text{ und für } C: \frac{As}{V}; \quad \text{sie ist } \frac{1}{\frac{1}{s}\frac{As}{V}} = \frac{V}{A} = \Omega$$

Der Strom errechnet sich nun als:

$$I = \frac{U}{X_C} \quad \text{und} \quad X_C = \frac{1}{2\pi f C}$$

Phasenverschiebung von Strom- und Spannungswelle

Nimmt man mit einem Zweistrahl-Oszilloskop gleichzeitig die Spannungs- und die Stromkurve in einem Wechselstromkreis mit Kapazität auf, so stellt man ein Vorauseilen des Stromes gegenüber der Spannung um 90° fest (Bild 4.19). Diese auffallende Erscheinung ist folgendermaßen zu erklären: Wie schon gesagt ist $Q = CU$. Daraus ergibt sich $U = \frac{Q}{C}$

d. h. bei konstanter Kapazität ist die Spannung U an einem Kondensator um so größer, je größer die Ladung Q ist. Wird einem Kondensator Strom zugeführt, so wächst seine Ladung, denn es wird ihm eine Elektrizitätsmenge zugeführt. Solange der Strom in gleicher Richtung fließt, muß demnach die Spannung am Kondensator steigen, und zwar auch noch bei abnehmender Stromstärke. Erst in dem Augenblick, in dem der Strom durch Null geht und dabei seine Richtung wechselt, wird das Spannungsmaximum erreicht, denn durch die umgekehrte Stromrichtung setzt nun die Entladung des Kondensators ein.

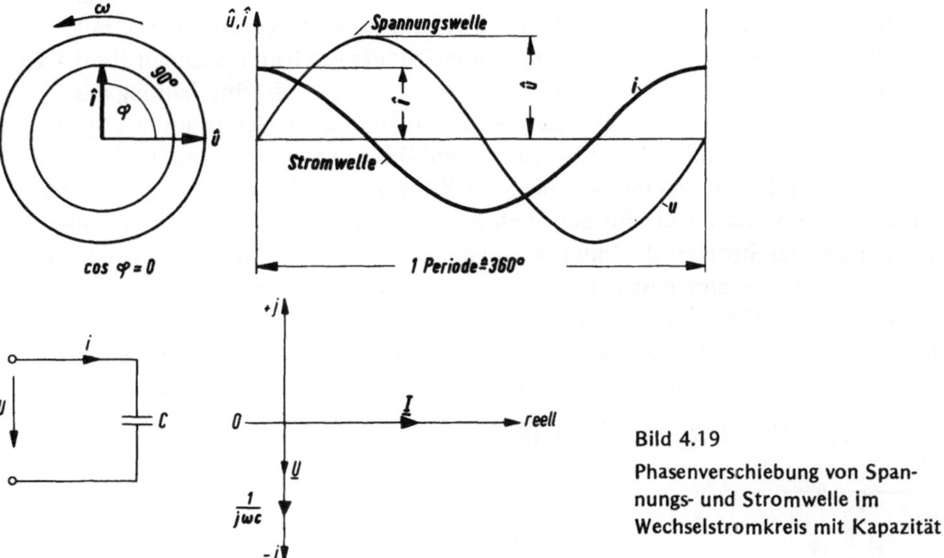

Bild 4.19

Phasenverschiebung von Spannungs- und Stromwelle im Wechselstromkreis mit Kapazität

Beim Entladen des Kondensators über einen Widerstand fließt der Strom in umgekehrter Richtung wie beim Laden. Der Entladestrom sinkt zunächst bei der hohen Kondensatorspannung rasch, später langsamer ab und erreicht seinen größten negativen Wert, wenn die Kondensatorspannung durch den Ausgleich der Ladungen auf Null abgesunken ist.

Bei rein kapazitiver Belastung des Wechselstromkreises beträgt die Phasenverschiebung zwischen der Strom- und Spannungswelle 90°, wobei der Strom der Spannung vorauseilt.

In komplexer Darstellung folgt $\underline{U}$ als

$$\underline{U} = \frac{1}{j\omega C}\,\underline{I}$$

und für den Widerstand

$$\underline{Z}_C = \frac{1}{j\omega C} = \frac{1}{j}\,X_C,$$

wobei der kapazitive Widerstand auf der negativen imaginären Achse dargestellt wird
(Bild 4.19) und für den Leitwert:

$$\underline{Y}_C = \frac{1}{\underline{Z}_C} = j\omega C = jB_C$$

4.1.4.4. Ohmsches Gesetz im Wechselstromkreis mit Wirkwiderstand und induktivem Widerstand

Im allgemeinen enthält jede Induktionsspule neben dem induktiven Widerstand auch
einen ohmschen Widerstand. In einem Stromkreis, der außer der Induktionsspule noch
einen ohmschen Widerstand enthält, kann man sich diesen mit dem ohmschen Widerstand der Induktionsspule vereinigt denken, so daß ein reiner Wirkwiderstand R mit
einem rein induktiven Blindwiderstand X_L hintereinander geschaltet erscheint (Bild 4.20).
Die an den Stromkreis angelegte Wechselspannung U, die zur Aufrechterhaltung des
Stromes I erforderlich ist, setzt sich nach dem 2. Kirchhoffschen Gesetz aus den Span-
nungsabfällen $U_R = I\,R$ und $U_L = I\,X_L$ zusammen. Diese Spannungen sind im Zeigerdiagramm (Bild 4.21) Größen mit verschiedener Richtung. U_R hat die gleiche Richtung
wie der den Widerstand R durchfließende Strom I. Der Spannungszeiger U_R fällt also
in die Richtung des Stromes; die Induktionsspannung U_L eilt nach Bild 4.17 dem Strom
um 90° voraus. Der Spannungszeiger U_L bildet mit dem Spannungszeiger U_R einen
Winkel von 90°. Die Diagonale des aus den Spannungen U_L und U_R zusammengesetzten
Parallelogramms gibt der Größe und Richtung nach die resultierende Gesamtspannung U
an. Im Spannungsdreieck (Bild 4.22) erhält man nach dem Pythagoreischen Lehrsatz:

$$U^2 = U_R^2 + U_L^2 = I^2 R^2 + I^2 X_L^2 = I^2(R^2 + X_L^2) = I^2[R^2 + (\omega L)^2]$$

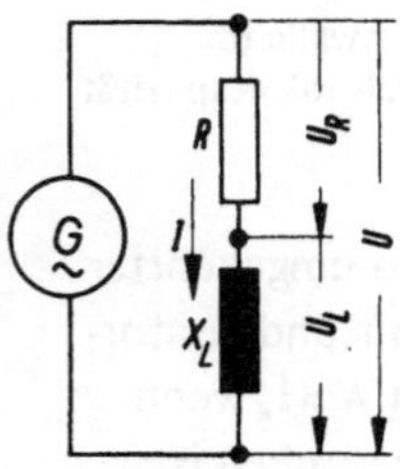

Bild 4.20. Spannungs-
abfälle im Wechselstrom-
kreis mit Wirkwiderstand
und induktivem Widerstand

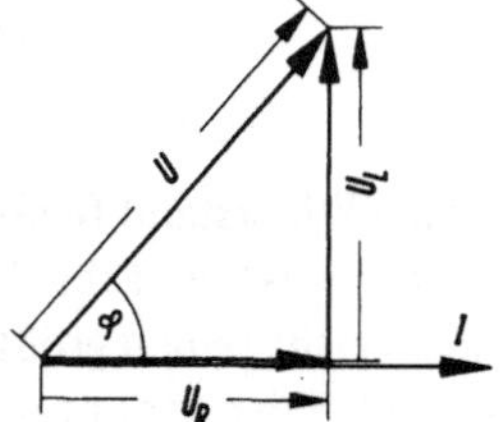

Bild 4.21. Zeigerdiagramm der
Spannungen

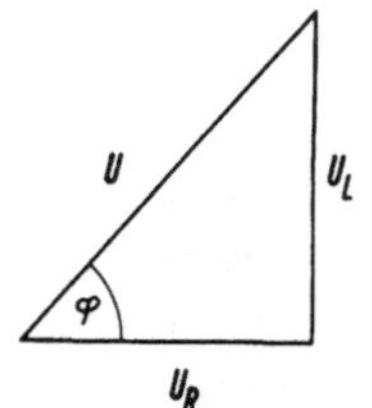

Bild 4.22. Spannungsdreieck

und hieraus das *Ohmsche Gesetz im Wechselstromkreis mit Wirkwiderstand und induktivem Widerstand:*

$$U = I\sqrt{R^2 + X_L^2}$$

Der Scheinwiderstand Z eines Stromkreises mit Wirkwiderstand und induktivem Widerstand ist das Verhältnis $\frac{U}{I}$:

$$Z = \sqrt{R^2 + X_L^2}$$

Der Scheinwiderstand entspricht der Hypotenuse eines rechtwinkligen Dreiecks, dessen Katheten dem Wirkwiderstand R und dem induktiven Blindwiderstand $X_L = \omega L$ entsprechen (Bild 4.23). Das Widerstandsdreieck entsteht aus dem Spannungsdreieck durch eine Maßstabsänderung im Verhältnis $U{:}I$.

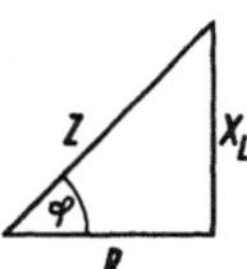

Bild 4.23
Widerstandsdreieck

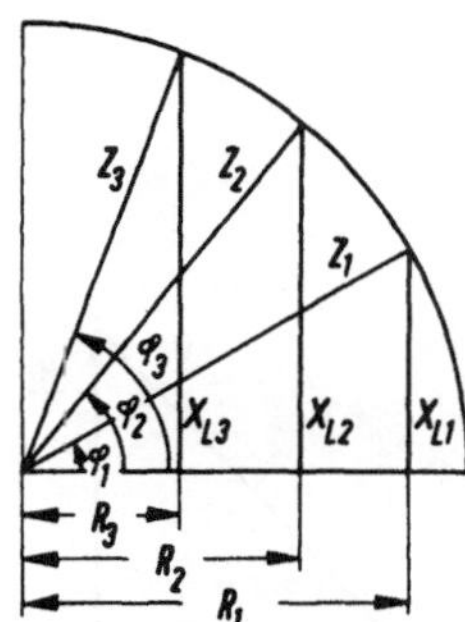

Bild 4.24. Abhängigkeit des Phasenwinkels vom Wirkwiderstand und induktiven Widerstand

Die Phasenverschiebung der Spannung U gegenüber dem Strom I erhält man nach Bild 4.22 oder Bild 4.23 aus:

$$\cos\varphi = \frac{U_R}{U} = \frac{I\,R}{I\,Z} = \frac{R}{Z} = \frac{\text{Wirkwiderstand}}{\text{Scheinwiderstand}}$$

oder aus

$$\tan\varphi = \frac{U_L}{U_R} = \frac{I\,X_L}{I\,R} = \frac{X_L}{R} = \frac{\text{induktiver Widerstand}}{\text{Wirkwiderstand}}$$

Aus der letzten Gleichung ergibt sich, daß die Phasenverschiebung nicht durch den Scheinwiderstand Z, sondern durch das Verhältnis von induktivem Widerstand und Wirkwiderstand bestimmt ist. Das Bild 4.24 zeigt, daß bei gleichem Scheinwiderstand des Stromkreises der Phasenverschiebungswinkel φ sehr unterschiedliche Werte annehmen kann. Es wird für

$X_L = R$ der Phasenverschiebungswinkel $\varphi = 45°$ und $\tan\varphi = 1$;

für $X_L \gg R$ nähert sich $\sphericalangle \varphi$ dem Wert $90°$ und $\tan\varphi$ dem Wert ∞

für $X_L \ll R$ nähert sich $\sphericalangle \varphi$ dem Wert $0°$ und $\tan\varphi$ dem Wert 0.

Spannungsgleichung in komplexer Darstellung

Aus Bild 4.25 ergibt sich die Gesamtspannung:

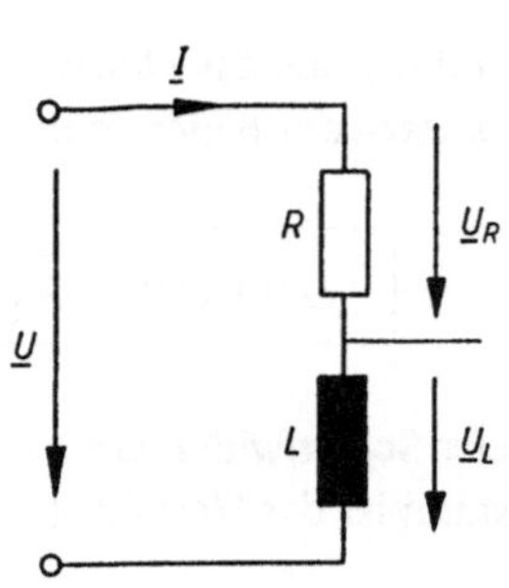

$$\underline{U} = \underline{U}_R + \underline{U}_L \qquad\qquad \underline{U}_R = U \cos\varphi$$
$$= \underline{I}R + \underline{I}X_L \qquad\qquad \underline{U}_L = U \sin\varphi$$
$$= \underline{I}(R + X_L) \qquad X_L = j\omega L$$
$$\underline{U} = \underline{I}(R + j\omega L)$$
$$\underline{U} = \underline{I}\,\underline{Z} \qquad\qquad \underline{Z} = R + j\omega L$$
$$|\underline{Z}| = Z = \sqrt{R^2 + \omega^2 L^2}$$

Bild 4.25. Spannungsabfälle im Wechselstromkreis mit Wirkwiderstand und induktivem Widerstand

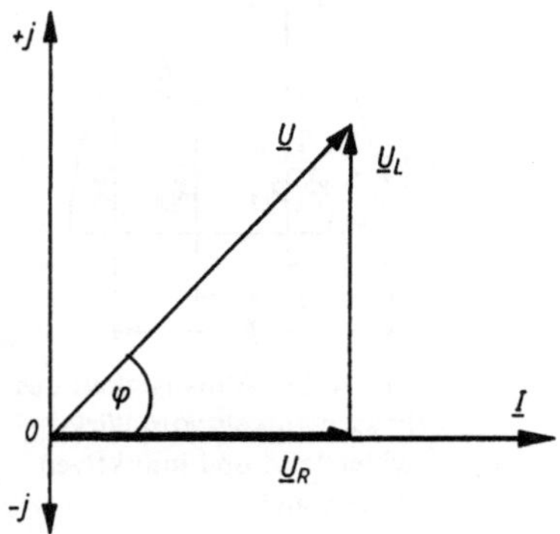

Bild 4.26. Spannungsdreieck

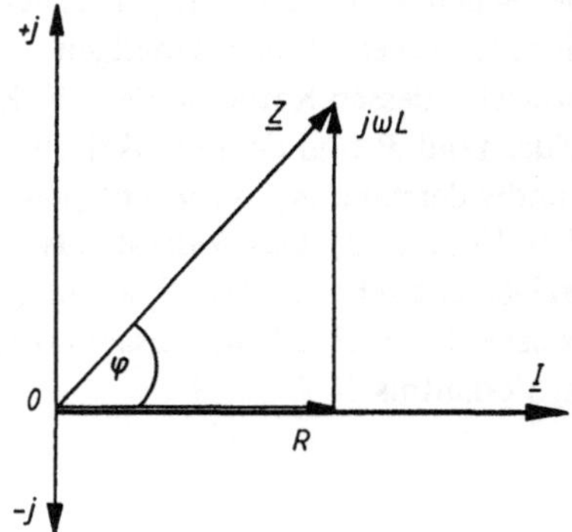

Bild 4.27. Widerstandsdreieck

Es ist ersichtlich, daß Spannungs- und Widerstandsdreieck ähnlich sind (gleicher Winkel φ). Der Operator des Scheinwiderstandes $\underline{Z}$ bei der Reihenschaltung von R und L erscheint als komplexe Zahl in der symbolischen Rechnung, wobei der Wirkwiderstand R den Realteil- und der Blindwiderstand X_L den Imaginärteil darstellt.

● *Beispiel 1:*   Welchen induktiven Widerstand hat eine Spule mit der Induktivität 0,5 H bei einem Wechselstrom der Frequenz 50 Hz (siehe Bild 4.28).

Gesucht: X_L *Gegeben:* $L = 0,5$ H
                                          $f = 50$ Hz

Lösung: $X_L = \omega L$

   $\omega = 2\pi f$

   $\omega = 2 \cdot 3,14 \cdot 50 \,\dfrac{1}{s}$

   $\omega = 314 \,\dfrac{1}{s}$

   $X_L = 314 \,\dfrac{1}{s} \cdot 0,5 \,\dfrac{Vs}{A}$

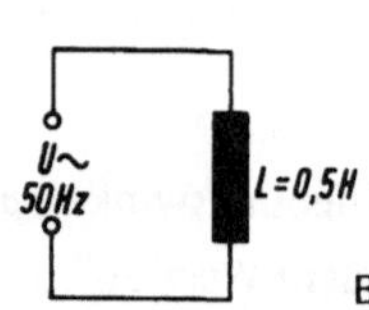

Bild 4.28. Skizze zu Beispiel 1

Ergebnis: $X_L = 157\ \Omega$, in komplexer Form: $\underline{X}_L = 157\ \Omega \cdot e^{j\,90°} = 157\ \Omega\ \underline{/90°}$

Statt der ausführlichen Schreibweise der komplexen Zahl in *Exponentialform* „$e^{j\,\varphi}$" wird die praktischere *Versor-Schreibweise* „$\underline{/\varphi}$" verwendet.

● *Beispiel 2:*   Die Spule des Beispiels 1 hat einen Wirkwiderstand von 21 Ω und ist mit einem ohmschen Widerstand von 100 Ω in Reihe an das Wechselstromnetz (220 V/50 Hz) angeschlossen (siehe Bild 4.29). Wie groß ist

a) der Scheinwiderstand des Stromkreises?
b) die Stromstärke?
c) Wie verteilt sich die Netzspannung auf Wirkwiderstand und Induktivität?
d) Wie groß ist die Phasenverschiebung zwischen Spannung und Stromstärke?

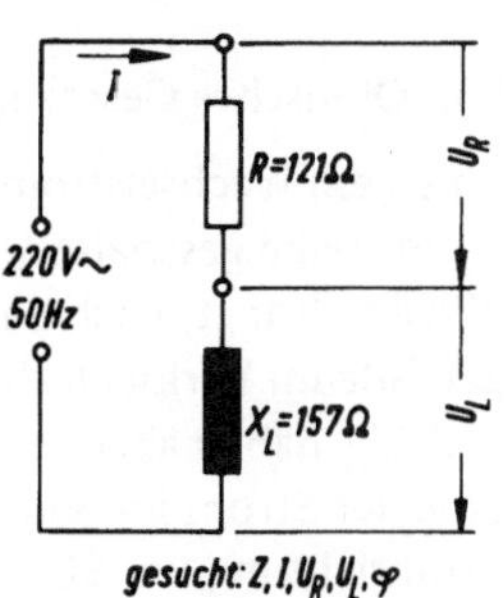

Bild 4.29

Skizze zu Beispiel 2

Gesucht: a) Scheinwiderstand Z
b) I
c) U_R und U_L
d) φ

Gegeben: $X_L = 157\ \Omega$
$R_1 = 21\ \Omega$
$R_2 = 100\ \Omega$
$U = 220\ V$
$f = 50\ Hz$

Lösung a): $Z = \sqrt{R^2 + X_L^2}$
$R = R_1 + R_2$
$R = 21\ \Omega + 100\ \Omega$
$R = 121\ \Omega$
$Z = \sqrt{(121\ \Omega)^2 + (157\ \Omega)^2}$
$Z = \sqrt{14641\ \Omega^2 + 24649\ \Omega^2}$
$Z = \sqrt{39290\ \Omega^2}$

Ergebnis: $Z = 198,2\ \Omega$

in komplexer Form:

$\underline{Z} = R + j\omega L$

$\underline{Z} = (121 + j157)\ \Omega$

$\underline{Z} = 198,2\ \Omega\ \underline{/52,38°}$

Lösung b): $Z = \dfrac{U}{I}$

$I = \dfrac{U}{Z}$ $I = \dfrac{220\ V}{198,2\ \Omega}$

Ergebnis: $I = 1,10\ A$

in komplexer Form:

$\underline{I} = \dfrac{\underline{U}}{\underline{Z}} = \dfrac{220\ V\ \underline{/52,38°}}{198,2\ \Omega\ \underline{/52,38°}}$

$\underline{I} = 1,10\ A\ \underline{/0°}$

Lösung c): $U_R = I\,R$
$U_R = 1,1\ A \cdot 121\ \Omega$
$U_R = 133,1\ V$
$U_L = I\,X_L$
$U_L = 1,1\ A \cdot 157\ \Omega$

Ergebnis: $U_L = 172,7\ V$

Lösung d): $\tan \varphi = \dfrac{X_L}{R}$

$\tan \varphi = \dfrac{157\ \Omega}{121\ \Omega} = 1,29752$

Ergebnis: $\varphi = 52°23'$

■ **Aufgaben zu Abschnitt 4.1.4.4**

1. Bestimme durch Zeichnung den Scheinwiderstand einer Reihenschaltung aus einem Wirkwiderstand von 40 Ω und einem induktiven Widerstand von 32 Ω!
2. Berechne den Scheinwiderstand nach den Angaben der Aufgabe 1!
3. Wie groß ist die Induktivität der Spule, deren induktiver Widerstand bei einer Frequenz von 50 Hz 62,8 Ω beträgt?

4.1.4.5. Ohmsches Gesetz im Wechselstromkreis mit Wirkwiderstand und Kapazität

Sind in einem Wechselstromkreis ein Wirkwiderstand R und ein Kondensator der Kapazität C in Reihe geschaltet (Bild 4.30), so ist die Wechselspannung U, die den Strom I zum Fließen bringt, nach dem 2. Kirchhoffschen Gesetz gleich der Summe der Spannungsabfälle im Wirkwiderstand R und im kapazitiven Widerstand X_C. Die Spannungen U_R und U_C haben aber verschiedene Richtungen. Die Spannung U_R wirkt in der Richtung, die der Strom im Widerstand R hat, die Spannung U_C liegt nach Bild 4.19 hinter der Stromrichtung um $90°$ zurück. Die resultierende Spannung U ergibt sich im Zeigerdiagramm (Bild 4.31) als Diagonale des Rechtecks mit den Seiten U_R und U_C.

Im *Spannungsdreieck* (Bild 4.32) ist nach dem Pythagoreischen Lehrsatz

$$U^2 = U_R^2 + U_C^2 = I^2 R^2 + I^2 X_C^2 = I^2 (R^2 + X_C^2) = I^2 \left[R^2 + \left(\frac{1}{\omega C} \right)^2 \right]$$

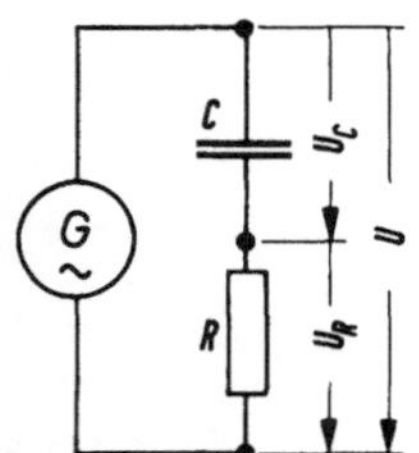

Bild 4.30. Spannungsabfälle im Wechselstromkreis mit Wirkwiderstand und kapazitivem Widerstand

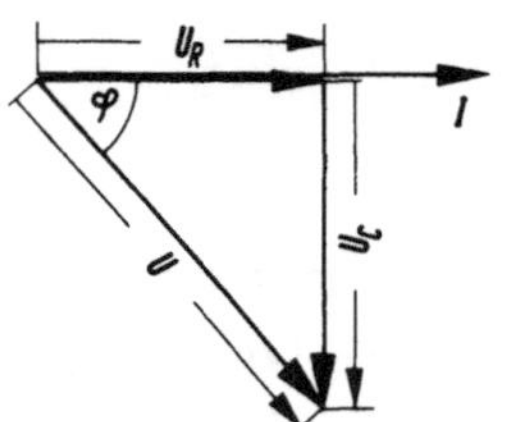

Bild 4.31. Zeigerdiagramm für Spannungen

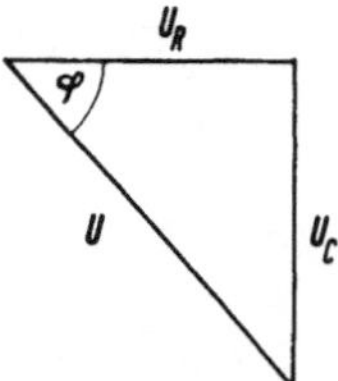

Bild 4.32. Spannungsdreieck

somit ist das *Ohmsche Gesetz im Wechselstromkreis mit Wirkwiderstand und kapazitivem Widerstand*:

$$\boxed{U = I \sqrt{R^2 + X_C^2}}$$

Das Verhältnis $\frac{U}{I} = \sqrt{R^2 + X_C^2}$ ist der Scheinwiderstand Z des Wechselstromkreises mit dem Wirkwiderstand R und dem kapazitiven Widerstand X_C.

$$\boxed{Z = \sqrt{R^2 + X_C^2}}$$

Der Scheinwiderstand kann auch durch Zeichnung ermittelt werden. In einem rechtwinkligen Dreieck, dessen Katheten den Widerständen R und X_C entsprechen, wird der Scheinwiderstand durch die Hypotenuse dargestellt (Bild 4.33).

In dem Spannungsdreieck (Bild 4.32) bzw. im *Widerstandsdreieck* (Bild 4.33) gibt der Winkel φ die Phasenverschiebung der Wechselspannung U gegen den Strom I an. Es ist:

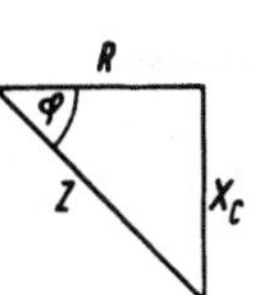

Bild 4.33. Widerstandsdreieck

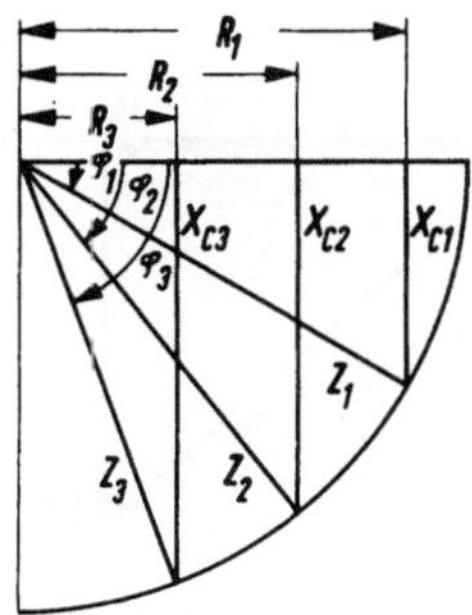

Bild 4.34. Abhängigkeit des Phasenwinkels von Wirkwiderstand und kapazitivem Widerstand

$$\tan\varphi = \frac{-U_C}{U_R} = \frac{-IX_C}{IR} = \frac{-X_C}{R} = -\frac{\text{kapazitiver Widerstand}}{\text{Wirkwiderstand}}$$

Die Phasenverschiebung ist also durch das Verhältnis von kapazitivem und Wirkwiderstand bestimmt. Bei gleichem Scheinwiderstand des Stromkreises wird die Phasenverschiebung um so größer, je größer der Anteil des kapazitiven Widerstandes am Scheinwiderstand ist (Bild 4.34). Es wird

$\sphericalangle\,\varphi = -45°$ und $\tan\varphi = -1$, wenn $X_C = R$ ist.

$\sphericalangle\,\varphi$ nähert sich $-90°$ und $\tan\varphi$ dem Wert $-\infty$, wenn $X_C \gg R$ ist.

$\sphericalangle\,\varphi$ nähert sich $-0°$ und $\tan\varphi$ dem Wert -0, wenn $X_C \ll R$ ist.

Spannungsgleichung in komplexer Darstellung

Aus Bild 4.35 folgt für die Gesamtspannung:

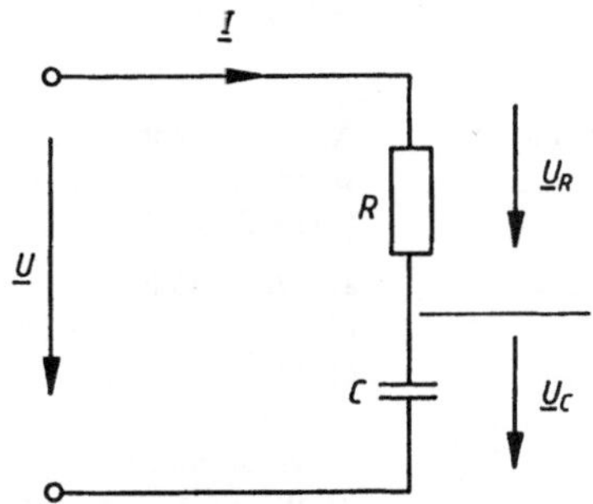

Bild 4.35. Spannungsabfälle im Wechselstromkreis mit Wirkwiderstand und kapazitivem Widerstand

$$\underline{U} = \underline{U}_R + \underline{U}_C \qquad \underline{U}_R = U\cos\varphi$$
$$= \underline{I}R + \underline{I}X_C \qquad \underline{U}_C = U\sin\varphi$$
$$\underline{U} = \underline{I}\left(R + \frac{1}{j\omega C}\right)$$

Der Scheinwiderstand läßt sich schreiben als:

$$\underline{I}\cdot\underline{Z} = \underline{I}R + \underline{I}\,\frac{1}{j\omega C} \qquad \underline{Z} = R + \frac{1}{j\omega C} \qquad |\underline{Z}| = Z = \sqrt{R^2 + \frac{1}{\omega^2 C^2}}$$

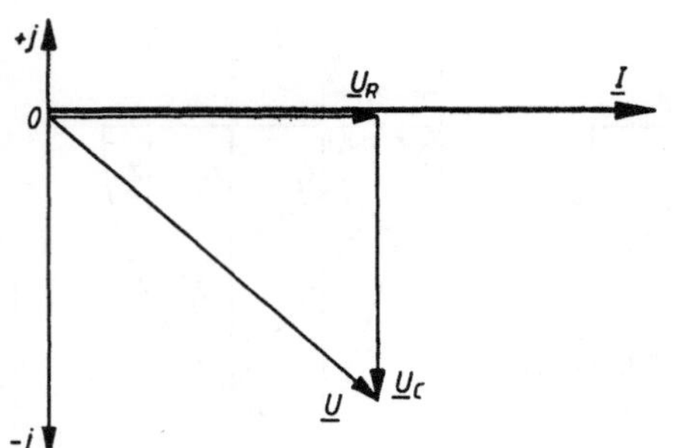

Bild 4.36. Spannungsdreieck

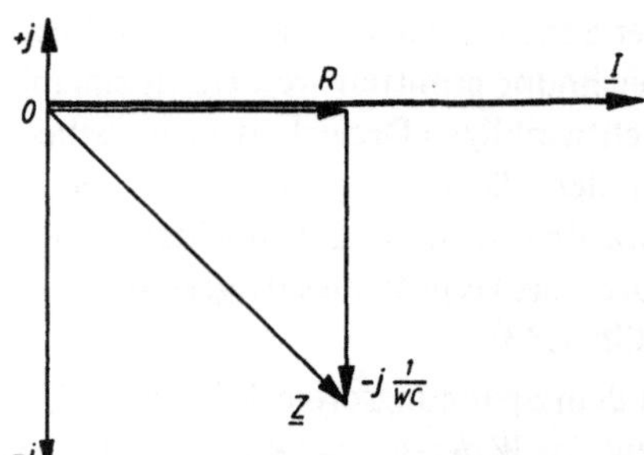

Bild 4.37. Widerstandsdreieck

● *Beispiel 1:* Welchen kapazitiven Widerstand hat ein Kondensator an einer Wechselspannung der Frequenz 50 Hz, wenn die Kapazität des Kondensators 25 µF beträgt (siehe Bild 4.38)?

Gesucht: X_C

Gegeben: $f = 50$ Hz
$C = 25$ µF

Lösung:

$$X_C = \frac{1}{\omega C}$$

$$X_C = \frac{1}{314\ \frac{1}{s} \cdot 25 \cdot 10^{-6}\ \frac{As}{V}}$$

$$X_C = \frac{40\ 000\ V}{314\ A}$$

$\omega = 2\pi f$

$\omega = 2 \cdot 3,14 \cdot 50\ \frac{1}{s}$

$\omega = 314\ \frac{1}{s}$

Bild 4.38. Skizze zu Beispiel 1

Ergebnis: $X_C = 127{,}4\ \Omega$, in komplexer Form: $\underline{X}_C = 127{,}4\ \Omega\ \underline{/-90°}$

● *Beispiel 2:* An einer Wechselspannung von 220 V/50 Hz liegen in Reihe geschaltet ein Wirkwiderstand von 25 Ω und der im Beispiel 1 berechnete Kondensator mit der Kapazität 25 µF (siehe Bild 4.39).

a) Wie groß ist der Scheinwiderstand des Wechselstromkreises?
b) Wie groß ist die Stromstärke im Wechselstromkreis?
c) Welcher Winkel φ der Phasenverschiebung wird durch den kapazitiven Blindwiderstand zwischen der Strom- und Spannungswelle im Wechselstromkreis verursacht?
d) Wie groß sind die Spannungsabfälle U_R und U_C im Wirk- und Blindwiderstand?

Gesucht:
a) Z
b) I
c) φ
d) U_R, U_C

Gegeben: $R = 25\ \Omega$

kap. Blindwiderstand
aus Beispiel 1:

$X_C = 127{,}4\ \Omega$
$U = 220$ V

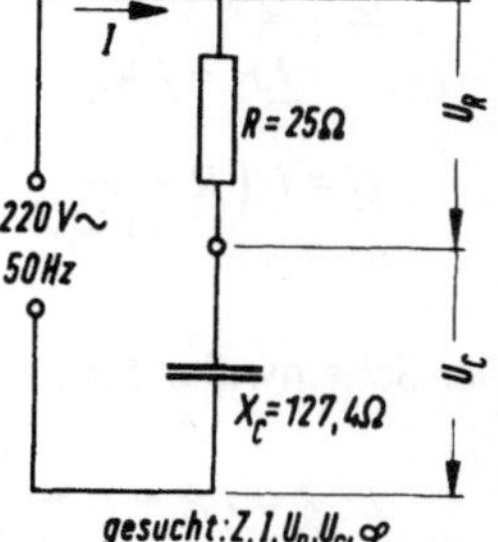

Lösung a):

$$Z = \sqrt{R^2 + X_C^2}$$
$$Z = \sqrt{(25\ \Omega)^2 + (127{,}4\ \Omega)^2}$$
$$Z = \sqrt{625\ \Omega^2 + 16231\ \Omega^2}$$
$$Z = \sqrt{16856\ \Omega^2}$$

in komplexer Form:

$$\underline{Z} = R - j\ \frac{1}{\omega C}$$

$$\underline{Z} = (25 - j\ 127{,}4)\ \Omega$$

Ergebnis: $Z = 129{,}8\ \Omega$

$\underline{Z} = 129{,}8\ \Omega\ \underline{/-78{,}9°}$

Bild 4.39. Skizze zu Beispiel 2

Lösung b): $Z = \dfrac{U}{I}$

$I = \dfrac{U}{Z}$ in komplexer Form:

$I = \dfrac{220\text{ V}}{129{,}8\ \Omega}$ $\underline{I} = \dfrac{220\text{ V}\ \underline{/-78{,}9°}}{129{,}8\ \Omega\ \underline{/-78{,}9°}}$

Ergebnis: $I = 1{,}7$ A $\underline{I} = 1{,}7$ A $/0°$

Lösung c): $\tan\varphi = \dfrac{-X_C}{R}$

$\tan\varphi = \dfrac{-127{,}4\ \Omega}{25\ \Omega}$

$\tan\varphi = -5{,}096$

Ergebnis: $\varphi = -78{,}9°$

Lösung d): $U_R = I\,R$

$U_R = 1{,}7$ A $\cdot\ 25\ \Omega$

$U_C = I \cdot X_C$

$U_C = 1{,}7$ A $\cdot\ 127{,}4\ \Omega$

Ergebnis: $U_R = 42{,}5$ V

$U_C = 216{,}6$ V

■ Aufgaben zu Abschnitt 4.1.4.5

1. Bestimme näherungsweise durch Zeichnen des Widerstandsdreiecks den Scheinwiderstand der Schaltung im Beispiel 2!

2. Ein Kondensator mit 10 μF Kapazität ist mit einem Wirkwiderstand von 150 Ω in Reihe an eine Wechselspannung von 50 Hz geschaltet. Im Stromkreis fließt ein Strom von 0,6 A.

   a) Wie groß ist der kapazitive Widerstand des Kondensators?
   b) Wie groß ist der Scheinwiderstand des Wechselstromkreises?
   c) Berechne die Spannungsabfälle am Wirkwiderstand und am kapazitiven Widerstand!
   d) Welche Wechselspannung ist erforderlich, um den Strom von 0,6 A zum Fließen zu bringen?
   e) Wie groß ist die Phasenverschiebung zwischen Wechselspannung und Strom?

4.1.4.6. Allgemeines Ohmsches Gesetz im Wechselstromkreis

Reihenschaltung von Wirk- und Blindwiderständen

In einem Wechselstromkreis, in dem ein Wirkwiderstand R, eine Induktivität L mit dem induktiven Widerstand X_L und eine Kapazität C mit dem kapazitiven Widerstand X_C in Reihe geschaltet sind (Bild 4.40), sind bei der effektiven Stromstärke I die Spannungsabfälle

$$U_R = I\,R$$
$$U_L = I\,X_L = I\,\omega L$$
$$U_C = I\,X_C = I\,\dfrac{1}{\omega C}$$

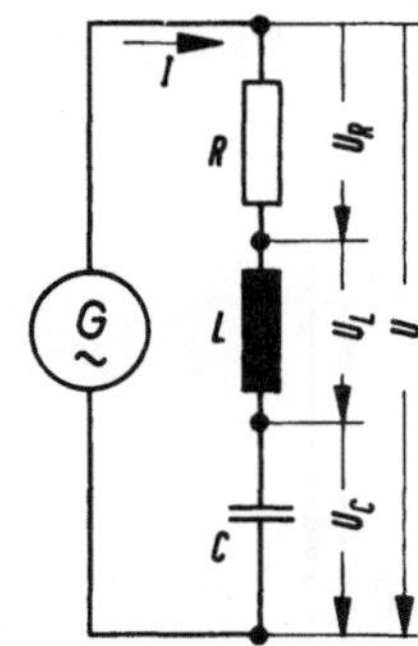

Bild 4.40. Reihenschaltung von Wirkwiderstand, Induktivität und Kapazität

Berücksichtigt man, daß die Spannung U_L der Stromstärke um 90° vorauseilt, die Spannung U_C der Stromstärke um 90° nacheilt, so ergibt sich aus Bild 4.41, daß U_L und U_C in entgegengesetzter Richtung wirken. Ihre geometrische Summe ist gleich der arithmetischen Differenz $U' = U_L - U_C$. Die Diagonale des Rechtecks mit den Seiten U' und U_R gibt die Größe und Richtung der resultierenden Gesamtspannung U an. Aus Bild 4.41 ergibt sich nach dem Pythagoreischen Lehrsatz:

$$U^2 = U_R^2 + U'^2 = U_R^2 + (U_L - U_C)^2$$

und durch Einsetzen der obigen Spannungswerte

$$U^2 = I^2 \left[R^2 + \left(\omega L - \frac{1}{\omega C} \right)^2 \right]$$

Durch Wurzelziehen erhält man als *Allgemeine Ohmsche Gesetz im Wechselstromkreis mit Wirkwiderstand, induktivem und kapazitivem Widerstand:*

$$\boxed{U = I \sqrt{R^2 + \left(\omega L - \frac{1}{\omega C} \right)^2}}$$

Das Verhältnis $\frac{U}{I}$ ist der *Scheinwiderstand Z* des Stromkreises, in dem ein Wirkwiderstand, ein kapazitiver und ein induktiver Widerstand in Reihe geschaltet sind:

$$\boxed{Z = \frac{U}{I} = \sqrt{R^2 + (X_L - X_C)^2}}$$

Durch Zeichnung ergibt sich der Scheinwiderstand Z als Hypotenuse des rechtwinkligen Dreiecks, dessen Katheten dem Wirkwiderstand R und dem Blindwiderstand $X = X_L - X_C$ entsprechen (Bild 4.42). Die Phasenverschiebung zwischen der resultierenden Spannung U und der Stromstärke entnimmt man dem Widerstandsdreieck:

$$\cos \varphi = \frac{R}{Z} \quad \text{oder} \quad \tan \varphi = \frac{X}{R}$$

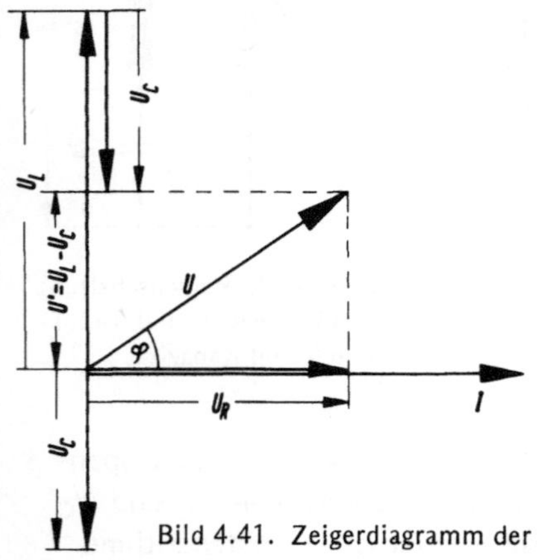

Bild 4.41. Zeigerdiagramm der Spannungen

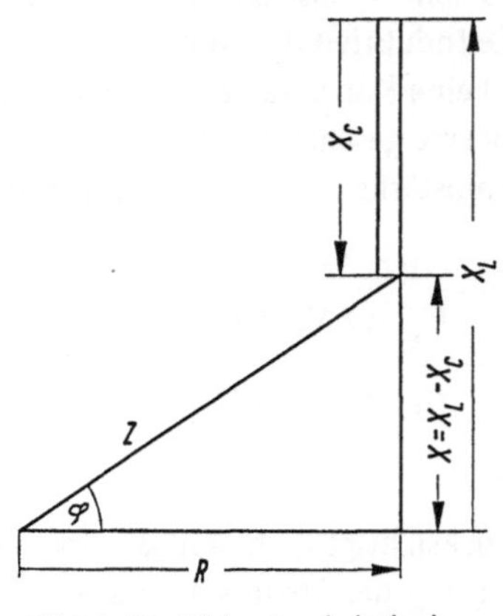

Bild 4.42. Widerstandsdreieck

Reihenschaltung von Wirk- und Blindwiderständen in komplexer Schreibform

Spannungsgleichung: Widerstandsgleichung:

$$\underline{U} = \underline{U}_R + \underline{U}_L + \underline{U}_C$$

$$\underline{Z} = \frac{\underline{U}}{\underline{I}} = R + j\left(\omega L - \frac{1}{\omega C}\right)$$

$$= \underline{I}R + \underline{I}j\omega L + \underline{I}\frac{1}{j\omega C}$$

$$\tan\varphi:$$

$$= \underline{I}\left(R + j\omega L + \frac{1}{j\omega C}\right)$$

$$\tan\varphi = \frac{X_L - X_C}{R}$$

$$\underline{U} = \underline{I}\left[R + j\left(\omega L - \frac{1}{\omega C}\right)\right]$$

Bei der Reihenschaltung von R, L und C schreibt sich der Operator Z als komplexe Zahl. Der Wirkwiderstand R stellt den Realteil dar, während der Imaginärteil sich aus der induktiven und kapazitiven Komponente zusammensetzt. Bilder 4.43; 4.44.

Zusammenfassung:

1. $X_L > X_C$; dazu Bild 4.45 Zeigerdiagramm der Widerstände. Unter dieser Bedingung besitzt die Gesamtschaltung induktiven Charakter, sie ist ersetzbar durch eine Ersatzschaltung, gebildet aus R und $L_{ersatz} = L_{ers}$. Bilder 4.45; 4.46.

2. Im Fall $X_C > X_L$, wirkt die Gesamtschaltung kapazitiv und ist ersetzbar durch die Ersatzschaltung von R und C_{ers}. Bilder 4.47; 4.48.

3. Für den Fall $X_L = X_C$, ist $U_L = U_C$, d. h. die vorliegende Schaltung hat rein ohmschen Charakter und ist infolgedessen ersetzbar durch einen ohmschen Widerstand. Weist eine Schaltung ein solches Verhalten auf, daß die Summe der Blindwiderstände $X = X_L + X_C$ $= \omega L - 1/\omega C = 0$ und der $\tan\varphi = \frac{X}{R}$ auch 0 ist, so spricht man von einer *Reihen-Resonanz*.

Die Frequenz f_0 bzw. ω_0 läßt sich berechnen aus der Resonanzbedingung:

$$\omega L - \frac{1}{\omega C} = 0$$

$$\omega_0^2 = \frac{1}{LC} \quad \text{bzw.} \quad \omega_0 = \frac{1}{\sqrt{LC}}, \quad \text{somit ist die } \textit{Resonanzfrequenz: } f_0 = \frac{1}{2\pi\sqrt{LC}}.$$

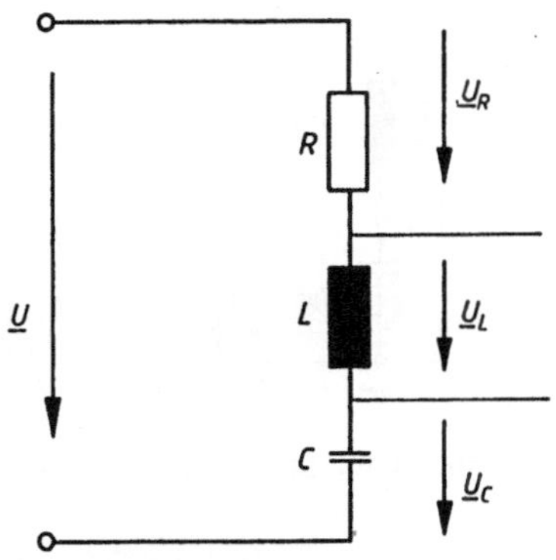

Bild 4.43. Reihenschaltung von $R - L - C$

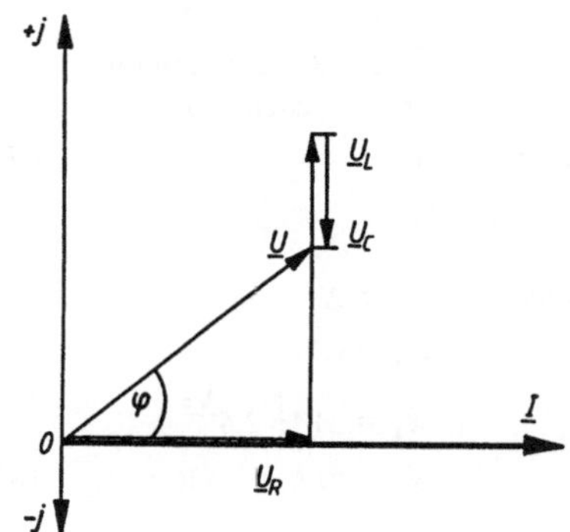

Bild 4.44. Spannungsdiagramm

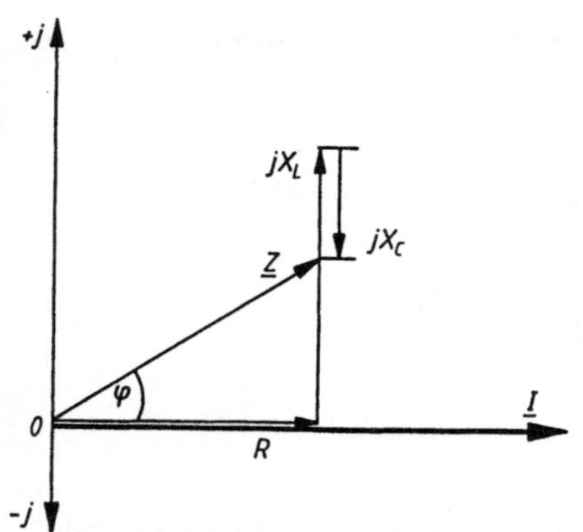

Bild 4.45. Widerstandsdiagramm

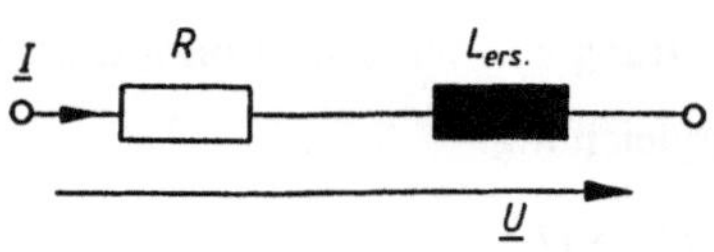

Bild 4.46. Ersatzschaltung

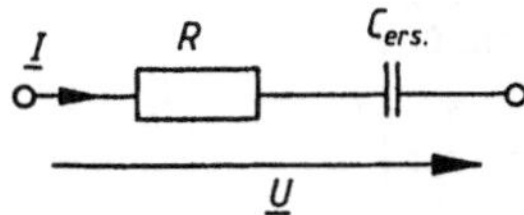

Bild 4.48. Ersatzschaltung

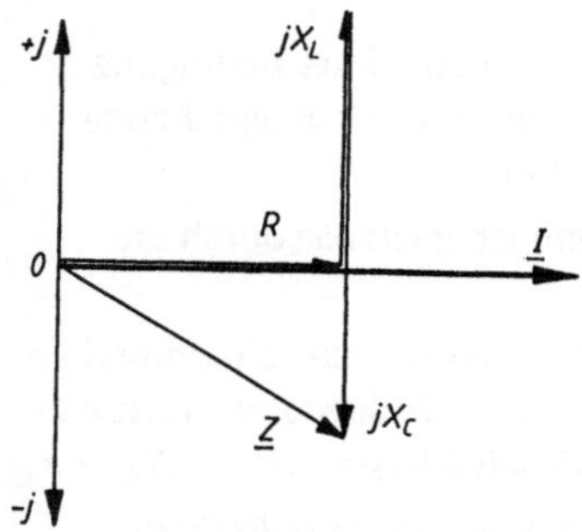

Bild 4.47. Zeigerdiagramm für $X_C > X_L$

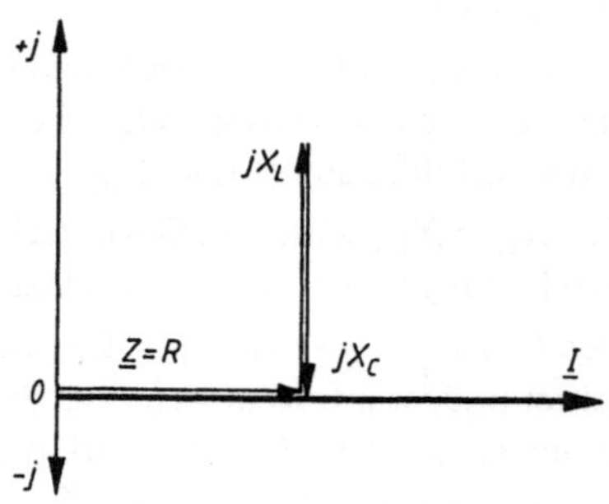

Bild 4.49. Zeigerdiagramm für $X_L = X_C$

● *Beispiel 1:* Ein Wirkwiderstand von 500 Ω ist an einer Wechselspannung von 50 Hz in Reihe geschaltet mit einer Induktivität von 2,5 H und einer Kapazität von 3 μF (siehe Bild 4.50). Wie groß ist

a) der Blindwiderstand,
b) der Scheinwiderstand des Stromkreises?

Gesucht: X
Z

Gegeben: $R = 500\ \Omega$
$L = 2,5\ \mathrm{H}$
$C = 3\ \mu\mathrm{F}$
$f = 50\ \mathrm{Hz}$

Lösung a):

$X = X_L - X_C$

$X_L = \omega L$

$X_L = 314\frac{1}{\mathrm{s}}\ 2,5\frac{\mathrm{Vs}}{\mathrm{A}}$

$X_L = 785\ \Omega$ oder: $\underline{X}_L = 785\ \Omega\ \underline{/90^\circ}$

$X_C = \frac{1}{\omega C}$

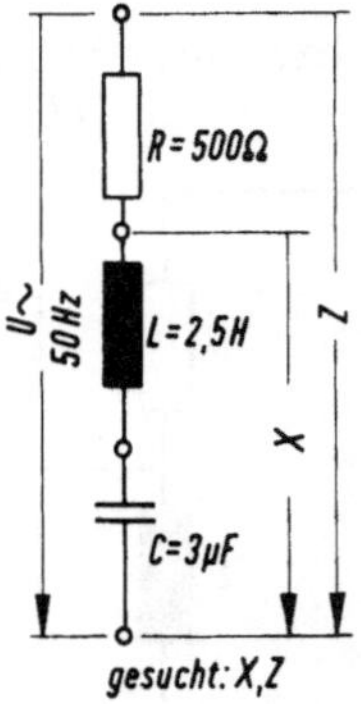

Bild 4.50. Skizze zu Beispiel 1

$$X_C = \cfrac{1}{314\frac{1}{s} \cdot 3 \cdot 10^{-6} \frac{As}{V}}$$

$$X_C = \frac{10^6\,V}{942\,A}$$

$$X_C = 1062\ \Omega$$

$$X = 785\ \Omega - 1062\ \Omega$$

Ergebnis: $\quad X = -277\ \Omega$

Lösung b):

$$Z = \sqrt{R^2 + X^2}$$
$$Z = \sqrt{(500\ \Omega)^2 + (-277\ \Omega)^2}$$
$$Z = \sqrt{326\,729\ \Omega^2}$$
$$Z = \sqrt{(250\,000 + 76\,729)\ \Omega^2}$$

Ergebnis: $\quad Z \approx 572\ \Omega$

oder:

$$\underline{X}_C = 1062\ \Omega\ \underline{/-90°}$$
$$\underline{X} = 785\ \Omega\ \underline{/+90°} - 1062\ \Omega\ /-90°$$
$$\underline{X} = 277\ \Omega\ \underline{/-90°}$$
$$\underline{Z} = R - jX = (500 - j\,277)\ \Omega$$
$$\underline{Z} = 572\ \Omega\ \underline{/-29°}$$

● *Beispiel 2:*   Zu berechnen ist der komplexe Widerstand einer Drosselspule (bestehend aus ohmschem und induktivem Widerstand) mit nachgeschaltetem Kondensator (siehe Bild 4.51). Die Phasenverschiebung ist außerdem zu ermitteln.

Gesucht: $\quad \underline{Z};\ \tan\varphi$ *Gegeben:* $R = 800\ \Omega$
                                                  $L = 10\ H$
                                                  $C = 4\ \mu F$
                                                  $f = 25\ Hz$

Lösung:

$$\underline{Z} = R + j\left(\omega L - \frac{1}{\omega C}\right)$$

$$= \left[800\ \Omega + j\left(157\frac{1}{s} \cdot 10\frac{Vs}{A} - \cfrac{1}{157\frac{1}{s} \cdot 4 \cdot 10^{-6}\frac{As}{V}}\right)\right]$$

$$= [800 + j\,(1570 - 1592{,}35)]\,\Omega$$

Ergebnis:

$$\underline{Z} = (800 - j\,22{,}35)\ \Omega = 800{,}31\ \Omega\ \underline{/-1{,}6°}$$

$$\tan\varphi = \frac{jX}{R} = \frac{-22{,}35\ \Omega}{800\ \Omega} = -0{,}0279$$

$$\text{arc}\tan\varphi = -1{,}6°$$

Bild 4.51.   Skizze zu Beispiel 2

● *Beispiel 3:*   Bei welcher Frequenz wird der Gesamtwiderstand der Schaltung aus Beispiel 2 reell?

Lösung: Unter der Resonanzbedingung, daß $\omega L = \dfrac{1}{\omega C}$ ist, erhält die Schaltung reellen Charakter

$$\omega L = \frac{1}{\omega C}\ ;\ \text{daraus folgt:}\quad f_0 = \frac{1}{2\pi} \cdot \sqrt{\frac{1}{LC}}$$

$$= \frac{1}{2 \cdot 3{,}14} \cdot \sqrt{\cfrac{1}{10\frac{Vs}{A} \cdot 4 \cdot 10^{-6}\frac{As}{V}}}$$

$$= \frac{1}{6{,}28} \cdot \sqrt{\frac{10^6}{40\ s^2}}$$

$$= \frac{1}{6{,}28} \cdot 158{,}114\,\frac{1}{s}$$

Ergebnis: $\qquad\qquad\qquad f_0 = 25{,}17\ Hz$

Parallelschaltung von Wirk- und Blindwiderständen

Wie bei der Parallelschaltung von Wirkwiderständen kann man auch bei der Parallelschaltung von Wirk- und Blindwiderständen den Scheinwiderstand ermitteln, jedoch nicht arithmetisch, sondern geometrisch, denn auch hier liegt eine Phasenverschiebung vor. Bequemer ist aber das Addieren der Leitwerte, und es wird zumeist diese einfachere Rechenmöglichkeit gewählt.

Liegen Blind- und Wirkwiderstand parallel, findet man Z aus

$$\left(\frac{1}{Z}\right)^2 = \left(\frac{1}{R}\right)^2 + \left(\frac{1}{X}\right)^2, \quad \text{also}$$

$$\boxed{Z = \frac{1}{\sqrt{\left(\frac{1}{R}\right)^2 + \left(\frac{1}{X}\right)^2}}}$$

Liegen ohmscher Widerstand, Spule und Kondensator parallel, so findet man

$$\left(\frac{1}{Z}\right)^2 = \left(\frac{1}{R}\right)^2 + \left(\frac{1}{X_L} - \frac{1}{X_C}\right)^2 \quad \text{also}$$

$$\boxed{Z = \frac{1}{\sqrt{\left(\frac{1}{R}\right)^2 + \left(\frac{1}{X_L} - \frac{1}{X_C}\right)^2}}} \quad \text{bzw.}$$

$$\boxed{Z = \frac{1}{\sqrt{\left(\frac{1}{R}\right)^2 + \left(\frac{1}{\omega L} - \omega C\right)^2}}}$$

Dann ist der Gesamtstrom bzw. sind die Teilströme

$$I = \frac{U}{Z}; \quad I_R = \frac{U}{R}; \quad I_{X_L} = \frac{U}{X_L} \quad \text{und} \quad I_{X_C} = \frac{U}{X_C}$$

Wählt man den Weg über den Leitwert, wobei $G = \frac{1}{R}$ der Wirkleitwert, $B_L = \frac{1}{X_L}$ der induktive Blindleitwert und $B_C = \frac{1}{X_C}$ der kapazitive Blindleitwert ist, erhält man den Scheinleitwert Y. Die *Maßeinheit* für alle Leitwerte ist Siemens (S).

$$Y = \frac{1}{Z} \quad \text{oder} \quad \boxed{Y^2 = G^2 + (B_L - B_C)^2}$$

daraus folgt:

$$\boxed{Y = \sqrt{G^2 + (B_L - B_C)^2}}$$

● *Beispiel:* Kondensator, Spule und ohmscher Widerstand (siehe Bild 4.52) liegen parallel an 100 V, 50 Hz. Wie groß sind Scheinwiderstand und Teilstromstärken?

Gesucht: Z

I

I_W

I_L

I_C

Gegeben: $R = 3\,\Omega$

$X_L = 4\,\Omega$

$X_C = 8\,\Omega$

$U = 100\,V$

$f = 50\,Hz$

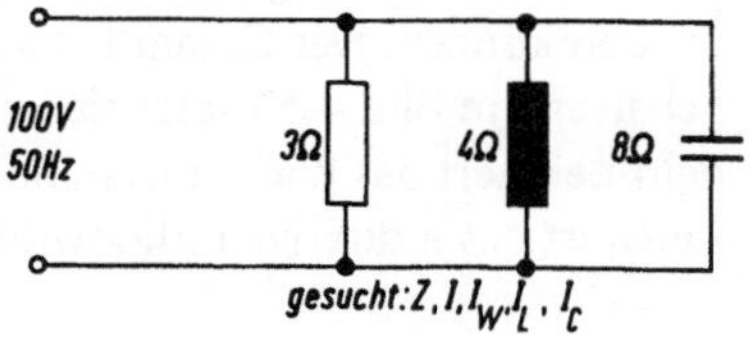

Bild 4.52. Skizze zum Beispiel

Lösung:

$$G = \frac{1}{R}$$

$$B_L = \frac{1}{X_L}$$

$$B_C = \frac{1}{X_C}$$

$$G = \frac{1}{3\,\Omega} = 0{,}333\,S$$

$$B_L = \frac{1}{4\,\Omega} = 0{,}25\,S$$

$$B_C = \frac{1}{8\,\Omega} = 0{,}125\,S$$

$$Y = \sqrt{0{,}333^2 + (0{,}25 - 0{,}125)^2}\,S$$
$$Y = \sqrt{0{,}111 + 0{,}0156}\,S$$
$$Y = \sqrt{0{,}1266}\,S$$
$$= 0{,}356\,S$$

oder komplex:

$$\underline{G} = 0{,}333\,S\ \underline{/0°}$$

$$\underline{B}_L = 0{,}25\,S\ \underline{/-90°}$$

$$\underline{B}_C = 0{,}125\,S\ \underline{/90°}$$

$$\underline{Y} = G + j(B_C - B_L) = G + j\left(\omega C - \frac{1}{\omega L}\right)$$
$$= [0{,}333 + j(0{,}125 - 0{,}25)]\,S$$
$$\underline{Y} = 0{,}356\,S\ \underline{/-20{,}57°}$$

Ergebnis:

$$Z = \frac{1}{Y} = \frac{1}{0{,}356\,S} = 2{,}81\,\Omega \quad \text{daraus finden wir}$$

$$I = \frac{U}{Z} = \frac{100\,V}{2{,}81\,\Omega} = 35{,}5\,A$$

$$\underline{I} = \underline{U} \cdot \underline{Y} = 100\,V\ \underline{/0°} \cdot 0{,}356\,S\ \underline{/-20{,}57°}$$

$$I_W = \frac{U}{R} = \frac{100\,V}{3\,\Omega} = 33{,}3\,A$$

$$\underline{I} = 35{,}6\,A\ \underline{/-20{,}57°}$$

$$I_L = \frac{100\,V}{4\,\Omega} = 25\,A$$

$$I_C = \frac{100\,V}{8\,\Omega} = 12{,}5\,A$$

$$I^2 = I_W^2 + (I_L - I_C)^2$$
$$I^2 = (33{,}3^2 + 12{,}5^2)\,A^2$$

$$\underline{I} = I_W + j(I_C - I_L) = [33{,}3 + j(12{,}5 - 25)]\,A$$

$$I = \sqrt{1265}\,A$$

$$\underline{I} = (33{,}3 - j\,12{,}5)\,A$$

$$I = 35{,}56\,A$$

$$\underline{I} = 35{,}6\,A\ \underline{/-20{,}57°}$$

Parallelschaltung von Wirk- und Blindwiderständen in komplexer Schreibweise

Betrachtet man die Zeigerdiagramme der Reihenschaltung von Blind- und Wirkwiderständen, so läßt sich feststellen, daß die Winkel zweckmäßig auf den Stromzeiger bezogen werden, da dieser in der Reihenschaltung konstant — und gemeinsame Größe ist. Bei der nun zu betrachtenden Parallelschaltung ist der Spannungszeiger der Bezugszeiger für die Zeigerdiagramme von Strömen bzw. Leitwerten.

Parallelschaltung von R und L

Als wesentlicher Grundsatz gilt hier wie in der
Gleichstromrechnung, daß die Leitwerte addiert
werden können. Der Gesamtleitwert der obigen
Schaltung in Bild 4.53 setzt sich zusammen aus
dem Leitwert des Wirkwiderstandes und aus dem
Leitwert des induktiven Blindwiderstandes.

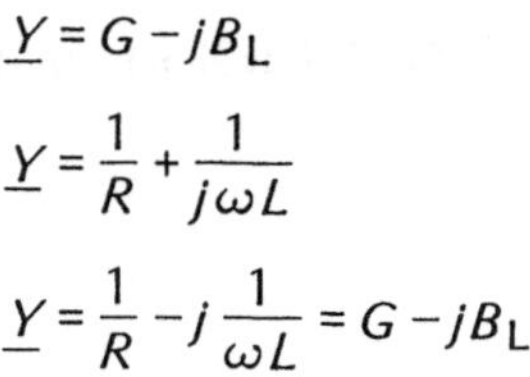

Bild 4.53. Schaltung

$$\underline{Y} = G - jB_L$$

$$\underline{Y} = \frac{1}{R} + \frac{1}{j\omega L}$$

$$\underline{Y} = \frac{1}{R} - j\frac{1}{\omega L} = G - jB_L$$

somit läßt sich die Stromgleichung aufstellen:

$$\underline{I} = \underline{U}\,\underline{Y}$$

$$\underline{I} = \underline{U}\left(\frac{1}{R} - j\frac{1}{\omega L}\right) = \underline{U}(G - jB_L)$$

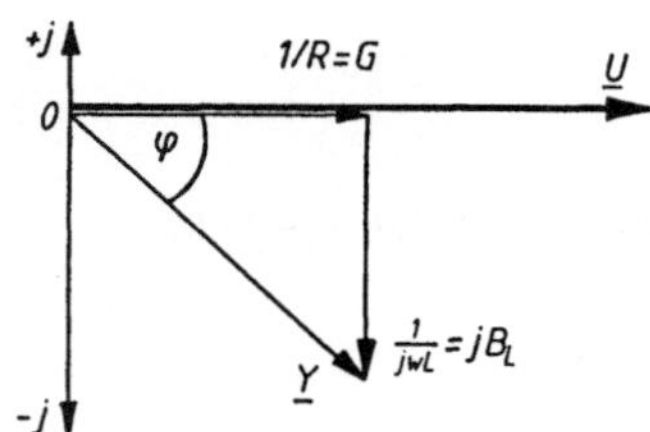

Bild 4.54. Leitwertdiagramm

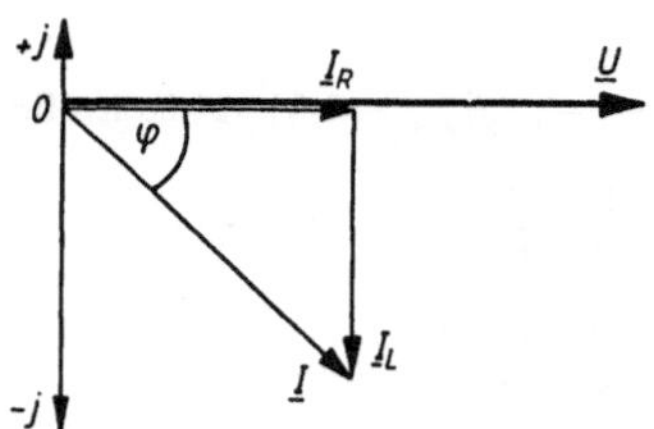

Bild 4.55. Stromdiagramm

Parallelschaltung von R und C

Der Gesamtleitwert setzt sich zusammen aus
dem Leitwert des Wirkwiderstandes und aus
dem Leitwert des kapazitiven Blindwiderstandes.

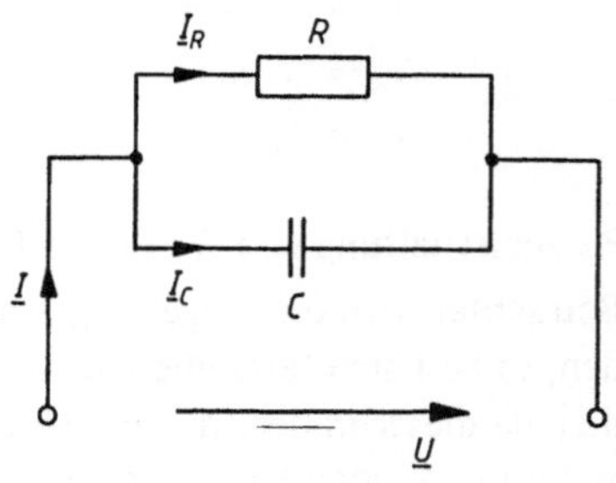

Bild 4.56. Schaltung

$$\underline{Y} = G + j B_C$$

hieraus folgt die
Stromgleichung

$$\underline{Y} = \frac{1}{R} + j\,\omega C$$

$$\underline{I} = \underline{U}\,\underline{Y}$$

$$\underline{I} = \underline{U}\left(\frac{1}{R} + j\,\omega C\right)$$

$$\underline{I} = \underline{U}(G + j B_C)$$

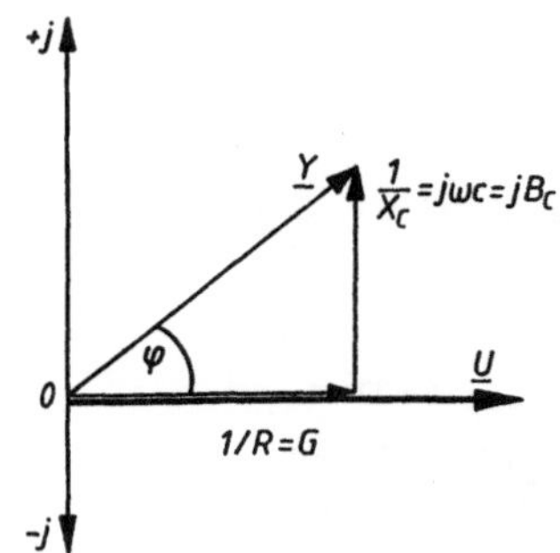

Bild 4.57. Leitwertdreieck

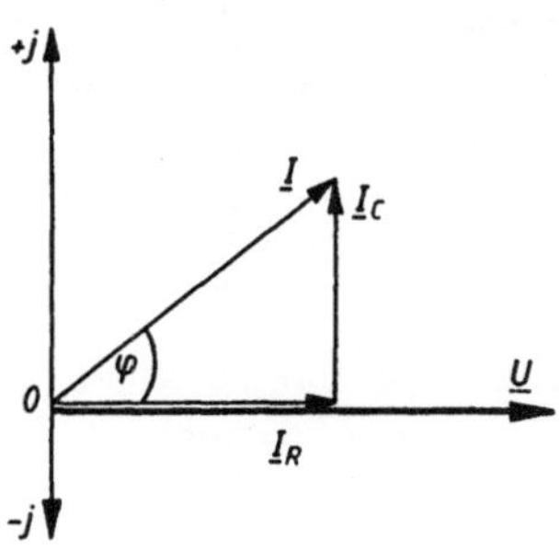

Bild 4.58. Stromdreieck

Parallelresonanz

Das in Bild 4.59 gezeigte Schaltungsbeispiel für R, L, C, Parallelschaltung zeigt die Möglichkeit zur Beschaltung eines Parallelresonanzkreises, bestehend aus dem Wirkwiderstand R_P und den Blindwiderständen X_L und X_C.

Im Resonanzfall besteht der kleinste Leitwert, der Blindanteil entfällt, d. h. $\omega C - \frac{1}{\omega L} = 0$ und $\underline{I}_C = \underline{I}_L$. Der Strom berechnet sich aus

$$\underline{I} = \underline{U}\,\underline{Y}$$

$$\underline{I} = \underline{U}\left(\frac{1}{R_P} + j\,\omega C + \frac{1}{j\,\omega L}\right)$$

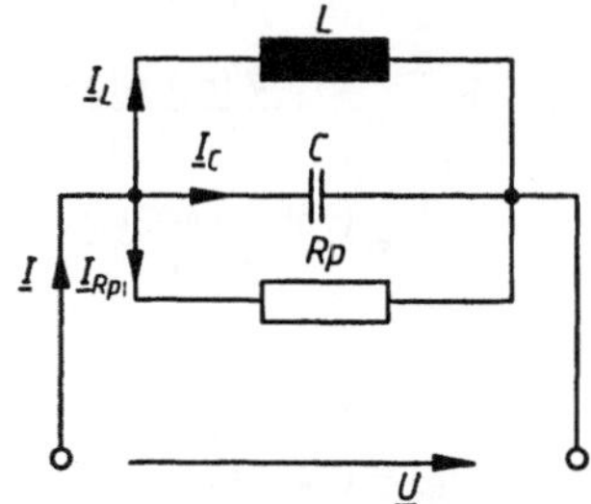

Bild 4.59. Schaltung

Unter der Bedingung, daß L und C konstant und verlustarm ist, zeigt die *Parallelresonanz* gleiches Verhalten wie die Reihenresonanz. Es gilt für die Resonanzfrequenz:

$$f_0 = \frac{1}{2\pi\sqrt{L\,C}}\quad\text{und die Resonanzkreisfrequenz}$$

$$\omega_0 = \frac{1}{\sqrt{L\,C}}\,.$$

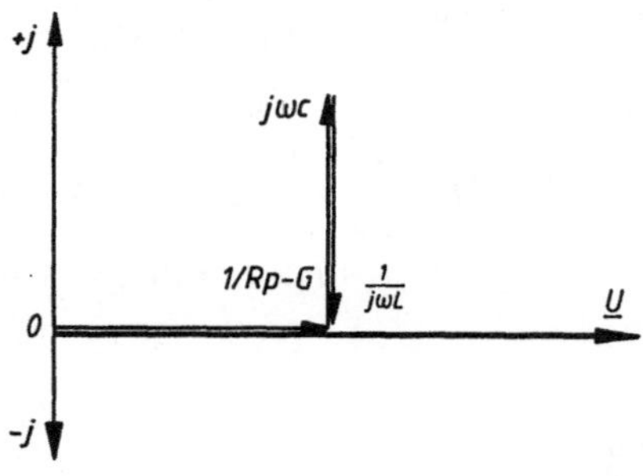

Bild 4.60. Leitwertdiagramm

● *Beispiel 1:*   Für die in Bild 4.61 angegebene Schaltung sind die Teilströme bei einer Klemmenspannung von 110 V zu berechnen und das Stromdiagramm ist zu skizzieren.

Gesucht: die Teilströme $\underline{I}_1, \underline{I}_2, \underline{I}_3, \underline{I}$ Stromdiagramm

Gegeben: $R_1 = 10\,\Omega$
$R_2 = 6\,\Omega$
$R_3 = 15\,\Omega$
$X_L = 8\,\Omega$
$X_C = 4\,\Omega$
$\underline{U} = 110\,\text{V}$

Lösung:

$$\underline{Z}_1 = (10 + j\,8)\ \Omega = 12{,}81\ \Omega\ \underline{/38{,}7°}$$

$$\underline{Z}_2 = (6 - j\,4)\ \Omega = 7{,}21\ \Omega\ \underline{/-33{,}69°}$$

$$\underline{Z}_3 = 15\ \Omega\ /0°$$

$$\underline{I}_1 = \frac{\underline{U}}{\underline{Z}_1} = \frac{110\ \text{V}\ \underline{/0°}}{(10 + j\,8)\ \Omega} = \frac{110\ \text{V}\,(10 - j\,8)\ \Omega}{(10^2 + 8^2)\ \Omega^2}$$

$$= \frac{(1100 - j\,880)\ \text{V}\,\Omega}{164\ \Omega^2}$$

$$= \frac{1100\ \text{V}}{164\ \Omega} - j\,\frac{880\ \text{V}}{164\ \Omega}$$

$$\underline{I}_1 = (6{,}7 - j\,5{,}36)\ \text{A}$$
$$= 8{,}59\ \text{A}\ \underline{/-38{,}7°}$$

$$\text{oder:}\ \underline{I}_1 = \frac{110\ \text{V}\ \underline{/0°}}{12{,}81\ \Omega\ \underline{/38{,}7°}}$$

$$= 8{,}587\ \text{A}\ \underline{/-38{,}7°} = (6{,}7 - j\,5{,}36)\ \text{A}$$

$$\underline{I}_2 = \frac{\underline{U}}{\underline{Z}_2} = \frac{110\ \text{V}\ \underline{/0°}}{(6 - j\,4)\ \Omega}$$

$$= \frac{110\ \text{V}\,(6 + j\,4)\ \Omega}{(6^2 - 4^2)\ \Omega^2}$$

$$= \frac{(660 + j\,440)\ \text{V}}{52\ \Omega}$$

$$= \frac{660\ \text{V}}{52\ \Omega} + j\,\frac{440\ \text{V}}{52\ \Omega}$$

$$\underline{I}_2 = (12{,}7 + j\,8{,}46)\ \text{A}$$
$$\underline{I}_2 = 15{,}26\ \text{A}\ \underline{/33{,}69°}$$

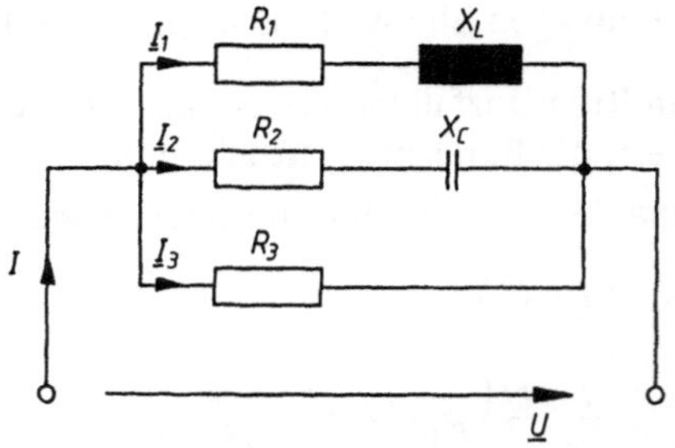

$$\text{oder:}\ \underline{I}_2 = \frac{110\ \text{V}\ /0°}{7{,}21\ \Omega\ \underline{/-33{,}69°}}$$

$$= 15{,}26\ \text{A}\ \underline{/33{,}69°} = (12{,}7 + j\,8{,}47)\ \text{A}$$

$$\underline{I}_3 = \frac{\underline{U}}{\underline{Z}_3} = \frac{110\ \text{V}\ \underline{/0°}}{15\ \Omega} = 7{,}33\ \text{A}\ /0° = (7{,}33 \pm j\,0)\ \text{A}$$

$$\underline{I} = \underline{I}_1 + \underline{I}_2 + \underline{I}_3 = [(6{,}7 - j\,5{,}36) + (12{,}7 + j\,8{,}46) + 7{,}33]\ \text{A}$$

$$\underline{I} = (26{,}73 + j\,3{,}1)\ \text{A} = 26{,}91\ \text{A}\ \underline{/6{,}62°}$$

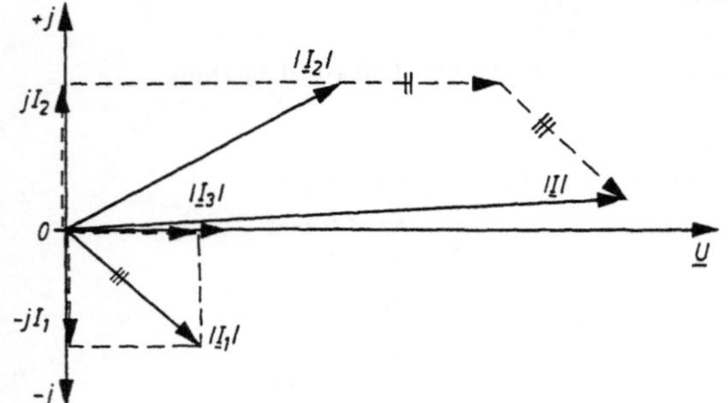

Bild 4.61. Zu Beispiel 1

Bild 4.62. Zeigerdiagramm der Ströme

● *Beispiel 2:* **Welche Eigenfrequenz hat der Schwingkreis mit einem Kondensator von $C = 200$ pF und der Induktivität 150 μH?**

Gesucht: **Resonanzfrequenz f_0**   *Gegeben:* $C = 200$ pF
$L = 150$ μH

Lösung:

$$f_0 = \frac{1}{2\pi} \sqrt{\frac{1}{LC}}$$

$$= \frac{1}{2 \cdot 3{,}14} \sqrt{\frac{1}{150 \cdot 10^{-6}\,\text{H} \cdot 200 \cdot 10^{-12}\,\text{F}}}$$

$$= \frac{1}{6{,}28} \sqrt{\frac{10^6 \cdot 10^{12}}{150\,\text{H} \cdot 200\,\text{F}}}$$

$$= \frac{1}{6{,}28} \cdot 10^9 \sqrt{\frac{1}{150\,\text{H} \cdot 200\,\text{F}}} = \frac{1}{6{,}28} \cdot 10^9 \cdot \frac{1}{173{,}21}\ \text{s}^{-1}$$

$$= \frac{10^9}{1087{,}75}\ \text{s}^{-1} = 919{,}32\ \text{kHz}$$

Ergebnis:

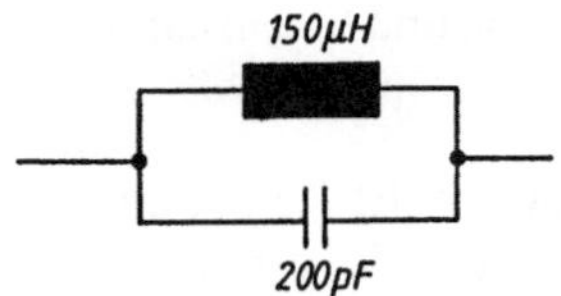

Bild 4.63. Parallelresonanzkreis

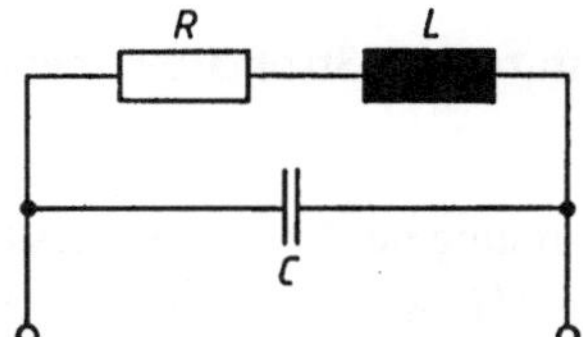

Bild 4.64. Zu Aufgabe 7

■ Aufgaben zu Abschnitt 4.1.4.6

1. Die Reihenschaltung des Beispiels Seite 217 liegt an einer Wechselspannung von 220 V. Berechne
   a) die Stromstärke im Stromkreis,
   b) die Spannungsabfälle in den einzelnen Schaltelementen!

2. Konstruiere das Widerstandsdreieck für eine Reihenschaltung aus Wirkwiderstand, Induktivität und Kapazität unter der Voraussetzung, daß der kapazitive Widerstand größer als der induktive Widerstand ist!

3. Berechne im Beispiel Seite 217 die Phasenverschiebung zwischen Spannung und Stromstärke!

4. Ein Wirkwiderstand von 100 Ω liegt mit einer Spule $L = 0{,}5$ H parallel an 220 V, 50 Hz. Wie groß sind Scheinwiderstand, Gesamtstrom, Wirkstrom und Blindstrom?

5. Eine Glühlampe, 100 W/110 V, liegt mit einem Kondensator, $C = 20$ μF, parallel an 120 V, 50 Hz. Wie groß sind Scheinwiderstand, Gesamtstrom, Wirkstrom und Blindstrom?

6. Zu Widerstand und Spule in Aufgabe 4 wird noch ein Kondensator $C = 10$ μF parallelgeschaltet. Berechne Scheinwiderstand, Gesamtstrom, Wirkstrom, induktiven und kapazitiven Blindstrom!

7. Der komplexe Widerstand $\underline{Z}$ und Leitwert $\underline{Y}$, sowie die Gleichung für die Resonanzfrequenz sind für die Schaltung in Bild 4.64 abzuleiten.

8. Für die in Bild 4.65 dargestellte Schaltung ist die Kapazität C zu berechnen unter der Bedingung, daß der Strom $\underline{I}$ in Phase mit der Spannung $\underline{U}$ liegt. Die Ströme $\underline{I}_1, \underline{I}_2$ und $\underline{I}$ sind zu ermitteln, ein Zeigerdiagramm mit Strömen und Spannungen ist zu zeichnen.

9. Das Amperemeter in Bild 4.66 soll trotz Ein- bzw. Ausschalten des Schalters jeweils den gleichen Wert anzeigen. Wie groß muß zu diesem Zweck R_2 dimensioniert werden? (*Wechselstromparadoxon*).

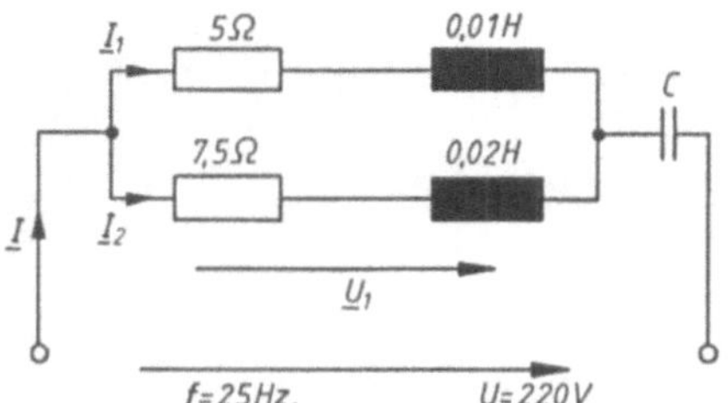

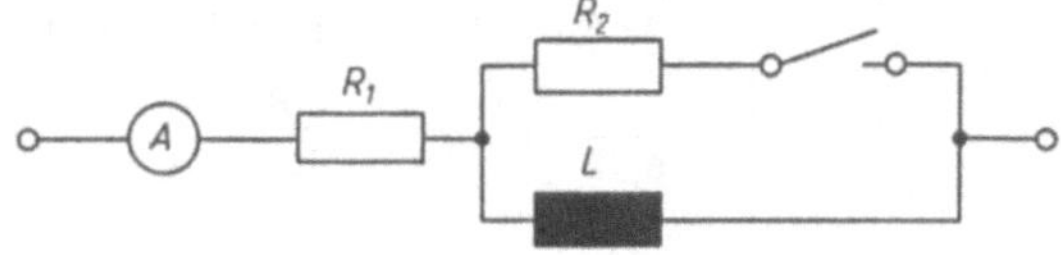

Bild 4.65. Zu Aufgabe 8   Bild 4.66. Zu Aufgabe 9

4.1.5. Leistung und Arbeit des Wechselstromes

4.1.5.1. Leistung und Stromarbeit bei Phasengleichheit von Spannung und Stromstärke

Leistung

Für die Berechnung der Leistung eines Gleichstroms ergab sich in Abschnitt 1.3.2.2 die Gleichung $P = UI$, wobei U und I die Spannung und Stromstärke des Gleichstromes bedeuten. Da man auch beim Wechselstrom die Augenblickswerte von Spannung und Strom innerhalb einer kurzen Zeitspanne dt als konstant ansehen kann, gelten für sie die gleichen Gesetze wie für die Gleichstromgrößen. Wendet man die Leistungsgleichung für Gleichstrom auf die Augenblickswerte des Wechselstromes an, so ist der Augenblickswert p der Leistung gleich dem Produkt der Augenblickswerte u und i von Spannung und Stromstärke: $p = u\,i$.

Wenn Spannung und Strom phasengleich sind, wie dies bei Belastung des Wechselstromkreises mit einem reinen Wirkwiderstand der Fall ist, dann ist das Produkt $u\,i$ stets positiv; denn auch im negativen Bereich der Spannungs- und Stromwelle ergibt das Produkt aus dem negativen Spannungswert und dem negativen Stromwert einen positiven Wert der Augenblicksleistung. Trägt man für jeden Augenblick den Wert des Produktes $p = u\,i$ in das Liniendiagramm ein, so erhält man die *Leistungskurve* (Bild 4.67), die ganz auf der positiven Seite oberhalb der Zeitachse verläuft. Dies bedeutet, daß in jedem Augenblick von der Spannungs-

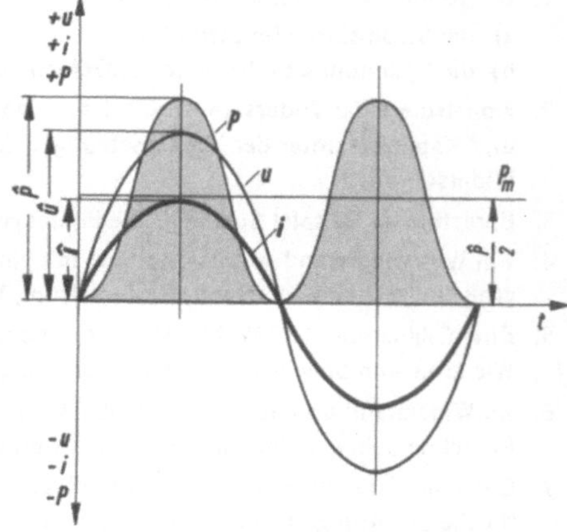

Bild 4.67. Leistungskurve bei Wirkbelastung

quelle an den Verbraucher eine Leistung abgegeben wird, die in ihm in mechanische Leistung oder in Wärmeleistung umgewandelt wird.

Die Leistungskurve ist eine Sinuslinie mit der doppelten Frequenz der Spannungs- oder Stromwelle. Die Augenblickswerte der Leistung schwanken zwischen dem Wert Null und dem Scheitelwert $\hat{p}$ der Leistung, der gleich dem Produkt der Scheitelwerte von Spannung und Stromstärke ist: $\hat{p} = \hat{u}\,\hat{\imath}$. Der Mittelwert p_m aller Augenblickswerte $\hat{p} = \hat{u}\,\hat{\imath}$ ist die Hälfte des Scheitelwertes $\hat{p}$ der Leistungskurve:

$$p_m = \frac{\hat{p}}{2} = \frac{\hat{u}\,\hat{\imath}}{2}$$

Trägt man für jeden Augenblick diesen Mittelwert der Leistung als Ordinate in das Liniendiagramm ein, so liegen deren Endpunkte auf der Parallele zur Zeitachse im Abstand $\frac{\hat{p}}{2}$. Wenn man in der Gleichung der mittleren Leistung für die Scheitelwerte $\hat{u} = \sqrt{2}\,U$ und $\hat{\imath} = \sqrt{2}\,I$ einsetzt, wobei U und I die Effektivwerte der Wechselstromgrößen sind, so ergibt sich für die mittlere Leistung p_m, die auch als *Wirkleistung P* bezeichnet wird:

$$p_m = P = \frac{\hat{u}\,\hat{\imath}}{2} = \frac{\sqrt{2}\,U\,\sqrt{2}\,I}{2} = U\,I$$

$$\boxed{P = U\,I}$$

Die Wirkleistung eines Wechselstromes in einem Stromkreis, der nur mit einem Wirkwiderstand belastet ist, ist gleich dem Produkt aus den Effektivwerten von Spannung und Stromstärke.

● *Beispiel:* Ein elektrischer Heizofen ist an 220 V Wechselspannung angeschlossen. In der Zuleitung wird ein Strom von 4,5 A gemessen. Welche Leistung gibt der Heizofen ab (Bild 4.68).

Gesucht: P *Gegeben:* $U = 220$ V
$I = 4,5$ A

Lösung: $P = U\,I$
$P = 220$ V $\cdot$ 4,5 A

Ergebnis: $P = 990$ W

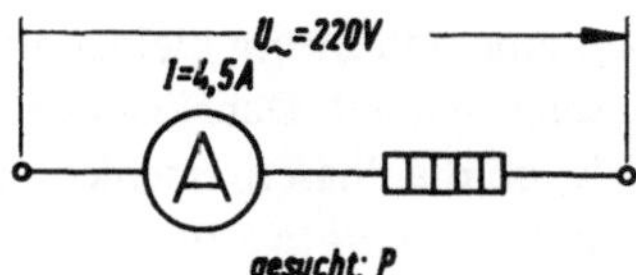

Bild 4.68. Skizze zum Beispiel

Stromarbeit

Wie beim Gleichstrom ist auch beim Wechselstrom die Stromarbeit W in der Zeit t gleich dem Produkt aus der Leistung P und der Zeit t.

$$\boxed{W = P\,t = U\,I\,t}$$

Innerhalb einer Periode T ist die vom Strom verrichtete Arbeit $W = P\,T$. Wenn man im Leistungsdiagramm die Mittelparallele im Abstand p_m zieht, so entspricht die von der Zeitachse, der Mittelparallelen und den Ordinaten im Zeitpunkt Null und T eingeschlossene Rechteckfläche der innerhalb der Periode T verrichteten Arbeit des Wechselstromes (Bild 4.69). Wie das Bild zeigt, ist auch die von der Leistungskurve und der Zeitachse eingeschlossene Fläche gleich der Rechteckfläche, da die gleichartig schraffierten Flächenstücke einander gleich sind. Durch Vergleich ergibt sich:

Die von der Leistungskurve und der Zeitachse eingeschlossene Fläche entspricht der elektrischen Arbeit des Wechselstromes.

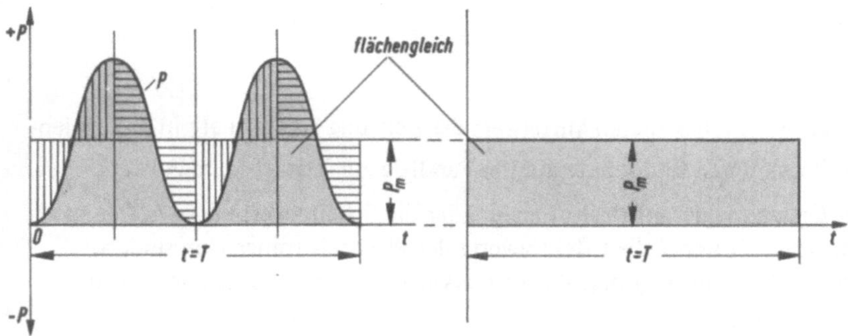

Bild 4.69. Geometrische Darstellung der elektrischen Arbeit im Wirkwiderstand

4.1.5.2. Leistung und Stromarbeit bei Phasenverschiebung von Spannung und Stromstärke

Leistung

Sind die Spannungswelle und die Stromwelle phasenverschoben, so wird die Augenblicksleistung in den Bezirken negativ, in denen Spannung und Strom entgegengesetzte Vorzeichen haben (Bild 4.70). Die Leistungskurve verläuft zum Teil auf der negativen Seite unterhalb der Zeitachse. Dadurch rückt die **Parallele** der mittleren Wirkleistung näher an die Zeitachse heran. Die Wirkleistung wird also bei Phasenverschiebung von Spannung und Strom kleiner als bei Phasengleichheit. Dabei ist es gleichgültig, ob die Phasenverschiebung durch eine *induktive* oder eine *kapazitive* Belastung des Stromkreises verursacht ist. Das Bild 4.70 stellt z. B. die Strom-, Spannungs- und Leistungskurve in einem Stromkreis dar, in dem ein Wirkwiderstand mit einer Induktivität in Reihe geschaltet ist. Die Phasenverschiebung beträgt im Bild 45°.

Die beiden Grenzfälle, in denen bei rein *induktiver* bzw. rein *kapazitiver* Belastung des Stromkreises die Phasen-

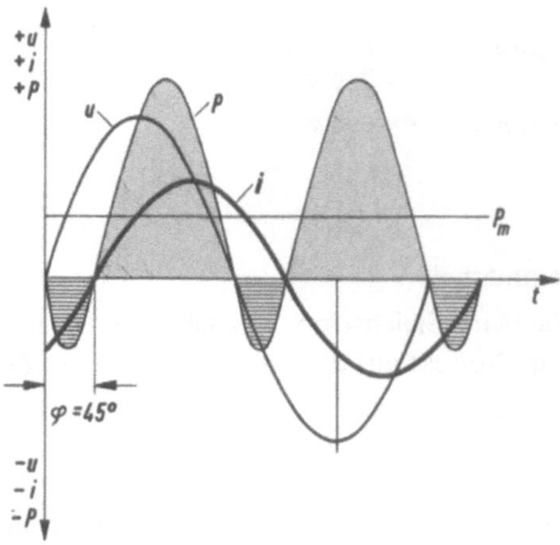

Bild 4.70. Leistungskurve bei 45° Phasenverschiebung

verschiebung von Strom und Spannung $+90°$ bzw. $-90°$ beträgt, sind in den beiden Bildern 4.71 bzw. 472 dargestellt. Die Leistungskurven bestehen in beiden Fällen aus *positiven* und *negativen* Halbwellen gleicher Größe. Die Parallele der mittleren Wirkleistung fällt in beiden Fällen mit der Zeitachse zusammen.

Die Wirkleistung beträgt also bei rein induktiver oder kapazitiver Belastung $P = 0$ W, d. h., es wird keine Wirkleistung an den Stromkreis abgegeben.

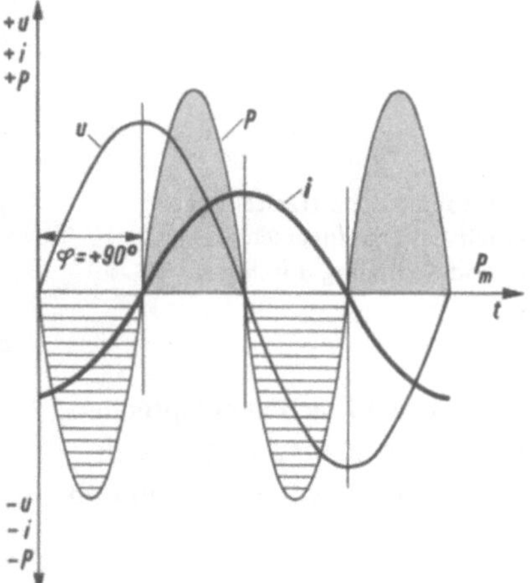

Bild 4.71. Leistungskurve bei rein induktiver Belastung ($\varphi = 90°$)

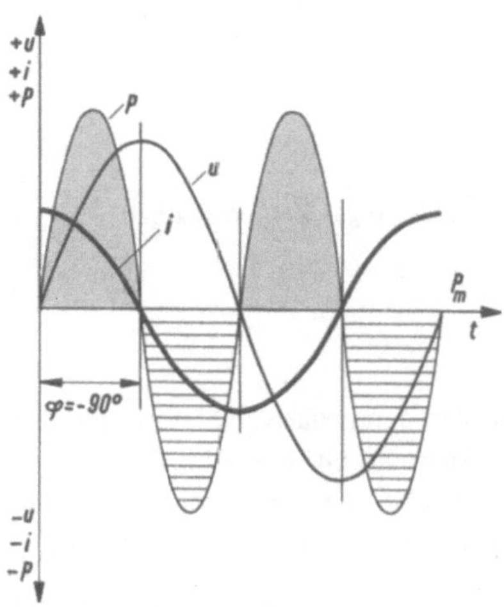

Bild 4.72. Leistungskurve bei rein kapazitiver Belastung ($\varphi = -90°$)

Stromarbeit

Wie in Bild 4.69 bedeutet auch in den Bildern 4.70, 4.71 und 4.72 die von der Zeitachse und der Leistungskurve im positiven Bereich begrenzte Fläche die Stromarbeit, die von der Spannungsquelle an den Stromkreis abgegeben wird. Sinngemäß muß die von der Zeitachse und der Leistungskurve im negativen Bereich begrenzte Fläche die Stromarbeit darstellen, die vom Stromkreis an die Spannungsquelle zurückgeliefert wird. Die von der Spannungsquelle im Stromkreis verrichtete Wirkarbeit ist also gleich der Differenz der „positiven" und der „negativen" Arbeit.

Für den allgemeinen Fall einer Phasenverschiebung $\varphi < 90°$ ist in Bild 4.73 diese Differenz dargestellt durch den getönt dargestellten Teil der Leistungskurve. Sie ist, wie Bild 4.74 zeigt, flächengleich dem Rechteck aus den Seiten T und P_m, also gleich der Wirkarbeit in der Periode T, da die gleich numerierten Flächenteile einander gleich sind.

Bei rein induktiver Belastung (Bild 4.71) stellen die von den positiven Halbwellen und der Zeitachse begrenzten Flächen geometrisch die Stromarbeit dar, die von der Spannungsquelle an die Induktionsspule innerhalb einer Periode abgegeben wird; sie bewirkt den Aufbau des magnetischen Feldes in der Spule und ist in ihr als magnetische Energie gespeichert.

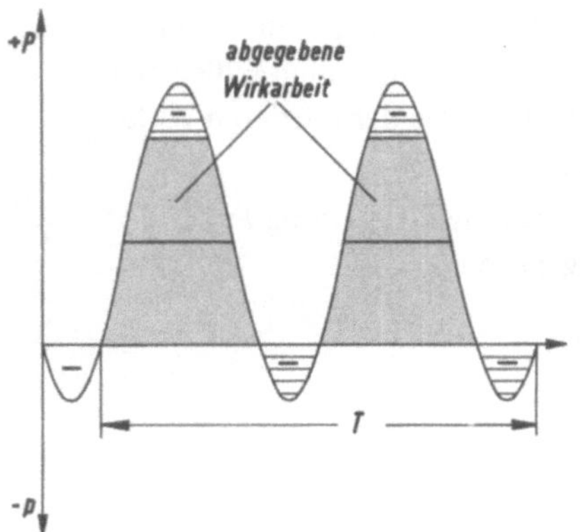

Bild 4.73. Abgegebene Wirkarbeit

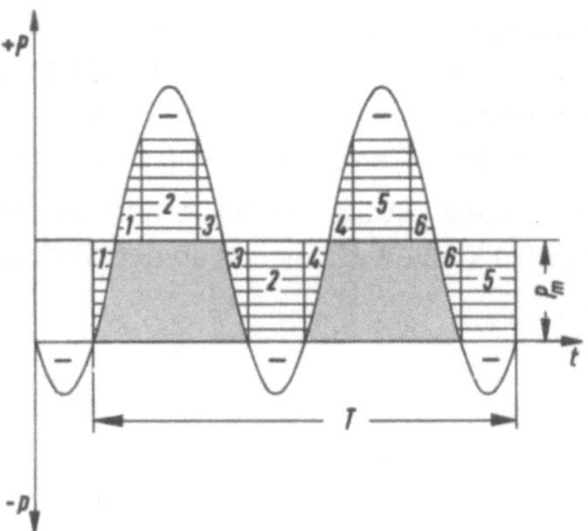

Bild 4.74. Geometrische Darstellung
der Wirkarbeit bei Phasenverschiebung
von Strom und Spannung durch das
Rechteck $P_m \cdot T$

Die von den negativen Halbwellen und Zeitachse eingeschlossenen Flächen entsprechen
der Stromarbeit, die beim Zerfall des magnetischen Feldes an die Spannungsquelle als
elektrische Energie zurückgeliefert wird. Es fließt also im Stromkreis ein Strom hin und
her, der keine Wirkarbeit verrichtet.

Ebenso stellen bei rein kapazitiver Belastung (Bild 4.72) die Flächen der positiven Halbwellen die Stromarbeit dar, die an den Kondensator abgegeben wird und den Aufbau
des elektrischen Feldes bewirkt, während die Flächen der negativen Halbwellen die
Stromarbeit veranschaulichen, die beim Entladen des Kondensators zur Spannungsquelle zurückfließt, ohne daß eine Wirkarbeit verrichtet wird.

4.1.5.3. Zeigerdiagramm der Stromstärken

Die an den Liniendiagrammen angestellten
Überlegungen haben gezeigt, daß durch die
Phasenverschiebung von Spannung und
Stromstärke die Wirkleistung des Wechsel-
stromes um so kleiner wird, je größer die
Phasenverschiebung ist und daß sie bei
einer Phasenverschiebung von $\pm 90°$
vollständig verschwindet.

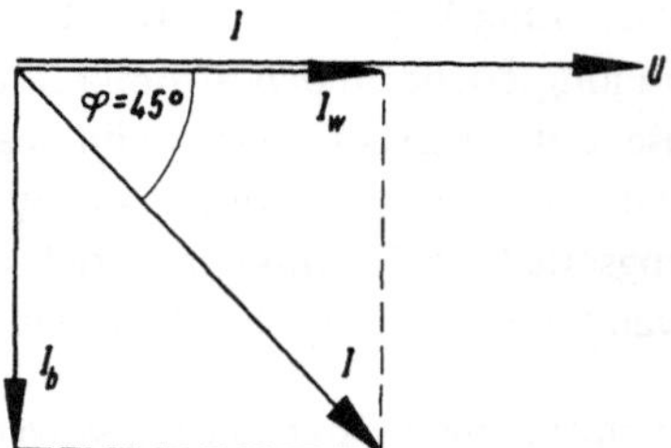

Bild 4.75. Zeigerdiagramm zu Bild 4.70

Um im allgemeinen Fall einer beliebigen Phasenverschiebung die Abhängigkeit der Wirkleistung vom Winkel φ der Phasenverschiebung zahlenmäßig zu ermitteln, geht man von
dem *Zeigerdiagramm* (Bild 4.75) aus, das dem Liniendiagramm Bild 4.70 entspricht.
Der Winkel zwischen der effektiven Spannung U und der effektiven Stromstärke I ist
der Winkel φ der Phasenverschiebung. Die effektive Stromstärke I läßt sich in zwei

Komponenten zerlegen, von denen die eine I_w in der Richtung der effektiven Spannung U, die andere I_b senkrecht zu ihr liegt. Aus Bild 4.75 ergibt sich:

$$I_w = I \cos \varphi \quad \text{und} \quad I_b = I \sin \varphi$$

Die *Wirkleistung des Wechselstromes* ist durch die effektive Spannung U und die in ihre Richtung fallende Stromkomponente I_w bestimmt, die man als *Wirkstrom* bezeichnet. Die auf der effektiven Spannung U senkrecht stehende Stromkomponente I_b trägt nichts zur Wirkleistung bei und heißt *Blindstrom*.

Man bezeichnet also

$$I_w = I \cos \varphi \quad \text{als Wirkstrom,}$$
$$I_b = I \sin \varphi \quad \text{als Blindstrom.}$$

Die *Wirkleistung* ist das Produkt aus der effektiven Spannung und der Wirkstromkomponente:

$$P = U I \cos \varphi$$

entsprechend ist:

$$\text{die Blindleistung} \quad Q = U I \sin \varphi$$
$$\text{die Scheinleistung} \quad S = U I$$

Durch Einsetzen der Scheinleistung S in die Gleichung für die Wirk- und Blindleistung erhält man:

$$\boxed{\begin{aligned} P &= S \cos \varphi \\ Q &= S \sin \varphi \end{aligned}}$$

und aus

$$\begin{aligned} P^2 + Q^2 &= S^2 \cos^2 \varphi + S^2 \sin \varphi \\ &= S^2 (\cos^2 \varphi + \sin^2 \varphi) = S^2: \end{aligned}$$

$$\boxed{S = \sqrt{P^2 + Q^2}}$$

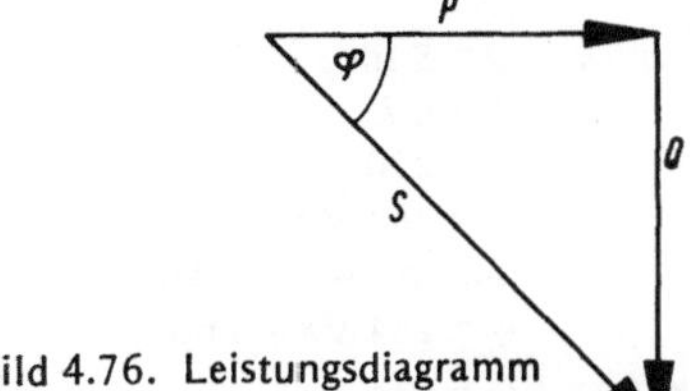

Bild 4.76. Leistungsdiagramm

Geometrisch läßt sich also die Scheinleistung als Hypotenuse eines rechtwinkligen Dreiecks darstellen, dessen Katheten der Wirkleistung P und der Blindleistung Q entsprechen (Bild 4.76). Der Winkel zwischen der Scheinleistung und der Wirkleistung im Widerstandsdreieck ist der Winkel φ der Phasenverschiebung.

Die bei der effektiven Spannung U und der effektiven Stromstärke I abgegebene nutzbare Leistung beträgt also nur den durch den Faktor $\cos \varphi$ gegebenen Teil der Scheinleistung. Der andere Teil pendelt als Blindleistung zwischen der Spannungsquelle und den Verbrauchern hin und her.

Um die verschiedenartigen Leistungen auch in den Maßeinheiten zu unterscheiden, hat man unterschiedliche Maßbezeichnungen eingeführt, und zwar mißt man

die Wirkleistung P in Watt (W),

die Scheinleistung S in Voltampere (VA),

die Blindleistung Q in Voltampere reaktiv (var).

● *Beispiel 1:*   Ein Motor nimmt bei 220 V Wechselspannung 1,2 A auf. Der Leistungsfaktor beträgt 0,75 (Bild 4.77). Wie groß ist
   a) die Scheinleistung,
   b) die Wirkleistung des Motors?

Gesucht: a) S *Gegeben:* $U = 220$ V
            b) P $I = 1,2$ A
                                      $\cos\varphi = 0,75$

Lösung a): $S = U I$
              $S = 220$ V $\cdot$ 1,2 A

Ergebnis: $S = 264$ VA

Lösung b): $P = S \cos\varphi$
              $P = 264$ VA $\cdot$ 0,75

Ergebnis: $P = 198$ W

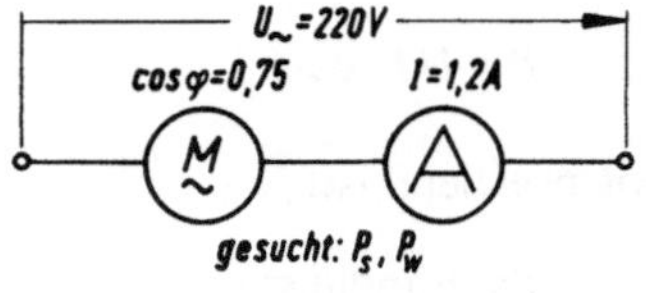

Bild 4.77. Skizze zu Beispiel 1

● *Beispiel 2:*   Berechne für den Motor im Beispiel 1
   a) die Phasenverschiebung zwischen Spannung und Stromstärke,
   b) die Blindleistung!

Gesucht: a) φ *Gegeben:* $\cos\varphi = 0,75$
            b) Q $U = 220$ V
                                      $I = 1,2$ A

Lösung a):   aus: $\cos\varphi = 0,75$ ergibt sich: $\varphi = 41°20'$

Ergebnis: $\varphi = 41°20'$

Lösung b): $Q = S \sin\varphi$
              $S = U I$
              $S = 220$ V $\cdot$ 1,2 A
              $S = 264$ VA
              aus: $\varphi = 41°20'$ wird $\sin 41°20' = 0,66$
              $Q = 264$ VA $\cdot$ 0,66

Ergebnis: $Q = 174$ var

4.1.5.4. Leistungsfaktor

Als *Leistungsfaktor* bezeichnet man das Verhältnis der Wirkleistung zur Scheinleistung:

$$\text{Leistungsfaktor} = \frac{\text{Wirkleistung}}{\text{Scheinleistung}} \qquad \cos\varphi = \frac{P}{S}$$

Der Leistungsfaktor ist gleich dem Cosinus des Phasenwinkels zwischen Spannung und Stromstärke und kann allgemein errechnet werden aus dem Quotienten von Wirkanteil zu Scheinanteil gleicher Größenart.

Aus den trigonometrischen Funktionen ergibt sich, daß für den Phasenwinkel $\varphi = 0°$ $\cos\varphi = 1$ wird. Bei zunehmendem Phasenwinkel φ wird der $\cos\varphi$ kleiner als 1 und nähert sich um so mehr dem Wert 0, je mehr sich der Phasenwinkel dem Wert $\varphi = 90°$ nähert.

In Übereinstimmung mit den Überlegungen in den Abschnitten 4.1.5.1 und 4.1.5.2 besteht demnach folgende Zuordnung:

$$\varphi = 0° \quad \cos\varphi = 1 \quad P = S$$
$$\varphi \begin{array}{c} > 0° \\ < 90° \end{array} \quad \cos\varphi < 1 \quad P < S$$
$$\varphi = 90° \quad \cos\varphi = 0 \quad P = 0$$

4.1.5.5. Wirtschaftliche Bedeutung des Leistungsfaktors

Aus den im Abschnitt 4.1.5.3 abgeleiteten Gleichungen

$$I_w = I \cos\varphi, \quad P = S \cos\varphi$$
$$I_b = I \sin\varphi, \quad Q = S \sin\varphi$$

ist ersichtlich, wie ungünstig sich ein niedriger Leistungsfaktor auf die Wirtschaftlichkeit der ganzen Elektrizitätsversorgungsanlage auswirkt:

Je kleiner der $\cos\varphi$, d. h., je schlechter der Leistungsfaktor ist, um so kleiner werden der Wirkstrom und die Wirkleistung, um so größer der Blindstrom und die Blindleistung. Aus der Leistungsgleichung $P = S \cos\varphi$ ergibt sich ferner, daß den Verbrauchern für eine bestimmte Wirkleistung vom E-Werk eine um so größere Scheinleistung zur Verfügung gestellt werden muß, je kleiner der Leistungsfaktor $\cos\varphi$ ist. Das bedeutet, daß das E-Werk bei einem schlechten Leistungsfaktor der Verbraucher eine größere Maschinenleistung installieren muß als die abgenommene Nutzleistung der Verbraucher ausmacht. Die hierfür aufzuwendenden erhöhten Anlagekosten sind für das E-Werk unwirtschaftlich, da den Abnehmer im allgemeinen nur die von den Wechselstromzählern gemessene Wirkarbeit in Rechnung gestellt werden kann.

In demselben Ausmaß, in dem das E-Werk bei einem schlechten Leistungsfaktor der Verbraucher gezwungen ist, die Scheinleistung zu erhöhen, steigt nach der Gleichung $S = U I$ die effektive Stromstärke I, da die Netzspannung U einen konstanten Wert hat. Diese erhöhte Stromstärke belastet die gesamte elektrische Anlage, sie erfordert stärkere Generatoren im E-Werk und größere Querschnitte der Übertragungsleitungen, um deren Erwärmung zu verhindern und den mit der Stromstärke zunehmenden Spannungsverlust $(U_v = I R)$ zu vermindern. Ein schlechter Leistungsfaktor der Verbraucher wirkt sich also für die E-Werke sehr ungünstig aus. Sie verlangen deshalb von den Abnehmern Maßnahmen zur Verbesserung des Leistungsfaktors.

4.1.5.6. Maßnahmen zur Verbesserung des Leistungsfaktors

Die Phasenverschiebung von Strom und Spannung und damit der Leistungsfaktor sind im wesentlichen bedingt durch die Induktivität der Spulen in den angeschlossenen Motoren und Transformatoren. Sie bewirkt ein Vorauseilen der Spannung gegenüber der Stromstärke. Aus Abschnitt 4.1.4.3 ist bekannt, daß Kondensatoren eine Phasenverschiebung in entgegengesetztem Sinn erzeugen. Es ist also möglich, durch entsprechend bemessene Kondensatoren die induktive Verschiebung durch eine kapazitive Verschiebung auszugleichen, indem man zur Verbesserung des Leistungsfaktors parallel zum Verbraucher einen Kondensator schaltet. Man bezeichnet solche Kondensatoren als *Phasenschieber* (Berechnungsbeispiele, siehe Abschnitt 5.2.2.3).

Eine weitere Ursache für einen schlechten Leistungsfaktor kann auch eine dauernde Unterbelastung der Motoren sein, da der von ihnen aufgenommene Wirkstrom mit der Belastung abnimmt, während derselbe Blindstrom wie bei voller Belastung zur Erzeugung des Magnetfeldes erforderlich ist. Es ist deshalb darauf zu achten, daß die installierte Motorleistung dem Leistungsbedarf des Betriebes entspricht.

Eine weitere Möglichkeit, den Leistungsfaktor zu verbessern, besteht in der Verwendung von Drehstrom-Synchronmaschinen als Phasenschieber. Diese Maschinen können so betrieben werden, daß sie kapazitiven Blindstrom an das Netz abgeben können.

■ Aufgaben zu Abschnitt 4.1.5

1. Die nutzbar an der Welle eines Wechselstrommotors abgegebene Leistung beträgt 25 kW, sein Wirkungsgrad 90 %, sein Leistungsfaktor 0,70. Der Motor liegt an der Spannung 220 V. Wie groß ist die vom Motor aufgenommene Leistung in kVA?

2. Ein Wechselstrommotor nimmt bei 380 V Spannung einen Strom von 25 A auf und gibt eine Leistung von 7,5 kW ab. Wie groß ist der Leistungsfaktor bei einem Wirkungsgrad von 90 %?

3. Die von einem Wechselstrommotor an 220 V Spannung aufgenommene Leistung beträgt 2,64 kW; er arbeitet mit einem Leistungsfaktor 0,70.
   a) Wie groß ist die effektive Stromstärke?
   b) Wie groß ist der Wirkstrom?
   c) Wie groß ist der Blindstrom?

4. Ein Wechselstrommotor nimmt bei 220 V 12,5 A auf. Sein Wirkungsgrad beträgt 0,85, sein Leistungsfaktor 0,8.
   a) Wie groß sind die effektive Stromstärke, der Wirkstrom und der Blindstrom?
   b) Wie groß ist die vom Motor aufgenommene Wirkleistung?
   c) Wieviel Prozent der Wirkleistung beträgt die Blindleistung?
   d) Welche Leistung gibt der Motor an der Welle ab?

5. In einer Zentrale zeigen die Meßinstrumente folgende Werte: Netzspannung 220 V, Gesamtstromstärke 675 A, Leistungsfaktor 0,71.
   a) Wieviel kVA Scheinleistung werden erzeugt?
   b) Wie groß ist die abgegebene Wirkleistung?
   c) Auf welche Wirkleistung könnte die Erzeugung gesteigert werden, wenn der Leistungsfaktor bei gleicher Netzspannung und Stromstärke durch besondere Einrichtungen auf 0,85 erhöht wird?

4.2. Drehstrom

4.2.1. Erzeugung von mehrphasigem Wechselstrom

Im Abschnitt 4.1.3.6 wurden zwei um einen Winkel gegeneinander versetzte und fest miteinander verbundene Leiterschleifen in einem homogenen Magnetfeld gedreht und dadurch zwei phasenverschobene Wechselspannungen erzeugt. Zweiphasige Wechselströme haben keine technische Bedeutung erlangt. Dagegen hat der dreiphasige Wechselstrom wegen seiner besonderen Vorzüge, die im folgenden dargelegt werden, allgemeine Verbreitung gefunden.

Dreiphasiger Wechselstrom entsteht, wenn man drei um je 120° gegeneinander räumlich versetzte Spulen 1–1′, 2–2′ und 3–3′ in einem *homogenen* Magnetfeld dreht (Bild 4.78). Da die Spulenanfänge und -enden gegeneinander um den Winkel von je 120° versetzt sind, sind auch die Spannungswellen gegeneinander um zeitlich 120° verschoben. Bild 4.79 zeigt das Zeiger- und das Liniendiagramm der Spannungen des Dreiphasenstromes.

Es ist üblich, die Induktionsspulen nach Bild 4.80 durch drei Spulen darzustellen, die um je 120° gegeneinander versetzt sind, und die Spulenanfänge mit den Buchstaben $U1$, $V1$, $W1$, ihre Enden mit den Buchstaben $U2$, $V2$, $W2$ zu bezeichnen. An jede der drei Induktionsspulen kann ein Verbraucher angeschlossen werden. Man erhält dann drei voneinander unabhängige Wechselstromkreise. Zur Abnahme der Spannungen sind zunächst 6 Schleifringe und 6 Kohlebürsten erforderlich, von denen 6 Außenleiter zu den drei Verbrauchern führen.

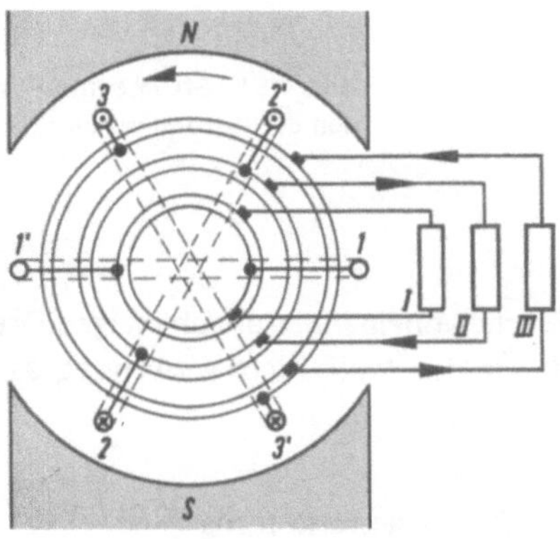

Bild 4.78. Erzeugung von dreiphasigem Wechselstrom

Unter der Voraussetzung, daß die drei Induktionsspulen gleiche Windungszahlen und die Verbraucher R_1, R_2, R_3 gleiche Wirkwiderstände haben, fließen in den drei Stromkreisen drei Wechselströme *gleicher* Stärke und *gleicher* Frequenz. Die Ströme sind mit den Spannungen an den Wirkwiderständen *phasengleich* (Bild 4.81).

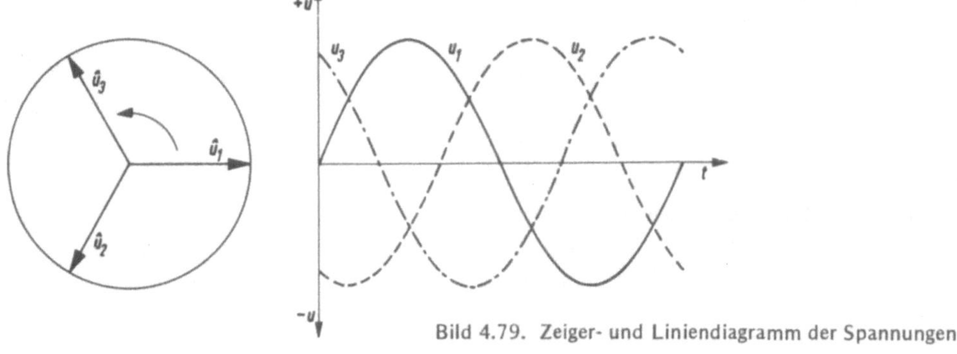

Bild 4.79. Zeiger- und Liniendiagramm der Spannungen

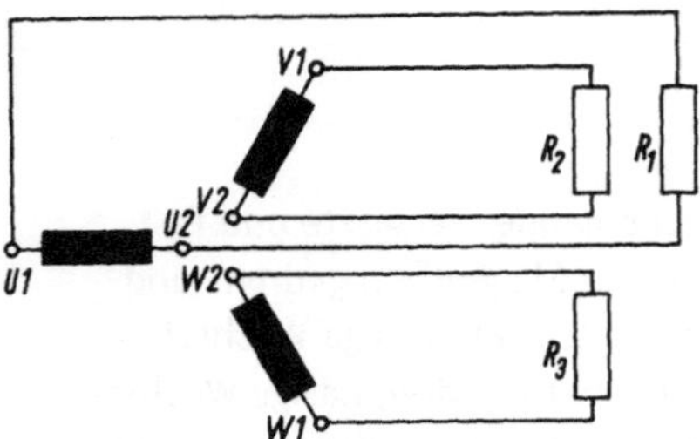

Bild 4.80. Darstellung des offenen
Dreiphasensystems

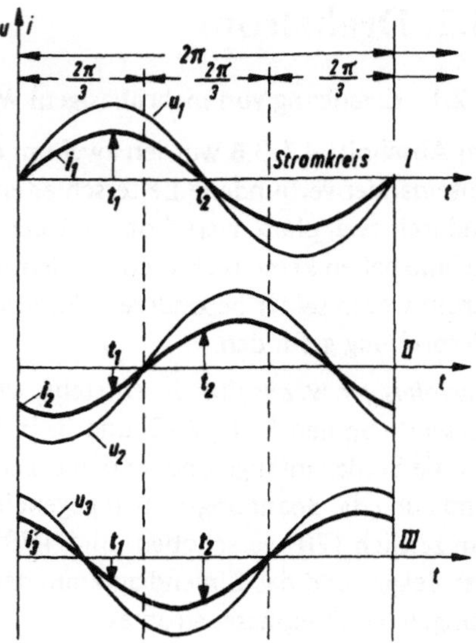

Bild 4.81. Ströme und Spannungen in
den drei Stromkreisen I, II und III

Solche voneinander unabhängigen Dreiphasensysteme (offene Dreiphasensysteme) werden in der Praxis nicht verwendet, da sie einen hohen Aufwand an Leitungsmaterial erfordern.

4.2.2. Phasenverkettung

Im Dreiphasensystem besteht aber die Möglichkeit, durch Zusammenschließen der
Induktionsspulen des Generators die Leiterzahl zu verringern.

Aus dem Liniendiagramm der Spannungen (Bild 4.81) ist zu entnehmen, daß in jedem
beliebigen Zeitpunkt die *Summe der Augenblickswerte* der Spannungen in den drei
Stromkreisen den Wert Null hat. So erreicht z. B. bei einem Drehwinkel von $90°$ die
Spannung in Spule 1 ihren positiven Scheitelwert (Bild 4.82a). Im gleichen Zeitpunkt
sind die Spannungen in Spule 2 und 3 negativ und gleich der Hälfte des Scheitelwertes $\frac{\hat{u}}{2}$.
Somit ist beim Drehwinkel von $90°$

$$u_1 = \hat{u}, \quad u_2 = -\frac{\hat{u}}{2}, \quad u_3 = -\frac{\hat{u}}{2}$$

und damit die Summe der Augenblicksspannungen:

$$\underline{u}_1 + \underline{u}_2 + \underline{u}_3 = \hat{u} + \left(-\frac{\hat{u}}{2}\right) + \left(-\frac{\hat{u}}{2}\right) = 0$$

Ebenso ist beim Drehwinkel 120° $(\frac{2\pi}{3})$ nach Bild 4.82b

$$u_1 = -u_3 \quad \text{und} \quad u_2 = 0$$

und die Summe der Augenblicksspannungen:

$$\underline{u}_1 + \underline{u}_2 + \underline{u}_3 = (-u_3) + 0 + (+u_3) = 0$$

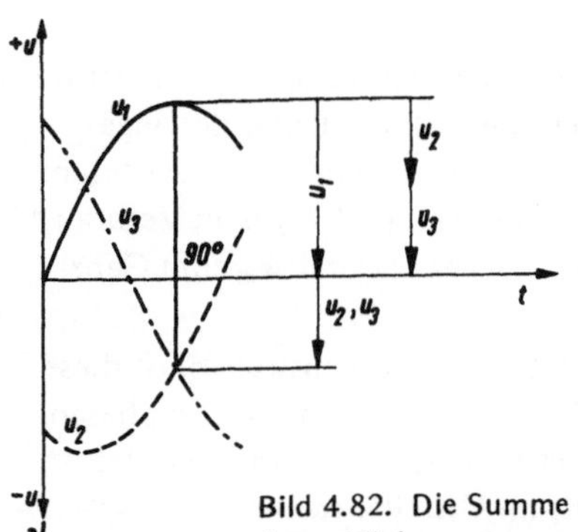

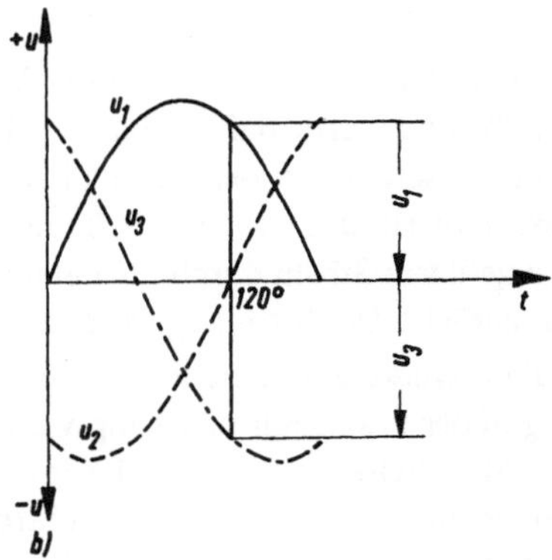

Bild 4.82. Die Summe der drei Augenblicksspannungen ist 0

Auch zu jedem beliebigen anderen Zeitpunkt ist die algebraische Summe der Augenblicks-spannungen Null.

Die algebraische Summe der Augenblicksspannungen in den drei Stromkreisen eines offenen Dreiphasensystems ist in jedem beliebigen Zeitpunkt Null.

Weil die Summe der Spannungen in jedem Augenblick Null ist, kann man die drei Induktionsspulen zusammenschließen, ohne daß ein Kurzschluß entsteht. Es bestehen zwei Schaltmöglichkeiten, die man als *Sternschaltung* und als *Dreieckschaltung* unterscheidet.

4.2.2.1. Sternschaltung

Die *Sternschaltung* erhält man aus dem Schaltbild 4.80, wenn man die Enden $U2$, $V2$, $W2$ der drei Spulenwicklungen im Generator und die drei Verbraucher R_1, R_2, R_3 in je einem Punkt, dem sogenannten *Sternpunkt*, zusammenschließt und die drei Rückleitungen durch eine einzige Leitung, den Mittelleiter (N-Leiter) ersetzt (Bild 4.83). Die Anfänge $U1$, $V1$, $W1$ der Spulenwicklung werden mit den freien Klemmen der Verbraucher durch die Leiter $L1$, $L2$, $L3$ verbunden, die man nach DIN 42 400 als *Außenleiter* bezeichnet. Die drei Stromkreise sind dann nicht mehr voneinander unabhängig, sie sind, wie es im technischen Sprachgebrauch heißt, „verkettet". Man nennt diese Schaltung ein *Dreiphasen-Vierleitersystem*.

Aus dem Diagramm der Stromstärken (Bild 4.81) ist ersichtlich, daß ebenso wie die algebraische Summe der Augenblickswerte der Spannungen auch die Summe der Augenblickswerte der Stromstärken in den drei Stromkreisen in jedem beliebigen Zeitpunkt den

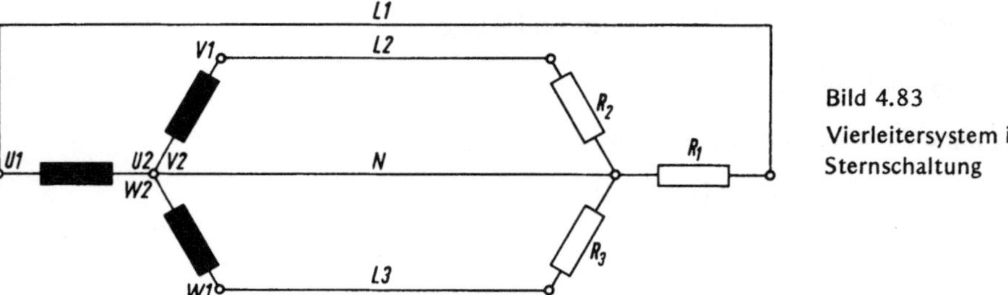

Bild 4.83

Vierleitersystem in Sternschaltung

Wert *Null* hat. Aus diesem Grund ist der Mittelleiter bei gleicher Wirkbelastung den Stromkreis stromlos und wurde daher früher auch als „Nulleiter" bezeichnet. Unter der angegebenen Voraussetzung ist der Mittelleiter entbehrlich. Bei einem symmetrisch belasteten *Dreileitersystem* (Bild 4.84) fließt z.B. der durch die Generatorspule U_1U_2 dem Verbraucher R_1 zugeführte Strom durch die beiden anderen Verbraucher R_2 und R_3 zum Generator (links) zurück. Der Strom I_N ist dann Null.

Obwohl die E-Werke eine gleichmäßige Belastung der drei Stromkreise anstreben, ist diese Forderung in der Praxis nur näherungsweise erfüllt. Deshalb wird in normalen Dreiphasennetzen der Mittelleiter mitgeführt, der im öffentlichen Verbrauchernetz immer geerdet ist. Bei ungleichmäßiger Belastung der drei Stromkreise fließt im Mittelleiter nur ein *Ausgleichstrom*, der wesentlich niedriger ist als die Ströme in den Hauptleitern, er wird deshalb bei Außenleiterquerschnitten über 16 mm² mit kleinerem Querschnitt als die Außenleiter verlegt.

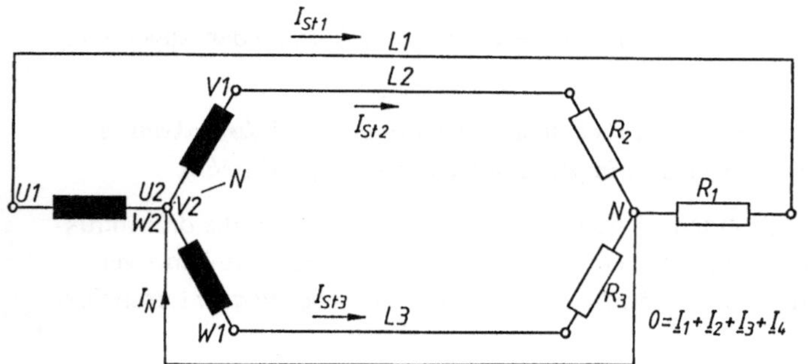

Bild 4.84

Dreileitersystem in Sternschaltung

Unter der Voraussetzung, daß die drei Wicklungsstränge im Generator gleiche Windungszahlen haben, herrscht an ihren Enden die gleiche Spannung. In Bild 4.85 ist die *Strangspannung* mit 220 V angenommen. Die gleiche Spannung ist auch zwischen den an die einzelnen Wicklungsstränge angeschlossenen Außenleiter $L1$, $L2$, $L3$ und dem Mittelleiter N vorhanden. Man bezeichnet sie auch als *Sternspannung* (Formelzeichen: allgemein U_{St} oder auf die einzelnen Außenleiter bezogen: U_{1N}, U_{2N}, U_{3N}).

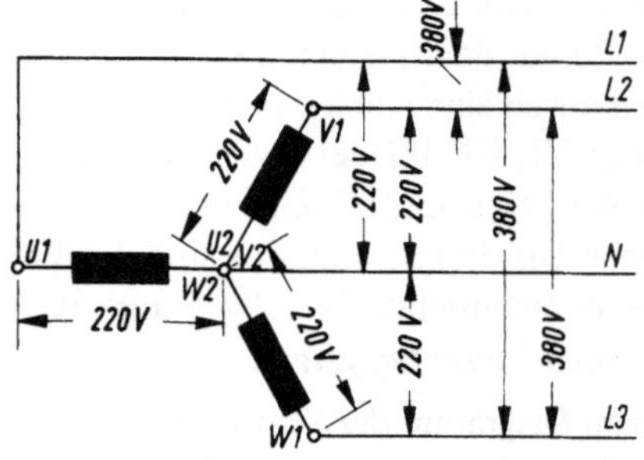

Bild 4.85. Strangspannung und Leiterspannung im Vierleitersystem

Außer diesen drei Strangspannungen stehen noch drei weitere Spannungen zur Verfügung, nämlich die Spannungen zwischen den Hauptleitern $L1-L2$, $L1-L3$ und $L2-L3$, die man als *Leiterspannung* (Formelzeichen allgemein U oder auf die einzelnen Außenleiter bezogen U_{12}, U_{23}, U_{31} bezeichnet. Die Leiterspannung setzt sich zusammen aus den Strangspannungen, die in zwei hintereinandergeschalteten Wicklungssträngen des Generators induziert werden. So ergibt sich z.B. die Leiterspannung zwischen den Hauptleitern $L1$ und $L2$ aus den beiden Strangspannungen der im Generator hintereinander geschalteten Wicklungsstränge $U1\,U2$ und $V1\,V2$. Dabei ist zu berücksichtigen, daß die beiden Strangspannungen eine Phasenverschiebung von 120° aufweisen und deshalb wie gerichtete Größen (Zeiger) geometrisch addiert werden müssen. Die Größe der Leiterspannung U ergibt sich aus dem *Spannungsdreieck*, das durch den Winkel von 120° und zwei ihm anliegende Seiten bestimmt ist, die den beiden Strangspannungen entsprechen (Bild 4.86). Die gesuchte Leiterspannung U *ist* die dritte Seite des Spannungsdreiecks.

Aus Bild 4.86 ergeben sich folgende allgemeine Beziehungen zwischen der Leiterspannung U und der Strangspannung U_{st}

$$\frac{U}{2} : U_{st} = \cos 30°$$

$$U = 2U_{st} \cos 30° = 2U_{st} \frac{1}{2} \sqrt{3}$$

$$\boxed{U = U_{st} \sqrt{3} = 1{,}73\, U}$$

Die Leiterspannung U eines symmetrischen Dreiphasensystems in Sternschaltung beträgt das $\sqrt{3}$-fache der Strangspannung (Sternspannung) U_{st}.

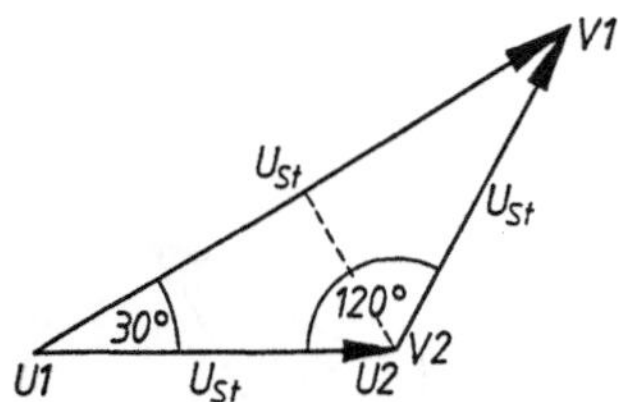

Bild 4.86. Spannungsdiagramm

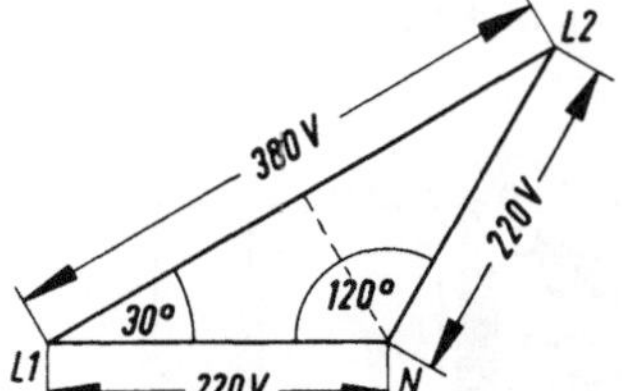

Bild 4.87. Geometrische Addition der Sternspannungen

In Bild 4.87 sind die Strangspannungen U_{1N} und U_{2N} durch Strecken von je 22 mm dargestellt, die den Strangspannungen von 220 V entsprechen. Die dritte Seite des Spannungsdreiecks beträgt 38 mm; ihr entspricht unter Berücksichtigung des Maßstabes die Spannung

$$U_{12} = 380\text{ V}$$

Das Mitführen des N-Leiters hat den Vorteil, daß im Dreiphasen-Vierleitersystem zweierlei Spannungen zur Verfügung stehen, nämlich dreimal die Sternspannung U_{st} (z.B. 220 V) und dreimal die Leiterspannung U (z.B. 380 V).

In Vierleitersystemen, die meistens die Spannungen 220/380 V führen, sind folgende Schaltmöglichkeiten gegeben:

1. *dreiphasiger Anschluß* an 380 V zwischen den Hauptleitern für Dreiphasenmotoren und industrielle Wärmegeräte hoher Leistung,

2. *zweiphasiger Anschluß* an 380 V zwischen zwei Hauptleitern für Wechselstrommotoren und Wärmegeräte (z. B. Elektroherd) hoher Leistung,

3. *einphasiger Anschluß* an 220 V zwischen einem Hauptleiter und dem Mittelleiter für Lichtanlagen, Haushaltsgeräte, Elektrowerkzeuge und Motoren geringer Leistung.

Bei der Sternschaltung wird durch die Reihenschaltung zweier Strangwicklungen zwar eine höhere Spannung in den Hauptleitern erzeugt, die Stromstärke I im Hauptleiter kann aber nicht größer sein als der in einem Wicklungsstrang fließende Strangstrom I_{st}. Somit gelten für das Vierleitersystem folgende Gleichungen:

$$\boxed{U = U_{st}\sqrt{3}} \qquad \boxed{I = I_{st}}$$

Es bedeuten: U_{st} Strangspannung I_{st} Strangstrom
              U Leiterspannung I Leiterstrom

4.2.2.2. Dreieckschaltung

Die zweite Art der Verkettung eines Dreiphasensystems ist die *Dreieckschaltung,* die dadurch entsteht, daß man die drei Strangwicklungen des Generators ringförmig so hintereinander schaltet, daß das Ende $U2$ der ersten Spule mit dem Anfang $V1$ der zweiten Spule, deren Ende $V2$ mit dem Anfang $U1$ der dritten Spule, deren Ende $W2$ mit dem Anfang $U1$ der ersten Spule verbunden wird (Bild 4.88). Die Hauptleiter $L1, L2, L3$ gehen von den Eckpunkten des entstandenen Dreiecks aus. Ein Mittelpunktleiter ist bei der Dreieckschaltung nicht vorhanden.

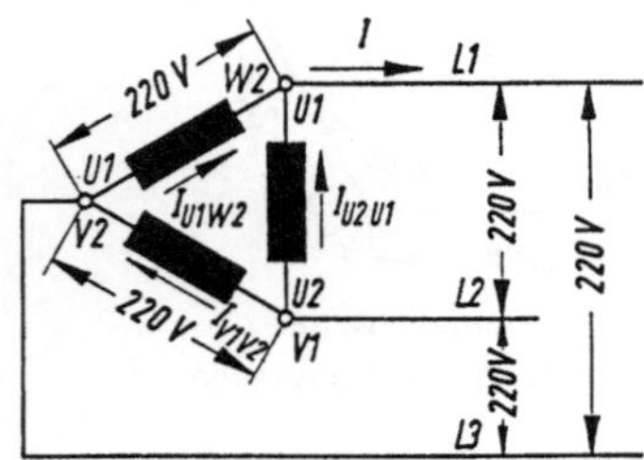

Bild 4.88. Dreieckschaltung

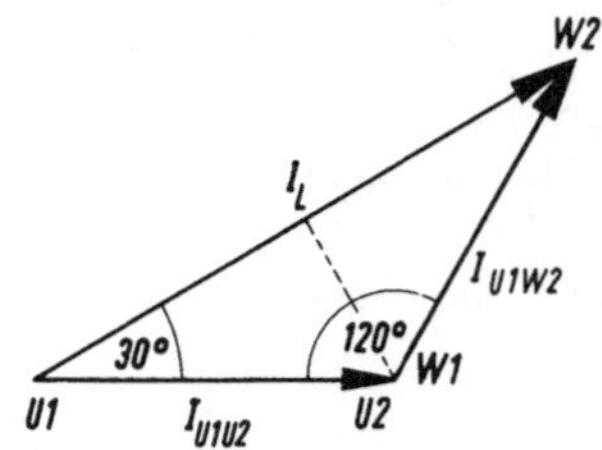

Bild 4.89. Stromdiagramm

Die Spannung U zwischen den Hauptleitern $L1, L2, L3$ ist der Strangspannung U_{st} gleich: $U = U_{st}$. Es ist bei der Dreieckschaltung nur eine Spannung verfügbar.

Die Stromstärke in den Hauptleitern ist dagegen größer als die Stromstärke eines Wicklungsstranges, da sie sich aus zwei Strangströmen zusammensetzt. Da ebenso wie die Spannungen auch die Stromstärken im Dreiphasensystem um 120° gegeneinander verschoben sind, kann die Stromstärke I im Hauptleiter in derselben Weise aus dem Stromdiagramm (Bild 4.89) berechnet werden wie die Leiterspannung bei der Sternschaltung aus dem Spannungsdreieck. Nach Bild 4.89 ist:

$$I = I_{st} \sqrt{3} = 1{,}73\,I_{st}$$

Die Leiterstromstärke eines symmetrischen Dreiphasensystems beträgt bei Dreieckschaltung das $\sqrt{3}$-fache der Strangstromstärke.

Bei der Dreieckschaltung eines Dreiphasensystems bestehen also folgende Beziehungen:

$$\boxed{U = U_{st}} \qquad \boxed{I = I_{st} \sqrt{3}}$$

● *Beispiel 1:*   Wie groß ist in einem Dreiphasen-Vierleitersystem die Sternspannung, wenn die Spannung zwischen den Hauptleitern 220 V beträgt?

Gesucht: U_{st} *Gegeben:* $U = 220$ V

Lösung: $U = U_{st} \sqrt{3}$

$$U_{st} = \frac{U}{\sqrt{3}}$$

$$U_{st} = \frac{220\ \text{V}}{1{,}73}$$

Ergebnis: $U_{st} = 127$ V

● *Beispiel 2:*   Mit welcher Stromstärke sind die Wicklungsstränge eines Dreiphasengenerators in Dreieckschaltung belastet, wenn die Stromstärke in den Hauptleitern 80 A beträgt?

Gesucht: I *Gegeben:* $I = 80$ A

Lösung: $I = I_{st} \sqrt{3}$

$$I_{st} = \frac{I}{\sqrt{3}}$$

$$I = \frac{80\ \text{A}}{1{,}73}$$

Ergebnis: $I = 46{,}2$ A

4.2.3. Leistung des Dreiphasenstromes

In symmetrisch belasteten Dreiphasensystemen sind die Werte von U, I und φ für die drei Stromkreise gleich. Die Leistung P_{st} in jedem Strang ist

$$\boxed{P_{st} = U_{st}\, I_{st}\, \cos\varphi}$$

Die Gesamtleistung des Dreiphasenstromes ist gleich der Summe der Leistungen in den 3 Strängen.

$$\boxed{P = 3 U_{st}\, I_{st}\, \cos\varphi}$$

In diese Gleichung sind, je nachdem ob Sternschaltung oder Dreieckschaltung vorliegt, die entsprechenden Werte für U_{st} und I_{st} einzusetzen: Nach dem oben Gesagten ist bei

Sternschaltung   *Dreieckschaltung*

$$U_{st} = \frac{U}{\sqrt{3}}$$ $$U_{st} = U$$

$$I_{st} = I$$ $$I_{st} = \frac{I}{\sqrt{3}}$$

Man erhält für die Leistung:

$$P = 3\,U_{st}\,I_{st}\cos\varphi$$ $$P = 3\,U_{st}\,I_{st}\cos\varphi$$

$$P = 3\,\frac{U}{\sqrt{3}}\,I\cos\varphi$$ $$P = 3\,U\,\frac{I}{\sqrt{3}}\cos\varphi$$

und durch Kürzen mit $\sqrt{3}$:

$$P = \sqrt{3}\,UI\cos\varphi$$ $$P = \sqrt{3}\,UI\cos\varphi$$

Aus der Übereinstimmung der beiden Gleichungen ergibt sich, daß die Leistung eines Dreiphasenstromes unabhängig davon berechnet wird, ob eine Stern- oder Dreieckschaltung des Dreiphasensystems vorliegt, und daß sie durch die gemeinsame Gleichung gegeben ist:

$$\boxed{P = \sqrt{3}\,UI\cos\varphi}$$

● *Beispiel:*   Berechne die von einem Dreiphasengenerator abgegebene Leistung, wenn die Leiterspannung mit 380 V und der Leiterstrom mit 120 A gemessen wird und der Leistungsfaktor $\cos\varphi = 0{,}80$ beträgt!

Gesucht: P *Gegeben:* $U = 380$ V

                                                       $I = 120$ A

                                        $\cos\varphi = 0{,}80$

Lösung: $P = 380$ V $\cdot$ 120 A $\cdot$ 0,8 $\cdot$ 1,73 $P = 63\,110$ W

Ergebnis: $P \approx 63$ kW

4.2.4. Das Drehfeld

Der Dreiphasenstrom hat noch eine besondere, für ihn charakteristische Eigenschaft, wie sich aus folgendem Versuch ergibt:

Versuch 4.4:

Drei Spulen werden nach Bild 4.90 auf einem Kreise radial so angeordnet, daß ihre Achsen gegeneinander um einen Winkel von je 120° versetzt sind. Die Innenklemmen der Spulen werden leitend miteinander verbunden und ihre Außenklemmen an die drei Hauptleiter des Dreiphasensystems angeschlossen. In dem von den Spulen begrenzten Innenraum wird eine Magnetnadel aufgestellt.

Die Magnetnadel wird in eine dauernde Drehung versetzt.

Der Dreiphasenstrom erzeugt in der Spulenanordnung ein sich drehendes Magnetfeld.

Das Entstehen dieses eigenartigen *Drehfeldes* kann man sich an Hand der drei Stromwellen des Dreiphasenstromes (Bild 4.91) klarmachen. Die drei Spulen in Bild 4.90 wer-

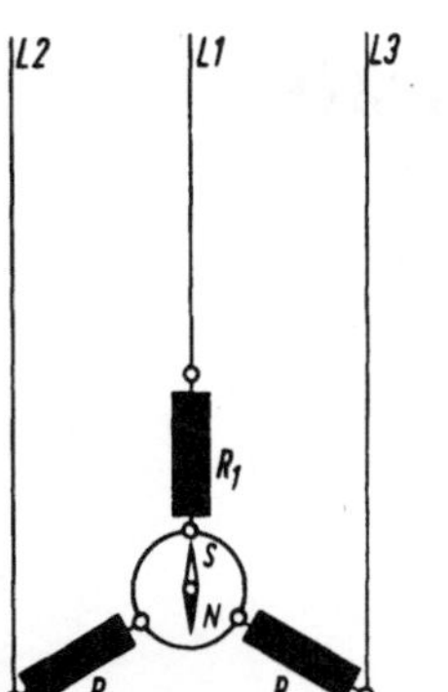

Bild 4.90. Dreiphasen-
drehfeld in Sternschaltung

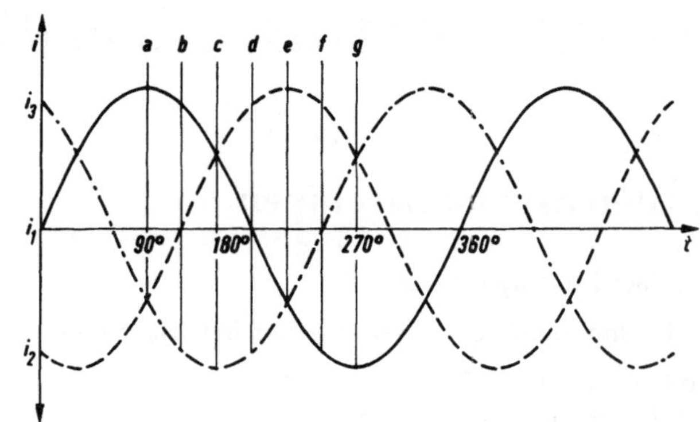

Bild 4.91. Die drei Stromwellen des Dreiphasenstroms

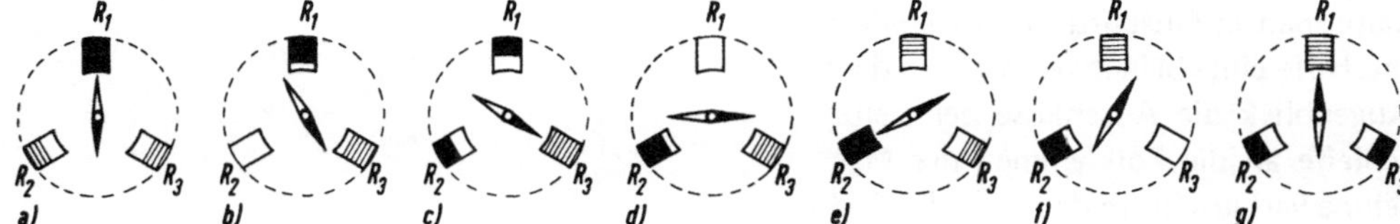

Bild 4.92. Entstehung des Drehfeldes

den durch die in ihrer Richtung und Stärke wechselnden Dreiphasenströme verschiedenartig und verschieden stark magnetisiert. In Bild 4.92 ist die Veränderung der Magnetisierung der Innenpole der drei Spulen R_1, R_2, R_3 für sieben aufeinanderfolgende Phasenlagen dargestellt. Um die Art der Pole und den mit der Stromstärke wechselnden Grad
der Magnetisierung zu kennzeichnen, sind die Rechtecke, die die Spulen darstellen, bei
Nordpolen ganz oder zum Teil schwarz ausgefüllt, bei Südpolen schraffiert. Das Ausmaß
der Schwärzung bzw. Schraffur gibt die Stärke der Magnetisierung an, die der Stromstärke
in den einzelnen Phasenlagen entspricht und aus Bild 4.91 entnommen werden kann.

Die Bilder 4.92a) bis g) veranschaulichen die Veränderungen innerhalb einer halben
Periode (von $\alpha = 90°$ bis $\alpha = 270°$). In der folgenden Halbperiode wiederholen sich die
Bilder, nur treten an Stelle der Nordpole Südpole und umgekehrt an Stelle der Südpole
Nordpole entsprechender Stärke.

Aus Bild 4.92 ist ersichtlich, daß die Stärke des Nordpols der Spule R_1 in b) und c) abnimmt, während gleichzeitig die Stärke des Südpols in R_3 zunimmt. Der Nordpol der
freischwingenden Magnetnadel wird von dem stärker werdenden Südpol in R_3 angezogen
und die Nadel aus ihrer Anfangslage in a) gegen den Uhrzeigersinn gedreht. Die Magnetnadel stellt sich stets in die Richtung des resultierenden Magnetfeldes. In einer vollen
Periode hat auch die Magnetnadel eine volle Umdrehung ausgeführt. Dieses wandernde
Magnetfeld nennt man *Drehfeld* und den Dreiphasenstrom, durch den das Drehfeld erzeugt wird, auch *Drehstrom*. Vertauscht man im Versuch 4.4 zwei Hauptleiter, z. B.
$L1$ und $L2$, miteinander, so kehrt sich der Drehsinn des Drehfeldes um. Die Drehzahl des
Drehfeldes ist durch die Frequenz des Drehstromes bestimmt und beträgt in der Versuchsanordnung bei einem 50periodigen Drehstrom 50 Umdrehungen je Sekunde bzw.
3000 Umdrehungen je Minute.

5. Elektrische Maschinen und Apparate

5.1. Gleichstrommaschinen

5.1.1. Gleichstromgenerator

5.1.1.1. Umwandlung von Wechselstrom in Gleichstrom

Das Bild 4.1 zeigte das Modell einer einfachen Maschine zum Erzeugen von
Wechselstrom. Den in der Leiterschleife
beim Drehen induzierten Wechselstrom
kann man in Gleichstrom umwandeln
mit Hilfe eines Schaltwerks, das in dem
Augenblick die Anschlüsse der Leiterschleife an die Polklemmen der Maschine vertauscht, in dem sich die Richtung der induzierten Spannung ändert.
Dieses Schaltwerk, das man als *Kommutator* [1]) oder *Kollektor* [2]) bezeichnet,
besteht aus zwei gegeneinander isolierten, auf der Drehachse sitzenden Halb-
zylindern, an die der Anfang bzw. das

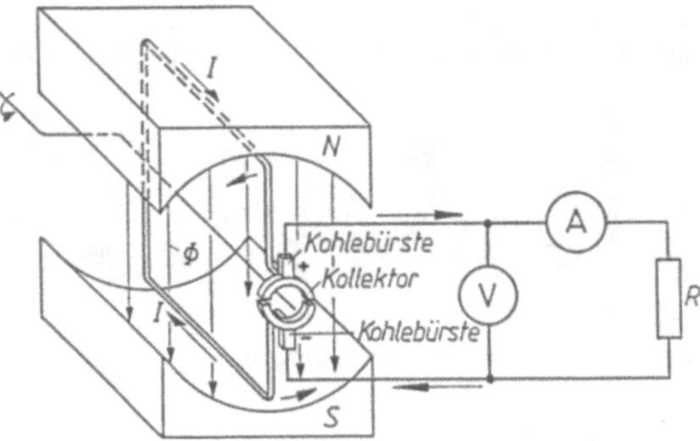

Bild 5.1. Modell eines Gleichstromgenerators

Ende der Leiterschleife angelötet ist. Die Stromentnahme erfolgt durch die Kohlebürsten,
die auf den Kollektorlamellen gleiten (Bild 5.1).

Die Bildfolge 5.2a) bis f) veranschaulicht die Bewegung der Leiterschleife und der Kollektorlamellen beim Drehen der Leiterschleife im angegebenen Drehsinn. Die Generatorklemme $A1$ ist bei allen Stellungen der Leiterschleife über Kohlebürste und Kollektorlamelle
mit dem am Nordpol vorbeigeführten Leiter verbunden, in dem der Strom nach der Rechte-

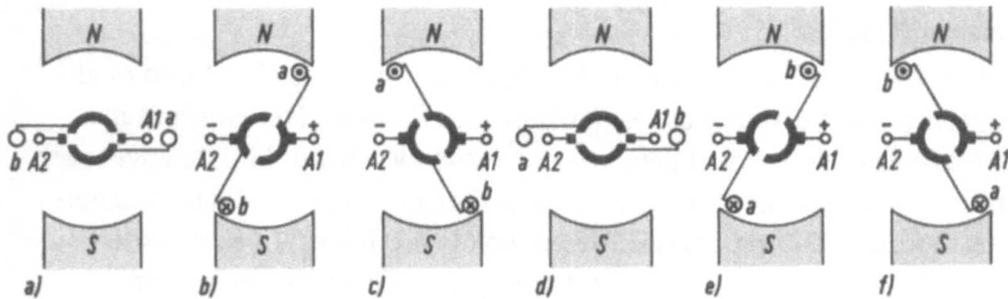

Bild 5.2. Wirkungsweise des Kommutators

---

[1]) commutare (lat.), umtauschen.

[2]) colligere (lat.), sammeln.

Hand-Regel auf den Beschauer zufließt. Die
Generatorklemme $A1$ ist also stets der positive, die Klemme $A2$ der negative Pol des
Generators. Der Strom fließt somit im
äußeren Stromkreis stets in gleicher Richtung. Den Spannungsverlauf bei einer vollen Umdrehung der Leiterschleife zeigt
Bild 5.3. Man erhält einen stark *pulsierenden Gleichstrom.*

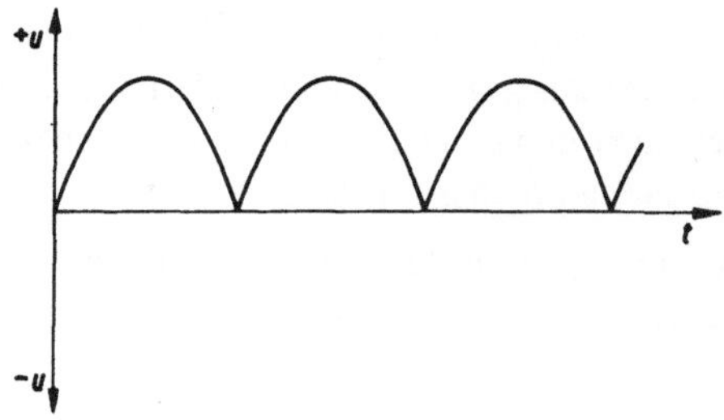

Bild 5.3. Stark pulsierender Gleichstrom

Aus dem Modell ergibt sich, daß die wesentlichen Bestandteile einer Maschine zur mechanischen Erzeugung von Gleichstrom die Magnetpole, die Induktionsspule und der Kommutator sind.

5.1.1.2. Aufbau des technischen Gleichstromgenerators

Die technischen Gleichstromgeneratoren unterscheiden sich von dem in Bild 5.1 dargestellten Modell lediglich durch konstruktive Maßnahmen, die eine Verstärkung der Induktions-
wirkung zum Ziele haben.

Magnetisches Feld

Jeder Generator besteht aus einem ruhenden
Teil (dem *Ständer* oder *Stator*) und einem
rotierenden Teil (dem *Läufer* oder *Rotor*).
Beim Gleichstromgenerator befinden sich die
magnetischen Pole im Ständer. Man nennt
solche Maschinen *Außenpolmaschinen*
(Bild 5.4). Der Magnet besteht aus einem
ringförmigen *Joch*, auf das die *Polschenkel*
mit den *Polschuhen* aufgeschraubt sind. Das
Joch besteht aus Gußeisen oder Stahlguß, die
Polschenkel und Polschuhe sind meist aus
Elektroblech gefertigt, um die magnetischen
Verluste gering zu halten. Auf die Polschenkel
sind die *Magnetspulen* aufgebracht. Man bezeichnet sie als Erregerspulen, den in ihnen
fließenden Strom als *Erregerstrom.*

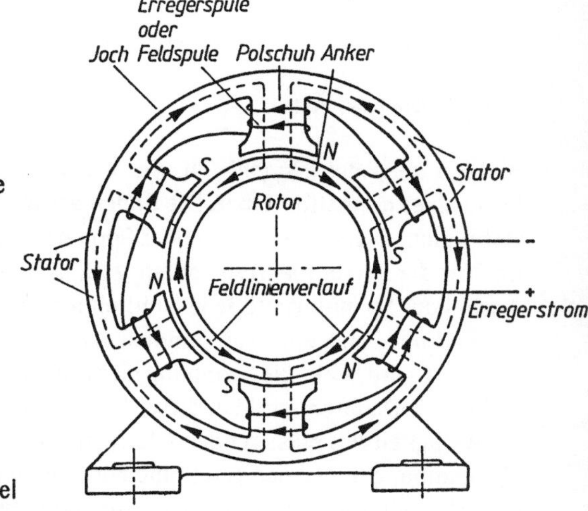

Bild 5.4. Außenpolmaschine

Die Stärke des magnetischen Feldes ist neben den magnetischen Eigenschaften des Eisenkerns durch die Amperewindungszahl der Erregerspulen bestimmt. Hohe Feldstärken
können deshalb entweder mit schwachem Erregerstrom bei hohen Windungszahlen oder
mit starkem Erregerstrom bei wenig Windungen erreicht werden. Der Verlauf der magnetischen Feldlinien ist in Bild 5.4 gestrichelt dargestellt.

Anker

Das gegen das magnetische Feld bewegte Leitersystem besteht aus einer oder aus mehreren
Spulen mit einer Windungszahl, die der gewünschten Spannung entspricht. Die Spulen wer-

den von einem drehbar gelagerten Eisenkern getragen, der zur Vermeidung von Wirbelströmen aus gegeneinander isolierten Blechlamellen zusammengesetzt ist. Der Eisenkern verstärkt den magnetischen Fluß innerhalb der Spulen. Die Spulen mit dem Eisenkern bezeichnet man als *Anker.*

Ankerformen und ihre Wirkungsweise

Je nach der Form des Weicheisenkerns unterscheidet man verschiedene Arten von Ankern:

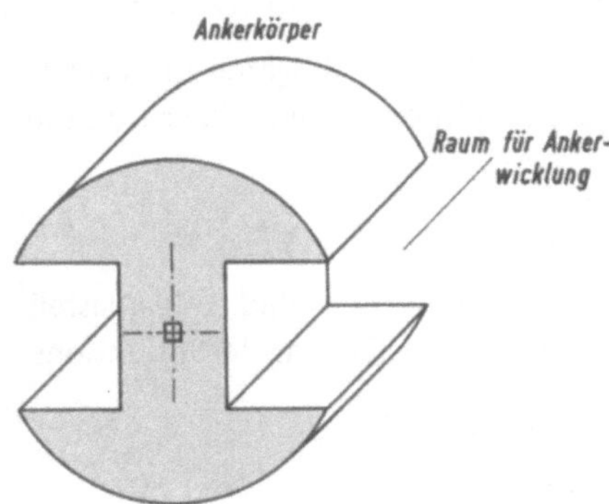

Bild 5.5. Doppel-T-Anker

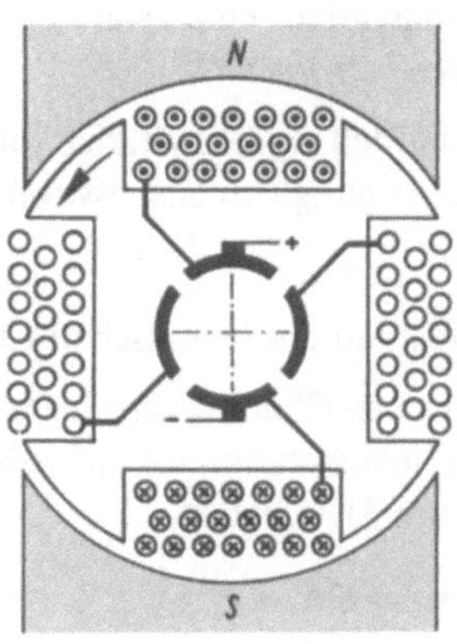

Bild 5.6. Siemens-Anker mit 2 Spulen

Bild 5.5 zeigt den *Doppel-T-Anker* von *Werner v. Siemens,* dessen Eisenquerschnitt die Form eines doppelten T hat. Die Enden der Wicklung sind mit den Lamellen des Kollektors verbunden. Dieser enthält eine der Spulenzahl entsprechende Anzahl von Lamellenpaaren. Enthält der Anker mehrere Spulen, z. B. in Bild 5.6 zwei Spulen, so vergrößert sich die Anzahl der Spannungsstöße je Umdrehung. Da die einzelnen Spulen nur in dem Bruchteil der Zeit mit den Generatorklemmen verbunden sind, in dem in ihnen die Höchstspannung induziert wird, sinkt die Spannung nicht mehr auf Null ab (Bild 5.7). Dadurch wird bei dieser Spulenanordnung zwar die Welligkeit des pulsierenden Gleichstroms geringer, aber die Spannung nur derjenigen Spule entnommen, deren Kollektorlamellen gerade die Kohlebürsten berühren, während die anderen Spulen, in denen auch Spannungen induziert werden, ausgeschaltet sind. — Doppel-T-Anker werden nur noch in Spielzeug-, Fahrrad- und Taschenlampendynamos verwendet.

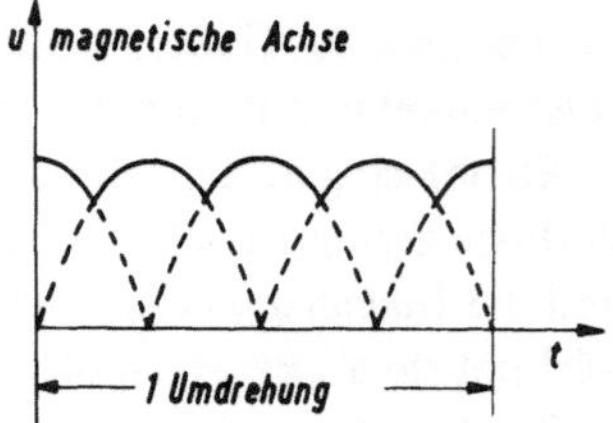

Bild 5.7. Pulsierende Gleichspannung von zwei Spulen

Die Nachteile des Doppel-T-Ankers vermeidet der *Trommelanker.* Er enthält mehrere Spulen, deren Enden an je zwei aufeinanderfolgende, voneinander isolierte Kollektorlamellen angeschlossen sind. Die Wicklung ist dadurch in sich geschlossen, so daß alle Spulen gleichzeitig zu der am Kollektor abgenommenen Spannung beitragen.

Das Bild 5.8 zeigt die Schaltung des Trommelankers mit vier Spulen. Der Übersichtlichkeit halber ist jede Spule nur durch eine Drahtschleife dargestellt. Der Drahtverlauf ist in jeder Schleife durch die Buchstaben *A* bis *F* bezeichnet; die in Klammern gesetzten Buchstaben kennzeichnen Punkte an der Rückseite des Ankers; Drähte, die auf der Rückseite des Ankers verlaufen, sind gestrichelt. Die Spulen I, II, III, IV sind so geschaltet, daß jeweils das Ende F der einen Spule mit dem Anfang A der nächsten Spule an die gleiche Lamelle des vierteiligen Kollektors angeschlossen ist, also F_1 an A_2, F_2 an A_3, F_3 an A_4 und F_4 an A_1. Der in den Spulen induzierte Strom wird durch zwei Bürsten abgenommen, die in der magnetischen Achse liegen.

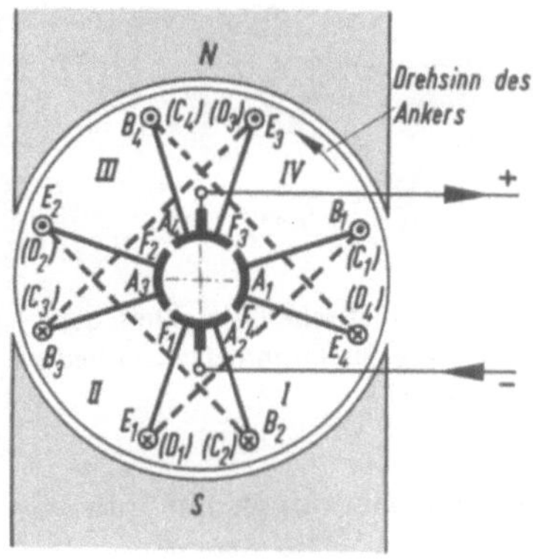

Bild 5.8. Trommelanker von *Hefner-Alteneck* (Gleichstromgenerator)

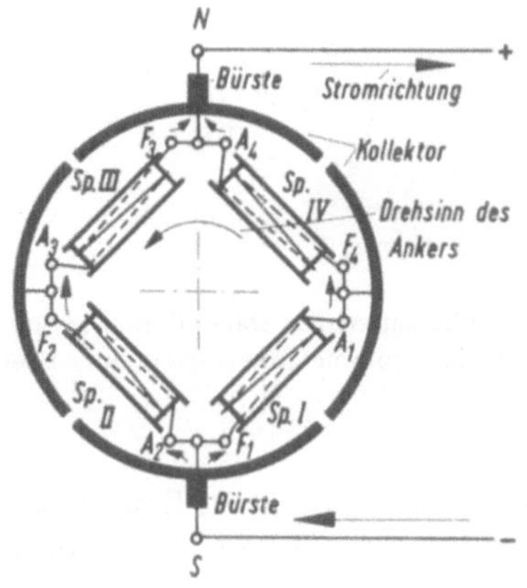

Bild 5.9. Schematische Darstellung der Spulenschaltung des Trommelankers in der Stellung nach Bild 5.8

Schematisch und deshalb übersichtlicher zeigt Bild 5.9 die Schaltung der vier Spulen bei der gleichen Ankerstellung wie in Bild 5.8. Die Kollektorlamellen und Bürsten sind zur Vereinfachung der Darstellung auf einem Kreis nach außen verlegt. Durch Bewegung des Ankers im Magnetfeld wird in Spule I und IV eine Spannung in Richtung F_1A_4 und in Spule II und III eine solche in Richtung A_2F_3 induziert. Die beiden Zweige I—IV und II—III sind für den an die Bürsten angeschlossenen äußeren Kreis parallelgeschaltet. Die an den Klemmen herrschende Spannung ist deshalb wie bei der entsprechenden Schaltung von Elementen (Bild 5.10) gleich der Summe der Spannungen in I und IV bzw. II und III. Sie ist die *Klemmenspannung*, die den Strom durch den äußeren Kreis treibt. Wie bei der Parallelschaltung von Elementen wird der im äußeren Kreis fließende Strom je zur Hälfte von dem Zweig F_1A_4 und A_2F_3 geliefert.

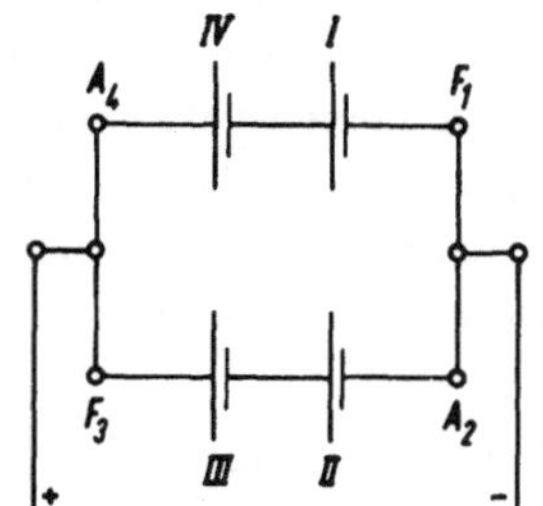

Bild 5.10. Die der Spulenschaltung in Bild 5.9 entsprechende Parallelschaltung in Reihe geschalteter Spannungsquerschnitt

Nach einer Drehung des Ankers um $90°$ gegenüber Bild 5.9 sind die Spulen I bis IV zyklisch vertauscht (Bild 5.11); der rechte Zweig wird nunmehr durch die Spulen I und II, der linke durch die Spulen IV und III gebildet. Da sich Bild 5.11 nur durch die Numerierung der Spulen in den Zweigen vom Bild 5.9 unterscheidet, hat die im rechten Zweig induzierte Spannung die Richtung von F_2 nach A_1,

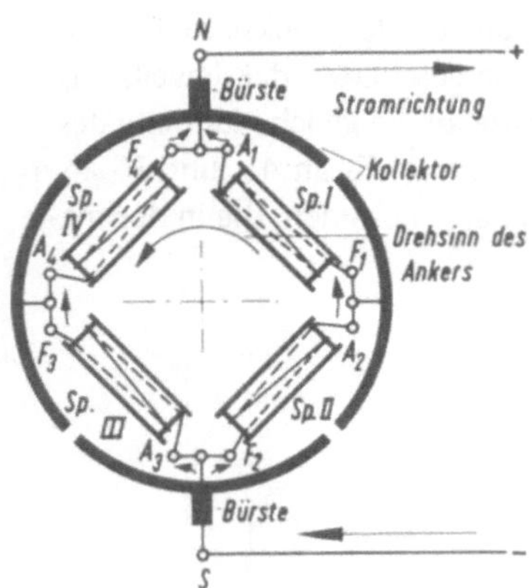

Bild 5.11. Schematische Darstellung der Spulen-schaltung des Trommelankers nach einer Drehung um 90°

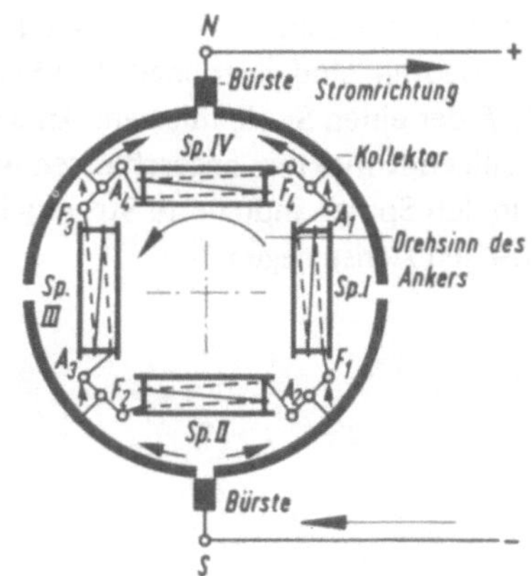

Bild 5.12. Schematische Darstellung der Spulenschaltung des Trommelankers beim Lamellenwechsel

im linken von A_3 nach F_4. Eine Umkehr der Spannungsrichtung findet nur in den Spulen II und IV statt, die durch die Ankerdrehung ihre Lage in den beiden Zweigen vertauscht haben.

In der Stellung von Bild 5.12 liefern die Spulen II und IV keine Spannung, weil sich in diesem Augenblick der Magnetfluß innerhalb der beiden Spulen nicht ändert. Die Bürsten, die im Augenblick des Lamellenwechsels gleichzeitig aufeinanderfolgende Lamellen berühren, schließen die Spule II bzw. IV kurz und nehmen nur die von den parallelgeschalteten Spulen I und III gelieferten Spannungen auf.

In Bild 5.13 ist die Kurve der resultierenden Spannung bei einem Trommelanker mit zwei Spulen dargestellt. Ein Vergleich mit Bild 5.8 läßt die Vorteile des Trommelankers gegenüber dem Siemensanker erkennen. Je größer die Spulenzahl im Trommelanker ist, um so höher wird die resultierende Spannung und um so geringer die Welligkeit der Spannungskurve.

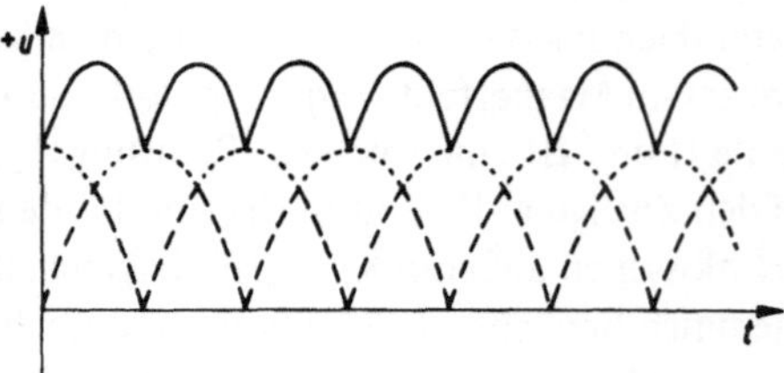

Bild 5.13. Geglättete Gleichspannung

Die bei der Rotation des Ankers im Magnetfeld auftretenden Stromrichtungen ergeben sich aus der Rechte-Hand-Regel. Der Techniker bestimmt die Stromrichtung nach der einfachen Polregel:

> *Wird der Anker gegen den Uhrzeigersinn gedreht, so fließt der Strom in den dem Nordpol zugewandten Leiterstäben dem Beobachter entgegen, in den dem Südpol zugewandten Leiterstäben von ihm fort.*

Die technische Ausführung der Aufbauteile eines Gleichstromgenerators ist im Bild 5.14 ersichtlich. Unten stehen die Teile des Stators, der sich aus dem Polgehäuse mit den Polschuhen und Magnetspulen und den beiden Lagerschalen zusammensetzt, oben befindet sich der montierte Rotor, bestehend aus Ankerwelle, Trommelanker mit Ankerwicklung und Kollektor. Der Bürstenhalter mit den Kohlenbürsten ist im rechten Gehäusedeckel zu sehen. Das am Trommelanker befestigte Flügelrad saugt Frischluft durch den Generator und dient zur Kühlung der Generatorwicklungen.

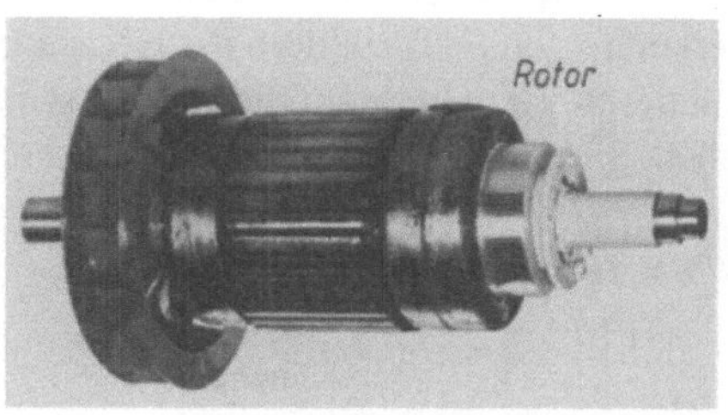

Bild 5.14. Aufbauteile eines Gleichstromgenerators

5.1.1.3. Dynamoelektrisches Prinzip

Zum Erregen der Magnetpole in Gleichstromgeneratoren ist Gleichstrom erforderlich. Wird dieser einer fremden Gleichstromquelle entnommen, so spricht man von *Fremderregung*. *Werner v. Siemens* benutzte 1867 als erster den von der Maschine selbst gelieferten Strom zum Erregen der Feldmagnete. Er zeigte, daß der im Weicheisenkern der Pole vorhandene Restmagnetismus ausreicht, um bei Inbetriebnahme des Generators einen schwachen Ankerstrom zu erzeugen, der, in richtiger Richtung um die Feldspule geleitet, deren Magnetismus verstärkt. Dadurch werden im Anker wieder stärkere Ströme induziert, die ihrerseits wiederum das Feld verstärken. Das Verfahren der gegenseitigen Verstärkung von Ankerstrom und magnetischem Feld nennt man das *dynamoelektrische Prinzip*. Die Grenze dieses Aufschaukelungsvorganges ist dann erreicht, wenn die induzierte Stromstärke den Wert annimmt, der zur Aufrechterhaltung des gerade bestehenden Feldes notwendig ist. Sich selbst erregende Gleichstromgeneratoren nennt man auch *Dynamomaschinen*.

5.1.1.4. Die drei Typen der Gleichstromgeneratoren

Je nach der Art, wie der Erregerstrom für die Magnetspulen dem Ankerstrom entnommen wird, unterscheidet man drei verschiedene Typen von Gleichstromgeneratoren:

1. Reihenschlußgeneratoren,
2. Nebenschlußgeneratoren,
3. Doppelschlußgeneratoren.

Die Wicklungen eines Generators sind an ein Klemmenbrett geführt, dessen Klemmen nach VDE 0570 mit genormten Buchstaben bezeichnet sind. Diese für die einzelnen Generatorentypen unterschiedlichen Bezeichnungen der Wicklungen bzw. Klemmen lassen in den Schaltbildern die Generatorart unmittelbar erkennen. Die Bezeichnungen der Wicklungen bzw. Klemmen des Klemmenbrettes für die drei Typen von Gleichstromgeneratoren sind in Tafel 5.1 zusammengestellt. In den vereinfachten Schaltbildern der Generatoren wurde auf die Leitungsführung zu dem Klemmenbrett verzichtet, um die Schaltung der Wicklungen im Generator übersichtlicher darzustellen.

Tafel 5.1: *Bezeichnungen der Generatorwicklungen und -klemmen*

Wicklungsart	Bezeichnung
Ankerwicklung	$A1-A2$
Reihenschlußwicklung für Selbsterregung	$D1-D2$
Nebenschlußwicklung für Selbsterregung	$E1-E2$

Reihenschlußgenerator

Bei dem *Reihen-* oder *Hauptschlußgenerator* (Bild 5.15) sind die Ankerwicklung $A1\,A2$ und die Feldwicklung $D1\,D2$ hintereinandergeschaltet. Der volle Ankerstrom fließt auch durch die Feldspulen. Die Ankerwicklung und die Feldwicklung bestehen deshalb nur aus wenig Windungen dicken Drahtes. Wird dem Generator bei höherer Belastung mehr Strom entnommen, so wird auch das Feld stärker erregt. Demzufolge steigt auch die Klemmenspannung des Generators. Die Klemmenspannung ist also von der Belastung abhängig. Stellt man die Abhängigkeit der Klemmenspannung von der prozentualen Belastung graphisch dar, so erhält man eine Kurve, die man als *Kennlinie des Reihenschlußgenerators* bezeichnet (Bild 5.16). Die unbelastete Maschine liefert eine von der Höhe der Remanenz abhängige geringe Spannung. Bei zunehmender Stromentnahme wird das Feld stärker erregt, so daß die Spannung steigt; sie nimmt aber bei größerer Belastung wieder ab, wenn das Eisen magnetisch gesättigt ist und der Spannungsabfall in der Anker- und Feldwicklung bei größerer Stromentnahme größer wird.

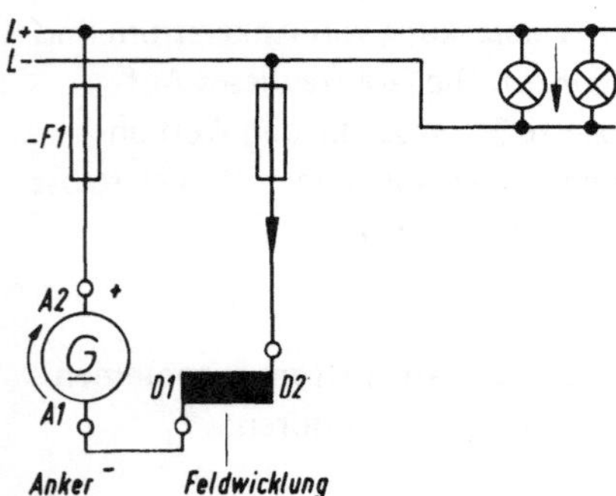

Bild 5.15. Schaltbild eines Reihenschlußgenerators

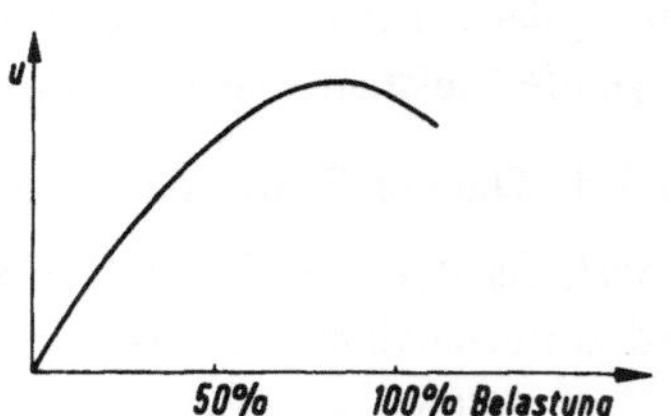

Bild 5.16. Kennlinie des Reihenschlußgenerators

Reihenschlußgeneratoren sind wegen der Abhängigkeit der Spannung von der Belastung zur Speisung der allgemeinen Elektrizitätsversorgungsnetze ungeeignet, da alle an das Netz angeschlossenen Verbraucher für eine konstante Spannung ausgelegt sind. Ein Reihenschlußgenerator liefert nur dann eine konstante Spannung, wenn er dauernd gleichmäßig belastet ist. Deshalb ist der Reihenschlußgenerator nur beschränkt verwendbar, und zwar nur in Anlagen, deren Belastung konstant ist.

Nebenschlußgenerator

Beim Nebenschlußgenerator (Bild 5.17) ist die Feldwicklung der Ankerwicklung und dem äußeren Stromkreis parallelgeschaltet. Da der zur Erregung des magnetischen Feldes erforderliche Strom dem Nutzstrom im äußeren Stromkreis entzogen wird und insofern als *Verluststrom* zu gelten hat, sucht man ihn möglichst klein zu halten. Die zur Magnetisierung der Maschinenpole erforderliche magnetische Durchflutung kann bei geringer Stromstärke durch eine entsprechende Erhöhung der Windungszahl der Feldwicklung erreicht werden. Man verwendet deshalb für die Erregerwicklung viele Windungen dünnen Drahtes. Dadurch erhält sie einen großen Widerstand, so daß sie nur einen geringen Strom aufnimmt und der größte Teil des Stromes dem Netz als Nutzstrom zugeführt wird.

Da der Erregerstromkreis parallel zum Hauptstromkreis liegt, erreicht der Erregerstrom bei unbelastetem Hauptstromkreis, d.h. im Leerlauf, seinen größten Wert. Der Generator gibt deshalb schon im Leerlauf die volle Spannung ab. Bei zunehmender Belastung des Generators nimmt der Widerstand des äußeren Stromkreises und damit auch die Stromstärke in dem ihm parallelgeschalteten Erregerstromkreis ab. Demzufolge sinkt, wie die *Kennlinie des Nebenschlußgenerators* (Bild 5.18) zeigt, die Spannung bei zunehmender Belastung etwas ab. Das Absinken der Spannung kann man dadurch verhindern, daß man zur Regelung des Magnetisierungsstromes im Erregerstromkreis der Feldwicklung einen Widerstand als *Feldsteller* vorschaltet. Bei zunehmender Belastung wird der Stellwiderstand stufenweise verkleinert und damit der Erregerstrom vergrößert und die abgegebene Spannung

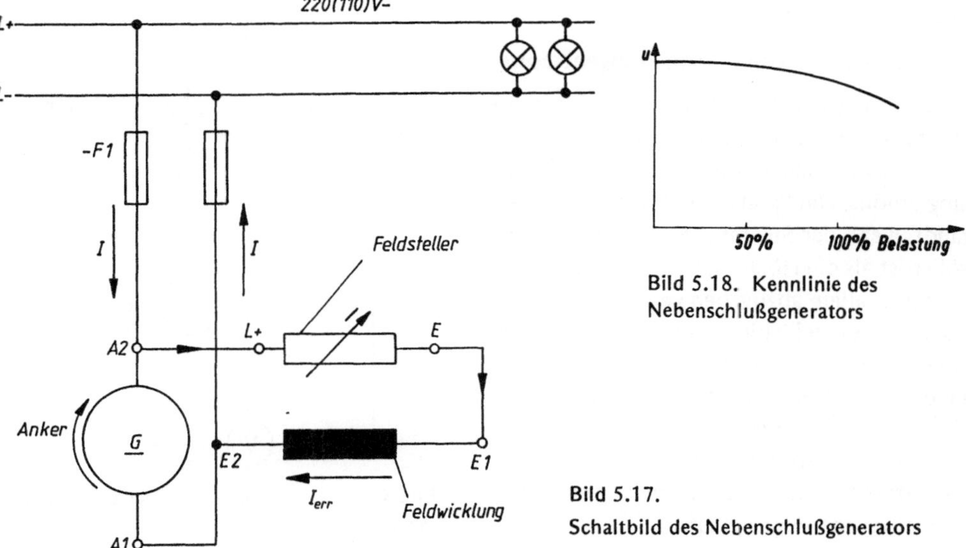

Bild 5.18. Kennlinie des Nebenschlußgenerators

Bild 5.17.
Schaltbild des Nebenschlußgenerators

konstant gehalten. Die vom Nebenschlußgenerator gelieferte Spannung ist also praktisch unabhängig von der Belastung. Dieser Eigenschaft verdankt der Nebenschlußgenerator seine vielseitige Verwendbarkeit.

Etwa 90 % aller Gleichstromgeneratoren sind Nebenschlußgeneratoren. Sie werden zum Laden von Akkumulatoren, in galvanotechnischen und chemischen Betrieben und zur Stromversorgung der Netze für Straßen-, Förder- und Vollbahnen verwendet. Kleine Gleichstrom-Nebenschlußgeneratoren liefern in Kraftfahrzeugen und Vollbahnen den Strom für die Beleuchtung und den Ladestrom für die Akkumulatoren.

Doppelschlußgenerator (Verbundgenerator)

Beim *Doppelschlußgenerator* (Bild 5.19) werden die Magnetpole durch zwei getrennte Wicklungen erregt. Die *Hauptschlußwicklung D1 D2* besteht aus wenigen Windungen dicken Drahtes und liegt im Hauptstromkreis; die *Nebenschlußwicklung E1 E2* mit vielen Windungen dünnen Drahtes liegt mit vorgeschaltetem Feldsteller parallel zum Hauptstromkreis. Die Felder der beiden Wicklungen überlagern sich. Ihre Wirkung ist die gleiche, wie bei den entsprechenden Wicklungen im Haupt- und Nebenschlußgenerator. Bei steigender Belastung nimmt der Erregerstrom in der Hauptschluß-wicklung zu und in der Nebenschlußwicklung ab.

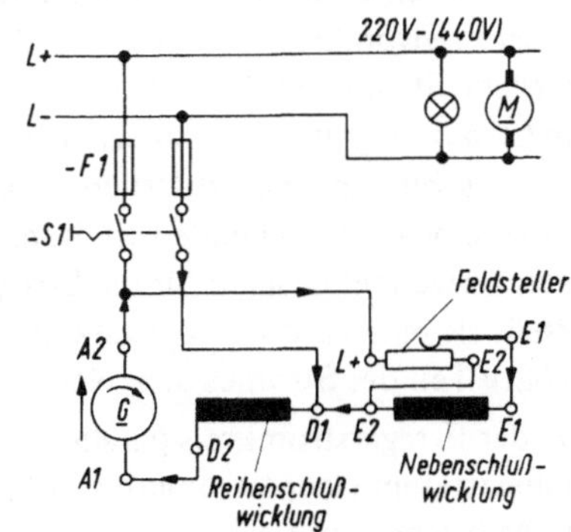

Bild 5.19. Schaltbild des Doppelschluß-generators

Durch ein geeignetes Verhältnis der Windungszahlen beider Spulen kann man erreichen, daß die resultierende Erregung und damit die Klemmenspannung von der Belastung unabhängig wird.

Doppelschlußgeneratoren werden in den Elektrizitätsversorgungsanlagen großer Walz- oder Hüttenwerke verwendet, in denen mit starken und stoßweise auftretenden Belastungsänderungen zu rechnen ist.

5.1.1.5. Schalten von Gleichstromgeneratoren

Gleichstromgeneratoren können wie Elemente hintereinander oder parallelgeschaltet werden. Durch Hintereinanderschalten wird die Spannung erhöht. Die Parallelschaltung wird angewandt, wenn der Strombedarf der Verbraucher größer ist als die Höchststromstärke, die ein Generator allein abzugeben vermag.

Besondere Vorteile bietet die Reihenschaltung zweier Generatoren nach Bild 5.20.

Die beiden in Reihe geschalteten Generatoren arbeiten auf die Sammelschienen $L+$ und $L-$, während die Verbindungsleitung der beiden Generatoren an die mittlere, meist geerdete Sammelschiene N gelegt ist.

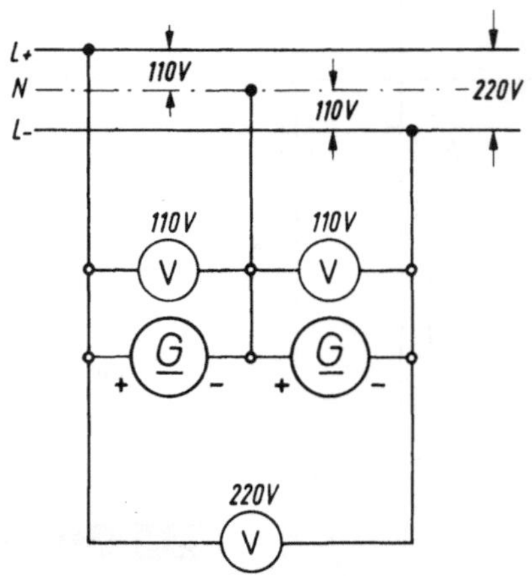

Bild 5.20. Reihenschaltung von Generatoren mit Dreileitersystem

Tafel 5.2: *Übersicht über Eigenschaften und Verwendung von Gleichstromgeneratoren*

Eigenschaften	Reihenschlußgenerator	Nebenschlußgenerator	Doppelschlußgenerator
Schaltung	Feldwicklung in Reihe mit der Ankerwicklung	Feldwicklung parallel zur Ankerwicklung	Erregung der Magnetspule durch Hauptschluß- und Nebenschluß- wicklung Nebenschlußwicklung parallel zur Hauptschlußwicklung
Drahtdicke	für Feld- und Anker- wicklung dicker Draht	Feldwicklung dünner Draht, Ankerwicklung dicker Draht	Hauptschlußwicklung dicker Draht Nebenschlußwicklung dünner Draht
Anzahl der Windungen	wenige Windungen	Feldwicklung viele Windungen Ankerwicklung wenige Windungen	Hauptschlußwicklung wenige Windungen Nebenschlußwicklung viele Windungen
Spannungs- verhalten a) im Leer- lauf b) bei Belastung	a) sehr kleine Spannung b) starker Anstieg der Spannung	a) volle Spannung b) geringes Absinken der Spannung	Bei geeignetem Verhältnis der Windungszahlen der Haupt- und Nebenschlußwicklung Spannung praktisch unabhängig von der Belastung
Spannungs- einstellung	Feldsteller parallel zur Feldwicklung, Spannung in geringem Umfang veränderbar	Feldsteller in Reihe mit der Feldwicklung, Spannung praktisch un- abhängig von der Bela- stung	Feldsteller in Reihe mit Nebenschlußwicklung
Verwendung	in E-Werken nicht ver- wendbar, verwendbar für Einzelbetrieb von Scheinwerfern	als Generator in großen E-Werken	in Elektrizitätswerken von Walz- und Hüttenwerken mit stoßweise auftretender Belastung

Dem Verbraucher stehen bei dieser Schaltung ebenso wie beim Dreileitersystem des Dreiphasenstroms zwei verschiedene Spannungen zur Verfügung: zwischen einem Außenleiter
und dem Mittelleiter die einfache Maschinenspannung (z.B. 110 V oder 220 V) und
zwischen den beiden Außenleitern $L+$ und $L-$ die doppelte Maschinenspannung (z.B.
220 V oder 440 V). Durch Einsparung einer vierten Leitung werden die Kosten für die Er-
richtung der Verteileranlage gesenkt.

5.1.1.6. Technische Angaben

Leistungsschild

Alle elektrischen Maschinen müssen nach den Vorschriften des VDE mit einem Leistungsschild versehen sein, das Auskunft über den Herstellerbetrieb gibt und alle für den Betrieb
erforderlichen technischen Angaben enthält. Das für Generatoren und Motoren nach
DIN 42961 vorgeschriebene Leistungsschild (Bild 5.21) enthält 20 Felder zur Aufnahme
der Angaben (siehe Tafel 5.3).

Die Felder 6, 11, 15 und 16 sind für zusätzliche Angaben bei Wechsel- und Drehstrommaschinen bestimmt.

Tafel 5.3: *Angaben auf Leistungsschildern*

Feld	Erklärung	Zeichen	Feld	Erklärung	Zeichen
1	Hersteller, Firmenzeichen		13	Drehrichtung	
2	Stromart	G		Rechtslauf von Antriebs-	
3	Arbeitsweise			seite	R od $\big($
	Generator	Gen		Linkslauf von Antriebs-	
	Motor	Mot		seite	L od $\big($
4	Maschinennummer		14	Nenndrehzahl	U/min
5	Typenbezeichnung		15	Nennfrequenz	Hz
6	Schaltart (Stern- oder		16	Art der Erregung	
	Dreieckschaltung)			bzw. des Läufers	
7	Nennspannung	V	17	das Wort „Erregung"	Erre-
8	Nennstrom	A	18	Nennspannung der Erregung	gung
9	Nennleistung			Läuferstillstandsspannung	V
10	Leistungsmaß	kW, W	19	Nennstrom der Erregung	A
11	Leistungsfaktor	cos φ		(bei Erregerstrom über 10 A)	
12	Betriebsart		20	zusätzliche Vermerke	
	Dauerbetrieb	—		(z.B. Kühlmittelmenge	
	kurzzeitiger Betrieb	KB		bei Fremdlüfung)	
	aussetzender Betrieb	AB			

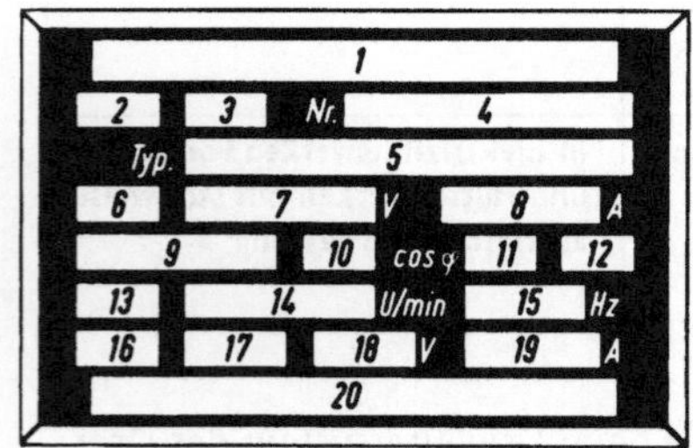

Bild 5.21. Leistungsschild einer elektrischen Maschine

Wirkungsgrad

Unter dem *Wirkungsgrad* (Formelzeichen η) eines Generators versteht man das Verhältnis von Leistungsabgabe (effektive Leistung, Formelzeichen P_e) und Leistungsaufnahme (indizierte Leistung, Formelzeichen P_i):

$$\text{Wirkungsgrad} = \frac{\text{Leistungsabgabe}}{\text{Leistungsaufnahme}} \qquad \eta = \frac{P_e}{P_i} \qquad \text{oder:} \qquad \eta = \frac{P_{ab}}{P_{zu}}$$

Der Wirkungsgrad ist bei normaler Drehzahl von der Nennleistung und von der Belastung der Generatoren abhängig; er ist um so günstiger, je höher die Nennleistung des Generators ist und erreicht bei hohen Nennleistungen Werte bis zu 95 %. Diesen höchsten Wirkungsgrad erreicht der Generator, wenn er mit 75 % seiner Nennleistung belastet ist. Bei niedrigerer und höherer Belastung wird der Wirkungsgrad schlechter.

5.1.2. Gleichstrommotoren

5.1.2.1. Motormodell

Ein Gleichstromgenerator liefert nur solange eine elektrische Spannung, solange ihm eine mechanische Arbeit zugeführt wird. Wird dagegen einem Gleichstromgenerator eine elektrische Gleichspannung zugeführt, so wird durch die elektro-dynamische Wirkung des Magnetfeldes auf die stromführenden Ankerwindungen der Anker in Umdrehung versetzt und kann Arbeit leisten. Der Generator läuft als *Motor*. In Bild 5.22 ist das Modell eines Gleichstrommotors mit Trommelanker dargestellt.

Das Bild zeigt den Stromverlauf in den wirksamen Ankerdrähten beim Anlegen einer äußeren Gleichspannung. Auf der dem Nordpol zugewandten Ankerhälfte fließt der Strom in den Ankerdrähten vom Beschauer weg nach hinten, in der dem Südpol zugewandten Ankerhälfte auf den Beschauer zu nach vorn. Mit Hilfe der Linke-Hand-Regel (Motorregel) kann man feststellen, daß die Drähte in der oberen Ankerhälfte nach links, in der unteren Ankerhälfte nach rechts gedrängt werden, wie durch die kleinen Pfeile angegeben ist. Die auf die einzelnen Ankerdrähte wirkenden Kräfte ergeben in ihrer Gesamtheit eine Gesamtkraft, die den Anker entgegengesetzt dem Uhrzeigersinn dreht. Der Kollektor bewirkt, daß die Stromrichtung in den Drähten jeder Ankerhälfte und damit auch der Richtungssinn des Drehmoments immer der gleiche bleibt.

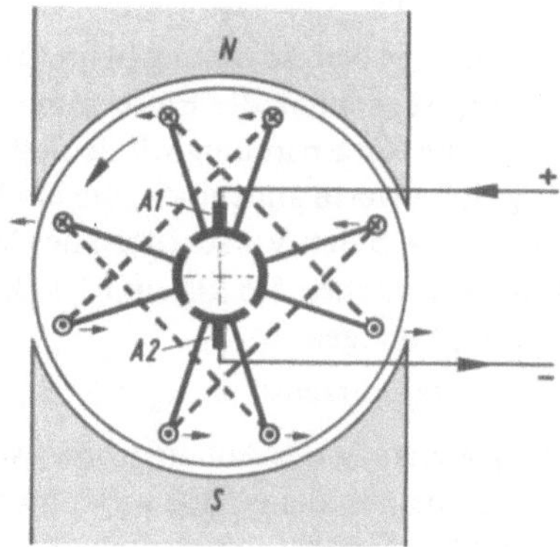

Bild 5.22. Modell eines Gleichstrommotors mit Trommelanker

5.1.2.2. Gegenspannung

In dem rotierenden Anker des Elektromotors ändert sich innerhalb seiner Wicklung der magnetische Fluß. Dadurch wird in den Ankerdrähten wie beim Generator eine Spannung induziert, die der angelegten Spannung, welche die Ankerbewegung verursacht, nach dem Lenzschen Gesetz entgegenwirkt. Im Anker wirkt dann nur mehr die Differenz aus der angelegten Netzspannung U und der Gegenspannung U_g. Die wirksame Spannung $U - U_g$ wird um so kleiner, je größer U_g ist. Die Gegenspannung U_g hängt aber von der Magnetflußänderung in den Ankerwindungen und diese wiederum von der Ankerdrehzahl ab. Im unbelasteten und daher schnellaufenden Elektromotor ist die Gegenspannung groß, die wirksame Spannung und damit auch der vom Motor aufgenommene Strom klein. Mit zunehmender Belastung sinkt die Drehzahl des Motors und mit ihr die Gegenspannung. Der Motor nimmt deshalb bei zunehmender Belastung einen stärkeren Strom auf. Die Stromaufnahme des Motors paßt sich also selbsttätig der jeweiligen Belastung an, ein Verhalten, aus dem sich die hohe Wirtschaftlichkeit des Elektromotors ergibt.

Daß der Motor bei Leerlauf nur eine kleine Leistung aus dem Netz bezieht, ist verständlich,
wenn man eine *Leistungsbilanz* macht. Solange der Motor leerläuft, muß aus dem Netz nur
die Leistung entnommen werden, die zum Aufrechterhalten der Drehung des Ankers notwendig ist, d.h., es sind die Lagerreibung und der Luftwiderstand zu überwinden. Im Verhältnis zur abgebbaren Nutzleistung in Form mechanischer Energie sind diese Verluste
klein. Bei zunehmender Belastung muß die dazu notwendige Leistung dem Netz entnommen werden. In jedem Fall muß die vom Netz aufgenommene Leistung gleich der Nutzleistung zuzüglich aller Verluste sein.

5.1.2.3. Anlasser

Legt man die Netzspannung beim Einschalten, also bei ruhendem Anker, an den Motor, so
fehlt im Augenblick des Einschaltens die Gegenspannung. Bei direktem Anschluß des Motors an die Netzspannung würde deshalb die Stromstärke im Anker beim Anlaufen unzulässig hohe Werte annehmen, die ein Vielfaches des normalen Betriebsstromes betragen
würden. Nach den Vorschriften des VDE 0650 soll jedoch der Anlaßspitzenstrom für
Motoren zwischen 1,5 kW und 100 kW nur das 1,5fache des Nennstromes I_n (Betriebsstromes) betragen.

Anlaßspitzenstrom $I_s = 1{,}5\,I_n$

Zur Begrenzung des Anlaufstromes schaltet man daher dem Anker einen *Anlaßwiderstand*
vor, den man in dem Maße verkleinert, wie die Drehzahl und mit ihr die Gegenspannung
steigt. Motoren, deren Leistung unter $1/6$ kW liegt, erfordern keinen Anlaßwiderstand.

Die Berechnung des Anlaßwiderstandes ergibt sich aus folgender Überlegung: Die wirksame
Spannung $U - U_g$ ist gleich der Summe der Spannungsabfälle im Anker und in dem ihm
vorgeschalteten Anlaßwiderstand. Ist I_a der Ankerstrom, R_a der Ankerwiderstand, R_v der
gesuchte Widerstand des Anlassers, dann ist:

$$U - U_g = I_a R_a + I_a R_v$$

und

$$R_v = \frac{U - U_g - I_a R_a}{I_a}.$$

Im Augenblick des Anlassens ist $U_g = 0$ und der zulässige Ankerstrom gleich dem Anlaßspitzenstrom I_s. Durch Einsetzen dieser Werte erhält man den *Anlaßwiderstand* R_v:

$$\boxed{R_v = \frac{U - I_s R_a}{I_s}}$$

Da der Anlaßvorgang eines Motors meistens in kurzer Zeit beendet ist, ist der Anlaßwiderstand nur kurzzeitig eingeschaltet. Deshalb stellt man diesen Widerstand meistens aus verhältnismäßig dünnem Draht her; da aber der Widerstand sich zu stark erwärmen würde,
selbst wenn nur der normale Betriebshöchststrom dauernd in ihm fließt, gilt die Regel:
Nach Beendigung des Anlaßvorganges muß der Anlaßwiderstand kurzgeschlossen werden.
Er darf keinesfalls als Drehzahlsteller verwendet werden. Zu dem Zweck ist der Feldsteller
da.

● *Beispiel:* Der Ankerwiderstand eines Gleichstrommotors für 220 V beträgt 0,3 Ω, sein Betriebsstrom 18 A.

Wie groß ist
a) der Anlaßspitzenstrom
b) der erforderliche Anlaßwiderstand?

Gesucht: a) I_S *Gegeben:* $U = 220$ V
b) R_V $I_n = 18$ A
$R_a = 0{,}3$ Ω

Lösung a): $I_S = 1{,}5 \cdot 18$ A
Ergebnis: $I_S = 27$ A

Lösung b): $R_V = \dfrac{U - I_S R_a}{I_S}$

$$R_V = \frac{220\ \text{V} - 27\ \text{A} \cdot 0{,}3\ \Omega}{27\ \text{A}}$$

$$R_V = \frac{220\ \text{V} - 8{,}1\ \text{V}}{27\ \text{A}}$$

Ergebnis: $R_V = 7{,}85$ Ω

■ Aufgaben zu Abschnitt 5.1.2.3

1. Ein Gleichstrommotor nimmt an 220 V einen Strom von 22 A auf und gibt 3,992 kW an der
   Riemenscheibe ab. Der Ankerwiderstand beträgt 0,1 Ω, der Anlaufstrom das 1,5fache. Wieviel
   Kilowatt nimmt der Motor auf, welchen Wirkungsgrad hat er und wie hoch muß sein Anlaßwider-
   stand sein?

2. Welchen Spannungsverlust hat ein Gleichstrommotor, der an 220 V einen Strom von 30 A aufnimmt, bei $R_a = 0{,}15$ Ω im Anker? Wie groß wird die Gegenspannung und welche Leistung in kW
   gibt er bei einem Wirkungsgrad von 0,82 ab?

5.1.2.4. Die drei Motortypen

Feldwicklung und die Ankerwicklung können wie bei Gleichstromgeneratoren in verschiedener Weise geschaltet werden. Man unterscheidet:

    1. Reihenschluß- oder Hauptschlußmotoren,

    2. Nebenschlußmotoren,

    3. Doppelschlußmotoren.

Reihenschlußmotor

Im Reihenschlußmotor sind die Feldwicklung und die Ankerwicklung hintereinandergeschaltet (Bild 5.23). Die genormten Bezeichnungen der beiden Wicklungen entsprechen
denen des Reihenschlußgenerators. Beide Wicklungen bestehen aus wenigen Windungen
dicken Drahtes und werden von dem gleichen Strom durchflossen. Ihr ohmscher Widerstand ist klein, so daß nur ein kleiner Teil der zugeführten elektrischen Energie in Form
von Joulescher Wärme dem beabsichtigten Zweck der mechanischen Arbeitsleistung entzogen wird. Ein regelbarer Widerstand ist als Anlasser mit der Anker- und der Feldwicklung in Reihe geschaltet, so daß er gleichzeitig den Anker- und den Feldstrom beeinflußt.
Das Drehzahlverhalten eines Reihenschlußmotors ergibt sich aus der *Belastungskennlinie,*
die die Abhängigkeit der Drehzahl von der prozentualen Belastung angibt (Bild 5.24).

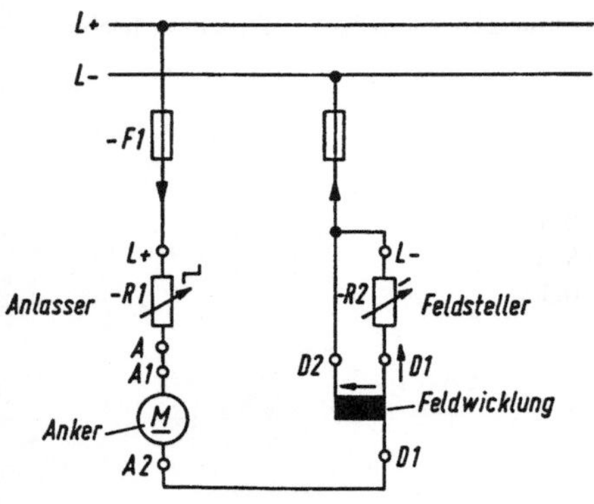

Bild 5.23. Schaltbild des
Reihenschlußmotors

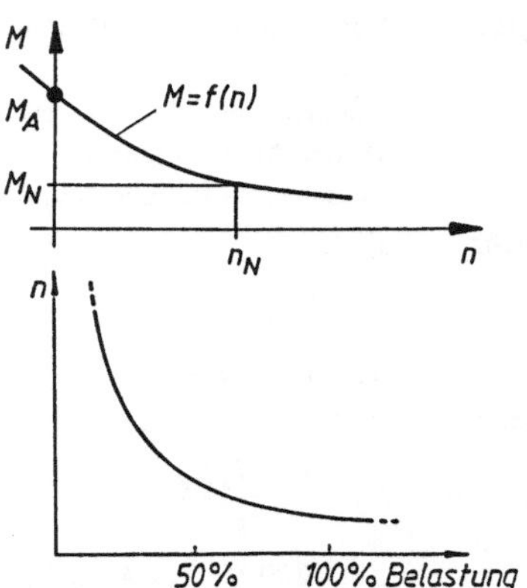

Bild 5.24. Belastungskennlinien
des Reihenschlußmotors

Wird der Reihenschlußmotor stark belastet, so sinkt die Dehzahl n des Ankers und damit die in ihm erzeugte Gegenspannung. In der Feld- und Ankerwicklung fließt infolge des Abfalls der Gegenspannung ein starker Strom, der sowohl das Magnetfeld als auch das Ankerfeld kräftig erregt und dadurch ein hohes Drehmoment M erzeugt.

> **Beim Reihenschlußmotor verursacht eine stärkere Belastung eine abfallende Drehzahl, bei der der Motor starkes Drehmoment entwickelt.**

Aus diesem Grund übt der Reihenschlußmotor auch beim Anlauf unter Last ein hohes Anzugsmoment M_A aus. Da ferner mit zunehmender Belastung gleichzeitig die Drehzahl abnimmt, ist die vom Motor abgegebene und vom Netz aufgenommene Leistung nur geringen Schwankungen unterworfen. Der Vorteil eines hohen Anzugsmoments und einer nur wenig schwankenden Leistungsaufnahme begründet die vorzugsweise Verwendung des Reihenschlußmotors in Betrieben mit stark schwankendem Leistungsbedarf, wie z.B. in Walz- und Hüttenwerken, bei elektrischen Bahnen, Krananlagen, Aufzügen u.a.

Bei Unterbelastung bzw. Leerlauf vergrößert sich die Drehzahl des Ankers und mit ihr die Gegenspannung. Durch den Anstieg von U_g wird mit dem Ankerstrom wegen der Reihenschaltung von Feld- und Ankerwicklung gleichzeitig die Stärke des magnetischen Feldes verringert. Je schwächer aber das Feld erregt ist, um so schneller muß der Anker rotieren, damit in ihm eine Gegenspannung U_g induziert wird, die sich der angelegten Spannung nähert. Bei plötzlicher Entlastung kann deshalb der Reihenschlußmotor so hohe Drehzahlen annehmen, daß ihn die auftretenden Zentrifugalkräfte zerstören. Man sagt: ,,Der Motor geht durch.'' Um ihn davor zu schützen, darf der Hauptschlußmotor mit den Arbeitsmaschinen nicht durch Kupplungen verbunden werden, die, wie z.B. eine Leerlaufkupplung oder ein Riemenantrieb mit Leerlaufscheibe, eine plötzliche Entlastung des Motors zulassen.

Die Drehzahl des Reihenschlußmotors kann auf zweifache Weise gesteigert werden, und zwar entweder durch Verkleinern des Vorschaltwiderstandes, d.h. durch Erhöhen der Spannung an den Motorklemmen, oder durch Pleuelschalten eines stellbaren Widerstandes zur Feldwicklung (Feldsteller); denn je kleiner der Widerstand des Feldstellers wird, um so schwächer wird das Feld erregt, um so schneller muß, wie vor ausgeführt, der Anker rotieren, damit in ihm eine Gegenspannung induziert wird, die sich der angelegten Spannung nähert. In Übereinstimmung mit dem Verhalten des Motors bei Unterbelastung ergibt sich:

Eine Feldschwächung verursacht eine Drehzahlsteigerung, eine Feldverstärkung einen Drehzahlabfall.

Der Drehsinn des Ankers ändert sich nicht, wenn die Klemmen des Motors umgepolt werden, da sich dadurch die Stromrichtung im Anker und Feld gleichzeitig umkehren. Der Umlaufsinn kann nur durch ein Vertauschen der Anschlüsse des Ankers *oder* des Feldes geändert werden.

Nebenschlußmotor

Bild 5.25 zeigt die Schaltung des Nebenschlußmotors. Die genormten Bezeichnungen der Wicklungen entsprechen denen des Nebenschlußgenerators. Die Erregerwicklung $E1\,E2$ liegt mit dem ihr vorgeschalteten Feldsteller im Nebenschluß zur Ankerwicklung $A1\,A2$ an der Netzspannung. Das magnetische Feld ist deshalb unabhängig von der Belastung des Motors.

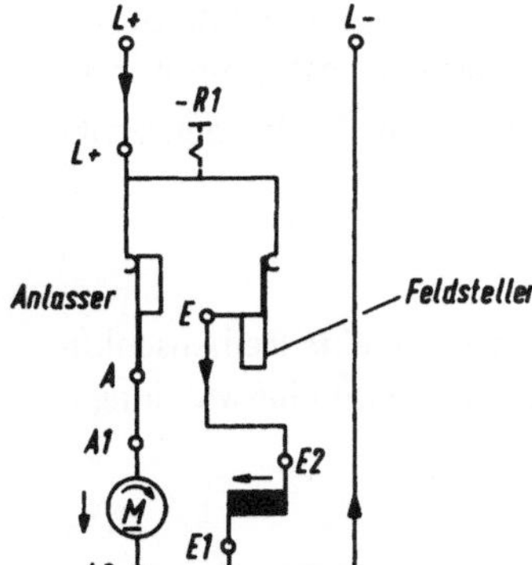

Bild 5.25. Schaltbild des Nebenschlußmotors mit Feldstellanlasser

Der Erregerstrom ist nur durch den Widerstand der Feldwicklung bestimmt. Um ihn niedrig zu halten, verwendet man viele Windungen dünnen Drahtes mit hohem ohmschen Widerstand demgegenüber enthält der Anker wenige Windungen dicken Drahtes; er hat also nur einen geringen Widerstand. Deshalb muß man zur Begrenzung des Anlaßstromes im Anker diesem einen Anlaßwiderstand vorschalten, der bei fehlender Gegenspannung die Spannung im Anker so weit herabsetzt, daß er nur die zulässige Betriebsstromstärke aufnimmt. Wird der Anker stärker belastet, so hat die Drehzahl das Bestreben zu sinken; dadurch wird die Gegenspannung U_g kleiner und die Ankerstromstärke größer. Ein höherer Ankerstrom erzeugt aber im konstanten Magnetfeld ein größeres Drehmoment und führt wieder zu einer Erhöhung der Drehzahl.

Das Drehzahlverhalten des Nebenschlußmotors ergibt sich aus der *Belastungskennlinie* (Bild 5.26); die Drehzahl fällt selbst bei 100 %iger Belastung nur wenig ab.

Beim Nebenschlußmotor ist die Drehzahl nahezu unabhängig von der Belastung.

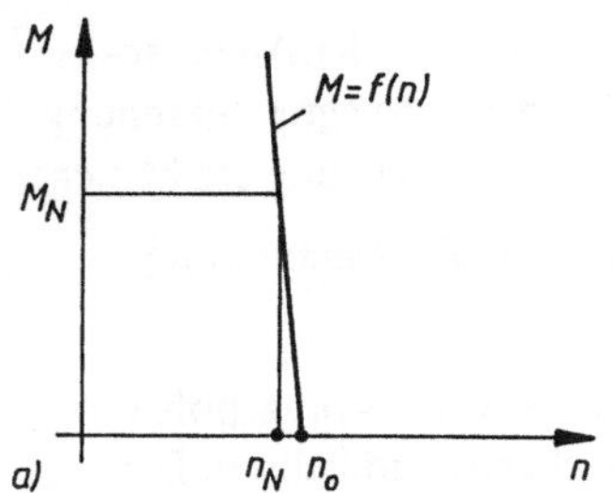
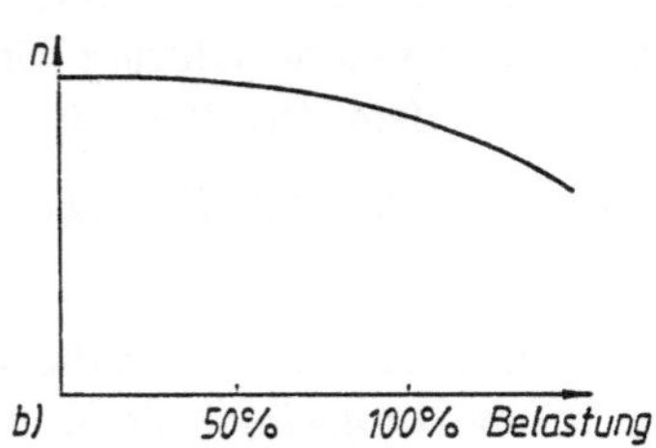

Bild 5.26. Belastungskennlinien des Nebenschlußmotors

Die an sich konstante Drehzahl kann mit Hilfe eines der Erregerwicklung vorgeschalteten Feldstellers in weiten Grenzen gestellt werden. Da der Erregerstrom selbst klein ist, treten auch im Feldsteller keine merklichen Verluste auf.

Die leichte, nahezu verlustlose Einstellbarkeit der Drehzahl und ihre Unabhängigkeit von der Belastung begründen die vielseitige Verwendungsmöglichkeit des Nebenschlußmotors, der insbesondere der zum Antrieb von Werkzeugmaschinen geeignete Gleichstrommotor ist. Um den Drehsinn des Ankers beim Nebenschlußmotor zu ändern, gilt das für den Reihenschlußmotor Gesagte in gleicher Weise.

Doppelschlußmotor

Beim Doppelschlußmotor (Bild 5.27) wird das magnetische Feld durch eine Reihenschlußwicklung $D1\,D2$ und eine Nebenschlußwicklung $E1\,E2$ erregt. Die Reihenschlußwicklung besteht aus wenigen Windungen dicken Drahtes, die Nebenschlußwicklung aus vielen Windungen dünnen Drahtes. Die beiden Wicklungen werden gleichzeitig geschaltet, so daß sie sich in ihrer Wirkung gegenseitig unterstützen. Durch eine entsprechende Abstimmung der beiden Wicklungen kann man Doppelschlußmotoren mit unterschiedlichem Betriebsverhalten entwickeln, so z.B. Motoren, die mit einem hohen Anzugsmoment eine konstante, aber veränderbare Drehzahl verbinden. Der Drehzahlsteller ist in Reihe zur Nebenschlußwicklung zu legen. Doppelschlußmotoren werden hauptsächlich in Betrieben verwendet, in denen stoßweise Belastungen auftreten, z.B. zum Antrieb von Pressen, Scheren, Stanzen und Walzenstraßen.

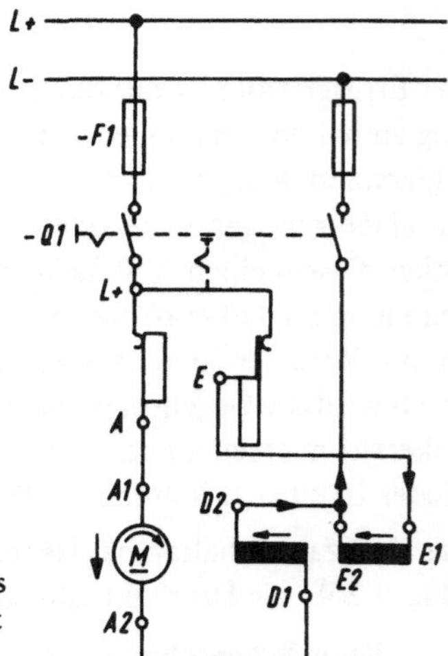

Bild 5.27. Schaltbild des Doppelschlußmotors mit Feldstellanlasser

5.1.2.5. Technische Angaben

Wirkungsgrad

Unter dem Wirkungsgrad η eines Elektromotors versteht man das Verhältnis der vom Motor an der Welle abgegebenen mechanischen Nutzleistung P_m zu der von ihm aufgenommenen elektrischen Leistung P_i oder P_{auf}:

$$\boxed{\eta = \frac{P_m}{P_i}} \quad \text{oder} \quad \boxed{\eta = \frac{P_m}{P_{auf}}}$$

$$P_{m/kW} = \frac{F/_N \cdot 2\pi\, r/_m\; n\; 1/min}{60\; s/min \cdot 1000,62\, Nm/s}$$

$$P_{m/kW} = \frac{F/_N\; r/_m\; n\; 1/min}{9560\; \frac{Nm/s}{kW}\; \frac{s}{min}}$$

$$P_{m/kW} = \frac{M/_{Nm}\; n\; 1/min}{9560}$$

Die Nutzleistung wird durch Abbremsen der Welle in Newtonmeter pro Sekunde gemessen und in Watt umgerechnet. Die elektrische Leistung wird entweder auf Grund einer Strom- und Spannungsmessung berechnet oder direkt mit dem Leistungsmesser (vgl. Abschnitt 8.3.4) bestimmt.

● *Beispiel:* Bei der Abbremsung eines Gleichstrommotors wurden folgende Werte ermittelt: Abbremskraft $F = 49,05$ N, Radius des Abbremshebelarmes $r = 0,5$ m und Nenndrehzahl des Motors $n = 1650$ 1/min. Der Motor nahm an 220 V einen Strom von 21,4 A auf.

    a) Welche mechanische Nutzleistung P_m gibt der Motor ab?
    b) Welche elektrische Leistung P_i nimmt er auf?
    c) Mit welchem Wirkungsgrad η arbeitet der Motor?

Gesucht: a) P_m *Gegeben:* $F = 49,05$ N
                                               $r = 0,5$ m
       b) P_i $n = 1650$ 1/min
       c) η $U = 220$ V
                                                 $I = 21,4$ A

Lösung a): $P_{m/kW} = \dfrac{F/_N\; r/_m\; n\; 1/min}{9560}$ $P_{m/kW} = \dfrac{49,05 \cdot 0,5 \cdot 1650}{9560}$

Ergebnis: $P_m = 4,23$ kW

Lösung b): $P_i = UI$ $P_i = 220$ V $\cdot$ 21,4 A

Ergebnis: $P_i = 4700$ W
            $P_i = 4,7$ kW

Lösung c): $\eta = \dfrac{P_m}{P_i}$ $\eta = \dfrac{4,23\; kW}{4,7\; kW}$

Ergebnis: $\eta = 0,9$

Der Wirkungsgrad der Gleichstrommotoren ist praktisch derselbe wie bei Gleichstromgeneratoren gleicher Leistung und Drehzahl. Meist läßt man allerdings Gleichstrommaschinen als Generatoren mit höherer Drehzahl laufen, wodurch Leistung und Wirkungsgrad steigen.

Leistungsschild

Ebenso wie die Generatoren müssen auch die Motoren zur genauen Kennzeichnung der Maschine nach den Vorschriften des VDE mit einem Leistungsschild versehen sein.

Ankerrückwirkung

Bisher wurde angenommen, daß bei Gleichstrommaschinen das magnetische Feld, in dem sich der Anker dreht, ausschließlich durch den Strom in der Erregerwicklung bestimmt ist. Nicht berücksichtigt wurde, daß sich auch um den stromführenden Anker ein Magnetfeld aufbaut.

Bild 5.28a zeigt das Polfeld eines zweipoligen Gleichstrommotors, Bild 5.28b das Feld, das sich um den stromdurchflossenen Anker aufbaut. Die Richtung der Feldlinien des Ankerfeldes ergibt sich aus der Faustregel. Das Ankerfeld, das quer zum Feld der Erregerspulen liegt und deshalb *Ankerquerfeld* heißt, überlagert sich dem von der Erregerwicklung erzeugten *Hauptfeld*. Das resultierende *Gesamtfeld* ist in Bild 5.28c dargestellt. Auf der linken Seite wird das Hauptfeld durch die in entgegengesetzter Richtung verlaufenden Feldlinien des Ankerquerfeldes geschwächt, auf der rechten Seite durch die in gleicher Richtung verlaufenden Feldlinien des Ankerquerfeldes verstärkt. Das Hauptfeld wird also durch das Ankerquerfeld „verzerrt". Dieses verzerrte Feld bestimmt die elektrodynamische Wirkung auf die Ankerwicklung. Die neutrale Zone *NZ*, in der die Kollektorbürsten stehen müssen, ist entgegen der Drehrichtung des Ankers um einen Winkel verdreht, der um so größer ist, je stärker der Ankerstrom, je größer also die Belastung des Motors ist. Würde man die Kol-

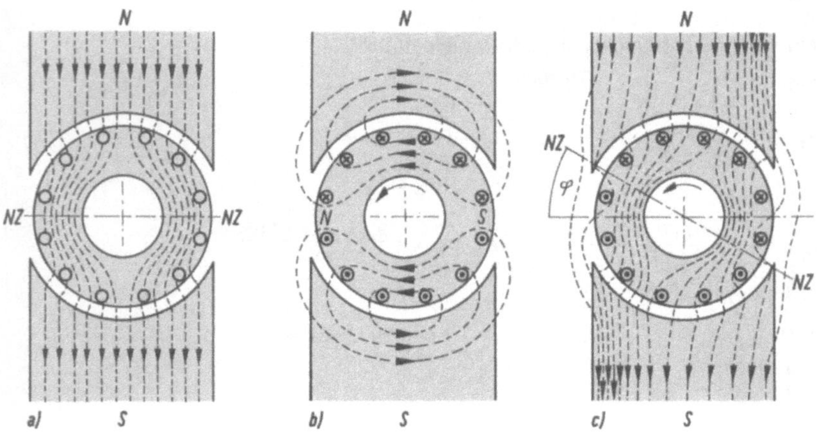

Bild 5.28. Ankerrückwirkung
a) Polfeld bei stromlosem Anker, b) Eigenfeld des Ankers (Ankerquerfeld), c) resultierendes Gesamtfeld

lektorbürsten in der Mitte der Pollücken (der neutralen Zone des Hauptfeldes) belassen, so würde in der durch die Kollektorbürste kurzgeschlossenen Teilspule infolge der Ankerdrehung eine Spannung induziert, die bei dem geringen Widerstand der Spule einen starken Induktionsstrom erzeugt. Wird durch die Ankerdrehung der Kurzschluß durch die Bürste aufgehoben, so springen zwischen den Bürsten und Lamellen des Kollektors starke Öffnungsfunken über, die die Kollektorlamellen, ihre Isolierung und die Bürsten *ausbrennen* und schließlich zerstören.

Das *Bürstenfeuer* kann unterdrückt werden, wenn man die Kollektorbürsten um den gleichen Winkel φ verstellt, um den sich die neutrale Zone verdreht hat (Bild 5.28c).

Den nachteiligen Einfluß des Ankerquerfeldes kann man auch dadurch beseitigen, daß man ihm ein entgegengesetzt gerichtetes Magnetfeld überlagert. Zu diesem Zweck werden zwischen die Feldpole nach Bild 5.29 eigene Pole, sogenannte *Wendepole* eingebaut, die durch den Ankerstrom erregt werden. Sie werden so geschaltet, daß ihr Feld dem Ankerquerfeld entgegengerichtet ist. Beim Motor folgt also im Drehsinn des Ankers auf einen Nordhauptpol ein Nordwendepol N' (Bild 5.29).

Für schnellaufende Maschinen kann man durch eine zusätzliche Kompensationswicklung $C1$, $C2$ (siehe Bild 5.31) die Ankerrückwirkung noch intensiver unterdrücken. Die in den Polschuhen untergebrachte Wicklung liegt mit Anker- und Wendepolwicklung in Reihe, wird aber vom Strom entgegengesetzt der Ankerstromrichtung durchflossen, wodurch entgegenwirkende Magnetfelder entstehen, die sich bei jeder Belastung der Maschine aufheben.

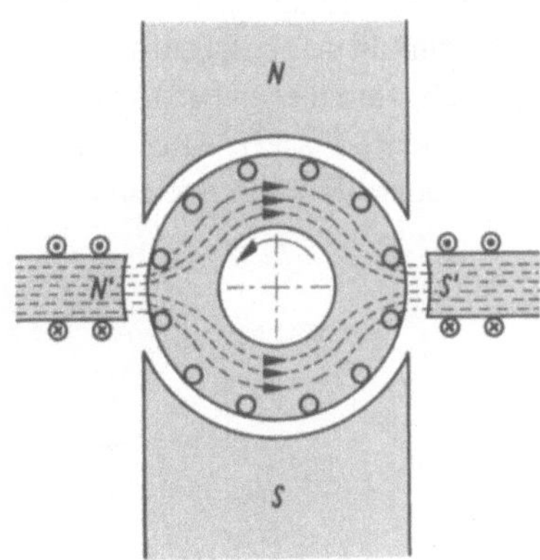

Bild 5.29. Feld der Wendepole

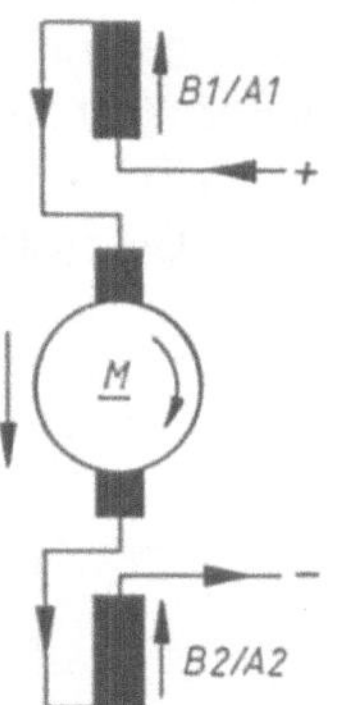

Bild 5.30. Stromverlauf bei symmetrischen Wendepolen

Die gleiche Ankerrückwirkung tritt auch bei Gleichstromgeneratoren auf und kann mit den gleichen Mitteln (Bürstenverschiebung und Wendepolen) beseitigt werden.

5.1.2.6. Leonard-(Ilgner)-Umformer

Gegenüber den Wechsel- und Drehstrom-Motoren (siehe Abschnitt 5.2.2), läßt sich die Drehzahl der Gleichstrommotoren viel feinstufiger steuern, vor allem dann, wenn das Feld fremd erregt wird und dem Anker eine vom Feld unabhängige veränderliche Spannung zugeführt wird. Von $n = 0$ bis zur Nenndrehzahl läßt sich somit die Drehzahl fast verlustlos ändern, und abgesehen von der Anfangsdrehzahl ändert sich das Abhängigkeitsverhältnis Drehzahl zu Belastung sehr wenig. Bei normalen Gleichstrommotoren ist die Drehzahl von der Last abhängig. Nachteilig ist bei der Änderung der Ankerspannung der benötigte Steueranlasser (Vorwiderstand), weil durch ihn große Verluste auftreten. Außerdem lassen sich bei starken Lastwechsel, z.B. im Antrieb von Walzwerken, größere Drehzahlschwankungen durch den Vorwiderstand doch nicht vermeiden. Eine sehr vollkommene Drehzahlsteue-

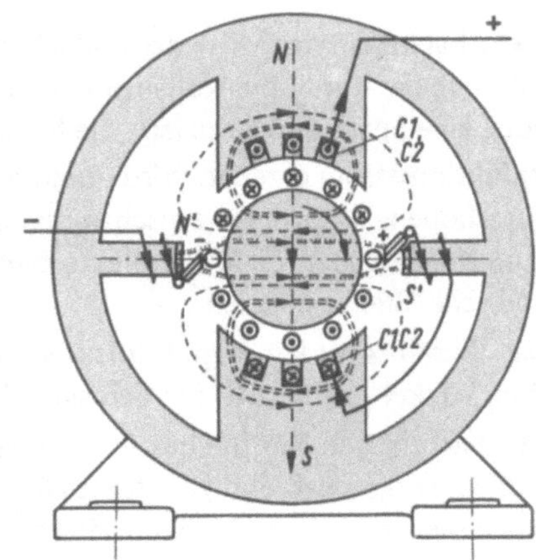

Bild 5.31. Feld der Kompensationswicklung

rung, wobei auch starke Laststöße gut aufgefangen werden, bietet der Leonard-Umformersatz (Bild 5.32). Ein Steuergenerator ist elektrisch fest mit dem zu steuernden Antriebsmotor verbunden und führt dem Anker des Motors die jeweils erzeugte Ankerspannung zu. Das Feld F1–F2 (E1–E2) des Steuergenerators kann über einen Umkehrfeldsteller *nicht* erregt; 0-Stellung-, und *umkehrbar* erregt werden, womit sich die Polarität des Steuergenerators ebenfalls umkehrt. Der Steuermotor ist daher aus dem Stillstand bis zur Nenndrehzahl im Rechts- oder Linkslauf steuerbar. Laststöße wie in schweren Krananlagen, Walzenstraßen usw. wollen den Steuergenerator durch stärkeren Stromfluß in seiner Drehzahl schwächen, der Antriebsmotor fängt aber diese Schwankungen ab, zumal er bei großen Leistungen noch einen eigenen Transformator erhalten kann (siehe Bild 5.32). Ältere Anlagen haben auch zum Antrieb Gleichstrommotoren, oder der Steuersatz kann mit einem

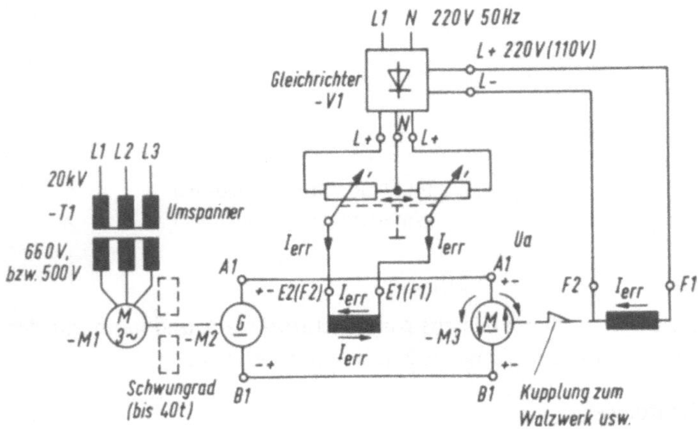

Bild 5.32. Leonard-Umformer (Ilgner-Umformer) — *M*1 = Antriebsmotor, — *M*2 = Steuergenerator, — *M*3 = Steuermotor, U_a = Ankerspannung

Dieselmotor auf Baustellen usw. angetrieben werden. Dann ist noch als vierte Maschine ein Erregergenerator vorgesehen, der die Gleichspannung für die Erregung der Felder liefert. Natürlich lohnt ein solcher Steuersatz nur dort, wo andere Maschinen die vorerwähnten Aufgaben nicht erfüllen können, denn die Anlage ist kostspielig. Außergewöhnliche Lastschwankungen können noch ausgeglichen werden, wenn zwischen Antriebsmotor und Steuergenerator ein Schwungrad (bis zu 40 t), in Bild 5.32 gestrichelt, angebracht wird. Das Hochfahren dieser Anlage dauert länger als das Anlassen ohne Schwungrad, wobei hier aber das Schwungrad ausgekuppelt werden kann; Laststöße dagegen fängt das Schwungrad durch seine aufgespeicherte Energie ab, so daß Drehzahlschwankungen noch besser ausgeglichen werden. Beim Ausfall des Drehstromnetzes bleibt der Steuersatz nicht sofort stehen, obwohl der Antriebsmotor keine Spannung mehr erhält. Die gespeicherte Energie des Schwungrades läßt den Umformersatz langsam auslaufen. Der Umformer mit Schwungrad wird nach seinem Konstrukteur *Ilgner-Umformung* genannt.

Tafel 5.4: *Übersicht über Eigenschaften und Verwendung von Gleichstrommotoren*

Eigenschaften	Reihenschlußmotor	Nebenschlußmotor	Doppelschlußmotor
Schaltung	Feldwicklung und Ankerwicklung in Reihe	Ankerwicklung parallel zur Feldwicklung	jeder Pol trägt außer der Hauptschlußwicklung eine Nebenschlußwicklung
Drehzahl-verhalten	steiler Drehzahlabfall bei steigender Belastung	praktisch konstante Drehzahl	mit kleiner Nebenschlußwicklung: Reihenschlußverhalten, Drehzahlabfall bei steigender Belastung, mit kleiner Hauptschlußwicklung: Nebenschlußverhalten
Drehzahl-einstellung	Steigerung der Drehzahl durch Verkleinern des Vorschaltwiderstandes oder durch Feldsteller parallel zur Erregerwicklung	nahezu verlustlose Einstellung durch Drehzahlsteller in Reihe mit der Erregerwicklung	Feldsteller in Reihe mit Nebenschlußwicklung
Anlaufmoment Anlaßstrom	starkes Anlaufmoment bei Anlauf unter Last starker Strom	Anlaufmoment abhängig vom Anlaßstrom Begrenzung des Anlaßstromes durch Anlasser im Ankerstromkreis erforderlich	bei entsprechender Abstimmung der beiden Wicklungen starkes Anlaufmoment mit veränderbarer Drehzahl
Verwendung	Krananlagen, Hebezeuge, Walz- und Hüttenwerke, elektrische Bahnen. Kleinstmotoren mit verhältnismäßig großer Reibung	Arbeitsmaschinen, die konstante Drehzahlen erfordern, insbesondere Werkzeugmaschinen	Arbeitsmaschinen mit Schwungmassen; Pressen, Stanzen, Scheren
Besondere Eigenschaften	Motor geht durch bei Entlastung		Motor geht bei Entlastung nicht durch

5.2. Wechsel- und Drehstrommaschinen

5.2.1. Wechsel- und Drehstromgeneratoren

5.2.1.1. Wechselstromgenerator

Aufbau des Wechselstromgenerators

Die in Bild 4.1 und in Bild 5.1 dargestellten Modelle ließen erkennen, daß ein Gleich- und ein Wechselstromgenerator sich nur durch die Art der Stromabnahme unterscheiden. In jedem Generator wird zunächst Wechselstrom erzeugt. Im Modell des Gleichstromgenerators (Bild 5.1) wird der induzierte Wechselstrom durch den *Stromwender* (Kollektor) gleichgerichtet und als Gleichstrom in den äußeren Stromkreis geleitet. Das Modell des Wechselstromgenerators (Bild 4.1) stellt eine *Außenpolmaschine* dar, bei der der Wechselstrom an zwei gegeneinander isolierten Schleifringen von dem rotierenden Anker abgenommen und dem Netz zugeführt wird.

Bei den Wechselstromgeneratoren der Technik, die für hohe Spannungen gebaut werden (6000...20000 V), würde eine betriebssichere Stromabnahme an den Schleifringen aus Gründen der Isolation schwierig sein. Man baut deshalb Wechselstromgeneratoren für hohe Spannungen und hohe Leistungen (bis 200 000 kVA) heute ausschließlich als *Innenpolmaschinen*.

Bild 5.33 zeigt die Prinzipschaltung eines Wechselstromgenerators mit Innenpolen. Im Gegensatz zur Außenpolmaschine sind die Magnetpole im Rotor, die Induktionspulen im Stator untergebracht. Diese Anordnung bietet den Vorteil, daß man nur Gleichstrom niedriger Spannung über die Bürsten und Schleifringe dem Rotor zum Erregen der Pole zuführen muß, während man die hohe Wechselspannung der ruhenden Statorwicklung entnehmen und dem mit ihr fest verbundenen äußeren Stromkreis zuführen kann.

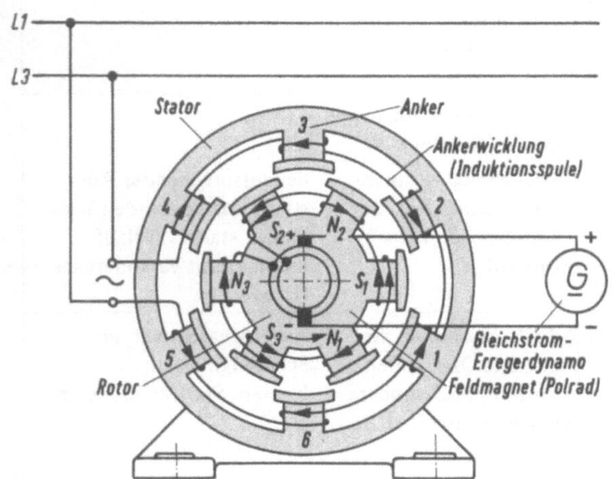

Bild 5.33. Schaltschema eines Wechselstromgenerators mit Innenpolen

Zum Antrieb der Generatoren verwendete man früher meist Kolbendampfmaschinen und Verbrennungsmotoren mit Drehzahlen bis 250 1/min oder Wasserkraftmaschinen mit Drehzahlen bis zu 750 1/min. In neuerer Zeit werden die Generatoren vorwiegend mit Dampf- oder Wasserturbinen direkt gekoppelt, die bei 1 500...3 000 1/min eine wesentlich rationellere Ausnutzung der vorhandenen Wasser- und Dampfkräfte ermöglichen. Die langsam laufenden Generatoren sind infolge der technischen Entwicklung der Antriebsmaschinen weitgehend durch die schnellaufenden Generatoren, die sogenannten *Turbogeneratoren*, verdrängt worden (siehe Kapitel 6).

Bei langsam laufenden Generatoren ist der Rotor als Polrad ausgebildet. Der Radkörper besteht aus Stahlguß, auf den die Polkerne mit Polschuhen aufgesetzt sind. Die Spulen der Feldmagnete sind hintereinander geschaltet und aufeinanderfolgende gegenläufig gewickelt, so daß beim Anschluß der Spulen an Gleichstrom abwechselnd Nord- und Südpole entstehen.

Bei schnellaufenden Generatoren (Turbogeneratoren) werden an Stelle von Polrädern mit aufgebrachten Polkernen wegen der auftretenden Fliehkräfte zylindrische Trommeln nach Bild 5.34 verwendet. Die Erregerwicklung wird in parallel zur Achse der Trommel verlaufenden Nuten eingebettet und gegen den Stahlkörper durch Glimmereinlagen isoliert. Die Wicklung besteht meist aus Flachkupferstäben. Solche Polräder nennt man *Vollpolläufer*.

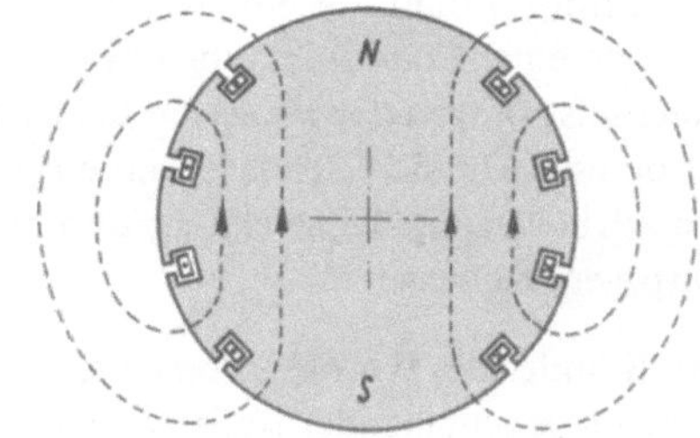

Bild 5.34. Zweipoliger Vollpolläufer

Die Entwicklung zum Turbogenerator hat auch das äußere Bild der Generatoren verändert, deren Abmessungen bestimmt sind durch die Zahl der Polpaare, die im Polrad bzw. durch die Zahl der Induktionsspulen, die im Stator untergebracht werden müssen, um einen Wechselstrom einer bestimmten Frequenz zu erzeugen.

Nach der in Abschnitt 4.1.3.3 abgeleiteten Formel

$$f/_{\text{Hz}} = \frac{p\,n/_{1/\text{min}}}{60}$$

ist die Anzahl der Polpaare von der Frequenz des Wechselstromes und der Drehzahl des Rotors abhängig und durch die Gleichung

$$p = \frac{60\,f/_{\text{Hz}}}{n/_{1/\text{min}}}$$

bestimmt. So beträgt z.B. für einen Wechselstrom von 50 Hz bei langsam laufendem Rotor mit 200 1/min die Zahl der Polpaare 15, während für einen schnell laufenden Rotor mit 1 500 1/min zwei Polpaare und mit 3 000 1/min nur ein Polpaar erforderlich ist. Zur Unterbringung der großen Zahl von Polpaaren und Induktionsspulen müssen langsam laufende Generatoren entsprechend große Durchmesser des Polrades und Stators haben, während bei Turbogeneratoren die Verteilung der ein bis zwei Polpaare auf Läufer mit kleinem Durchmesser möglich ist. Langsam laufende Generatoren haben deshalb eine hohe und schmale, Turbogeneratoren eine niedrige und breite Bauform.

Wechselstromgeneratoren müssen fremd
erregt werden. Der für die Erregung erforderliche Gleichstrom wird einem
Gleichstrom-Nebenschlußgenerator entnommen, der meistens mit der Welle des
Generators gekoppelt ist (Bild 5.35).

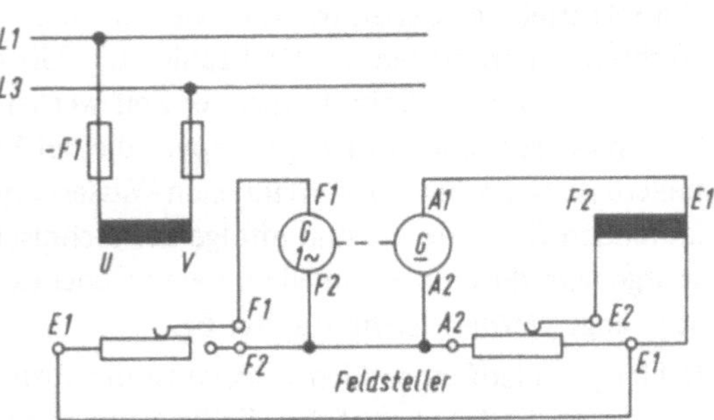

Bild 5.35. Schaltbild des Einphasen-Wechsel-
stromgenerators mit gekoppeltem Gleichstromgenerator

Bei technischen Wechselstromgeneratoren
besteht der Anker meist aus einem lamel-
lierten Eisenring, in den zur Aufnahme
der Wicklung Nuten eingelassen sind. Der
Anker eines Einphasen-Wechselstrom-
generators enthält nur eine Wicklung. Das
Schema einer Statorwicklung des Einphasen
Wechselstromgenerators zeigen die Bilder 5.36 und 5.37. Die Richtung des induzierten
Stromes ergibt sich aus der Rechte-Hand-Regel. Dabei ist zu berücksichtigen, daß die
Relativbewegung der Wicklung zum Magnetfeld der Bewegungsrichtung des Polrades
entgegengesetzt ist.

Der Ständer des Wechselstromgenerators (Bild 5.33) ist zur Vermeidung von Wirbelströmen aus gegeneinander isolierten Weicheisenblechen zusammengesetzt. Auf der Innenseite
des ringförmigen Eisenkörpers ist eine der Polzahl des Polrades gleiche Zahl von Polklemmen mit den Induktionsspulen gleichmäßig verteilt. Die Spulenschaltung und -wicklung ist
die gleiche wie im Polrad.

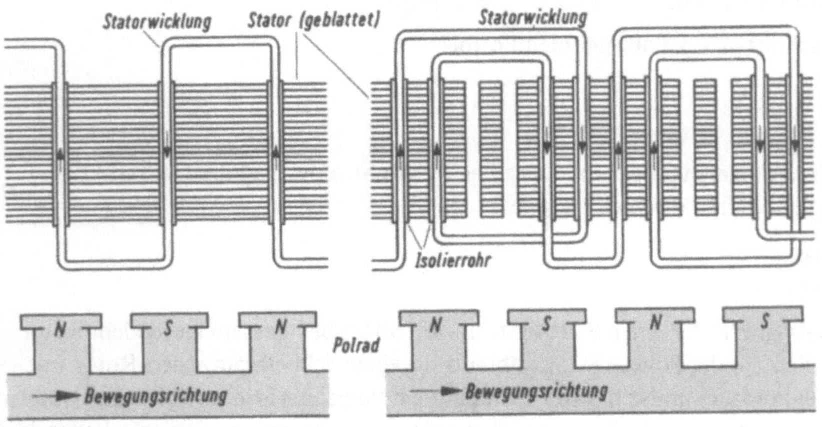

Bild 5.36. Einphasenwellenwicklung   Bild 5.37. Schleifenwicklung

Wirkungsweise des Generators

Beim Annähern des Nordpoles N_1 des Polrades an die Induktionsspule 1 (Bild 5.33) vergrößert sich der Magnetfluß in der Spule. Der induzierte Strom fließt um die Spule nach dem Induktionsgesetz entgegen dem Uhrzeigersinn. Gleichzeitig nähert sich der Südpol S_1 der Spule 2 und induziert in ihr einen Strom im Uhrzeigersinn. Da aber aufeinanderfolgende Spulen entgegengesetzt gewickelt sind, fließen die in den hintereinandergeschalteten Spulen induzierten Ströme in gleicher Richtung (verfolge die eingezeichneten Strompfeile in Bild 5.33!). Entfernt sich beim Weiterdrehen des Polrades der Nordpol N_1 von der Spule 1, so nimmt der Magnetfluß in ihr ab, und der Induktionsstrom umfließt die Spule im Uhrzeigersinn. Entsprechend kehrt sich auch in den übrigen Spulen die Stromrichtung um. Eine Stromumkehr findet also stets in dem Augenblick statt, in dem ein Magnetpol einer Induktionsspule gegenübersteht.

Bei einem sechspoligen Generator z.B. sind dies sechs Richtungswechsel bei einer vollen Umdrehung; also ebensoviel Perioden, als der Generator Polpaare hat.

> *Bei mehrpoligen Wechselstromgeneratoren stimmt die Zahl der Perioden bei einer Umdrehung mit der Zahl der Polpaare des Generators überein.*

Drehzahl, Frequenz, Winkelgeschwindigkeit und Kreisfrequenz

Bei mehrpoligen Wechselstromgeneratoren ist die Drehzahl, die zum Erzeugen eines Wechselstromes der Frequenz f erforderlich ist, gegeben durch die Gleichung

$$n / \frac{1}{\min} = \frac{60\, f/_{\text{Hz}}}{p} \,.$$

Die *Winkelgeschwindigkeit* ω', d. i. der in der Sekunde vom Rotor bestrichene Bogen im Einheitskreis, stimmte bei einem Generator mit einem Polpaar mit der *Kreisfrequenz* $\omega = 2\pi f$ überein. Bei mehrpoligen Generatoren besteht diese Übereinstimmung nicht

mehr, denn die Drehzahl je Sekunde ist $\dfrac{n / \frac{1}{\min}}{60} = \dfrac{f/_{\text{Hz}}}{p}$ und damit die *Winkelgeschwindigkeit*

$$\boxed{\omega' = 2\pi \frac{f/_{\text{Hz}}}{p}}$$

Dagegen ist die *Kreisfrequenz*

$$\boxed{\omega = 2\pi f}$$

So beträgt z.B. bei einem Generator mit drei Polpaaren, der einen Wechselstrom von 50 Hz liefert, die Winkelgeschwindigkeit

$$\omega' = 2 \cdot 3{,}14 \cdot \frac{50}{3} \,\frac{1}{\text{s}} = \frac{314}{3} \, \text{s}^{-1} = 104{,}66 \,\frac{1}{\text{s}}$$

dagegen die Kreisfrequenz $\omega = 2\pi f = 2 \cdot 3{,}14 \cdot 50 \,\frac{1}{\text{s}} = 314 \,\frac{1}{\text{s}}.$

Belastungskennlinie

Die Belastungskennlinie des Wechselstromgenerators gibt
die Abhängigkeit seiner Klemmenspannung U von der Belastung bei konstanter Erregung und Drehzahl des Polrades an (Bild 5.38). Die Klemmenspannung sinkt bei zunehmender Belastung, d.h. bei Abgabe größerer Stromstärken. Bei induktionsfreier Belastung des äußeren
Stromkreises ist das Absinken der Spannung nur durch
den größeren Spannungsabfall am inneren Widerstand
des Generators verursacht (Bild 5.38, Kurve a). Bei induktiver Belastung des äußeren Stromkreises vergrößert

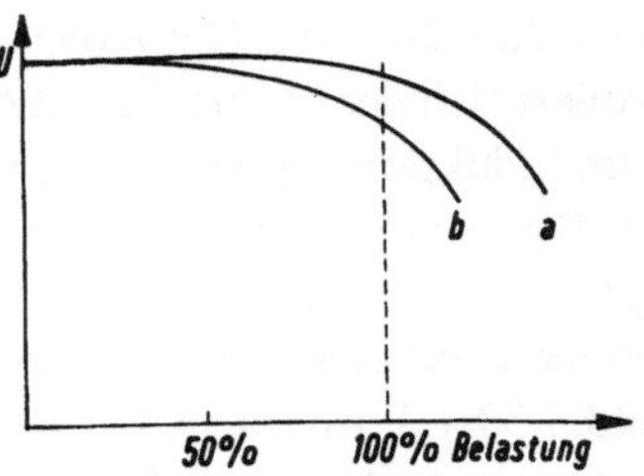

Bild 5.38. Belastungskennlinie
des Wechselstromgenerators

sich die Abnahme der Spannung durch die Phasenverschiebung von Stromstärke und Spannung (Bild 5.38, Kurve b). Das Absinken der Spannung kann man dadurch verhindern, daß
man das Feld des Wechselstromgenerators mit Hilfe der Feldsteller (Bild 5.35) des Wechsel-
strom- und Gleichstromgenerators stärker erregt.

● *Beispiel:*   Ein Wechselstromgenerator hat vier Polpaare und erzeugt einen Wechselstrom von 50 Hz.
                a) Mit welcher Drehzahl läuft der Rotor ?
                b) Wie groß ist die Kreisfrequenz ?
                c) Wie groß ist die Winkelgeschwindigkeit des Rotors ?

Gesucht: a) n *Gegeben:* $p = 4$
            b) ω $f = 50$ Hz
            c) ω'

Lösung a): $n / \dfrac{1}{\text{min}} = \dfrac{60\,f/\text{Hz}}{p}$ $n / \dfrac{1}{\text{min}} = \dfrac{60 \cdot 50}{4}$

Ergebnis: $n = 750 \; \dfrac{1}{\text{min}}$

Lösung b):   Kreisfrequenz $\omega = 2\pi f = 2 \cdot 3{,}14 \cdot 50 \; \dfrac{1}{\text{s}} = 314 \; \dfrac{1}{\text{s}}$

Ergebnis: $\omega = 314 \; \dfrac{1}{\text{s}}$

Lösung c): $\omega' = 2\pi \dfrac{f}{p}$ $\omega' = 2 \cdot 3{,}14 \dfrac{50 \frac{1}{\text{s}}}{4}$

Ergebnis: $\omega' = 78{,}5 \; \dfrac{1}{\text{s}}$

■ Aufgabe zu Abschnitt 5.2.1.1

Ein Wechselstromgenerator hat vier Polpaare und liefert einen Wechselstrom von $16\frac{2}{3}$ Hz.

a) Mit welcher Drehzahl läuft der Rotor ?
b) Wie groß ist die Kreisfrequenz ?
c) Wie groß ist die Winkelgeschwindigkeit des Rotors ?

5.2.1.2. Drehstromgenerator

Aufbau des Drehstromgenerators

Das im Bild 4.78 dargestellte Modell des Drehstromgenerators ist eine Außenpolmaschine.
Technische Drehstromgeneratoren werden ausschließlich wie Einphasen-Wechselstrom-
generatoren als *Innenpolmaschinen* gebaut (Bild 5.39). Die Erregerwicklung des Polrades

wird ebenfalls von einem mit der Generatorwelle gekuppelten Gleichstrom-Nebenschlußgenerator gespeist. Der Gleichstrom wird dem Polrad über die Leitungen $F1, F2$, die Kohlebürsten und die Schleifringe zugeführt (Bild 5.40). Das Polrad besteht aus Stahlguß, da sich
der Magnetfluß weder in Stärke noch in Richtung ändert und Wirbelströme deshalb nicht
auftreten können.

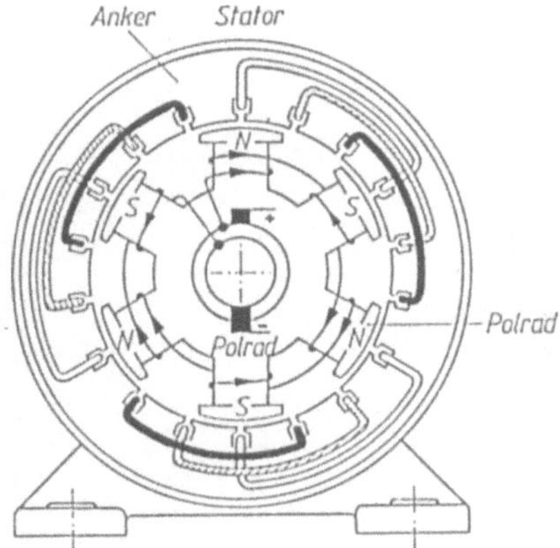

Bild 5.39. Wicklung eines sechspoligen
Innenpoldrehstromgenerators

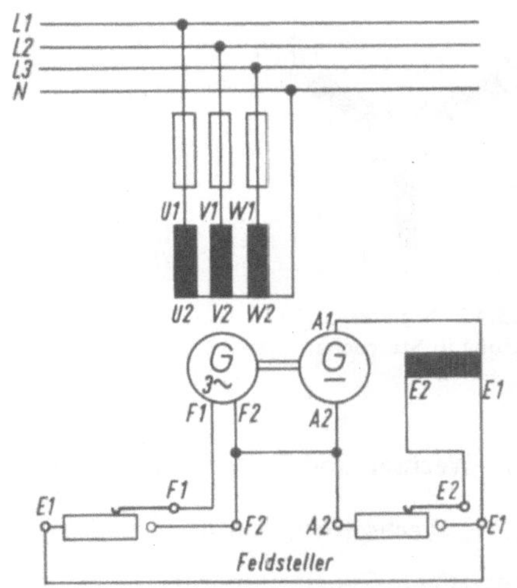

Bild 5.40. Schaltbild des Drehstromgenerators
mit Gleichstrom-Nebenschlußgenerator

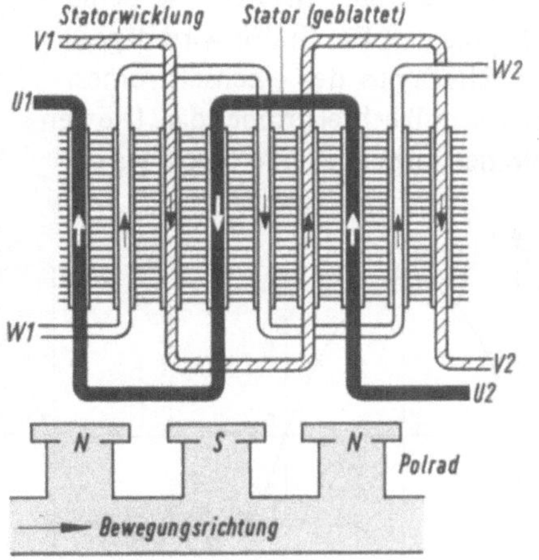

Bild 5.41. Dreiphasen-Wellenwicklung

Der ringförmige Anker ist dagegen zur Unterdrückung von Wirbelströmen aus einzelnen,
gegeneinander isolierten Dynamoblechen zusammengesetzt. In axialer Richtung sind in den
Anker Nuten eingelassen, in die die Ankerwicklung eingelegt wird. Sie besteht aus drei voneinander völlig unabhängigen Wicklungssträngen. Für jeden der drei Wicklungsstränge ist je
Pol des Polrades eine Nut erforderlich, also insgesamt drei Nuten je Pol. In Bild 5.39 sind
dementsprechend bei sechspoligem Rotor $6 \cdot 3 = 18$ Nuten vorhanden.

Bild 5.41 zeigt die Abwicklung einer *Dreiphasen-Wellenwicklung*, die aus der Einphasen-
Wellenwicklung beim Wechselstromgenerator (Bild 5.36) abgeleitet ist. Die Anfänge der

Wicklungsstränge werden mit $U1\,V1\,W1$, ihre Enden mit $U2\,V2\,W2$ bezeichnet. In Bild 5.42 ist die Schaltung der Ständerwicklung und in Bild 5.43 die Klemmbrettverbindung bei Sternschaltung dargestellt.

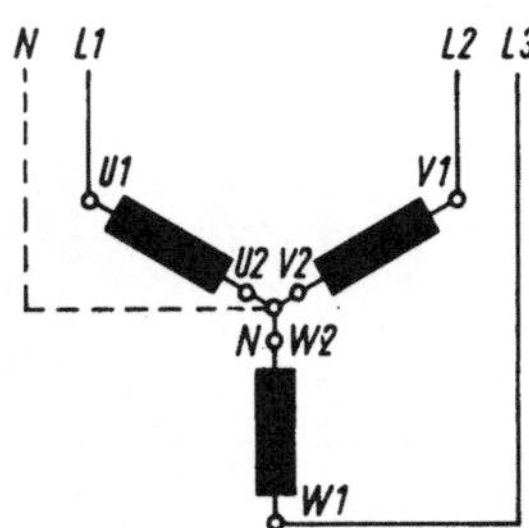

Bild 5.42. Ständerwicklung in Sternschaltung

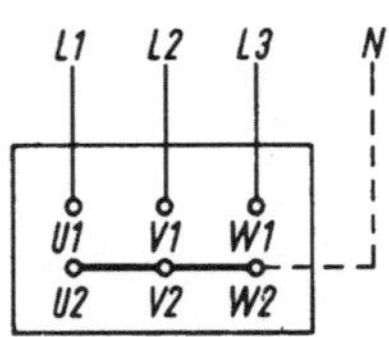

Bild 5.43. Klemmbrettverbindung bei Stern schaltung

5.2.2. Wechsel- und Drehstrommotoren

5.2.2.1. Wechselstrommotoren

Wechselstrom-Synchronmotor

Auch ein *Wechselstromgenerator* kann als Motor mit Wechselstrom betrieben werden, wenn sein Feld mit Gleichstrom erregt wird. Dieser wird dem Rotor über Bürsten und Schleifringe zugeführt, so daß der Rotor konstante, rotierende Pole hat. Der Stator wird dagegen mit Wechselstrom beschickt. Seine Pole wechseln im Rhythmus des Wechselstromes. Bild 5.44 stellt den Verlauf einer Stromwelle des einphasigen Wechselstromes dar. Die den Phasenlagen 1, 2, 3 entsprechenden Stellungen des Polrades zeigen das Bild 5.45a bis c.

Befindet sich in einem bestimmten Augenblick ein Nordpol des Rotors zwischen einem Nord- und einem Südpol des Stators (Bild 5.45a), so wird er vom Nordpol des Stators abgestoßen, vom Südpol angezogen. Damit der Rotor in gleichem Drehsinn weiterläuft, muß der betrachtete Rotorpol in dem Augenblick dem Südpol des Stators gegenüberstehen, in dem der Wechselstrom Null wird (Bild 5.45b) und seine Richtung ändert. Wird der Statorsüdpol zum Nordpol (Bild 5.45c), so erteilt er dem Rotornordpol einen Bewegungsimpuls im bisherigen Drehsinn. Die Drehgeschwindigkeit des Rotors ist somit durch die Frequenz des Wechselstromes bestimmt. Er läuft mit dem Wechselstrom *synchron*, d.h. in gleichem Takt.

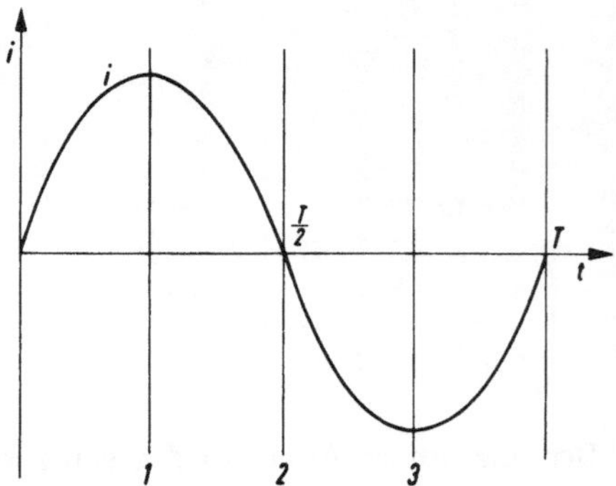

Bild 5.44. Stromschwingung des einphasigen Wechselstroms

Die *Synchronmotoren* haben den Nachteil, daß sie mit Gleichstrom erregt werden müssen, nicht von selbst anlaufen und bei Überlastung „außer Tritt" fallen. Sie werden vor

allem dort verwendet, wo ein gleichmäßiger Lauf
bei geringer Leistung verlangt wird (Laufwerke
in Uhren, Sprechapparaten u. a.).

Einphasen-Kollektormotor

In Abschnitt 5.1.2.4 wurde festgestellt, daß der
Drehsinn eines Gleichstrommotors durch Um-
polen der Motorklemmen nicht geändert werden
kann, da sich die Stromrichtungen im Anker und
im Feld gleichzeitig umkehren. Aus diesem Grund
können Gleichstrommotoren theoretisch auch
mit Wechselstrom betrieben werden. Dies ist tatsächlich auch der Fall, allerdings nur mit schlechtem Wirkungsgrad. Um ihn zu verbessern, müssen
am normalen Gleichstrommotor einige konstruktive Veränderungen vorgenommen werden. Bei
Wechselstromspeisung eines normalen Gleichstrommotors würden im Anker und im Feldma-
gnet, die aus massiven Weicheisenkörpern bestehen,
durch das dauernde Ummagnetisieren energiever-
zehrende Wirbelströme auftreten. Anker und Feldmagnete müssen deshalb für Wechselstrommotoren

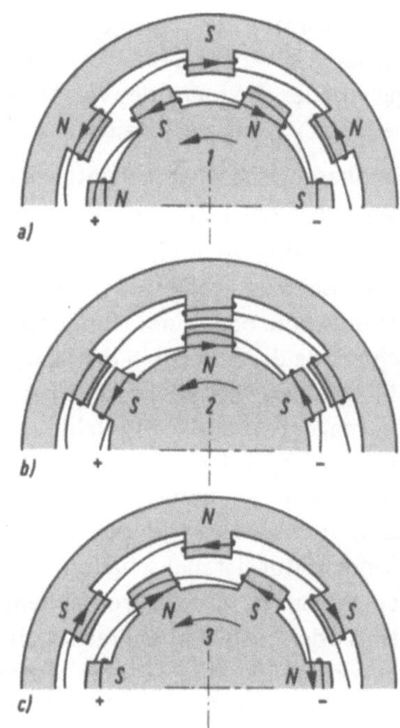

Bild 5.45. Einphasenwechselstrom-
Synchronmotor

aus einzelnen, gegeneinander isolierten Lamellen aus Weicheisenblech zusammengesetzt
sein. Motoren, die diese Bedingung erfüllen, sind in gleicher Weise für Gleich- und Wechselstrom brauchbar. Solche *Universalmotoren* werden nur für geringere Leistungen bis etwa
0,5 kW gebaut und zum Betrieb von Ventilatoren, Staubsaugern und anderen Haushalts-
geräten bei Anschluß an 220 V verwendet. Ihre Leistung ist bei Anschluß an Wechselstrom geringer als bei Anschluß an Gleichstrom, weil der bei Wechselstrom auftretende
induktive Blindwiderstand der Wicklung deren Widerstand vergrößert und die aufgenommene Stromstärke vermindert (Bild 5.46).

Damit ein Universalmotor bei Wechselstrom-
anschluß die gleiche Stromstärke aufnimmt
wie bei Gleichstromanschluß, ist eine höhere
Spannung erforderlich. Aus diesem Grund
werden Universalmotoren höherer Leistung
meist mit Wicklungsanzapfungen für zwei
verschiedene Spannungen geliefert. So ist
z.B. ein Universalmotor für 110 V Gleichspannung oder für 220 V Wechselspannung
verwendbar bzw. es muß bei 220 V Gleichspannung der Wicklungswiderstand durch
Zuschalten einer zweiten Wicklung (siehe
Bild 5.46) erhöht werden. Wechselstrom-

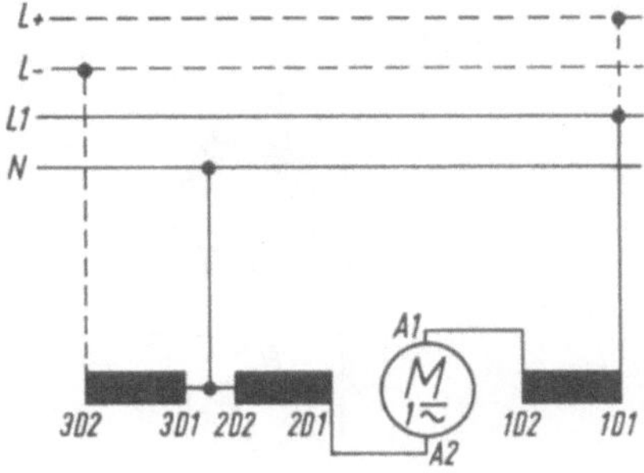

Bild 5.46. Schaltbild des Universalmotors
für Rechtslauf

Kollektormotoren haben ein hohes Anzugsmoment und sind in ihren Drehzahlen gut regulierbar; sie werden deshalb häufig als Bahnmotoren verwendet. Da ihre Drehzahl unabhängig von der Frequenz des Wechselstroms ist, nennt man sie Asynchronmotoren (asynchron bedeutet: nicht gleichzeitig).

Einphasenwechselstrom-Motoren mit Hilfsphase

Beim Wechselstrommotor ist es notwendig, auf künstliche Weise ein Anlaufmoment herzustellen. Bringt man im Ständer eine Hilfswicklung unter, die zur Hauptwicklung um 90°
verschoben ist, und erzeugt man mit Hilfe einer Drosselspule oder eines Kondensators eine Verschiebung der Ströme in der Haupt- und in der Hilfswicklung bis 90°, dann entsteht anstelle des magnetischen Wechselfeldes ein Drehfeld. Der Läufer wird von diesem zur Drehung veranlaßt. Wird ein hohes Anzugsmoment verlangt, kann man zur Hauptphase eine Hilfsphase mit Kondensator parallel schalten, die nach erfolgtem Anlauf durch ein stromabhängiges Schaltrelais oder mittels Fliehkraftschalter abgeschaltet wird (Bild 5.47). Soll der Motor einen guten Leistungsfaktor (cos φ = 0,9...1), guten Wirkungsgrad und geräuscharmen Lauf aufweisen, läßt man Hilfsphase und Kondensator eingeschaltet. Soll der Motor unter Last anlaufen, bzw. ein besonders hohes Anlaufmoment haben, schaltet man parallel zum Betriebskondensator BC einen Anlaufkondensator AC (Bild 5.47), der nach dem Anlauf von einem Fliehkraftschalter abgeschaltet wird.

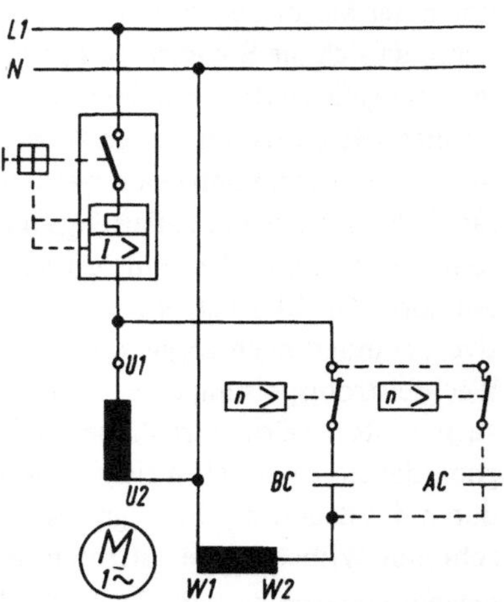

Bild 5.47. Einphasenmotor mit Hilfsphase W1 W2 und Betriebskondensator BC, für Linkslauf Anlaufkondensator AC abschaltbar, wenn Hilfsphase in Betrieb bleiben soll (Strichpunktlinie)

Drehstrommotoren als Einphasenmotoren

Jeder Drehstrommotor läßt sich an einem Einphasennetz betreiben (siehe Bilder 5.48 und 5.49)

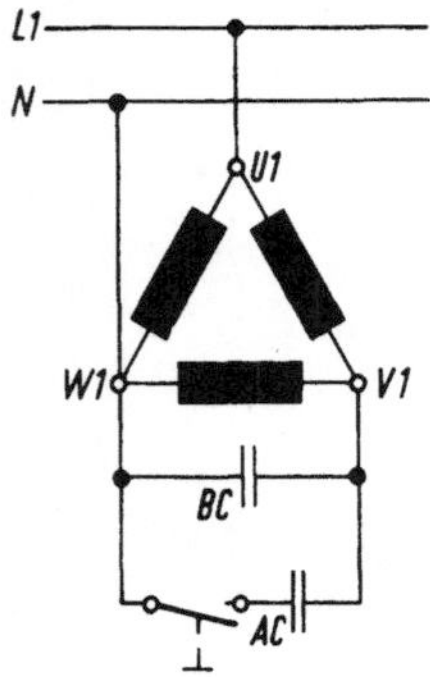

Bild 5.48. Drehstrommotor in Dreieckschaltung am Einphasennetz

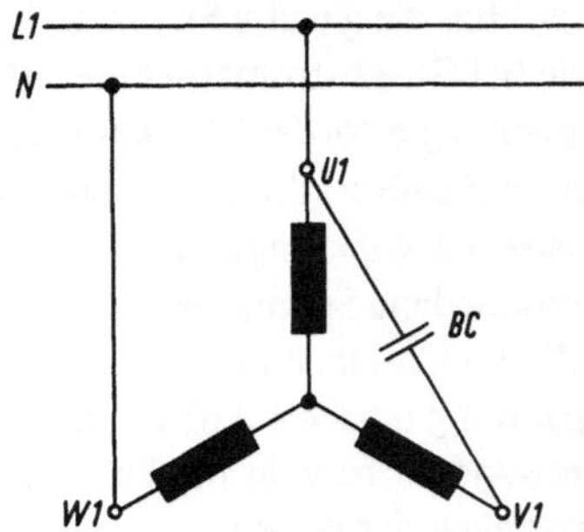

Bild 5.49. Drehstrommotor in Sternschaltung am Einphasennetz

Die Belastbarkeit beträgt 70...80 % der Drehstromnennleistung, das Anzugsmoment dagegen nur $\approx$ 30 % des Nenndrehmomentes. Deshalb benötigt der Drehstrommotor außer dem Betriebskondensator ($\approx$ 60...70 μF je Kilowatt Motorleistung) einen Anlaufkondensator ($\approx$ 150 μF je Kilowatt Motorleistung), der nach dem Anlauf abgeschaltet werden muß. Der Betriebskondensator verbessert auch den niedrigen Leistungsfaktor.

Repulsionsmotor

Ein Wechselstrommotor mit gutem Anzugsmoment, überlastbar und feinstufiger Regelmöglichkeit der Drehzahl ist der Repulsionsmotor. Dem Ständer wird Wechselstrom zugeführt, der normale Gleichstromanker hat einen kurzgeschlossenen beweglichen Bürstensatz.

Das magnetische Wechselfeld des Ständers induziert in der Ankerwicklung elektromotorische Kräfte (EMK). Stehen die Bürsten in der neutralen Zone (Bild 5.50), hat jeder Ankerzweig die gleiche Anzahl Spulenseiten, wobei aber eine entgegengesetzte Induktionsrichtung in beiden Zweigen vorliegt. Also heben sich die elektromotorischen Kräfte gegenseitig auf, und es fließt kein Ankerstrom, deshalb kann auch kein Drehmoment auftreten. In dieser Stellung nimmt der Motor nur einen kleinen Magnetisierungsstrom auf. Man kann ihn jetzt mit einem Transformator im Leerlauf vergleichen.

Wird die Bürstenbrücke nach links verschoben (Bild 5.51), so fließt nunmehr durch das Überwiegen einer der beiden Induktionswirkungen in den Ankerzweigen ein Strom. Dadurch entsteht ein Drehmoment, und der Anker dreht sich nach rechts. Durch ein Weiterverschieben der Bürstenbrücke aus der neutralen Zone steigen Ankerstrom, Drehmoment und die Drehzahl. Im Leerlauf zeigt der Repulsionsmotor ein Reihenschlußverhalten. Verschiebt man die Bürstenbrücke nach rechts, dreht sich der Anker nach links (Bild 5.52). Wird die Brücke nach links über 90° aus der neutralen Zone verschoben, bleibt der Anker kurz stehen und läuft dann mit Linksdrehung weiter, wobei er aber stark feuert. Eine Kompensierung der Stromwendespannung ist nicht möglich.

Der Repulsionsmotor wird vorwiegend zum Antrieb von Hebezeugen, Pumpen in der Landwirtschaft, für Druckereimaschinen usw. verwendet, also dort, wo eine weitgehende Regelung der Drehzahl erforderlich ist.

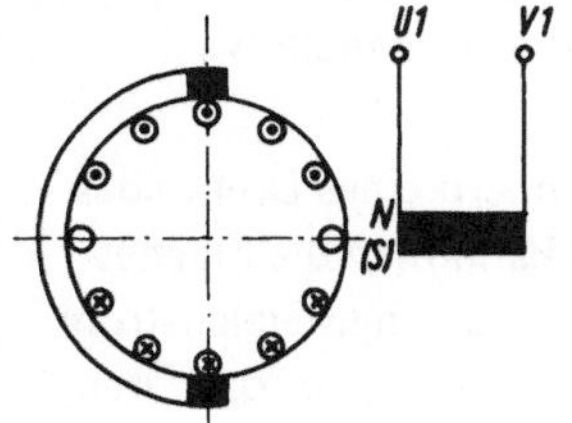

Bild 5.50. Repulsionsmotor, Bürstenbrücke in der neutralen Zone, Stillstand

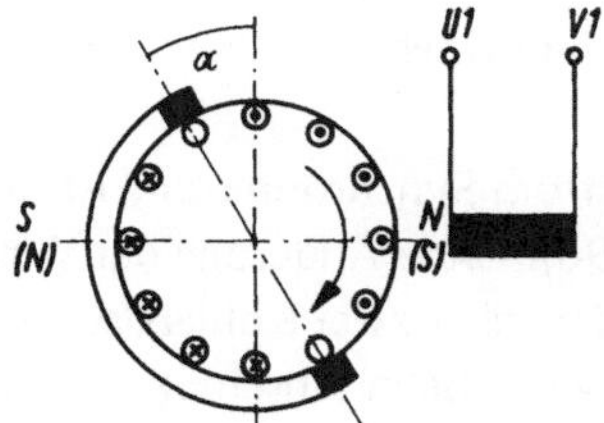

Bild 5.51. Repulsionsmotor, Bürstenbrücke nach links verschoben, Rechtslauf

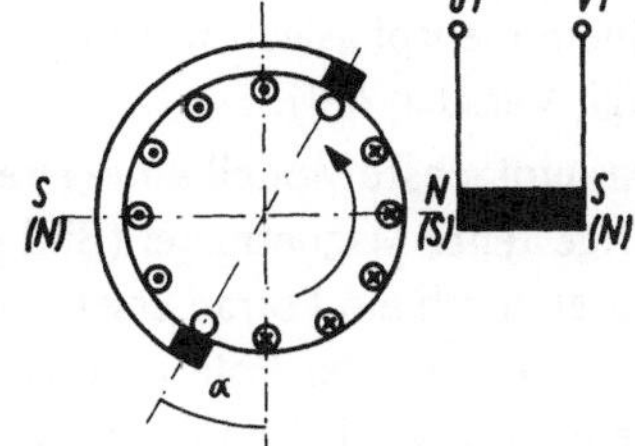

Bild 5.52. Repulsionsmotor, Bürstenbrücke nach rechts verschoben, Linkslauf

Spaltpolmotor

Von besonders einfacher Bauart, daher auch robust, ohne Wartung und überlastbar sind kleine Kurzschlußläufer, die wegen der aufgespalteten Statorpole (Bild 5.53) auch Spaltpolmotore heißen.

Zu einer vorbestimmten Ablenkung des Magnetflusses sind die Pole ungleich gespalten, wobei der jeweils schmale Polteil einen Kurzschlußring aus Kupfer trägt (im Bild K_1 und K_2). Der Stator besteht aus Einzelblechen und trägt die Erregerwicklung (Err.) in Zylinderform. In den geblechten Rotor ist ein Kurzschluß-Käfig, zumeist aus Aluminium, eingelassen. Wie aus Bild 5.53 ersichtlich, entsteht durch den Kurzschlußring aufgrund des in ihm induzierten Stromes (Lenzsches Gesetz!) ein Gegenmagnetfluß Φ_s im Spaltpol der den aufgeteilten Hauptfluß Φ_p im kleinen Polteil schwächt, im großen Polteil dagegen stärkt. Dadurch verschieben sich die Magnetflüsse im Hauptpol zu dem im Spaltpol, ein elliptisches Drehfeld entsteht und der Rotor erfährt ein Drehmoment. Man kann die Kurzschlußringe als eine Art Hilfswicklung wie beim Einphasen-Induktionsmotor betrachten. Eine Umkehr der Drehrichtung ist allerdings nicht möglich,

weil der Rotor immer vom großen Pol zum Spaltpol hin bewegt wird. Gebaut werden diese Motoren wegen ihres niedrigen Wirkungsgrades bis ca. 200 W. Für größere Leistungen wird ihr Raumvolumen zu groß und der Wert $\cos\varphi$ schlecht. Das Anzugsmoment ist gleich Nennmoment bis ca. 30 W Leistung, bei den größeren Typen liegt M_a bei $\frac{1}{2}\,M$. Bild 5.53 zeigt die asymmetrische Bauart, für größere Leistungen wird oft die symmetrische Bauart vorgezogen. Trotz einiger Nachteile werden sie wegen ihrer Zuverlässigkeit und Preisgünstigkeit immer häufiger verwendet für Laugenpumpen in Waschmaschinen, für Küchengeräte, Plattenspieler, Lüfter, Bandgeräte u. a.

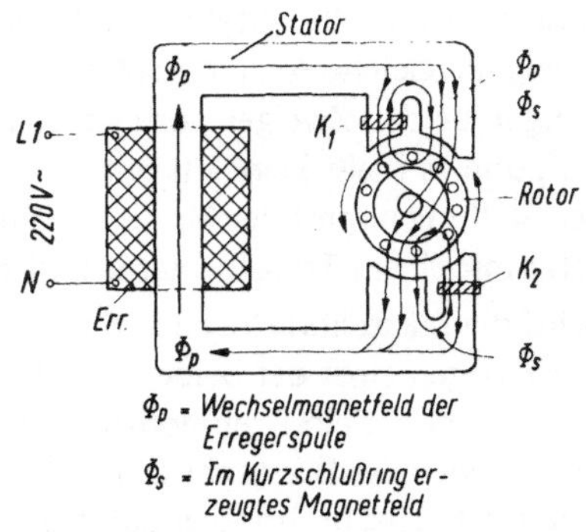

Φ_p = Wechselmagnetfeld der Erregerspule
Φ_s = Im Kurzschlußring erzeugtes Magnetfeld

Bild 5.53. Spaltpolmotor

5.2.2.2. Drehstrommotoren

Drehstrom-Synchronmotoren

Drehstrommotoren beruhen auf der technischen Auswertung des Drehfeldes, das von einem mehrphasigen Wechselstrom in einer geeigneten Spulenanordnung erzeugt wird (vgl. Versuch 4.4).

Das einfachste Modell eines Drehstrom-Synchronmotors ist die im Innern eines Drehfeldes aufgestellte Magnetnadel (Bild 4.90). Ohne Änderung der Wirkung kann man die Magnetnadel durch ein Polrad ersetzen, dem über zwei Kohlebürsten und Schleifringe Gleichstrom zur Erregung der Pole zugeführt wird. Beim Anschluß der Ständerwicklung an das Drehstromnetz wird das Polrad, wie im Bild 4.90 die Magnetnadel, durch das Drehfeld mitgenommen. Die Drehzahl des Polrades ist ebenso groß wie die Drehzahl des Drehfeldes. Weil das Polrad mit dem Drehfeld synchron umläuft, ist dieser Drehstrommotor ein Synchronmotor.

Ebenso wie beim Gleichstrommotor durch die Rotation des stromführenden Ankers in der Feldwicklung eine Gegenspannung induziert wird (vgl. Abschnitt 5.1.2.2), wird auch beim Synchronmotor durch die Rotation des Polrades in der Statorwicklung eine Gegenspannung induziert. Sie wird um so kleiner, je mehr sich die Ständer- und Läuferpole gegeneinander

verschieben. Eine solche Verschiebung tritt bei einer mechanischen Belastung des Läufers
ein. Demnach sinkt bei größerer Belastung des Läufers die in der Ständerwicklung induzierte
Gegenspannung, so daß der von ihr aufgenommene Strom und somit auch die vom Motor
aufgenommene Leistung entsprechend der Belastung steigt. Der Drehstrom-Synchronmotor
hat eine konstante Drehzahl und einen sehr guten Leistungsfaktor ($\cos\varphi \approx 1$) und eignet
sich insbesondere als Motor großer Leistung im Dauerbetrieb, z.B. Antrieb von Walzenstraßen; er wird ferner als *Phasenschieber* zur Verbesserung des Leistungsfaktors einer elektrischen Anlage verwendet. Diese Eigenschaft beruht darauf, daß durch eine entsprechende
Steigerung der Erregung des Polrades schließlich die in der Statorwicklung induzierte Gegenspannung größer wird als die angelegte Netzspannung. In diesem Fall gibt der Motor einen
kapazitiven Blindstrom an das Netz ab, der zur Kompensation des Blindstromverbrauchs
induktiv wirkender Verbraucher und damit zur Verbesserung des Leistungsfaktor — $\cos\varphi$ —
einer Anlage verwendet werden kann.

Bild 5.54 zeigt, wie sich der Motorstrom eines
Synchronmotors ändert, wenn der Erregerstrom verändert wird. Bei normaler Erregung
hat der Motorstrom den kleinsten Wert erreicht, er nimmt keinen Blindstrom vom Netz
auf, sein Motor-$\cos\varphi$ wurde 1. Wird der Motor übererregt, gibt er Blindstrom an das Netz
und wirkt wie ein Kondensator, die Leitungsquerschnitte werden dabei entlastet, denn der
Scheinstrom in ihnen sinkt.

Viele Betriebe haben zum Antrieb von Pumpen, Kompressoren usw., die immer eine gleichmäßige Antriebsleistung verlangen, Synchronmotoren aufgestellt und überwachen damit
den Leistungsfaktor ihrer elektrischen Anlagen.

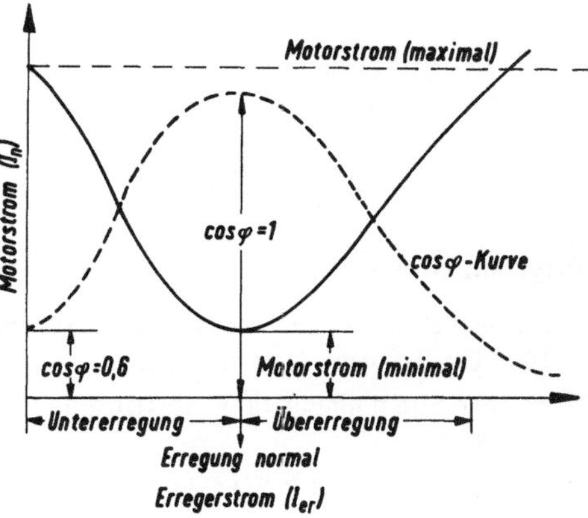

Bild 5.54. Stromkurve des Synchronmotors bei
gleicher Belastung und veränderlicher Erregung
(V-Kurve)

Nachteile des Drehstrom-Synchronmotors sind:
Er erfordert zwei verschiedene Stromarten, Gleichstrom und Drehstrom. Außerdem läuft
der Motor — sofern er keine Anlaßhilfswicklung hat — nicht von selbst an, er muß durch
einen besonderen Antriebsmotor auf die Drehzahl des Drehfeldes gebracht werden. Bei
Überlastung fällt der Synchronmotor außer Tritt und bleibt stehen.

Drehzahl des Synchronmotors bei mehrpoliger Wicklung

Wie schon erwähnt, ist die Drehzahl des Synchronmotors gleich der Drehzahl des Drehfeldes, die von der Anzahl z der Feldspulen und der Frequenz des Drehstromes abhängt.
Sie ergibt sich aus der für Wechselstrom abgeleiteten Beziehung

$$n/\frac{1}{\min} = \frac{60\, f/\text{Hz}}{p},$$

wenn man berücksichtigt, daß bei Drehstrom je drei Feldspulen einem Polpaar entsprechen.
Die der Feldspulenzahl z entsprechende Zahl der Polpaare p ist:

$$p = \frac{z}{3} \; .$$

● *Beispiel:*   **Wie groß ist die Drehzahl eines Dreiphasen-Synchronmotors, der 12 Feldspulen enthält,
wenn die Frequenz des Drehstromes $16\frac{2}{3}$ Hz beträgt?**

Gesucht: n *Gegeben:* $z = 12$

$$\qquad\qquad\qquad\qquad\qquad\qquad\qquad f = 16\tfrac{2}{3}\,\text{Hz}$$

Lösung: $n/\dfrac{1}{\min} = \dfrac{60\,f/\text{Hz}}{p}$

$$p = \frac{z}{3}$$

$$p = \frac{12}{3} \qquad\qquad\qquad p = 4$$

$$n/\frac{1}{\min} = \frac{60 \cdot \frac{50}{3}}{4}$$

Ergebnis: $n = 250\,\dfrac{1}{\min}$

■ Aufgaben zu Abschnitt 5.2.2.1

1. Wieviel Feldspulen muß ein Drehstrom-Synchronmotor erhalten, der bei einem Drehstrom von 50 Hz
   1000 Umdrehungen je Minute macht?
2. Welchen Strom nimmt ein Wechselstrommotor, $U = 220\,\text{V}$, $P_e = 1{,}1\,\text{kW}$, $\eta = 0{,}75$, $\cos\varphi = 0{,}8$, aus
   dem Netz auf?
3. Mit welchem $\cos\varphi$ arbeitet ein Repulsionsmotor, $P_e = 1{,}84\,\text{kW}$, $U = 220\,\text{V}$, $I = 12{,}5\,\text{A}$, $\eta = 0{,}8$?

Drehstrom-Asynchronmotoren — Induktionsmotoren

Als Induktionsmotoren bezeichnet man solche Drehstrommotoren, bei denen der Ankerstrom nicht wie bei den Synchronmotoren durch Anschluß an eine Spannungsquelle, sondern durch elektromagnetische Induktion erzeugt wird.

Die verschiedenen Typen von Induktionsmotoren zeigen im Aufbau ihres Ständers keine
wesentlichen Unterschiede gegenüber den Drehstrom-Synchronmotoren. Der aus lamellier-
ten Blechen zusammengesetzte Ständer enthält eine Drehfeldwicklung (Bild 5.55). Ihre
Anfänge $U1$, $V1$, $W1$ und ihre Enden $U2$, $V2$, $W1$ sind an ein Klemmbrett geführt, wodurch es
möglich ist, bequem eine Umschaltung der Wicklungen von Stern- auf Dreieckschaltung
oder umgekehrt von Dreieck- auf Sternschaltung vorzunehmen. Den Anschluß der Ständerwicklung eines Asynchronmotors in Sternschaltung zeigt Bild 5.56. Die Hauptleiter $L1$, $L2$,
$L3$ sind mit den Wicklungsanfängen $U1$, $V1$, $W1$ verbunden, und im Mittelpunkt sind die
Wicklungsenden zusammengeschlossen. Der geerdete N-Leiter wird an das Gehäuse des
Motors geführt.

Ein Unterschied zwischen den einzelnen Typen der Asynchronmotoren besteht lediglich
in der Bauart und Schaltung der Läufer. Sie sind entweder als *Kurzschlußläufer* oder als
Schleifringläufer ausgebildet.

**Bild 5.55. Ständerwicklung eines
Drehstrom-Asynchronmotors (AEG)**

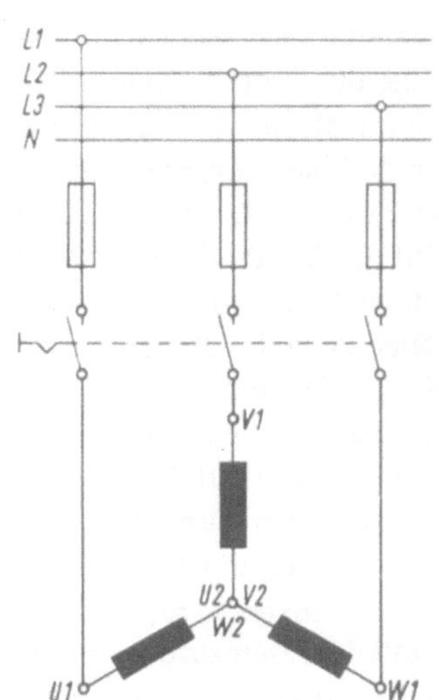

**Bild 5.56. Anschluß der Ständer-
wicklung an das Drehstromnetz**

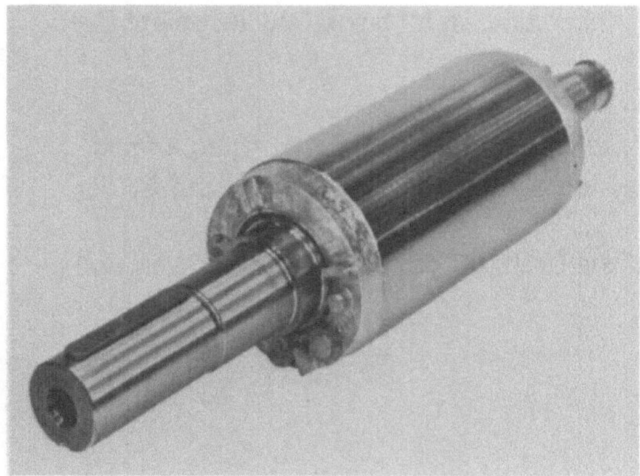

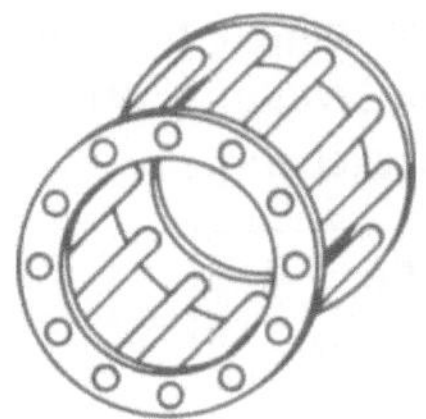

Bild 5.58. Käfiganker

Bild 5.57. Kurzschlußläufer (AEG)

Kurzschlußläufermotor

Der Kurzschlußläufer ist ein aus gegeneinander isolierten Eisenblechscheiben geschichteter
Zylinder, der ringsum mit Längsnuten versehen ist. In diese sind Kupfer- oder Aluminium-
stäbe eingebettet, deren Enden auf beiden Seiten des Ankers durch Metallringe elektrisch
miteinander verbunden, d.h. kurzgeschlossen sind (Bild 5.57). Die Leiterstäbe mit den
Kurzschlußringen bilden einen Käfig, nach dem diese Ankerform auch als *Käfiganker*
bezeichnet wird (Bild 5.58).

Beim Anschluß der Ständerwicklung an das Drehstromnetz wird innerhalb des Ständers
ein Drehfeld erzeugt. Die Leiterstäbe des innerhalb des Ständers drehbar gelagerten, zunächst ruhenden Käfigankers werden von den Feldlinien des umlaufenden Drehfeldes geschnitten. Dadurch wird in den Ankerstäben eine Spannung induziert, die in der in sich
geschlossenen Wicklung des Ankers einen Induktionsstrom erzeugt. Nach dem Lenzschen
Gesetz ist nämlich die von dem Magnetfeld auf die stromdurchflossenen Leiterstäbe des
Käfigankers ausgeübte Kraft stets so gerichtet, daß sie der Drehbewegung des Drehfeldes,

durch die sie erzeugt wird, entgegenwirkt. Da aber die Umlaufgeschwindigkeit des Drehfeldes durch die festliegende Zahl der Feldspulen und die Frequenz des Drehstromes bestimmt ist, sucht umgekehrt das sich mit konstanter Geschwindigkeit umlaufende Drehfeld
den drehbar gelagerten Anker mit sich zu ziehen. Der Anker läuft dem Drehfeld nach. Je
mehr sich die Drehzahl des Ankers der Drehzahl des Drehfeldes nähert, um so geringer
wird die Anzahl der die Ankerstäbe schneidenden Feldlinien, um so schwächer der in ihnen
induzierte Strom. Bei synchronem Lauf von Anker und Drehfeld würden von den Ankerstäben keine Feldlinien mehr geschnitten, da der Anker mit der gleichen Geschwindigkeit
wie das Feld umläuft. Damit würde auch der induzierte Ankerstrom Null werden und mit
ihm die Ursache der Ankerdrehung verschwinden (idealer Leerlauf). In Wirklichkeit wirkt
schon im Leerlauf die Lagerreibung als geringe Belastung, die ein Nachhinken des Ankers
gegenüber dem Drehfeld verursacht. Bei zunehmender Belastung verringert sich die Geschwindigkeit des Ankers weiter. Je größer die Differenz der Drehzahlen des Drehfeldes
und des Ankers wird, um so größer wird die Anzahl der von den Ankerstäben geschnittenen
Feldlinien. Demzufolge nimmt der in den Ankerstäben induzierte Strom zu und steigt soweit an, bis das auf die stromdurchflossenen Ankerstäbe vom Magnetfeld ausgeübte Drehmoment das Lastmoment überwindet.

Schlupf
Die Differenz der Drehfeld- und Läuferdrehzahl nennt man den *Schlupf des Ankers.*
Bezeichnet man die Drehfelddrehzahl mit n_D, die Läuferdrehzahl mit n, dann ist der
Schlupf in Drehzahlen $n_D - n$.
Meist wird der *Schlupf* (Formelzeichen s) auf die Drehzahl des Drehfeldes bezogen und in
Prozenten angegeben.

$$s = \frac{n_D - n}{n_D}$$

Beträgt z.B. die Drehfelddrehzahl $750\,\frac{1}{\text{min}}$, die Läuferdrehzahl $705\,\frac{1}{\text{min}}$, dann ist der

$$\text{Schlupf } s = \frac{750\,\frac{1}{\text{min}} - 705\,\frac{1}{\text{min}}}{750\,\frac{1}{\text{min}}} = \frac{45}{750} = 0{,}06 \,\hat{=}\, 6\,\%.$$

Umgekehrt läßt sich durch Auflösen der Gleichung nach n aus der Drehfelddrehzahl n_D
bei bekanntem Schlupf s die Läuferdrehzahl n berechnen:

$$n = (1 - s)\, n_D.$$

Ist der Schlupf in Prozenten angegeben, so muß mit dem dem Prozentsatz entsprechenden
Dezimalbruch gerechnet werden. Die Drehzahl des Drehfeldes ergibt sich aus der schon
bekannten Gleichung:

$$n_D / \frac{1}{\text{min}} = \frac{60 f / \text{Hz}}{n}.$$

● *Beispiel:*   Ein vierpoliger Asynchron-Drehstrommotor hat bei einer Netzfrequenz von 50 Hz einen
                  Schlupf von 5 % (Bild 5.59). Wie groß ist
                  a) die Drehzahl des Drehfeldes,
                  b) die Drehzahl des Motors?

Gesucht: a) n_D *Gegeben:* $f = 50$ Hz
               b) n $2p = 4$
                                                               $s = 5\,\%$

Lösung a) : $n_\mathrm{D}/\dfrac{1}{\min} = \dfrac{60\,f/\mathrm{Hz}}{p}$

$$p = \frac{4}{2}$$

$$p = 2$$

$$n_\mathrm{D}/\frac{1}{\min} = \frac{60 \cdot 50}{2}$$

Ergebnis: $n_\mathrm{D} = 1\,500\,\dfrac{1}{\min}$

Lösung b): $n = (1 - s)\,n_\mathrm{D}$

$$n = (1 - 0{,}05) \cdot 1\,500\,\frac{1}{\min}$$

Ergebnis: $n = 1\,425\,\dfrac{1}{\min}$

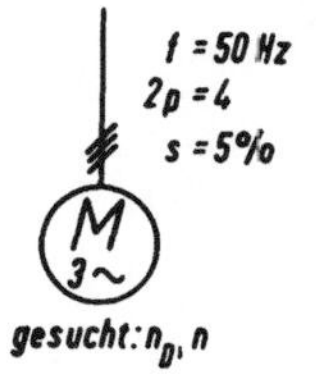

Bild 5.59. Skizze zum Beispiel

Anlasser für Motoren mit Kurzschlußläufern

Kurzschlußläufermotoren, die unter Last anlaufen, nehmen einen hohen Anlaßstrom auf.
Motoren mit geringer Nennleistung, die beim Anlassen keine höhere Leistung als 2,2 kW
aufnehmen, können unmittelbar an das Netz angeschlossen werden. Für Motoren größerer
Leistung müssen Anlaßvorrichtungen verwendet werden, da die Anlaßspitzenströme bis
zum achtfachen des Nennstromes ansteigen können. Der dadurch bedingte Spannungsabfall
im Netz würde sich auch auf die übrigen Verbraucher störend auswirken. Die Überlastung
des Netzes kann vermieden werden, wenn man die Anlaufbelastung durch Verwenden einer
Gleitkupplung herabsetzt und die Last erst nach Erreichen einer bestimmten Drehzahl zu-
schaltet, oder durch *Anlaßvorrichtungen*, die alle zum Ziel haben, im Augenblick des Einschaltens die an die Statorwicklung angelegte Spannung unter die Netzspannung zu senken.

Dies kann auf vierfache Weise geschehen:

1. durch Einschalten eines Ständeranlassers zwischen Netz und Ständerwicklung oder als
   Sternbrücke (Bild 5.60), der zunächst voll eingeschaltet und nach dem Anlaufen stufenweise ausgeschaltet wird;

2. durch einen *einstellbaren Anlaßtransformator*, den man der Ständerwicklung vorschaltet
   (Bild 5.61). Die Spannung wird zunächst herunter transformiert und dann stufenweise
   bis auf die Betriebsspannung erhöht;

3. durch Einschalten eines *Stern-Dreieckschalters bei Motoren*, die normal bei Dreieckschaltung der Ständerwicklung laufen (Bild 5.62). Beim Anlassen wird der Schalter auf
   Sternschaltung umgelegt. Dadurch erhält der Motor nur den $\sqrt{3}$-ten Teil seiner normalen Betriebsspannung. Die Ständerwicklung des Motors, die z.B. in Dreieckschaltung
   für die normale Betriebsspannung von 380 V an jeder der drei Spulen ausgelegt ist; erhält in Sternschaltung nur eine Spannung von $\dfrac{380\text{ V}}{\sqrt{3}} = 220$ V je Spule;

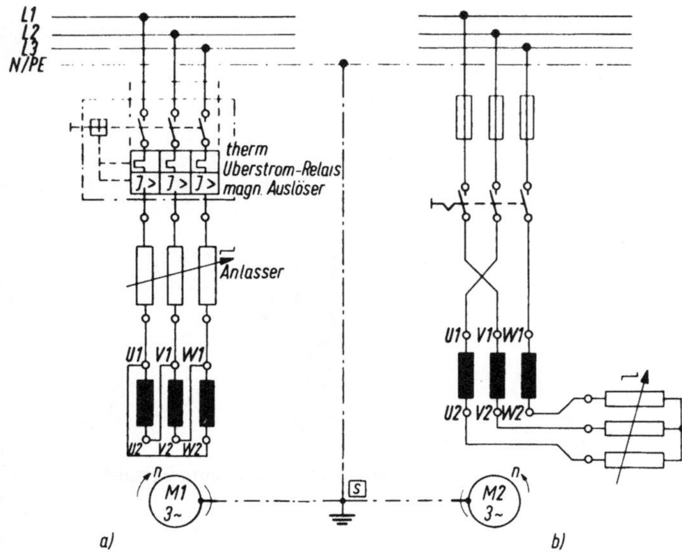

Bild 5.60. Ständer-Anlasser (handbetätigt)

a) *M*1 mit Motorschutzschalter und vorgeschaltetem Anlasser

b) *M*2 linkslaufend mit nachgeschaltetem Anlasser als Sternbrücke

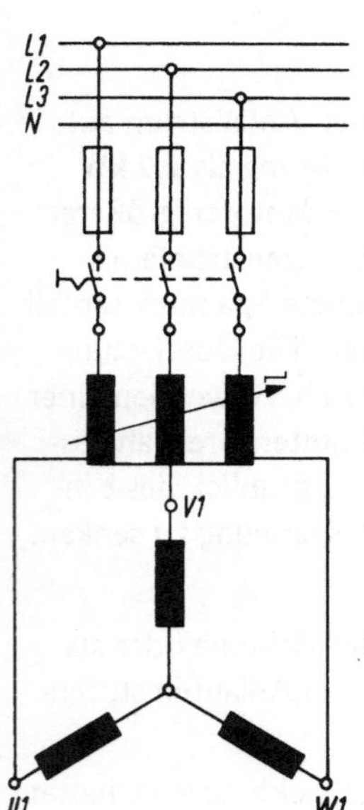

Bild 5.61. Anlassen mit einstellbarem Anlaßtransformator

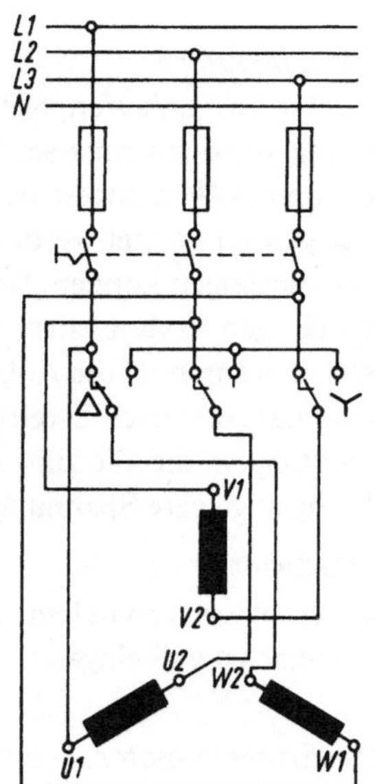

Bild 5.62. Anlassen mit Sterndreieckschalter

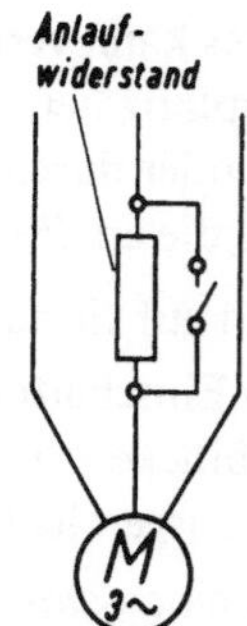

Bild 5.63. Kusa-Anlaßschaltung

4. durch *Kusa-Schaltung* (Kurzschlußläufersanftanlauf), in dem in einer Phase (Bild 5.63) ein Dämpfungswiderstand liegt, der den Anlaufstrom aber nur in einer Zuleitung ziemlich herabsetzt. Allerdings wird dadurch auch das Anzugsmoment herabgesetzt. Nach dem Anlauf muß der Dämpfungswiderstand kurzgeschlossen werden (vorwiegend zur Schonung von Getriebe oder Kupplung anzuwenden).

Der Kurzschlußläufermotor ist in der Konstruktion der einfachste, in der Herstellung der billigste und im Betrieb der zuverlässigste Elektromotor. Durch den Fortfall gleitender Kontakte, an denen Funken auftreten würden, ist er auch brandsicher und daher als Antriebsmotor für Arbeitsmaschinen aller Art auch in feuergefährdeten Betrieben sowie für stationäre und bewegliche landwirtschaftliche Maschinen besonders geeignet. Der Kurzschlußläufermotor läuft von selbst an; er hat ähnliche Eigenschaften wie ein Nebenschlußmotor für Gleichstrom und eignet sich deshalb besonders für alle Antriebe mit konstanter Drehzahl (z. B. für Werkzeugmaschinen), dagegen ist er ungeeignet zum Antrieb von Fahrzeugen, weil seine Drehzahl nicht veränderbar ist.

Stromverdrängungsläufer
Eine weitere Verbesserung der Anlaufverhältnisse des Kurzschlußläufermotors kann erreicht werden, wenn man den normalen Kurzschlußläufer durch einen Stromverdrängungsläufer ersetzt. Als Stromverdrängungsläufer, Wirbelstromläufer oder Stromdämpfungsläufer bezeichnet man solche Kurzschlußläufer, bei denen durch die besondere Formgebung der Läufernuten und Läuferstäbe der Strom beim Anlassen des Motors aus einem Teil der Läuferwicklung verdrängt wird. Dadurch wird der wirksame Querschnitt der Läuferwicklung verkleinert und deren Widerstand vergrößert.

Der Stromverdrängungsläufer enthält in zwei über-
einanderliegenden Nuten Läuferstäbe von verschiedenem Querschnitt (Bild 5.64). Er wird deshalb
auch als *Doppelnutläufer* bezeichnet. Die auf den
Umfang verteilten äußeren Leiterstäbe haben kleinen, die im Innern des Läufers liegenden Läuferstäbe großen Querschnitt. Die beiden Käfigwick-
lungen sind durch Stege miteinander leitend verbunden und, wie beim Kurzschlußläufer, durch

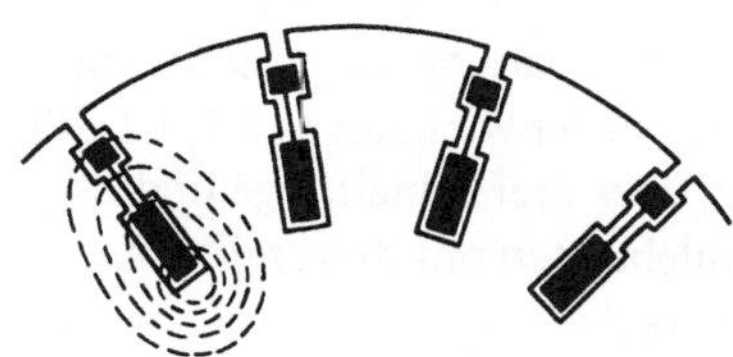

Bild 5.64. Stromverdrängungsläufer

Kurzschlußringe parallelgeschaltet. Der in den Läuferstäben beim Einschalten des Drehfeldes induzierte Strom baut um die Leiterstäbe ein Magnetfeld auf, dessen Feldlinien die innere Wicklung am dichtesten umschließen. Die Frequenz der Läuferströme ist zunächst hoch und nahezu gleich der Frequenz des Drehfeldes. Der durch die hohe Feldliniendichte in der inneren Wicklung erzeugte hohe induktive Widerstand drängt den Strom in die äußeren Wicklungsstäbe, die wegen ihres geringen Querschnitts einen großen ohmschen Widerstand haben. Durch die Stromverdrängung wird also automatisch die gleiche Wirkung erzielt wie durch Einschalten eines Widerstandes in der Läuferwicklung. Wenn die Drehzahl des Läufers zunimmt, sinkt die Frequenz des Läuferstromes und damit auch der induktive Widerstand der inneren Wicklung. Der Strom verteilt sich dann auf die innere und äußere Wicklung und erreicht bei geringem Widerstand seine volle Stärke. Der Stromverdrängungsläufermotor verhält sich dann im Betrieb wie der normale Kurzschlußläufermotor, belastet aber das Netz mit einem kleineren Anlaufstrom.

Der Anlaufstrom des Stromverdrängungsläufermotors beträgt bei direktem Anschluß an das Netz das vier- bis fünffache des Normalstromes. Eine weitere Verminderung der Anlaufbelastung des Netzes bis zum 1,5fachen des Nennstromes kann mit Hilfe der beim Kurzschlußläufer in Abschnitt 5.2.2.2 beschriebenen Anlaßvorrichtungen erreicht werden.

Schleifringläufermotor

Bei Kurzschlußläufermotoren
großer Nennleistungen (über 10 kW
bis 380 V) genügen die bisher besprochenen Maßnahmen zur Verminderung des hohen Anlaufstromes nicht mehr. Man verwendet für
große Leistungen Schleifringläufermotoren. Ihre Ständerwicklung ist
die normale Drehfeldwicklung des
Kurzschlußläufermotors. Ein Unterschied besteht lediglich im Aufbau
des Läufers.

Der Läuferkörper ist wie der Ständer aus einzelnen, gegeneinander
isolierten Blechlamellen zusammengesetzt, um Wirbelströme zu
vermeiden und trägt, wie der
Ständer eine Dreiphasenwicklung
in Sternschaltung (Bild 5.65). Die
Anfänge der Wicklungen $U1$, $V1$, $W1$
sind über drei Schleifringe und
Kohlebürsten mit drei stellbaren
Widerständen, dem *Anlasser,* verbunden. Das Schalten der Wider-

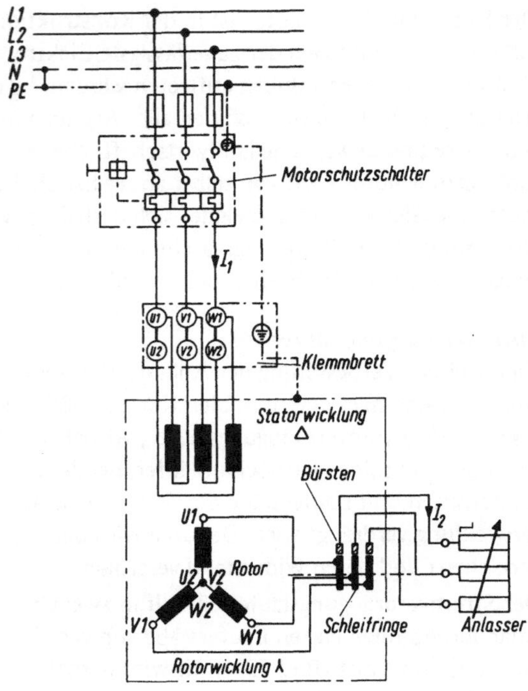

Bild 5.65. Drehstrom-Schleifringläufer
mit Anlasser und Motorschutzschalter

stände erfolgt durch einen dreiarmigen Kurbelschalter, dessen Arme kurzgeschlossen sind.
Dadurch ist auch die Läuferwicklung in sich geschlossen. Beim Anlauf werden die Stell-
widerstände ganz eingeschaltet und bei steigender Drehzahl stufenweise ausgeschaltet.
Bei ausgeschalteten Anlaßwiderständen ist die Läuferwicklung durch den Kurbelschalter
kurzgeschlossen wie die Wicklung des Kurzschlußläufers.

Den Kurzschluß der Läuferwicklung kann man auch unmittelbar an den Schleifringen vor-
nehmen durch einen Kurzschlußringschalter, der gleichzeitig die Bürsten von den Schleifringen abhebt. Dadurch wird nicht nur die Störanfälligkeit des Motors verringert, sondern
es werden auch die Reibungsverluste zwischen den Schleifringen und den Kohlebürsten
und ein Verschleiß der Kohlebürsten vermieden.

Die Vorteile des Schleifringläufermotors sind: geringer Anlaßspitzenstrom und große An-
zugskraft. Außerdem besteht die Möglichkeit, durch Einschalten des Anlaßwiderstandes
die Drehzahl zu vermindern. Derartige Anlasser werden *Stellanlasser* genannt und müssen
für Dauerstrom berechnet werden, während die normalen Anlasser nur für die kurze Dauer
des Anlaßvorganges bemessen sind.

Schleifringläufermotoren mit Stellanlasser werden vorzugsweise dann verwendet, wenn
Motoren großer Nennleistung erforderlich sind, die unter Last anlaufen müssen. Bei häufi-
gem Anlassen tritt eine starke Erwärmung auf. Die Anlaßvorrichtung (Schleifringe, Kohlebürsten, Bürstenabhebevorrichtung und Anlaßwiderstand) erfordert eine laufende Überwachung und verringert die Betriebssicherheit gegenüber dem Kurzschlußläufer.

Aus Bild 5.65 ist ersichtlich, daß der Netzstrom I_1 wie bei jedem Kurzschlußläufer gemessen werden kann. Der Rotorstrom I_2 dagegen ist beim Kurzschlußläufer nicht meßbar, wohl aber beim Schleifringläufer, unter jeder Belastung. Sein Anlaufstrom I_1 ist gegenüber dem Kurzschlußläufer nur etwa $\frac{1}{5} I_A$, weil sein Ankerwiderstand viel größer ist. Der Rotorstrom I_2 und die Rotorspannung U_2 sind beim Schleifringläufer auf dem Leistungsschild angegeben. Falls unlesbar, läßt er sich ohne Messung leicht berechnen. Man geht von Erfahrungswerten aus, ca. 5 % Verlust zwischen zu- und abgeführter Ankerleistung. Setzt man für Läufer mit Dreiphasenwicklung P_e in kW ein, ist

$$I_2 = \frac{1{,}05 \cdot 1000\, P_W}{U_2 \cdot \sqrt{3}} \ (A); \qquad I_2 = \frac{1050\, P_{kW}}{U_2 \cdot \sqrt{3}} \ (A); \qquad I_2 = \frac{606\, P_{kW}}{U_2} \ (A).$$

● *Beispiel:*   Ein Drehstromschleifringläufer $U_1 = 500$ V, $I_1 = 24$ A, $\cos\varphi = 0{,}95$, $\eta = 0{,}9$ hat eine Ankerspannung zwischen zwei Schleifringen von 215 V.

     a)   Welche Leistung gibt er ab?
     b)   Welcher Ankerstrom fließt beim Anlauf?
     c)   Welchen Kupferquerschnitt muß die Anlasserzuleitung erhalten?

Gesucht: a) P_e *Gegeben:* $U_1 = 500$ V
           b) I_2 $U_2 = 215$ A
           c) A $I_1 = \ \ 24$ A
                                     $\cos\varphi = 0{,}95$
                                        $\eta = 0{,}9$

Lösung a): $P_e = UI \cdot \sqrt{3} \cdot \cos\varphi \cdot \eta$
                 $P_e = 500 \cdot 24 \cdot \sqrt{3} \cdot 0{,}95 \cdot 0{,}9$
                 $P_e = 17\,749{,}8$ W $= 17{,}75$ kW

Lösung b): $I_2 = \dfrac{606\, P_{kW}}{U_2}$

                 $I_2 = \dfrac{606 \cdot 17{,}75}{215}$

                 $I_2 = 50{,}03$ A

Lösung c): $A = 16$ mm^2 nach Gruppe 1, Tafel 1.7

Drehzahländerung an Kurzschlußläufern
Wie auf Seite 278 schon erwähnt, läßt sich die Drehzahl der Kurzschlußläufer nicht ändern, weil die Netzfrequenz und die Polzahl gebunden sind. Lediglich der Schleifringläufer läßt eine gewisse Drehzahländerung zu, ist aber stark von der Last abhängig.

Frequenzumformer
Schnellaufende Holzbearbeitungsmaschinen bzw. Kreiselkompasse benötigen für Drehzahlen zwischen ca. 12 000...24 000 $\frac{1}{\text{min}}$ einen Frequenzumformer. Dabei treibt ein Kurzschlußläufer einen z.B. 12poligen Drehstromgenerator mit 3 000 $\frac{1}{\text{min}}$ Drehfelddrehzahl an und der Generator hat im Leerlauf ca. 300 Hz, womit Antriebsmotoren eine Drehzahl von fast 18 000 $\frac{1}{\text{min}}$ erreichen. Der Schlupf ist bei diesem Beispiel nicht berücksichtigt. Der Drehstrom-Schleifringläufer läßt sich auch als Frequenzumformer betreiben. Wird er mit einem Kurzschlußläufer gekuppelt und dieser treibt den Rotor entgegengesetzt zum Statorfeld an, kann an den Schleifringen ein Drehstrom mit der Frequenz von 100...150 Hz entnommen werden. Ersichtlich ist jedoch: Frequenzänderung erfordert zusätzliche Maschinen und damit werden die Verluste höher. Mit der Frequenz ändert sich auch der Statorblindwiderstand und somit die Leistung.

Tafel 5.5: *Übersicht über Eigenschaften und Verwendung von Drehstrommotoren*

	Kurzschlußläufer	Stromverdrängungsläufer	Schleifringläufer	Synchronmotor
Ständerwicklung	Drehfeldwicklung			
Ankerform	Käfiganker	Doppelstab-Käfiganker	lamellierter Läuferkörper mit Dreiphasenwicklung in Sternschaltung	Polrad
Anlaufstrom	hoher Anlaufstrom bei Anlauf unter Last, geringerer Anlaufstrom mit Anlaßvorrichtung	geringerer Anlaufstrom als beim Kurzschlußläufer	mäßiger Anlaufstrom	
Anlaufmoment	kräftiges Anlaufmoment, kleineres Anlaufmoment bei Verwendung von Anlaßvorrichtungen		kräftiges Anlaufmoment	läuft ohne besondere Anlaßhilfswicklung von selbst nicht an
Anlaßvorrichtungen	Gleitkupplung, Stellwiderstand in Reihe mit Ständerwicklung, Stelltransformator, Sterndreieck-.schaltung, Kusa-Schaltung		an die Dreiphasenwicklung des Ankers sind über Schleifringe und Bürsten drei Anlaßwiderstände mit Kurzschlußschalter angeschlossen	zum Anlassen ist Hilfsmotor erforderlich
Drehzahlverhalten	konstante Drehzahl		veränderbare Drehzahl	konstante Drehzahl
Drehzahleinstellung	Verminderung der Drehzahl durch Selbstanlasser		Verminderung der Drehzahl durch Stellwiderstand im Läuferkreis	nicht veränderbar
Verwendung	für Arbeitsmaschinen mit konstanter Drehzahl, Motoren bis 2,2 kW Leistung bei direktem Netzanschluß, Motoren höherer Leistung mit Anlaßvorrichtungen		als Motoren für große Leistungen, die unter Last anlaufen müssen. — Ersatz für Gleichstrommotor	als Motor für große Leistungen im Dauerbetrieb und als Phasenschieber
besondere Eigenschaften	zuverlässig, einfach und billig, arbeitet funkenfrei, daher in feuergefährdeten Betrieben verwendbar		läuft wie ein Kurzschlußläufer bei kurzgeschlossenem Stellwiderstand	zwei Stromarten (Drehstrom und Gleichstrom) erforderlich

Polumschaltung

Eine weitere Möglichkeit die Drehzahl, allerdings nur *unter* die Nenndrehzahl, zu ändern, ist die Polumschaltung. Die Polzahländerung durch Wicklungsänderung ist weniger aufwendig als Frequenzumformer.

Es gibt zwei Arten der Polumschaltung:

1. Zwei völlig voneinander getrennte Wicklungen (Bild 5.66) im Stator ermöglichen, je nach Anzahl der Pole die gebildet werden, zwei verschiedene, eventuell weit auseinanderliegende Drehzahlen. Dazu wird mehr Wickelraum benötigt, die Motoren sind schwerer.

2. Die Dahlander-Schaltung (Bild 5.67) hat *nur* eine Wicklung, ist aber durch Mittelanzapfungen umschaltbar. Die Drehzahlen stehen hier im Verhältnis 1:2, weil die Polzahl so zueinander steht.

   Der Wickelraum ist kleiner, die Motoren sind leichter und billiger. Die Kombination, eine Dahlanderwicklung mit einer getrennten Einfachwicklung in einem Stator gibt drei Drehzahlen.

   Man kann auch zwei Dahlanderwicklungen in einem Stator unterbringen und erhält vier Drehzahlen.

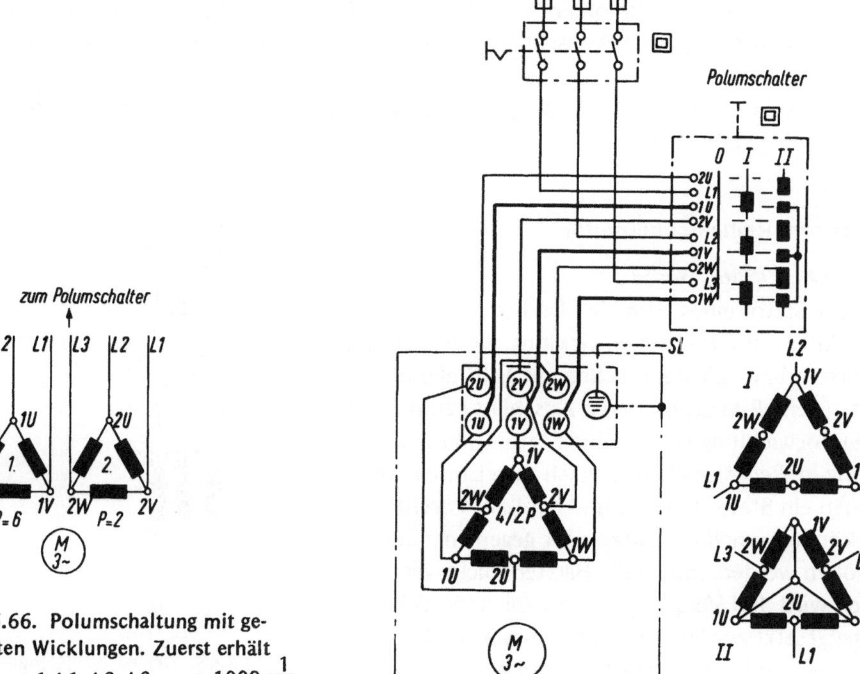

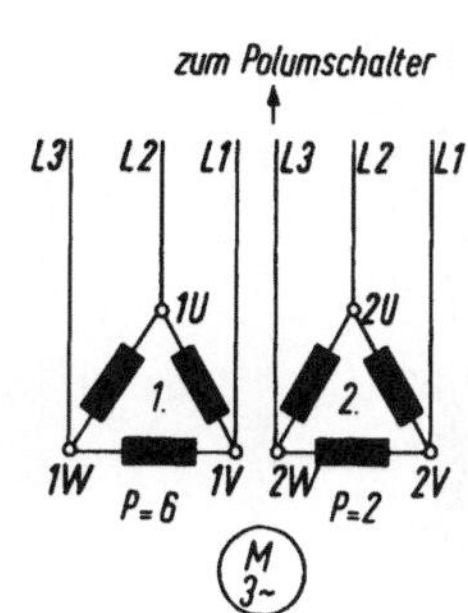

Bild 5.66. Polumschaltung mit getrennten Wicklungen. Zuerst erhält Wicklung 1 $L1, L2, L3; n_D = 1000 \frac{1}{min}$. Dann Wicklung 2 durch Polumschalten $L1, L2, L3; n_D = 3000 \frac{1}{min}$. Viele Firmen geben in Zahlen an, wieviel Pole vorhanden sind. Hier zum Beispiel bei $P = 6$ ist es U_6, V_6, W_6 und U_2, V_2 und W_2

Bild 5.67. Polumschaltbarer Drehstrommotor in Dahlander-Schaltung. Stellung I, $\triangle$ niedere Drehzahl, 4 Pole. Stellung II, YY höhere Drehzahl, 2 Pole.

In Stellung I verbindet Polumschalter $L1-1U, L2-1V, L3-1W$, in II $L1-2U, L2-2V, L3-2W$ und $1U, 1V, 1W$ werden kurzgeschlossen.

Sehr oft findet man in Betrieben Motoren mit den synchronen Drehzahlen 3000/1500 $\frac{1}{\text{min}}$, also 2/4 Pole und 1000/500 $\frac{1}{\text{min}}$, bei 6/12 Polen. Natürlich sind diese Motore teurer, ersetzen aber praktisch vier Einzelmotoren. Weil die Drehzahl geändert wird, haben diese Motoren ihre höchste Leistung erst bei hoher Drehzahl. Bei ihrer Aufstellung muß daher beachtet werden, ob ihre Leistung bei niedrigster Drehzahl genügt! Die Drehzahländerung ist verlustlos, der Polumschalter robust und die Maschinen haben lange Lebensdauer bei geringer Wartung.

Drehstrom-Kollektormotoren

Asynchronmotoren lassen sich schwerer unter und über die Nenndrehzahl und nur mit oft ziemlichen Verlusten in *größeren* Drehzahlbereichen stufenlos regeln als die Gleichstrommotoren. Daher wurde für den Anschluß an Drehstrom auch der Reihenschlußmotor sowie der Nebenschlußmotor für eine *Läufer-* oder *Ständerspeisung* konstruiert.

Die Namen für diese beiden Arten stammen also vom Gleichstrommotor, denn die Drehzahl-Drehmomenten-Kennlinien entsprechen denen der Gleichstrommotoren. Wie schon bekannt, sinkt die Drehzahl eines Reihenschlußmotors stark, die des Nebenschlußmotors wenig, wenn das Belastungsmoment vergrößert wird. Nebenschlußmotoren halten daher bei veränderlicher Last die gewünschte Drehzahl genauer und können bei Entlastung nicht durchgehen.

Aufgrund langer Erfahrung in der Weiterentwicklung wird vorwiegend der Nebenschlußmotor vielseitig verwendet.

a) Drehstrom-Reihenschlußmotor

Aufbau und Wirkungsweise

Erhält der Stator eines normalen Drehstrommotors einen Läufer mit Gleichstromwicklung, Kollektor und drei Bürsten bzw. Bürstenbrücken um 120° elektrisch versetzt (siehe Bild 5.68), deren Anschlüsse zum Ende jeder Statorwicklung laufen, sind Stator- und Läuferwicklung in *Reihe* geschaltet. Nach dem Einschalten entstehen ein Statordrehfeld und ein Läuferdrehfeld. Beide können synchron laufen oder gegeneinander verschoben werden, indem die Bürstenbrücke verschoben wird. Bei Verschiebung der Bürstenbrücke entgegengesetzt zur Drehrichtung des Statorfeldes entsteht ein Anlaufmoment für den Läufer und er zieht je nach Bürstenstellung mehr oder minder kräftig

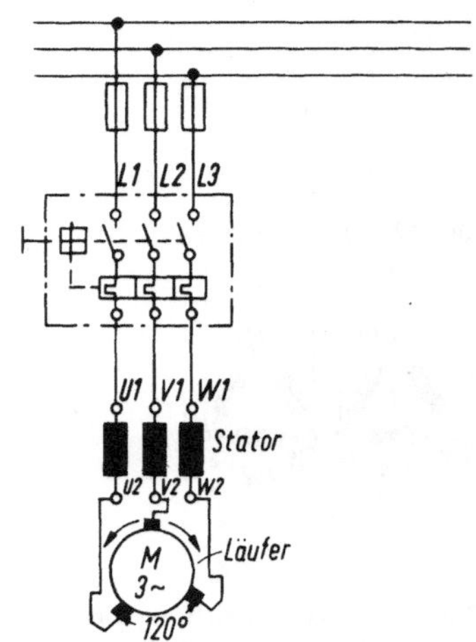

Bild 5.68. Drehstrom-Reihenschlußmotor

an. Wie der Gleichstrom-Reihenschlußmotor hat er ein hohes Anzugsmoment, seine Drehzahl ändert sich aber mit der Belastung. Im Betrieb regelt das Bürstenverschieben die Drehzahl; andere Drehrichtung erhält man durch Vertauschen von zwei Zuleitungen im Stator, wobei die Bürstenbrücke entgegengesetzt zu verschieben ist. Allgemein läßt er sich im Verhältnis 1:3 stufenlos regeln, im Leerlauf kann er gut die doppelte Drehzahl annehmen.

Man sollte mit diesen Motoren deshalb nur Maschinen antreiben, die keine völlige Entlastung zulassen. Durch die Spannungsteilung zwischen Stator- und Läuferwicklung kann die Läuferspannung bei bestimmten Drehzahlen so ansteigen, daß die Kommutierung erschwert wird. Abhilfe schafft hier ein Umspanner, der zwischen Stator und Läufer geschaltet wird. Die Läuferspannung bleibt immer kleiner als die Statorspannung, wodurch auch die Drehzahlregelung günstiger ist. Der Umspanner verteuert allerdings die Anlage, speziell bei großen Leistungen, denn die Motoren können bis ca. 300 kW, in Sonderfällen bis 600 kW gebaut werden. Bei Normallast liegt der $\cos\varphi$ der Reihenschlußmotoren zwischen 0,95 bis 0,98, also ziemlich gut, ebenso haben sie einen guten Wirkungsgrad.

b) Läufergespeister Drehstrom-Nebenschlußmotor

Besondere Vorteile dieser Motorart

Der läufergespeiste Drehstrom-Nebenschlußmotor hat sich im Zuge der technischen Entwicklung in immer steigendem Maße als hervorragendes Antriebsmittel für Maschinen mit veränderlichen Drehzahlen eingeführt und bestens bewährt. Die Gründe hierfür sind naheliegend, sie können kurz in folgenden Punkten zusammengefaßt werden:

1. Die Drehzahlsteuerung erfolgt im Motor selbst ohne mechanische Zwischenglieder; dadurch ergeben sich geringe Baumaße, also günstige An- und Einbaumöglichkeiten.

2. Die Drehzahlsteuerung erfolgt stufen- und verlustlos, somit ist die feine Einstellung jeder gewünschten, im Verstellbereich liegenden Drehzahl möglich.

3. Das Drehmoment des Motors bleibt im gesamten Verstellbereich angenähert konstant; dadurch ergibt sich eine günstige Anpassung an die häufigste Forderung bei Arbeitsmaschinen: niedere Drehzahl = geringe Leistung, hohe Drehzahl = große Leistung.

4. Das Anzugsmoment beträgt das 2- bis 2,5fache des Nenndrehmoments bei Motoren mit Drehzahlbereich 1:3,7 bzw. 1:4, wodurch selbst bei schwierigen Anlaufverhältnissen ein sicherer Anlauf auf der niedersten Drehzahl erreicht wird.

5. Der Einschaltstrom ist bei dem stets erwünschten Anfahren auf der niedersten Drehzahl gering, so daß der Motor mittels Schaltschütz direkt eingeschaltet werden kann; dadurch ergeben sich geringe Installations- und Schaltgerätekosten.

6. Die elektrischen Eigenschaften sind im gesamten Verstellbereich äußerst günstig. Der Leistungsfaktor ist, besonders im oberen Drehzahlbereich, sehr gut und erreicht nahezu den Wert 1; somit ist geringer Blindstromverbrauch gewährleistet.

7. Durch ein Steueraggregat, welches an Stelle des zur Drehzahlsteuerung erforderlichen Handrades angebaut wird, kann der Motor über Schaltschütze mittels Drucktasten gesteuert werden. Dadurch ist eine einfache Möglichkeit der Fernsteuerung von beliebig vielen Schaltstellen aus bei kleinsten Schaltleistungen im Steuerkreis gegeben.

Aufbau und Wirkungsweise

Äußerlich ähnelt dieser Motor (Bild 5.69) dem Drehstrom-Schleifringläufer, denn der Läufer hat drei Schleifringe und eine Drehstromwicklung, die in Stern oder Dreieck geschaltet werden kann. Abweichend vom Schleifringläufer hat der Läufer noch eine Regelwicklung mit Kollektor und zwei Bürstensätzen (Bilder 5.70 und 5.71). Die Statorwicklung hat keine Verbindung mit dem Drehstromnetz, sie spielt hier die Rolle einer Sekundärwicklung.

Bild 5.69. Motor mit Schleifringkörper links und Kollektor rechts

Bild 5.70. Läufer eines Drehstrom-Nebenschluß-Motors

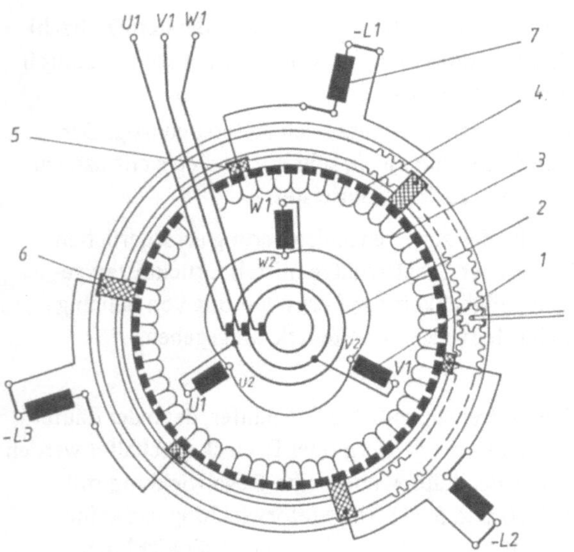

Bild 5.71. Prinzipschaltbild läufergespeister Drehstrom-Nebenschluß-Motor

Aus Bild 5.71 ist die Wirkungsweise des läufergespeisten Drehstrom-Nebenschlußmotors
ersichtlich.

Die im Läufer des Motors untergebrachte Primärwicklung (1) wird über die Schleifringe (2)
an das Drehstromnetz gelegt. Die Regelwicklung (3) ist über der Primärwicklung im Läufer
angeordnet und mit dem Kollektor (Kommutator) (4) verbunden. Auf diesem laufen zwei
zwangsläufig gegeneinander verschiebbare Bürstensätze (5) und (6). Durch die zu einer
Phase gehörenden Kohlebürsten wird, je nach Lage derselben zueinander, eine variable
Spannung abgegriffen, welche der im Ständer untergebrachten Sekundärwicklung (7) ($-L1$,
$-L2, -L3$) zugeführt wird. Je nach Größe und Richtung derselben ergibt sich aus der geometrischen Addition mit der Sekundärspannung eine variable resultierende Spannung,
und es stellt sich jeweils ein Gleichgewichtszustand ein, dem eine bestimmte Drehzahl
zugeordnet ist. Diese Drehzahl ist nahezu unabhängig von der Belastung (Nebenschluß-
Charakteristik). In der Synchronstellung stehen die zu einer Phase gehörenden Kohlebürsten in axialer Richtung auf den gleichen Kollektor-Lamellen. Die Regelspannung
ist = 0, und der Motor läuft als normaler
Asynchronmotor.

Durch die feine Spannungsteilung am
Kollektor wird eine praktisch stufenlose
Drehzahlregelung erreicht. Zusätzliche
Verluste treten durch die Regelung
nicht auf, so daß dieselbe praktisch ver-
lustlos erfolgt.

Bild 5.72. Leistungsschild eines Drehstrom-
Nebenschluß-Motors.
Die Angaben bedeuten in der Reihenfolge:

Für besondere Betriebsbedingungen, wie
elektrische Bremsung, kurzzeitigen Lauf
auf einer niedrigeren als der durch den
Regelbereich gegebenen minimalen Drehzahl, Überlastungsschutz usw. können
zwischen Regelwicklung (3) und Sekundärwicklung (7) Widerstände bzw. Über-
stromrelais geschaltet werden.

Typenbezeichnung
Motornummer
Anschlußspannung mit Angabe der Schaltung
am Schleifringkörper.
Netzströme bei unterer und oberer Nenn-
leistung. Vor dem Schrägstrich stehen die
Werte für die niedrige Anschlußspannung,
nach dem Schrägstrich die Werte für die hohe
Anschlußspannung.
Leistungsbereich mit Angabe der unteren
und oberen Nennleistung in kW.
Leistungsfaktor bei unterer und oberer
Nennleistung.
Drehzahlbereich mit Angabe der unteren
und oberen Nenndrehzahl. DB = Dauerbe-
trieb. KB = Kurzzeitbetrieb.
Nennfrequenz.
Isolierstoffklasse der Wicklungen.
Schutzart.
Phasenzahl der Ständerwicklung.
Sekundärstrom bei Nennlast.
Stillstandsspannung der Ständerwicklung.
Stromart (D = 3 Phasen Wechselstrom).

Am Leistungsschild (Bild 5.72) können
alle Daten des Motors abgelesen werden.
Die Motoren können für einen Verstellbereich von 1:3,7 bis 1:20, d. h. für einen
Drehzahlbereich von 80 ... 1600 $\frac{1}{min}$ oder
125 ... 2500 $\frac{1}{min}$, stufenlos regelbar, hergestellt werden. Ihre Nennleistungen gehen
je nach Drehzahl über 100 kW, bei 50 Hz
bzw. 60 Hz Netzfrequenz.

Kennlinien des Drehstrom-Nebenschlußmotors

Drehzahl abhängig vom Drehmoment

M = Drehmoment

M_N = Nenndrehmoment

$$M_N = \frac{P_{max}\ (kW)}{n_{max}\ (U/min)} \cdot 9\,549\ (N)$$

n = Drehzahl

n_s = synchrone Drehzahl

4poliger Motor:
n_s = 1500 U/min

6poliger Motor:
n_s = 1000 U/min

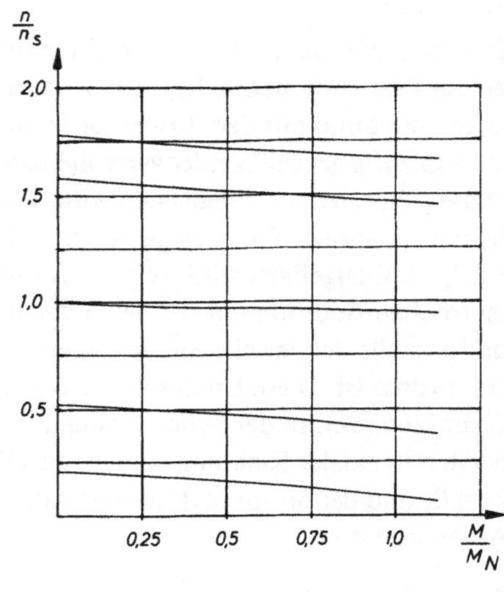

Drehzahlbereich bei			Anlaufmoment / Nennmoment
Vollast ca.	Halblast ca.	Leerlauf ca.	ca.
1 : 3,7	1 : 3,3	1 : 3,1	2,0–2,5
1 : 6,1	1 : 5,1	1 : 4,5	1,7–2,0
1 : 10	1 : 7,8	1 : 6,2	1,4–1,6
1 : 20	1 : 12,8	1 : 9,1	1,25–1,4

c) Ständergespeister Drehstrom-Nebenschlußmotor

Aufbau und Wirkungsweise

Der Stator ist ausgeführt wie beim Drehstrom-Asynchronmotor, der Läufer hat Wicklung und Kollektor in Gleichstromausführung, ein Bürstensatz kann auf dem Kollektor verstellt werden.

Während der Stator direkt an das Drehstromnetz angeschlossen ist, werden die drei Bürstenanschlüsse über einen Stell- bzw. Drehumspanner (bei anderen Ausführungen auch an die angezapfte Statorwicklung) ebenfalls an das Drehstromnetz angeschlossen (siehe Bild 5.73). Der Läufer liegt also im Nebenschluß zum Stator und es kann ihm eine Regelspannung zugeführt werden.

Erhält der Läufer keine Regelspannung, läuft der Motor wie ein normaler Kurzschlußläufer. Das ist der Fall, wenn der Drehregler auf 180° verstellt wird und die vorher entgegengesetzte Regelspannung den Wert Null erreicht. Somit ist eine fast synchrone Drehzahl erreicht! Beim Weiterstellen des Drehreglers bis zu 360° steigt zwar die Regelspannung am Läufer wieder an, ist aber der im Läufer induzierten Spannung (durch das Statordrehfeld!) nunmehr gleichgerichtet. Somit addieren sich Läuferspannung und Regelspannung und der

Läufer nimmt eine übersynchrone Drehzahl an.
Der Regelbereich dieser Maschinen liegt allgemein zwischen 50 ... 150 % der Synchrondreh-
zahl, der $\cos\varphi$ steigt bis 1, ihr Wirkungsgrad
ändert sich im ganzen Bereich kaum, daher
spricht man von verlustloser Drehzahlregelung.

Zusammenfassung

Die Vorteile des Drehstrom-Reihenschluß-
motors sind kräftiges Anzugsmoment und sie
können für recht hohe Leistungen gebaut werden. Reihenschluß- ebenso wie die Nebenschlußmotoren (ständergespeist) sind ohne
Schleifringe, also entfallen Isolations- und
Stromübertragungsschwierigkeiten für diesen
Teil des Läufers. Daher können diese Maschinen
für höhere Spannungen und höhere Leistungen
gebaut werden als läufergespeiste Maschinen.

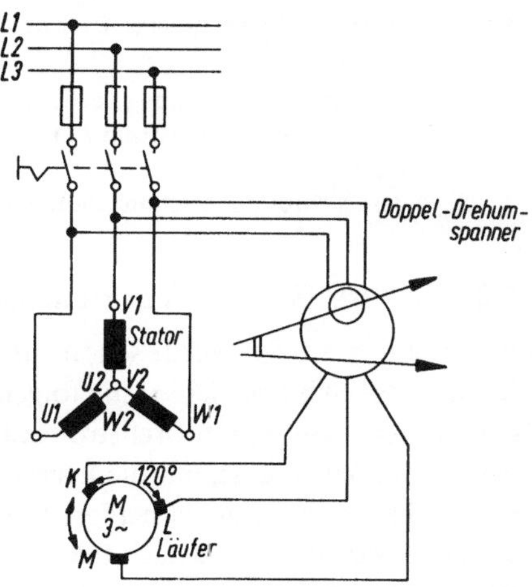

Bild 5.73. Ständergespeister Drehstrom-
Nebenschlußmotor

Dafür benötigen sie aber einen Zwischen- bzw. *Drehtransformator*, der die Maschine größer,
schwerer und teurer macht.

Mit dem Aufschwung der Leistungs-Elektronik sah es so aus, als würden Drehstrom-Kollek-
tormotoren bald aussterben. Nach den Erfahrungen aus der Praxis stimmt dies aber nicht.
Dort, wo durch einfache Ausführung der Elektronik vergleichbare Preise möglich sind, be-
reiten häufig die *Rückwirkungen der Phasenanschnittsteuerung* auf das Netz Schwierig-
keiten. Unerwartete Kosten können noch entstehen durch Beseitigung von Störungen anderer Verbraucher. Während Störungen in Anlagen mit komplizierter elektronischer Steuerung nur durch besonders ausgebildetes Fachpersonal behoben werden können, ist dies
beim Drehstrom-Nebenschlußmotor unproblematisch, denn der einfach aufgebaute und
robuste Motor und seine eventuelle Schützensteuerung sind leicht von weniger fachkund-
lichem Personal zu reparieren. Denken wir zum Schluß anstelle des immerhin recht auf-
wendigen elektronisch geregelten Leonard-Satzes, einen läufergespeisten Drehstrom-
Nebenschlußmotor, sofern es sich um gleiche Verhältnisse handelt, so kostet dieser nur
einen Bruchteil.

■ Aufgaben zu Abschnitt 5.2.2.2

1. Ein vierpoliger Drehstrommotor arbeitet mit 8 % Schlupf bei Vollast. Welche Drehzahl hat der
   Motor bei einer Netzfrequenz von 50 Hz?

2. Ein Drehstrommotor (380/220 V, 10/17,3 A, $\eta = 0,8$, $\cos\varphi = 0,9$) soll im Stern an ein 380-V-Netz
   angeschlossen werden. Welche Leistung in Kilowatt nimmt er auf, und wieviel kW gibt er an eine
   Pumpe ab?

3. Welchen Strom nimmt ein Drehstrommotor, $P_e = 7,1$ kW, $U = 380$ V$\triangle$, $\cos\varphi = 0,86$, $\eta = 0,8$, in
   der Stern- und in der Dreieckstellung des Anlaßschalters an einem Drehstromnetz 380/220 V, 3/Mp
   auf?

4. Die abgegebene Leistung eines Drehstrom-Schleifringläufers ist 17,75 kW, bei $I = 24$ A, $\cos\varphi = 0,95$ und $\eta = 0,8$!

   a) An welcher Netzspannung liegt der Motor?

   b) Wie groß ist der Ankerstrom I_2 beim Anlauf, wenn die Läuferstillstandsspannung $U_2 = 215$ V beträgt?

   c) Welchen Kupferquerschnitt muß die Anlasserzuleitung nach Tafel 1.6, Gruppe I, erhalten?

5.2.2.3. Verbesserung des Leistungsfaktors durch Kondensatoren

In Abschnitt 4.1.5.6 wurde schon auf die nachteiligen Folgen eines zu niedrigen Leistungsfaktors ($\cos\varphi$) hingewiesen. Die folgenden Beispiele sollen die Möglichkeiten zeigen, den $\cos\varphi$ in Wechsel- und in Drehstromanlagen zu erhöhen. In der Praxis aber hat sich gezeigt, daß es zweckmäßig ist, nur die Leerlaufblindleistung einer Anlage zu kompensieren, um eine Selbsterregung zu vermeiden. Der parallelgeschaltete Kondensator kann beim Abschalten eines Motors z.B., je nach Größe seiner Ladung, die Wicklung noch etliche Zeit erregen.

Diese Selbsterregerspannung ist bei $\cos\varphi = 1$ so hoch wie die Netzspannung bei Übererregung, sogar noch größer. Bei kurzzeitigem Wiedereinschalten treten dadurch Überspannungen auf, die gefährlich für die Wicklungen sind, bzw. bei abgeschalteter Maschine können Monteure, die eine Arbeit an der Maschine ausführen wollen, in Gefahr kommen. Deshalb sollen besonders bei polumschaltbaren Motoren und bei der Stern-Dreieckschaltung, bzw. bei Drehrichtungsumkehrschaltern Überspannungen durch besondere Schaltungen vermieden werden. Aus vorgenannten Gründen ist es ratsam, den $\cos\varphi$ nicht bis 1, sondern nur bis 0,95 zu verbessern.

Kompensation in Wechselstromanlagen

● *Beispiel 1:*   Eine Wechselstromanlage 220 V, 50 Hz, nimmt bei $\cos\varphi = 0,7$ im Durchschnitt 100 kW auf. Die Anlage soll zentral kompensiert und der $\cos\varphi = 0,9$ werden.

                a) Welche Blindleistung muß kompensiert werden?

                b) Welche Kapazität muß der Kondensator haben?

Gesucht: a) Q *Gegeben:* $U = 220$ V $\cos\varphi_1 = 0,7$

               b) C $P = 100$ kW $\cos\varphi_2 = 0,9$

Lösung a):   Blindleistungen können nach Bild 5.74 arithmetisch gefunden werden. Man sucht die Blindleistung bei $\cos\varphi_1$ und bei $\cos\varphi_2$, zieht sie voneinander ab und erhält die zu kompensierende Blindleistung. Danach muß noch die neue Scheinleistung ermittelt werden.

Lösung a_1):

$$S_1 = \frac{P}{\cos\varphi_1}$$

$$S_1 = \frac{100 \text{ kW}}{0,7}$$

$S_1 = 142,85$ kVA $\cos\varphi_1 = 0,7$ $\sin\varphi_1 = 0,71$
                             (aufgerundet)

$Q_1 = S_1 \sin\varphi_1$
$Q_1 = 142,85$ kVA $\cdot$ 0,71
$Q_1 = 101,42$ kvar

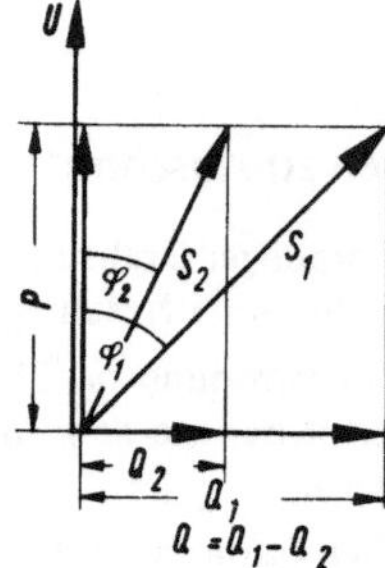

Bild 5.74. Arithmetische Blindleistungsermittlung

$$S_2 = \frac{P}{\cos \varphi_2}$$

$$S_2 = \frac{100}{0,9} \text{ kW}$$

$S_2 = 111 \text{ kVA}$ $\cos \varphi_2 = 0,9$ $\sin \varphi_2 = 0,436$

$Q_2 = S_2 \sin \varphi_2$

$Q_2 = 111 \text{ kVA} \cdot 0,436$

$Q_2 = 48,4 \text{ kvar}$

Q_c des Kondensators:

$Q_c = Q_1 - Q_2$

$Q_c = 101,42 \text{ kvar} - 48,4 \text{ kvar}$

Ergebnis: $Q_c = 53,02 \text{ kvar}$

Lösung a_2): Oft ist der Weg über die Gleichung: $\tan \varphi = \dfrac{Q}{P}$ einfacher.

$\cos \varphi_1 = 0,7$ $\tan \varphi_1 = 1,02$ und

$\cos \varphi_2 = 0,9$ $\tan \varphi_2 = 0,48$

somit

$Q = P \tan \varphi$

$Q = P (\tan \varphi_1 - \tan \varphi_2)$

$Q = 100 \text{ kW} (1-0,48)$

Ergebnis: $Q = 52 \text{ kvar}$

Lösung b):   Aus $Q = U_c I_c$

$$I_c = \frac{Q}{U}$$

$$I_c = \frac{52\,000 \text{ var}}{220 \text{ V}}$$

$I_c = 236,36 \text{ A}$

$$I_c = \frac{U}{X_c}, \text{ oder } I_c = \frac{U}{\dfrac{10^6}{\omega C_{\mu F}}}$$

$$I_c = \frac{U \omega C}{10^6}$$

$$C_{\mu F} = \frac{I_c \cdot 10^6}{U \omega}$$

$$C_{\mu F} = \frac{236,36 \text{ A} \cdot 10^6}{220 \text{ V} \cdot 314}$$

Ergebnis: $C = 3421,5 \text{ } \mu F$. Es können mehrere Einzelkondensatoren gesetzt werden.

● *Beispiel 2:*   Eine 40-W-Leuchtstofflampe (mit Drossel 50 W), nimmt an 220 V $\sim$, 50 Hz, 0,44 A auf. Welchen Kompensationskondensator muß sie erhalten, damit ihr $\cos \varphi_2 = 0,95$ wird?

Gesucht: C *Gegeben:* $P = 50 \text{ W}$ $I = 0,44 \text{ A}$

                                                   $U = 220 \text{ V}$ $\cos \varphi_2 = 0,95$

Lösung: $\cos \varphi_1 = \dfrac{P}{UI}$

$$\cos \varphi_1 = \frac{50\ \text{W}}{220\ \text{V} \cdot 0{,}44\ \text{A}}$$

$\cos \varphi_1 = 0{,}516$ Für $\cos \varphi_1 = 0{,}516$ ist $\measuredangle \varphi = 58{,}9°$ und $\tan \varphi = 1{,}658$;
für $\cos \varphi_2 = 0{,}95$ ist $\measuredangle \varphi = 18{,}2°$ und $\tan \varphi = 0{,}3288$

$Q = P\,(\tan \varphi_1 - \tan \varphi_2)$
$Q = 50\ \text{W}\,(1{,}658 - 0{,}3288)$
$Q_c = 66{,}46\ \text{var}$

$$I_c = \frac{Q}{U}$$

$$I_c = \frac{66{,}46\ \text{var}}{220\ \text{V}}$$

$I_c = 0{,}30\ \text{A}$

$$C = \frac{I_c \cdot 10^6}{U\omega}$$

$$C = \frac{0{,}30\ \text{A} \cdot 10^6}{220\ \text{V} \cdot 314}$$

Ergebnis: $C = 4{,}34\ \mu\text{F}$.

Kompensation in Drehstromanlagen

Man kann die Kondensatoren im Stern und im Dreieck schalten. Im Stern können sie für eine niedere Betriebsspannung sein, dafür kompensieren sie aber nur ein Drittel der Dreieck-schaltungs-Blindleistung. Nachfolgendes Beispiel (siehe auch Bilder 5.75 und 5.76) zeigt beide Möglichkeiten an einem Drehstrommotor.

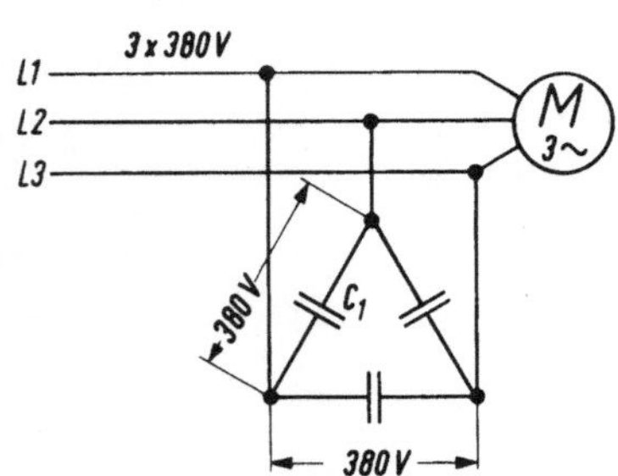

Bild 5.75. Kondensatoren in Dreieckschaltung

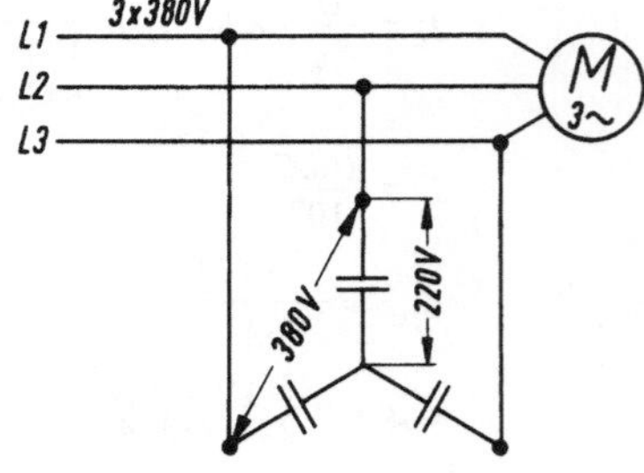

Bild 5.76. Kondensatoren in Sternschaltung

● *Beispiel 1:*   Ein Drehstrommotor, $P_e = 8$ kW, $U = 380$ V, $\eta = 0{,}8$, $\cos \varphi = 0{,}7$, soll mit drei Konden-satoren zu je 50 μF kompensiert werden. Welcher $\cos \varphi_2$ wird erreicht, wenn die Konden-satoren im Dreieck geschaltet werden?

Gesucht: $\cos \varphi_2$ *Gegeben:* $P_e = 8$ kW
$\eta = 0{,}8$
$\cos \varphi_1 = 0{,}7$
$U = 380$ V
$C = 50\ \mu$F

Lösung:

$$P_\mathrm{i} = \frac{P_\mathrm{e}}{\eta}$$

$$P_\mathrm{i} = \frac{8}{0,8}$$

$$P_\mathrm{i} = 10\ \mathrm{kW}$$

$$S_1 = \frac{P_\mathrm{i}}{\cos\varphi_1}$$

$$S_1 = \frac{10\ \mathrm{kW}}{0,7}$$

$$S_1 = 14{,}28\ \mathrm{kVA}$$

$$I_1 = \frac{S_1}{U \cdot \sqrt{3}}$$

$$I_1 = \frac{14\,280\ \mathrm{VA}}{380\ \mathrm{V} \cdot \sqrt{3}}$$

$$I_1 = 21{,}7\ \mathrm{A} \qquad \text{Dieser Strom fließt in den Zuleitungen bei } \cos\varphi_1 = 0{,}7\ !$$

Der Widerstand eines Kondensators $C = 50\ \mu\mathrm{F}$ ist

$$X_\mathrm{C} = \frac{10^6}{\omega C}$$

$$X_\mathrm{C} = \frac{10^6}{314 \cdot 50\ \mu\mathrm{F}}$$

$$X_\mathrm{C} = 63{,}69\ \Omega, \text{ daraus findet man}$$

$$I_\mathrm{C} = \frac{U}{X_\mathrm{C}}$$

$$I_\mathrm{C} = \frac{380\ \mathrm{V}}{63{,}69\ \Omega}$$

$I_{\mathrm{C}\triangle} = 5{,}96\ \mathrm{A}$ und die Kondensatorblindleistung

$$Q_1 = U I_{\mathrm{C}\triangle}$$
$$Q_1 = 380\ \mathrm{V} \cdot 5{,}96\ \mathrm{A}$$
$$Q_1 = 2264{,}8\ \mathrm{var}; \text{ für drei Kondensatoren sind das}$$
$$Q_\triangle = Q_1 \cdot 3$$
$$Q_\triangle = 2264{,}8\ \mathrm{var} \cdot 3$$
$$Q_\triangle = 6794\ \mathrm{var}$$

Bei $\cos\varphi_1 = 0{,}7$ ist der $\sin\varphi_1 = 0{,}71$ und die Blindleistung des Motors:
$$Q = S \sin\varphi$$
$$Q = 14{,}28\ \mathrm{kVA} \cdot 0{,}71$$
$$Q = 10{,}14\ \mathrm{kvar}$$

Werden durch die Kondensatoren 6,794 kvar kompensiert, verbleibt als Blindleistungsrest
$$Q_2 = Q - Q_1$$
$$Q_2 = 10{,}14 - 6{,}794$$
$$Q_2 = 3{,}346\ \mathrm{kvar}; \text{ daraus finden wir}$$

$$\tan\varphi = \frac{Q_2}{P}$$

$$\tan\varphi = \frac{3{,}346\ \mathrm{kvar}}{10\ \mathrm{kW}}$$

$$\tan\varphi = 0{,}3346, \text{ und der neue } \cos\varphi_2 = 0{,}9483$$

Ergebnis: $\cos\varphi_2 = 0{,}9483$

Der Motor nimmt jetzt eine geringere Scheinleistung, nämlich

$$S_2 = \frac{P}{\cos\varphi_2}$$

$$S_2 = \frac{10\ \text{kW}}{0{,}9483}$$

$S_2 = 10{,}54\ \text{kVA auf}.$

Deshalb wird der Strom in den Zuleitungen auf

$$I_2 = \frac{S_2}{U \cdot 1{,}73}$$

$$I_2 = \frac{10\,540\ \text{VA}}{380\ \text{V} \cdot 1{,}73}$$

$I_2 = 16{,}03\ \text{A}$ absinken. Ein besserer $\cos\varphi$ erfordert geringere Leitungsquerschnitte und
bringt somit beträchtliche Leitungsersparnisse!

● *Beispiel 2:*   Welcher $\cos\varphi$ wird erreicht, wenn die Kondensatoren des Motors des Beispiels 1 im Stern
geschaltet werden?

Gesucht: $\cos\varphi_2$

Gegeben: $P_e = 8\ \text{kW}$ $S_1 = 14{,}28\ \text{kVA}$
$\eta = 0{,}8$ $P_i = 10\ \text{kW}$
$\cos\varphi_1 = 0{,}7$ $Q = 10{,}14\ \text{kvar}$
$U = 380\ \text{V}$ $I_1 = 21{,}6\ \text{A}$
$C = 3 \cdot 50\ \mu\text{F}$

Lösung: Im Stern liegen an jedem Kondensator

$$U = \frac{U}{\sqrt{3}}$$

$$U = \frac{380\ \text{V}}{\sqrt{3}}$$

$U = 220\ \text{V},$ daher wird

$$I_C = \frac{U_{st}}{X_C}$$

$$I_C = \frac{220\ \text{V}}{63{,}9\ \Omega}$$

$I_C = 3{,}45\ \text{A}$ und

$Q_1 = U_{st} \cdot I_C$

$Q_1 = 220\ \text{V} \cdot 3{,}45\ \text{A}$

$Q_1 = 0{,}759\ \text{kvar}$

$Q_y = Q_1 \cdot 3$

$Q_y = 0{,}759\ \text{kvar} \cdot 3$

$Q_y = 2{,}277\ \text{kvar}$

$Q_2 = Q - Q_1$

$Q_2 = 10{,}14\ \text{kvar} - 2{,}277\ \text{kvar}$

$Q_2 = 7{,}86\ \text{kvar};$ für diese Blindleistung ist

$$\tan\varphi = \frac{Q_2}{P}$$

$$\tan\varphi = \frac{7{,}86\ \text{kvar}}{10\ \text{kW}}$$

$\tan\varphi = 0{,}786$ und der neue $\cos\varphi_2 \approx 0{,}78$

Ergebnis: $\cos \varphi_2 \approx 0{,}78$

Der Motor nimmt jetzt

$$S_2 = \frac{P}{\cos \varphi_2}$$

$$S_2 = \frac{10 \text{ kW}}{0{,}78}$$

$S_2 = 12{,}8$ kVA auf. **Der neue Strom ist**

$$I_2 = \frac{S_2}{U \cdot \sqrt{3}}$$

$$I_2 = \frac{12\,800 \text{ VA}}{380 \text{ V} \cdot \sqrt{3}}$$

$$I_2 = 19{,}47 \text{ A}$$

Durch die Sternschaltung hat sich der $\cos \varphi_2$ nicht wesentlich erhöht. Man wird also die Dreieckschaltung in der Praxis vorziehen. Hat man aber Kondensatoren, die nicht für 380 V, sondern für 220 V Betriebsspannung (effektive Spannung) vorgesehen sind, muß man die Stern-Schaltung wählen. Die meist sehr geringen Kondensatorverluste können bei diesen Berechnungen vernachlässigt werden.

● *Beispiel 3:* Ein Werkraum wird mit Leuchtstofflampen (siehe Bild 5.77), die im Stern am Drehstromnetz, 380/220 V, 3/N, f = 50 Hz liegen, beleuchtet. P_{konst} = 10 kW. Der $\cos \varphi_1$ = 0,5 soll durch eine Zentralkompensation auf $\cos \varphi_2$ = 0,9 gebracht werden. Die Kondensatoren sind im Dreieck zu schalten. Welche Einzelkapazitäten C_1 sind zu wählen?

Gesucht: C_1

Gegeben:
$$P = 10 \text{ kW}$$
$$U_L = 380 \text{ V}$$
$$\cos \varphi_1 = 0{,}5$$
$$\cos \varphi_2 = 0{,}9$$
$$f = 50 \text{ Hz}$$

Lösung:

$Q = P(\tan \varphi_1 - \tan \varphi_2)$ Für $\cos \varphi_1$ = 0,5 ist $\tan \varphi_1$ = 1,73,

$Q = 10$ kW $(1{,}73 - 0{,}48)$ für $\cos \varphi_2$ = 0,9 ist $\tan \varphi_2$ = 0,48

$Q = 12{,}5$ kvar; somit hat ein Kondensator zu kompensieren

$$Q_1 = \frac{12{,}5 \text{ kvar}}{3}$$

$$Q_1 = 4{,}166 \text{ kvar}$$

$$I_C = \frac{Q_1}{U}$$

$$I_C = \frac{4166 \text{ var}}{380 \text{ V}}$$

$$I_C = 10{,}96 \text{ A}$$

$$C_{\text{in } \mu F} = \frac{I_C \cdot 10^6}{U \omega}$$

$$C_1 = \frac{10{,}96 \cdot 10^6}{380 \text{ V} \cdot 314}$$

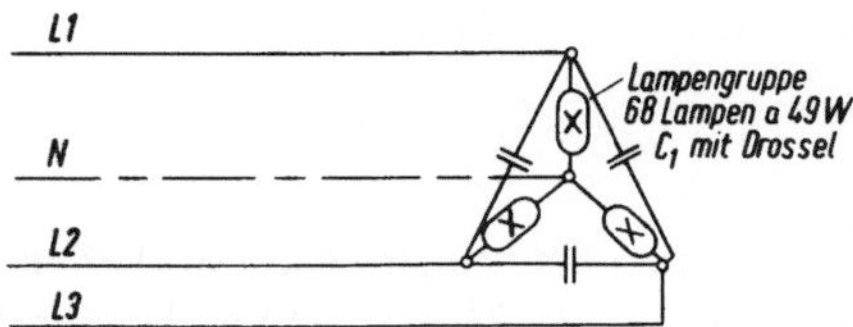

Bild 5.77. Zentralkompensation der L-Lampen eines Werkraumes

Ergebnis: C_1 = 91,8 μF   Gewählt werden drei Kondensatoren zu je 95 μF.

5.3. Transformatoren

Transformatoren sind elektrische Maschinen, die dazu dienen, Wechsel- oder Drehströme
auf höhere oder niedrigere Spannungen, Ströme oder Widerstände umzuspannen. Man
nennt sie in der Energietechnik Umspanner, in der Meßtechnik Wandler, in der Nachrichtentechnik Übertrager. Transformatoren haben keine rotierenden Teile, wie die im Abschnitt 5.4 behandelten Umformer; ihre Wirkungsweise beruht auf den Gesetzen der elektromagnetischen Induktion.

5.3.1. Transformator für Einphasenwechselstrom

5.3.1.1. Aufbau des Transformators

Der *Transformator für Einphasenwechselstrom* (Bild 5.78) besteht aus einem geschlossenen
Eisenkern, der zur Unterdrückung von Wirbelströmen aus isolierten Blechscheiben zusammengesetzt ist. Um die Eisenverluste beim Ummagnetisieren möglichst niedrig zu halten,
verwendet man mit Silicium legierte Eisenbleche mit schmaler Hysteresisschleife, sogenanntes Elektroblech. Der Eisenkern trägt zwei Wicklungen. Die Wicklungen (hier bei
gegensinniger Wicklung), der durch Anlegen einer Wechselspannung elektrische Energie
zugeführt wird, heißt *Primärwicklung*, der in ihr fließende Strom *Primärstrom*, die Wicklung, aus der elektrische Energie entnommen wird, *Sekundärwicklung* und der in ihr fließende Strom *Sekundärstrom*.

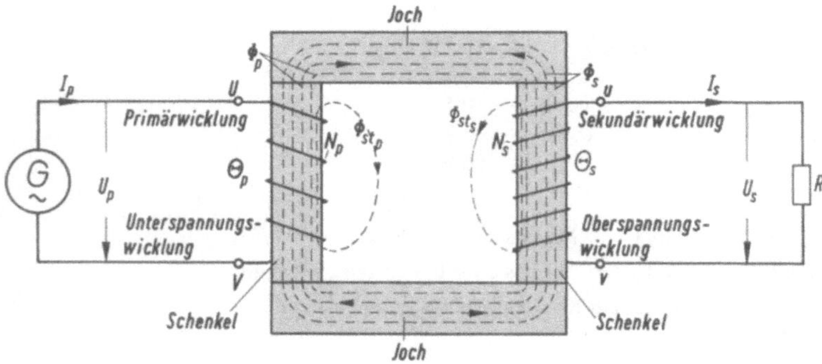

Bild 5.78. Prinzipschaltung des Transformators für Einphasenwechselstrom
(Momentanwerte ≙ Phasenlage)

Die Klemmen der Primärwicklung werden mit den Buchstaben $1\,U$, $1\,V$, die der Sekundärwicklung mit $2\,U$, $2\,V$ bezeichnet. Der Wechselstrom, den man der Primärspule zuführt, erzeugt dadurch, daß er dauernd seine Stärke und Richtung ändert, im Eisenkern ein dauernd in
Stärke und Richtung wechselndes Magnetfeld. Alle von der Primärspule erzeugten magnetischen Feldlinien verlaufen, von wenigen in die Luft ausstreuenden Feldlinien abgesehen,
innerhalb des geschlossenen Eisenweges und durchsetzen die Sekundärspule. Die beiden
Spulen sind also durch das gemeinsame magnetische Feld gekoppelt.

5.3.1.2. Wirkungsweise des Transformators

Das im Takt des primären Wechselstromes pulsierende Magnetfeld induziert in der Sekundärspule einen Wechselstrom, dessen Frequenz der des Primärstromes gleich ist.

Der Transformator spannt Wechselstrom in Wechselstrom gleicher Frequenz und veränderter Amplitude um.

Der in der Primärspule mit N_p Windungen fließende Strom I_p erzeugt eine magnetische Urspannung $\Theta_p = I_p N_p$, die den Magnetfluß Φ_p erzeugt. Der im Takt des Wechselstromes I_p sich ändernde Magnetfluß Φ_p induziert in der Sekundärspule mit der Windungszahl N_s eine Wechselspannung, die im Sekundärkreis einen Wechselstrom I_s verursacht, der nach dem Lenzschen Gesetz dem Strom I_p entgegengesetzt gerichtet ist. Er erzeugt in den Spulenwindungen N_s eine magnetische Urspannung $\Theta_s = I_s N_s$, die der Urspannung Θ_p entgegenwirkt. Beide Urspannungen setzen sich zu einer Gesamturspannung $\Theta_{ges} = \Theta_p - \Theta_s$ zusammen, die den resultierenden magnetischen Fluß Φ erzeugt.

Nach dem Ohmschen Gesetz des magnetischen Kreises ist:

$$\Phi = \frac{\Theta_{ges}}{R_m}$$

Die in der Primär- und Sekundärspule durch den wechselnden Magnetfluß Φ induzierte Spannung ergibt sich aus dem in Abschnitt 2.4.4.1 abgeleiteten allgemeinen Induktionsgesetz:

$$E = \frac{\Delta\Phi}{\Delta t} N$$

Die in der Primärspule induzierte Urspannung ist:

$$E_p = \frac{\Delta\Phi}{\Delta t} N_p$$

Unter der Voraussetzung, daß der gesamte Magnetfluß Φ auch die Sekundärspule durchsetzt, ist die in der Sekundärspule induzierte Spannung:

$$E_s = \frac{\Delta\Phi}{\Delta t} N_s$$

Nach den Gesetzmäßigkeiten von Abschnitt 2.4.4 (Induktionsgesetz) und Abschnitt 4.1.3.5 (Effektivwerte der Spannung und Stromstärke des Wechselstroms), sowie vorstehenden Gleichungen, lassen sich zwei weitere Gleichungen für die induzierten Urspannungen E_p und E_s bilden:

$$E = \frac{\hat{u}}{\sqrt{2}} \qquad\qquad \hat{u} = N \frac{\Delta\Phi}{\Delta t}$$

$$E = \frac{N \cdot 2\pi f \hat{\Phi}}{\sqrt{2}} \qquad\qquad \hat{u} = N \omega \hat{\Phi}$$

$$E = 4,44 \, N f \hat{\Phi} \qquad\qquad u = N \cdot 2\pi f \hat{\Phi}$$

Setzt man die Werte (Windungszahl, Frequenz, Magnetfluß) der Primär-, bzw. Sekundärspule ein, so folgt:

$$E_p = 4{,}44\,N_p\,f\Phi_p\;;\qquad\qquad E_s = 4{,}44\,N_s\,f\Phi_s$$

Diese Gleichungen gelten nur für Trafos, die mit sinusförmiger Wechselspannung betrieben werden, da
der Scheitelfaktor $\sqrt{2}$ = 1,414 beträgt!

Da das gleiche Feld die beiden Spulen durchsetzt, ist auch die durch $\frac{\Delta\Phi}{\Delta t}$ gegebene Geschwindigkeit der Magnetflußänderung in beiden Spulen die gleiche.
Es verhält sich also:

$$E_p : E_s = N_p : N_s\,.$$

Wenn die Spannungsabfälle in den ohmschen Widerständen der Spulen vernachlässigbar
klein gegenüber den transformierten Spannungen sind, kann man die in der Primärspule
induzierte Urspannung E_p durch die ihre gleiche Eingangsspannung U_p und in die der
Sekundärspule induzierte Urspannung E_s durch die ihre gleiche Klemmenspannung U_s
der unbelasteten Sekundärspule ersetzen. Dann ist auch

$$\boxed{U_p : U_s = N_p : N_s}$$

in Worten:

> **Die Leerlaufspannungen an den Transformatorspulen verhalten sich wie ihre
> Windungszahlen.**

In Spulen mit vielen Windungen wird somit eine hohe Spannung (*Oberspannung*), in Spulen
mit wenig Windungen eine niedrigere Spannung (*Unterspannung*) induziert.

Ordnet man der Spule mit der größeren Windungszahl den Index 2, der mit der kleineren
Windungszahl den Index 1 zu, so ist das Verhältnis der Windungszahl N_2 der Oberspan-
nungsseite zur Windungszahl N_1 der Unterspannungsseite: $\frac{N_2}{N_1}$. Man nennt dieses Verhältnis nach VDE 0532 § 13 das *Übersetzungsverhältnis* des Transformators, ohne Rücksicht
darauf, welche der beiden Spulen Primär- oder Sekundärspule ist

$$\boxed{\text{Übersetzungsverhältnis} = \frac{\text{Windungszahl der Oberspannungsseite}}{\text{Windungszahl der Unterspannungsseite}}}\qquad\boxed{ü = \frac{N_2}{N_1}}$$

oder unter Berücksichtigung der Spannungsgleichung $\frac{U_2}{U_1} = \frac{N_2}{N_1}$:

$$\boxed{\text{Übersetzungsverhältnis} = \frac{\text{Oberspannung}}{\text{Unterspannung}}\ \text{(bei Leerlauf)}}\qquad\boxed{ü = \frac{U_2}{U_1}}$$

Hat z.B. die Primärspule 750 Windungen, die Sekundärspule 150 Windungen, so ist das
Übersetzungsverhältnis des Transformators

$$ü = \frac{750\ \text{Windungen}}{150\ \text{Windungen}} = 5:1\,.$$

Liegt die Spannung von 220 V an der Oberspannungswicklung, so ist die Unterspannung

$$U_1 = \frac{U_2}{\ddot{u}} \quad \text{oder} \quad U_1 = \frac{220\,\text{V}}{5} = 44\,\text{V}$$

$$\boxed{\text{Unterspannung} = \frac{\text{Oberspannung}}{\text{Übersetzungsverhältnis}}} \qquad \boxed{U_1 = \frac{U_2}{\ddot{u}}}$$

Legt man an die Unterspannungswicklung eine Spannung $U_1 = 220$ V, so ist

$$U_2 = \ddot{u}\,U_1 \quad \text{oder} \quad U_2 = 5 \cdot 220\,\text{V} = 1100\,\text{V}$$

$$\boxed{\text{Oberspannung} = \text{Unterspannung} \cdot \text{Übersetzungsverhältnis}} \qquad \boxed{U_2 = U_1 \ddot{u}}$$

An diesen Zahlenbeispielen erkennt man, daß man mit dem Transformator Spannungen sowohl „herunter" — als auch „hinauf" transformieren kann.

Da im Zähler des Übersetzungsverhältnisses eine größere Windungszahl als im Nenner steht, ist das Übersetzungsverhältnis immer eine Zahl, die größer als 1 ist. Ist das Übersetzungsverhältnis $\ddot{u} = 1$, dann sind die Windungszahlen der beiden Spulen gleich und die Primärspannung gleich der Sekundärspannung. In diesem Fall bewirkt der Transformator nur eine *galvanische Trennung* der beiden Stromkreise (siehe Abschnitt 5.3.3).

5.3.1.3. Unbelasteter und belasteter Transformator

Ist der Sekundärkreis des Transformators offen, d.h. nicht durch einen Widerstand belastet (Bild 5.79) (hier bei gleichsinniger Wicklung gezeigt), so induziert zwar das durch den Primärstrom im Eisenkern verursachte Wechselfeld in der Sekundärwicklung eine Spannung, es fließt aber in ihr kein Strom. In der Primärwicklung erzeugte das Wechselfeld eine hohe Selbstinduktion. Ihr induktiver Widerstand ist dadurch sehr groß und der in ihr fließende Strom deshalb sehr klein. Sie nimmt nur den zur Aufrechterhaltung des Magnetflusses erforderlichen *Magnetisierungsstrom* I_μ auf. Beim dauernden Ummagnetisieren des Eisens wird außerdem durch Umschichten der Molekularmagnete eine Arbeit verrichtet, die zum Teil zu einer Erwärmung des Eisens führt. Den dazu erforderlichen Wirkstrom nennt man *Eisenverluststrom* I_{Fe}. Der Magnetisierungsstrom und der Eisenverluststrom ergeben zusammen den *Leerlaufstrom* I_0. $\quad \boxed{I_0 = I_\mu + I_{\text{Fe}}}$

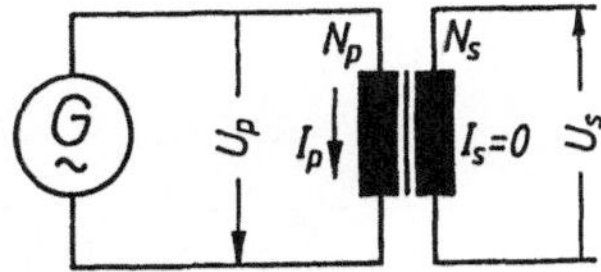

Bild 5.79. Unbelasteter Transformator

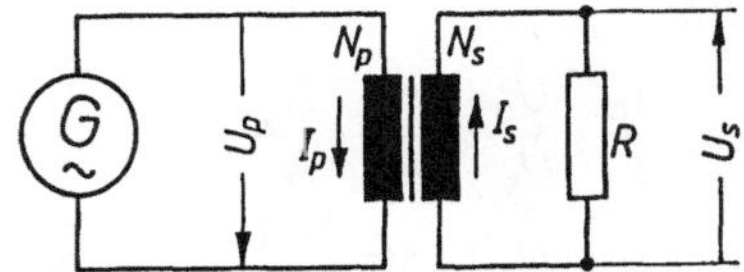

Bild 5.80. Belasteter Transformator

Wird nun die Sekundärspule durch den Widerstand R belastet (Bild 5.80), so fließt im Sekundärkreis ein Strom, der dem Magnetisierungsstrom entgegengesetzt gerichtet ist und in der Sekundärwicklung ein Magnetfeld aufbaut, das dem des Primärstromes entgegen-

wirkt. Dadurch wird der vom Magnetisierungsstrom erzeugte Magnetfluß um so mehr
geschwächt, je größer die Strombelastung des Sekundärkreises ist. Hierdurch sinkt aber der
induktive Widerstand der Primärwicklung. Da die an die Primärwicklung angelegte Wechselspannung konstant ist, nimmt die Primärspule einen um so größeren Strom auf, je kleiner
ihr induktiver Widerstand ist. Die Stromaufnahme der Primärspule des Transformators
paßt sich also automatisch der Strombelastung der Sekundärwicklung an.

Für die folgenden Überlegungen ist es unerheblich, ob die Primär- oder Sekundärspule die
Oberspannungswicklung oder die Unterspannungswicklung ist; man bezeichnet deshalb die
auf die Primärspule sich beziehenden Größen von N, U, I mit N_p, U_p, I_p und die auf die
Sekundärspule sich beziehenden Größen mit N_s, U_s, I_s. In einem Transformator, in dem
eine Streuung von Feldlinien durch die Formgebung des Eisenkerns und die Wicklungsart
der Spulen weitgehend verhindert wird, ist die in der Primärspule induzierte Urspannung
$\Theta_p = I_p N_p$ ebenso groß wie die in der Sekundärspule induzierte Urspannung $\Theta_s = I_s N_s$,
d.h.

$$I_p N_p = I_s N_s \qquad \text{oder} \qquad \boxed{\dfrac{I_p}{I_s} = \dfrac{N_s}{N_p}}$$

***Beim verlustlosen Transformator verhalten sich die Stromstärken in den beiden
Wicklungen umgekehrt wie ihre Windungszahlen.***

Berücksichtigt man, daß das Verhältnis der Windungszahlen gleich dem Verhältnis der Leer-
laufspannungen, also

$$\frac{N_s}{N_p} = \frac{U_s}{U_p}$$

ist, so erhält man durch Vergleich:

$$\frac{I_p}{I_s} = \frac{U_s}{U_p}$$

oder in der Produktenform:

$$\boxed{I_s U_s = I_p U_p}$$

Beim verlustlosen Transformator ist die Sekundärleistung gleich der Primärleistung.

Durch Division des Übersetzungsverhältnisses der Spannungen und das der Ströme erhält
man:

$$\frac{I_p}{I_s} : \frac{U_p}{U_s} = \frac{N_s}{N_p} : \frac{N_p}{N_s}$$

$$\frac{U_s}{I_s} : \frac{U_p}{I_p} = \frac{N_s^2}{N_p^2} \Rightarrow \boxed{\frac{Z_s}{Z_p} = \frac{N_s^2}{N_p^2} = \ddot{u}^2}$$

Ein verlustloser Transformator transformiert die angeschalteten Widerstände im Quadrat
des Übersetzungsverhältnisses.

Im allgemeinen treten in den ohmschen Widerständen der Wicklungen Verluste auf. Unter Berücksichtigung der Verlustleistung P_v ist:

$$I_s U_s + P_v = I_p U_p$$

Die vom Transformator bei induktionsfreier Belastung auf der Sekundärseite abgegebene Leistung einschließlich der Verlustleistung ist der von ihm primär aufgenommenen Leistung gleich.

Der Transformator spannt also die von ihm aufgenommene Primärleistung in eine ihr annähernd gleiche Sekundärleistung mit anderen Strom- und Spannungswerten um.

Enthält der Sekundärkreis eine Induktivität oder Kapazität, so tritt zwischen Stromstärke und Spannung eine *Phasenverschiebung* auf. Dann besteht zwischen der primär aufgenommenen und der sekundär abgegebenen Leistung die Beziehung:

$$I_p U_p \cos\varphi_p = I_s U_s \cos\varphi_s + P_v$$

5.3.1.4. Wirkungsgrad des Transformators

Unter dem *Wirkungsgrad* (Formelzeichen η) des Transformators versteht man das Verhältnis der Sekundärleistung P_s zur Primärleistung P_p.

$$\eta = \frac{P_s}{P_p} = \frac{P_s}{P_s + P_v} = \frac{P_s}{P_s + P_{Cu} + P_{Fe}}$$

Die Sekundärleistung P_s ist die Differenz aus der Primärleistung P_p und der Verlustleistung P_v. Der Leistungsverlust ist verursacht teils durch *Kupferverluste*, teils durch *Eisenverluste*. Die Kupferverluste entstehen dadurch, daß in den von den Strömen durchflossenen Wicklungen Joulesche Wärme erzeugt wird, die Eisenverluste dadurch, daß bei der dauernden Umschichtung der Molekularmagnete durch das Ummagnetisieren des Eisenkerns Reibungswärme entsteht.

Die Verluste in Transformatoren sind wesentlich niedriger als die Verluste in elektrischen Maschinen mit rotierenden Teilen, bei denen zu den elektrischen Verlusten noch die Reibungsverluste der gegeneinander bewegten Maschinenteile hinzukommen.

Der Wirkungsgrad liegt bei Transformatoren niedriger Nennleistung zwischen 96 % und 98 % und steigt bei Transformatoren hoher Nennleistung bis zu 99 % an.

5.3.1.5. Kühlung des Transformators

Die in den Wicklungen des Transformators durch die Eisen- und Kupferverluste entstehende Wärme muß abgeführt werden, damit die Isolation der Wicklungen nicht durch zu hohe Temperaturen beschädigt wird.

Beim *Trockentransformator* erfolgt die Kühlung durch die den Transformator umspülende Luft. Diese Luftkühlung ist für Transformatoren kleiner Nennleistungen bis etwa 10 kVA ausreichend.

Als Transformatoren größerer Nennleistungen werden ausschließlich *Öltransformatoren* verwendet. Der Transformator wird in einen Kessel eingebaut, der mit Transformatorenöl gefüllt wird. Die Wände des Kessels sind zur besseren Wärmeableitung mit Kühlrippen versehen. Die vom Öl aufgenommene Wärme wird an die Gefäßwand abgegeben und durch die sie umspülende Luft abgeführt. Reicht diese reine Luftkühlung nicht aus, so muß das Öl durch eine Pumpe aus dem oberen Teil des Transformatorgefäßes abgesaugt und über Kühlrippen in den unteren Teil des Gefäßes zurückgeführt werden.

Da sich das Öl bei Erwärmung ausdehnt, ist über dem Transformatorgefäß ein Ausgleichsgefäß angebracht, das das überschüssige Öl aufnimmt. Das Transformatoröl führt nicht nur die Wärme ab, sondern verbessert auch die Isolation. Das Öl verliert seine Isolationsfähigkeit durch Aufnahme von Wasser oder durch Verunreinigung. An die elektrische Festigkeit des Transformatorenöls werden deshalb bestimmte Forderungen gestellt, die in VDE 0370/9.61 festgelegt sind. Unterschreitet sie 80 kV/cm, so muß das Öl abgelassen, gereinigt und durch Erhitzen auf 403 K getrocknet werden.

■ **Aufgaben zu Abschnitt 5.3.1**

1. Die Primärwicklung eines Kleintransformators hat 2700 Windungen, die Sekundärwicklung 300 Windungen. Wie groß ist das Übersetzungsverhältnis des Transformators?
2. Welche Spannung liefert der Transformator der Aufgabe 1 an der Sekundärspule, wenn an der Primärspule eine Spannung von 225 V liegt?
3. Ein Klingeltransformator hat primär 7056 Windungen, sekundär 252 Windungen.
    a) Wie groß ist das Übersetzungsverhältnis des Transformators?
    b) Welche Spannung liefert der Transformator sekundär, wenn die Primärspannung 224 V beträgt?
    c) Nach wieviel Windungen muß die Sekundärspule angezapft werden, damit an der Teilwicklung eine Spannung von 5 V abgenommen werden kann?
    d) Welche Spannungen können an der Sekundärspule abgegriffen werden?
    e) Welche Stromstärke kann der Sekundärspule entnommen werden, wenn der Primärkreis einen Strom von 0,145 A aufnimmt?
4. Die Nennleistung (Primärleistung) eines Transformators beträgt 4500 kVA. Wie groß ist die Sekundärleistung bei einem Wirkungsgrad von 98 %?

5.3.2. Transformatoren für Drehstrom

5.3.2.1. Entwicklung des Drehstromtransformators

Den Drehstrom, der aus drei miteinander verketteten Wechselströmen besteht, kann man durch drei voneinander getrennte, gleichartige Einphasen-Wechselstromtransformatoren umspannen, wenn man deren Primär- und Sekundärwicklungen in Stern- oder Dreieckschaltung miteinander verbindet (Bild 5.81).

$1U1\ 1U2$, $1V1\ 1V2$, $1W1\ 1W2$ sind die Primärspulen, $2U1-2U2$, $2V1-2V2$, $2W1-2W2$ die Sekundärspulen. Denkt man sich in den einzelnen Transformatoren die Primär- und Sekundärwicklung auf den gleichen Schenkel übereinandergewickelt, dann könnte man die Transformatoren so aufstellen, daß ihre wicklungsfreien Schenkel zusammenstoßen (Bild 5.82).

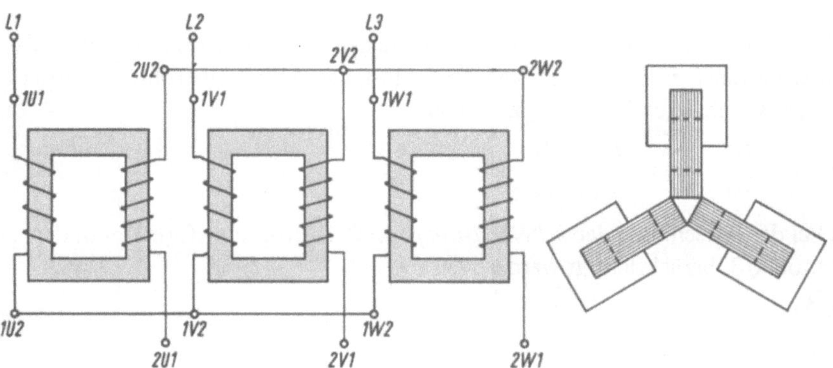

Bild 5.81. Umspannen von Drehstrom durch drei Einphasen-Wechselstromtransformatoren

Bild 5.82. Entwicklung des Drehstromtransformators

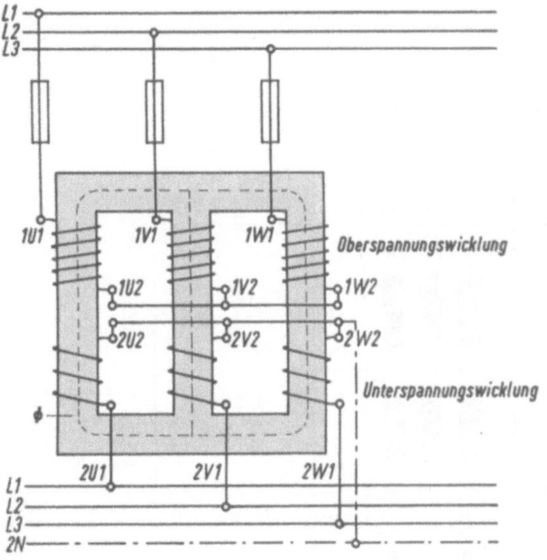

Bild 5.83. Drehstromtransformator in Y/Y-Schaltung

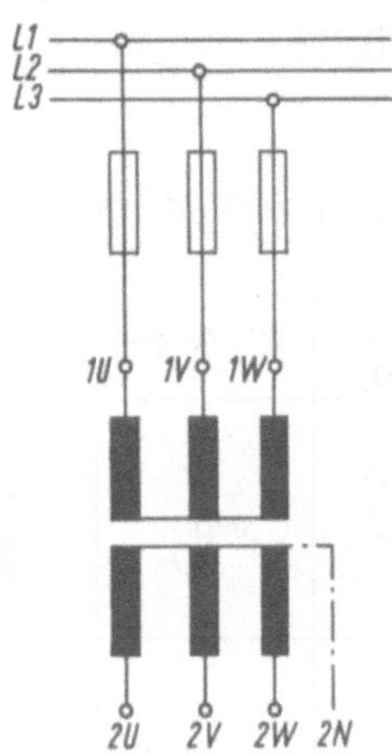

Bild 5.84. Vereinfachtes Schaltbild des Drehstromtransformators in Bild 5.83

In diesem gemeinsamen Schenkel vereinigen sich die Magnetfelder der drei bewickelten Schenkel. Ebenso, wie bei der Sternschaltung der Phasen die Summe der Stromstärken in jedem Augenblick im Sternpunkt Null ist, ist auch die Summe der Magnetflüsse in jedem Augenblick in dem gemeinsamen Schenkel Null. Dieser unbewickelte Schenkel ist deshalb entbehrlich. Rückt man die drei bewickelten Schenkel in dieselbe Vertikalebene, so erhält man den gebräuchlichen Drehstromtransformator nach Bild 5.83. Bild 5.84 ist das vereinfachte Schaltzeichen des Drehstromtransformators.

Für die Berechnung der Übersetzungsverhältnisse, sowie der Spannungs- und Stromverhältnisse von Drehstromtransformatoren behalten die für Einphasen-Wechselstromtransformatoren abgeleiteten Beziehungen ihre Gültigkeit. Es ist

$$\ddot{u} = \frac{N_2}{N_1}, \quad \ddot{u} = \frac{U_2}{U_1} \quad \text{und} \quad \frac{U_2}{U_1} = \frac{I_1}{I_2}.$$

Dagegen muß bei der Berechnung der *Scheinleistung* von Drehstromtransformatoren der
Verkettungsfaktor $\sqrt{3}$ berücksichtigt werden:

$$S = UI\sqrt{3}.$$

5.3.2.2. Schalten der Wicklungen

Die Wicklungen der Drehstromtransformatoren können im Stern, im Dreieck oder im Zick-
zack geschaltet sein; dabei können auf die Primärseite und Sekundärseite verschiedene
Schaltarten angewendet werden. Die *wichtigsten* Schaltgruppen sind in Tafel 5.6 zusammengestellt.

Tafel 5.6: *Die wichtigsten Schaltgruppen bei Drehstromtransformatoren*

Schaltzeichen Ober | Unter-Spannung	Schaltgruppe	Schaltbild Oberspannung	Unterspannung	IEC-Bezeichnung
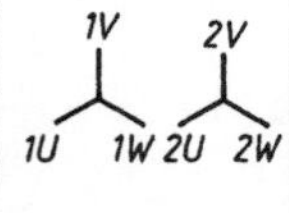 1V 2V / 1U 1W 2U 2W	A_2 Stern- -Stern	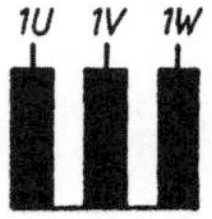 1U 1V 1W	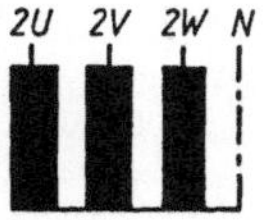 2U 2V 2W N	Yy0
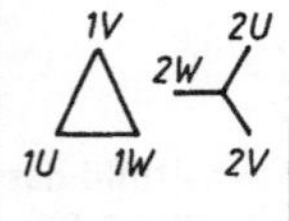 1V 2U 2W / 1U 1W 2V	C_1 Dreieck- -Stern	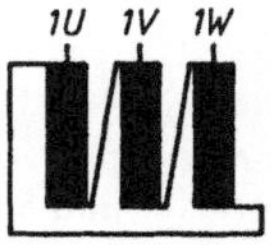 1U 1V 1W	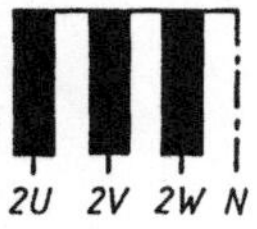 2U 2V 2W N	Dy5
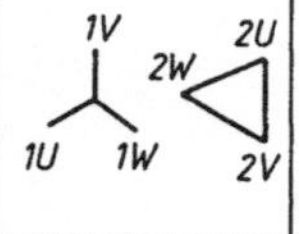 1V 2U 2W / 1U 1W 2V	C_2 Stern- -Dreieck	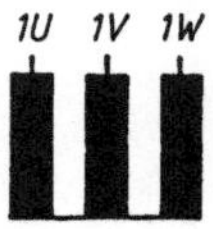 1U 1V 1W	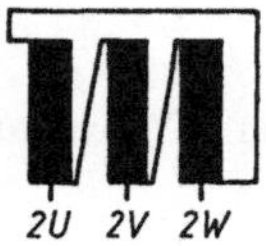 2U 2V 2W	Yd5
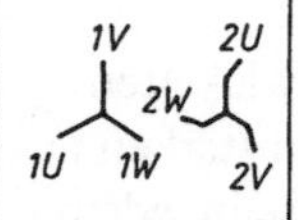 1V 2U 2W / 1U 1W 2V	C_3 Stern- -Zickzack	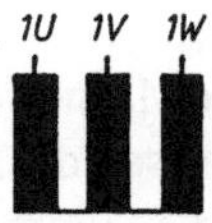 1U 1V 1W	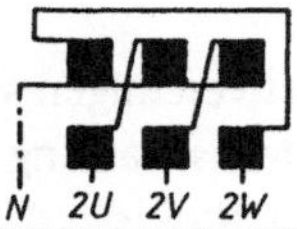 N 2U 2V 2W	Yz5
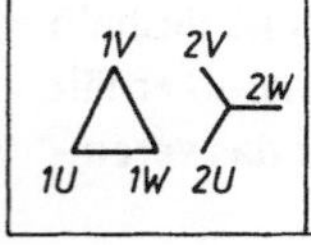 1V 2V 2W / 1U 1W 2U	D_1 Dreieck- -Stern	 1U 1V 1W	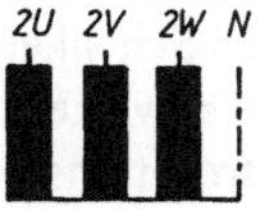 2U 2V 2W N	Dy11

Die Stern-Sternschaltung (Gruppe A_2) mit sekundärem Mittelpunktleiter ist nur in kleinen Verteilungsanlagen brauchbar, in denen die Belastung des Sternpunktleiters höchstens 10 % des Nennstromes beträgt.

Die Dreieck-Sternschaltung (Gruppe C_1) wird in Großverteilungsanlagen verwendet. Der Mittelleiter der Sekundärseite ist voll belastbar. Die Haupttransformatoren großer Kraftwerke haben eine Stern-Dreieckschaltung (Gruppe C_2), sie spannen den von den Generatoren gelieferten Strom auf die für die Fernleitung erforderliche Spannung um.

Bei der Stern-Zickzackschaltung (Gruppe C_3) sind die Windungen jedes Wicklungsstranges je zur Hälfte auf zwei aufeinanderfolgende Schenkel verteilt und die Wicklungshälften gegeneinander geschaltet. An die Anfänge $2U, 2V, 2W$ der Wicklungen sind die Hauptleiter, an die kurzgeschlossenen Enden $2U2, 2V2, 2W2$ der Wicklungen der Mittelleiter angeschlossen.

Bei der Sternschaltung mit Mittelleiter auf der Sekundärseite treten bei unsymmetrischer Belastung der drei Wicklungsstränge Spannungsverluste auf, die sich aus der ungleichmäßigen Verteilung der Ströme in den primären und sekundären Wicklungssträngen ergeben. Daher darf bei dieser Schaltung der Mittelleiter mit höchstens 10 % des Nennstromes belastet sein. Die Zickzackschaltung mit Mittelleiter kann dagegen, auch bei großer Unsymmetrie der Belastung verwendet werden.

Die neue *IEC-Bezeichnung* (Internationale Elektrotechnische Commission) ermöglicht es, den Phasenverschiebungswinkel zwischen Primär- und Sekundärspannung sofort zu erkennen. Daraus kann zugleich die Schaltgruppe des Transformators bestimmt werden. Der große Buchstabe gibt immer die Schaltart der Primärwicklung, der kleine die Schaltart der Sekundärwicklung an. y bedeutet Stern-, d bedeutet Dreieck- und z bedeutet Zickzackschaltung der jeweiligen Wicklung. Die sogenannte Kennzahl hinter den Buchstaben muß mit 30 multipliziert werden, damit man die Phasenwinkel zwischen Oberspannungs- und Unterspannungsvektor findet.

Yy0   bedeutet Stern-Sternschaltung, Verschiebungswinkel $0 \cdot 30 = 0°$

Dy5   bedeutet Dreieck-Sternschaltung, Unterspannung um $5 \cdot 30 = 150°$ zur Oberspannung verschoben

Dy11   bedeutet Dreieck-Sternschaltung, $11 \cdot 30 = 330°$ Spannungsverschiebung

Weil nur Transformatoren mit gleicher Schaltgruppe parallel geschaltet werden können, muß die Schaltgruppe auf dem Leistungsschild angegeben oder durch Messungen ermittelt werden.

5.3.2.3. Transformatoren in Parallelschaltung

In der Praxis sind zumeist mehrere Transformatoren parallel geschaltet, damit ein Zu- und Abschalten in den Spitzenzeiten der Last möglich ist. Es wird für die Parallelschaltung von ihnen nicht die gleiche Leistung verlangt, doch soll das Leistungsunterschiedsverhältnis nicht über 1 : 3 hinausgehen. Sie können außerdem *nur* parallel arbeiten, wenn sie:

1. gleiche Ober- und Unterspannungsangaben,
2. gleiche Schaltgruppe (ggf. läßt sich eine Schaltart ändern),

3. gleiche Kurzschlußspannung,
4. gleiche Phasenfolge (also immer $L1, L2, L3$ auf $1\,U$, $1\,V$, $1\,W$ im Ober- und im Unter-
   spannungsnetz) und
5. gleiches Übersetzungsverhältnis aufweisen.

Die Kurzschlußspannungen (Kurzzeichen u_k) können um $\pm 10\,\%$ voneinander abweichen,
d.h. bei einer $u_k = 2\,\%$ darf der *zuzuschaltende* Transformator eine u_k von $1{,}8...2{,}2\,\%$
besitzen.

*Unter dem Begriff „Kurzschlußspannung" versteht man die Spannung in % der Ober-
spannung, die primär an einen Transformator angelegt, in der kurzgeschlossenen
Sekundärwicklung den Nennstrom zum Fließen bringt.*

$$u_k = \frac{U_{1K}}{U_{1N}} \cdot 100 \; (\%)$$

Muß man an einen Transformator für 20000/380 V primär 400 V anlegen, damit sekundär
sein Nennstrom (laut Leistungsschild), fließt, so sind 400 V von 20000 V = 2 %, d.h. seine
Kurzschlußspannung u_k beträgt 2 %. Auf diese Art läßt sich für jeden Transformator die
Kurzschlußspannung feststellen. Transformatoren mit kleiner Kurzschlußspannung haben
weniger Magnetisierungsverluste als solche mit großer Kurzschlußspannung, und sie nehmen prozentual die höhere Leistung auf. Bei Nennbelastung werden Transformatoren mit
kleiner Kurzschlußspannung überlastet (führt ggf. zur Betriebsstörung), die anderen dagegen sind unterbelastet.

5.3.3. Bauarten der Transformatoren

Die Transformatoren unterscheiden sich in ihrer Bauart durch die Wicklungsart der Spulen
und die Form des Eisenkerns. Die in Bild 5.78 angegebene Verteilung der Primär- und
Sekundärspule auf die beiden Schenkel des Transformators hat den Nachteil, daß ein Teil
des Magnetflusses, den die Primärwicklung erzeugt, durch Streuung verloren geht (Φ_{St}), so
daß die Sekundärwicklung nur von dem geringeren Magnetfluß Φ_s durchsetzt wird. Die
Streuung kann stark vermindert werden, wenn man die Primärwicklung und die Sekundärwicklung je zur Hälfte auf die beiden Schenkel verteilt und sie so anordnet, daß die Oberspannungswicklung die Unterspannungswicklung umschließt. Man nennt diese Art von
Wicklung *Röhren-* oder *Zylinderwicklung* (Bild 5.85).

Bei hohen Spannungen wird die *Scheibenwicklung* (Bild 5.86) verwendet. Jede Wicklung
ist aus Flachspulen zusammengesetzt, die hintereinandergeschaltet werden; sie werden so
geschichtet, daß die Flachspulen der Oberspannungswicklung mit Flachspulen der Unterspannungswicklung abwechseln.

Nach der Form des Eisenkerns unterscheidet man zwei Grundtypen: *Kerntransformatoren*
und *Manteltransformatoren.*

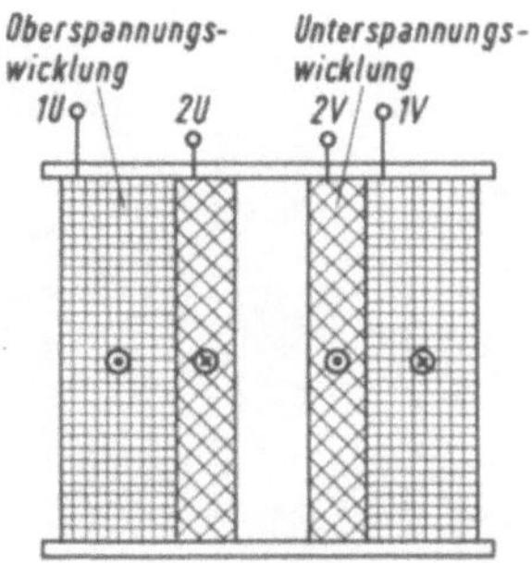

Bild 5.85. Zylinderschaltung

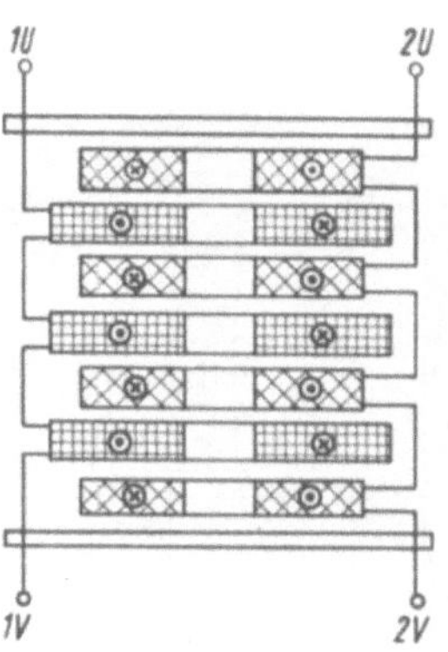

Bild 5.86. Scheibenwicklung

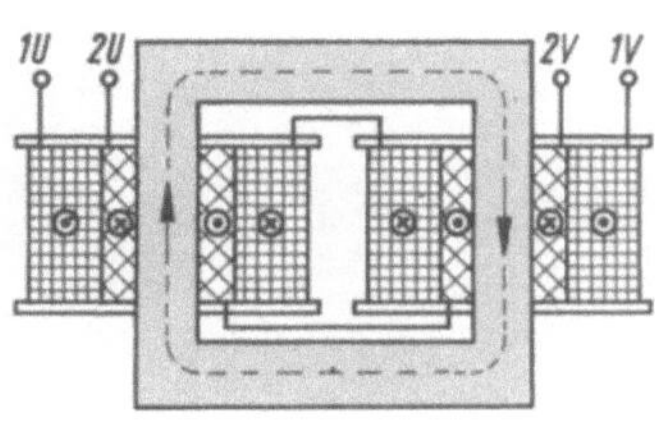

Bild 5.87. Kerntransformator für
Einphasenstrom mit Zylinderwicklung

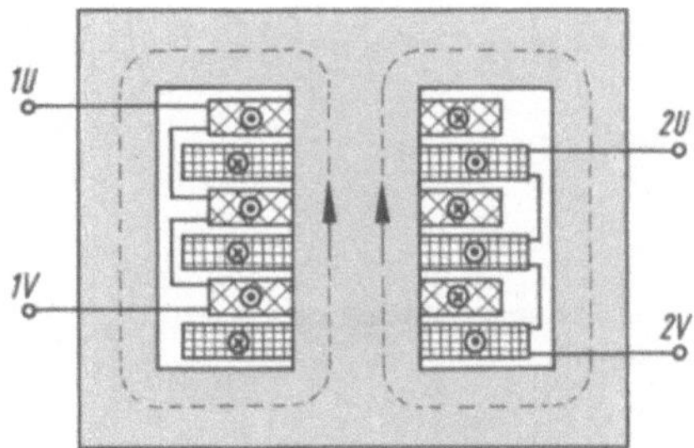

Bild 5.88. Manteltransformator für Einphasenstrom mit Scheibenwicklung

Bild 5.87 zeigt einen *Kerntransformator* für Einphasenstrom mit Zylinderwicklung. Die Wicklungen sind auf die beiden Schenkel aufgebracht, die durch die Joche überbrückt sind. In den Schenkeln und den Jochen ist der gleiche Magnetfluß vorhanden, deshalb wird ihnen auch der gleiche Querschnitt gegeben.

Beim *Manteltransformator* für Einphasenstrom (Bild 5.88) trägt der Mittelschenkel die Primär- und Sekundärspule. Die Wicklung ist im Bild als Scheibenwicklung ausgeführt. Der Magnetfluß im mittleren Schenkel verteilt sich gleichmäßig auf die beiden Mantelhälften. Der Querschnitt des Mantels ist daher halb so groß wie der des Mittelschenkels. Beim *Drehstrom-Kerntransformator* sind drei parallele Schenkel durch die beiden Joche überbrückt (Bild 5.89). Jeder Schenkel trägt eine Primär- und eine Sekundärwicklung. Ein *Drehstrom-Manteltransformator* mit Röhrenwicklung ist in Bild 5.90 dargestellt. Bei beiden Drehstromtransformatoren ist in jedem Augenblick die Summe der Magnetflüsse in zwei Schenkeln gleich und entgegengesetzt dem Magnetfluß im dritten Schenkel, entsprechend der Stromrichtung und -stärke in den drei Hauptleitern.

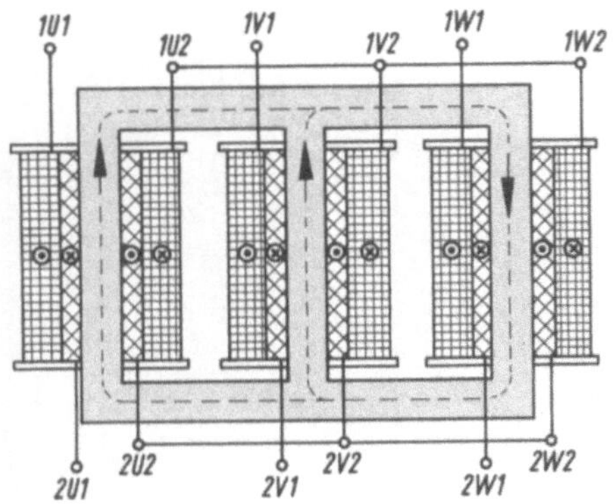

Bild 5.89. Drehstrom-Kerntransformator

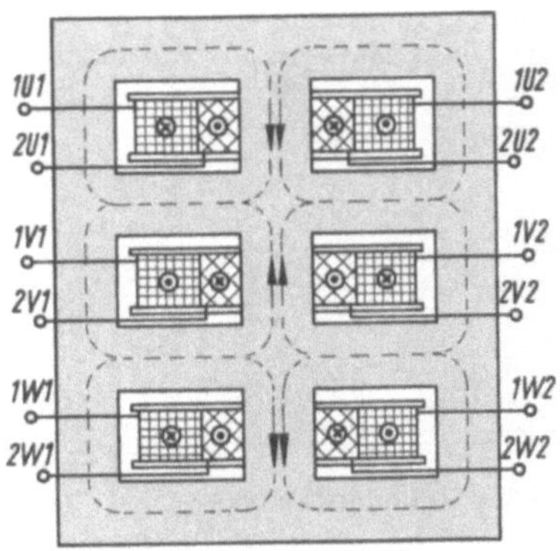

Bild 5.90. Drehstrom-Manteltransformator

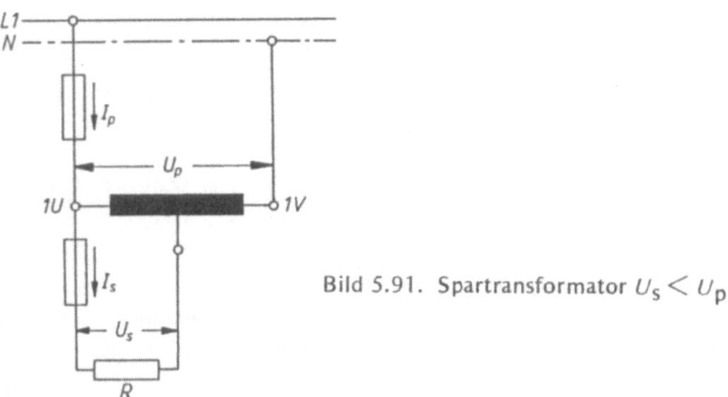

Bild 5.91. Spartransformator $U_s < U_p$

■ Aufgaben zu Abschnitt 5.3.3

1. Ein Drehstromtransformator nimmt an 10 kV eine Leistung von 7,5 kW und einen Strom von 0,58 A auf. Er gibt sekundär 380 V bei 14,8 A ab. Berechne die aufgenommene Scheinleistung, den $\cos \varphi_1$, das Übersetzungsverhältnis, seinen Wirkungsgrad und die abgegebene Scheinleistung!

2. 5 kV Drehstrom sollen nach oben umgespannt werden. Die Scheinleistungsaufnahme beträgt 100 kVA, bei $\cos \varphi_1 = 0,9$, $\ddot{u} = 1{:}22$ und $\eta = 0,98$. Berechne den aufgenommenen Strom, die aufgenommene Wirkleistung, die abgegebene Spannung, den abgegebenen Strom und die abgegebene Schein- und Wirkleistung bei $\cos \varphi_2 = 0,85$!

5.3.4. Transformatoren für Sonderzwecke

5.3.4.1. Spartransformator

Der Spartransformator hat nur eine einzige Spule (Bild 5.91). Sie wird, wie die Primärspule eines gewöhnlichen Transformators, mit den Klemmen $1U$ und $1V$ an das Netz angeschlossen.

Die Spule ist an einer beliebigen Stelle angezapft. Zwischen einer Außenklemme und der Zapfstelle kann die Sekundärspannung abgegriffen werden, deren Höhe durch die Zahl der abgegriffenen Windungen bestimmt ist. Liegt die Primärspannung an den Außenklemmen der Spule (Bild 5.91), so ist die Sekundärspannung kleiner als die Primärspannung. Wird die Primärspannung zwischen einer Außenklemme und der Zapfstelle angelegt (Bild 5.92), dann ist die an den Enden der Spule abgegriffene Sekundärspannung größer als die Primärspannung. Es ist also auch mit dem Spartransformator möglich, Spannungen herauf- oder herunterzutransformieren.

Da beim Spartransformator nur eine Wicklung vorhanden ist, wird Wicklungskupfer gespart; er ist deshalb leichter und in der Herstellung billiger als ein Transformator mit getrennten Wicklungen, außerdem sind die Verluste durch *Joulesche Wärme* kleiner. Seine Bauleistung und somit Baugröße ist kleiner als seine Durchgangsleistung: $S_B < S_D$. Trotz dieser Vorteile ist der Spartransformator nur beschränkt verwendungsfähig. Wegen der galvanischen Verbindung des Primär- und Sekundärkreises sind nur kleine Übersetzungsverhältnisse zugelassen.

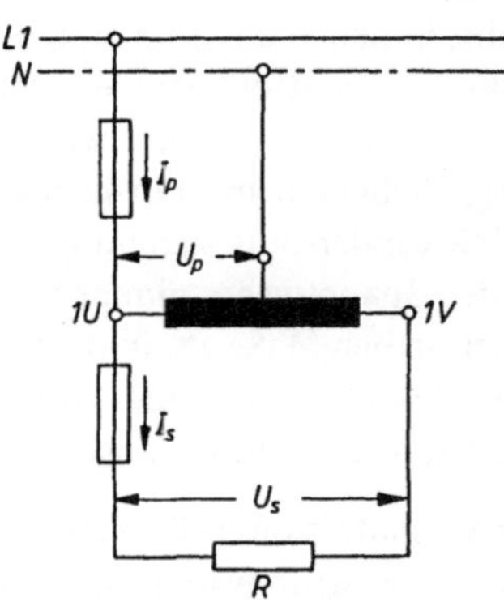

Bild 5.92. Spartransformator $U_s > U_p$

5.3.4.2. Meßwandler

Spannungen und Stromstärken in Hochspannungsanlagen können nicht direkt gemessen werden. Um die hohen Spannungen von den Meßgeräten fernzuhalten, werden ihnen Spannungs- bzw. Stromwandler vorgeschaltet.

Spannungswandler

Der Spannungswandler ist ein Transformator, der mit seiner Oberspannungswicklung (Primärwicklung) an die Hochspannung, mit seiner Unterspannungswicklung (Sekundärwicklung) an das Meßgerät angeschlossen wird (Bild 5.93). Das Verhältnis der Windungszahlen der Oberspannungswicklung zur Unterspannungswicklung ist das *Übersetzungsverhältnis* des Stromwandlers. Es wird so gewählt, daß die transformierte Spannung, der Normung entsprechend, 100 V beträgt und mit normalen Spannungsmessern gemessen werden kann. Die Skala des Spannungsmessers ist mit den Spannungswerten beziffert, die dem Übersetzungsverhältnis entsprechen, so daß am Meßgerät unmittelbar die Netzspannung abgelesen werden kann. Auf der Skala des Meßgeräts ist das Übersetzungsverhältnis des Spannungswandlers angegeben.

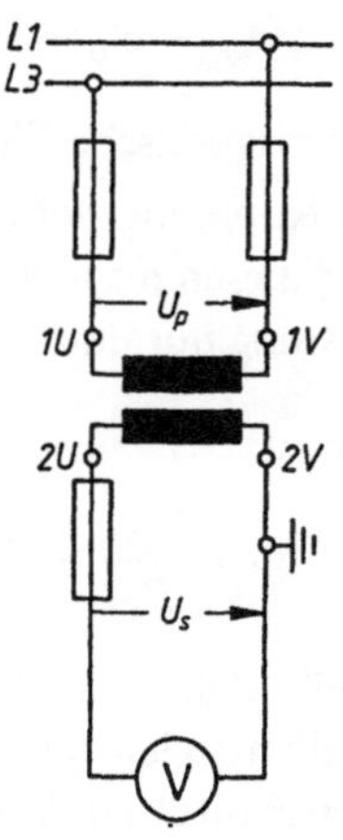

Bild 5.93. Spannungswandler

Die Sekundärwicklung und der Eisenkern des Spannungswandlers müssen gegen die Primärwicklung, da sie Hochspannung führt, sehr gut isoliert sein; es muß die Sekundärwicklung
geerdet und in der nicht geerdeten Zuleitung zum Meßgerät eine Sicherung eingebaut werden.

Stromwandler

Der *Stromwandler* ist ein Transformator, der mit seiner Primärwicklung in die Hochspannungsleitung eingeschaltet wird (Bild
5.94). Die Primärwicklung enthält nur wenig Windungen aus dickem
Draht, in denen der Spannungsabfall nur gering ist. An der Sekundärwicklung des Stromwandlers, die eine größere Zahl von Windungen
enthält, herrscht eine der Windungszahl entsprechende höhere Spannung. Da bei einem Transformator die Stromstärken in der Primär-
und Sekundärspule sich umgekehrt verhalten wie die an ihnen liegenden Spannungen, nimmt die Stromstärke in der Sekundärspule
in demselben Maße ab, in dem die Spannung herauftransformiert
wird. Beim Stromwandler wird also die Spannung herauf- und die
Stromstärke heruntertransformiert.

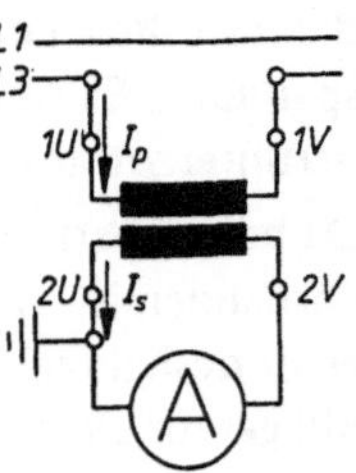

Bild 5.94. Strom-
wandler

Das Verhältnis des primären Nennstromes zum sekundären ist das *Stromübersetzungsverhältnis* des Stromwandlers. Die Nennstromstärke auf der Sekundärseite ist genormt und
beträgt 5 A.

Wirkungsweise und Dimensionierung

Um die Wirkungsweise eines Stromwandlers und eines Spannungswandlers richtig zu verstehen, muß man auf den normalen Transformator zurückgreifen, der dazu dient, Leistung
von der Primär- auf die Sekundärseite zu übertragen; man nennt ihn wegen dieser Aufgabe
„Leistungstransformator". Im Abschnitt 5.3.1.2 wurde festgestellt, daß der im Eisen bestehende Magnetfluß Φ hervorgerufen wird durch die magnetische Urspannung

$$\Theta_{ges} = \Theta_p - \Theta_s.$$

Der magnetische Fluß wird also um so größer, je größer diese Differenz ist.

Die Kopplung zwischen der Primär- und der Sekundärwicklung erfolgt einzig und allein
über diesen magnetischen Fluß. Es ist daher ohne weiteres verständlich, daß eine große
Leistung nur durch einen entsprechend großen Fluß übertragen werden kann.

Nun ist

$$\Phi = \frac{\Theta_{ges}}{R_m} = \frac{\Theta_p - \Theta_s}{R_m} \; .$$

Es gibt daher zwei Wege, um einen großen magnetischen Fluß zu bekommen: Es muß R_m
möglichst klein gemacht werden. Das erreicht man durch einen möglichst großen Eisenquerschnitt und durch Verwendung möglichst verlustarmen Eisens. Diesem Weg sind aber
Grenzen gesetzt, denn je größer der Eisenquerschnitt gemacht wird, um so größer und un-
handlicher wird der Transformator; außerdem wachsen mit dem Querschnitt auch die Ver-

luste wieder, weil sie von der Menge des ständig umzumagnetisierenden Eisens abhängen, die Verluste werden ja in W/kg angegeben. Die Vergrößerung des Eisenquerschnitts bringt nur solange Vorteile, wie dadurch die Übersättigung des Eisens verhindert wird.

Wesentlich wichtiger ist der zweite Weg, Φ groß zu machen, nämlich dadurch, daß die Differenz $\Theta_p - \Theta_s$ möglichst groß gemacht wird. Das bedeutet aber, daß bei einem Leistungstransformator Θ_s wesentlich kleiner sein muß als Θ_p. Nun ist aber, wie im Abschnitt 5.3.1.3 ausgeführt wurde,

$$\Theta_p = I_p N_p \quad \text{und} \quad \Theta_s = I_s N_s.$$

Da meistens das Spannungsübersetzungsverhältnis eines Leistungstransformators vorbestimmt ist, so ist auch das Verhältnis $N_p : N_s$ festgelegt. Soll daher $I_s N_s$ klein gegen $I_p N_p$ werden, so muß I_s entsprechend klein gemacht werden. Wenn aber die Wickeldaten des Transformators und damit das Spannungsübersetzungsverhältnis festliegen, dann kann I_s nur dann klein werden, wenn der sekundärseitig angeschlossene Belastungswiderstand groß ist gegenüber dem sekundärseitigen Innenwiderstand des Transformators. Diese Tatsache wird auch dadurch erhärtet, daß das Gesetz

$$U_p : U_s = N_p : N_s$$

nur bei Leerlauf des Transformators genau gilt, wie im Abschnitt 5.3.1.1 bereits gesagt wurde. Da nun bei tatsächlichem Leerlauf $I_s = 0$ die übertragene Leistung Null ist, ist die Forderung des Leerlaufs nicht erfüllbar, denn dann hätte der Transformator seinen Zweck verfehlt. Man erkennt also, daß die Konstruktion eines Leistungstransformators hier eine Kompromißlösung verlangt, bei der auf alle Fälle der sekundärseitige Innenwiderstand so klein wie möglich gegenüber dem Belastungswiderstand gemacht wird, damit die Forderung des angenäherten Leerlaufs auch noch bei der Nennleistung des Transformators erfüllt wird.

Bei einem Spannungswandler ist diese Forderung verhältnismäßig leicht zu erfüllen, da der Widerstand des an die Sekundärseite angeschlossenen Spannungsmessers groß ist. Bei Spannungswandlern kann man daher sagen, die Forderung des Leerlaufs ist praktisch fast erfüllt und darum gilt auch beim Spannungswandler das Gesetz $U_p : U_s = N_p : N_s$ mit großer Genauigkeit, während beim Leistungstransformator bei Nennlast meistens schon eine erhebliche Abweichung von diesem Gesetz festgestellt werden kann.

Der Stromwandler liegt mit seiner Primärwicklung im Hauptstromkreis in Reihe mit dem Verbraucher. Er dient zum Anschluß eines Strommessers, dessen Meßbereich gegenüber der Verbrauchsstromstärke zu klein ist. Ein Strommesser soll genauso wie ein Spannungsmesser einen möglichst geringen Leistungsverbrauch haben. Die vom Stromwandler zu übertragende Leistung ist also ebenso wie beim Spannungswandler sehr klein. Während aber beim Spannungswandler die Primärwicklung einen sehr großen Eingangswiderstand haben muß, damit die primärseitig aufgenommene Leistung klein bleibt, obgleich an ihr die volle Netzspannung liegt, muß beim Stromwandler der Primärwiderstand sehr klein sein, damit der an ihm entstehende Spannungsabfall klein ist, obgleich der gesamte Netzstrom durch ihn hindurch geht. Der Stromwandler muß also einen kleinen Primärwiderstand haben und soll nur eine sehr kleine Leistung übertragen. Die Sekundärwindungszahl muß aber entsprechend dem Stromübersetzungsverhältnis $I_p : I_s = N_s : N_p$ größer sein als die primäre. Andererseits braucht wegen der geringen zu übertragenden Leistung der magnetische Fluß nur klein zu sein. Es genügt deshalb ein verhältnismäßig kleiner Eisenquerschnitt. Ferner kann die Differenz $\Theta_p - \Theta_s$ klein sein, womit gesagt ist, daß $I_p N_p$ nicht viel größer zu sein braucht als $I_s N_s$. Auch hier ist durch das Stromübersetzungsverhältnis das Windungsverhältnis festgelegt. Will man also $I_s N_s$ möglichst groß machen, so muß man I_s möglichst groß machen. Nun ist verständlicherweise I_s bei Kurzschluß am größten und damit auch $\Theta_p - \Theta_s$ am kleinsten. Ein Stromwandler arbeitet deshalb am besten, wenn seine Sekundärwicklung kurzgeschlossen ist, und dann stimmt auch das in Abschnitt 5.3.1.3 entwickelte Stromübersetzungsverhältnis am besten.

Es muß also der Belastungswiderstand der Sekundärseite von Stromwandlern — es ist üblich, ihn mit *Bürde* zu bezeichnen — möglichst klein im Verhältnis zum sekundärseitigen Innenwiderstand sein, damit man praktisch von Kurzschluß sprechen kann.

Der Primärstrom wird im wesentlichen durch die Verbraucher bestimmt; wird nun der Sekundärkreis unterbrochen, so nimmt der Eingangswiderstand des Stromwandlers zwar zu, der Strom wird dadurch aber nicht wesentlich verändert.
Die erste Folge ist also ein starker Spannungsanstieg an der Primärwicklung.

Das wäre nicht allzu gefährlich, wenn die Primärwicklung entsprechend gut isoliert wird. Die Isolation eines Stromwandlers muß aber schon deshalb gut sein, da die Primärwicklung meistens am Hochspannungsnetz liegt und die Sekundärseite einpolig geerdet wird.

Eine zweite Folge würde aber sein, daß die Spannung an der Sekundärseite im Verhältnis $N_s : N_p$ ansteigt, so daß hier auf der Niederspannungsseite, die meistens lange Kabelleitungen zu den Meßinstrumenten enthält, die Überspannung unzulässig hohe Werte annimmt.

Die dritte und wichtigste Folge aber ist die, daß durch die Unterbrechung des Sekundärkreises $I_s = 0$ und damit auch $\Theta_s = 0$ wird. Θ_p dagegen bleibt fast unverändert, weil I_p nicht abfallen kann, so daß in dem schwachen Eisenkern eine sehr starke Übersättigung auftritt. Dadurch steigen die Hysteresisverluste im Eisen plötzlich stark an und das Eisen wird schnell sehr heiß; in Bruchteilen von Sekunden schon kann es zu glühen beginnen, und der Stromwandler verbrennt. Das Öffnen des Sekundärkreises im Betrieb hat also für einen Stromwandler katastrophale Folgen. Darum merke:

Bei einem in Betrieb befindlichen Stromwandler darf man den Sekundärkreis keinesfalls unterbrechen.

Deshalb darf auch im Sekundärkreis eines Stromwandlers keine Sicherung liegen, da deren Durchbrennen die Zerstörung des Wandlers zur Folge hätte. Bei Stromwandlern, an denen häufig Umschaltungen vorgenommen werden, wie z.B. Laboratoriumsgeräten, sind deshalb besondere *Kurzschlußlaschen* angebracht, die im Bedarfsfall die Sekundärklemmen kurzschließen. Sie dürfen immer erst geöffnet werden, nachdem man sich davon überzeigt hat, daß der angeschlossene Stromkreis über einen Strommesser kurzgeschlossen ist. Andererseits darf man aber auch nicht vergessen, bei der Durchführung der Messung diese Kurzschlußlaschen zu öffnen, da sie als Nebenschluß zum Strommesser natürlich die Messung völlig verfälschen.
Sollte einmal bei einem Stromwandler versehentlich der Sekundärkreis im Betrieb nur ganz kurzzeitig geöffnet worden sein ohne daß äußerlich eine Beschädigung feststellbar ist, so ist

er trotzdem aus der Schaltung auszubauen und genauestens zu prüfen und neu zu eichen. Da nämlich das Eisen im Stromwandler aus besonders vergütetem Spezialeisen besteht, ist jedes noch so kurzzeitige Überlasten schädlich, weil dadurch die magnetischen Eigenschaften des Eisenkerns verändert werden.

Schließlich sei noch erwähnt, daß es neben den bereits genannten Stromwandlern mit der genormten Sekundärstromstärke $I_s = 5$ A auch Ausführungen für $I_s = 1$ A gibt. Derartige Stromwandler werden beispielsweise in Umspannwerken mit großen Freiluftstationen gebraucht, wo zwischen dem in der Schalttafel befindlichen Strommesser und dem im Freien befindlichen Stromwandler mehrere 100 m Kabel liegen. Durch die Herabsetzung der Stromstärke wird erreicht, daß der Spannungsabfall auf dieser Kabelleitung und die Verluste nicht zu groß werden, denn je kleiner I_s ist, um so größer muß N_s und damit auch der Innenwiderstand der Sekundärwicklung werden, so daß auch schon bei größerer Bürde der Belastungswiderstand klein gegenüber dem sekundären Innenwiderstand bleibt, und damit die Forderung des sekundären Kurzschlusses erfüllt bleibt.

5.3.4.3. Transduktor

Beim Transduktor (magnetischer Verstärker) wird durch eine Gleichstromvormagnetisierung der induktive Widerstand, z.B. der einer Drossel für Wechselstrom, so verändert, daß mehr oder weniger Wechselstrom fließen kann. Transduktoren müssen allerdings einen Kern aus gutem streuarmen Elektroblech mit nahezu rechteckförmiger Hysteresekurve erhalten, sonst wird ihre Steuerkennlinie unbefriedigend.

Wie eine Leuchtstofflampe in ihrer Helligkeit durch einen Transduktor gesteuert werden kann, zeigt Bild 5.95. Der durch die Hilfswicklung fließende, zuerst geringe Steuergleichstrom erzielt eine Eisenkernvormagnetisierung, die Eisensättigung wird größer und der Blindwiderstand fällt. Hierdurch steigt der Arbeitsstrom und die Lampe wird heller. Man kann also mit einer kleinen Steuerspannung und somit mit geringem Steuerstrom die Lampe stufenlos von hell bis dunkel regeln. Es gibt natürlich viele Transduktorschaltarten; hier ist nur das einfache Grundprinzip erwähnt. Auch in der Gleichstrom-Verstärkermaschine (Amplidyne) läßt sich durch kleine Steuerströme, die man regelbar einer Hilfswickwicklung (Fremderregung) zuführt, eine große Generatorleistung in besonders kurzer Regelzeit erzielen.

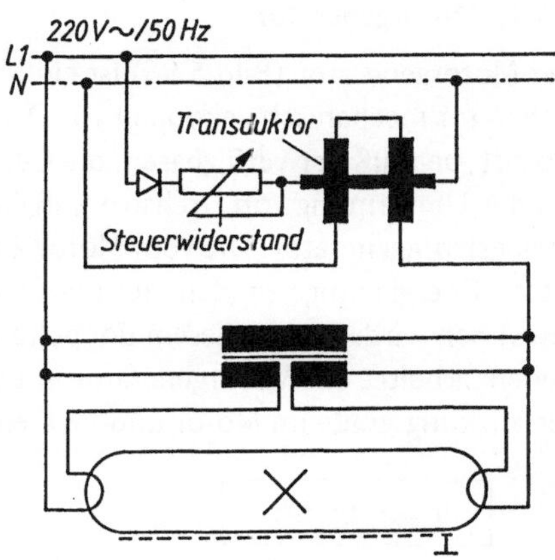

Bild 5.95. Helligkeitssteuerung einer Leuchtstofflampe durch Transduktor

5.4. Umformer

Umformer sind elektrische Maschinen, die dazu dienen, eine Stromart in eine andere um-
zuformen. Dies wird dann notwendig, wenn die vom Elektrizitätswerk gelieferte Stromart
für die zu verrichtende Stromarbeit ungeeignet ist. Für die Technik von Bedeutung ist im
allgemeinen nur die Umwandlung von Wechsel- oder Drehstrom in Gleichstrom, da die
Elektrizitätsversorgung durch Fernkraftwerke ausschließlich mit Drehstrom erfolgt, in vielen Betrieben, z.B. in der elektrochemischen Industrie, in galvanotechnischen Betrieben,
Akkumulatorenstationen, aber Gleichstrom erforderlich ist.

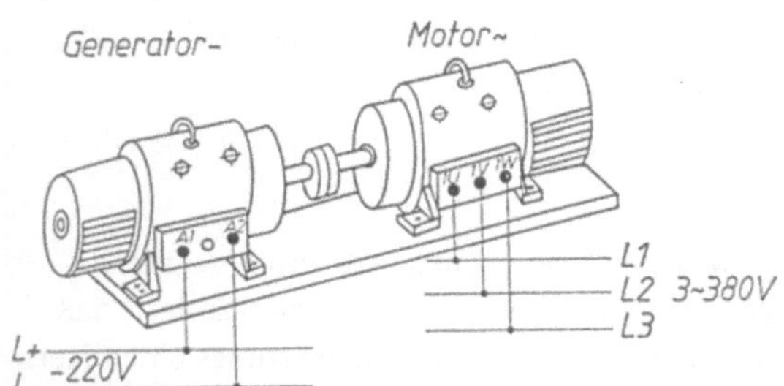

Bild 5.96
Motorgenerator;
links: Generator,
rechts: Motor

5.4.1. Motorgenerator

Der Motorgenerator (Bild 5.96) ist ein Maschinenaggregat, in dem ein Motor mit einem
Generator mechanisch gekoppelt ist. Der Generator wird vom Motor angetrieben. Die
Motortype muß der verfügbaren, die Generatortype der gewünschten Stromart entsprechen.
Bei der Umformung von Drehstrom in Gleichstrom treibt also ein Drehstrommotor einen
Gleichstromgenerator. Die vom Motor aufgenommene elektrische Energie wird in mechanische Energie umgewandelt, aus der im Generator wieder elektrische Energie zurück-
gewonnen wird. Da bei diesem doppelten Energieumsatz in jeder Maschine Verluste entstehen, arbeitet der Motorgenerator mit schlechtem Wirkungsgrad, der gleich dem Produkt
der Wirkungsgrade im Motor und im Generator ist:

$$\eta_{ges} = \eta_M \eta_G .$$

Ist z. B. der Wirkungsgrad des Motors $\eta_M = 0,80$, der des Generators $\eta_G = 0,85$, so ist
der Gesamtwirkungsgrad $\eta_{ges} = 0,80 \cdot 0,85 = 0,68 = 68\,\%$.

Umformer werden nur noch in Sonderfällen verwendet, weil sie nur einen geringen Wirkungsgrad haben, ihre beweglichen Teile sich abnutzen und einer dauernden Wartung bedürfen.
Sie sind durch die im folgenden Abschnitt behandelten Stromrichter ziemlich verdrängt
worden.

5.4.2. Einankerumformer

Mit einem besseren Wirkungsgrad als der Motorgenerator arbeitet der Einankerumformer.
Den Aufbau des Einankerumformers zeigt die schematische Darstellung in Bild 5.97. In
einem Magnetfeld rotiert eine Ankerwicklung, die auf der einen Seite an einen Kollektor,
auf der anderen Seite an Schleifringe angeschlossen ist, deren Zahl durch die Stromart bestimmt ist, die der Ankerwicklung zugeführt wird. Zum Umwandeln von Wechselstrom
sind zwei Schleifringe erforderlich, die mit zwei gegenüberliegenden Punkten der Ankerwicklung verbunden sind (Bild 5.98a), zum Umwandeln von Drehstrom drei Schleifringe,
die an drei gegeneinander um je 120° versetzte Punkte der Wicklung angeschlossen sind.
Auf der anderen Maschinenseite sind die Enden der Wicklungen zu einem Kollektor geführt, von dem der Gleichstrom abgenommen wird (Bild 5.98b). Auf der Wechselstromseite wirkt der Einankerumformer als Synchronmotor, auf der Gleichstromseite als Generator. Der der Ankerwicklung über die Schleifringe zugeführte Wechsel- oder Drehstrom
wird durch den Kollektor gleichgerichtet; der für die Erregung der Magnete erforderliche
Strom wird an den Kollektorbürsten abgezweigt.

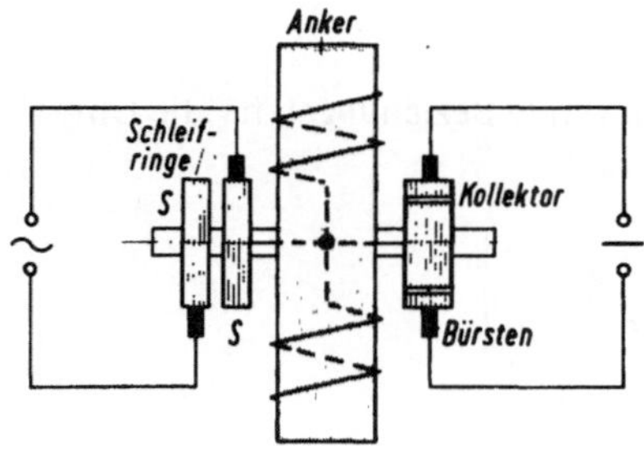

Bild 5.97. Schematische Darstellung des
Einankerumformers für Wechselstrom/Gleichstrom

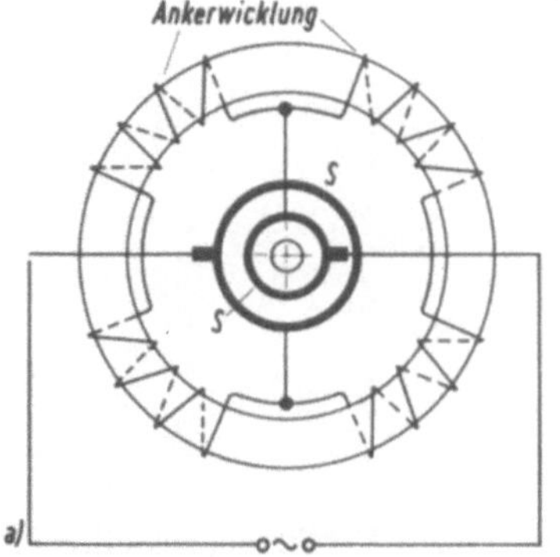

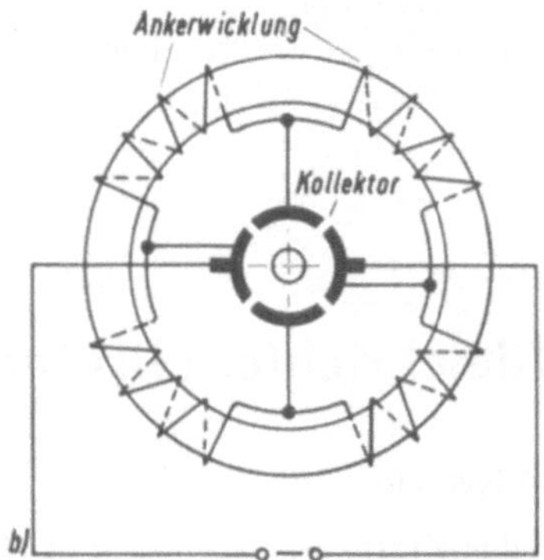

Bild 5.98. Schaltung der Ankerwicklung des Einankerumformers
a) auf der Wechselstromseite   b) auf der Gleichstromseite

Da beim Einankerumformer die Umwandlung von elektrischer Energie ohne mechanische
Zwischenstufe unmittelbar wieder in elektrische Energie erfolgt, ist sein Wirkungsgrad
höher als beim Motorgenerator und liegt bei etwa 90 %. Ein weiterer Vorteil sind die nie-

drigen Herstellungskosten des Einankerumformers. Ein Nachteil ist die Abhängigkeit der Gleichspannung von der zugeführten Wechsel- bzw. Drehspannung.

Der Scheitelwert $\hat{u}$ der Wechselspannung ist nämlich ebenso groß wie die Gleichspannung U_G. Es ist also

$$\hat{u} = U_G.$$

Der Effektivwert der Wechselspannung (U) beträgt

$$U = \frac{\hat{u}}{\sqrt{2}} \quad \text{bzw.} \quad \hat{u} = \sqrt{2}\,U$$

Durch Einsetzen von $\hat{u} = U_G$ ergibt sich:

$$U = \frac{U_G}{\sqrt{2}} \quad \text{bzw.} \quad U_G = \sqrt{2}\,U$$

Entsprechend ist bei Drehstrom:

$$U = 0,612\,U_G \quad \text{bzw.} \quad U_G = 1,634\,U$$

Unter Berücksichtigung des Wirkungsgrades gelten also folgende Beziehungen für die Umwandlung von Wechselstrom in Gleichstrom und umgekehrt:

$$\boxed{U = \frac{\sqrt{2}\,U_G}{\eta}} \quad \text{bzw.} \quad \boxed{U_G = \frac{\sqrt{2}\,U}{\eta}}$$

für die Umwandlung von Drehstrom in Gleichstrom und umgekehrt:

$$\boxed{U = \frac{0,612\,U_G}{\eta}} \quad \text{bzw.} \quad \boxed{U_G = \frac{1,634\,U}{\eta}}$$

5.5. Gleichrichter (Stromrichter)

5.5.1. Allgemeines

Die von den Kraftwerken in Form von Wechsel- oder Drehstrom zur Verfügung gestellte elektrische Energie läßt sich unmittelbar nur zur Wärmeerzeugung in den elektrischen Wärmegeräten, zum Betrieb der elektrischen Lichtquellen und in geeigneten Motoren zur Verrichtung von Arbeit verwenden. Dagegen ist zum Auslösen elektrolytischer Wirkungen, z.B. zum Laden von Akkumulatoren, zur Erzeugung und zum Empfang elektromagnetischer Wellen oder für den Betrieb von Röntgenanlagen, Gleichstrom erforderlich, der, soweit er nicht in eigenen Gleichstromgeneratoren erzeugt wird, durch Umwandlung aus Wechsel- bzw. Drehstrom mit Hilfe von Gleichrichtern gewonnen wird.

Gleichrichter haben die Eigenschaft, daß sie den Strom nur in einer Richtung hindurchlassen, dem in der entgegengesetzten Richtung fließenden Strom aber einen so großen Widerstand entgegensetzen, daß praktisch kein Strom fließt. Man bezeichnet diese Wirkung als *Ventilwirkung.*

5.5.2. Gleichrichter

5.5.2.1. Physikalisches Prinzip

Die Wirkungsweise eines Gleichrichters beruht auf dem von der Stromrichtung abhängigen, verschiedenen Widerstand, den eine mit einer Halbleiterschicht überzogene Metallplatte dem Stromdurchgang entgegensetzt. Man unterscheidet Selengleichrichter, Kupferoxid-Gleichrichter, Silicium- und Germaniumgleichrichter.

5.5.2.2. Aufbau und Betriebsverhalten

Beim *Selengleichrichter* (Bild 5.99) ist auf eine Eisenscheibe eine Selenschicht als Halbleiter aufgebracht. Auf der Oberfläche der Selenschicht wird durch Erwärmen eine *Sperrschicht* erzeugt, die durch eine Gegenplatte abgedeckt ist. In der Richtung von der Selenschicht zur Sperrschicht ist die Selenzelle für den elektrischen Strom durchlässig, in der entgegengesetzten Richtung bietet sie ihm einen sehr großen Widerstand, so daß in dieser Richtung nur ein sehr kleiner Strom, der sogenannte Rückstrom, fließt.

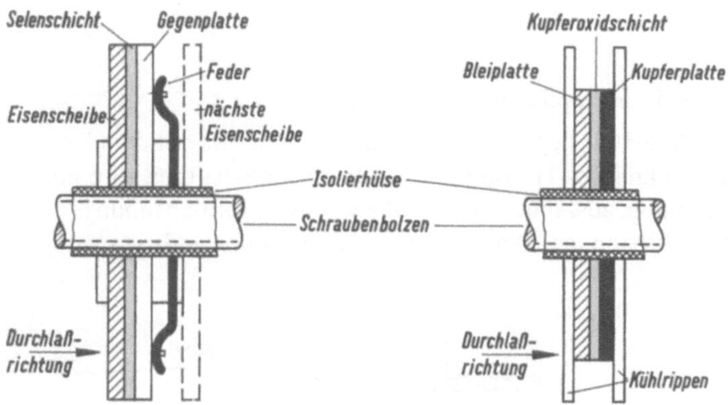

Bild 5.99. Aufbau einer Eisen-
Selen-Gleichrichterzelle

Bild 5.100. Aufbau einer Kupferoxid-
Gleichrichterzelle

Beim *Kupferoxidgleichrichter* (Bild 5.100) liegt die Sperrschicht zwischen der Kupferplatte und der Kupferoxidschicht. Sie ist für einen Strom in der Richtung von der Kupferoxidschicht zur Sperrschicht durchlässig und sperrt den Strom in der entgegengesetzten Richtung. Um eine gutleitende Verbindung mit der Kupferoxidschicht herzustellen, wird sie mit einer Graphitschicht überzogen und mit einer Bleiplatte abgedeckt.

Jede Gleichrichterzelle darf nur mit einer bestimmten Höchstspannung, der sogenannten *Sperrspannung*, belastet werden. Sie beträgt für die Selenzelle 15...25 V, für die Kupfer-

oxidzelle jedoch nur 5...8 V. Sollen höhere Spannungen gleichgerichtet werden, so muß
man eine der Spannung entsprechend größere Anzahl von Einzelzellen hintereinanderschalten. Die einzelnen Gleichrichterzellen werden, durch Zwischenstücke und Kühlbleche
voneinander getrennt, isoliert auf einen Schraubbolzen aufgeschoben und fest verschraubt.
Die Kühlbleche und Zwischenstücke bezwecken das Abführen der Wärme, die der Strom
im Halbleiter entwickelt.

Die Stromstärke, die dauernd einer Zelle entnommen werden kann, ist von der Größe der
Gleichrichterfläche abhängig. Die *Strombelastbarkeit* beträgt bei beiden Zellen etwa
30...40 $\frac{mA}{cm^2}$. Durch Parallelschalten einer entsprechenden Anzahl von Gleichrichterzellen
lassen sich Ströme beliebiger Stärke gleichrichten.

Beim Siliciumgleichrichter ist auf der Trägerelektrode eine
dünne Silicium-Einkristallplatte befestigt. Eine Siliciumzelle,
Bild 5.101, besteht aus der aktiven Si-Tablette mit Strom-
anschluß und dem Kühlkörper. Ihr Vorteil gegenüber der
Selengleichrichterzelle liegt in der hohen Sperrspannung
($\approx$ 600 V pro Zelle) und der hohen Stromdichte (bis
90 A/cm² bei Eigenkühlung und bis 200 A/cm² bei Fremd-
kühlung). Dazu kommt ihr geringes Gewicht (z.B. bei 1,2 A
Nennstrom 3 g) und ein hoher Wirkungsgrad (bis 99,6 %).

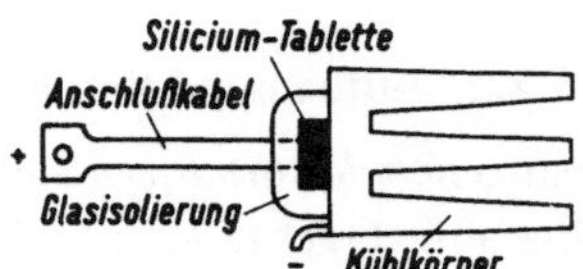

Bild 5.101. Siliciumgleichrichter-
zelle SSi 50 (Siemens)

5.5.2.3. Schaltung

Einpuls-Mittelpunktschaltung *M*1 für Einphasenwechselstrom

Bei dieser Einwegschaltung (Bild 5.102) liegt ein Gleichrichter *V* in Reihe mit dem Verbraucher *R* an der Sekundärwicklung des Transformators. Bei dieser Schaltung wird nur
eine Halbwelle der Wechselspannung ausgenutzt. Ist U_2 die Wechsel-Trafo-Spannung
und U_- die ideelle Leerlaufgleichspannung, dann gelten die im Spannungsverlauf angegebenen Werte.

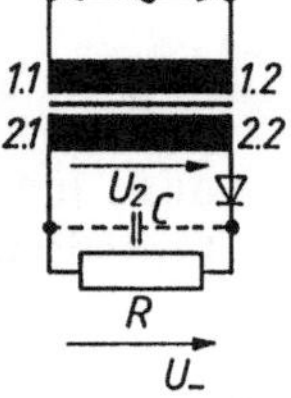

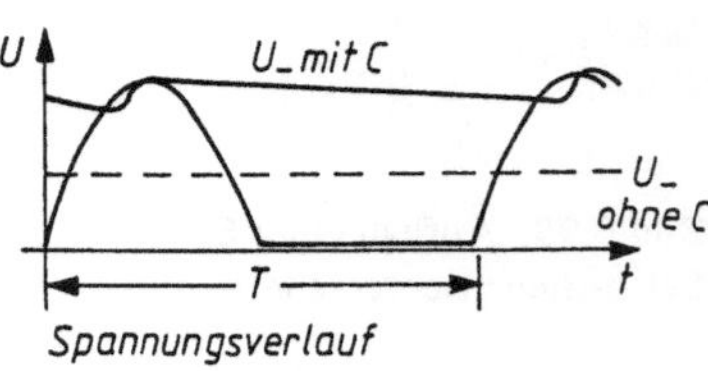

Bild 5.102
Einpuls-Mittelpunktschaltung *M*1

ohne C: $\frac{U_-}{U_2} = 0{,}45$,   mit C: $\frac{U_-}{U_2} \approx \sqrt{2}$

Zweipuls-Brückenschaltung *B*2 für Einphasenwechselstrom

Um beide Halbwellen auszunutzen, wendet man meist die Brückenschaltung an, die nach
ihrem Erfinder auch *Grätzschaltung* genannt wird. Außer dem Transformator sind vier

Gleichrichter erforderlich, deren Schaltung aus Bild 5.103 ersichtlich ist. Fließt der Wechselstrom in der Sekundärwicklung in der Richtung von 2.1 nach 2.2 (ausgezogener Pfeil), so nimmt er seinen Weg über $V1$, den Verbraucher R und $V2$ zurück nach 2.1. Bei der nächsten Halbwelle fließt der Strom von 2.2 nach 2.1 (gestrichelter Pfeil) und über $V3$, den Verbraucher R und $V4$ zurück nach 2.2. Der Strom fließt also durch den Verbraucher stets in der gleichen Richtung, er ist ein pulsierender Gleichstrom.

Dreipuls-Mittelpunktschaltung $M3$ und Sechspuls-Brückenschaltung $B6$

Zum Gleichrichten von Drehstrom sind in Dreipulsschaltung (Bild 5.104) drei Gleichrichter- in Sechspulsschaltung sechs Gleichrichter erforderlich (Bild 5.105). Die Welligkeit des in Zweiwegschaltung gleichgerichteten Drehstromes ist gering.

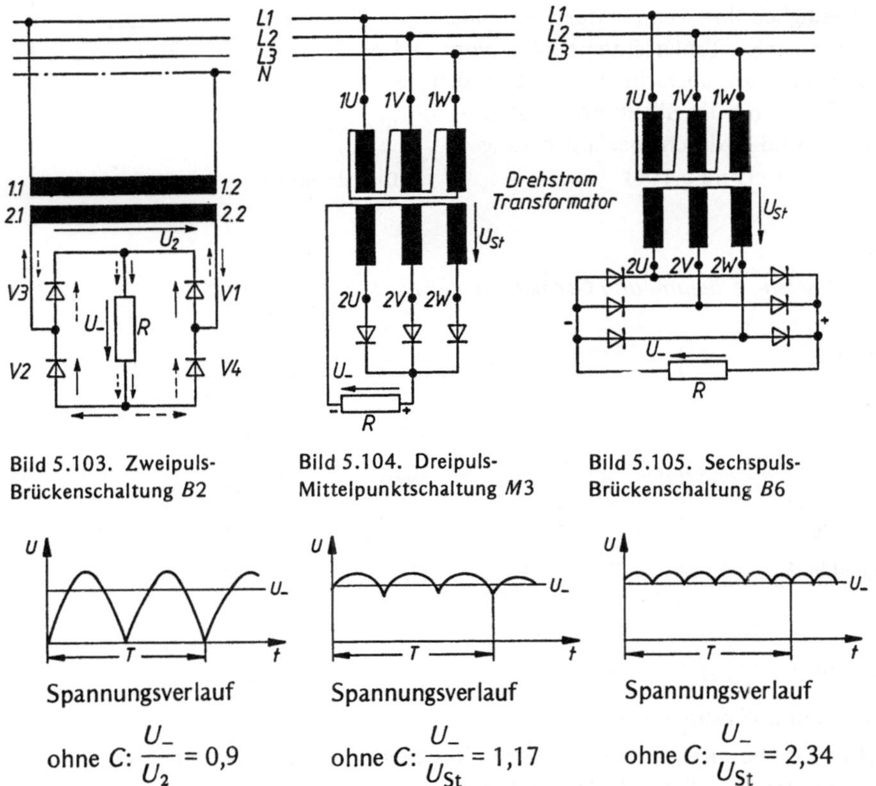

Bild 5.103. Zweipuls-Brückenschaltung $B2$

Bild 5.104. Dreipuls-Mittelpunktschaltung $M3$

Bild 5.105. Sechspuls-Brückenschaltung $B6$

Spannungsverlauf

Spannungsverlauf

Spannungsverlauf

ohne C: $\dfrac{U_-}{U_2} = 0,9$

ohne C: $\dfrac{U_-}{U_{St}} = 1,17$

ohne C: $\dfrac{U_-}{U_{St}} = 2,34$

5.5.2.4. Technische Angaben

Die Erwärmung der Selengleichrichter hängt von der Strombelastung ab und darf 353 K nicht übersteigen. Höhere Temperaturen setzen die Sperrwirkung herab und führen schließlich zur Zerstörung des Gleichrichters. Beim Einhalten dieser *Grenztemperatur* haben Selengleichrichter eine nahezu unbeschränkte Lebensdauer. Der Wirkungsgrad der Selengleichrichter ist von der Strombelastung abhängig und erreicht Werte bis zu 90 %; bei niederen Spannungen ist er höher als der anderer Gleichrichterarten.

Wegen ihrer Anspruchlosigkeit und Betriebssicherheit werden Gleichrichter aller Typen heute vielseitig u.a. zum Laden von Sammlern in galvanotechnischen Betrieben, zur Gleichstromversorgung von Rundfunkempfängern und in der Meßtechnik verwendet.

Siliciumgleichrichter haben vorwiegend in der Energietechnik wegen der großen Belastbarkeit und der geringen Raumeinnahme die anderen Gleichrichter und Kontaktumformer verdrängt. Ganz besonders in der Schweißtechnik werden Schweißumformer immer mehr von Flächengleichrichtern abgelöst.

Nachteilig ist lediglich ihre Temperaturempfindlichkeit. Wird die zulässige Tablettentemperatur von $\approx$ 413 K auch nur kurz überschritten, ändert sich der Kristallaufbau, und die Siliciumzelle ist unbrauchbar. Daher sind sie durch Spezialsicherungen (überflink) zu sichern (Bild 5.106).

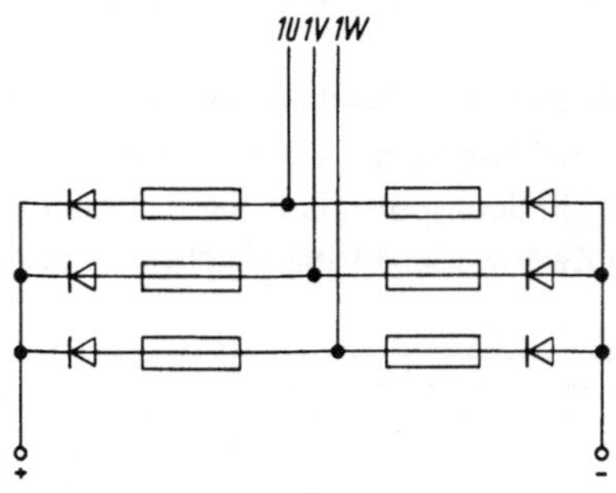

Bild 5.106. Silicium-Gleichrichtergruppe mit Zellensicherung am Drehstromnetz

Kenndaten von Selen-, Silicium- und Germaniumgleichrichtern bzw. Dioden:

Gleichrichter	Se	Si	Ge
max. Betriebstemperatur	353 K	413 K	338 K
U_{sperr}/U_{eff}	30 V	900 V	160 V
$U_{schwell}$	0,4 V	0,7 V	0,35 V
Strombelastung	bis $0,2\,\dfrac{A}{cm^2}$	$80\,\dfrac{A}{cm^2}$	$40\,\dfrac{A}{cm^2}$
Wirkungsgrad in %	92	99,6	98,5

5.5.3. Thyristor

5.5.3.1. Aufbau und Wirkungsweise

Laut DIN 41 786 — Definition ist ein Thyristor ein steuerbarer Halbleitergleichrichter mit mindestens vier unterschiedlichen Halbleiterzonen wechselnder Leitfähigkeit.

Das bedeutet, der Thyristor besteht aus jeweils zwei n-dotierten- und zwei p-dotierten Siliciumschichten. Die Anordnungsfolge ist hierbei p-n-p-n (siehe Bild 5.107). Der Thyristor hat einen Anodenanschluß (A), einen Steueranschluß (G) und einen Kathodenanschluß (K).

Bei der Schaltung des Thyristors nach Bild 5.107 ist dieser in Vorwärts- oder Durchlaßrichtung geschaltet; die Sperrschicht 2 in Sperrichtung, die Sperrschicht 1 und 3 in Durchlaßrichtung betrieben, es fließt der Sperrstrom I_D.

Nach Schließen des Schalters erhält das *Gate* (*G*) einen Impuls, es werden freie elektrische Ladungsträger zur p-Schicht befördert, die Sperrschicht wird rasch abgebaut in der Zeit einiger Mikrosekunden, d.h. der Thyristor zündet durch. Der Durchlaßstrom fließt von Richtung *A* nach *K*. Der sperrende Zustand des Thyristors wird erst dann wieder erreicht, wenn der Haltestrom I_H einen Minimumwert unterschreitet, die Unterbrechung des Steuerstromkreises allein bietet nicht die Möglichkeit eines Einflusses auf den Arbeitskreis. Ein größer werdender R_a würde z.B. eine Verkleinerung dieses I_H bewirken.

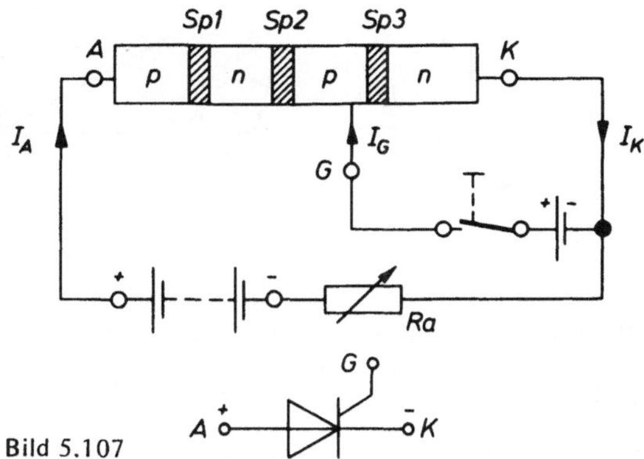

Bild 5.107

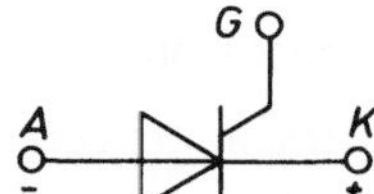

Bild 5.108. Thyristor in Sperrichtung geschaltet

Beim Anschluß des Thyristors an Wechselspannung geschieht eine Unterbrechung des Arbeitskreises automatisch beim Durchlaufen jeder positiven Halbwelle; am Gate muß jeweils neu gezündet werden. Dieses Verhalten macht man sich bei der Phasenanschnittsteuerung zunutze, wobei der Mittelwert des Verbrauchers stetig gesteuert werden kann, indem man eine Verschiebung des Steuerimpulses und somit eine Stromflußwinkeländerung vornimmt.

Im Gegensatz zu der zu steuernden Leistung ist die notwendige Impulsleistung beim Thyristor gering. Je nach Bedarf und Baugröße liegt die Belastbarkeit von Thyristoren bei 1000 kW, bei Zündströmen von 10 mA bis ca. 500 mA.

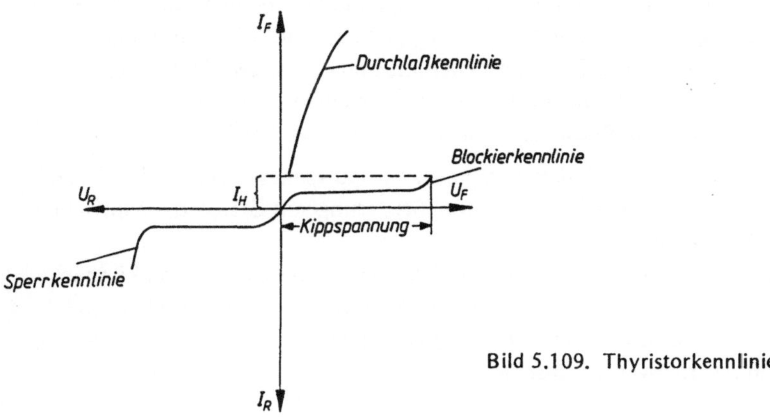

Bild 5.109. Thyristorkennlinie

Einen wichtigen Platz hat der Thyristor in der Eigenschaft als Schalter eingenommen, bedenkt man, daß es durch ihn ermöglicht wurde, neben einer hohen Schalthäufigkeit lichtbogenfrei (im Niederspannungsbereich), verzögerungsarm (100 ms), verschleißfrei, geräuschlos und bei beliebigen Phasenwinkeln Schaltungen vorzunehmen.

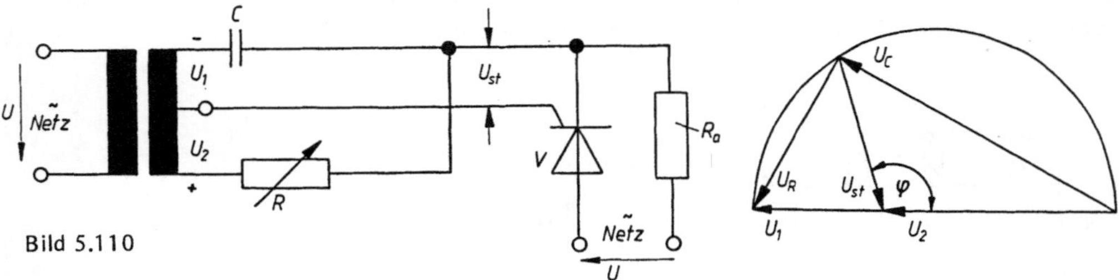

Bild 5.110

5.5.3.2. Phasenanschnittsteuerung

Unter Phasenanschnittsteuerung versteht man eine Veränderung des Zündzeitpunktes und den davon abhängigen Strom (I_F), der verlustarm und kontinuierlich bei jeder Halbperiode der Durchlaßspannung (U_F) gesteuert werden kann.

Man unterscheidet zwischen horizontaler und vertikaler Anschnittsteuerung. Die horizontale Anschnittsteuerung ist dadurch gekennzeichnet, daß der Phasenverschiebungswinkel zwischen Steuer- und Anschlußspannung den Zündzeitpunkt bestimmt, hingegen der vertikalen Anschnittsteuerung, wobei die Höhe der Steuerspannung (Gleichspannungsanteil der Steuerspannung) den *Zündzeitpunkt* definiert.

Beispiel zu einer horizontalen Anschnittsteuerung mittels Phasenbrücke: Die Phasenbrücke wird gebildet aus der Parallelschaltung eines Kondensators und eines Widerstandes, die in Reihe an der anstehenden Sekundärspannung liegen (Bild 5.110). Da, wie aus der Wechselstromtechnik bekannt, zwischen Strom und Spannung eine Phasenverschiebung von 90° besteht, muß der verbindende Punkt für die Spannungen U_C und U_R auf dem Thaleskreis liegen. Der Thaleskreis bildet den Bogen über die Sekundärspannung des Trafos, die sich aus U_1 und U_2 zusammensetzt. Bemerkenswert ist, daß die Steuerspannung – bedingt durch Verstellen von R – nicht ihren Betrag, sondern nur die Richtung, bezogen auf die Spannungen U_1 und U_2 als auch U_C und U_R ändert. Das aber bedeutet, und das ist gerade das wesentliche, die Phasenlage erfährt eine Veränderung und die Phasenverschiebung vollzieht sich. Mit Hilfe dieser Methode erreicht man Phasenverschiebungen bis etwa 165°.

Anwendungsbeispiele für Phasenanschnittsteuerungen: Impulspaketsteuerung (z.B. Temperaturregelung), Steuerung von Akku-Ladegeräten, Steuerung von Gleichstromantrieben, Steuerung von Kurzschlußläuferantrieben usw.
Nachteilig wirken sich Oberwellen, die durch hohe Frequenzen erzeugt werden können aus, da diese Störungen im Netz hervorrufen und durch zusätzliche Aggregate beseitigt werden müssen. Ebenso ist das Entstehen von Überspannungen innerhalb der Anlage möglich. Die vorgenannten nachteiligen Eigenschaften werden auch kurz „Rückwirkung" genannt.

5.5.3.3. Gegenparallelschaltung von Thyristoren (Wechselstromsteller)

Es werden zwei Thyristoren parallel gegeneinandergeschaltet (Bild 5.111). Dadurch ist, abhängig von der jeweiligen augenblicklichen Wechselspannungsrichtung, der eine Thyristor durchgeschaltet und der andere gesperrt.

Es wird also von einem Thyristor die negative, von dem anderen die positive Halbwelle durchgelassen. Die Halbwellen können durch einen entsprechenden Impulsgeber angeschnitten werden. Eine Gleichrichtung wird durch die Gegenparallelschaltung nicht erzielt! Den Verlauf der Spannung am Verbraucher, bei verspäteter Zündung des Thyristors, ist in Bild 5.112 dargestellt.

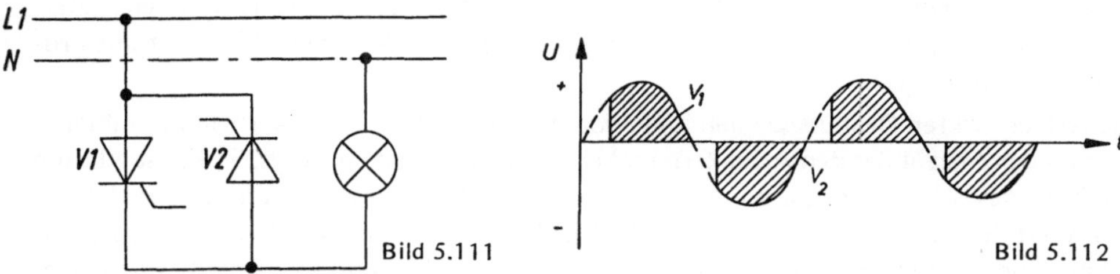

Bild 5.111   Bild 5.112

Durch variables, zeitliches Ändern der Zündimpulse, ist einer Phasenanschnittsteuerung mehr oder weniger, je nach zeitlicher Zündimpulsveränderung gegeben, d.h. der Strom läßt sich von Null bis Effektivwert und umgekehrt verstellen. Somit ist z.B. eine Helligkeitssteuerung möglich.

Wegen der Vielzahl der Anwendungsbereiche von Thyristoren und deren Schaltungen wird an dieser Stelle auf den Gebrauch von Leistungselektronik-Fachliteratur hingewiesen.

5.6. Grundlagen Elektronik

Mit der Registrierung des Photoeffekts am Sperrschicht-Photoelement und der Gleichrichterwirkung an den schon bekannten, klassischen Halbleitern Selen und Kupferoxidul hat man sich lange Zeit begnügt. Erst seit etwa 45 Jahren haben die Halbleiter durch die Erforschung der Leitungsvorgänge in den Elementen Silicium und Germanium sowohl hinsichtlich des Umfanges als auch der Vielfalt ihrer Verwendungsmöglichkeiten an technischer Bedeutung gewonnen. Die Entdeckung eines Verstärkereffektes bei Experimenten mit Halbleitergleichrichtern durch die amerikanischen Physiker *Bardeen* und *Brattain* im Jahre 1948 war von größter Bedeutung für die Entwicklung der Halbleitertechnik der letzten Jahre. Mit dem Halbleiterverstärker, dem Transistor, wurde die Konstruktion einer großen Anzahl von Halbleiterbauelementen eingeleitet, die auf zahlreichen Gebieten der Nachrichten- und Energietechnik Eingang gefunden haben.

Die Halbleitertechnik ist ein Spezialgebiet. In den „Grundlagen der Elektrotechnik" ist deshalb eine Beschränkung auf die Leitungsvorgänge in Halbleitern geboten, soweit sie zum Verständnis der Wirkungsweise der einfachsten Halbleiterbauelementen erforderlich sind.

Die Leitungsvorgänge in Halbleitern unterscheiden sich wesentlich von den Leitungsvorgängen bei der metallischen und elektrolytischen Leitung. Zu ihrem Verständnis ist die Kenntnis des atomaren Aufbaus der chemischen Elemente Voraussetzung.

5.6.1. Aufbau der Atome und der chemischen Elemente

5.6.1.1. Atombau und Periodensystem der Elemente

Die chemischen Elemente wurden von dem Russen *Iwanowitsch Mendelejew* und dem deutschen Chemiker *Lothar Mayer* nach den relativen Atommassen und nach den periodisch wiederkehrenden Eigenschaften in einem System geordnet, das man als das *Periodensystem der Elemente* bezeichnet. Fehler in der Reihenfolge der Elemente konnten später beseitigt werden, nachdem man die Elemente nach der Kernladungszahl ihrer Atome ordnete (Tafel 5.7).

Die fettgedruckten Ordnungszahlen im Periodensystem sind also die Kernladungszahlen. Sie sind der Anzahl der den Atomkern umkreisenden Elektronen gleich. So kreist z.B. um den Kern des Wasserstoffatoms mit der Ordnungszahl 1 ein Elektron, um den des Heliumatoms mit der Ordnungszahl 2 kreisen zwei Elektronen usw. um den Kern des Germaniumatoms (eines typischen Halbleiters), mit der Ordnungszahl 32 entsprechend 32 Elektronen usw.

Die Elemente im Periodensystem sind in den vertikalen Reihen in die Perioden 1 bis 7, in horizontaler Richtung in die Gruppen I bis VIII gegliedert. Die Periodenzahl gibt die Anzahl der den Atomkern umgebenden Elektronenschalen, die Gruppenzahl die Anzahl der Elektronen in der äußersten Elektronenschale an, die man Valenzelektronen nennt.

5.6.1.2. Aufbau der Elemente – Atomgitter

Der Aufbau eines Elements aus seinen Atomen vollzieht sich in der Weise, daß sich die Valenzelektronen jedes einzelnen Atoms mit den entsprechenden Valenzelektronen der ihm benachbarten Atome verketten, indem sie mit diesen Elektronenpaare bilden. Durch die Verkettung der Atome entsteht ein für das betreffende Element charakteristisches, durch die Anzahl der Valenzelektronen der einzelnen Atome bestimmtes *Atomgitter*.

Als Beispiel für den Aufbau eines Atomgitters zeigt Bild 5.113 das wegen der Übersichtlichkeit in einer Ebene dargestellte Kristallgitter des Germaniums. Im Periodischen System ist dem Germanium die Periode 4 und die Gruppe IV zugeordnet, seine Atome werden also in der äußersten (4.) Elektronenschale von vier Valenzelektronen umkreist. Jedes der vier Valenzelektronen eines Atoms sucht mit je einem

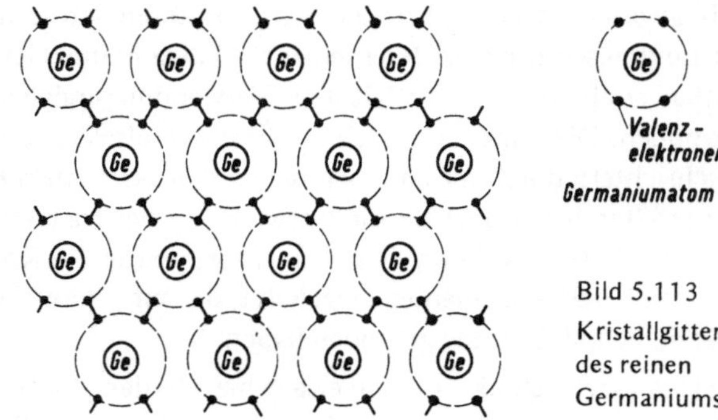

Bild 5.113
Kristallgitter
des reinen
Germaniums

Tafel 5.7: *Das Periodensystem der Elemente (geordnet nach Kernladungszahlen)*

	I	II	III	IV	V	VI	VII	VIII	
1	1 H 1.00797								2 He 4.0026
2	3 Li 6.939	4 Be 9.0122	5 B 10.811	6 C 12.01115	7 N 14.0067	8 O 15.9994	9 F 18.9984		10 Ne 20.183
3	11 Na 22.9898	12 Mg 24.312	13 Al 26.9815	14 Si 28.086	15 P 30.9738	16 S 32.064	17 Cl 35.453		18 Ar 39.948
4	19 K 39.102	20 Ca 40.08	21 Sc 44.956	22 Ti 47.90	23 V 50.942	24 Cr 51.996	25 Mn 54.9381	26 Fe 27 Co 28 Ni 55.847 58.9332 58,71	
4	29 Cu 63.54	30 Zn 65.37	31 Ga 69.72	32 Ge 72.59	33 As 74.9216	34 Se 78.96	35 Br 79.909		36 Kr 83.80
5	37 Rb 85.47	38 Sr 87.62	39 Y 88.905	40 Zr 91.22	41 Nb 92.906	42 Mo 95.94	43 Tc	44 Ru 45 Rh 46 Pd 101.07 102.905 106.4	
5	47 Ag 107.870	48 Cd 112.40	49 In 114.82	50 Sn 118.69	51 Sb 121.75	52 Te 127.60	53 I 126.9044		54 Xe 131.30
6	55 Cs 132.905	56 Ba 137.34	57 La 138.91 58-71	72 Hf 178,49	73 Ta 180.948	74 W 183.85	75 Re 186.2	76 Os 77 Ir 78 Pt 190.2 192.2 195.09	
6	79 Au 196.967	80 Hg 200.59	81 Tl 204.37	82 Pb 207.19	83 Bi 208.980	84 Po	85 At		86 Rn
7	87 Fr	88 Ra 226.05	89 Ac 90-101						

6	58 Ce 140.12	59 Pr 140.907	60 Nd 144.24	61 Pm	62 Sm 150.35	63 Eu 151.96	64 Gd 157.25	65 Tb 158.924	66 Dy 162.50	67 Ho 164.930	68 Er 167.26	69 Tm 168.934	70 Yb 173.04	71 Lu 174.97
7	90 Th 232.038	91 Pa	92 U 238.03	93 Np	94 Pu	95 Am	96 Cm	97 Bk	98 Cf	99 Es	100 Fm	101 Md	102 No	103 Lw

Valenzelektron eines benachbarten Atoms sich zu einem Elektronenpaar zu verbinden. Durch die Paarbildung der Valenzelektronen werden die Atome miteinander verkettet und bilden ein räumliches Atomgitter.

5.6.1.3. Gitterstruktur und Leitfähigkeit

Wie in Abschnitt 1.1.1 ausgeführt wurde, werden in Metallen durch das feste Aneinanderlagern der Atome im Kristallgitter einige Elektronen der äußeren Elektronenschalen von ihren Restatomen gelöst und sind im Kristallgitter leicht verschiebbar. Beim Anlegen einer Spannung fließt deshalb in Metallen ein Elektronenstrom. Metalle sind Leiter der Elektrizität.

Sind dagegen in einem Atomgitter alle Valenzelektronen durch die Paarbildung so gebunden, daß keine freien Elektronen im Gitter vorhanden sind, so ist der Stoff ein Nichtleiter.

Experimentell wurde festgestellt, daß auch die sogenannten Halbleiter bei Temperaturen in der Nähe des absoluten Nullpunkts nichtleitend sind. Wie bei den Isolatoren sind also die Valenzelektronen der Halbleiter durch Paarbildung bei diesen tiefen Temperaturen im Atomgitter gebunden. Wenn weiter, wie festgestellt wurde, die Halbleiter durch Erwärmen oder Bestrahlen mit Licht, d.h. durch Energiezufuhr leitend werden, so kann man daraus schließen, daß die Bindung der Valenzelektronen bei der Paarbildung weniger stark ist als bei den Isolatoren und durch die Wärmebewegung der Atome zum Teil gelöst wird. In dem Maße, in dem mit steigender Versuchstemperatur Valenzelektronen frei werden, nimmt die Leitfähigkeit der Halbleiter zu.

5.6.2. Leitungsvorgänge in Halbleitern

Man unterscheidet bei Halbleitern zwei grundsätzlich verschiedene Arten von Leitungsvorgängen, die Eigenleitung und die Störstellenleitung.

5.6.2.1. Eigenleitung in Halbleitern

Eine Eigenleitung in einem Halbleiter liegt in dem im letzten Abschnitt geschilderten Fall vor, wenn durch Energiezufuhr ein Elektron von einem Atom gelöst und frei beweglich wird. An der Stelle des losgelösten Elektrons fehlt ein Elektron. Man spricht von einem *Elektronendefekt* und bezeichnet die Lücke, an der das Elektron fehlt, als *Defektelektron*.

Wenn sich aus einem elektrisch neutralen Atom oder einem Atomverband ein Elektron löst, bleibt auf dem Restkörper eine dem Elektron gleiche positive Ladung zurück. Denkt man sich diese positive Ladung an der Stelle des Defektelektrons konzentriert, so erscheinen die Defektelektronen als Träger einer positiven Elementarladung.

Die im Atomgitter nur lose gebundenen Elektronenpaare werden beim Anlegen einer äußeren Spannung entgegen der Feldrichtung bewegt, wobei jeweils ein Elektron eines benachbarten Atoms ein Defektelektron neutralisiert. Dadurch verlagern sich fortlaufend die Elektronenlücken bzw. die Defektelektronen in Feldrichtung, während die Elektronen sich entgegengesetzt der Feldrichtung bewegen. Die negativen Ladungsträger (Elektronen) und die positiven Ladungsträger (Defektelektronen) bewegen sich also in entgegengesetzter Richtung und sind zu gleichen Teilen an der Leitfähigkeit des Kristalls beteiligt.

5.6.2.2. Störstellenleitung in Halbleitern

Das in Bild 5.113 dargestellte Atomgitter gilt nur unter der Voraussetzung, daß der Germaniumkristall vollkommen rein ist, d.h. keinerlei Verunreinigungen durch Fremdatome aufweist. Durch in das Germanium eingelagerte Fremdatome wird der regelmäßige Gitteraufbau gestört. Die Stellen, an denen sich im Gitter Fremdatome befinden, nennt man *Störstellen* und den durch sie verursachten Leitungsvorgang *Störstellenleitung.*

Von entscheidender Bedeutung für die Art des durch Fremdatome verursachten Leitungsvorgangs ist es, ob die Anzahl ihrer Valenzelektronen größer oder kleiner ist als die der Germaniumatome.

Ist z.B. in ein absolut reines Germanium ein Atom der Gruppe V, z.B. Antimon, eingelagert (dotiert) (Bild 5.114), das in seiner äußersten Schale von fünf Valenzelektronen umkreist wird, so werden nur vier seiner Valenzelektronen durch je ein Valenzelektron der vier Valenzelektronen der angrenzenden Germaniumatome durch Paarbildung gebunden, während das übrig bleibende fünfte Valenzelektron des Antimons frei beweglich ist und zur Leitfähigkeit des Germaniums beiträgt. Mit der Anzahl der dem Germanium eingelagerten Fremdatome, d.h. mit dem Grad der Verunreinigung steigt auch die Anzahl der frei beweglichen Elektronen und damit die Leitfähigkeit des Germaniums (z.B. auf 10^6 Ge- kommt 1 Sb-Atom).

Man bezeichnet ein Germanium, in dem eine angelegte Spannung ein Strömen der freien Elektronen, also negativer Ladungsträger, bewirkt, als *n*-(negativ)*leitend* oder kurz als *n*-Germanium und den Leitungstyp als *Überschußleitung.*

Werden dem Germanium dagegen Fremdatome der Gruppe III des Perioden-Systems zugesetzt, die nur drei Valenzelektronen haben, z.B. Bor (Bild 5.115), so fehlt zur vollständigen Paarbildung ein Elektron des Boratoms. Im Kristallgitter weist also jedes eingelagerte Boratom einen Elektronendefekt auf.

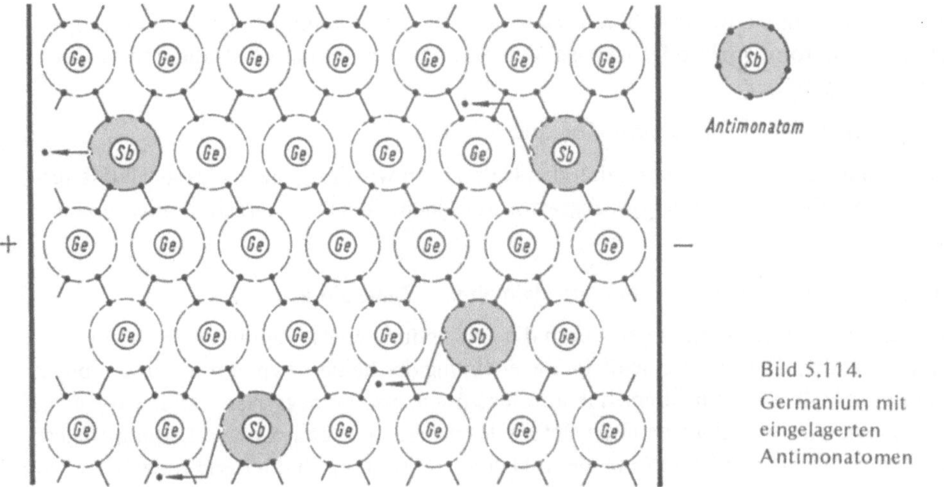

Bild 5.114.
Germanium mit
eingelagerten
Antimonatomen

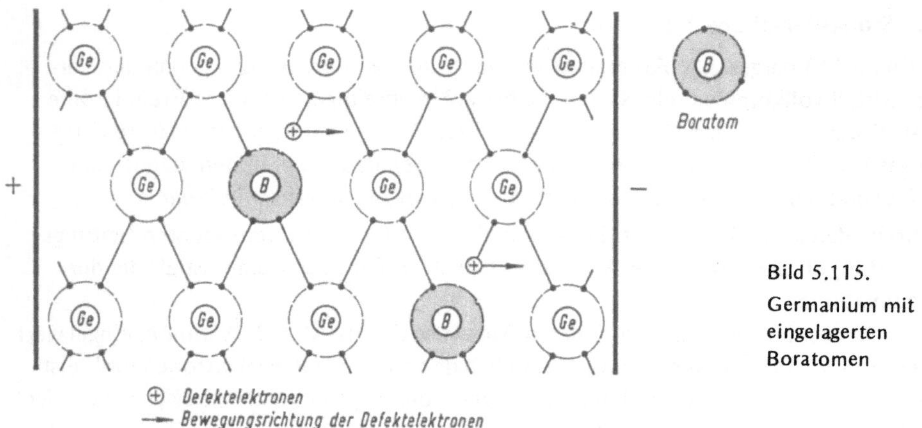

Bild 5.115.
Germanium mit
eingelagerten
Boratomen

Beim Anlegen einer Spannung an den Kristall wird jeweils die Elektronenlücke (das Defektelektron) im Boratom durch ein Elektron, ein in Feldrichtung angrenzendes Germanium-
atom aufgefüllt, an dessen Stelle wieder ein Defektelektron auftritt usw. Die Defektelektronen, die Träger einer positiven Elementarladung sind, wandern also in Richtung des
elektrischen Feldes.

Ein Germanium, dem Fremdatome mit nur drei Valenzelektronen eingelagert sind, nennt
man daher *p-*(positiv)*leitend*, oder kurz p-Germanium, den Leitungstyp als *Defekt-, Man-
gel-* oder *p-Leitung*.

5.6.2.3. Gemischte Leitung

Die Leitungsvorgänge bei den einzelnen Halbleitern sind verschieden. So zeigen z.B.

    Zinkoxid eine n-Leitung (ZnO),
    Selen (S) und *Kupferoxid* (Cu_2O) eine p-Leitung.

Zu der dritten Gruppe, die sowohl n- als auch p-leitend sein kann, je nachdem die eingelagerten Fremdatome mehr oder weniger Valenzelektronen enthalten als die Atome des
Grundstoffes, gehören

    Bleisulfid (PbS), *Germanium* (Ge) und *Silicium* (Si).

Durch Kombinieren von n- und p-leitenden Halbleitern wurden ganz neuartige Halbleiterbauelemente aufgebaut, deren Wirkungsweise auf einem Gleichrichtereffekt oder einem
Verstärkereffekt beruht.

5.6.3. Der Gleichrichtereffekt, Bipolare Halbleiter — Zenerdiode

Ein Gleichrichtereffekt wird erzielt durch die Verbindung eines n-leitenden Halbleiters mit
einem p-leitenden. Die unterschiedliche Bezeichnung der beiden Typen mit n und p bedeuten, daß im n-Halbleiter ein Überschuß an Elektronen, also an negativen Ladungsträgern,
und im p-Halbleiter ein Überschuß an Defektelektronen, also an positiven Ladungsträgern
vorhanden ist. Die freien Elektronen des n-Halbleiters sind durch die Berührungsfläche von
den Defektelektronen des p-Typs getrennt.

Bild 5.116 zeigt in schematischer Darstellung als Beispiel einen *Germanium-Flächengleichrichter*.

Durch Diffusion von Elektronen in die p-Schicht werden in der Nähe der Grenzschicht die gestörten Gitterbindungen vervollständigt. Die Grenzschicht wird zur Sperrschicht und es besteht an ihr ein Potentialgefälle, die sogenannte Schwellwertspannung.

Das Verhalten der Ladungsträger beim Anlegen einer Spannung an die pn-Verbindung zeigen die Bilder 5.117a und b. Liegt der positive Pol der Spannungsquelle am n-Teil, der negative Pol am p-Teil (Bild 5.117a), dann werden die Überschußelektronen des n-Teils vom positiven Pol der Spannungsquelle und die Defektelektronen des p-Teils vom negativen Pol angesaugt. Dadurch nimmt die Konzentration der Ladungsträger, sowohl der negativen wie der positiven, in einer schmalen, die Trennfläche umgebenden Schicht sehr stark ab.

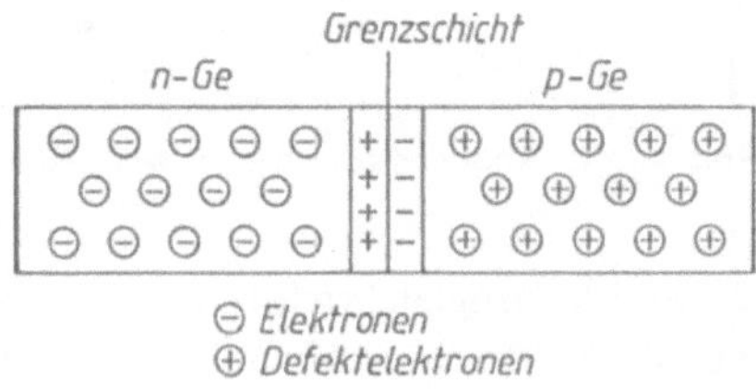

Bild 5.116. Germanium-Flächengleichrichter (schematisch)

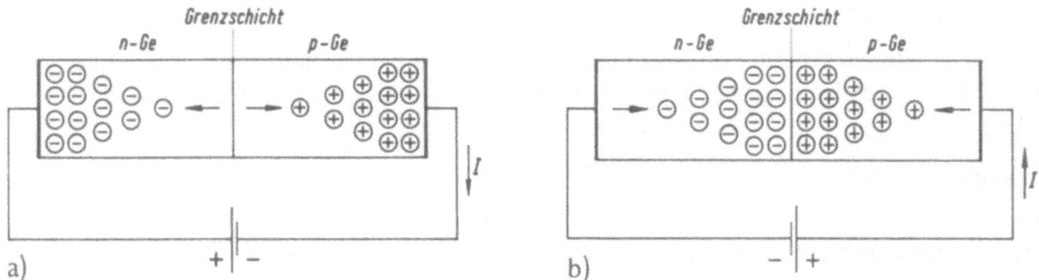

Bild 5.117. Schaltung eines Germanium-Flächengleichrichters
a) in Sperrichtung   b) in Durchlaßrichtung

Infolge des Mangels an Ladungsträgern in dieser Schicht bietet sie einem Stromdurchgang einen sehr großen Widerstand, so daß kein oder nur ein sehr schwacher Strom fließen kann. Bei der in Bild 5.117a angegebenen Schaltung der Spannungsquelle ist der Gleichrichter *in Sperrichtung* geschaltet.

Polt man dagegen die pn-Verbindung so um, daß der positive Pol der Spannungsquelle am p-Teil, der negative am n-Teil liegt (Bild 5.117b), so fließen im n-Teil Elektronen, im p-Teil Defektelektronen zur Trennfläche, um die sich eine Schicht mit vielen Ladungsträgern bildet. Demzufolge hat bei dieser Polung die Grenzschicht nur einen geringen Widerstand, es kann also ein starker Strom fließen, wenn die Schwellwertspannung überwunden ist. Der Gleichrichter ist *in Durchlaßrichtung* geschaltet.

Beim Anschluß einer Wechselspannung an die pn-Verbindung wird nur *eine* Halbwelle durchgelassen, nämlich diejenige, bei der die Stromrichtung der Durchlaßrichtung des Gleichrichters entspricht, während die andere unterdrückt wird. Wie im Bild 5.118 liegt eine Einweggleichrichtung vor.

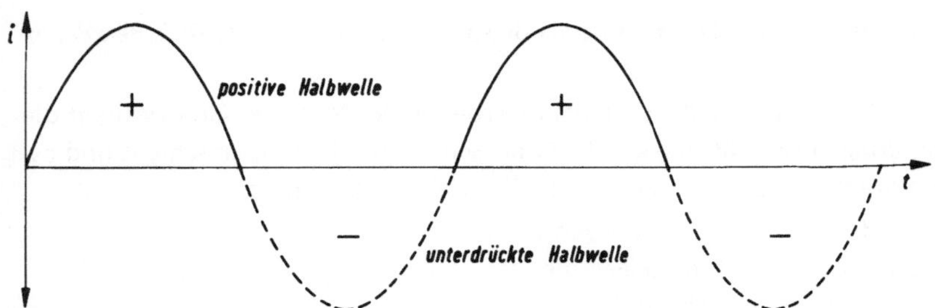

Bild 5.118. Anodenstrom bei Einweggleichrichter

Neben Flächengleichrichtern werden vor allem in der Nachrichtentechnik *Spitzengleichrichter* verwendet (Bild 5.119). Auf ein Blättchen n-Germanium wird die Spitze eines Wolframdrahtes federnd
aufgesetzt. Die pn-Verbindung wird dadurch hergestellt, daß man
durch die Wolframfeder einen kräftigen Stromstoß schickt, durch
den auf dem n-Germanium eine dünne Schicht p-Germanium entsteht. Damit ist die Halbleiteranordnung die gleiche wie bei dem beschriebenen Flächengleichrichter.

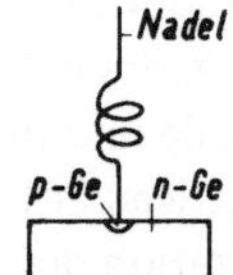

Bild 5.119.
Germanium-Spitzen-
gleichrichter

Die Halbleitergleichrichter entsprechen in ihrer Wirkung der Zweielektrodenröhre oder
Diode. Man bezeichnet deshalb einen Halbleiter-Gleichrichter auch als eine Halbleiterdiode.

Zenerdiode (Z-Diode)

Schaltet man, wie beim Gleichrichtereffekt beschrieben, den positiven Pol der Spannungsquelle an die n-Schicht, den negativen Pol an die p-Schicht, so sperrt die Diode, d.h. es
fließt ein geringer Strom. Nach Erreichen der Durchbruchspannung beginnt ein starker
Strom zu fließen. Bei weiterer Erhöhung der Eingangsspannung ist nur noch ein minder
starkes Anwachsen der Spannung an der Zenerdiode zu beobachten (siehe Bild 5.120).
Dieser Zenereffekt tritt bei spezieller Dotierung des Halbleiters bis zu Zenerspannungen
von $\approx 5{,}4$ V auf.

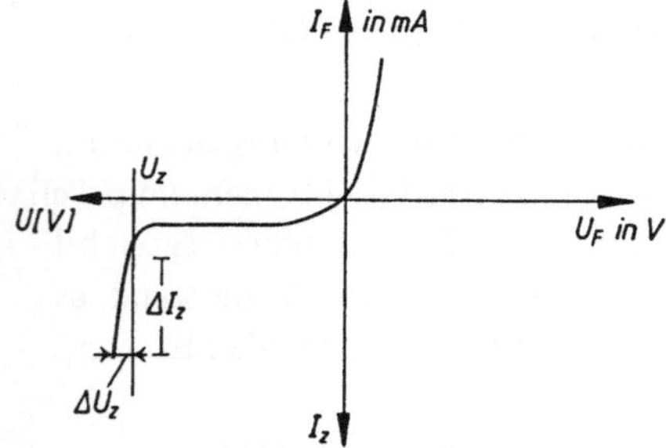

Bild 5.120. Zenerdiode − Kennlinie

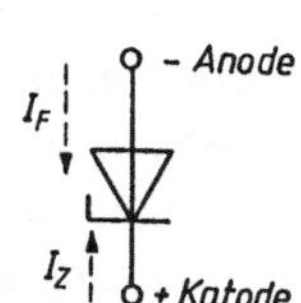

Bild 5.121. Zenerdiode − Schaltzeichen

Es werden hierbei Elektronen aus dem Gitterverband gelöst, da ein elektrisches Feld in der Sperrschicht, bedingt durch die angelegte Spannung, erzeugt wird. Bei Zenerdioden über 5,4 V entsteht durch Stoßionisation ein Lawineneffekt (Avalanche-Effekt), wobei weitere Ladungsträger frei werden.

Die *Zenerspannung* ist nun jene Spannung (U_z), bei der ein steiler Zuwachs des Sperrstromes beobachtet wird.

Die wesentliche Eigenschaft der Zenerdiode ist, daß eine geringe Änderung der Spannung ΔU_z eine wesentlich höhere Stromänderung von ΔI_z zur Folge hat. Das Verhältnis von Spannungs- und Stromänderung wird mit dynamischem Widerstand

$$r_z = \frac{\Delta U_z}{\Delta I_z}$$

bezeichnet. Dies bedeutet, daß bei einem kleinen Quotient (r_z) eine hohe Stabilisierung der Zenerdiode gegeben ist. Den hauptsächlichen Anwendungsbereich der Zenerdiode bildet die Gruppe der Spannungsregelschaltungen.

5.6.4. Transistor- und Verstärkereffekt

Der Transistor ist ein Bauelement der Halbleitertechnik, das aus pn-Verbindungen aufgebaut ist. Zur Erläuterung seiner Wirkungsweise beschränken wir uns auf die Behandlung des *Flächentransistors*.

Der Flächentransistor ist aus zwei Halbleiterkristallen desselben Leitungstyps aufgebaut, die durch ein schmales Stück eines Halbleiters vom entgegengesetzten Leitungstyp getrennt sind. Im Bild 5.122 sind z.B. zwei n-Germaniumkristalle durch ein schmales Stück p-Germanium getrennt. Zwischen die Elektroden E und B bzw. B und C sind die beiden Spannungsquellen B_1 und B_2 so geschaltet, daß der Teil EB eine in Durchlaßrichtung arbeitende pn-Verbindung, der Teil BC ein in Sperrichtung geschalteter Gleichrichter ist (Bild 5.123). Von dem positiven Pol der Spannungsquelle B_2 werden Elektronen des n-Germaniums von der Grenzschicht G_2 ebenso abgezogen wie die positiven Defektelektronen des p-Germaniums von dem negativen Pol der Spannungsquelle B_2. Die Grenzschicht G_2 wird durch den Mangel an Ladungsträgern zur Sperrschicht.

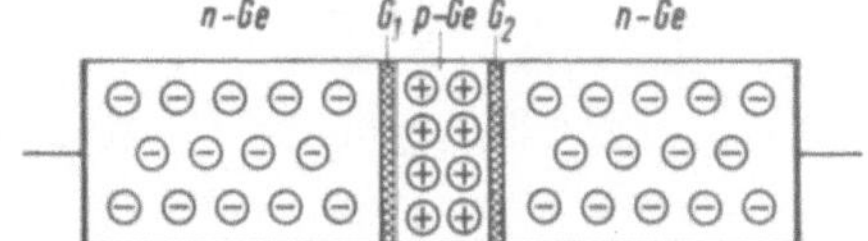

Bild 5.122. Aufbau eines Transistors vom npn-Typ (schematisch) G_1, G_2 Grenzschichten

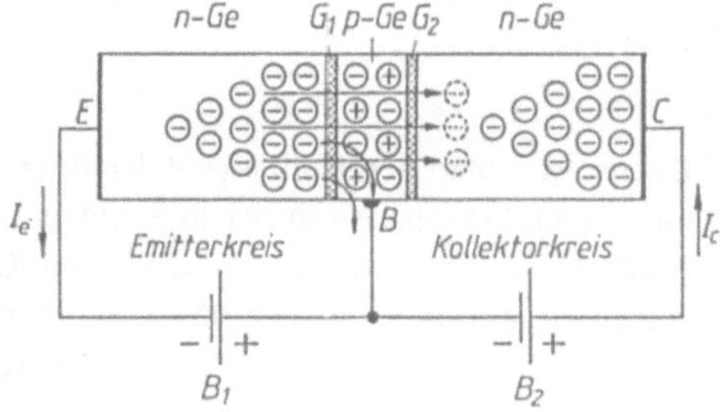

Bild 5.123. Schaltung des npn-Transistors I_e Emitterstrom, I_c Kollektorstrom

Bei der in Bild 5.123 angegebenen Schaltung der Spannungsquelle B_1 werden in der Germaniumdiode EB sowohl die Elektronen des n-Germaniums als auch die Defektelektronen des p-Germaniums zur Grenzschicht G_1 getrieben. Durch die Konzentration von

Ladungsträgern an G_1 bietet die Grenzschicht dem von der Elektrode E ausgehenden Elektronenstrom nur einen geringen Widerstand. Während ein kleiner Teil des Elektronenstromes zum positiven Pol der Spannungsquelle B_1 zurückfließt, fließt der größte Teil des Elektronenstroms durch das p-Germanium hindurch, sofern die p-Schicht nur dünn genug ist. Der Kollektor C zieht infolge seiner positiven Ladung die Elektronen an. Dieser Elektronenstrom überlagert sich dem schwachen Sperrstrom der Diode BC und verstärkt ihn.

Für die einzelnen Halbleiterkristalle des Transistors hat man ihrer Funktion entsprechende Bezeichnungen eingeführt:

Der an der Elektrode E liegende n-Kristall, der die Elektronen aussendet, heißt *Emitter* [1]), der an die Elektrode C grenzende Kristall, der die von E ausgehenden Elektronen aufsaugt, also sammelt, heißt *Kollektor* [2]), die Mittelschicht *Basis (B)*. Der Stromfluß im *Emitterkreis* steuert den Strom im *Kollektorkreis*.

Ein Flächentransistor kann auch aus zwei p-Kristallen, die durch einen n-Kristall getrennt sind, bestehen (Bild 5.124). Die Schaltung des npn-Transistors unterscheidet sich von der des pnp-Transistors dadurch, daß die beiden Spannungsquellen B_1 und B_2 umgepolt sind. Der Emitterstrom besteht beim npn-Transistor aus Elektronen, beim pnp-Transistor aus Defektelektronen.

Das für pnp-Transistoren gültige Schaltzeichen zeigt Bild 5.125.

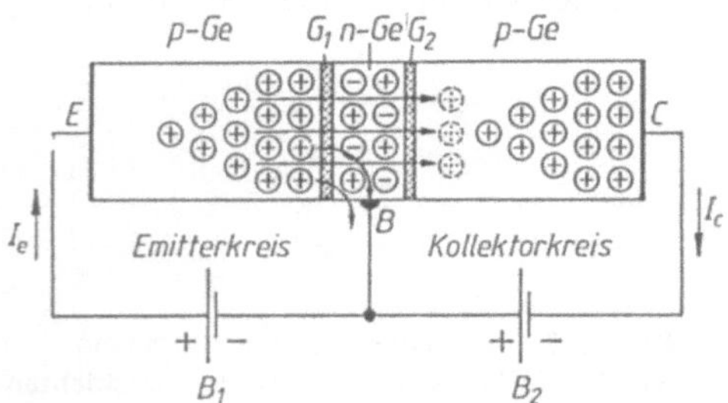

Bild 5.124. Schaltung des pnp-Transistors   Bild 5.125

Ebenso wie man den Halbleiter-Gleichrichter mit einer Röhrendiode vergleichen kann, ist ein Flächentransistor mit der in Rundfunkempfängern zur Verstärkung von Hoch- und Niederfrequenzschwingungen benutzten Röhrentriode, oder mit dem im Bild 5.107 dargestellten, auf dem gleichen physikalischen Prinzip beruhenden Stromtor (Thyristor) vergleichbar. Dem Emitter E entspricht die Kathode, dem Kollektor C die Anode, der Basis B das Gate.

Trotz der Analogie zwischen Röhre und Transistor können die Röhrenschaltungen nicht ohne weiteres auf den Transistor übertragen werden und umgekehrt. Man hat für Tran-

---

[1]) emittere (lat.), aussenden

[2]) colligere (lat.), sammeln

sistoren spezielle Schaltungen entwickelt, je nachdem ob man eine Strom-Spannungs- oder Leistungsverstärkung erreichen will.

Man unterscheidet hinsichtlich der gemeinsamen Elektrode des Transistors für Signal-Ein- und Ausgang die drei Transistorgrundschaltungen.

Die meist gebräuchliche Verstärkerschaltung ist im Bild 5.126 dargestellt. Man nennt diese Schaltung die *Emitterschaltung*, weil der Emitter als Schaltungsnullpunkt gewählt ist. Zur Verstärkung einer Wechselspannung wird diese über einen Kondensator C der Basis B als Steuerspannung zugeführt. Bild 5.127 zeigt den Vergleich zweier Emitterschaltungen für npn- und pnp-Transistor. Mit der Emitterschaltung sind mehr als 100fache Verstärkungen erreichbar.

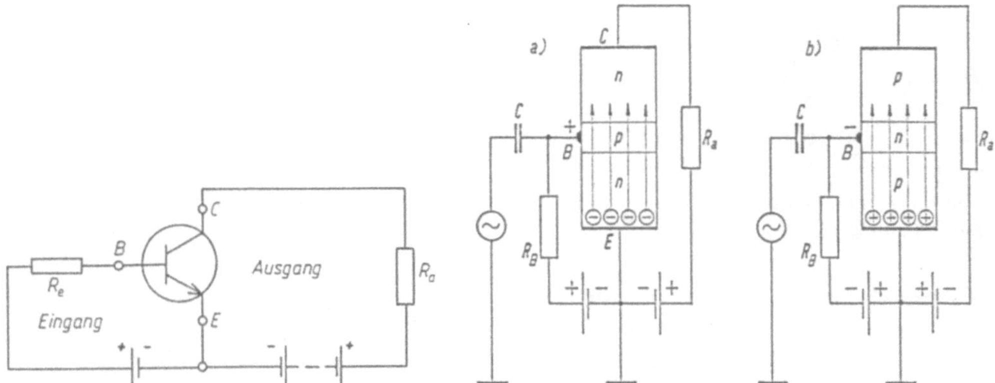

Bild 5.126. Emitterschaltplan eines npn-Transistors

Bild 5.127. Vergleich der Transistorschaltung
a) npn-Transistor, b) pnp-Transistor

Höhere Verstärkungen können durch Hintereinanderschalten mehrerer Verstärkerstufen erzielt werden. Für nahezu alle Flächentransistoren läßt sich eine Knotenpunktsgleichung aufstellen, so daß gilt:

$$I_C = I_B + I_E.$$

Um nun den Transistor für weitere Zwecke verwendbar zu machen, bedient man sich u.a. der *Basisschaltung*, mit der der Transistor dem Gebiet der Hochfrequenztechnik zugänglich wird; eben weil die Grenzfrequenz dieser Schaltung um den Faktor der dynamischen Stromverstärkung größer ist als bei der vorgenannten Emitterschaltung.

Letztlich sei noch die *Kollektorschaltung* erwähnt, bei welcher der Eingangswiderstand verglichen mit dem Ausgangswiderstand relativ hoch ist. Da die Eingangsspannung bei dieser Schaltungsart ein wenig größer ist als die Ausgangsspannung, wird hierbei eine Stromverstärkung und keine Spannungsverstärkung erzielt. Strom- und Leistungsverstärkung sind in etwa gleich. Verwendung findet diese Schaltung z.B. als Impedanzwandler.

Tafel 5.8: *Gegenüberstellung von Emitter-, Basis- und Kollektorschaltung*

Schaltungsart	Emitter	Basis	Kollektor
Eingangswiderstand	mittel	klein	groß
Ausgangswiderstand	groß	sehr groß	klein
Stromverstärkung	groß	< 1	groß
Leistungsverstärkung	groß	groß	mittel
Grenzfrequenz	niedrig	groß	niedrig
Spannungsverstärkung	groß	groß	< 1

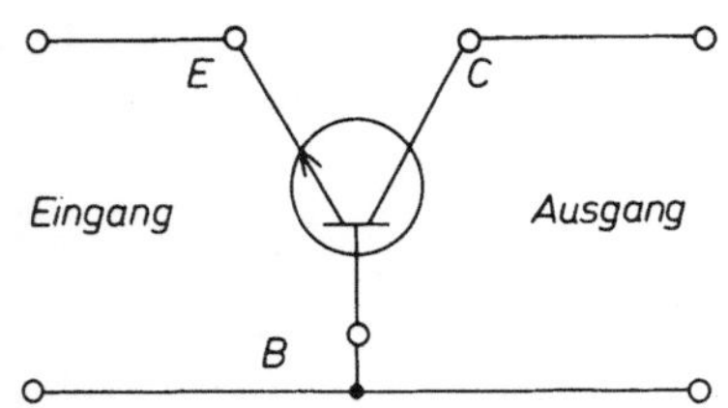

Bild 5.128. npn-Transistor in Basisschaltung

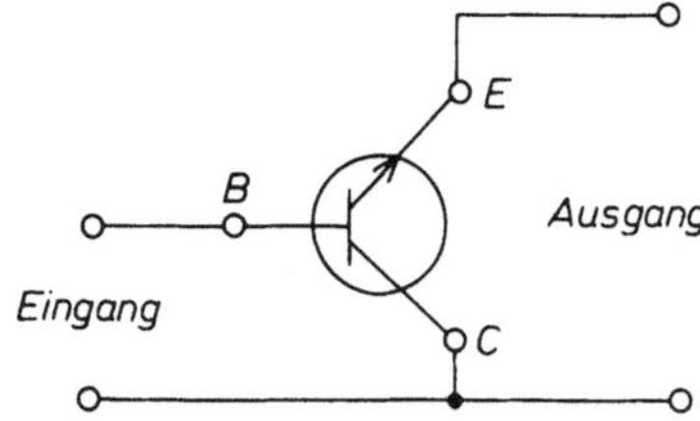

Bild 5.129. npn-Transistor in Kollektorschaltung

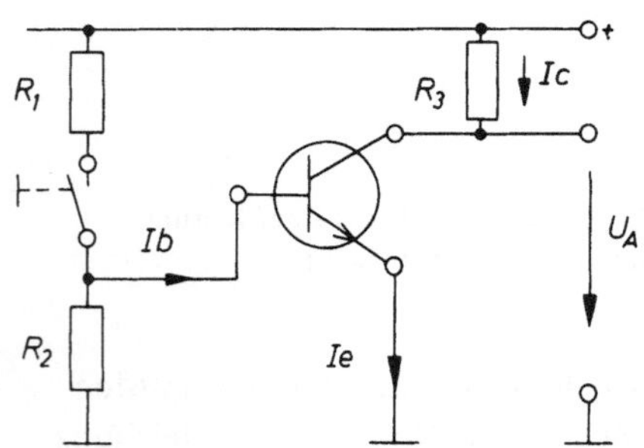

Bild 5.130. Transistor als Schalter

5.6.5. Der Transistor als Schalter

Durch ihre Eigenschaften, wie geringer Durchlaßwiderstand, hoher Sperrwiderstand, leichte Steuerfähigkeit sowie geringe Schaltzeit, zeigen sich Transistoren als besonders geeignet für steuerbare Schaltglieder (z.B. Multivibratoren, Schmitt-Trigger usw.).
In Bild 5.130 sind die Schaltstellungen „ein" (Transistor leitend) und „aus" (Transistor sperrt) möglich.

Ist der Schalter geöffnet, entsprechende Dimensionierung der Widerstände und des Transistors vorausgesetzt, so ist die Spannung zwischen Basis und Emitter gleich Null, U_A hat ein Maximum. Umgekehrt ist das Verhalten, wenn der Schalter geschlossen ist, es stellt sich eine Spannung zwischen Basis und Emitter ein, die Spannung U_A wird Null. Dieses Verhalten läßt den Schluß zu: steht am Eingang L-Signal (Ein), so ist am Ausgang O-Signal (Aus) und umgekehrt. Wird der Transistor als Schaltelement verwendet, so ist darauf zu achten, daß die Arbeitspunkte „Ein" und „Aus" auf jeden Fall unterhalb der sogenannten Verlusthyperbel liegen und daß nur labile Zwischenwerte zugelassen sind. Diese, einem jeden Transistor eigene Werte, sind den jeweiligen Diagrammen und Tabellen der Herstellerfirmen zu entnehmen.

5.6.6. Technische Verwendung

In den wenigen Jahren seit der Entdeckung des Verstärkereffekts beim Transistor hat die Halbleitertechnik einen beispiellosen Aufschwung genommen. Die Halbleiterdiode und der Transistor haben weitgehend die Elektronenröhre verdrängt. Die besonderen Vorzüge der Halbleiterbauelemente sind ihr geringer Leistungsverbrauch durch den Fortfall der Katodenheizung und die niedrigen zum Betrieb erforderlichen Spannungen, ferner ihre Unempfindlichkeit gegen mechanische Beanspruchung und ihre nahezu unbegrenzte Lebensdauer, ihre Betriebssicherheit und ihre sofortige Betriebsbereitschaft, vor allem aber ihr unwahrscheinlich geringer Raumbedarf. Die Halbleiterbauelemente haben den Anstoß zu einer systematischen Verkleinerung auch der übrigen Bauteile und damit zu einer Kleinbauweise elektronischer Geräte gegeben. Als Beispiel seien genannt: Unauffällige elektronische Hörgeräte für Schwerhörige, elektrochemische Spannungswandler, FI-Schalter, Kleinstradioempfänger und tragbare Fernsehgeräte. Welche Bedeutung der geringe Raumbedarf der Halbleiterbauelemente für den Bau elektronischer Geräte hat, zeigt das Beispiel einer elektronischen Kleinstrechenmaschine, die 750 Transistoren und 2500 Halbleiterdioden erfordert. Die Einsatzmöglichkeit von Halbleiterbauelementen z.B. als Operationsverstärker zur Durchführung von Schalt-, Steuerungs- und Regelungsvorgängen ist so vielseitig und die Anzahl der neuentwickelten Sonderformen von Halbleiterbauelementen und ihrer Schaltungen so groß, daß der daran interessierte Leser auf die Literatur der analogen und digitalen Elektronik verwiesen werden muß.

5.7. Heißleiter, Kaltleiter

5.7.1. Heißleiter

Einen Gegensatz zu den in Abschnitt 1.5 beschriebenen Widerständen zeigt der Heißleiter, daß der Widerstand des nichtmetallischen Leiters mit steigender Temperatur sinkt. Da der Temperaturbeiwert des Heißleiters negativ ist, wird er auch kurz NTC (negativer Temperaturkoeffizient) genannt. Die Widerstandsabnahme beträgt durchschnittlich 3 ... 5,5 % je K, da der negative Temperaturkoeffizient verhältnismäßig hoch ist. Der Verlauf des Widerstandes ist in Bild 5.131 für Heiß- und Kaltleiter über der Temperatur aufgezeichnet.

Da der Temperaturbeiwert des Heißleiters negativ ist, wird er auch kurz NTC (negativer Temperaturkoeffizient) genannt. Die Widerstandsabnahme beträgt durchschnittlich 3...5,5 % je K, da der negative Temperaturkoeffizient verhältnismäßig hoch ist. Der Verlauf des Widerstandes ist in Bild 5.131 für Heiß- und Kaltleiter über der Temperatur aufgezeichnet.

Der Heißleiter zählt zur Gruppe der homogenen Halbleiter, es werden Oxide wie Fe_2O_3 mit $ZnTiO_4$ oder NiO zur Herstellung verwendet. Das Wirkungsprinzip des Heißleiters läßt sich durch die starke Zunahme der Eigenleitung des verwendeten Materials bei zunehmender Temperatur erklären.

Der Anwendungsbereich der Heißleiter erstreckt sich von Anlaßaufgaben, Unterdrückung von Einschaltstromstößen, Aufbau von Verzögerungsschaltungen (für Relais), Regelaufgaben bis hin zur Kompensation.
Dabei ist zwischen fremdgeheizten und selbsterwärmten Heißleitern, je nach Verwendungszweck, zu unterscheiden.

5.7.2. Kaltleiter

Kaltleiter sind meist elektrische Widerstände aus dotierter, ferroelektrischer Keramik. Im Normalzustand, d.h. unterhalb der Temperatur T_N (*Curietemperatur* [1])) erweisen sich Kaltleiter als niederohmig. Nach Erreichen eben dieser Curietemperatur steigt der Widerstandswert steil um einige Größenordnungen an. Dieser Widerstandsverlauf wird durch die Bildung von Korngrenzen im keramischen Material, welche einen Aufbau von Sperrschichten als Folge haben, bedingt. Die Nenntemperatur (T_N) des Kaltleiters liegt bei ca. 303...443 K.
Wie bei den Heißleitern gibt es auch hier die Gruppe der fremdgeheizten und selbsterwärmten Kaltleiter. Die fremdgeheizten Kaltleiter werden für Meß- und Regel-, sowie Schaltaufgaben benutzt, die selbsterwärmten Kaltleiter z.B. für Verzögerungsschaltungen, Überlastungsschutz usw. angewendet.

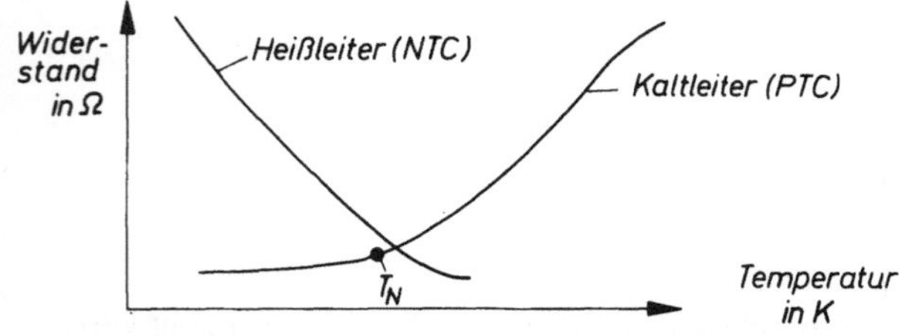

Bild 5.131. Kennlinien eines Heißleiters

Bild 5.132. Schaltzeichen eines temperaturabhängigen Widerstandes

---

[1]) *Marie Curie*, polnische Chemikerin, 1867–1934, entdeckte gemeinsam mit ihrem Mann *Pierre* das Element Radium. Nobelpreis 1903 und 1911.

6. Elektrische Energieanlagen, Energieverteilung

6.1. Turbinen

Zur Erzeugung elektrischer Energie bedient man sich der Hilfe von Turbinen, die entweder mit Wärme (Dampf) oder Wasser betrieben werden. Die Turbinen sind meist mit Synchrongeneratoren verbunden, wenn es sich um eine hohe Leistungskapazität des Kraftwerkes handelt.

6.1.1. Wasserturbinen

Bei Wasserkraftwerken benutzt man Francis-, Kaplan- oder Pelton-Turbinen, durch deren Antrieb die Spannungserzeugung im Generator erfolgt (es wird *potentielle* Energie in *kinetische* Energie verwandelt und anschließend diese Energieform in elektrische Energie umgeformt).

Hinsichtlich der Bauweise sind die drei vorgenannten Turbinenarten — deren Wirkungsgrad über 80 % liegt — zu unterscheiden. Die Unterscheidungsmerkmale liegen darin, daß die Francis-Turbinen sich besonders für Wasserfallhöhen von (60 ... 600) m, die Kaplan-Turbinen sich für große Wassermengen bei geringer Nutzhöhe von (2 ... 50) m und die Pelton-Turbinen sich für Hochdruckanlagen bei Fallhöhen über (100 ... 2000) m eignen.

6.1.2. Dampfturbinen

Der Umwandlungsprozeß, chemische Energie in Wärmeenergie zu elektrischer Energie, erfolgt durch die Verbrennung fossiler Stoffe (Kohle, Öl, Gas) mittels Dampf — und Gasturbinen. Dabei wird der bei der Verbrennung freiwerdende Dampf — erzeugt in einem Dampfkessel — der Dampfturbine zugeführt, die mit einem *Turbogenerator* (siehe Seite 264) gekuppelt ist. Der Wirkungsgrad von Dampfturbinen liegt zwischen 20 und 30 %.

6.2. Kernenergie-Kraftwerke

Eine weitere Möglichkeit der elektrischen Energiegewinnung bieten die Kernkraftwerke.

Bei Kernkraftwerken wird in einem Kernreaktor die Kernspaltung von Uran vorgenommmen, welches ein Freiwerden von Wärmeenergie zur Folge hat. Die gewonnene Wärmeenergie dient zum Betreiben von Dampfturbinen und somit zur Energieumwandlung.

Kernkraftwerke gelten als besonders wirtschaftlich, vor allem wenn sie auf Vollast betrieben werden. Ein weiterer Vorteil bietet die weitgehende Ortsunabhängigkeit, als auch der relativ hohe Wirkungsgrad dieser Art Kraftwerke.

6.3. Verteilanlagen

Nach der Größe der zu übertragenden Spannungen unterscheidet man die Übertragungssysteme, auch Verteilsysteme genannt, in vier Hauptgruppen[1]).

6.3.1. Niederspannungsnetze

Sie versorgen Haushalte, Gewerbebetriebe usw. mit elektrischer Energie (380/220 V).

6.3.2. Mittelspannungsnetze

Darunter versteht man Spannungsnetze, die 3 kV bis 30 kV übertragen. Mittelspannungsverteilernetze werden nochmals unterteilt je nach Art des Verwendungszweckes. So benötigt man in Städen Spannungen, die sich in einer Breite von 10 kV bis 30 kV bewegen. Gegenüber der städtischen Energieversorgung verwendet man in weniger besiedelten Gegenden Mittelspannungsleitungen, die in Form von sogenannten Freileitungen installiert sind.

6.3.3. Hochspannungsnetze

Diese Leitungssysteme übertragen Spannungen von 60 kV und 110 kV. Mittels Hochspannungsnetzen bzw. Hochspannungsleitungen liefert man die elektrische Energie zu den Transformatorenstationen, um sie auf die nächst niedrige Spannung — nämlich die Mittelspannung — zu transformieren.

6.3.4. Höchstspannungsnetze

Mit Hilfe dieser Netze überträgt man Spannungen von 220, 380, 500 und 735 kV auf Fernübertragungsstrecken, das bedeutet, daß die Leitungen dieses Netzes, unmittelbar vom Kraftwerk aus die Spannung in ein *Verbundnetz* liefern.

Ein Verbundnetz ist der Zusammenschluß verschiedener Energie-Kraftwerke. Es dient zur Steigerung der Rentabilität und zur Ausgleichung der Energielieferungen an den täglichen bzw. jährlichen Bedarf. Dies bedeutet eine Verbindung der europäischen Kraftwerke untereinander. Die westeuropäischen Staaten haben ihre Transportnetze gekuppelt und sind in der „Union der Erzeugung und des Transports elektrischer Energie" (UCPTE) zusammengeschlossen.

6.4. Netzarten

Das charakterisierende Aussehen der unterschiedlichen Netzformen, gibt diesen die Namen: Strahlen-, Ring- und Maschennetze.

Bezüglich ihrer Anwendung, Vor- und Nachteile sind die drei vorgenannten Netzformen grundsätzlich zu unterscheiden.

---

[1]) Nach VDE wird nur zwischen Niederspannung (bis 1 kV) und Hochspannung (über 1 kV) unterschieden.

6.4.1. Strahlenetz

Strahlennetze, auch offene Netze genannt, sind übersichtlich und relativ leicht zu installieren. Hinzu kommt eine preiswerte Erstellung und einfache Überwachung sowie der geringe Schutzaufwand. Als nachteilig sind folgende Punkte zu bewerten:

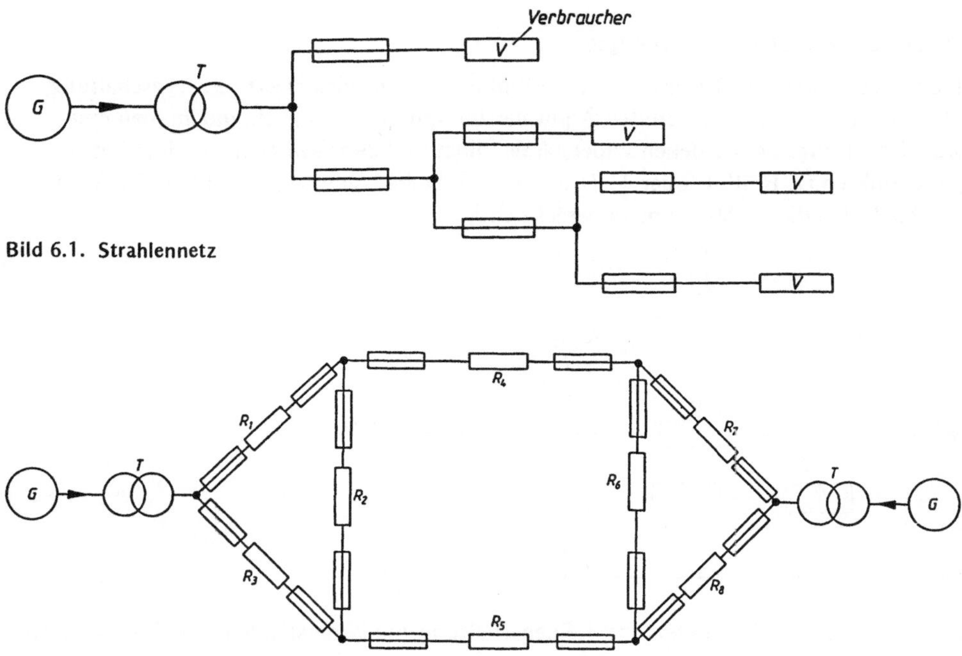

Bild 6.1. Strahlennetz

Bild 6.2. Maschennetz

Im Falle eines Kurzschlusses wird der folgende Teil des Netzes von der Kurzschlußstelle aus betrachtet, abgetrennt. Daraus resultiert eine unsichere Versorgung. Der Spannungsabfall ist der Länge proportional und somit hoch. Daraus folgt eine beschränkte Leitungslänge oder Beschränkung der übertragbaren Leistung.

6.4.2. Maschennetze

Maschennetze als geschlossene Netze besitzen den Vorzug einer höheren Betriebssicherheit gegenüber den Strahlennetzen, da der Verbraucher von zwei Generatoren mit Energie beliefert wird. Außerdem ist eine optimale Ausnutzung und dadurch auch Wirtschaftlichkeit gegeben, zumal der Spannungsabfall gering ist.

Nachteilig wirkt sich die Gefahr großer Kurzschlußströme aus, die einer starken Verbreitung der Maschennetze jedoch nicht hemmend entgegenwirken können.

Das Errechnen der Spannungs- bzw. Stromverhältnisse erfordert die Anwendung von Netzumwandlungen und den Gebrauch der beiden Kirchhoffschen Gesetze (siehe Seite 46 und 63).

Zunächst wird die für die Netzvereinfachung erforderliche Dreieck-Stern-Umwandlung, beschrieben.

Die Dreieck-Stern-Umwandlung bedeutet die Netzumwandlung einer Dreieckschaltung in eine äquivalente Sternschaltung. Äquivalenz bedeutet hier Gleichwertigkeit der Strom- und Spannungsverteilung im übrigen Netz nach der Umwandlung.

6.4.2.1. Dreieck-Stern-Umwandlung

Eine Umwandlung der Dreieckschaltung (Bild 6.3) in eine gleichwertige Sternschaltung, unter Einhaltung der vorgenannten Äquivalenzdefinition ist möglich, indem man eine Parallelschaltung der gegebenen Widerstände bildet und zwar zwischen den jeweiligen Speisepunkten (z. B. W, V oder V, U und U, W). Siehe hierzu auch Bild 6.4. Die Spannung bleibt bei dieser Ableitung unberücksichtigt.

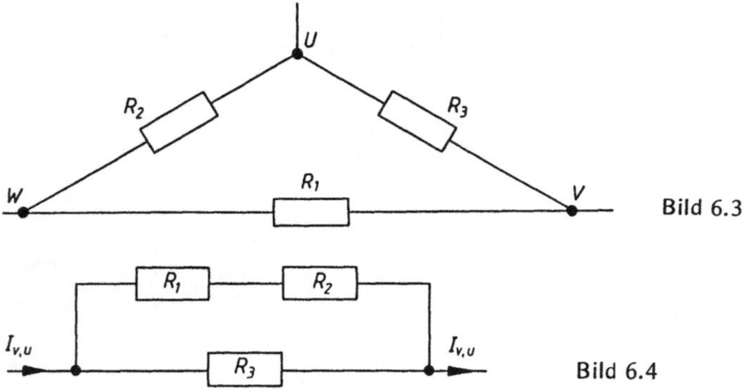

Bild 6.3

Bild 6.4

Laut den Gesetzen für Parallel- und Reihenschaltung von Widerständen berechnet sich dann der Widerstand, im folgenden mit R_{wv} bezeichnet. R_{wv} soll darauf hindeuten, daß es sich um eine Reihenschaltung von $R_2 + R_3$ handelt, wobei R_w dem Dreieckwiderstand R_2 und R_v dem Dreieckwiderstand R_3 entspricht (Bild 6.7).

$$R_{wv} = \frac{R_1(R_2 + R_3)}{R_1 + R_2 + R_3} \qquad R_{wv} = \frac{R_1 R_2 + R_1 R_3}{R_1 + R_2 + R_3}$$

Nach gleichen Gesetzmäßigkeiten lassen sich die übrigen Widerstände R_{vu} und R_{uw} zunächst berechnen.

$$R_{vu} = \frac{R_3(R_1 + R_2)}{R_1 + R_2 + R_3}$$

$$R_{vu} = \frac{R_3 R_1 + R_3 R_2}{R_1 + R_2 + R_3}$$

Bild 6.5

$$R_{uw} = \frac{R_2(R_1 + R_3)}{R_1 + R_2 + R_3}$$

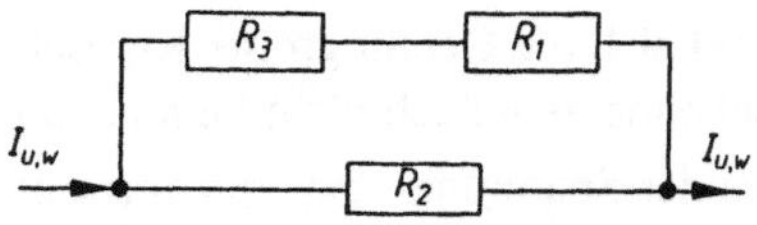

$$R_{uw} = \frac{R_1 R_2 + R_2 R_3}{R_1 + R_2 + R_3}$$

Bild 6.6

Da R_{wv}, R_{vu}, R_{uw} jeweils (für sich betrachtet) Reihenschaltungen darstellen, können sie auch wie diese behandelt werden.

$$R_{wv} = R_w + R_v \qquad\qquad \text{Der Ausdruck } \frac{R_1 R_2}{R_1 + R_2 + R_3} \text{ entspricht } R_w.$$

$$= \frac{R_1 R_2}{R_1 + R_2 + R_3} + \frac{R_1 R_3}{R_1 + R_2 + R_3} \qquad \text{Der Ausdruck } \frac{R_1 R_3}{R_1 + R_2 + R_3} \text{ entspricht } R_v.$$

Demnach sind auch die Widerstände R_{vu} und R_{uw} analog zu R_{wv} in zwei Brüche aufzugliedern:

$$R_{vu} = R_v + R_u = \frac{R_1 R_3}{R_1 + R_2 + R_3} + \frac{R_2 R_3}{R_1 + R_2 + R_3}$$

$$\text{Der Ausdruck } \frac{R_2 R_3}{R_1 + R_2 + R_3} \text{ entspricht } R_u.$$

$$R_{uw} = R_u + R_w = \frac{R_2 R_3}{R_1 + R_2 + R_3} + \frac{R_1 R_2}{R_1 + R_2 + R_3}$$

Nach Auflösen der Gleichungen ergeben sich die Sternersatzwiderstände für die Dreieckwiderstände:

$$\boxed{\begin{array}{lll} R_u = \dfrac{R_2 R_3}{R_1 + R_2 + R_3}; & R_v = \dfrac{R_1 R_3}{R_1 + R_2 + R_3} & R_w = \dfrac{R_1 R_2}{R_1 + R_2 + R_3}; \\[2ex] R_u = r_1 & R_v = r_2 & R_w = r_3 \end{array}}$$

Bild 6.7 zeigt die Lage der Widerstände untereinander (nach der Transformation). Setzt man für R_w den Widerstand r_3, für R_u den Widerstand r_1 und für R_v den Widerstand r_2,

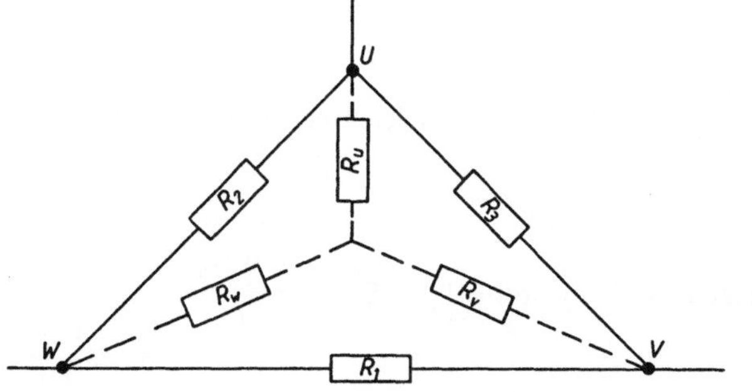

Bild 6.7

so läßt sich sagen: Widerstände mit gleichen Koeffizienten liegen bei einer Dreieck-Stern-Umwandlung bzw. Stern-Dreieck-Umwandlung immer gegenüber (Bild 6.8).

6.4.2.2. Stern-Dreieck-Umwandlung

Um eine Rücktransformation der
Dreieck-Stern-Schaltung vorzunehmen, welche zur Lösung der
Stern-Dreieck-Umwandlung
wesentlich beiträgt, werden die
in Abschnitt 6.4.2.1 erzielten
Gleichungen der Ersatzwiderstände vorausgesetzt. Die
Gleichungen:

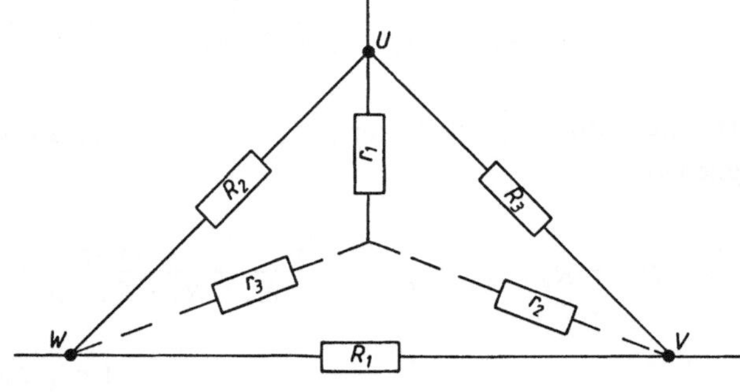

Bild 6.8

$$\text{(1a)} \quad r_1 = \frac{R_2 R_3}{R_1 + R_2 + R_3} \; ;$$

$$\text{(1b)} \quad r_2 = \frac{R_1 R_3}{R_1 + R_2 + R_3} \; ;$$

$$\text{(1c)} \quad r_3 = \frac{R_1 R_2}{R_1 + R_2 + R_3}$$

werden nach R_1, R_2, R_3 umgestellt und durch Einsetzen dieser, daraus resultierenden Gleichungen die endgültigen Gleichungen gewonnen.

$$\text{(2)} \quad R_1 + R_2 + R_3 = \frac{R_2 R_3}{r_1} \; ; \qquad \text{(3)} \quad R_1 + R_2 + R_3 = \frac{R_1 R_2}{r_3}$$

Gleichung (2) und (3) werden gleichgesetzt:

$$\frac{R_2 R_3}{r_1} = \frac{R_1 R_2}{r_3} \qquad \text{(4)} \quad R_3 = \frac{R_1 r_1}{r_3}$$

Aus den Gleichungen (1a) , (1b) , (1c) ergibt sich nach der Gleichsetzung von (1a) und (1c) :

$$\text{(5)} \quad R_1 = \frac{R_3 \cdot r_1}{r_3} \quad \text{und durch Gleichsetzen von } \text{(1c)} \text{ und } \text{(1b)} : \quad \text{(6)} \quad R_2 = \frac{R_3 r_3}{r_2}$$

Durch das Einsetzen von Gleichung ④ und ⑥ in Gleichung r_3 zeigt sich eine Lösung für R_1, welches in nachfolgendem Lösungsweg beschrieben wird.

$$④c \quad r_3 = \frac{R_1 R_2}{R_1 + R_2 + R_3}$$

$$R_1 = \frac{r_3(R_1 + R_2 + R_3)}{R_2}$$

$$R_1 R_2 = r_3 R_1 + r_3 R_2 + r_3 R_3$$

$$\frac{R_1 R_3 r_3}{r_2} = r_3 R_1 + \frac{r_3 r_3 R_3}{r_2} + r_3 R_3$$

$$\frac{R_1 r_3 R_1 r_1}{r_3 r_2} = r_3 R_1 + \frac{r_3^2 r_1 R_1}{r_2 r_3} + R_1 r_1$$

$$\frac{R_1 R_1 r_1}{r_2} = r_3 R_1 + \frac{r_3 r_1 R_1}{r_2} + r_1 R_1$$

$$\frac{R_1 R_1 r_1}{r_2} = \left(r_3 + \frac{r_1 r_3}{r_2} + r_1 \right) R_1$$

$$\frac{R_1 r_1}{r_2} = r_3 + \frac{r_1 r_3}{r_2} + r_1$$

$$R_1 r_1 = r_3 r_2 + r_1 r_3 + r_1 r_2$$

$$R_1 = \frac{r_3 r_2}{r_1} + \frac{r_1 r_3}{r_1} + \frac{r_1 r_2}{r_1}$$

$$R_1 = r_3 + r_2 + \frac{r_3 r_2}{r_1}$$

Nach gleicher Methode läßt sich R_2 und R_3 bestimmen. Dazu sei hier die Zusammenfassung der Ersatzwiderstände der Stern-Dreieck-Umwandlung gegeben, welche der Anordnung in Bild 6.8 gleichkommen.

$$\boxed{\begin{aligned} R_1 &= r_3 + r_2 + \frac{r_3 r_2}{r_1} \\[2mm] R_2 &= r_3 + r_1 + \frac{r_1 r_3}{r_2} \\[2mm] R_3 &= r_1 + r_2 + \frac{r_1 r_2}{r_3} \end{aligned}}$$

Lösungsbeispiel:

Als Beispiel sei das Maschennetz (Bild 6.2) gewählt. Hier bilden die Verbraucher R_1, R_2 R_3 und R_6, R_7, R_8 jeweils eine Dreieck-Schaltung. Nach der Transformation bleibt eine

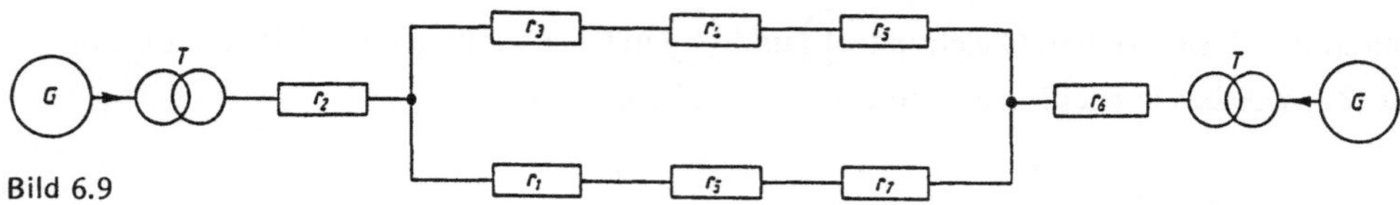

Bild 6.9

Reihen- und Parallelschaltung von Widerständen bzw. Verbrauchern übrig, deren Strom-
und Spannungsverteilung nach den Kirchhoffschen Gesetzen zu berechnen sind.

Gegeben: Schaltung nach Bild 6.2

Gesucht: Die Widerstände der gleichwertigen Sternschaltung: r_1, r_2, r_3 und r_6, r_7, r_8.

Lösung:

$$r_1 = \frac{R_2 R_3}{R_1 + R_2 + R_3} \,; \qquad r_2 = \frac{R_1 R_3}{R_1 + R_2 + R_3} \,; \qquad r_3 = \frac{R_1 R_2}{R_1 + R_2 + R_3} \,;$$

$$r_6 = \frac{R_7 R_8}{R_6 + R_7 + R_8} \,; \qquad r_7 = \frac{R_6 R_8}{R_6 + R_7 + R_8} \,; \qquad r_8 = \frac{R_6 R_7}{R_6 + R_7 + R_8} \,.$$

In Bild 6.9 ist die Anordnung der äquivalenten Sternschaltung wiedergegeben.

6.4.3. Ringnetze

Eine Sonderform der geschlossenen (vermaschten) Netze bildet die Gruppe der Ringnetze.
Trotz aufwendiger Erstellung und umfangreicher Schutztechnik, findet das störungssichere
Ringnetz eine häufige Anwendung innerhalb von Industrieanlagen. Da an jedem Punkte
des Ringnetzes von zwei Seiten gespeist wird, erweist sich diese Netzbauart insofern sehr
günstig, da im Störungsfalle eine Auftrennung des Netzes durch Entfernen der Sicherung
möglich ist. Neben den erwähnten Vorzügen bietet sich auch noch der Vorteil des geringen
Spannungsabfalles entlang der Leitung an.

6.4.4. Niederspannungsmaschennetz

Diese Art Maschennetz findet in Städten seine Anwendung, wobei die Kabel sich analog
den Straßenzügen, die sie mit elektrischer Energie versorgen, kreuzen. Durch die Verbindung der Kabel an den Kreuzungspunkten ist es möglich, bei Kurzschluß aus den anderen
Speisepunkten zu speisen. Neben dem geringen Leistungsverlust, zählt eine weitgehende
Betriebssicherheit zu den Vorteilen dieser Netzart. Mehr nachteiliger dürfte sich der extrem
hohe Aufwand für den Aufbau und für die selektive Schutztechnik auswirken.

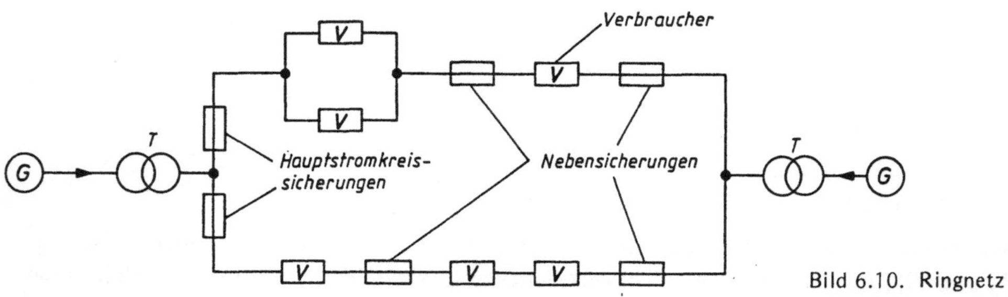

Bild 6.10. Ringnetz

6.5. Bemessung elektrischer Leitungen und Netze

Um die Wirtschaftlichkeit eines der vier vorgenannten Netze zu garantieren, stellen sich einige grundsätzliche Fragen:

a) Welches Material wird verwendet?

b) Auf welche Entfernung soll die Spannung übertragen werden?

c) Wie hoch ist die zu übertragende Spannung bzw. Leistung?

d) Wird Gleich-, Wechsel- oder Drehstrom übertragen?

Der zu wählende Leitungsquerschnitt hängt im großen Maße von der Größe der zu übertragenden, elektrischen Energie ab. Leitungsquerschnitt und Leitungslänge sollen so bemessen sein, daß der Spannungsabfall auf der Leitung nicht mehr als 5 % von der Nennspannung beträgt — in Niederspannungsnetzen werden möglichst 3 % nicht überschritten und in Mittel- und Hochspannungsnetzen etwa bis 10 % zugelassen. Ferner ist eine unerwünschte Erwärmung der Leitung durch zu hohe Strombelastbarkeit zu vermeiden, da sonst Gefügeveränderungen innerhalb des Leiterwerkstoffes auftreten und dadurch die Festigkeit (vor allem die Zugfestigkeit) beeinträchtigt wird. Außerdem ist eine Belastung durch eventuellen Kurzschluß bei Bemessung des Leitungsquerschnittes einzurechnen.

An den nachfolgenden Beispielen soll der Rechengang für Wirtschaftlichkeitsprüfungen an Ringleitungen bis 1000 V, a) mit Gleichstrom-, b) mit Wechselstrom-, c) mit Drehstrom gespeist, erläutert werden. Ergänzend sei noch bemerkt, daß Ringleitungen geschlossene Leitungen mit verteilter, meist unterschiedlicher Belastung sind.

● *Beispiel 1:*   Gegeben ist eine, in Bild 6.11 skizzierte Gleichstrom-Ringleitung mit unterschiedlichem Potential, U_A = 380 V; U_E = 390 V. Zu berechnen sind die von den Einspeisepunkten A und E fließenden Ströme (I' und I''), die auf den Teilstrecken AB, BC, CD und DE fließenden Ströme und die Spannungsabfälle an den Verteilpunkten B, C, D. Der Gesamtquerschnitt für die Gesamtstrecke ist zu bestimmen, nebst Ermittlung der Leistungsverluste auf den Teilstrecken und Berechnung des Wirkungsgrades der Leitung!

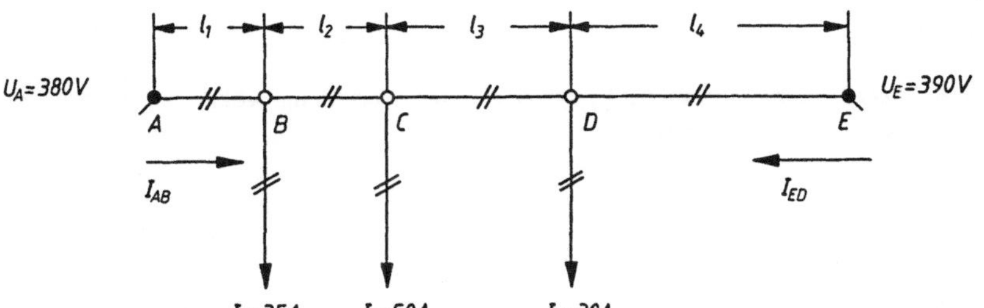

Bild 6.11

Gegeben: Bild 6.11

          l_1 = 100 m

          l_2 = 120 m

          l_3 = 200 m

          l_4 = 300 m

          Material: Cu

Gesucht: a) I', I''

              b) Querschnitt A für einen angenommenen Spannungsverlust von 19 V

              c) Ausgleichstrom I_a

              d) Teilströme I'_{AB}, I'_{BC}, I'_{CD}, I'_{DE}

              e) Teilspannungsverluste ΔU_{AB}, ΔU_{BC}, ΔU_{CD}, ΔU_{DE}

              f) Teilleistungsverluste $P_{v_{AB}}$, $P_{v_{BC}}$, $P_{v_{CD}}$, $P_{v_{DE}}$

              g) Wirkungsgrad η

              h) Skizze eines Spannungsverlustdiagramms

Lösung: Zuerst sind die Stromverhältnisse zu berechnen und zwar so, als wären die Spannungen an den Punkten A und E gleich groß. Da an einer Seite eine höhere Spannung herrscht, stellt sich ein Ausgleichstrom ein (I_a), der sich den errechneten Strömen I' und I'' überlagert und infolge der Potentialdifferenz vom Punkt der höheren Spannung (E) in Richtung A fließt.

Lösung a):

$$I'' = \frac{I_1 \cdot l_1 + I_2(l_1 + l_2) + I_3(l_1 + l_2 + l_3)}{l_1 + l_2 + l_3 + l_4}$$

$$I'' = \frac{35\,A \cdot 100\,m + 50\,A\,(100\,m + 120\,m) + 30\,A\,(100\,m + 120\,m + 200\,m)}{(100 + 120 + 200 + 300)\,m}$$

$$I'' = \frac{3500\,Am + 11\,000\,Am + 12\,600\,Am}{720\,m}$$

$$I'' = \frac{27\,100\,Am}{720\,m}$$

Ergebnis a): $I'' = 37{,}64$ A

Lösung a):   Um I' zu ermitteln, wird eine Knotenpunktsgleichung aufgestellt:

$$I_1 + I_2 + I_3 - I'' - I' = 0$$
$$I_1 + I_2 + I_3 - I'' = I'$$
$$(35 + 50 + 30 - 37{,}64)\,A = I'$$

Ergebnis a): $77{,}36$ A $= I'$

           Mit I' und I'' ergibt sich die in Bild 6.12 skizzierte Stromverteilung, wobei $I_{BC} = I' - I_1$ und $I_{DC} = I'' - I_3$ ist.

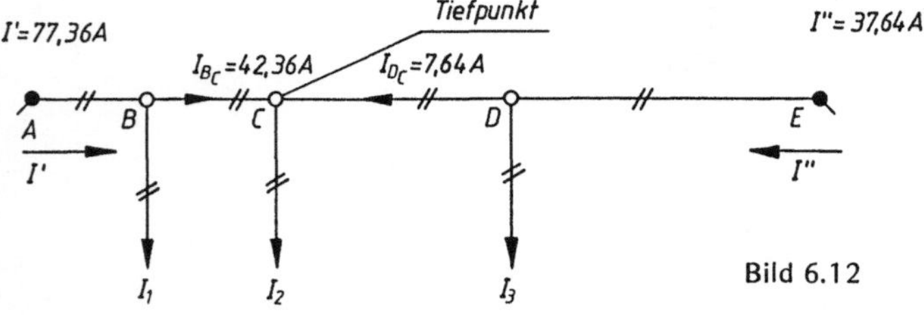

Bild 6.12

Lösung b): $A = \dfrac{2 \,{*}\Sigma I\, l}{\kappa \cdot \Delta U}$

$$A = \frac{2\left[(77,36 \text{ A} \cdot 100 \text{ m}) + (42,36 \text{ A} \cdot 120 \text{ m})\right]}{56 \dfrac{\Omega m}{mm^2} \cdot 19 \text{ V}}$$

$$A = \frac{2 \cdot 12819,2 \text{ Am}}{1064 \dfrac{\Omega m \cdot V}{mm^2}}$$

${*}\Sigma I\, l$ bedeutet die Summe aller Ströme und Längen bis zum Tiefpunkt. Dabei ist es egal, ob vom Punkt E oder A ausgegangen wird! Tiefpunkt ist der Punkt auf der Leitung, wo sich die Strom- bzw. Spannungsrichtungen umkehren. Am Tiefpunkt herrscht die niedrigste Spannung.

Ergebnis b): $A = 24,09 \text{ mm}^2$, gewählt $A = 25 \text{ mm}^2$

Lösung c): Hinweis: Der Ausgleichstrom I_a ist gleich der Potentialdifferenz $(U_E - U_A)$, dividiert durch den Gesamtwiderstand der Leitung von A bis E.

$$I_a = \frac{U_E - U_A}{R_l} = \frac{U_E - U_A}{\dfrac{2\,l_g}{\kappa A}} \qquad\qquad l_g = l_1 + l_2 + l_3 + l_4$$

$$I_a = \frac{(390 - 380) \text{ V} \cdot 56 \text{ m} \cdot 25 \text{ mm}^2}{2 \cdot 720 \text{ m } \Omega mm^2}$$

$$I_a = \frac{10 \text{ V} \cdot 1400}{1440 \ \Omega}$$

Ergebnis c): $I_a = 9,72 \text{ A}$

Lösung d): Mittels Überlagerung von I_a ergeben sich folgende Ströme:

$I'_{AB} = I_{AB} - I_a$ $\qquad\qquad\qquad\qquad$ $I'_{BC} = I_{BC} - I_a$
$\phantom{I'_{AB}} = (77,36 - 9,72) \text{ A}$ $\qquad\qquad\quad$ $\phantom{I'_{BC}} = (42,36 - 9,72) \text{ A}$

Ergebnis d): $I'_{AB} = 67,64 \text{ A}$ $\qquad\qquad\qquad$ $I'_{BC} = 32,64 \text{ A}$

Lösung d): $I'_{DC} = I_{DC} + I_a$ $\qquad\qquad\qquad$ $I'_{ED} = I_{ED} + I_a$
$\phantom{Lösung d): I'_{DC}} = (7,64 + 9,72) \text{ A}$ $\qquad\quad$ $\phantom{I'_{ED}} = (37,64 + 9,72) \text{ A}$

Ergebnis d): $I'_{DC} = 17,36 \text{ A}$ $\qquad\qquad\qquad$ $I'_{ED} = 47,36 \text{ A}$

Lösung e): $\Delta U_{AB} = \dfrac{2\,l_1 I'_{AB}}{\kappa A}$ $\qquad\qquad\qquad$ $\Delta U_{BC} = \dfrac{2\,l_2 I'_{BC}}{\kappa A}$

$$= \frac{2 \cdot 100 \text{ m} \cdot 67,64 \text{ A } \Omega mm^2}{56 \text{ m} \cdot 25 \text{ mm}^2} \qquad\qquad = \frac{2 \cdot 120 \text{ m} \cdot 32,64 \text{ A } \Omega mm^2}{56 \text{ m} \cdot 25 \text{ mm}^2}$$

$$= \frac{13528 \text{ V}}{1400} \qquad\qquad\qquad\qquad\qquad = \frac{7833,6 \text{ V}}{1400}$$

Ergebnis e): $\Delta U_{AB} = 9,66 \text{ V}$ $\qquad\qquad\qquad$ $\Delta U_{BC} = 5,6 \text{ V}$

Lösung e): $\Delta U_{DC} = \dfrac{2\,l_3 I'_{DC}}{\kappa A}$ $\qquad\qquad\qquad$ $\Delta U_{ED} = \dfrac{2\,l_4 I'_{ED}}{\kappa A}$

$$= \frac{2 \cdot 200 \text{ m} \cdot 17,36 \text{ A } \Omega mm^2}{56 \text{ m} \cdot 25 \text{ mm}^2} \qquad\qquad = \frac{2 \cdot 300 \text{ m} \cdot 47,36 \text{ A } \Omega mm^2}{56 \text{ m} \cdot 25 \text{ mm}^2}$$

$$= \frac{6944 \text{ V}}{1400} \qquad\qquad\qquad\qquad\qquad = \frac{28416 \text{ V}}{1400}$$

Ergebnis e): $\Delta U_{CD} = 4{,}96$ V $\Delta U_{ED} = 20{,}29$ V

Lösung f): $P_{v_{AB}} = \Delta U_{AB}\, I'_{AB}$ $P_{v_{BC}} = \Delta U_{BC}\, I'_{BC}$
$\qquad\qquad\quad = 9{,}66$ V $\cdot$ 67,64 A $\qquad\qquad\quad = 5{,}6$ V $\cdot$ 32,64 A

Ergebnis f): $P_{v_{AB}} = 653{,}4$ W $P_{v_{BC}} = 182{,}78$ W

Lösung f): $P_{v_{DC}} = \Delta U_{DC}\, I'_{DC}$ $P_{v_{ED}} = \Delta U_{ED}\, I'_{ED}$
$\qquad\qquad\quad = 4{,}96$ V $\cdot$ 17,36 A $\qquad\qquad\quad = 20{,}29$ V $\cdot$ 47,36 A

Ergebnis f): $P_{v_{DC}} = 86{,}1$ W $P_{v_{ED}} = 960{,}93$ W

Lösung g): $\eta = \dfrac{P_{eff.} - P_{v_{ges.}}}{P_{eff.}}$

$\qquad\qquad\quad = \dfrac{(44{,}17 - 1{,}883)\ \text{kW}}{44{,}17\ \text{kW}}$

$\qquad\qquad\quad = \dfrac{42{,}287}{44{,}17}$

Ergebnis g): $\eta = 0{,}957$

$$P_{v_{ges.}} = \sum_{AB}^{ED} P_v$$
$$= (653{,}4 + 182{,}78 + 86{,}1 + 960{,}93)\ \text{W}$$
$$P_{v_{ges.}} = 1883{,}21\ \text{W} = 1{,}883\ \text{kW}$$

$^{*}P_{eff.} = U_A\, I'_{AB} + U_E\, I'_{ED}$
$\qquad\quad = 380$ V $\cdot$ 67,64 A $+ 390$ V $\cdot$ 47,36 A

$P_{eff.} = 44{,}17$ kW

Der ermittelte Wirkungsgrad liegt in einem günstigen Bereich, da der Gesamtleistungsverlust nur 4,3 % beträgt.

*Sind die Einspeisespannungen gleich groß, so errechnet sich die effektive Leistung wie folgt: $P_{eff.} = U\,(I_A + I_n)$, wobei I_n der Strom am letzten Einspeisepunkt ist.

Bild 6.13 zeigt den charakteristischen Spannungsverlauf einer zweiseitig gespeisten Ringleitung. Es ist beachtenswert, daß die Spannungsverluste bis zum Tiefpunkt absteigend und von dort wieder ansteigend bis zum Einspeisepunkt höherer Spannung. sind.

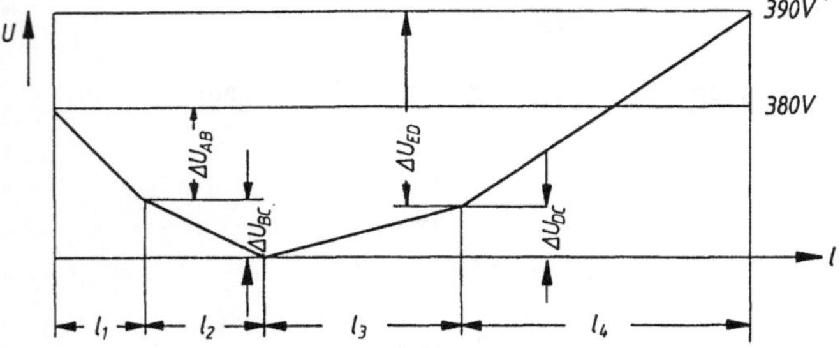

Bild 6.13

● *Beispiel 2:*   Die in Bild 6.14 abgebildete Einphasen-Wechselstrom-Ringleitung mit einem Querschnitt von 35 mm^2 ist auf ihre elektrische Belastung hin zu berechnen. Es ist zu bestimmen:

Gesucht: a) die Scheinstromberechnung,
             b) die Blindstromberechnung,
             c) die Wirkstromberechnung,
             d) die Wirkströme an den Einspeisepunkten A (I'_w) und D (I''_w), sowie die dazugehörige Wirkstromverteilung, nachdem I_a, Aufgabe f) gelöst ist,
             e) die Blindströme I'_b an Punkt A und I''_b an Punkt D, außerdem ist die Blindstromverteilung gesucht,
             f) der Ausgleichstrom I_a,
             g) die Teilspannungsverluste entlang der Leitung,
             h) die Leistungsverluste entlang der Leitung,
             i) die Wirkleistungen P'_w und P''_w an den Punkten A und D,
             j) die Leistungsfaktoren φ' und φ'',
             k) der Wirkungsgrad der Leitung.

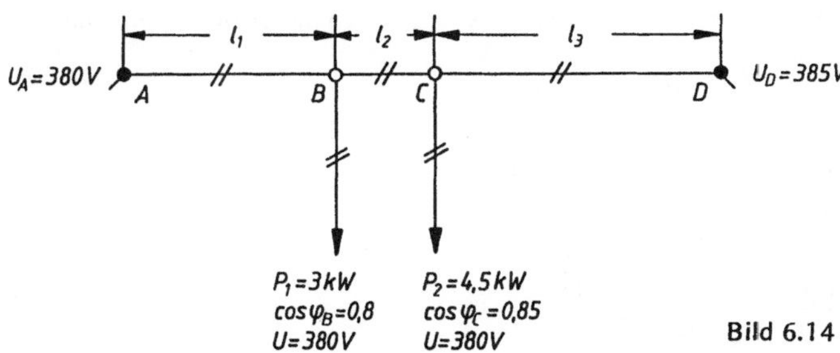

Bild 6.14

Gegeben: Bild 6.14

$l_1 = 200\ \text{m}$

$l_2 = 100\ \text{m}$

$l_3 = 300\ \text{m}$

Querschnitt $A = 35\ \text{mm}^2$
Material: Cu

Lösung: Auch bei Einphasen-Wechselstrom-Ringleitungen sind zunächst die Stromverhältnisse (I_s, I_w, I_b) so zu berechnen, als seien die Einspeisespannungen gleich hoch. Herrscht, wie in diesem Beispiel gezeigt, unterschiedliches Potential an den Speisepunkten, so wird sich ein Ausgleichstrom I_a (als Wirkstrom) einstellen. Dieser Ausgleichstrom ist den Wirkströmen so zu überlagern, daß er vom Punkt der höheren Spannung zum Punkt der niedrigen Spannung fließt, also von D nach A.

Lösung a): $\displaystyle I_{s_B} = \frac{P_1}{U_A \cos\varphi_B}$ $\displaystyle I_{s_C} = \frac{P_2}{U_A \cos\varphi_C}$

$\displaystyle = \frac{3000\ \text{W}}{380\ \text{V} \cdot 0,8}$ $\displaystyle = \frac{4500\ \text{W}}{380\ \text{V} \cdot 0,85}$

Ergebnis a): $I_{s_B} = 9{,}868\ \text{A}$ $I_{s_C} = 13{,}93\ \text{A}$

Lösung b): $I_{w_B} = I_{s_B} \cos\varphi_B$ $I_{w_C} = I_{s_C} \cos\varphi_C$
$\qquad\qquad\ = 9{,}868\ \text{A} \cdot 0,8$ $\qquad\ = 13{,}93\ \text{A} \cdot 0,85$

Ergebnis b): $I_{w_B} = 7{,}89\ \text{A}$ $I_{w_C} = 11{,}84\ \text{A}$

Lösung c):　　$I_{bB} = I_{sB} \sin \varphi_B$　　　　　　　$I_{bC} = I_{sC} \sin \varphi_C$

　　　　　　　　　$= 9{,}868 \text{ A} \cdot 0{,}6$　　　　　　　$= 13{,}93 \text{ A} \cdot 0{,}525$

Ergebnis c):　$I_{bB} = 5{,}92$ A　　　　　　　　　$I_{bC} = 7{,}31$ A

Lösung d):　$I''_w = \dfrac{(I_{wB}\, l_1) + [I_{wC}\,(l_1 + l_2)]}{l_1 + l_2 + l_3}$

$$= \frac{(7{,}89 \text{ A} \cdot 200 \text{ m}) + [11{,}84 \text{ A} \cdot (200 \text{ m} + 100 \text{ m})]}{(200 + 100 + 300) \text{ m}}$$

$$= \frac{1578 \text{ Am} + 3552 \text{ Am}}{600 \text{ m}}$$

Ergebnis d):　$I''_w = 8{,}55$ A

Unter Zuhilfenahme des 1. Kirchhoffschen Gesetzes ergibt sich der Strom I'_w am Punkt A wie folgt:

Lösung d):　$I_{wB} + I_{wC} - I'_w - I''_w = 0$

　　　　　　　$I_{wB} + I_{wC} - I''_w = I'_w$

　　　　　　　$(7{,}89 + 11{,}84 - 8{,}55) \text{ A} = 11{,}18 \text{ A} = I'_w$

Ergebnis d):　$I'_w = 11{,}18$ A

Lösung e):　$I''_b = \dfrac{(I_{bB}\, l_1) + [I_{bC}\,(l_1 + l_2)]}{l_1 + l_2 + l_3}$

$$= \frac{5{,}92 \text{ A} \cdot 200 \text{ m} + [7{,}31 \text{ A} \cdot (200 + 100) \text{ m}]}{(200 + 100 + 300) \text{ m}}$$

$$= \frac{3377 \text{ Am}}{600 \text{ m}}$$

Ergebnis e):　$I''_b = 5{,}63$ A

In Analogie zur Berechnung des Stromes I'_w gilt für I'_b gleiches Gesetz.

　　　　　$I_{bB} + I_{bC} - I'_b - I''_b = 0$

　　　　　$I_{bB} + I_{bC} - I''_b = I'_b$

　　　　　$(5{,}92 + 7{,}31 - 5{,}63) \text{ A} = I'_b$

　　　　　　　　　$I'_b = 7{,}6$ A

Lösung f):　Der Ausgleichstrom I_a ist gleich der Potentialdifferenz $U_D - U_A$, dividiert durch den Gesamtwiderstand der Leitung.

$$I_a = \frac{U_D - U_A}{R_l}$$

$$= \frac{U_D - U_A}{\dfrac{2\, l_{ges.}}{\kappa A}}$$
　　　　　　　　　　　　　　$l_{ges.} = l_1 + l_2 + l_3$

$$= \frac{(385 - 380) \text{ V} \cdot 56 \text{ m} \cdot 35 \text{ mm}^2}{2 \cdot 600 \text{ m} \cdot \Omega\text{mm}^2}$$

Ergebnis f):　$I_a = 8{,}17$ A

Lösung d): Durch die Überlagerung der Wirkströme mit dem Ausgleichstrom resultiert nachstehende Wirkstromverteilung:

$$I'_{wDC} = I''_w + I_a \qquad I'_{wCB} = I'_{wDC} - I_{wC} \qquad I'_{wAB} = I_{wB} - I'_{wCB}$$
$$= (8{,}55 + 8{,}17)\,A \qquad = (16{,}72 - 11{,}84)\,A \qquad = (7{,}89 - 4{,}88)\,A$$

Ergebnis d): $\quad I'_{wDC} = 16{,}72\,A \qquad I'_{wCB} = 4{,}88\,A \qquad I'_{wAB} = 3{,}01\,A$

Skizze aus der Lösung d) entstandenen Wirkstromverteilung (Bild 6.15).

Blindstromverteilung des Lösungsbeispiels (Bild 6.16)

$$I_{bBC} = I'_b - I_{bB}$$
$$= (7{,}6 - 5{,}92)\,A$$
$$I_{bBC} = 1{,}68\,A$$

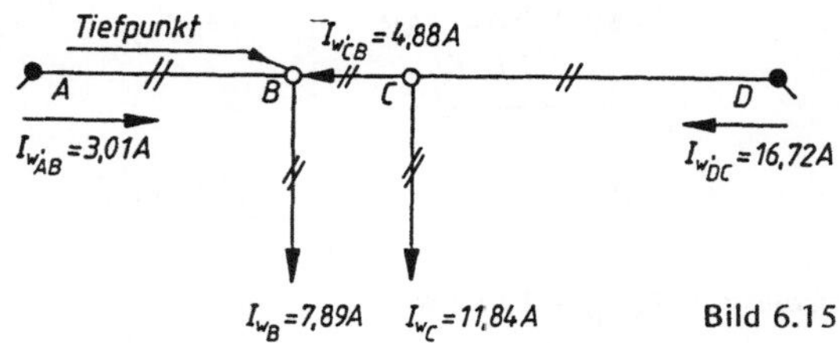

Bild 6.15

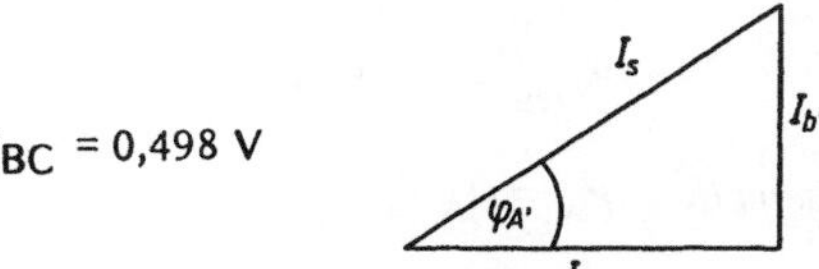

Bild 6.16

Lösung g):
$$\Delta U = R\,I\,\cos\varphi$$
$$= R\,I_w$$
$$R = \frac{2\,l}{\kappa\,A}$$

$$\Delta U_{AB} = \frac{2\,l_1\,I'_{wAB}}{\kappa\,A} \qquad\qquad \Delta U_{BC} = \frac{2\,l_2\,I'_{wCB}}{\kappa\,A}$$

$$= \frac{2 \cdot 200\,m \cdot 3{,}01\,A \cdot \Omega mm^2}{56\,m \cdot 35\,mm^2} \qquad = \frac{2 \cdot 100\,m \cdot 4{,}88\,A \cdot \Omega mm^2}{56\,m \cdot 35\,mm^2}$$

$$= \frac{1204\,V}{1960} \qquad\qquad = \frac{976\,V}{1960}$$

Ergebnis g): $\quad \Delta U_{AB} = 0{,}614\,V \qquad\qquad \Delta U_{BC} = 0{,}498\,V$

Lösung g): $\quad \Delta U_{DC} = \dfrac{2\,l_3\,I'_{wDC}}{\kappa\,A}$

$$= \frac{2 \cdot 300\,m \cdot 16{,}72\,A \cdot \Omega mm^2}{56\,m \cdot 35\,mm^2}$$

$$= \frac{10032\,V}{1960}$$

Ergebnis g): $\quad \Delta U_{DC} = 5{,}118\,V$

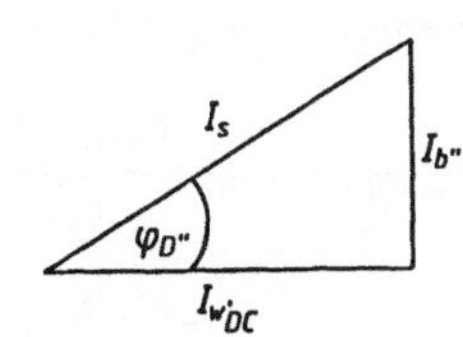

Bild 6.17

Lösung j): $\tan \varphi'_A = \dfrac{I'_b}{I'_{wAB}} = \dfrac{7,6\ A}{3,01\ A} = \underline{2,5249}$ daraus folgt: $\varphi'_A = 68,4°$ und $\cos \varphi'_A = 0,3681$

$\tan \varphi''_D = \dfrac{I''_b}{I'_{wDC}} = \dfrac{5,63\ A}{16,72\ A} = \underline{0,3367,}$ daraus folgt: $\varphi''_D = 18,6°$ und $\cos \varphi''_D = 0,9478$

Lösung h): Die Leistungsverluste werden mittels Scheinstrom und Leitungswiderstand errechnet.

$$P_{vAB} = R_{AB}\ I'^2_{sAB}$$
$$= \frac{2\ l_1\ I'^2_{sAB}}{\kappa A}$$
$$= \frac{2 \cdot 200\ m \cdot (8,17\ A)^2 \cdot \Omega mm^2}{56\ m \cdot 35\ mm^2}$$

$$I'_{sAB} = \sqrt{I'^2_{wAB} + I'^2_b}$$
$$= \sqrt{(3,01\ A)^2 + (7,6\ A)^2}$$
$$= \sqrt{66,82\ A^2}$$

Ergebnis h): $P_{vAB} = 13,62\ W$ $I'_{sAB} = 8,17\ A$

Lösung h):
$$P_{vCB} = R_{CB}\ I'^2_{sCB}$$
$$= \frac{2\ l_2\ I'^2_{sCB}}{\kappa A}$$
$$= \frac{2 \cdot 100\ m \cdot (5,16\ A)^2 \cdot \Omega mm^2}{56\ m \cdot 35\ mm^2}$$

$$I'_{sCB} = \sqrt{I'^2_{wCB} + I'^2_{bBC}}$$
$$= \sqrt{(4,48\ A)^2 + (1,68\ A)^2}$$
$$= \sqrt{26,63\ A^2}$$

Ergebnis h): $P_{vCB} = 2,72\ W$ $I'_{sCB} = 5,16\ A$

Lösung h):
$$P_{vDC} = R_{DC}\ I'^2_{sDC}$$
$$= \frac{2\ l_3\ I'^2_{sDC}}{\kappa A}$$
$$= \frac{2 \cdot 300\ m \cdot (17,64\ A)^2 \cdot \Omega mm^2}{56\ m \cdot 35\ mm^2}$$

$$I'_{sDC} = \sqrt{I'^2_{wDC} + I''^2_b}$$
$$= \sqrt{(6,72\ A)^2 + (5,63\ A)^2}$$
$$= \sqrt{311,26\ A^2}$$

Ergebnis h): $P_{vDC} = 95,25\ W$ $I'_{sDC} = 17,64\ A$

$$P_{vges.} = P_{vAB} + P_{vCB} + P_{vDC}$$
$$P_{vges.} = (13,62 + 2,72 + 95,25)\ W$$
$$P_{vges.} = 111,59\ W$$

Lösung i): $P'_w = U_A\ I'_{wAB}$ $P''_w = U_D\ I'_{wDC}$

$\qquad\qquad\quad = 380\ V \cdot 3,01\ A$ $\quad = 385\ V \cdot 16,72\ A$

Ergebnis i): $P'_w = 1143,8\ W$ $P''_w = 6437,2\ W$

Lösung k): $\eta = \dfrac{P_{eff.} - P_{vges.}}{P_{eff.}}$ $P_{eff.} = P'_w + P''_w$

$\qquad\qquad = \dfrac{(7,581 - 0,111)\ kW}{7,581\ kW}$ $\quad = 1143,8\ W + 6437,2\ W$

$\qquad\qquad\qquad\qquad\qquad\qquad\qquad\qquad\qquad\ P_{eff.} = 7,581\ kW$

Ergebnis k): $\eta = 0,985$

Anmerkung: Ist der Querschnitt einer Einphasen-Wechselstromleitung nicht bekannt, so dient nachstehende (allgemeine) Formel zur Lösung:

$$A = \frac{2\,l\,I_\mathrm{w}}{\kappa\,\Delta U}$$

Es bedeuten:　I_W = Wirkstrom bzw. Wirkströme bis zum Tiefpunkt
l = Leiterlänge bis zum Tiefpunkt
ΔU = Gesamtspannungsverlust bis zum Tiefpunkt
κ = Leitwert des Leiterwerkstoffes

Es werden die nach der Überlagerung mit dem Ausgleichstrom gegebenen Wirkströme eingesetzt. Sind mehrere Längen und Wirkströme bis zur Erreichung des Tiefpunktes vorhanden, so sind diese entsprechend als sogenannte Strommomente einzusetzen. (Unter Strommoment versteht man die Multiplikation eines Stromes mit der wirksamen Leiterlänge.) Dabei ist zu beachten, daß wenn die Wirkströme von links ausgehend in die Rechnung einbezogen werden, die Längen ebenfalls von links angenommen werden. Würde man also für das Beispiel 2. den Querschnitt errechnen müssen, so ergibt sich die Gleichung a) von rechts ausgehend; b) von links ausgehend:

Lösung a):　$A = \dfrac{2\,[(l_3\,I'_\mathrm{wDC}) + (l_2\,I'_\mathrm{wCB})]}{\kappa\,\Delta U}$

$\qquad = \dfrac{2\,[(300\ \mathrm{m} \cdot 16{,}72\ \mathrm{A}) + (100\ \mathrm{m} \cdot 4{,}88\ \mathrm{A})]}{\dfrac{56\ \mathrm{m}}{\Omega \mathrm{mm}^2} \cdot 5{,}616\ \mathrm{V}}$

$\qquad = \dfrac{2 \cdot (5016 + 488)\ \mathrm{mm}^2}{314{,}496}$

ΔU bis zum Tiefpunkt, von rechts ausgehend:
$\Delta U = \Delta U_\mathrm{DC} + \Delta U_\mathrm{BC}$
$\qquad = (5{,}118 + 0{,}498)\ \mathrm{V}$
$\Delta U = 5{,}616\ \mathrm{V}$
(siehe Bild 6.15)

Ergebnis a):　$A = 35\ \mathrm{mm}^2$

Lösung b):　$A = \dfrac{2\,l_1\,I'_\mathrm{wAB}}{\kappa\,\Delta U}$

$\qquad = \dfrac{2 \cdot 200\ \mathrm{m} \cdot 3{,}01\ \mathrm{A}}{\dfrac{56\ \mathrm{m}}{\Omega \mathrm{mm}^2} \cdot 0{,}614\ \mathrm{V}}$

$\qquad = \dfrac{1204\ \mathrm{mm}^2}{34{,}384}$

ΔU bis zum Tiefpunkt, von links ausgehend:
$\Delta U = \Delta U_\mathrm{AB}$
$\Delta U = 0{,}614\ \mathrm{V}$

Ergebnis b):　$A = 35\ \mathrm{mm}^2$

Vorstehende Querschnittsberechnungen beweisen 1. die Richtigkeit des angenommenen Querschnittes und 2., daß nur eine der durchgeführten Rechnungen erforderlich ist, um eine Lösung zu erhalten. Zweckmäßigerweise geht man zur Berechnung des Querschnittes von dem Punkt aus, der die geringste Anzahl *Strommomente* bis zum Erreichen des Tiefpunktes bietet.

● *Beispiel 3:*   Gegeben ist eine Drehstromleitung (Bild 6.18). Zu berechnen sind

a) Scheinstromverteilung;
b) Blindstromverteilung;
c) Wirkstromverteilung;
d) die resultierenden Leistungsfaktoren $\cos \varphi'_A$ und $\cos \varphi''_D$;
e) die Leistungsverluste.

Lösung: Einleitend sei darauf hingewiesen, daß die in Abschnitt 4.2 abgeleiteten Gesetzmäßigkeiten zur Lösung des Beispiels beitragen.

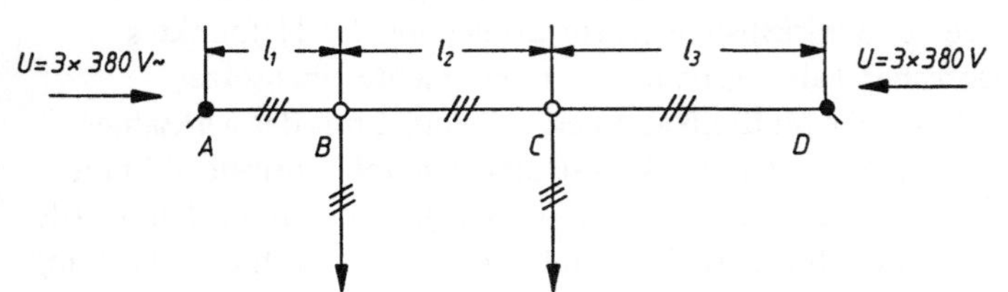

Bild 6.18

Lösung a): $I_{sB} = \dfrac{P_1}{U_A \cos \varphi_B \sqrt{3}}$

$= \dfrac{30\,000\ \text{W}}{380\ \text{V} \cdot 0,8 \cdot 1,73}$

$\qquad\qquad\qquad\qquad\qquad\qquad I_{sC} = \dfrac{P_2}{U_A \cos \varphi_C \sqrt{3}}$

$= \dfrac{25\,000\ \text{W}}{380\ \text{V} \cdot 0,6 \cdot 1,73}$

Ergebnis a): $I_{sB} = 57{,}04\ \text{A}$ $I_{sC} = 63{,}38\ \text{A}$

Lösung b): $I_{bB} = I_{sB} \sin \varphi_B$ $I_{bC} = I_{sC} \sin \varphi_C$

$= 57{,}04\ \text{A} \cdot 0{,}6$ $= 63{,}38\ \text{A} \cdot 0{,}8$

Ergebnis b): $I_{bB} = 34{,}22\ \text{A}$ $I_{bC} = 50{,}7\ \text{A}$

Lösung c): $I_{wB} = I_{sB} \cos \varphi_B$ $I_{wC} = I_{sC} \cos \varphi_C$

$= 57{,}04\ \text{A} \cdot 0{,}8$ $= 63{,}38\ \text{A} \cdot 0{,}6$

Ergebnis c): $I_{wB} = 45{,}63\ \text{A}$ $I_{wC} = 38{,}0\ \text{A}$

Lösung c):   Ströme an den Einspeisepunkten $A(I'_w)$ und $D(I''_w)$:

$$I''_w = \frac{(I_{wB}\, l_1) + [I_{wC}\, (l_1 + l_2)]}{l_1 + l_2 + l_3}$$

$$= \frac{45{,}63\ \text{A} \cdot 100\ \text{m} + [38{,}0\ \text{A}\,(100\ \text{m} + 200\ \text{m})]}{(100 + 200 + 250)\ \text{m}}$$

$$= \frac{15963\ \text{Am}}{550\ \text{m}}$$

Ergebnis c): $I''_w = 29{,}0\ \text{A}$

Lösung c):   Nach Anwendung des 1. Kirchhoffschen Satzes folgert der Strom I'_w an Punkt A:

$$I_{wB} + I_{wC} - I'_w - I''_w = 0$$

$$I_{wB} + I_{wC} - I''_w = I'_w$$

Ergebnis c): $(45{,}63 + 38{,}0 - 29{,}0)\,\text{A} = I'_w = 54{,}63\,\text{A}$

$$I'_{wBC} = I'_w - I_{wB}$$
$$= (54{,}63 - 45{,}63)\,\text{A}$$
$$I'_{wBC} = 9{,}0\,\text{A}$$

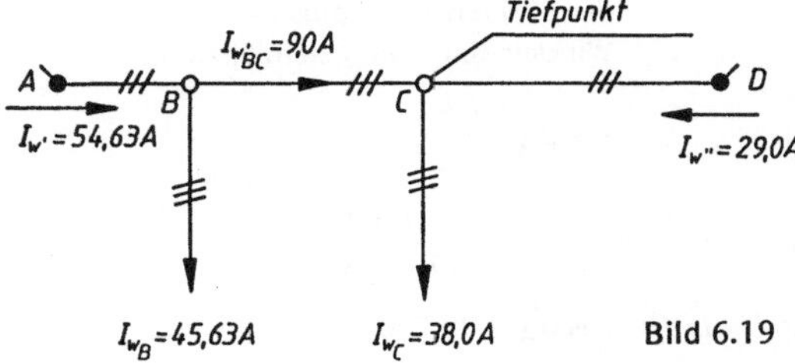

Stromverteilung der Frage b):

Lösung b):
$$I''_b = \frac{(I_{bB}\,l_1) + [I_{bC}\,(l_1 + l_2)]}{l_1 + l_2 + l_3}$$

$$= \frac{(34{,}22\,\text{A} \cdot 100\,\text{m}) + [50{,}7 \cdot (100\,\text{m} + 200\,\text{m})]}{(100 + 200 + 250)\,\text{m}}$$

$$= \frac{18\,632\,\text{Am}}{550\,\text{m}}$$

Ergebnis b): $I''_b = 33{,}88\,\text{A}$

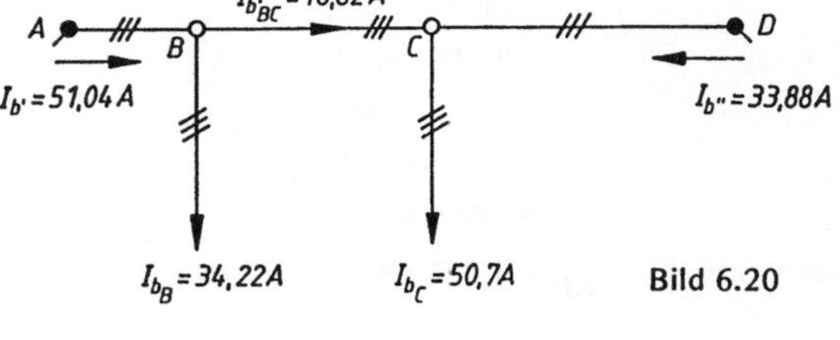

Durch Zuhilfenahme der Knotenregel ist

Lösung b):
$$I'_b = I_{bB} + I_{bC} - I''_b$$
$$= (34{,}22 + 50{,}7 - 33{,}88)\,\text{A}$$

Ergebnis b): $I'_b = 51{,}04\,\text{A}$

Es entsteht hieraus Bild 6.20:

$$I'_{bBC} = I'_b - I_{bB}$$
$$= (51{,}04 - 34{,}22)\,\text{A}$$
$$I'_{bBC} = 16{,}82\,\text{A}$$

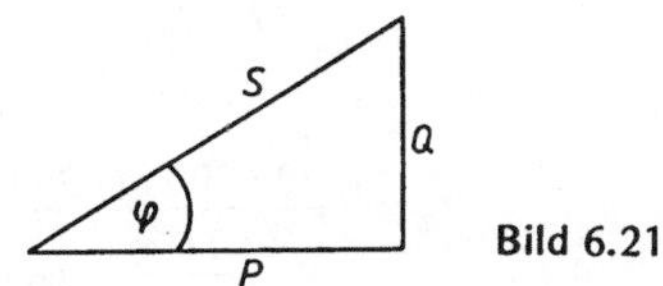

Lösung d): Um die Leistungsfaktoren neu zu bestimmen, muß man nicht unbedingt mit Blind- und Wirkströmen operieren wie in Lösungsbeispiel 2. gezeigt wird. Analog der Zusammenhänge von Blind-, Schein- und Wirkleistung ist eine gleiche Lösung möglich!

Aus der allgemeinen Schreibweise: $P = \sqrt{3}\,U\,I\,\cos$

läßt sich die Formel für das Beispiel 3 ableiten.

$$P_A = \sqrt{3}\,U_A\,I'_w$$
$$= 1{,}73 \cdot 380\,\text{V} \cdot 54{,}63\,\text{A}$$
$$P_A = 35{,}913\,\text{kW}$$

$$P_D = \sqrt{3}\,U_D\,I''_w$$
$$= 1{,}73 \cdot 380\,\text{V} \cdot 29{,}0\,\text{A}$$
$$P_D = 19{,}06\,\text{kW}$$

$$Q_A = \sqrt{3}\,U_A\,I'_b$$
$$= 1{,}73 \cdot 380\,\text{V} \cdot 51{,}04\,\text{A}$$
$$Q_A = 33{,}55\,\text{kvar}$$

$$Q_D = \sqrt{3}\,U_D\,I''_b$$
$$= 1{,}73 \cdot 380\,\text{V} \cdot 33{,}88\,\text{A}$$
$$Q_D = 22{,}272\,\text{kvar}$$

$$S_A = \sqrt{P_A^2 + Q_A^2}$$
$$= \sqrt{35{,}913^2\,\text{kW}^2 + 33{,}55^2\,\text{kvar}^2}$$
$$= \sqrt{2415{,}34\,\text{kVA}^2}$$
$$S_A = 49{,}15\,\text{kVA}$$

$$S_D = \sqrt{P_D^2 + Q_D^2}$$
$$= \sqrt{19{,}06^2\,\text{kW}^2 + 22{,}272^2\,\text{kvar}^2}$$
$$= \sqrt{859{,}32\,\text{kVA}^2}$$
$$S_D = 29{,}3\,\text{kVA}$$

Nach dem Lehrsatz des Phytagoras ist das Scheinleistungsquadrat gleich der Summe des Wirkleistungs- plus Blindleistungsquadrats; der Cosinus das Verhältnis zwischen Wirkleistung und Scheinleistung.

$$\cos \varphi'_A = \frac{P_A}{S_A} \qquad\qquad \cos \varphi''_D = \frac{P_D}{S_D}$$

$$= \frac{35{,}736 \text{ kW}}{49{,}15 \text{ kVA}} \qquad\qquad = \frac{19{,}06 \text{ kW}}{29{,}3 \text{ kVA}}$$

Ergebnis d): $\cos \varphi'_A = 0{,}73$ $\qquad\qquad \cos \varphi''_D = 0{,}65$

Lösung e): $\quad P_v \;\; = 3\, R_{l_1}\, I_s^2$

$$P_{v_{AB}} = 3\, R_{l_1}\, I_s'^2$$

$$= \frac{3\, l_1\, I_s'^2}{\kappa A}$$

$$= \frac{3 \cdot 100 \text{ m} \cdot 5589{,}5 \text{ A}^2}{\dfrac{56 \text{ m}}{\Omega \text{mm}^2} \cdot 16 \text{ mm}^2}$$

$$= 1871 \text{ A}^2\Omega$$

Nach Bild 6.17 ist

$$I_s'^2 = I_b'^2 + I_w'^2$$

$$= (51{,}04 \text{ A})^2 + (54{,}63 \text{ A})^2$$

$$I_s'^2 = 5589{,}5 \text{ A}^2$$

Ergebnis e): $P_{v_{AB}} = 1{,}871 \text{ kW}$

Lösung e): $\quad P_{v_{BC}} = 3\, R_{l_2}\, I_{s_{BC}}^2$

$$= \frac{3\, l_2\, I_{s_{BC}}^2}{\kappa A}$$

$$= \frac{3 \cdot 200 \text{ m} \cdot 363{,}91 \text{ A}^2}{\dfrac{56 \text{ m}}{\Omega \text{mm}^2} \cdot 16 \text{ mm}^2}$$

$$= 243{,}65 \text{ A}^2\Omega$$

$$I_{s_{BC}}^2 = I_{b_{BC}}'^2 + I_{w_{BC}}'^2$$

$$= (16{,}82 \text{ A})^2 + (9{,}0 \text{ A})^2$$

$$I_{s_{BC}}^2 = 363{,}91 \text{ A}^2$$

Ergebnis e): $P_{v_{BC}} = 0{,}243 \text{ kW.}$

Lösung e): $\quad P_{v_{CD}} = 3\, R_{l_3}\, I_s''^2$

$$= \frac{3\, l_3\, I_s''^2}{\kappa A}$$

$$= \frac{3 \cdot 250 \text{ m} \cdot 1988{,}85 \text{ A}^2}{\dfrac{56 \text{ m}}{\Omega \text{mm}^2} \cdot 16 \text{ mm}^2}$$

$$= 1664 \text{ A}^2\Omega$$

$$I_s''^2 = I_b''^2 + I_w''^2$$

$$= (33{,}88 \text{ A})^2 + (29{,}0 \text{ A})^2$$

$$I_s''^2 = 1988{,}85 \text{ A}^2$$

Ergebnis e): $P_{v_{CD}} = 1{,}664 \text{ kW}$

7. Schutzmaßnahmen gegen gefährliche Körperströme (VDE 0100/DIN 57100, Teil 410 und 540)

7.1. Unfälle durch elektrische Anlagen

Sind elektrische Einrichtungen defekt, oder werden die Unfallvorschriften nicht streng beachtet — recht oft aus Leichtsinn — kann durch den menschlichen Körper ein Strom fließen. Überschreitet der Strom dabei eine bestimmte Höhe, treten Bewußtlosigkeit, Lähmungen und auch der Herztod ein. Hierbei ist eine umfassende Berührung wegen des eintretenden Muskelkrampfes weit gefährlicher als die Flächenberührung spannungsführender Anlageteile.

Der durch Kurzschluß mit nichtisolierten Werkzeugen hervorgerufene Lichtbogen kann ebenfalls zu schweren Verbrennungen, Verstümmelungen und zu Augenverletzungen führen.

Der VDE hat daher eine Reihe von Schutzmaßnahmen vorgesehen, durch deren Einhaltung gefährliche Körperströme vermieden werden [1]).

7.2. Isolationsfehler und seine Folgen

Als *Körperschluß* (er wird oft mit dem *Erdschluß* verwechsel) bezeichnet man eine Berührung oder Verbindung spannungsführender Anlageteile mit anderen leitenden, aber nicht zum Betriebsstromkreis gehörenden Anlageteilen, so z.B. mit dem Motorgehäuse, den Platten und dem Gestell eines Elektroherdes, dem Fuß einer Metallstehlampe usw. Zumeist ist die Ursache für einen Körperschluß ein *Isolationsfehler.*

Als Folge eines Isolationsfehlers (Bild 7.1a und b) tritt eine *Fehlerspannung* U_F auf. Das ist eine Spannung, die zwischen einem nicht zum Betriebsstromkreis gehörenden leitfähigen Anlageteil und der Erde entstehen kann. Berührt ein Mensch oder auch ein Tier diesen Anlageteil, überbrückt er einen Teil dieser Fehlerspannung, so entsteht im menschlichen oder tierischen Körper ein Spannungsabfall. Man nennt diese Teilspannung *Berührungsspannung* U_L. Der durch die Fehlerspannung zum Fließen kommende Strom heißt *Fehlerstrom* I_F. Als *Erdschluß* bezeichnet man die Verbindung eines spannungsführenden Leiters mit der *Erde* oder mit ihr in Verbindung stehenden Anlageteilen. Der den menschlichen Körper gefährdende Strom beginnt bei I_K = 30 mA, für manche schon bei geringeren Werten. Nimmt

---

[1]) Die Schutzmaßnahmen können in diesem Abschnitt nur in gekürzter Form behandelt werden. Erschöpfende Auskunft geben die VDE-Vorschriften und die VDE-Schriftenreihe. Heft 49 VDE 0 100 und die Praxis.

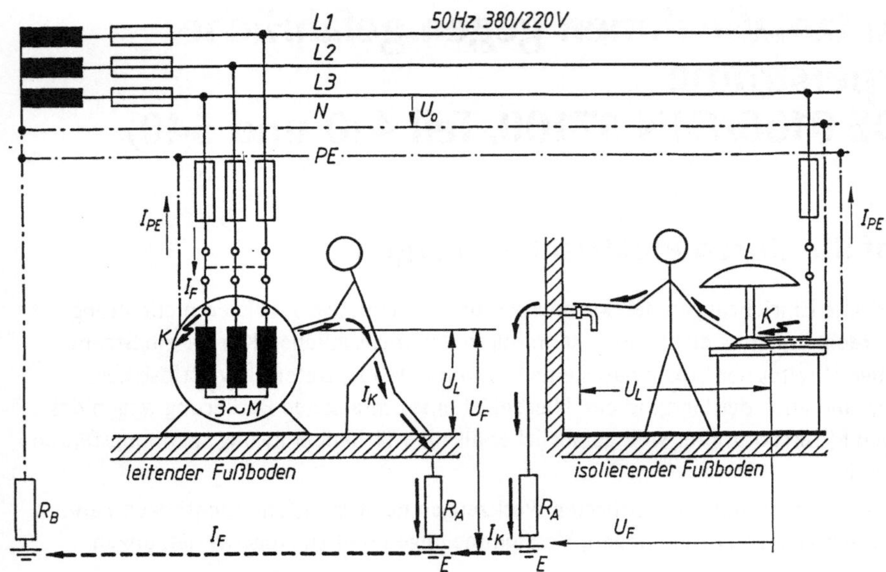

Bild 7.1a. Körperschluß und seine Folge bei leitendem Fußboden (E Bezugserde, U_F Fehlerspannung, U_L Berührungsspannung, K Körperschluß, R_B Betriebserde, I_K Körperstrom)

Bild 7.1b. Körperschluß und seine Folgen bei isolierendem Fußboden, jedoch einer Wasserleitung im Handbereich

$$I_F = I_{PE} + I_K$$

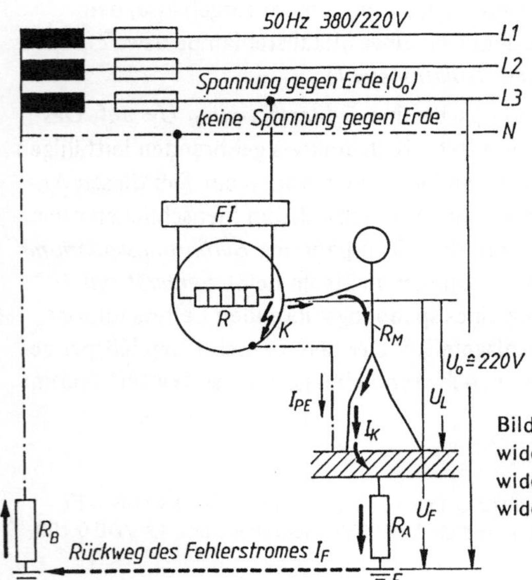

Bild 7.2. Abfall der Berührungsspannung am Körperwiderstand (R_M Körperwiderstand, R_A Erdungswiderstand der Verbraucheranlage, R_L Außenleiterwiderstand, R_{PE} Schutzleiterwiderstand)

man die Größe des menschlichen Körperwiderstandes R_M mit 1000 Ω an, so ergibt sich ein *Spannungsgefälle* am Körper

$$U_L = R_M I_K = 1000\ \Omega \cdot 0{,}03\ \text{A} = 30\ \text{V} \qquad \text{(Bilder 7.3 und 7.4).}$$

Der Widerstand des menschlichen Körpers ist vom Körperbau der Hautbeschaffenheit und vom Stromweg im Körper abhängig. Er liegt zwischen 1000 Ω und 4000 Ω.

Die Höchstgrenze für die *Berührungsspannung* wurde vom VDE auf 50 V Wechselspannung festgelegt, d.h. für höhere Betriebsspannungen sind zusätzliche Schutzmaßnahmen anzuwenden. In besonderen Fällen liegt die Grenze schon bei 12 V bzw. 24 V.

Die Berührungsspannung (U_L) kann auch ein Teil der *Erderspannung* (U_0) sein, die von einem Menschen beim Schreiten überbrückt wird. Sie heißt dann *Schrittspannung* (U_S) (siehe Bild 7.4), wenn die Schrittweite auf 1 m bezogen ist und der Stromweg über den menschlichen Körper von Fuß zu Fuß verläuft. Kommt es zwischen einem Erder und der Bezugserde zu einem Stromfluß, entsteht die Erderspannung, deren Verlauf die Kurve in Bild 7.4 zeigt. Ähnliche Folgen hat es, wenn eine Freileitung reißt und auf die Erde fällt, denn es entsteht ein Spannungstrichter. Besonders gefährlich sind gerissene Hochspannungsleitungen, denn beim Schreiten auf die Berührungsstelle Leitung-Erde zu, kann die Schrittspannung hohe Werte annehmen.

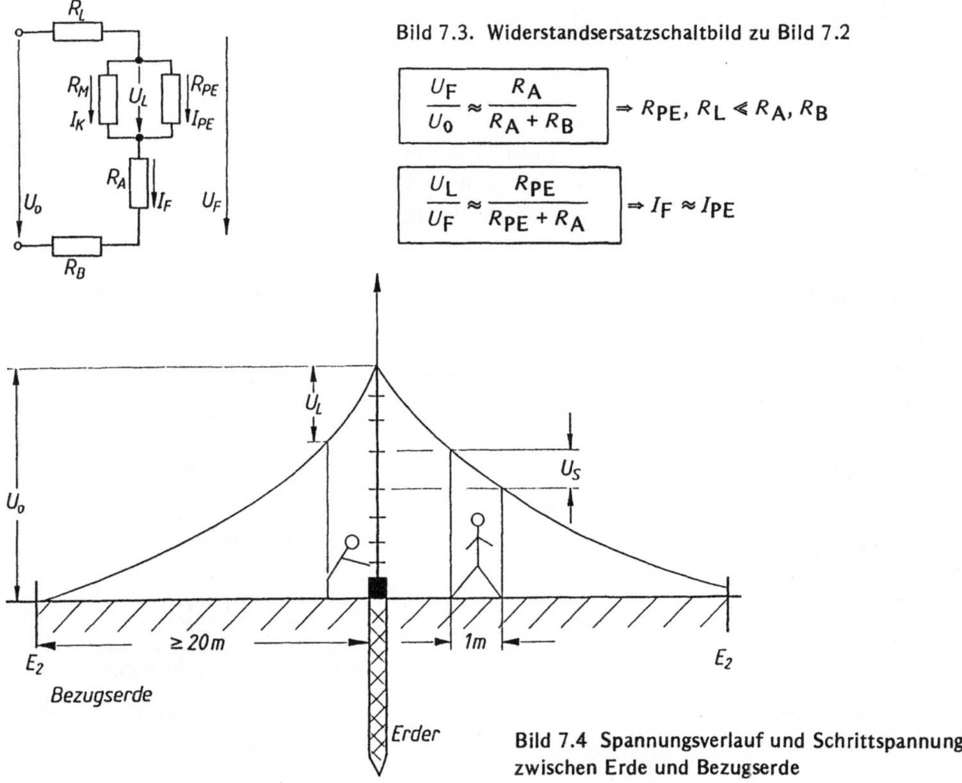

Bild 7.3. Widerstandsersatzschaltbild zu Bild 7.2

$$\frac{U_F}{U_0} \approx \frac{R_A}{R_A + R_B} \Rightarrow R_{PE}, R_L \ll R_A, R_B$$

$$\frac{U_L}{U_F} \approx \frac{R_{PE}}{R_{PE} + R_A} \Rightarrow I_F \approx I_{PE}$$

Bild 7.4 Spannungsverlauf und Schrittspannung zwischen Erde und Bezugserde

7.3. Schutzmaßnahmen

Die Schutzmaßnahmen, die nacheinander wirksam werden sollen und die zur Verhütung
von Unfällen vorzusehen sind, unterscheiden sich grundsätzlich in:

a) Schutz gegen direktes Berühren
   – Hierzu gehören die Maßnahmen, die die Berührung aktiver Teile elektrischer Betriebs-
     mittel verhindern.

b) Schutz bei indirektem Berühren
   – Er schützt vor Gefahren, die sich im Fehlerfall aus einer Berührung von leitfähigen
     Teilen ergeben können.

c) Schutz bei direktem Berühren
   – Hiermit sollen Gefahren abgedeckt werden, bei denen die Schutzmaßnahmen nach
     a) und b) nicht wirksam werden können.

Durch die Harmonisierung der Schutzmaßnahmen sind sie den Netzformen zugeordnet.
Es werden drei grundlegend unterschiedliche Netzformen unterschieden:

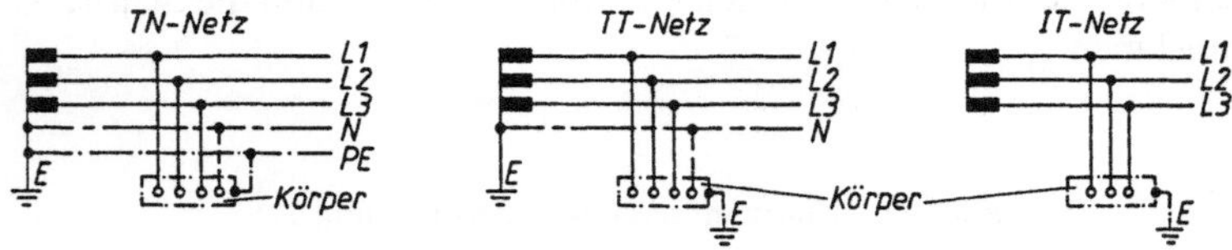

Es bedeuten:

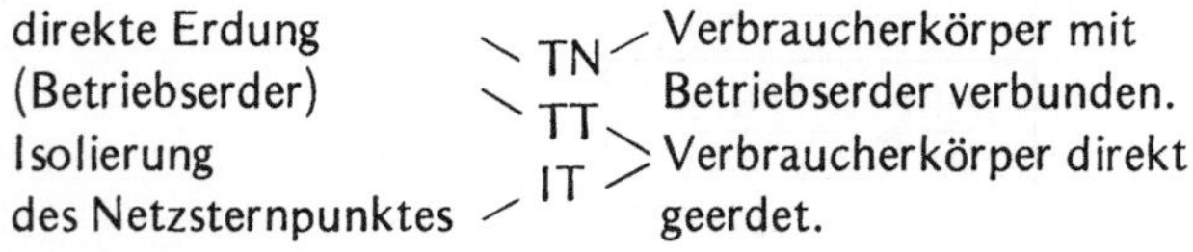

Die Zuordnung der Schutzmaßnahmen bei indirektem Berühren mit Schutzleiter zeigt die
folgende Übersicht:

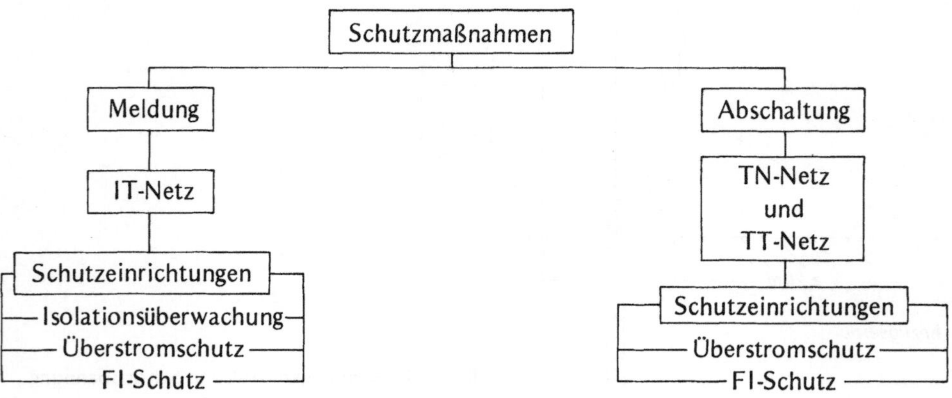

Fehlerspannungsschutzeinrichtungen (FU-Schutz) werden in der Praxis aufgrund mangelhafter Selektivität bei Fehlerspannungen nicht mehr verwendet.

Schutz bei indirektem Berühren:

7.3.1. Schutzisolierung

Die beste Schutzmaßnahme, die leider nicht überall anwendbar ist, ist die *Isolierung* des Gerätes oder des Menschen gegen die Erde (siehe Bild 7.5).

Wir finden heute viele Haushaltsgeräte *schutzisoliert*; damit ist eine große Unfallsquelle eingeengt. Die Schutzisolierung wird erreicht durch

— eine zusätzliche Isolierung zur Basisisolierung oder

— eine Verstärkung der Basisisolierung.

In jedem Fall soll das Auftreten gefährlicher Spannungen an berührbaren, aus Metallen bestehenden elektrischen Betriebsmittel infolge eines Basis-Isolationsfehlers vermieden werden.

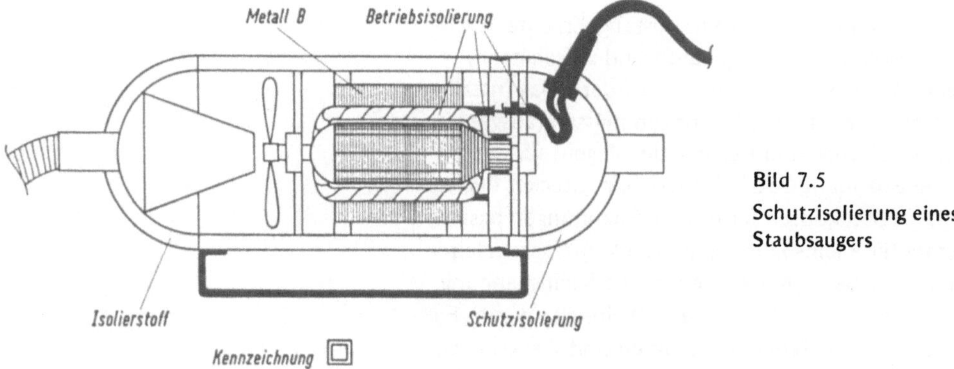

Bild 7.5
Schutzisolierung eines
Staubsaugers

7.3.2. Schutz-Kleinspannung und Funktions-Kleinspannung

Es ist eine Schutzmaßnahme für Stromkreise bis 50 V Wechsel- und 120 V Gleichspannung, die ungeerdet betrieben werden und von Stromkreisen höherer Spannung galvanisch getrennt sind. Für besondere Anwendungsfälle sind z.B. auch 25 V Wechselspannung festgelegt.

Bild 7.6 zeigt die Möglichkeiten der Kleinspannungserzeugung.

Zum Erzeugen der Kleinspannung können *Schutz-* und *Sicherheitstransformatoren* (siehe VDE 0551), *Transformator* mit elektrisch voneinander getrennten Wicklungen (siehe VDE 0530), *Akkumulatoren* (siehe VDE 0510) und elektronische Geräte (siehe VDE 0160) verwendet werden. Nicht gestattet ist — wegen der elektrischen Verbindung zum Außennetz — die Verwendung von Spartransformatoren, Einankerumformern und Batterieanlagen, die während der Ladung durch das Außennetz gleichzeitig die Kleinspannung abgeben sollen (siehe Bild 7.7).

Unzulänglich ist es, Stromkreise auf der Kleinspannungsseite zu erden oder mit Anlagen höherer Spannung zu verbinden. Das Transformatorgehäuse muß bei ortsveränderlichen

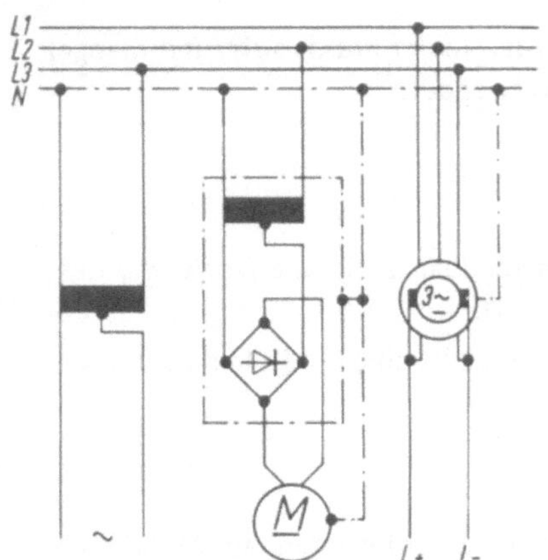

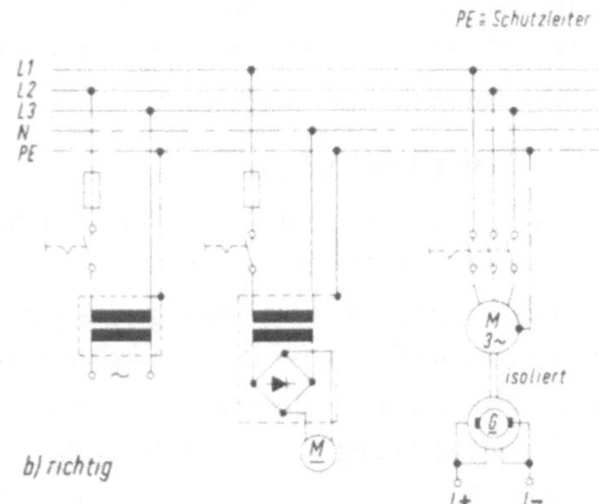

a) unzulässig

Bild 7.6. Schaltungen für die Schutzmaßnahme Kleinspannung

Geräten schutzisoliert sein. Festangebrachte Transformatoren mit Metallgehäuse sind zu schützen, wenn es die Art des Raumes erfordert. Das Installationsmaterial und die Leitungen müssen (ausgenommen Spielzeuge und Fernmeldeanlagen) für die Reihenspannung 250 V isoliert sein. Stecker dürfen nicht in Steckdosen für höhere Spannungen passen, Geräte für Kleinspannung dürfen keine Schutzleiterklemme haben. Man verwendet die Kleinspannung für Kesselanlagen, in Bier- und Weinkellern zum Faßausleuchten, in feuchten Räumen und Werkstätten und für Backofenleuchten. Das Kleinspannungserzeugungsgerät muß außerhalb des Raumes stehen, in dem mit 42 V gearbeitet wird.

Zwar ist die Kleinspannung ein sehr guter Schutz. Ihr Nachteil besteht aber darin, daß Spezialmaschinen und Lampen erforderlich sind, weiterhin nur kurze Leitungen mit hohen Querschnitten verlegt werden können, da sonst der Spannungs- und Leistungsverlust zu hoch wird.

Bei Kinderspielzeug (elektrische Eisenbahnen) ist trotz Schutzisolierung und Kleinspannung (14–20 V) bei Parallelschaltung äußerste Vorsicht geboten (Bild 7.8). Wird nämlich der Netzstecker des Trafo II gezogen, liegt an seinen Steckerkontakten eine Spannung von etwa 200 V mit Stromstärken, die 100 mA überschreiten. Für Kinder also höchste Lebensgefahr!

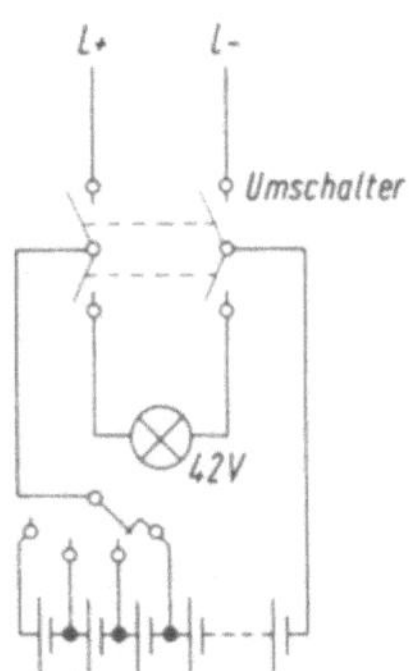

Bild 7.7. Schutzmaßnahme
Kleinspannung mit Bleisammler

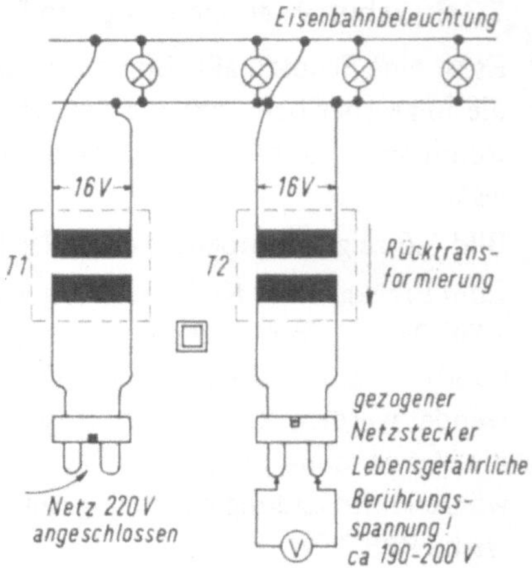

Bild 7.8. Bei Parallelschaltung von
Transformatoren ist äußerste Vorsicht
geboten

7.3.3. Schutztrennung

Ähnlich wie bei der Kleinspannung verwendet man bei der Schutztrennung *Trenntransformatoren* (siehe Bild 7.9), bei denen primär bis 500 V, sekundär bis 380 V zugelassen sind. Die zu übertragende Leistung ist auf 7,5 kW bei einem Strom, der 16 A nicht überschreiten darf, begrenzt. Außerdem darf jeweils nur ein Verbraucher an den Trenntransformator angeschlossen werden. Sekundär darf weder geerdet noch genullt werden. Bild 7.10 zeigt den Anschluß einer Bohrmaschine an das 3 x 380-V-Netz über einen Trenntransformator. Sie müßte für eine Nennspannung von 42 V bei gleicher Leistung viel größer ausgeführt werden. Der Vorteil dieser Schutzmaßnahmen liegt also vor allem in der Verwendungsmöglichkeit aller normalen Maschinen durch Anschluß an Trenntransformatoren. Bei Arbeiten in Kesselanlagen oder an Stahlkonstruktionen werden *nicht* schutzisolierte Geräte durch einen Leiter (über 4 mm^2 Cu-Querschnitt) mit dem Standort (Stahlkonstruktion, Kessel usw.) gut leitend verbunden. Als Folge von Isolationsfehlern auftretende Spannungspotentiale zwischen Gerät und Standort werden dadurch aufgehoben.

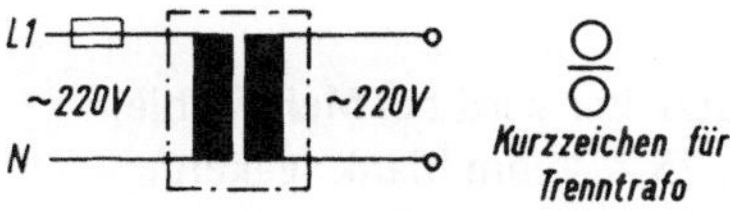

Bild 7.9. Schutzmaßnahme durch
Trenntransformator. (Dadurch keine
Spannung gegen *N* oder Erde)

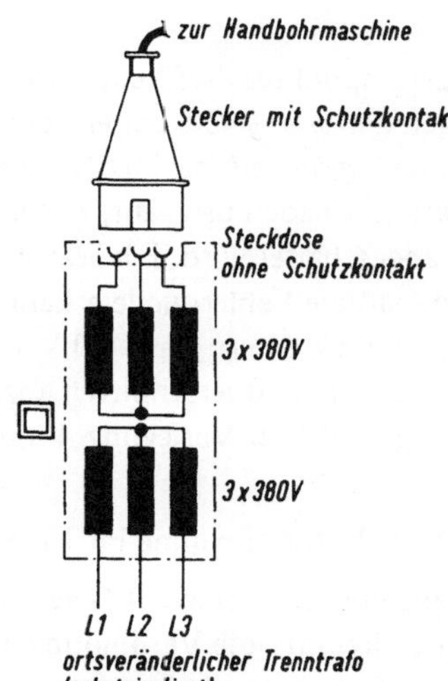

Bild 7.10. Anwendungsbeispiel für
Schutztrennung im Drehstromnetz

Schutz durch Abschaltung oder Meldung:

7.3.4. Schutzmaßnahme in IT-Netz

In einem IT-Netz sind wohl Überstrom- und FI-Schutzeinrichtungen zugelassen, jedoch wird praktisch eine Isolationsüberwachungseinrichtung eingesetzt, weil dadurch der besondere Vorteil des IT-Netzes zum Tragen kommt. Denn nach dem ersten Fehler kann die Anlage zunächst gefahrlos weiterbetrieben und der Fehler sachgemäß beseitigt werden. Betriebe mit eigener Stromerzeugungsanlage oder Transformatorenstation können alle nicht zum Betriebsstromkreis gehörenden Anlageteile, Gehäuse, Stahlkonstruktionsteile der Gebäude usw. durch einen *gemeinsamen Schutzleiter* (siehe Bild 7.11) verbinden und erden, wodurch zu hohe Berührungsspannungen verhindert werden. Die Erdung des

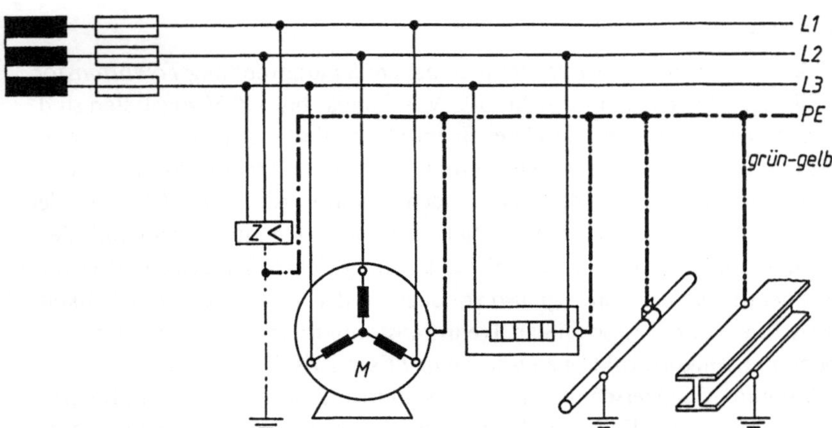

Bild 7.11. IT-Netz mit Isolationsüberwachung (Überwachungseinrichtung Z kann aus optischen oder akustischen Warngeräten bestehen)

Netzsternpunktes darf keine direkte Erdung sein. Als Schutzleiter wird bei Mehrfachleitungen der *grün-gelbe* Leiter oder fest verlegter Bandstahl, 25 × 4 mm blank (gekennzeichnet: *grün-gelb* nach DIN 40 705), angeschlossen (siehe (Bild 7.11). Treten Erdschlüsse, Isolationsschäden usw. auf, zeigen Warnleuchten den Schluß an, ohne daß die Anlage sofort abgeschaltet wird. Für Wasserwerke, Schmelzöfen, Förderanlagen usw. ist entscheidend, daß die Fehlerquelle erkannt und eingekreist wird, ohne daß der Betrieb unterbrochen werden muß, sofern U_L = 50 V nicht übersteigt. Die Nennquerschnitte der Schutzleiter sind den Außenleiterquerschnitten anzupassen und dürfen bei geschützter Verlegung 2,5 mm^2, bei ungeschützter Verlegung 4 mm^2 Cu nicht unterschreiten.

7.3.5. Schutzmaßnahme im TT-Netz

Voraussetzung in einem TT-Netz ist die Erdung des Transformator-Sternpunktes. Weiterhin ist hierunter die Verbindung der zu schützenden Anlageteile mit einem Erder zu verstehen. Dadurch soll eine zu hohe Berührungsspannung an den nicht zum Betriebsstromkreis gehörenden leitfähigen Anlageteilen vermieden werden (Bilder 7.12 und 7.13). Damit die Schutzbedingungen erfüllt werden, darf der Erderwiderstand R_A nicht größer sein als

$$R_A = \frac{50\,\text{V}}{I_a}$$

I_a ist der *Abschaltstrom* der vorgeschalteten Sicherung des zu schützenden Anlageteiles, wobei folgende Abschaltzeiten einzuhalten sind: −0,2 s in Steckdosen-Stromkreisen bis 35 A und Stromkreisen mit ortsveränderlichen Betriebsmitteln der Schutzklasse I, die dauernd mit der Hand umfaßt werden. −5,0 s in allen anderen Stromkreisen. Bei Verwenden einer FI-Schutzeinrichtung und $I_a = I_{\Delta n}$, dem Nennfehlerstrom.

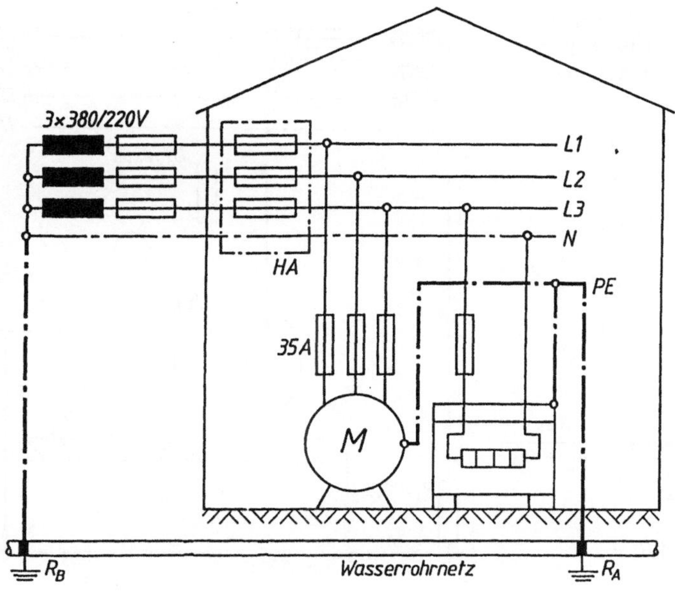

Bild 7.12
TT-Netz mit Überstrom-
schutzeinrichtungen
(Stromrückfluß über
das Wasserrohrnetz)

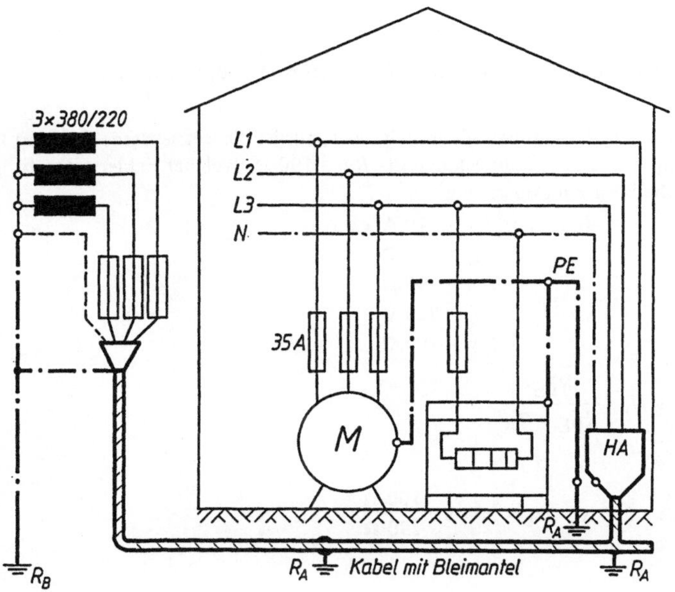

Bild 7.13
TT-Netz mit Überstrom-
Schutzeinrichtungen
(Stromrückfluß über
den Metallmantel des
Kabels)

Für die Bestimmung des Abschaltstromes muß die Größe des „kleinsten einpoligen Kurzschlußstromes" berechnet oder gemessen werden. Unter Verwendung des Strom-Zeit-Dia-
grammes des verwendeten Schutzorganes, z.B. gL-Sicherung oder LS-Schalter, kann die
Abschaltzeit ermittelt werden.

● *Beispiel 1:*　In der Anlage (Bild 7.14) entsteht ein Körperschluß. Welcher Fehlerstrom I_F fließt, wie groß ist die Berührungsspannung?

Gesucht:　I_F
　　　　　U_L

Gegeben:　I_N = 10 A, gL
　　　　　R_A = 2 Ω,　R_{PE} = 0,2 Ω
　　　　　R_B = 2 Ω

　　　　　Spannung gegen Erde
　　　　　U_0 = 220 V

Lösung:　$I_F \approx \dfrac{U_0}{R_B + R_A}$

$$U_F = R_A I_F, \quad U_L \approx U_F \cdot \frac{R_{PE}}{R_{PE} + R_A}$$

$$I_F \approx \frac{220\ \text{V}}{4\ \Omega} = 55\ \text{A}$$

$$U_F = 2\ \Omega \cdot 55\ \text{A} = 110\ \text{V}$$

$$U_L \approx 110\ \text{V}\ \frac{0,2\ \Omega}{2,2\ \Omega} = 10\ \text{V}$$

Ergebnis:　I_F = 55 A
　　　　　U_L = 10 V

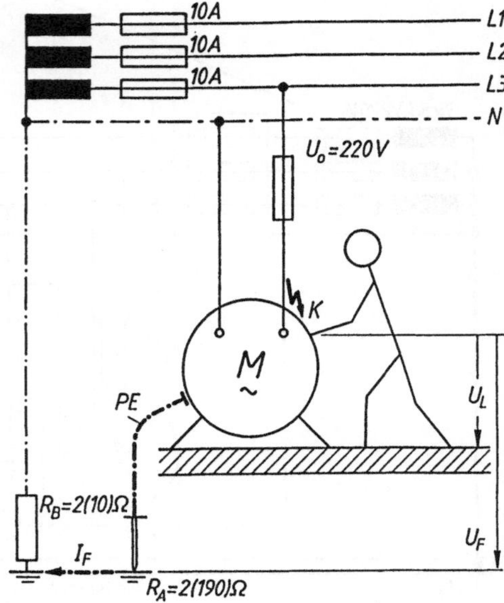

Bild 7.14. Körperschluß K und seine Folgen bei kleinen und großen·Erdungswiderständen

U_L ist kleiner als 50 V, bei I_a = 55 A spricht die Sicherung mit I_N = 10 A in < 0,2 s an. Es besteht keine Gefahr.

● *Beispiel 2:*　Gegeben sind die gleichen Verhältnisse wie in Beispiel 1, nur ist die Betriebserde R_B = 10 Ω, der Schutzleiter R_{PE} = 100 Ω und die Schutzerde R_A = 190 Ω. Welcher Fehlerstrom I_F fließt, wie groß ist die Berührungsspannung?

Gesucht:　I_F　　　　　　　　*Gegeben:*　I_N =　10 A, gL
　　　　　U_L　　　　　　　　　　　　R_B =　10 Ω
　　　　　　　　　　　　　　　　　　　R_A = 190 Ω
　　　　　　　　　　　　　　　　　　　U_0 = 220 V
Lösung:　$I_F \approx \dfrac{U_0}{R_B + R_A}$　　　　R_{PE} = 100 Ω

$$U_F = I_F R_A, \quad U_L \approx U_F \cdot \frac{R_{PE}}{R_{PE} + R_A}$$

$$I_F \approx \frac{220\ \text{V}}{200\ \Omega} = 1,1\ \text{A}$$

$$U_F = 1,1\ \text{A} \cdot 190\ \Omega = 209\ \text{V}, \quad U_L = 209\ \text{V} \cdot \frac{100\ \Omega}{290\ \Omega} = 72\ \text{V}$$

Ergebnis:　I_F = 1,1 A
　　　　　U_L = 72 V

U_L ist hier sehr hoch und die Sicherung spricht bei 1,1 A nicht an. Es besteht also höchste Gefahr!

Die Beispiele zeigen, daß die Schutzmaßnahme nur dann wirksam ist, wenn Schutzerder und Schutzleiter einen kleinen Widerstand haben. Während die Betriebserde Angelegenheit der E-Werke ist, hat der Elektriker als Fachmann den Schutzerder den Potentialausgleich und den Schutzleiter in Verbraucheranlagen richtig zu bemessen, sonst gibt es Unfälle, für die er verantwortlich ist. Ein Schutzerder wirkt erst richtig, wenn die vorgesehene Abschaltzeit nicht überschritten wird. Würde am Beispiel 1 anstelle von 10-A-Sicherung eine 50-A-Sicherung verwendet werden, so ergibt das einen Abschaltstrom $I_{a\,(5\,s)} \approx 260$ A. Dafür muß $R_A = \dfrac{U_F - U_L}{I_a}$ $= \dfrac{110\ V - 50\ V}{260\ A} = 0{,}23\ \Omega$ sein, ein Wert, der schwer einzuhalten ist und die Anlage sehr teuer macht.

Daher ist es günstiger statt mit Sicherungen mit Fehlerstromschutzeinrichtungen die Schutzmaßnahme im TT-Netz durchzuführen.

Landwirtschaftliche Betriebe in denen $U_L < 50$ V beträgt, sind als TT-Netze zu betreiben und die Betriebsmittel separat zu erden.

Die Erdung läßt sich in Verbindung mit dem Wasserrohrnetz (Metallrohre!) oder durch Einzelerdung durchführen. Man kann je nach Bodenbeschaffenheit Bandeisenerder, Plattenerder, Tiefenstab- oder Tiefenrohrerder verwenden. Dabei kann der Erdschlußstrom über die Wasserleitung oder durch das Erdreich zurückfließen (Bild 7.12). Auch kann der Blei- oder Metallmantel eines Erdkabels für den Stromrückfluß gewählt werden (Bild 7.13).

Bei Benutzung der Wasserleitung als Rückleitung darf der *Schleifenwiderstand* R_S (Summe der Widerstände von Betriebs- oder Schutzerder und der Zuleitungen) nicht größer sein als

$$\boxed{R_S = \frac{U_0}{I_a}}$$

7.3.6. Schutzmaßnahme im TN-Netz

Voraussetzung in einem TN-Netz ist die Erdung des Transformator-Sternpunktes. Mit diesem geerdetem Punkt sind alle Verbraucherkörper entweder über einen Schutzleiter PE (TN-S-Netz) oder über einen PEN-Leiter (TN-C-Netz) direkt zu verbinden.

Ein Körperbeschluß wird dadurch zu einem Kurzschluß und kann in vielen Fällen durch Sicherungen oder Leitungsschutzschalter sicher abgeschaltet werden (Bild 7.15).

Schutzorgane und Leiterquerschnitte sind so aufeinander abzustimmen, daß die Bedingung $R_S\,I_a \leq U_0$ erfüllt ist und die geforderten Abschaltzeiten (siehe Abschnitt 7.3.5) eingehalten werden.

Zu beachten ist die Farbkennzeichnung von isolierten Starkstromleitungen und Kabeln nach VDE 0100 und VDE 0293. Es gilt: Der mitgeführte Schutzleiter PE muß *grün-gelb* gestreift sein, um jede Verwechslung mit Betriebsleitern zu vermeiden.

Soll der N-Leiter die Funktion des Schutzleiters übernehmen, ist der ebenfalls *grün-gelb* zu wählen. Hat der N keine Schutzleiterfunktion, ist seine Farbe *blau*. Nach VDE 0100 darf in Anlagen mit getrennt verlegten grün-gelbem PE-Leiter und blauem N-Leiter ab Zählertafelverteilung keine Verbindung mehr zwischen den beiden Leitern sein.

Die Querschnitte der Leitungen sind so zu bemessen, daß mindestens der Abschaltstrom I_a der nächsten vorgeschalteten Sicherung fließt, wenn an einer Stelle des Leitungsnetzes ein vollkommener Kurzschluß zwischen einem Außenleiter und *N*-Leiter entsteht.

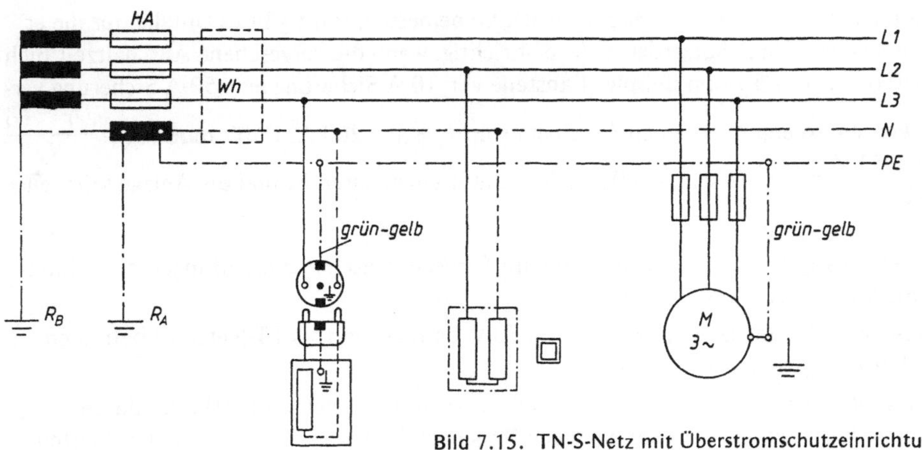

Bild 7.15. TN-S-Netz mit Überstromschutzeinrichtung

Der *Leitwert des N-Leiters* muß bis 16 mm² Querschnitt dem des Außenleiters *gleich* sein, bei höheren Querschnitten darf er eine oder zwei Querschnittsstufen tiefer gewählt werden, also bei 25 mm² Außenleiter 16 mm², bei 120 mm² Außenleiter 70 mm².

Sind Neutralleiter und Schutzleiter im PEN-Leiter zusammengefaßt ($C \stackrel{\frown}{=}$ Combination), so nimmt er in diesem „*TN-C-Netz*" eine Doppelfunktion wahr. Er darf keine Sicherung erhalten und darf nicht alleine schaltbar sein. Weil bei einer Unterbrechung erhebliche Gefahr besteht, ist ein TN-C-Netz nur zulässig (Bild 7.16):

— bei festverlegten Leitungen mit Querschnitten von mindestens 10 mm² Cu bzw. 16 mm² Al und

— bei beweglichen Leitungen mit Querschnitten ab 25 mm² Cu für Einspeiseleitungen von Notstromaggregaten in Niederspannungsnetzen.

Bei Leiterquerschnitten < 10 mm² Cu bzw. < 16 mm² Al und beweglichen Leitungen ist nur ein TN-S-Netz, d.h. eine separate Verlegung von N- und PE-Leiter zulässig.

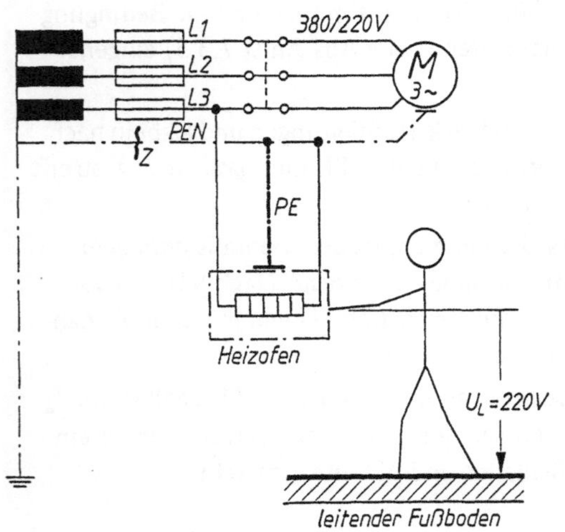

Bild 7.16. TN-C-Netz mit Überstrom-Schutz-Unterbrechung des PEN und deren Folgen. (Eine Unterbrechung des PEN bei *Z* läßt eine gefährliche Berührungsspannung über den Schutzleiter PE an das Heizofen- und Motorgehäuse gelangen)

Der PEN-Leiter ist in der ganzen Anlage so sorgfältig wie die Außenleiter zu verlegen sowie am Transformator und auch unterwegs oft, vor allem an den Netzausläufern (Bild 7.17) gut zu erden.

Der *Erdungswiderstand* eines oder mehrerer Erder soll 5 Ω nicht überschreiten, der Gesamtwiderstand aller Betriebserdungen darf 2 Ω nicht übersteigen. In TN-C-Netz-Anlagen ist eine zusätzliche Schutzerdung ohne Verbindung mit dem PEN-Leiter unzulässig, weil der PEN-Leiter bei Erdschluß eines Außenleiters eine zu hohe Berührungsspannung gegen Erde annehmen kann.

Bild 7.18 zeigt, daß beim Lösen des PEN-Leiters oder der Schutzerde der Monteur eine unzulässige Berührungsspannung überbrückt. Bei Verbindung des PEN-Leiters mit der Schutzerde kann diese Gefahr unterbunden werden.

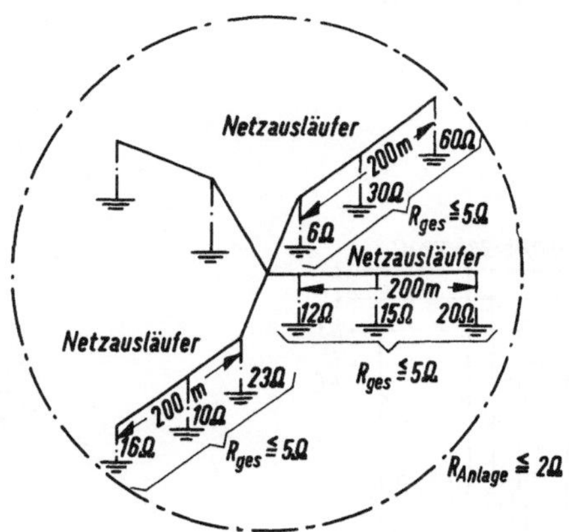

Bild 7.17. Widerstandswerte der Einzelerdungen und der Netzausläufer

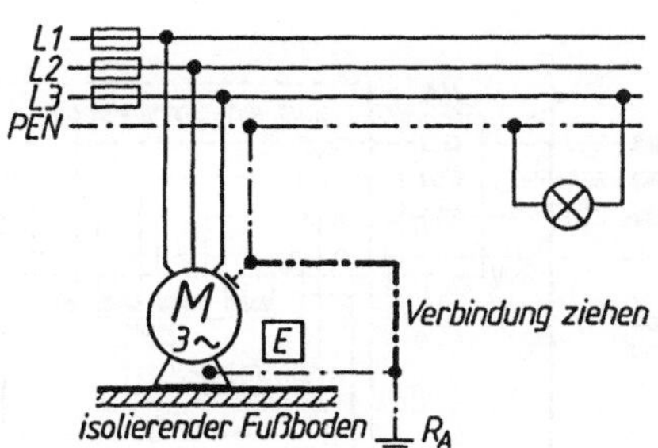

Bild 7.18. Überstrom-Schutz gemeinsam mit Schutzerder im TN-C-Netz

7.3.7. Fehlerstromschutzeinrichtung (FI-Schutzschalter)

Bild 7.19 zeigt die FI-Schutzeinrichtung im Einphasennetz eines TN-S und Bild 7.20 die FI-Schutzeinrichtung im Drehstromnetz eines TN-S-Verteiler-Netzes. Durch die FI-Schutzeinrichtung soll ebenfalls eine unzulässige Berührungsspannung dadurch verhindert werden, daß ein einen bestimmten Wert überschreitender Fehlerstrom die Zuleitung allpolig (mit N-Leiter) innerhalb 0,2 s abschaltet.

Der Schleifenwiderstand dürfte bei U_N = 380/220 V und $I_{\Delta n}$ = 0,5 A bis $R_S = \dfrac{220 \text{ V}}{0,5 \text{ A}} =$ 440 Ω betragen, der im Normalfall weit darunterliegt. Sind alle Geräte geerdet bzw. an eine gemeinsame Erdungsleitung angeschlossen, die ab 2,5 mm^2 Cu-Querschnitt bei *geschützen* und ab 4 mm^2 Cu bei *ungeschützter* Verlegung erhält, so kann die Verbindung der Betriebsmittelkörper mit dem Schutzleiter entfallen und der geschützte Stromkreis als TT-Netz betrachtet werden.

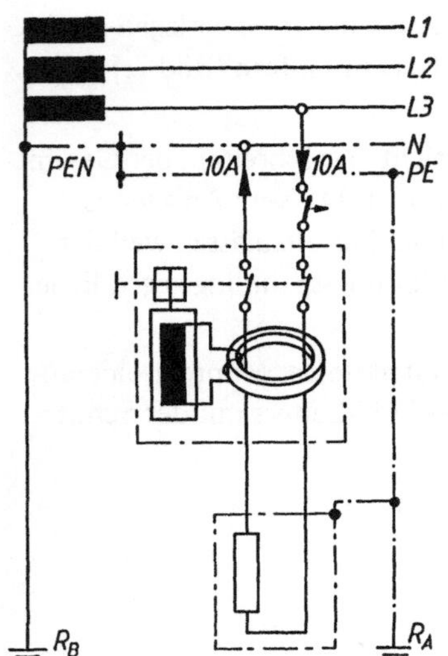

Bild 7.19. TN-S-Netz mit Fehlerstrom-Schutzschalter bei fehler-
freiem Betrieb

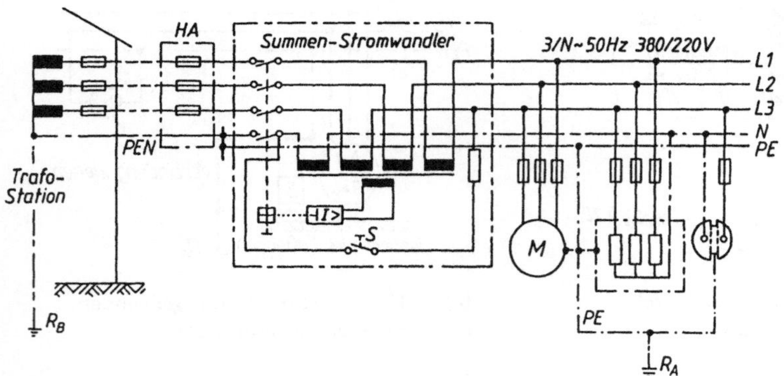

Bild 7.20. Drehstromanlage geschützt durch FI-Schalter im TN-S-Netz

Bild 7.21 läßt die Funktion des FI-Schalter im Falle eines Isolationsfehlers erkennen. Es
fließt bei diesem Beispiel ein Differenzstrom von 0,5 A, durch den Wandler fließen dagegen nur 9,5 A zurück und damit ist das Gleichgewicht der Magnetfelder gestört. Der
Wandlerkern wird magnetisiert, in der Sekundärwicklung entsteht eine Spannung und dies
wird, eventuell durch Verstärkung (vor allem bei Fehlerströmen unter 0,5 A) zur Auslösung
des Schalters eingesetzt. Es gibt eine Reihe von Bauarten, bei denen die Auslösung direkt
oder indirekt erreicht wird. Beim FI-Schalter mit Sperrmagnet oder permanentmagnetischer
Auslösung (Bild 7.22) genügt die sekundäre Wandlerspannung, um den Schalter auszulösen.
Ältere Bauarten benutzen diese Sekundärspannung als Steuerspannung für eine Kaltkathode
oder einen Transistor, die durch ihre Ventilwirkung die Netzspannung zum Auslösen einschalten.

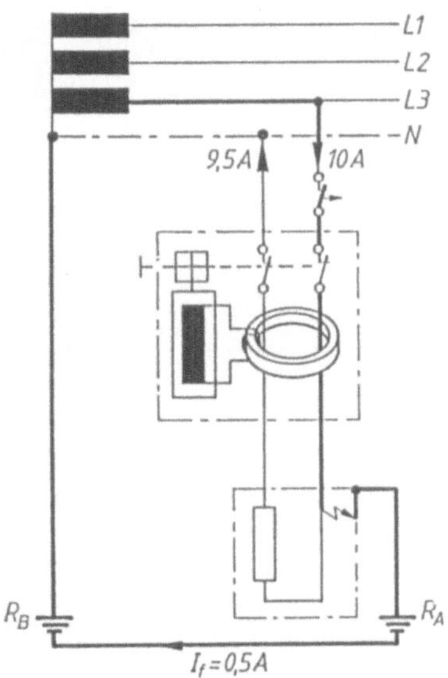

Bild 7.21. Fehlerstrom-Schutzschalter
in einer Anlage mit Isolations-Fehler
im TT-Netz

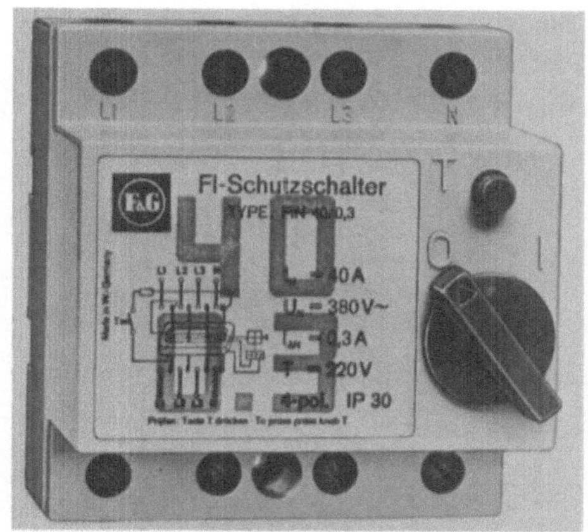

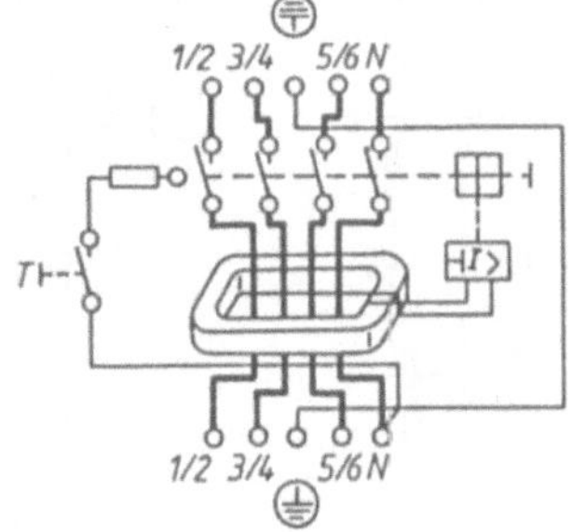

Bild 7.22. FI-Schutzschalter
unten: Schaltschema, oben: Ansicht

Der *Erdungswiderstand* R_A in geschützten Anlagen eines TT-Netzes darf nicht größer sein als $R_A \leqslant \dfrac{50\,V}{I_{\Delta n}}$. Dafür ist aber der *Nennfehlerstrom* $I_{\Delta n}$ als Auslösestrom sehr klein. Dies zeigt die Tafel 7.1. Man sieht, daß der Erdungswiderstand R_A im Gegensatz zu dem beim Abschaltstrom erforderlichen Erdungswiderstand nicht durch allzu hohe Querschnitte erreicht werden kann.

Tafel 7.1: *Erdungswiderstände R_A für FI-Schalter im TT-Netz*

Nennfehlerstrom $I_{\Delta n}$ des Fi-Schalters		0,03	0,1 A	0,3 A	0,5 A	1 A
Maximaler Widerstand der Erdung	25 V	830	250 Ω	83 Ω	50 Ω	25 Ω
bei	50 V	1660	500 Ω	166 Ω	100 Ω	50 Ω
zulässiger Berührungsspannung						

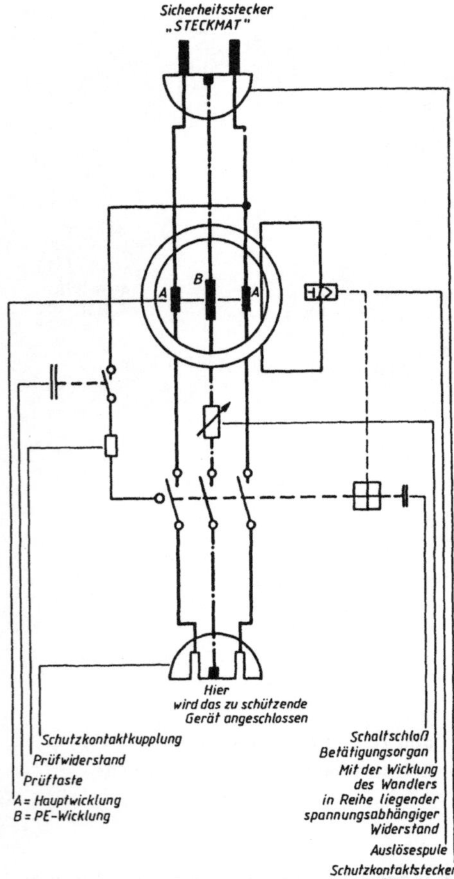

Bild 7.23. Schutzkontaktstecker
I_N = 16 A, U_N = 250 V
$I_{\Delta n}$ = 30 mA, $I_{\Delta n\text{-}PE}$ = 5 mA
t_A ≤ 30 ms

Besonderen Personenschutz für einzelne Verbraucher, z.B. bei Elektrogartengeräten, durch die es oft tödliche Unfälle gab, bietet der Schutzkontaktstecker (siehe Bild 7.23). Das Gerät wird zwischen speisende Steckdose und Arbeitsgerät geschaltet. Im Gegensatz zum normalen FI-Schalter wird hier (sonst nicht erlaubt), der Schutzleiter mit durch den Wandler geführt. Der Schalter ist ein 30-mA-FI-Schutzschalter und spricht normal beim Nennfehlerstrom $I_{\Delta n}$ an. Fließt jedoch im Schutzleiter ein Strom über 5 mA, schaltet er ebenfalls in weniger als 30 ms ab. Damit ist die ständige Überwachung des Schutzleiters gewährleistet und es besteht Schutz gegen Isolationsschäden, gegen Berührung spannungsführender Teile und Erde, Schutz bei Unterbrechung des Schutzleiters und gegen Brandgefahren bei hohen Erdschlußströmen.

7.3.8. Zusammenfassung

Die Überstromschutzeinrichtungen in TN- und TT-Netzen sind mit geringen Kosten installiert, erfordern aber je nach Art der Verbrauchsmittel die Einhaltung einer Abschaltzeit,

die meistens innerhalb 0,2 s liegen muß. Dadurch werden einerseits Mindest-Kurzschluß-
ströme gefordert und Forderungen an die Bemessung des Erders gestellt, damit die Impe-
danz der Fehlerschleife genügend klein bleibt. Bei richtiger Dimensionierung ist aber andererseits ein Brandschutz gegeben.

Überstromschutzeinrichtungen im IT-Netz müssen die Bedingungen der TN- und TT-Netze
im Doppelfehlerfall erfüllen. Der Doppelfehler kann weitgehend ausgeschlossen werden,
wenn eine Isolationsüberwachung verwendet wird und der Erstfehler durch Fachpersonal
sofort beseitigt wird.

Im meist auftretenden TN-S-Netz können FI-Schutzeinrichtungen praktisch ohne Betrachtung der Schleifenimpedanz eingesetzt werden. Im TT-Netz müssen für den FI-Schutz die
genannten Erdungwiderstände eingehalten werden und im IT-Netz muß sichergestellt werden, daß hinter einer FI-Schutzeinrichtung im Doppelfehlerfall mindestens die Abschaltung
eines Fehlers erfolgt. In allen Fällen schalten FI-Schalter jeden Erdschluß, der die Höhe des
Auslösestromes erreicht, innerhalb 0,2 s ab. Er ist also nicht nur Schutzschalter gegen Berührungsspannung, sondern auch Erdschlußwächter. Weil er auf den Auslösestrom unbedingt anspricht, gewährt er auch weitgehenden Brandschutz, ist also allen anderen Schutzmaßnahmen (außer der Schutzisolation) überlegen. Nur die Überwachung des PE-Leiters
ist mit ihm nicht möglich.

7.4. Prüfung der Schutzmaßnahmen

Vor Inbetriebnahme einer Anlage hat der Errichter die Wirksamkeit der Schutzmaßnahmen
zu prüfen.

7.4.1. Messung des Erdungswiderstandes

Den Erdungswiderstand erhalten wir als Quotienten aus gemessener Spannung und Strom.
Bild 7.24 zeigt die Messung mit Netzspannung nach dem Strom-Spannungs-Meßverfahren
mit Meßgeräten nach VDE 0413 Teil 7.

7.4.2. Messung des Schleifenwiderstandes

Hinter der Stromkreissicherung schließt man die zu prüfende Erdleitung über einen Widerstand R_h, einen Strommesser und einen Schalter S_h an (Bild 7.25). Parallel dazu liegt ein
Spannungsmesser, der die Außenleiterspannung gegen Erde (U_0) anzeigt. Der Vorprüf-
widerstand R_v soll ungefähr 20 R_h betragen, damit keine zu hohe Berührungsspannung
am Prüfling auftritt. Schaltet man S_v ein und geht die Spannung nicht merklich zurück,
kann der Schalter S_h zugeschaltet werden. Nun werden die Spannung U_M und der Strom
I abgelesen.

Der Schleifenwiderstand ist dann

$$R_S = \frac{U_0 - U_M}{I}$$

Der Schleifenwiderstand R_S darf nicht größer sein als U_0/I_a.

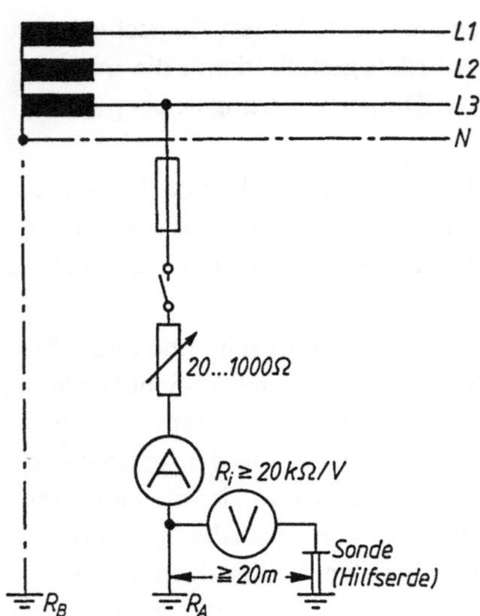

Bild 7.24. Meßschaltung zur Ermittlung des Erdungswiderstandes R_A

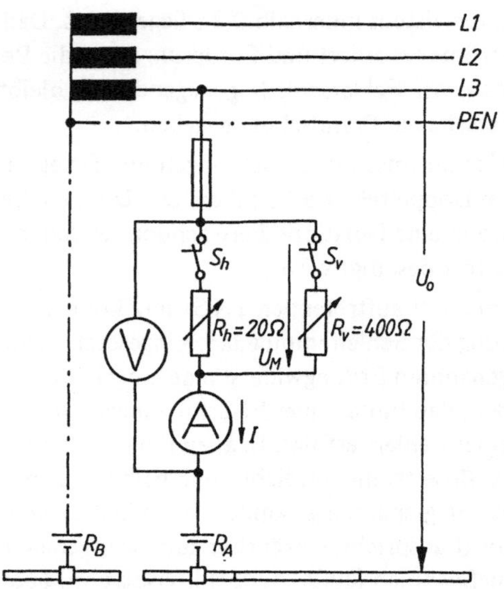

Bild 7.25. Meßschaltung zur Ermittlung des
Schleifenwiderstandes R_S

7.4.3. Messung des Kurzschlußstromes

Die vorgenannte Meßmethode (Bild 7.25) erlaubt, auch den Kurzschlußstrom zu prüfen.
Man findet

$$I_k = I\,\frac{U_E}{U_0 - U_M}$$

Es bedeuten: I_k Kurzschlußstrom
I gemessener Strom
U_0 Spannung bei geöffnetem Schalter
U_M Spannung am Prüfwiderstand R_h bei geschlossenem Schalter
I_a Abschaltstrom der Überstromschutzeinrichtung

Der gemessene Kurzschlußstrom I_k muß vie größer sein als der Abschaltstrom I_a.

$$I_k \gg I_a$$

Schleifenwiderstandsmeßgeräte nach VDE 0413 Teil 3 erfüllen ihre Meßaufgabe besser,
weil die Bedienung einfacher, die Messung ungefährlicher und das Meßergebnis genauer
ist.

7.4.4. Funktionsprüfung der FI-Schutzeinrichtung

Mit einem einstellbaren Widerstand und dazu parallel geschaltetem Spannungsmesser, Außenleiter gegen Erde, läßt man einen Fehlerstrom fließen (Bild 7.26). Zeigt der Spannungsmesser
25 V bzw. 50 V an, muß der Schalter ausgelöst haben. Hinter der FI-Schutzeinrichtung wird
ein Fehlerstrom I_Δ erzeugt. Mit diesem simulierten Fehlerstrom sind zwei Nachweise zu erbringen:

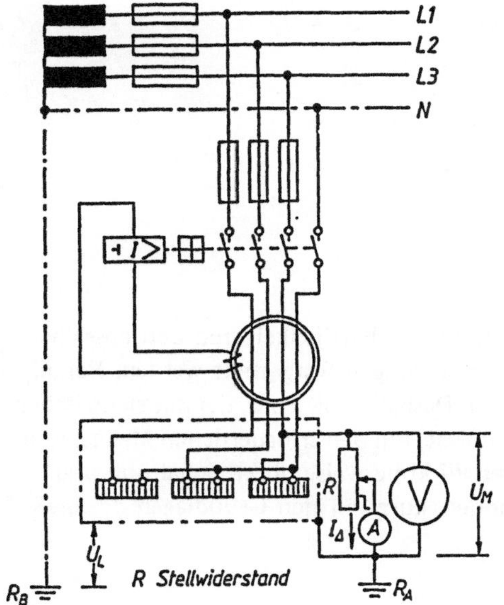

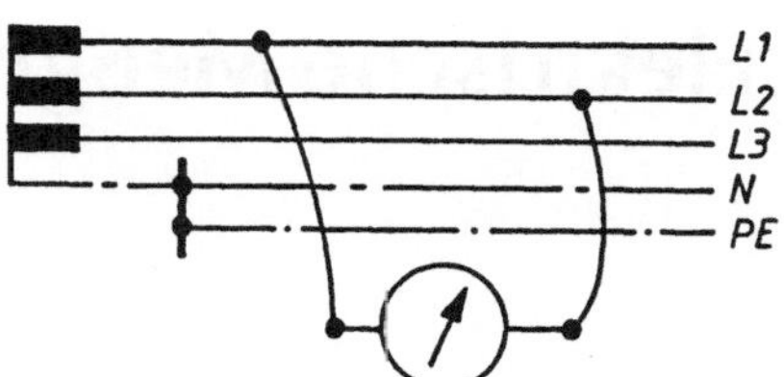

Bild 7.27. Isolationswiderstandsmessung

Bild 7.26. Funktionsprüfung der Fehlerstrom-schutz-Schaltung

— Die FI-Schutzeinrichtung muß mindestens bei Erreichen ihres Nennfehlerstromes $I_{\Delta n}$ auslösen $(I_\Delta \leqslant I_{\Delta n})$.
— Die für die Anlage zulässige Berührungsspannung $U_L = 50$ V bzw. $U_L = 25$ V darf bei $I_{\Delta n}$ nicht überschritten werden.

Meßgeräte zum Prüfen der Wirksamkeit von Fehlerstromschutzeinrichtungen besonders von TN- und TT-Netzen sind in VDE 0413 Teil 6 beschrieben.

7.4.5. Prüfung des Isolationszustandes von elektrischen Anlagen

Es ist notwendig, festzustellen, ob der *Isolationswiderstand* im Sinne der Schutzmaßnahmen ausreicht. In den VDE-Vorschriften 0100 Teil 600 wird dafür keine höchstzulässige Berührungsspannung, sondern ein bestimmter Isolationswiderstand vorgeschrieben (Bild 7.27).

Für den Bereich der Kleinspannungen muß der Isolationswiderstand 0,25 MΩ, für Netzspannungen bis einschließlich 500 V, 0,5 MΩ und für Spannungen über 500 V bis 1000 V, 1,0 MΩ betragen. Diese Forderungen gelten unabhängig ob die Anlagen im Freien oder in besonderen Räumen installiert sind.

Bei der Messung des Isolationswiderstandes mit Isolations-Meßgeräten nach VDE 0413 sind zugelassene Fehler von ± 30 % zu berücksichtigen.

Der Isolationswiderstand ist dann in Ordnung, wenn die Messung zwischen

— den Außenleitern L1, L2, L3
— den Außenleitern und dem Neutralleiter N
— den Außenleitern und dem Schutzleiter PE
— dem Neutralleiter und dem Schutzleiter

bei *abgetrennter* Anlage von der Zuleitung und *ohne* angeschlossene Stromverbrauchsmittel die vorgenannten Widerstandswerte ergibt.

8. Elektrische Meßgeräte

8.1. Allgemeiner Überblick

Elektrische Anlagen müssen laufend überwacht, ihre Wirtschaftlichkeit und Betriebssicherheit müssen geprüft und die Ursache auftretender Störungen festgestellt werden. Bei all diesen Aufgaben ist man auf Messungen angewiesen. Deshalb muß jeder, der mit elektrischen Stromversorgungs- oder Verbraucheranlagen zu tun hat, mit den erforderlichen Meßgeräten und Meßeinrichtungen, ihrem Aufbau und ihrer Wirkungsweise, ihrer Schaltung und Behandlung, sowie mit den Prüf- und Meßmethoden, kurz mit den Grundlagen der Meßtechnik, vertraut sein.

8.1.1. Begriffsbestimmungen

Die physikalische Größe, die mit einem Meßgerät bestimmt werden soll, nennt man die *Meßgröße*, den von dem Meßgerät angezeigten Wert den *Meßwert*.

Die Messungen, die im allgemeinen auszuführen sind, erstrecken sich auf folgende Meßgrößen, denen die dazu erforderlichen Meßgeräte gegenübergestellt sind:

Meßgrößen	Meßgeräte
Stromstärke	Strommesser (Amperemeter)
Spannung	Spannungsmesser (Voltmeter)
Widerstand	Widerstandsmesser (Ohmmeter)
Elektrische Leistung	Leistungsmesser (Wattmeter)
Elektrische Arbeit	Elektrizitätszähler
Frequenz	Frequenzmesser
Leistungsfaktor	Leistungsfaktormesser ($\cos\varphi$-Messer)

8.1.2. Einteilung der Meßgeräte nach ihrer Verwendung

Das empfindliche Meßwerk eines Meßgerätes ist in einem Gehäuse untergebracht, dessen äußere Form dem unterschiedlichen Verwendungszweck der Meßgeräte angepaßt ist. Man unterscheidet Schalttafelmeßgeräte, tragbare Meßgeräte und Laboratoriumsmeßgeräte.

8.1.2.1. Schalttafelmeßgeräte

Schalttafelmeßgeräte werden fest in Schalttafeln eingebaut. Eine ältere, runde Form zeigt Bild 8.1. In Schaltanlagen werden *Profilmeßgeräte* (Bild 8.2) bevorzugt, weil sie durch ihre Formgebung wenig Raum auf der Schalttafel beanspruchen; ihre gebogene Skalenform läßt eine weite Skalenteilung mit großer Ablesegenauigkeit zu; außerdem lassen sich die Angaben benachbarter Meßgeräte gut vergleichen. Auch in *quadratischer Form* werden Schalttafelmeßgeräte hergestellt, bei denen der Drehpunkt des Zeigers in der unteren rechten Ecke liegt (Bild 8.3). Bei stromlosem Gerät liegt der Zeiger waagerecht und zeigt von rechts nach links, während er bei Vollausschlag vertikal steht. Somit ergibt sich bei dieser Anordnung ein Ausschlagswinkel von 90°. Da der Radius der Skala bei dieser Anordnung größer gewählt werden kann als bei Meßgeräten mit mittlerem Drehpunkt, wird auch die Skalenlänge entsprechend größer.

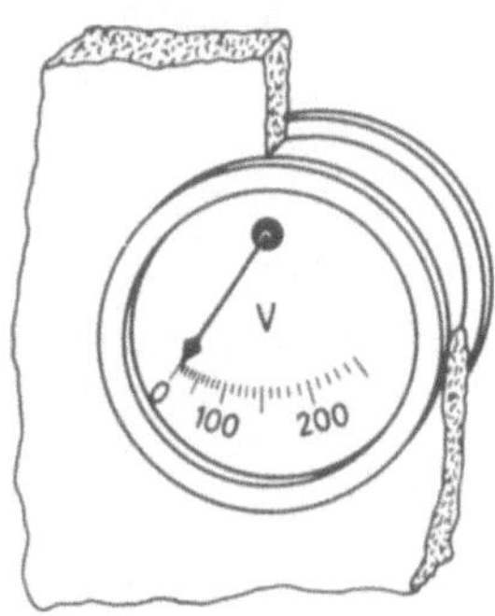

Bild 8.1. Schalttafelein-
baumeßgerät

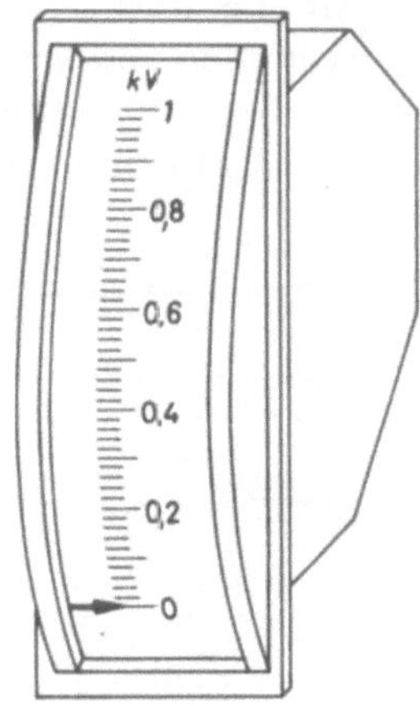

Bild 8.2. Profilmeßgerät

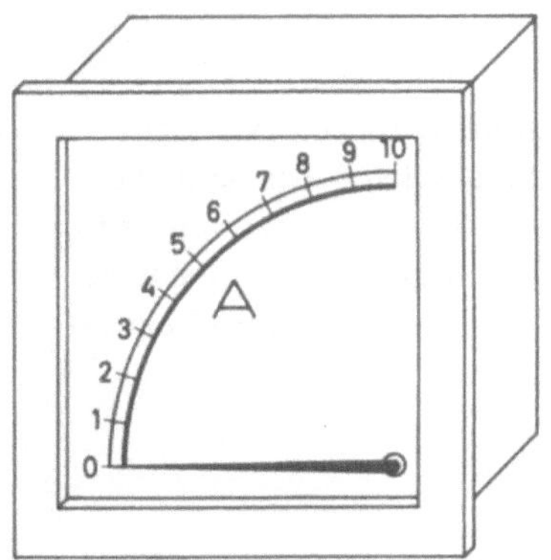

Bild 8.3. Schalttafelmeßgerät in
quadratischer Form mit seitlichem
Drehpunkt des Zeigers

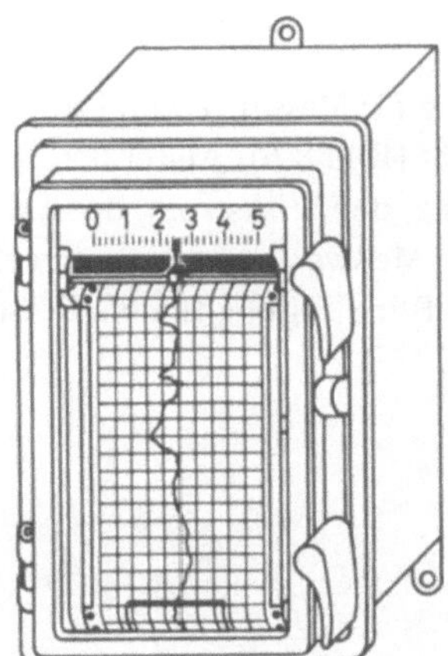

Bild 8.4. Registriermeßgerät

Zur laufenden Überwachung elektrischer Meßgrößen werden schreibende Schalttafelmeßgeräte, sogenannte *Tintenschreiber* (Bild 8.4), verwendet. Durch das Meßwerk wird ein Schreibhebel betätigt, der am freien Ende eine Schreibfeder trägt. Unter ihr wird durch ein Uhrwerk ein Papierstreifen gleichmäßig vorbeigezogen, auf dem die Schreibfeder die Veränderungen der Meßgröße laufend aufzeichnet.

8.1.2.2. Tragbare Meßgeräte

Tragbare Meßgeräte werden im Betrieb und auf Montage verwendet. Sie müssen deshalb vielseitig, d.h. sowohl als Strom- wie als Spannungsmesser, verwendbar sein und möglichst mehrere Meßbereiche aufweisen. In Bild 8.5 ist ein Spannungsmesser mit Tragriemen für drei Meßbereiche dargestellt. Meßgeräte, die als Strom- und auch als Spannungsmesser für Gleich- und Wechselstrom verwendbar sind, nennt man Vielfachmeßgeräte. Sie haben durch eingebaute Vor- und Nebenwiderstände eine größere Anzahl von Meßbereichen und -- sofern sie ein Drehspulmeßwerk besitzen — einen Meßgleichrichter bzw. Thermoumformer, der den Wechselstrom in Gleichstrom umwandelt.

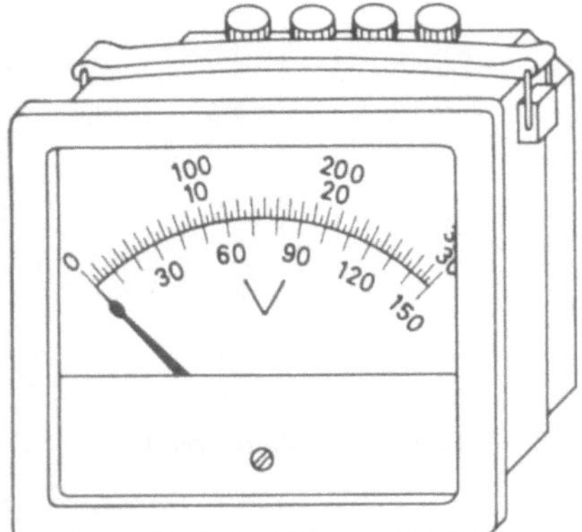

Bild 8.5. Tragbarer Spannungsmesser mit drei Meßbereichen

Vielseitig für Messungen im Betrieb und im Laboratorium ist das universelle Vielfach-Meßgerät (Bild 8.6). Außer der Spannung und dem Strom mißt es den Widerstand, die Frequenz, den Wirkstrom, den Leistungsfaktor $\cos\varphi$ sowie den Blindleistungsfaktor $\sin\varphi$. Aus den Meßwerten kann man rechnerisch den Blindstrom, die Scheinleistung, die Wirk- und die Blindleistung finden. Dieses Meßgerät ersetzt eine Anzahl von teuren Einzelmeßgeräten.

Bild 8.6. Vielfachmeßgerät für Gleich- und Wechselstrom (Werkbild Gossen)

8.1.2.3. Labormeßgeräte

Labormeßgeräte für höchste Ansprüche an die Meßgenauigkeit werden meist als transportable Tischgeräte mit horizontaler, spiegelunterlegter Skala und senkrechter Drehachse des Meßwerks ausgeführt.

8.1.3. Güteklassen

Die verschiedenen Arten von Meßgeräten unterscheiden sich in der Genauigkeit ihrer Angaben. Die *Meßgenauigkeit* eines Meßgeräts ist um so größer, je weniger der vom Meßwerk angezeigte Meßwert von dem wirklichen Wert der Meßgröße (Absolutwert) abweicht. Sehr genaue Messungen können nur mit *Feinmeßgeräten* ausgeführt werden, die als feinmechanische oder elektronische Präzisionsinstrumente teuer sind. Die Durchführung solcher Messungen erfordert außerdem einen verhältnismäßig hohen Zeitaufwand. Weniger hohe Ansprüche an die Meßgenauigkeit werden an Betriebs- und Montagemeßgeräte und die geringsten Ansprüche an die Schalttafelmeßgeräte gestellt, die lediglich zur Überwachung elektrischer Anlagen dienen. Demzufolge werden die Meßgeräte in *Güteklassen* eingeteilt.

In Meßgeräten werden nach VDE 0410 für Feinmeßgeräte die Güteklassenzahlen 0,1; 0,2 und 0,5 und für die Betriebs-, Montage- und Schalttafelmeßgeräte die Güteklassenzahlen 1,0; 1,5; 2,5 und 5,0 verwendet. Die einander entsprechenden Kennzeichen sind folgender Gegenüberstellung zu entnehmen:

	Feinmeßgeräte			Betriebs-meßgeräte	Montage-meßgeräte	Schalttafel-meßgeräte	
Bezeichnung	0,1	0,2	0,5	1,0	1,5	2,5	5,0
Anzeigefehler	±0,1%	±0,2%	±0,5%	±1%	±1,5%	±2,5%	±5%

Die Güteklassenzahlen sind auf der Skala des Meßwerks vermerkt und ermöglichen von vornherein die Beurteilung der mit einem Meßgerät erreichbaren Meßgenauigkeit. Sie geben nämlich den größten Anzeigefehler in Prozenten vom Skalenendwert bei einer Temperatur von 293 K und der vorgeschriebenen Gebrauchslage des Meßgerätes an.

Die Güteklasse 1,5 besagt z.B. bei einer 50teiligen Skala, daß der vom Meßgerät angezeigte Wert höchstens $\frac{50}{100} \cdot 1,5 = 0,75$ Skalenteile kleiner oder größer ist als der wahre Wert der Meßgröße.

8.1.4. Skala

8.1.4.1. Skalenteilung

Die Skalenteilung ist bei den einzelnen Meßgeräten verschieden; es gibt gleichmäßige und ungleichmäßige Teilungen sowie Skalen, deren Nullpunkt in der Mitte oder am Anfang der Skala liegt. Diese Unterschiede sind bedingt durch das physikalische Prinzip, auf dem bei den einzelnen Meßwerken die Auslenkung des Zeigers beruht. Daher wird die Skalenteilung bei den einzelnen Meßwerktypen behandelt.

8.1.4.2. Beschriftung der Skala

Alle zur Beurteilung und Verwendung eines Meßgeräts erforderlichen Angaben sind auf der sichtbaren Meßgeräteskala enthalten. Nach den Vorschriften des VDE muß sie folgende Angaben enthalten:

1. Angabe des Herstellerbetriebes

2. Sinnbild für die Stromart, für die das Meßgerät verwendet werden kann. Als Sinnbilder werden folgende Zeichen verwendet:

   Gleichstrom   —
   Wechselstrom   ∼
   Allstrom   ≈

3. Einheit der Meßgröße (V, A, Ω, W bzw. ihre Vielfachen und Teile).

4. Das Lagezeichen gibt die Gebrauchslage des Meßwertes an, für die das vom Herstellerwerk angegebene Gütezeichen Geltung hat.
   Die Symbole sind:

   für senkrechte Gebrauchslage   ⊥

   für waagerechte Gebrauchslage   ⊓

   für schräge Gebrauchslage   ∠45°

   eventuell mit Angabe des Neigungswinkels im Winkelzeichen.

5. Das Prüfspannungszeichen
   Jedes Meßgerät muß daraufhin geprüft werden, daß im Betrieb an den von außen zugänglichen Teilen keine Berührungsspannung auftritt. Die Höhe der Prüfspannung hängt von der Betriebsspannung ab, für die das Gerät bemessen ist; sie wird durch einen Stern auf der Skala angegeben.

6. Sinnbild für das Meßwerk, aus dem erkennbar ist, auf welchem physikalischen Prinzip die Wirkungsweise des Meßwerks beruht.

Für die einzelnen Meßwerktypen werden folgende Sinnbilder verwendet (siehe Seite 388):

Als Beispiel ist in Bild 8.7 die Skala eines Spannungsmessers für Gleichspannung mit Drehspulmeßwerk, Güteklasse 1,5, senkrechte Gebrauchslage, dargestellt.

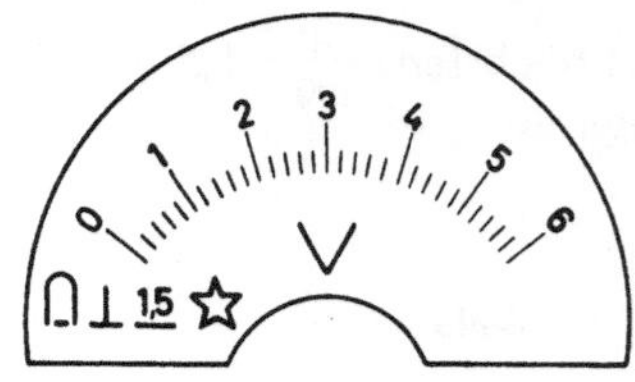

Bild 8.7. Skala eines Spannungsmessers (Drehspulmeßwerk, senkrechte Gebrauchslage, Gleichspannung, Güteklasse 1,5)

Meßwerte	Sinnbild	Meßwerke	Sinnbild
Hitzdrahtmeßwerk		elektrodynamisches Meßwerk, eisenlos	
Dreheisenmeßwerk		eisengeschlossenes elektrodynamisches Meßwerk	
Drehspulmeßwerk		elektrostatisches Meßwerk	
Drehspulmeßwerk mit Gleichrichter		Induktionsmeßwerk	
Drehspulmeßwerk mit Thermoumformer		Vibrationsmeßwerk	
Kreuzspulmeßwerk		Drehmagnetmeßwerk	
Bimetallmeßwerk		Gleichstrom	
		Wechselstrom	
		Drehstrom (drei Meßwerke)	

Die Zuordnung von Betriebsspannung des Meßgerätes, Prüfspannung und Prüfspannungszeichen ergibt sich aus nachstehender Gegenüberstellung:

Betriebsspannung des Meßgeräts	Prüfspannung (Effektivwert)	Prüfspannungszeichen
0 keine Prüfspannung		
bis 40 V	500 V	
bis 650 V	2000 V	
bis 1000 V	3000 V	
bis 1500 V	5000 V	
bis 3000 V	10000 V	

8.2. Grundtypen der Meßwerke für Gleich- und Wechselstrom

Der wesentliche Bestandteil eines Meßgeräts ist das *Meßwerk*. In dem Meßwerk wird ein bewegliches Organ mit dem Zeiger durch die Wirkungen des elektrischen Stromes oder der Spannung ausgelenkt. Die verschiedenen Meßwerktypen unterscheiden sich durch das physikalische Prinzip, auf dem die Einwirkung auf das bewegliche System beruht.

8.2.1. Dreheisenmeßwerk

8.2.1.1. Physikalisches Prinzip

Es gibt zwei Ausführungsformen des Dreheisenmeßwerks, das *Flachspulen-* und das *Rundspulenmeßwerk*. Das Flachspulenmeßwerk (Bild 8.8) beruht auf der anziehenden Wirkung, die eine stromdurchflossene Spule auf ein Stück Weicheisen ausübt, das Rundspulenmeßwerk (Bild 8.9) auf der abstoßenden Wirkung gleichartig magnetisierter Weicheisenstücke.

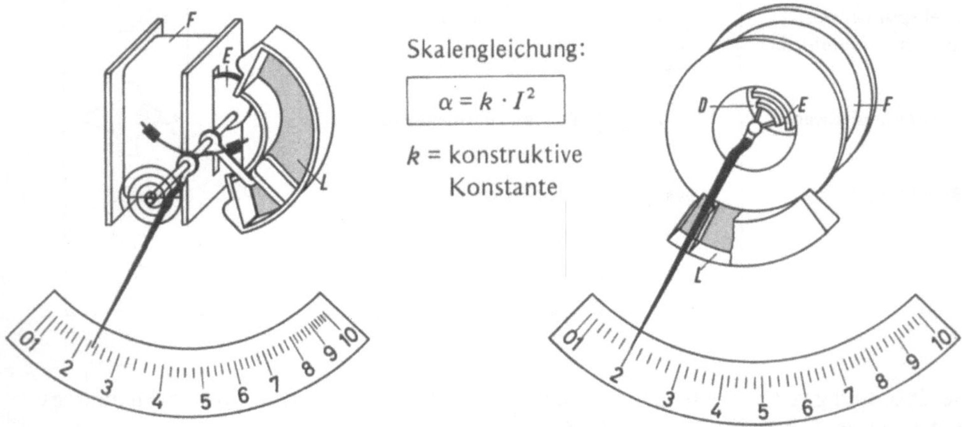

Bild 8.8. Flachspulen-Dreheisenwerk   Bild 8.9. Rundspulen-Dreheisenwerk

8.2.1.2. Aufbau und Wirkungsweise

Beim *Flachspulenmeßwerk* (Bild 8.8) erzeugt der zu messende Strom in einer feststehenden Flachspule *F* ein magnetisches Feld, dessen Stärke sich mit der Stärke des Stromes gleichsinnig ändert. Ein scheibenförmiges Weicheisenstück *E* ist exzentrisch auf einer Achse befestigt und drehbar gelagert. Fließt durch die Feldspule ein Strom, so wird die Weicheisenscheibe in den Schlitz der Feldspule um so tiefer hineingezogen und der Ausschlag des auf die Achse aufgeklemmten Zeigers um so größer, je stärker das magnetische Feld der Spule durch den zu messenden Strom erregt wird. Dabei spannt sich eine ander Achse befestigte Spiralfeder, bis ihr Gegenmoment dem von der Spule ausgeübten Drehmoment das Gleichgewicht hält.

Beim *Rundspulenmeßwerk* (Bild 8.9) ist im Innern der ringförmigen Feldspule *F* ein zylindrisch gebogenes Weicheisenstück *E* befestigt, dem ein zweites gleichartiges Weicheisenstück, das Dreheisen *D*, gegenübersteht; es ist auf der drehbar gelagerten Zeigerachse befestigt. Durch das Feld der Ringspule erhalten die Weicheisenstücke eine gleichartige Polung, so daß sie sich gegenseitig abstoßen. Durch die Drehung des beweglichen Organs wird eine an der Zeigerachse befestigte Spiralfeder gespannt, bis ihr Richtmoment dem auf das Dreheisen ausgeübten Drehmoment das Gleichgewicht hält.

8.2.1.3. Skaleneinteilung

Das Drehmoment, das bei beiden Typen der Dreheisenmeßwerke auf das bewegliche Organ ausgeübt wird, hängt von der Feldstärke im Innern der Feldspule von der magnetischen Induktion im Weicheisen und somit von der Induktivität L des magnetischen Systems ab. Da beide der Stärke des Stromes in der Feldspule proportional sind, ist das Drehmoment und damit auch die Auslenkung des Zeigers α proportional dem Quadrat der Stromstärke. Dreheisenmeßwerke haben daher eine *quadratisch geteilte Skala* mit einer am Anfang engen und gegen Ende sich erweiternden Teilung.

Die Ablesegenauigkeit ist deshalb bei einer 90°-Teilung am günstigsten bei etwa 60°. Wenn man durch eine entsprechende Formung der Weicheisenscheibe die Skalenteilung annähernd linearisiert, kann man eine gleichmäßige Ablesegenauigkeit im ganzen Meßbereich erreichen.

8.2.1.4. Stromart

Da die Wirkungsweise der Dreheisenmeßwerke lediglich auf der Anziehung bzw. Abstoßung von Weicheisen durch eine stromdurchflossene Spule beruht, diese aber unabhängig von der Stromrichtung ist, sind Dreheisenmeßwerke sowohl für Gleich- als auch für Wechselstrom, bis 300 Hz, verwendbar. Bei Anschluß an Wechselstrom gibt das Meßwerk die Effektivwerte der Stromstärke bzw. Spannungen an, da die Schwankungen zwischen den Spitzen- und Nullwerten durch die Massenträgheit des beweglichen Organs ausgeglichen werden.

8.2.1.5. Dämpfung

Um ein schwingungsfreies Einstellen des Zeigers auf den Meßwert zu erreichen, werden Zeigermeßgeräte mit Dämpfungsvorrichtung versehen. Bei Dreheisenmeßwerken wird meist eine *Luftdämpfung L* verwendet; wie die Bilder 8.8 und 8.9 zeigen.

8.2.1.6. Empfindlichkeit und Anwendungsbereich

Dreheisenmeßwerke sind sowohl mechanisch wie elektrisch unempfindlich und, wie schon erwähnt, bei Gleich- und Wechselstrom verwendbar. Sie werden in Betriebs-, Montage- und Schalttafelmeßgeräte eingebaut mit Güteklassenzahlen 1,5 ... 2,5. Nachteilig ist der hohe Eigenverbrauch der Meßwerke; daher sind die Geräte in den Bildern 8.8 und 8.9 für kleine Ströme und Spannungen nicht besonders geeignet. Bild 8.10 zeigt ein Dreheisengerät als Mehrbereichsinstrument, mit dem schon genauere Messungen möglich sind. Unter Empfindlichkeit ist deshalb der Quotient aus Zeigerausschlag zur Meßgrößeneinheit zu verstehen.

Zum Beispiel: $S = \dfrac{\Delta \alpha}{\Delta I}$ in Skalenteilen pro mA. Außerdem können damit noch grobe Widerstandsmessungen ausgeführt werden.

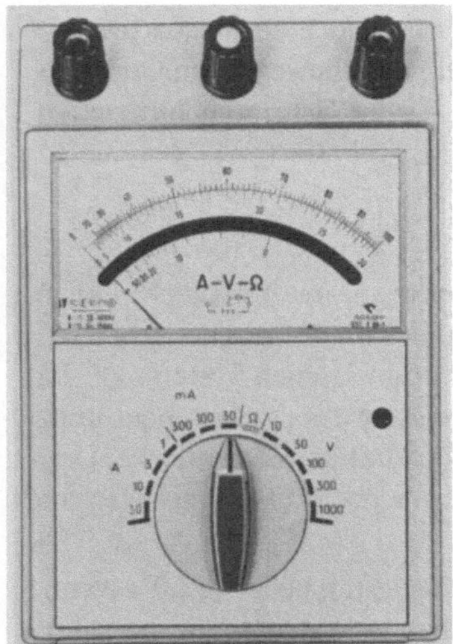

Bild 8.10. Dreheisenvielfach-Meßgerät für Gleich- und Wechselstrom (Werkbild Gossen)

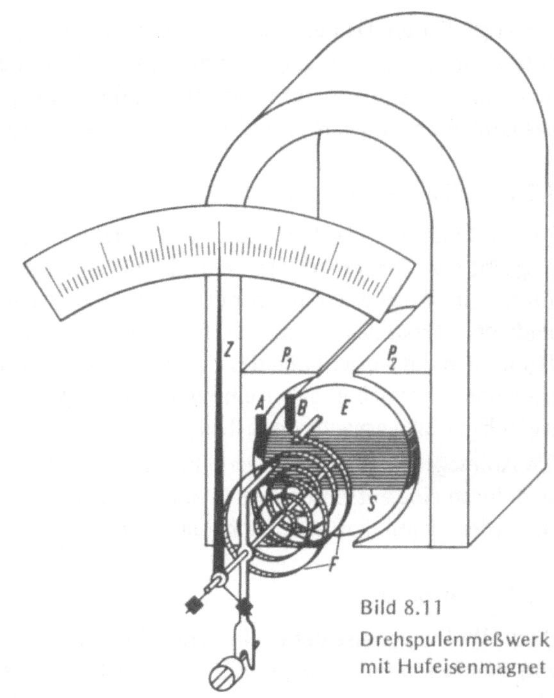

Bild 8.11
Drehspulenmeßwerk
mit Hufeisenmagnet

8.2.2. Drehspulmeßwerk

8.2.2.1. Physikalisches Prinzip

Das Drehspulmeßwerk beruht auf der Kraftwirkung des magnetischen Feldes eines Dauermagnets auf eine stromdurchflossene Spule.

Skalengleichung:

$$\alpha = k \cdot I$$

k = konstruktive
   Konstante

8.2.2.2. Aufbau und Wirkungsweise

Das Magnetfeld wird in Meßwerken durch einen hufeisenförmigen Dauermagnet aus Chrom- oder Wolframstahl erzeugt (Bild 8.11). Die Feldlinien verlaufen von den zylindrisch ausgebohrten Polschuhen nach der Mittelachse des Eisenkerns E, der konzentrisch zwischen den Polschuhen P_1 und P_2 befestigt ist und einen schmalen Luftspalt frei läßt. Im Luftspalt bewegt sich eine drehbar gelagerte Spule S, die aus sehr dünnem Draht auf einen Leichtmetallrahmen gewickelt ist. Mit dem Rahmen ist der Zeiger Z des Meßwerks fest verbunden. Anfang und Ende der Spulenwicklung sind an die beiden Spiralfedern F angeschlossen, durch die der Strom zu- und abgeführt wird; sie bestimmen gleichzeitig die Nullage des Zeigers bei stromloser Spule. Drehspulmeßwerke anderer Bauart haben einen ringförmigen Dauermagneten.

8.2.2.3. Stromart

Wird die Spule an eine Gleichspannung angeschlossen, so übt das Magnetfeld des Dauermagnets auf die stromdurchflossene Spule nach Bild 8.12 ein Drehmoment aus, dessen Richtung sich aus der Linke-Hand-Regel ergibt. Die beim Drehen der Spule sich spannenden Spiralfedern setzen dem Drehmoment ein Richtmoment entgegen und halten die Spule in der jeweiligen Gleichgewichtslage fest. Fließt der Strom in der Drehspule in entgegengesetzer Richtung, so kehrt sich auch die Richtung des Drehmoments um. Das bewegliche Organ kann aber infolge seiner Massenträgheit schnellen

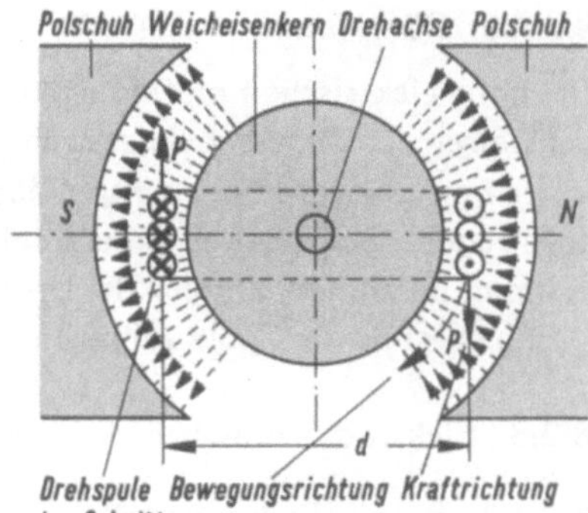

Bild 8.12. Entstehung des Drehmoments

Wechseln der Stromrichtung nicht folgen. Deshalb ist das Drehspulmeßwerk *nur für Gleichstrom verwendbar.*

8.2.2.4. Skalenteilung

Das auf die Drehspule ausgeübte Drehmoment ist infolge der konstanten Feldstärke des Dauermagnets nur von der Stärke des Spulenstromes abhängig und ihr proportional. Die Skala ist deshalb *gleichmäßig* geteilt, so daß im ganzen Meßbereich Messungen mit der gleichen Genauigkeit ausgeführt werden können.

Da der Zeiger je nach der Stromrichtung nach entgegengesetzten Seiten ausschlägt, kann man den Nullpunkt in die Mitte der Skala legen. In diesem Fall ist das Meßgerät ohne Umschalten für beide Stromrichtungen verwendbar. Umgekehrt läßt sich aus der Richtung und Größe des Zeigerausschlages Richtung und Stärke des Stromes erkennen. Ein Drehspulmeßgerät mit mittlerem Nullpunkt wurde z.B. beim Grundversuch der Induktion verwendet. Liegt der Nullpunkt am Anfang der Skala, so muß der Strom durch das Meßgerät in der Richtung fließen, die der möglichen Ausschlagsrichtung des Zeigers entspricht. Um eine falsche Polung zu vermeiden, müssen die Klemmen des Meßgeräts die Bezeichnung der Pole tragen, an die sie angeschlossen werden müssen.

8.2.2.5. Empfindlichkeit und Anwendungsbereich

Drehspulmeßwerke sind Meßwerke größter elektrischer Empfindlichkeit. Es ist möglich, Meßwerke für Ströme von 0,01 ... 100 mA bei Vollausschlag zu bauen. Drehspulmeßwerke werden deshalb in die Feinmeßgeräte der Güteklassen 0,1, 0,2 und 0,5 eingebaut. In Betriebsmeßgeräten für stärkere Ströme muß die Empfindlichkeit des Drehspulmeßwerks durch Parallelschalten eines geeigneten Widerstandes heruntergesetzt werden (vgl. Meßbereichserweiterung, Abschnitt 1.4.2.3).

Drehspulmeßgeräte mit ihrer hohen elektrischen Empfindlichkeit bei geringem Eigenverbrauch können auch für Wechselstrommessungen verwendet werden, wenn man den zu messenden Wechselstrom in Gleichstrom oder in eine andere Energieform, z.B. in Wärme, umwandelt.

8.2.2.6. Dämpfung

Die hohe elektrische Empfindlichkeit des Meßwerks erfordert eine gute Dämpfung, damit der Zeiger sich ohne Schwingungen (aperiodisch) auf den Meßwert einstellt. An Stelle der Luftdämpfung wird bei Drehspulmeßwerken allgemein die *elektromagnetische Dämpfung* angewendet. Beim Bewegen der Drehspule im Magnetfeld des Dauermagnets werden im Aluminiumrahmen, auf den die Drehspule gewickelt ist, Wirbelströme induziert, die die Drehbewegung der Spule abbremsen.

8.2.3. Elektrodynamisches Meßwerk

8.2.3.1. Physikalisches Prinzip

Beim elektrodynamischen Meßwerk (Bild 8.13) bewirkt das Drehmoment, das eine feststehende Spule auf eine vom gleichen Strom durchflossene drehbar gelagerte Spule ausübt, die Auslenkung des Zeigers.

8.2.3.2. Aufbau und Wirkungsweise

Nach Bild 8.13 ist innerhalb der feststehenden Feldspule eine zweite, etwas kleinere Spule drehbar so angeordnet, daß ihre Drehachse rechtwinklig zu beiden Spulenachsen steht. Durch zwei Spiralfedern, durch die gleichzeitig der Strom zu- und abgeführt wird (wie in Bild 8.11), wird die Innenspule in stromlosem Zustand in gekreuzter Stellung zur Feldspule gehalten. Fließt der Strom durch beide Spulen, so wird die Drehspule nach der Richtung ausgelenkt, in der der Strom beide Spulen in gleichem Sinn umfließt. Dem auf die Spule ausgeübten Drehmoment hält das Richtmoment der gespannten Spiralfedern das Gleichgewicht.

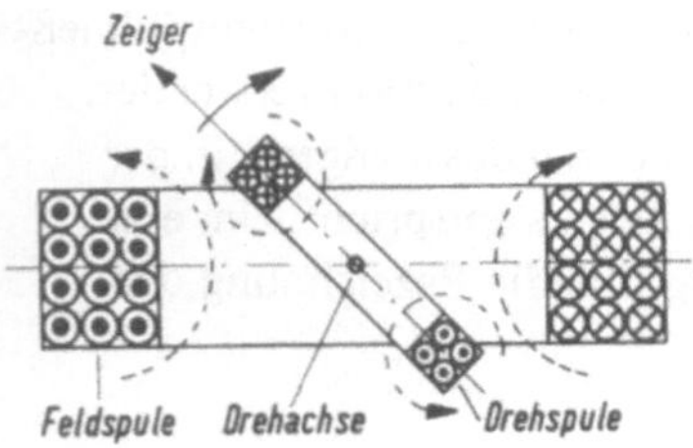

Bild 8.13.
Elektrodynamisches Meßwerk

Bei dem in Bild 8.13 dargestellten *eisenlosen elektrodynamischen Meßwerk* erfordern ausreichende Drehmomente bei der geringen Feldstärke der eisenlosen Spulen verhältnismäßig starke Ströme; dadurch ist der Eigenverbrauch dieser Meßwerke groß. Außerdem können die Meßergebnisse durch magnetische Fremdfelder beeinflußt werden. Frei von den Nachteilen des eisenlosen Dynamometers ist das *eisengeschlossene elektrodynamische Meßwerk*. Die feststehende Spule ist in zwei Hälften aufgeteilt, die in einen aus Eisenblechen zusammengesetzten Hohlzylinder eingebettet sind. Durch den Eisenschluß wird das magnetische Feld verstärkt und die Einwirkung magnetischer Fremdfelder ausgeschaltet.

8.2.3.3. Stromart

Bei Hintereinander- oder Parallelschaltung der beiden Spulen ist die Richtung des Drehmoments unabhängig von der Stromrichtung, da sich die Stromrichtung gleichzeitig in beiden Spulen umkehrt. Elektrodynamische Meßwerke sind deshalb für *Gleich- und Wechselstrom* verwendbar. Bei Strom- und Spannungsmessungen im Wechselstromkreis werden die *Effektivwerte* angezeigt. Für Leistungsmessungen wird die Feldspule zur Strommessung und die Drehspule gleichzeitig zur Spannungsmessung verwendet. Angezeigt wird dann die Wirkleistung *P* (siehe auch Abschnitt 8.3.4.2).

Skalengleichung:

$$\alpha = k \cdot I \cdot U \cdot \cos\varphi$$

$$\boxed{\alpha = k \cdot P} \qquad k = \text{konstruktive Konstante}$$

8.2.3.4. Skalenteilung

Das auf die Drehspule ausgeübte Drehmoment hängt sowohl von der Stromstärke in der Feldspule als auch von der Stromstärke in der Drehspule ab. Das Drehmoment und damit auch der Zeigerausschlag ist deshalb dem Produkt der beiden Spulenströme proportional. Fließt bei Hintereinanderschaltung in beiden Spulen der gleiche Strom, so ist das Drehmoment dem Quadrat der Stromstärke proportional. Die Skalenteilung ist dann *quadratisch*.

8.2.3.5. Dämpfung

Um Schwingungen des Zeigers um seine jeweilige Gleichgewichtslage auszuschalten, wendet man die schon beim Dreheisenmeßwerk beschriebene *Luftdämpfung* an.

8.2.3.6. Empfindlichkeit und Anwendungsbereich

Die Empfindlichkeit und die Meßgenauigkeit der eisenlosen elektrodynamischen Meßwerke sind wesentlich geringer und ihr Eigenverbrauch höher als bei eisengeschlossenen Meßwerken. Eisengeschlossene elektrodynamische Meßwerke sind zum Messen der Stromstärke, der Spannung aber vor allem der Leistung von Gleich- und Wechselstrom geeignet.

8.2.4. Elektrostatisches Meßwerk

8.2.4.1. Physikalisches Prinzip

Während bei den bisher besprochenen Meßwerktypen das bewegliche Organ des Meßwerks durch Wirkungen des elektrischen Stromes ausgelenkt wird, beruht das elektrostatische Meßwerk auf den Kraftwirkungen elektrischer Ladungen.

8.2.4.2 Aufbau und Wirkungsweise

Nach Bild 8.14 ist zwischen zwei feststehenden Metallplatten *a* eine dritte Metallplatte *b* um eine horizontale Achse drehbar aufgehängt. Die beiden festen Platten werden an die zu messende Spannung gelegt. Die bewegliche Platte ist mit einer der beiden festen Platten

leitend verbunden. Diese beiden Platten, die
an dem gleichen Pol liegen, haben stets die
gleiche Ladung und stoßen sich gegenseitig ab,
während die andere feste Platte infolge ihrer
entgegengesetzten Ladung die bewegliche
Platte anzieht. Die dadurch verursachte
Bewegung der mittleren Platte wird durch den
Bügel *d* auf die Zeigerachse *e* übertragen.

8.2.4.3 Skalenteilung

Je höher die an die Platten angelegte Spannung
ist, um so größer ist die von ihnen aufgenommene Ladung und um so größer der Ausschlag
des Zeigers. Die auf die bewegliche Platte
ausgeübte Kraft ist dem Quadrat der an den
Platten liegenden Spannung proportional.
Die Skala hat somit eine *quadratische Teilung*.

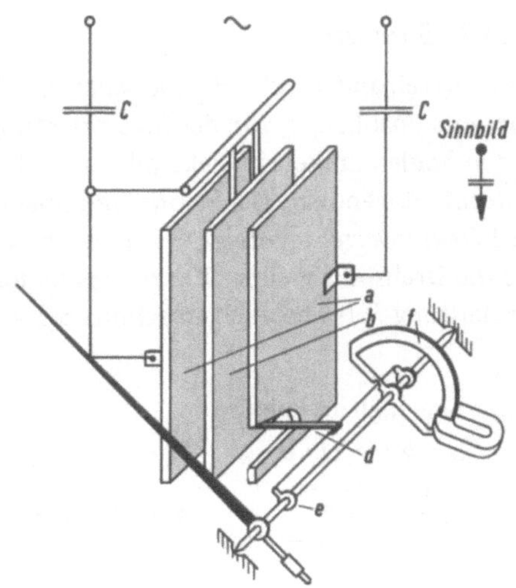

Bild 8.14. Elektrostatischer Spannungsmesser

Skalengleichung:

$$\alpha = k \cdot U^2$$

k = konstruktive Konstante

8.2.4.4. Stromart

Das elektrostatische Meßwerk ist verwendbar zum Messen von *Gleich- und Wechselspannungen*. Im letzteren Fall gibt das Meßwerk infolge der quadratischen Abhängigkeit des
Ausschlags von der angelegten Spannung den *Effektivwert* der Wechselspannung an.

8.2.4.5. Empfindlichkeit und Anwendungsbereich

Das Meßwerk ist zum Messen niedriger Spannungen ungeeignet; denn bei niedrigen Spannungen sind die auf den Platten aufgebrachten Ladungen und damit auch die auf die Platten wirkenden statischen Kräfte nur gering. Dagegen wird das Meßwerk zum Messen von
Hochspannungen im Prüffeld gern verwendet.

8.2.5. Vibrationsmeßwerk

8.2.5.1. Physikalisches Prinzip

Ein schwingungsfähiges System wird durch eine erregende Schwingung zum Mitschwingen
veranlaßt, wenn die Erregerfrequenz mit der Eigenschwingung des schwingungsfähigen
Systems übereinstimmt (Resonanzschwingung). Als Beispiel eines Vibrationsmeßwerks sei
der *Zungenfrequenzmesser* zum Bestimmen der Netzfrequenz beschrieben.

8.2.5.2. Aufbau und Wirkungsweise des Zungenfrequenzmessers

Über einem Elektromagnet ist ein Zungenkamm angeordnet (Bild 8.15). Die Eigenschwingungszahlen aufeinanderfolgender Stahlzungen unterscheiden sich nur um je 1 Hz. Die freischwingenden Enden der einseitig eingespannten Zungen sind rechtwinklig umgebogen und weiß gestrichen. Ihr Schwingungszustand ist in einem Ausschnitt der als Skala dienenden Deckplatte zu beobachten.

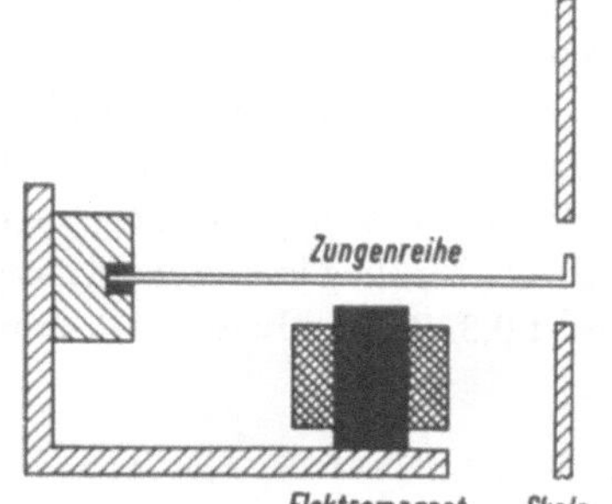
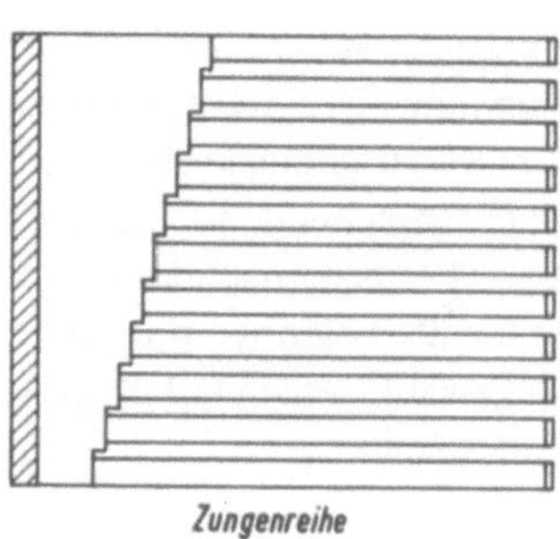

Bild 8.15.
Vibrationsmeßwerk

Beim Anschluß des Elektromagnets an eine Wechselspannung wird der Elektromagnet sowohl durch die positive als auch durch die negative Halbwelle erregt. Die Zahl der Erregungen je Sekunde stimmt also mit der Wechselzahl des Wechselstromes überein und ist doppelt so groß wie die Frequenz. Diejenige Zunge, deren Eigenschwingungszahl mit der Wechselzahl des Stromes übereinstimmt, wird zu lebhaften Resonanzschwingungen angeregt. Unmittelbar benachbarte Zungen schwingen nur wenig, entferntere gar nicht mit. Drei verschiedene Schwingungszustände zeigen die Bilder 8.16a bis c.

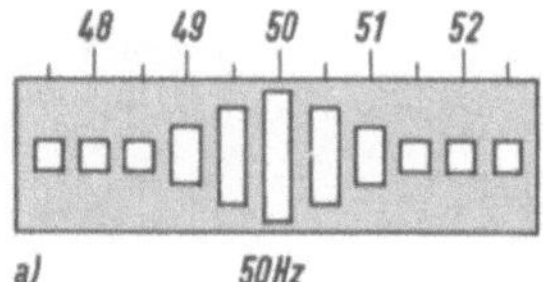

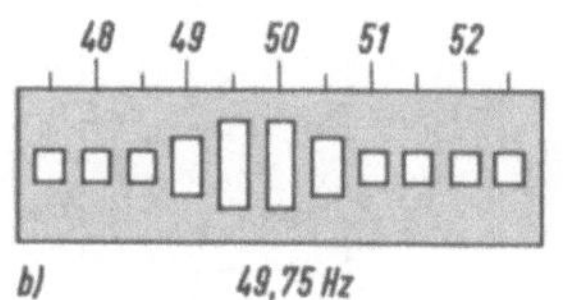

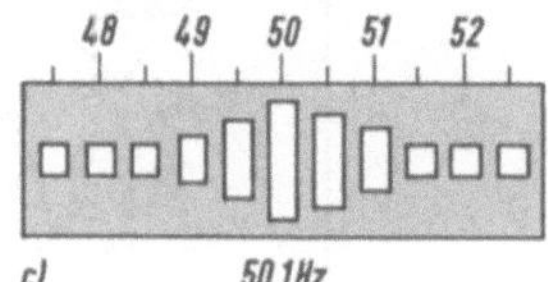

Bild 8.16. Schwingungsbilder bei verschiedenen Frequenzen

8.2.5.3. Skalenteilung

Die Skala ist nicht nach den Eigenschwingungszahlen der Zungen sondern nach Stromfrequenzen geeicht. Der mittleren Zungen mit einer Eigenschwingungszahl von 100 Hz entspricht also eine Netzfrequenz von 50 Hz und die Skalenteilung dem Frequenzabstand von 0,5 Hz der aufeinanderfolgenden Zungen.

8.2.5.4. Empfindlichkeit und Anwendungsbereich

Wie aus Bild 8.16 ersichtlich, ist die Ablesegenauigkeit infolge des Mitschwingens benachbarter Zungen größer als 0,5 Hz. Es sind Schätzungen bis zu 0,1 Hz möglich. Diese Meß-

genauigkeit ist für die Bestimmung der Netzfrequenz, für die der Zungenfrequenzmesser
in Frage kommt, ausreichend.

8.2.6. Leistungsfaktormesser

Dieses Gerät, auch $\cos\varphi$-Messer genannt, arbeitet nach dem Prinzip des elektrodynamischen
Quotientenmeßwerkes, wobei sich im Magnetfeld der festen Stromspule eine richtkraftlose
Kreuzspule dreht (Bild 8.17). Während die Stromspule vom Verbraucherstrom erregt wird,
liegen die beiden gekreuzten Spulen parallel zum Verbraucher und sind unabhängig vom
Verbraucherstrom. Spule S_1 erhält einen ohmschen Widerstand, Spule S_2 einen induktiven
Widerstand (Drossel) vorgeschaltet. In beiden Spannungsspulen fließen die Ströme I_1 und
I_2 um 90° phasenverschoben. Entsprechend dem Blindstromanteil in der Stromspule und
dem entsprechenden Phasenwinkel zur Drehspule schlägt der Zeiger von $\cos\varphi = 0$ bis
$\cos\varphi = 1$ aus, je nachdem ob die Phasenverschiebung induktiv oder kapazitiv ist. Die meisten Geräte beginnen mit dem Skalenwert 0,3. Bei gemischter Belastung (Bild 8.17) kann
C so gewählt werden, daß $\cos\varphi = 1$ ist.

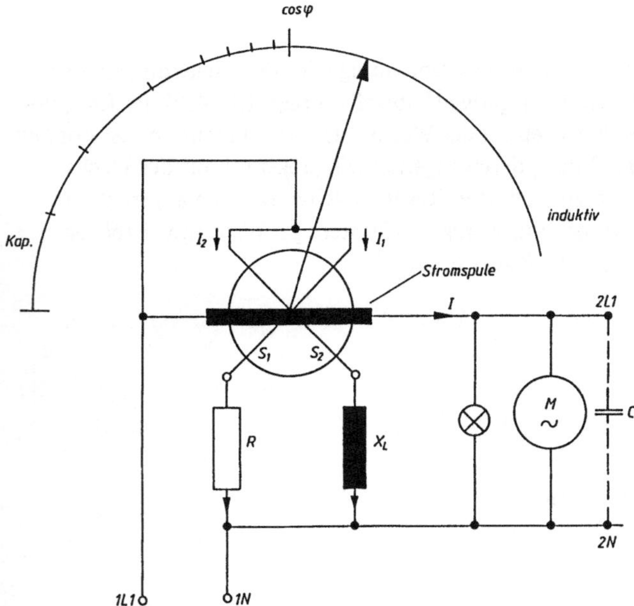

Bild 8.17
Leistungsfaktormesser mit
Verbrauchern

8.2.7. Induktionsmeßwerk

8.2.7.1. Physikalisches Prinzip

Das Induktionsmeßwerk beruht auf der Wechselwirkung magnetischer Wechselfelder und
der durch sie in einer Metalltrommel oder in einer Metallscheibe induzierten Ströme. Es
wird in der Meßtechnik fast ausschließlich in Wechselstromzählern verwendet.

8.2.7.2. Aufbau und Wirkungsweise des Induktionszählers

Der Aufbau und die Schaltung eines Induktionszählers ist in Bild 8.18, die äußere Ansicht in Bild 8.19 dargestellt. Die drehbare Aluminiumscheibe A wird von den Magnetflüssen zweier räumlich gegeneinander versetzter Elektromagnete E_1 und E_2 durchsetzt, deren Kerne aus isolierten Blechlamellen zusammengesetzt sind. Der Elektromagnet E_1 trägt viele Windungen dünnen Drahtes und wird durch die Betriebsspannung U erregt (Spannungseisen). Durch den Elektromagnet E_2 mit wenig Windungen dicken Drahtes fließt der Betriebsstrom (Stromeisen). Die beiden räumlich versetzten Magnetflüsse Φ_1 und Φ_2 induzieren in der Aluminiumscheibe phasenverschobene Wirbelströme. Der magnetische Nebenschluß N und die Hilfswicklung auf dem Joch des Elektromagnets E_2 mit dem stellbaren Widerstand R dienen zur Einstellung einer Phasenverschiebung von $90°$ zwischen Stromstärke und Spannung des Betriebsstromes.

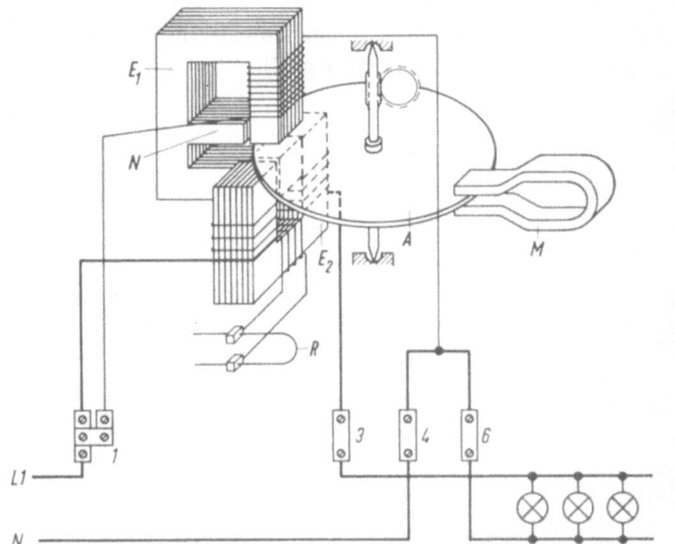

Bild 8.18. Meßwerk eines Induktionszählers mit Schaltung

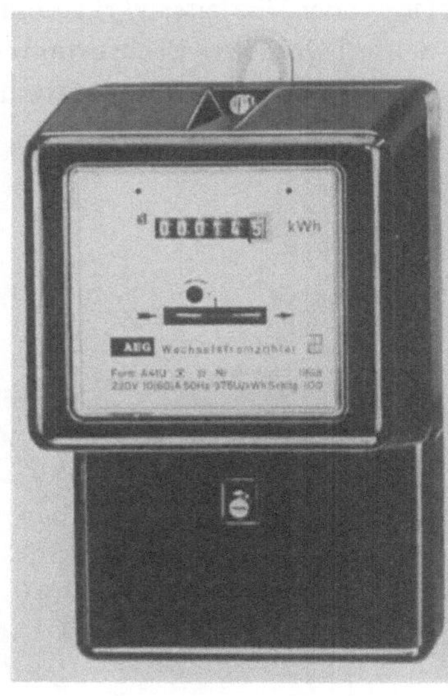

Bild 8.19. Äußere Ansicht des Wechselstromzählers

Wie auf den Kurzschlußläufer des Induktionsmotors wird durch die Wechselwirkung zwischen den Magnetfeldern und den induzierten Strömen auf die Aluminiumscheibe ein Drehmoment ausgeübt, dessen Betrag von der Stärke des Betriebsstromes I und der Betriebsspannung U abhängt und dem Produkt UI proportional ist. Besteht zwischen der Spannung U und der Stromstärke I eine Phasenverschiebung φ, so ist das auf die Scheibe ausgeübte Drehmoment proportional der Leistung $UI \cos \varphi$. Der Magnet M induziert in der sich drehenden Scheibe Wirbelströme, die die Bewegung der Scheibe abbremsen. Die Bremswirkung ist um so größer, je größer die Drehgeschwindigkeit der Scheibe ist. Wenn das Bremsmoment gleich dem Drehmoment wird, bewegt sich die Scheibe mit einer konstanten, der Leistung des Wechselstromes proportionalen Geschwindigkeit.

Die Umdrehungen der Scheibe werden durch eine Schnecke auf der Scheibenachse auf ein Zählwerk übertragen. Die Zahl der Umdrehungen hängt von der Drehgeschwindigkeit der Scheibe und der Betriebszeit ab, ist also ein Maß für die elektrische Arbeit.

Das Meßwerk des Wechselstromzählers ist in einem Gehäuse untergebracht. Durch ein Fenster kann das Zählwerk und die mit einer roten Marke gezeichnete Zählerscheibe beobachtet werden. Ihre Bewegungsrichtung bei richtiger Schaltung des Zählers ist durch einen Pfeil auf dem Gehäuse angegeben.

In Drehstromnetzen (3- und 4-Leitersysteme) werden Drehstromzähler mit zwei oder drei Drehscheiben verwendet, jeder Außenleiter wirkt auf ein Triebsystem (Bild 8.20). Daneben gibt es noch für verschiedene Tarife Maximumzähler, Doppeltarifzähler, Blindverbrauchzähler usw. Alle Zählerklemmen sind nummeriert (siehe Bild 8.20), jeder Zählertyp erhält eine Schaltungsnummer nach DIN 43 856 z.B. 1000 bedeutet Einphasenwirk-Verbrauchzähler (1), ohne Zusatzklemmen (0), unmittelbarer Anschluß (0), ohne Zusatzeinrichtung (0). Drei- oder Vierleiter-Wirkverbrauchzähler erhalten die Nummer 3000 oder 4000. 3112 bedeutet: Dreileiter-Drehstrom-Wirkverbrauchzähler (3), Zusatzklemmen (1), Anschluß an Stromwandler (1), mit äußerem Anschluß der Zweitarifeinrichtung (2).

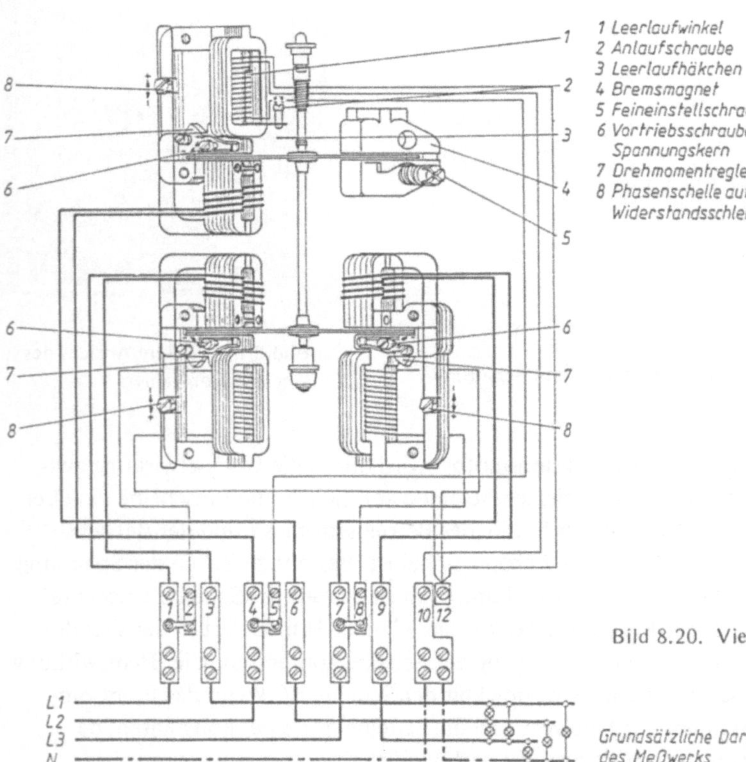

Bild 8.20. Vierleiter-Drehstromzähler

Grundsätzliche Darstellung des Meßwerks

8.3. Meßmethoden

8.3.1. Messen der Stromstärke

8.3.1.1. Grundschaltung des Strommessers

Der Strommesser soll die Stärke des Stromes angeben, der durch den Verbraucher fließt;
er muß deshalb in Reihe mit dem Verbraucher geschaltet werden, so daß der gleiche Strom
durch den Verbraucher und das Meßwerk fließt. Beim Anschluß eines Drehspulstrom-
messers ist darauf zu achten, daß die mit + und − gekennzeichneten Klemmen des
Strommessers an die gleichartigen Pole der Spannungsquelle angeschlossen werden
(Bild 8.21).

Strommesser werden in Reihe mit dem Verbraucher geschaltet.

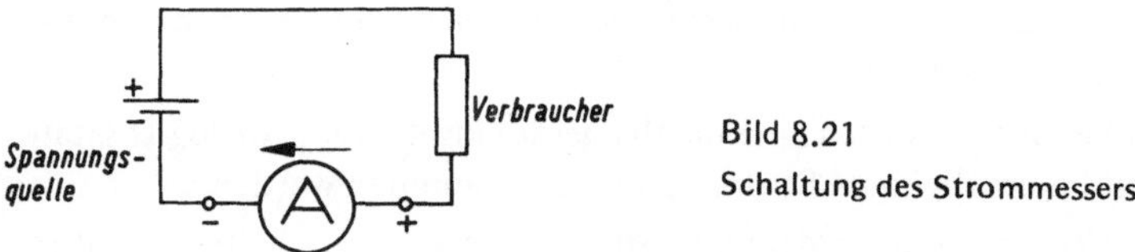

Bild 8.21
Schaltung des Strommessers

8.3.1.2. Eigenverbrauch des Strommessers

Meßgeräte bleiben im allgemeinen nicht während des ganzen Betriebes einer elektrischen
Anlage eingeschaltet; sie werden nur dann eingeschaltet, wenn die Betriebswerte kontrol-
liert werden sollen. Es muß deshalb ganz allgemein die Forderung erhoben werden, daß die
Werte der Meßgrößen durch das nachträgliche Einschalten der Meßgeräte nicht geändert
werden.

Da der Strommesser in Reihe mit dem Verbraucher geschaltet werden muß, wird der Widerstand bei nachträglichem Einschalten des Strommessers um dessen Widerstand vergrößert.
Die vom Strommesser angezeigte Stromstärke ist also kleiner als die normale Betriebsstromstärke, die gemessen werden soll. Außerdem tritt im Widerstand des Strommessers, wie in
jedem Teil des Stromkreises ein Spannungsabfall auf. Es ändern sich also infolge des *Eigenverbrauchs* des Strommessers bei nachträglichem Einschalten sowohl die Strom- als auch
die Spannungsverhältnisse im Stromkreis. Diese Änderungen sind um so größer, je größer
der Eigenwiderstand des Strommessers ist. Sie sind vernachlässigbar klein, wenn der Widerstand des Strommessers so klein gehalten wird, daß die Schwächung der Stromstärke unterhalb der Meßgenauigkeit liegt.

Der Eigenwiderstand eines Strommessers muß möglichst klein sein.

Der Eigenverbrauch eines Strommessers ergibt sich als Produkt aus der Stromstärke, die
dem Vollausschlag entspricht, und dem Spannungsabfall an seinen Klemmen.

8.3.1.3. Erweiterung des Meßbereichs

Die Meßbereicherweiterung von Gleichstrommessern wurde bereits in Abschnitt 1.6.1.3
angegeben. Da das 1. Kirchhoffsche Gesetz seine Gültigkeit auch im Wechselstromkreis

behält, kann die Meßbereicherweiterung durch Nebenwiderstände auch bei Wechselstrommessern angewendet werden. Um Strommessungen in Hochspannungsnetzen durchzuführen, verwendet man Stromwandler, deren Aufbau und Schaltung in Abschnitt 5.3.4.2 beschrieben wurde.

8.3.1.4. Meßgeräte für Strommessung

Das bevorzugte Meßgerät für Gleichstrommessungen ist das *Drehspulmeßgerät*. Ein Eigenverbrauch ist gering und seine elektrische Empfindlichkeit genügt höchsten Ansprüchen. Durch Nebenwiderstände kann sein Meßbereich beliebig erweitert werden. Bei geringeren Ansprüchen an die Empfindlichkeit können Meßgeräte mit elektrodynamischen, Dreheisenmeßwerken verwendet werden. Die letztgenannten Geräte sind auch zum Messen von Wechselströmen, besonders in der Starkstromtechnik, geeignet. Die Meßbereicherweiterungen von Wechselstrommessern durch Stromwandler sind im Abschnitt 5.3.4.2 behandelt.

In der Hochfrequenztechnik werden als Strommesser *Drehspulmeßgeräte mit Gleichrichtern* oder *Thermoumformern* verwendet.

Die Strommessung kann aber auch – durch eine im Meßgerät eingebaute „Analog-Digital-Umwandlung" ADU – mit einem digitalen Strommesser vorgenommen werden.

Als Gleichrichter werden *Meßgleichrichter* dem Drehspulmeßwerk vorgeschaltet. Die Prinzipschaltung zum Messen des Effektivwertes der Stromstärke zeigt Bild 8.21.

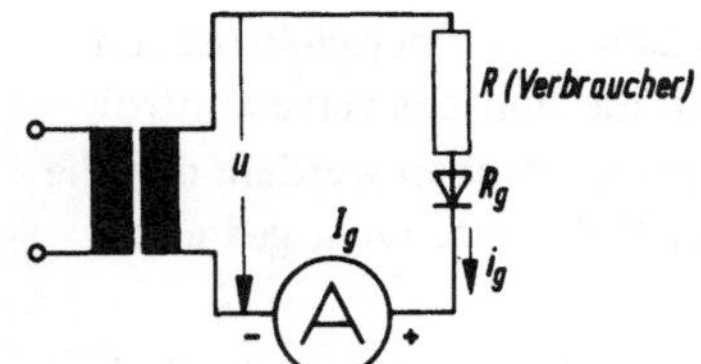

Bild 8.21
Schaltung des Drehspulmeßgerätes
mit Gleichrichter

Beim *Thermostrommesser* liegt das Drehspulmeßwerk in einem Stromkreis, der ein Thermoelement enthält. Seine Hauptlötstelle wird durch den Heizdraht aufgeheizt, in dem der zu messende Wechselstrom fließt. Die auftretende Thermospannung liefert einen Gleichstrom, der im Drehspulmeßwerk den Zeigerausschlag bewirkt.

8.3.2. Messen der Spannung

8.3.2.1. Allgemeines

Zum Messen von Spannungen können außer den elektrostatischen Meßwerken (vgl. Abschnitt 8.2.5) auch stromanzeigende Meßwerke verwendet werden. Daß die gleichen Meßwerke, mit denen Stromstärken gemessen werden, auch für Spannungsmessungen verwendbar sind, beruht darauf, daß die Stromstärke, die durch das Meßwerk fließt, von der Spannung abhängt, die an den Klemmen des Meßgeräts vorhanden ist. Jeder Stromstärke I entspricht die Spannung, die nach dem Ohmschen Gesetz gleich dem Produkt aus der jeweiligen Stromstärke I und dem Widerstand R des Meßgeräts ist. Zum Messen von Spannungen eignen sich *Dreheisen-, elektrodynamische Meßwerke* und vor allem *Drehspulmeßwerke*.

8.3.2.2. Grundschaltung des Spannungsmessers

Wie in Abschnitt 1.4.2.2 ausgeführt wurde, ist der Spannungsmesser dem Teil des Stromkreises parallel zu schalten, an dessen Enden die Spannung gemessen werden soll. Bei der Schaltung von Drehspulspannungsmessern ist darauf zu achten, daß die mit + und − bezeichneten Klemmen des Spannungsmessers an den entsprechenden Polen der Spannungsquelle liegen (Bild 8.23).

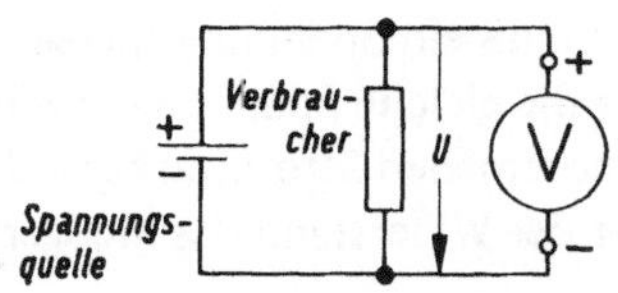

Bild 8.23. Schaltung des Spannungsmessers

Um die Spannung zwischen zwei Punkten eines Stromkreises zu messen, wird der Spannungsmesser in den Nebenschluß gelegt.

8.3.2.3. Eigenverbrauch des stromverbrauchenden Spannungsmessers

Der *Eigenverbrauch des Spannungsmessers* ist das Produkt der an seinen Klemmen bei Vollausschlag herrschenden Spannung und der vom Meßwerk aufgenommenen Stromstärke. Der Spannungswert ist durch den Meßbereich des Spannungsmessers gegeben. Der Eigenverbrauch des Spannungsmessers wird also nur dann klein, wenn die Stromstärke sehr gering ist, die durch das Meßwerk fließt, es muß also der innere Widerstand des Spannungsmessers sehr groß sein.

Spannungsmesser müssen einen möglichst großen Eigenwiderstand haben.

Die gleichen Meßwerke, die für Strommessungen geeignet sind, können trotz der unterschiedlichen Anforderungen an den inneren Widerstand der Meßwerke auch für Spannungsmessungen verwendet werden, wenn man dem Meßwerk einen großen Widerstand vorschaltet.

8.3.2.4. Meßbereicherweiterung

Das in Abschnitt 1.4.3.2 angegebene Verfahren der Meßbereicherweiterung von Spannungsmessern durch auswechselbare Vorschaltwiderstände ist auch bei Wechselspannungsmessern anwendbar. Um hohe Wechselspannungen zu messen, werden Spannungswandler verwendet, deren Aufbau und Schaltung in Abschnitt 5.3.4.2 besprochen wurden.

8.3.2.5. Meßgeräte für Spannungsmessung

Da eine Spannungsmessung auf eine Strommessung zurückgeführt wird, können theoretisch alle Meßwerke, die für die betreffende Stromart geeignet sind, mit einem Vorwiderstand zum Messen von Spannungen verwendet werden. Allerdings unterscheidet sich der Aufbau eines Spannungsmessers bei einzelnen Meßwerktypen von der Bauart des Strommessers in Einzelteilen.

Ein Spannungsmesser darf auch bei Vollausschlag des Zeigers nur einen sehr schwachen Strom aufnehmen, sein Widerstand muß also groß sein. Um in Dreheisenmeßwerken bei den schwachen Strömen in der Feldspule die erforderliche Feldstärke zu erzeugen, muß sie bei Spannungsmessern aus vielen Windungen dünnen Drahtes gewickelt sein im Gegensatz zum Strommesser, bei dem die Spule nur wenig Windungen aus dickem Draht enthält.

Ferner muß ein Spannungsmesser bei der gleichen Stromaufnahme des Meßwerks auch immer die gleiche Spannung anzeigen. Da die angezeigte Spannung das Produkt aus der aufgenommenen Stromstärke und dem Widerstand des Meßgeräts ist, muß beim Spannungsmesser der Widerstand des Meßgeräts konstant sein, er darf sich nicht mit der Temperatur ändern.

Die Spulen der Meßwerke sind aus Kupferdraht gewickelt. Bei Kupferwicklungen ändert sich aber der Widerstand bei 1 K Temperaturerhöhung um rund 0,4 %. Daher ist bei Spannungsmessern dem Meßwerk ein temperaturunabhängiger, meist aus Manganindraht gewickelter Widerstand vorgeschaltet, der so groß bemessen ist, daß die durch Temperaturschwankungen verursachten Widerstandsänderungen der Wicklung vernachlässigbar klein sind.

Durch die Verwendung eines Drehspulmeßgerätes mit Meßgleichrichter liegt ein Meßgerät vor, das infolge seines geringen Eigenverbrauchs zum Messen von Wechselströmen und Wechselspannungen in Bereichen geeignet ist, wo Meßgeräte mit anderen Meßwerken — ausgenommen des digitalen Spannungsmessers — wegen ihres hohen Eigenverbrauchs versagen. Auf der Möglichkeit, das gleiche Meßwerk sowohl für Strom als für Spannungsmessungen zu verwenden, beruht die Konstruktion der Vielfachmeßgeräte, die in der modernen Meßtechnik unentbehrlich geworden sind.

8.3.3. Messen des Widerstandes

8.3.3.1. Berechnen des Widerstandes

Da der Widerstand als das Verhältnis $R = \frac{U}{I}$ definiert ist, ist zur Berechnung des Widerstandes eine Spannungs- und eine Strommessung erforderlich. Je nach der Schaltung der Meßgeräte müssen bei genauen Messungen an den Meßwerten Korrekturen vorgenommen werden.

In der in Bild 8.24 angegebenen Schaltung fließt der vom Strommesser angezeigte Strom auch durch den Widerstand R_x, dagegen ist die vom Spannungsmesser angezeigte Spannung gleich der Summe der Spannungsabfälle im Strommesser und im Widerstand R_x.

Aus

$$U = IR_A + IR_x$$

ergibt sich

$$R_x = \frac{U - IR_A}{I} = \frac{U}{I} - R_A .$$

Es bedeuten: U und I die von den Meßgeräten angezeigten Meßwerte R_A Widerstand des Strommessers

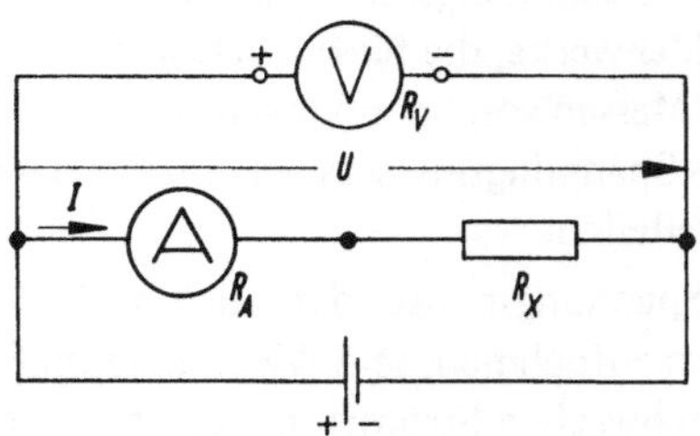

Bild 8.24. Berücksichtigung des Eigenwiderstandes R_A beim Strommesser

In der Schaltung nach Bild 8.25 zeigt der Spannungsmesser die am Widerstand herrschende Spannung U an. Die Stromstärke im Widerstand R_x ist aber um die Stromstärke kleiner, die im Spannungsmesser den Ausschlag bewirkt. Die Stromstärke I_V im Spannungsmesser ergibt sich aus

$$U = I_V R_V ; \quad I_V = \frac{U}{R_V} .$$

Die Stromstärke im Widerstand R_x ist dann:

$$I - I_V = I - \frac{U}{R_V}$$

und der Widerstand R_x:

$$R_x = \frac{U}{I - \dfrac{U}{R_V}} .$$

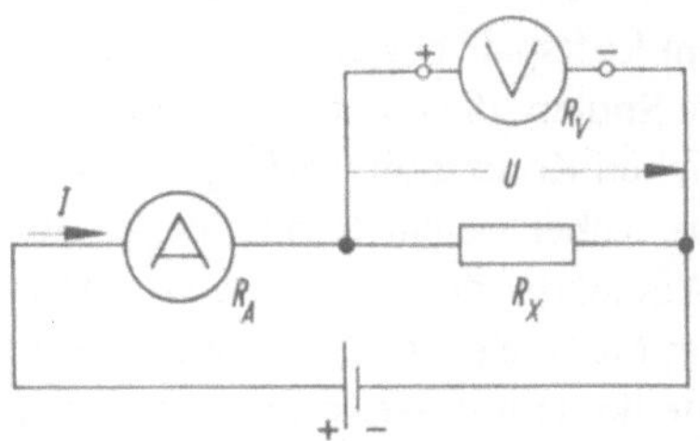

Bild 8.25. Berücksichtigung des Eigenwiderstandes R_V beim Spannungsmesser

Es bedeuten: U und I die von den Meßgeräten angezeigten Meßwerte
R_V Widerstand des Spannungsmessers

8.3.3.2. Wheatstone-Kirchhoffsche Meßbrücke

Das gebräuchlichste Meßgerät zum Bestimmen von Widerständen ist die Wheatstone-Kirchhoffsche Meßbrücke, die in Abschnitt 1.6.2.3 behandelt wurde. Die Genauigkeit des Meßergebnisses hängt außer von der Empfindlichkeit des in der Brücke verwendeten Nullinstrumentes auch davon ab, auf welchem Teil des Schleifdrahtes der Abgriff sitzt. Die Meßgenauigkeit der Brücke ist am größten, wenn der Abgriff sich bei abgeglichener Brücke etwa in der Mitte des Schleifdrahtes befindet. Es ist daher zweckmäßig, den Normalwiderstand so zu wählen, daß er von gleicher Größenordnung wie der unbekannte Widerstand ist.

Spannungsschwankungen der Spannungsquelle beeinflussen das Meßergebnis nicht. Die Wheatstone-Kirchhoffsche Meßbrücke kann außer mit Gleichstrom auch mit tonfrequentem Wechselstrom betrieben werden. Als Anzeigegerät wird in die Brücke ein Kopfhörer eingeschaltet. Die Brücke ist abgeglichen, wenn die Tonstärke im Kopfhörer ein Minimum beträgt (ungenaue Messung, da subjektiv).

Mit der direkt anzeigenden Einknopfmeßbrücke (Bild 8.26) von Siemens kann man auf Grund mehrerer Meßbereiche Ohmsche Widerstände von $40\,\text{m}\Omega \ldots 50\,\text{k}\Omega$ sehr genau und schnell ablesen.

Bild 8.26. Direktanzeigende Einknopf-Meßbrücke (Siemens)

8.3.3.3. Kreuzspulohmmesser

Ein den Widerstand direkt anzeigendes Meßgerät ist der Kreuzspulohmmesser (Bild 8.27),
das ein nach Art eines Drehspulmeßwerks gebautes Spezialmeßwerk hat. Der Luftspalt
zwischen den Polschuhen und dem Eisenkern erweitert sich von den Polmitten nach außen.
Im Luftspalt bewegen sich zwei auf gekreuzte Rahmen in entgegengesetztem Sinn gewickel-
te Spulen, die einpolig miteinander verbunden sind. Die Stromzuführung zu den beweglichen Kreuzspulen erfolgt nicht über Spiralfedern wie bei den Drehspulmeßwerken, sondern über weiche Bänder derart, daß keine Rückstellkraft auftritt. Hier ändert sich der
Winkel des durch die Spulen erzeugten Magnetfeldes gegen das permanente Feld, wenn sich
im Meßkreis die Stromstärke ändert. Hier tritt demnach nicht ein Gleichgewicht der Rückstellkraft mit der von der Spule herrührenden Einstellkraft auf, sondern es stellt sich das
von den beiden Spulen erzeugte resultierende Feld völlig in die Richtung des permanenten
Feldes ein.

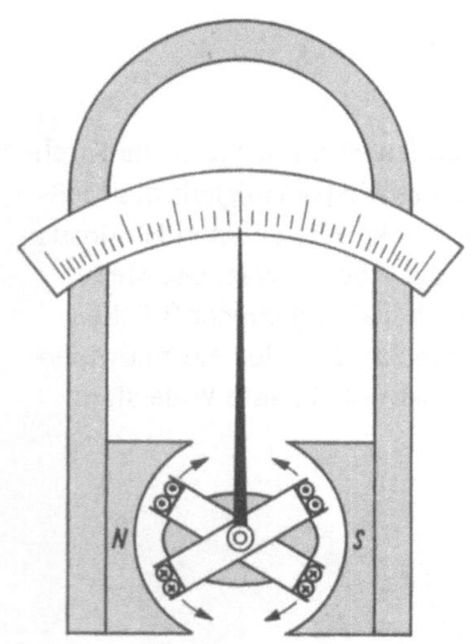

Skalengleichung:

$$\alpha = \frac{I_x}{I}$$

$$\alpha = \frac{R_x}{R}$$

$$\boxed{\alpha = k \cdot R_x}$$

k = konstruktive
Konstante

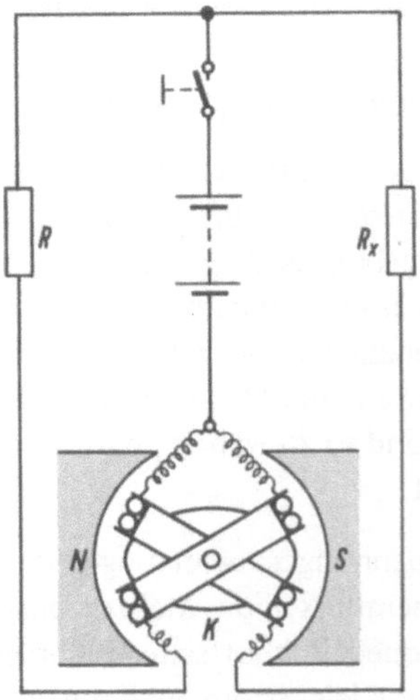

Bild 8.27. Kreuzspulohmmesser

Bild 8.28. Schaltung des Kreuz-
spulohmmessers

Die Schaltung des Kreuzspulmeßwerkes als *Ohmmesser* zeigt Bild 8.28. Beide Spulen liegen an der gleichen Spannungsquelle, aber in parallelgeschalteten Stromkreisen.
Die Stromstärke in der einen Spule ist durch den Vergleichswiderstand R, die Stromstärke
in der anderen Spule durch den Widerstand R_x bestimmt. Wegen des entgegengesetzten
Wicklungssinns der beiden Spulen sind die auf die beiden Spulen wirkenden Drehmomente
entgegengesetzt gerichtet. Der Ausschlag α des Zeigers hängt von dem Verhältnis der Ströme
in beiden Spulen und damit von dem Verhältnis der beiden Widerstände R und R_x ab. Jedem Wert R_x entspricht ein ganz bestimmter Ausschlag des Zeigers, so daß die Skala unmittelbar in Ohm geeicht werden kann.

8.3.4. Messen der elektrischen Leistung

8.3.4.1. Berechnen der elektrischen Leistung aus Strom- und Spannungsmessung

Gleichstromleistungen können nach der Formel $P = UI$ aus einer Strom- und Spannungsmessung errechnet werden, wobei die in Bild 8.24 und Bild 8.25 angegebenen Schaltungen der Meßgeräte zu verwenden sind. Für überschlägige Angaben genügt es, das Produkt der Meßwerte zu bilden. Genauere Angaben erfordern eine Korrektur der Meßwerte. In der Schaltung nach Bild 8.24 ergibt sich die gesuchte Leistung P im Verbraucherwiderstand R_x als Produkt aus der Stärke I des Stromes, der durch R_x fließt und durch den Strommesser angezeigt wird, und aus der Spannung U' an den Enden des Widerstandes R_x. U' ist aber um den Spannungsabfall im Strommesser kleiner als U. Aus $P = U'I$ und $U' = U - IR_A$ erhält man

$$P = (U - IR_A)I \quad \text{oder} \quad \boxed{P = UI - I^2 R_A.}$$

In der Schaltung nach Bild 8.25 gibt der Spannungsmesser die Spannung an den Klemmen des Widerstandes R_x an. Die Stromstärke I' im Widerstand R_x ist

$$I' = I - I_V = I - \frac{U}{R_V}$$

somit die Leistung im Verbraucherwiderstand

$$P = UI' = U\left(I - \frac{U}{R_V}\right) \quad \text{oder} \quad \boxed{P = UI - \frac{U^2}{R_V}.}$$

Bei Wechselstromleistungen gibt das Produkt UI die Scheinleistung an. Um die Wirkleistung zu finden, müßte die Scheinleistung mit dem meist unbekannten $\cos \varphi$ multipliziert werden.

8.3.4.2. Leistungsmessung

Gleich- und Wechselstromleistungen können unmittelbar mit dem Leistungsmesser gemessen werden. Der Leistungsmesser enthält ein elektrodynamisches Meßwerk.

Nach Bild 8.29 wird die Feldspule des elektrodynamischen Meßwerks als Stromspule in den Hauptstromkreis eingeschaltet, während die Drehspule mit vorgeschaltetem Widerstand an die Netzspannung gelegt wird. Die Größe des Drehmoments und damit des Zeigerausschlags ist bei Gleichstrom dem Produkt UI proportional. Wenn bei Wechselstrom zwischen der Stromstärke und Spannung eine Phasenverschiebung besteht, ist das Produkt um den Faktor $\cos \varphi$ kleiner. Das dynamometrische Meßwerk zeigt unmittelbar die Wirkleistung $UI \cos \varphi$ an.

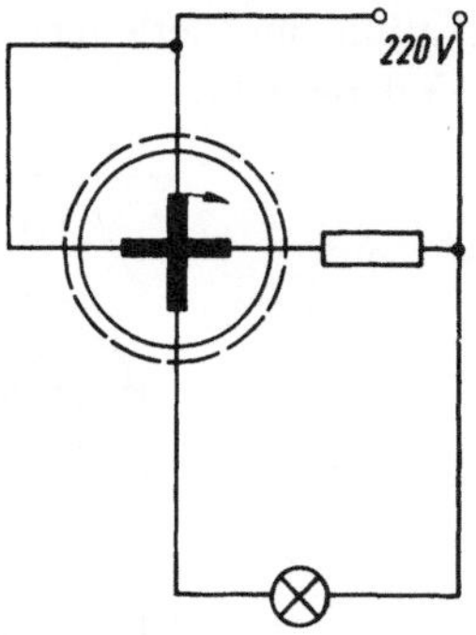

Die Skala des Leistungsmessers ist linear geteilt.

Bild 8.29. Schaltung des Leistungsmessers bei Gleich- und Einphasenwechselstrom. Bei Falschanschlag des Zeigers entweder Stromspule *oder* Spannungsspule umklemmen!

Skalengleichung: $\boxed{\alpha = k \cdot P}$ k = konstruktive Konstante

Die *Leistungsmesserschaltung* in *Drehstromanlagen* ist von der Zahl der Außenleiter und
von der Art ihrer Belastung abhängig. In Drehstromanlagen genügt bei *symmetrischer
Belastung* der drei Außenleiter ein einziger Leistungsmesser. Die Schaltung im Vierleitersystem ist in Bild 8.30 angegeben. Die Gesamtleistung ist gleich dem dreifachen Wert der
Leistung eines Wicklungsstranges.

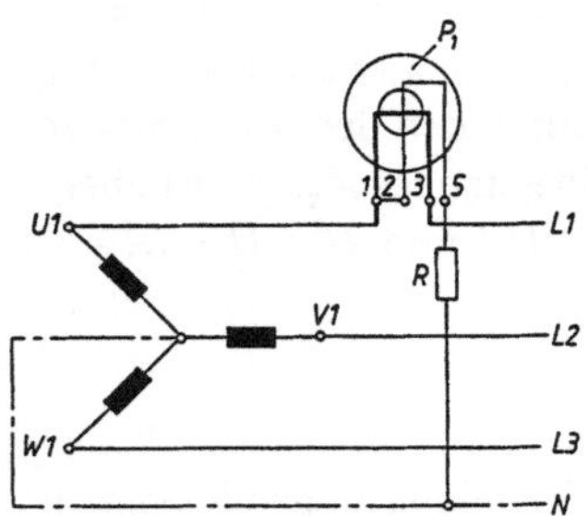

Bild 8.30. Einwattmeterschaltung
bei Drehstrom im Vierleitersystem
bei symmetrischer Belastung

$$P = 3P_1$$

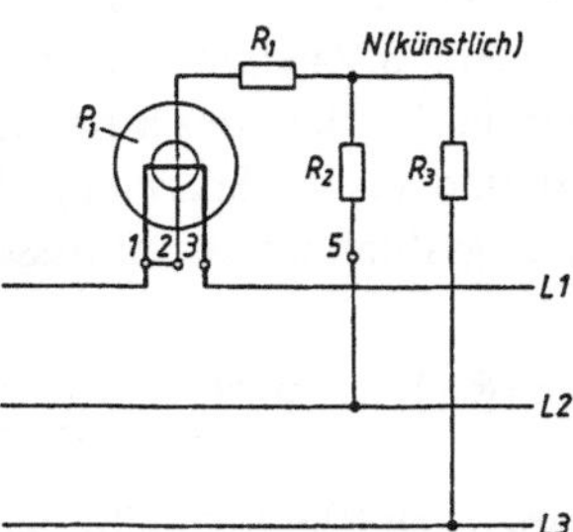

Bild 8.31. Einwattmeterschaltung mit künst-
lichem Sternpunkt im Dreileitersystem bei
symmetrischer Belastung

$$P = 3P_1$$

Im *Dreileitersystem* (Bild 8.31) muß man sich einen künstlichen Sternpunkt schaffen, indem man drei Widerstände R_1, R_2 und R_3 in einem Punkt zusammenschaltet. Die Widerstände R_1 und R_2 müssen gleich groß sein, während der Widerstand R_3 um den Widerstand der Spannungsspule des Leistungsmessers kleiner ist.

Bei *unsymmetrischer Belastung* der drei Wicklungsstränge sind entweder zwei Meßsysteme
(*Aron-Schaltung*) oder drei Meßsysteme zum Bestimmen der Leistung erforderlich. Die
Schaltung im Vierleitersystem ist in Bild 8.32, die Schaltung im Dreileitersystem in Bild
8.33 dargestellt.

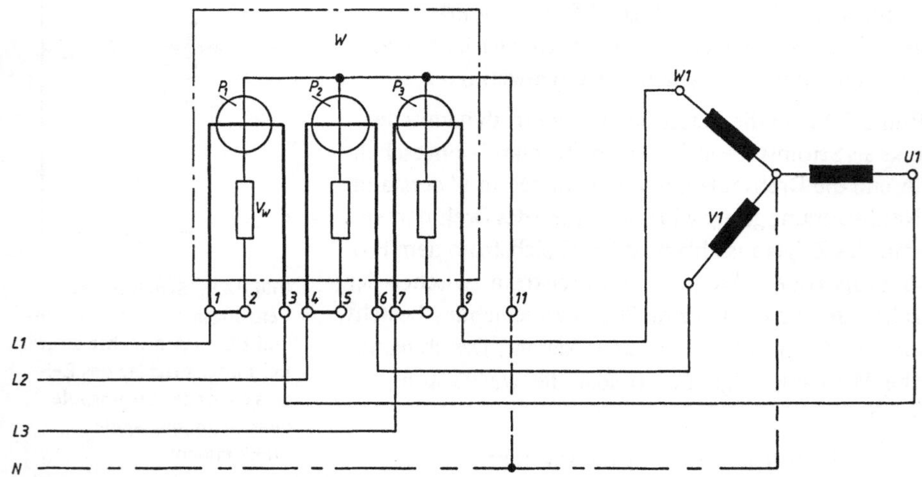

Bild 8.32. Leistungsmesserschaltung im Vierleitersystem bei unsymmetrischer Belastung

$$P = P_1 + P_2 + P_3$$

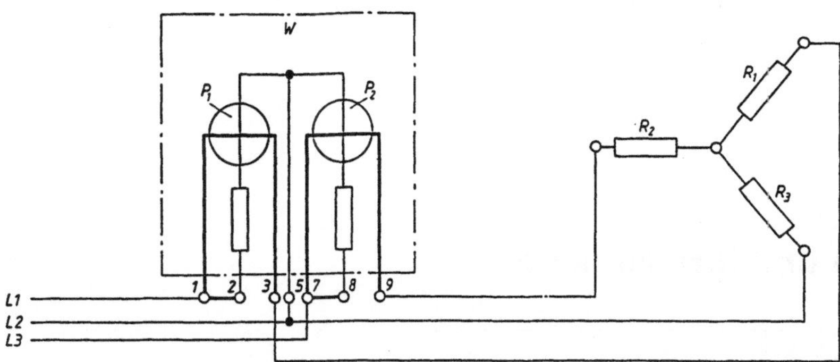

Bild 8.33. Leistungsmesserschaltung (Aron-Schaltung) im Dreileitersystem bei unsymmetrischer

Belastung mit 2 Systemen $\boxed{P = P_1 + P_2}$

8.3.5. Berechnen des Leistungsfaktors

Der Leistungsfaktor kann aus den Formeln der Wirkleistung $P = UI\cos\varphi$ des Wechselstroms bzw. aus $P = \sqrt{3}\,UI\cos\varphi$ des Drehstroms berechnet werden.

Es ist

bei Wechselstrom   bei Drehstrom

$$\boxed{\cos\varphi = \frac{P}{UI}}\qquad\qquad\boxed{\cos\varphi = \frac{P}{\sqrt{3}\,UI}}$$

Die Wirkleistung P kann mit dem Leistungsmesser gemessen werden, während die Scheinleistung UI sich aus einer Spannungs- und Strommessung ergibt.

8.3.6. Messen der Stromarbeit

Messen im Wechselstromnetz

Das Messen der Stromarbeit im Wechselstromnetz erfolgt durch Induktionszähler, deren Aufbau und Wirkungsweise in Abschnitt 8.2.8.2 beschrieben wurde.

8.3.7. Spezialmeßgeräte

Außer den hier beschriebenen Meßwerken und Meßmethoden zum Bestimmen der elektrischen Grundgrößen hat die Meßtechnik noch zahlreiche andere Meßwerke und Meßmethoden entwickelt, die die Überwachung der elektrischen Anlagen erleichtern. Genannt seien u.a. Meßgeräte zum Bestimmen des Leistungsfaktors, Drehfeldanzeiger, Meßeinrichtungen zum Bestimmen von Kapazitäten und Induktivitäten.

Mit einem direkt anzeigenden Ohmmeter kann man zwar Widerstände von Ohm- bis zu Megaohmwerten messen für die Messung von Isolationswiderständen, jedoch reicht die Batteriespannung von 1,5 V nicht aus. Deshalb wird der Isolationswiderstand von Leitungen und Maschinenwicklungen mit dem Isolationsmesser oder Kurbelinduktor festgestellt, wobei die erzeugte Prüfspannung 500 V und der Meßbereich 0 ... 100 MΩ beträgt.

Anhang

Meßgrößen und ihre Einheiten

Bezeichnung der Meßgröße	Formelzeichen	Größengleichungen	Bezeichnung der Einheit	Kurzzeichen	Einheitengleichungen
Meßgrößen des elektrischen Stromkreises			**Einheiten**		
Urspannung	E (U_0)	$E = \Sigma U$ $E = IR_i + IR_a$	Volt	V	
Spannung	U	$U = IR$	Volt	V	$1\,\text{V} = 1\,\text{A} \cdot 1\,\Omega$
Stromstärke	I	$I = \dfrac{U}{R}$	Ampere	A	$1\,\text{A} = \dfrac{1\,\text{V}}{1\,\Omega}$
Stromdichte	J	$J = \dfrac{I}{A}$	Ampere je Millimeterquadrat	$\dfrac{\text{A}}{\text{mm}^2}$	
Elektrizitätsmenge Elektr. Ladung	Q	$Q = It$	Coulomb Amperesekunde	C As	$1\,\text{C} = 1\,\text{A} \cdot 1\,\text{s}$ $1\,\text{As} = 1\,\text{A} \cdot 1\,\text{s}$
Widerstand	R	$R = \dfrac{U}{I}$ $R = \rho\,\dfrac{l}{A}$	Ohm	Ω	$1\,\Omega = \dfrac{1\,\text{V}}{1\,\text{A}}$
spez. Widerstand	ρ	$\rho = \dfrac{RA}{l}$		Ωm	
Leitwert	G	$G = \dfrac{1}{R}$	Siemens	S	$1\,\text{S} = \dfrac{1}{1\,\Omega}$
spez. Leitwert	κ	$\kappa = \dfrac{1}{\rho}$ $\kappa = \dfrac{l}{RA}$		$\dfrac{\text{S}}{\text{m}}$	
Leistung des Gleichstroms	P	$P = UI$ $P = I^2 R = \dfrac{U^2}{R}$	Watt	W	$1\,\text{W} = 1\,\text{V} \cdot 1\,\text{A}$
Leistung des Wechselstroms					
Scheinleistung	S	$S = UI$	Voltampere	VA	$1\,\text{VA} = 1\,\text{V} \cdot 1\,\text{A}$
Wirkleistung	P	$P = S \cos\varphi$	Watt	W	$1\,\text{W} = 1\,\text{V} \cdot 1\,\text{A}$
Blindleistung	Q	$Q = S \sin\varphi$ $Q = P \tan\varphi$	Voltampere reaktiv	var	
Elektrische Arbeit			Wattsekunde	Ws	$1\,\text{Ws} = 1\,\text{W} \cdot 1\,\text{s}$
des Gleichstroms	W	$W = Pt = UIt$	Wattstunde	Wh	$1\,\text{Wh} = 1\,\text{W} \cdot 1\,\text{h}$
des Wechselstroms	W	$W = Pt = UI \cos\varphi\, t$	Kilowattstunde	kWh	$1\,\text{kWh} = 1000\,\text{W} \cdot 1\,\text{h}$

Bezeichnung der Meßgröße	Formelzeichen	Größengleichungen	Bezeichnung der Einheit	Kurzzeichen	Einheitengleichungen
Meßgrößen des elektrischen Feldes			**Einheiten**		
Elektrische Feldstärke	E	$E = \dfrac{U}{s}$	Volt / Meter	$\dfrac{V}{m}$	
Verschiebungsdichte	D	$D = \dfrac{Q}{A}$ $D = \epsilon E$	Amperesekunde / Quadratmeter	$\dfrac{As}{m^2}$	
Dielektrizitätskonstante		$\epsilon = \epsilon_0 \epsilon_r$	Amperesekunde / Voltmeter	$\dfrac{As}{Vm}$	
Influenzkonstante	ϵ_0	$\epsilon_0 = 0{,}0866 \cdot 10^{-10}\dfrac{As}{Vm}$			
Kapazität eines Kondensators	C	$C = \dfrac{\epsilon A}{s},\ C = \dfrac{Q}{U}$	Farad	F	$1\ F = 1\dfrac{As}{V}$
Ladung eines Kondensators	Q	$Q = CU$	Amperesekunde	As	$1\ As = 1\ F \cdot 1\ V$
Lichtelektrische Meßgröße			**Einheiten**		
Raumwinkel	Ω	$\Omega = \dfrac{A}{r^2}$	Steradiant	sr	
Lichtstrom	Φ_v	$\Phi_v = \dfrac{Q_v}{t}$ $\Phi_v = 4\pi \cdot I_{v_m}$ $\Phi_v = E_{v_m} A$	Lumen	lm	$1\ lm = \dfrac{1\ lmh}{1\ h}$ $1\ lm = 1\ lx \cdot 1\ m^2$
Lichtmenge	Q_v	$Q_v = \Phi_v t$	Lumenstunde	lmh	$1\ lmh = 1\ lm \cdot 1\ h$
mittl. Lichtstärke	I_{v_m}	$I_{v_m} = \dfrac{\Phi_v}{4\pi}$	Candela	cd	
Lichtstärke	I_v	$I_v = \dfrac{\Phi_v}{\Omega}$			
mittl. Beleuchtungsstärke	E_{v_m}	$E_{v_m} = \dfrac{\Phi_v}{A}$	Lux	lx	$1\ lx = \dfrac{1\ lm}{1\ m^2}$
Punktbeleuchtungsstärke	E_v	$E_v = \dfrac{I_v}{r^2}\cos i$	Lux	lx	$1\ lx = \dfrac{1\ cd}{(1\ m)^2}$
Leuchtdichte einer Lichtquelle oder beleucht. Fläche	L_v	$L_v = \dfrac{I_v}{A}$	Candela / Quadratmeter	$\dfrac{cd}{m^2}$	$\dfrac{1\ cd}{m^2}$
Lichtausbeute	η_{La}	$\eta_{La} = \dfrac{\Phi_v}{P}$	Lumen / Watt	$\dfrac{lm}{W}$	

Bezeichnung der Meßgröße	Formelzeichen	Größengleichungen	Bezeichnung der Einheit	Kurzzeichen	Einheitengleichungen
Lichtgeschwindigkeit	c	$c = \lambda f$	$300\,000\ \frac{km}{s}$		
Wellenlänge	λ	$\lambda = \frac{c}{f}$	Meter	m	
Spez. Effektivverbrauch	p_s	$p_s = \frac{P}{I}$	$\frac{\text{Watt}}{\text{Candela}}$	$\frac{W}{cd}$	
Beleuchtungswirkungsgrad	η	$\eta = \frac{EA}{\Phi}$			
Meßgrößen des magnetischen Feldes			**Einheiten**		
Magnetfluß	Φ	$\Phi = BA$	Weber	Wb	$1\,\text{Wb} = 1\,\text{Vs}$
Magnetische Induktion	B	$B = \frac{\Phi}{A}$ $B = \mu H$	$\frac{\text{Weber}}{\text{Quadratmeter}}$	$\frac{Wb}{m^2}$	$1\,\frac{Wb}{m^2} = 1\,\text{Tesla} = 1\,\text{T}$
Magnetische Urspannung (Elektrische Durchflutung)	Θ	$\Theta = IN$	Ampere(windungen)	A	
Magnetische Feldstärke	H	$H = \frac{IN}{l}$	$\frac{\text{Ampere}}{\text{Meter}}$	$\frac{A}{m}$	
Magnetischer Widerstand	R_m	$R_m = \frac{IN}{\Phi}$	$\frac{\text{Ampere}}{\text{Weber}}$	$\frac{A}{Wb}$	$\frac{A}{Wb} = \frac{A}{Vs} = \frac{1}{\Omega s} = \frac{1}{H}$
Magnetischer Leitwert	Λ	$\Lambda = \frac{1}{R_m}$ $\Lambda = \frac{\Phi}{IN}$ $\Lambda = \mu \frac{A}{l}$	Henry	H	$1\,\text{H} = \frac{1\,Wb}{A} = \frac{1\,Vs}{A} = 1\,\Omega s$
Permeabilität	μ	$\mu = \mu_0 \mu_r$	$\frac{\text{Henry}}{\text{Meter}}$	$\frac{H}{m}$	$1\,\frac{H}{m} = 1\,\frac{Wb}{Am} = \frac{Vs}{Am}$
Magnetische Feldkonstante	μ_0	$\mu_0 = 12{,}57 \cdot 10^{-7} \frac{Wb}{Am}$			
Kraft des magnet. Feldes auf einen Leiter der Länge l	F	$F = BIl$	Newton	N	

Bezeichnung der Meßgröße	Formelzeichen	Größengleichungen	Bezeichnung der Einheit	Kurzzeichen	Einheitengleichungen
Meßgrößen des elektrischen Wechselstroms			**Einheiten**		
Periode	T	$T = \dfrac{1}{f}$	Sekunde	s	
Frequenz	f	$f = \dfrac{1}{T}$	Hertz	Hz	$1\ \text{Hz} = \text{s}^{-1}$
Kreisfrequenz	ω	$\omega = 2\pi f$	$\dfrac{1}{\text{Sekunde}}$	s^{-1}	
effektive Spannung (Sinusform)	U	$U = \dfrac{\hat{u}}{\sqrt{2}} = 0{,}707\,\hat{u}$	Volt	V	
Stromstärke (Sinusform)	I	$I = \dfrac{\hat{\imath}}{\sqrt{2}} = 0{,}707\,\hat{\imath}$	Ampere	A	
Induktivität	L	$L = N^2 \Lambda = N^2 \mu_0 \mu_r \dfrac{A}{l}$	Henry	H	$1\ \text{H} = \dfrac{1\ \text{Wb}}{\text{A}}$
Wirkwiderstand	R	$R = R_{\sim} = R_{-}$	Ohm	Ω	$1\ \Omega = 1\ \dfrac{\text{V}}{\text{A}}$
Blindwiderstand	X		Ohm	Ω	
induktiver	X_L	$X_L = \omega L$	Ohm	Ω	
kapazitiver	X_C	$X_C = \dfrac{1}{\omega C}$	Ohm	Ω	
Scheinwiderstand	Z	$Z = \dfrac{U}{I}$	Ohm	Ω	
		$\underline{Z} = R + jX$	Ohm	Ω	
		$Z = \sqrt{R^2 + X^2}$	Ohm	Ω	
		$Z = \sqrt{R^2 + (X_L - X_C)^2}$	Ohm	Ω	
Wirkleitwert	G	$G = \dfrac{1}{R}$	Siemens	S	$1\ \text{S} = \dfrac{1}{\Omega}$
Blindleitwert	B	$B = \dfrac{1}{X}$	Siemens	S	
Scheinleitwert	Y	$Y = \dfrac{1}{Z}$	Siemens	S	
Allgemeines Ohmsches Gesetz		$U = I\sqrt{R^2 + (X_L - X_C)^2}$	Volt	V	
		$Y^2 = G^2 + B^2$	Siemens^2	S^2	
Wirkleistung	P	$P = UI \cos\varphi$	Watt	W	
Blindleistung	Q	$Q = UI \sin\varphi$	Voltampere reaktiv	var	
Scheinleistung	S	$S = UI$	Voltampere	VA	
Leistungsfaktor	$\cos\varphi$	$\cos\varphi = \dfrac{P}{S}$	—	—	

Gegenüberstellung der wichtigsten gesetzlichen und der früher gebräuchlichen Einheiten

Größe	Gesetzliche Einheit		Früher gebräuchliche Einheit und Umrechnungsbeziehung
	Name und Einheitenzeichen	ausgedrückt als Potenzprodukt der Basiseinheiten	
Masse m	Kilogramm kg	Basiseinheit	Kilogramm kg
Kraft F (Gewichtskraft G)	Newton N	$1\ \text{N} = 1\ \dfrac{\text{kgm}}{\text{s}^2} = 1\ \text{mkgs}^{-2}$	Kilopond kp $1\ \text{kp} = 9{,}806\,65\ \text{N} \approx 10\ \text{N}$ $1\ \text{kp} \approx 1\ \text{daN}$ (1 Deka-Newton)
Druck p	$\dfrac{\text{Newton}}{\text{Quadratmeter}}$ $1\ \dfrac{\text{N}}{\text{m}^2} = 1\ \text{Pascal Pa}$ $1\ \text{Bar} = 10^5\ \text{Pascal}$ $1\ \text{bar} = 10^5\ \text{Pa}$	$1\ \dfrac{\text{N}}{\text{m}^2} = 1\ \text{m}^{-1}\,\text{kgs}^{-2}$ $1\ \dfrac{\text{N}}{\text{m}^2} = 1\ \dfrac{\text{kgm}}{\text{s}^2\text{m}^2} = 1\ \dfrac{\text{kg}}{\text{s}^2\text{m}}$	Meter Wassersäule mWS $1\ \text{mWS} \approx 10^4\ \dfrac{\text{N}}{\text{m}^2} = 10^4\ \text{Pa}$ $1\ \text{mWS} \approx 0{,}1\ \text{bar}$ Millimeter WS mmWS $1\ \text{mmWS} \approx 10\ \dfrac{\text{N}}{\text{m}^2} = 10\ \text{Pa}$
Die gebräuchlichsten Vorsätze und deren Kurzzeichen	für das Millionenfache (10^6fache) der Einheit: Mega M für das Tausendfache (10^3fache) der Einheit: Kilo k für das Zehnfache (10fache) der Einheit: Deka da für das Hundertstel (10^{-2}fache) der Einheit: Zenti c für das Tausendstel (10^{-3}fache der Einheit: Milli m für das Millionstel (10^{-6}fache) der Einheit: Mikro μ		Millimeter Quecksilbersäule mmHg $1\ \text{mmHg} = 133{,}3224\ \text{Pa}$ Technische Atmosphäre at $1\ \text{at} = 1\ \dfrac{\text{kp}}{\text{cm}^2} \approx 10^5\ \text{Pa} = 1\ \text{bar}$ Physikal. Atmosphäre atm $1\ \text{atm} = 101\,325\ \text{Pa} \approx 1{,}01\ \text{bar}$ Torr $1\ \text{Torr} = 133{,}3224\ \text{Pa}$
Mechanische Spannung σ, τ, ebenso Festigkeit, Flächenpressung, Lochleibungsdruck usw.	$\dfrac{\text{Newton}}{\text{Quadratmillimeter}}$ $\dfrac{\text{N}}{\text{mm}^2}$	$1\ \dfrac{\text{N}}{\text{mm}^2} = 10^6\,\text{m}^{-1}\,\text{kgs}^{-2}$ $1\ \dfrac{\text{N}}{\text{mm}^2} = 10^6\ \dfrac{\text{N}}{\text{m}^2} = 10^6\ \text{Pa}$ $1\ \dfrac{\text{N}}{\text{mm}^2} = 1\ \text{MPa} = 10\ \text{bar}$	$\dfrac{\text{kp}}{\text{mm}^2}$ und $\dfrac{\text{kp}}{\text{cm}^2}$ $1\ \dfrac{\text{kp}}{\text{mm}^2} \approx 10\ \dfrac{\text{N}}{\text{mm}^2}$ $1\ \dfrac{\text{kp}}{\text{cm}^2} \approx 0{,}1\ \dfrac{\text{N}}{\text{mm}^2}$
Kraftmoment M (Drehmoment, Torsionsmoment)	Newtonmeter Nm (Produkt aus Einheit der Kraft F und Einheit des Wirkabstandes l)	$1\ \text{Nm} = 1\ \text{m}^2\text{kgs}^{-2}$ $1\ \text{Nm} = 1\ \dfrac{\text{kgmm}}{\text{s}^2} = 1\ \dfrac{\text{kgm}^2}{\text{s}^2}$	Kilopondmeter kpm $1\ \text{kpm} \approx 10\ \text{Nm}$ Kilopondzentimeter kpcm $1\ \text{kpcm} \approx 0{,}1\ \text{Nm}$

Gegenüberstellung der wichtigsten gesetzlichen und der früher gebräuchlichen Einheiten

Größe	Gesetzliche Einheit		Bisher gebräuchliche Einheit und Umrechnungsbeziehung
	Name und Einheitenzeichen	ausgedrückt als Potenzprodukt der Basiseinheiten	
Arbeit W, ebenso Energie und Wärmemenge	Joule (gespr.: dschul) $1\ J = 1\ Nm = 1\ Ws$ $1\ J$ ist gleich der Arbeit, die verrichtet wird, wenn der Angriffspunkt der Kraft 1 N in Richtung der Kraft um 1 m verschoben wird.	$1\ J = 1\ Nm = 1\ m^2 kg s^{-2}$	Kilopondmeter kpm $1\ kpm \approx 10\ J$ **Kilokalorie kcal** $1\ kcal = 4\ 186{,}8\ J$
Leistung P, ebenso Energie- und Wärmestrom	Watt W $1\ W = 1\ \dfrac{J}{s} = 1\ \dfrac{Nm}{s}$ 1 W ist gleich der Leistung, bei der während der Zeit 1 s die Energie 1 J umgesetzt wird.	$1\ W = 1\ m^2 kg s^{-3}$	$\dfrac{\text{Kilopondmeter}}{\text{Sekunde}}\ \dfrac{kpm}{s}$ $1\ \dfrac{kpm}{s} \approx 10\ W$ Pferdestärke PS $1\ PS = 75\ \dfrac{kpm}{s} \approx 735\ W$
Temperatur ϑ	Kelvin K und Grad Celsius $^\circ$C	Basiseinheit Kelvin K	$t = T - 273{,}15\ K$ t Celsiustemperatur T Kelvintemperatur
Temperaturintervall $\Delta\vartheta$	Kelvin K und Grad Celsius $^\circ$C	Basiseinheit Kelvin K	Grad grd $1\ grd = 1\ K = 1\ ^\circ C$
Elektrische Spannung U	Volt V $1\ V = 1\ \dfrac{W}{A}$	$1\ V = 1\ \dfrac{W}{A} = 1\ \dfrac{Nm}{sA} = 1\ \dfrac{kgm^2}{s^3 A}$ $1\ V = 1\ m^2 kg s^{-3} A^{-1}$	Volt V (Ampere A ist Basiseinheit)
Magnetischer Fluß Φ	Weber Wb $1\ Wb = 1\ \dfrac{Nm}{A} = 1\ \dfrac{J}{A}$	$1\ Wb = 1\ m^2 kg s^{-2} A^{-1}$	Maxwell M $1\ M = 10^{-8}\ Wb$
Magnetische Flußdichte B	Tesla T $1\ T = 1\ \dfrac{Nm}{m^2 A} = 1\ \dfrac{Wb}{m^2}$	$1\ T = 1\ kg s^{-2} A^{-1}$	Gauß G $1\ G = 10^{-4}\ T$
Magnetische Feldstärke H	$\dfrac{\text{Ampere}}{\text{Meter}}\ \dfrac{A}{m}$	$1\ \dfrac{A}{m} = 1\ m^{-1}\ A$	Oersted Oe $1\ Oe = \dfrac{10^3}{4\pi}\ \dfrac{A}{m} \approx 80\ \dfrac{A}{m}$

Die Basiseinheiten und Basisgrößen des Internationalen Einheitensystems

Meter m	für Basisgröße Länge	Kelvin K	für Basisgröße Temperatur
Kilogramm kg	für Basisgröße Masse	Candela cd	für Basisgröße Lichtstärke
Sekunde s	für Basisgröße Zeit	Mol mol	für Basisgröße Stoffmenge
Ampere A	für Basisgröße Stromstärke		

Kennbuchstaben für Betriebsmittel (DIN 40719, Auszug)

Kennbuchstabe/ Bezeichnung früher		Art des Betriebsmittels	Beispiele
A	u	Baugruppen, Teilbaugruppen	Gerätekombinationen, Steckkarten, Einschübe
B	f	Umsetzer von nicht elektrische auf elektrische Größen und umgekehrt	Meßumformer, Thermoelemente, Mikrofon, Laser, Tonabnehmer
C	k	Kondensatoren	Elektrolytkondensator, Folien-Kompensations-, Entstörkondensator
D	u	Verzögerungseinrichtungen, binäre Elemente, Speichereinrichtungen	Kernspeicher, Zeitglieder, Register, UND- und ODER-Glieder
E	u	Verschiedenes	Einrichtungen die nicht in dieser Tabelle erfaßt sind; Lüfter, Heizeinrichtungen, Elektrofilter
F	e	Schutzeinrichtungen	Sicherungen, Auslöser, Druckwächter, Überspannungsableiter
G	m	Generatoren, Stromversorgungen	Rotierende- und ruhende Generatoren, Batterien, Netzgeräte, Oszillatoren
H	h	Meldeeinrichtungen	Leuchtmelder, akustische Melder Fallklappenrelais
K	c, d	Relais, Schütze	Leistungsschütze, Hilfsschütze, Hilfsrelais, Zeitrelais, Reed-Relais
L	k	Induktivitäten	Drosseln, Spulen
M	m	Motoren	Wechsel-, Drehstrom-, Gleichstrommotoren
P	g, u	Meßgeräte, Prüfeinrichtungen	Analog-, digital anzeigende und registrierende Meßgeräte
Q	a	Starkstrom-Schaltgeräte	Trenner, Leistungsschalter, Motorschutzschalter, Lasttrenner
R	r	Widerstände	Fest-, Einstell-, Regelwiderstände, Shunts, Heiß-, Kaltleiter
S	b	Schalter, Wähler	Drucktaster, Steuerschalter, Endschalter, Drehwähler, Steuerwalzen
T	m, f	Transformatoren	Netz-, Trenn-, Steuertrafos, Strom- und Spannungswandler, Transduktoren
U	f, n	Modulatoren, Umsetzer elektr. Größen in andere elektr. Größen	Frequenzwandler, Umformer, Wechselrichter,
V	n, p	Röhren, Halbleiter	Röhren, Dioden, Transistoren, Thyristoren, Triac's
W		Übertragungswege, Hohlleiter	Leitungen, Sammelschienen, Antennen, Hohlleiter, Kabel
X	L, b	Klemmen, Stecker, Steckdosen	Klemm- und Lötleisten, Stecker, Steckdosen
Y	S	Elektrisch betätigte mechanische Einrichtungen	Bremsen, Kupplungen, Stellantriebe, Fernschreiber, Motorpoti
Z		Abschluß, Ausgleichseinrichtungen, Filter, Begrenzer, Kabelabschlüsse	R/C- und L/C-Filter, Frequenzweichen, Tief- und Bandpässe

Anschlußkennzeichnungen von stromwenderlosen Maschinen (Auszug aus DIN 42401, Blatt 2)

Maschinenart	Maschinenteil	Klemmenbezeichnung	früher
Drehstrommotor	Ständer	$U1, V1, W1$ $U2, V2, W2$	U, V, W X, Y, Z
Drehstromgenerator	Schleifringläufer Polrad	K, L, M $F1, F2$	u, v, w I, K
Polumschaltbarer Drehstrommotor	Ständer	$1\,U, 1\,V, 1\,W$ $2\,U, 2\,V, 2\,W$	Ua, Va, Wa Ub, Vb, Wb
Kondensatormotor	Ständer	$U1, U2$ $Z1, Z2$	U, V W, Z

Anschlußkennzeichnungen von Gleichstrommaschinen (Auszug aus DIN 42401, Blatt 3)

Maschinenteil	Klemmenbezeichnung	früher
Anker	$A1, A2$	A, B
Nebenschlußwicklung	$E1, E2$	C, D
Reihenschlußwicklung	$D1, D2$	E, F
Wendepolwicklung	$B1, B2$	GW, HW
Kompensationswicklung	$C1, C2$	GK, HK
Fremderregte Wicklung	$F1, F2$	I, K

Alphanumerische Kennzeichnung von Leitern (Auszug aus DIN 40702 1/1975)

Leiterbezeichnung		alphanumerisch	Bildzeichen	frühere Bezeichnung
Wechselstromnetz	Außenleiter 1	$L1$		R
	Außenleiter 2	$L2$		S
	Außenleiter 3	$L3$		T
	Mittelleiter	N		Mp
Gleichstromnetz	Positiv	$L+$	$+$	P
	Negativ	$L-$	$-$	N
	Mittelleiter	M		Mp
Schutzleiter		PE	—·— ⏚	SL
Mittelleiter mit Schutzfunktion (Nulleiter)		PEN	——— ⏚	SL/Mp
Erde		E	⏚	

Schaltzeichen

Schaltzeichen	Benennung	Schaltzeichen	Benennung
	Schaltgeräte Schütz mit drei Schließern		Sterndreieckschalter mehrpolige Darstellung
	Schloßschalter, — handbetätigt, allgemein		
	— mit elektrothermischer Überstromauslösung		einpolige Darstellung
	— mit elektromagnetischer Überstromauslösung		**Wandler** Stromwandler mehrpolige Darstellung
	— mit Unterstromauslösung		einpolige Darstellung
	— mit Überspannungsauslösung		Spannungswandler mehrpolige Darstellung
	— mit Fehlerspannungsauslösung		einpolige Darstellung
	— Schloßschalter mit magnetischer und thermischer Auslösung		Spartransformator
	Schaltkurzzeichen		Überspannungs-Schutzschalter

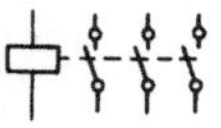

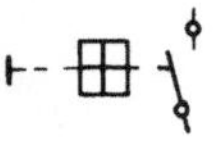

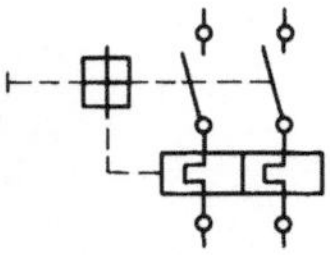

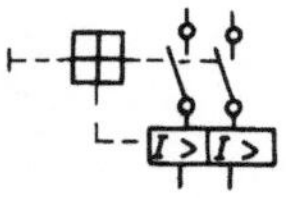

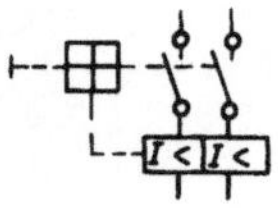

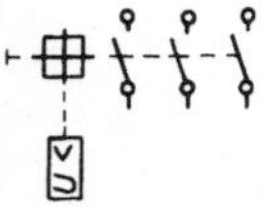

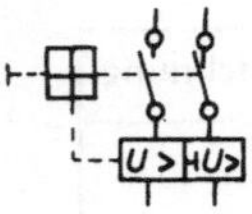

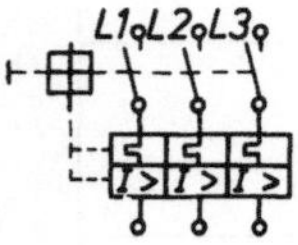

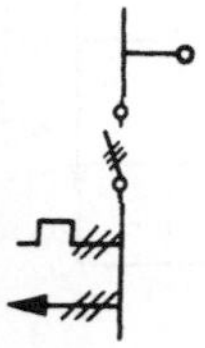

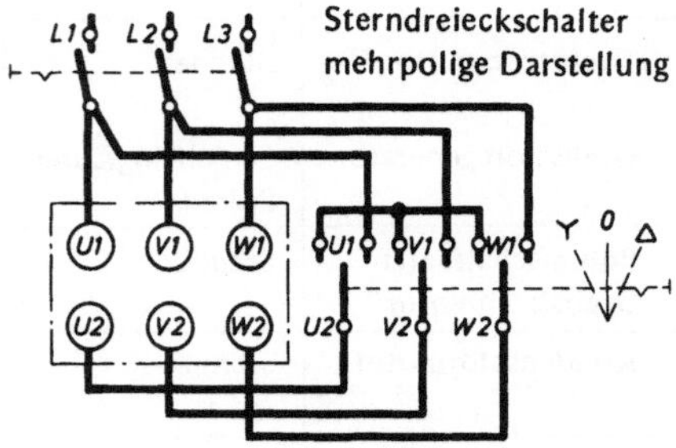

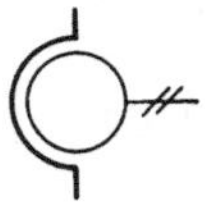

Schaltzeichen	Benennung	Schaltzeichen	Benennung
	Fehlerspannungs-schutzschalter		
	Fehlerstrom-schutzschalter		Klemmbrett eines Gleich-strom-Doppelschlußmotors für Rechtslauf
	Elektrische Maschinen Gleichstrom-Nebenschlußgenerator		Repulsionsmotor
	Gleichstrom-Reihenschlußmotor		Drehstromkurzschlußläufer (Ständerwicklung in Stern geschaltet)
	Gleichstrom-Doppelschlußmotor		Drehstromkurzschlußläufer (Ständerwicklung in Dreieck geschaltet)
	Gleichstrom-Anlasser ohne Feldregelung		
	Gleichstrom-Anlasser mit verstellbarem Feld-Vorwiderstand		Drehstrom-Schleifringläufer mit Läuferanlasser
	Klemmbrett eines Gleich-strom-Nebenschlußmotors für Rechtslauf; Wendepol einseitig zum Anker geschaltet		
	Klemmbrett eines Gleich-strom-Reihenschlußmotors für Rechtslauf		Motorgenerator

Schaltzeichen	Benennung	Schaltzeichen	Benennung
	Gleichrichter, allgemein		Transduktor mit unterteilter Hilfswicklung
	Halbleitergleichrichter		**Meldegeräte**
	gas- oder dampfgefülltes Entladungsgefäß mit Glühkatode		Wecker, allgemein
	Einanoden-Entladungsgefäß mit Quecksilberkatode, Zünd- und Erregeranode		Motorwecker
	Vakuum-Fotozelle		Wecker mit Sichtmelder
	gasgefüllte Fotozelle		Summer
	Thyratron		Hupe oder Horn, allgemein
	Thyristor		Sirene, allgemein
	Zenerdiode		Leuchtmelder, Signallampe
	Temperaturabhängiger Widerstand		Glimmlampe, allgemein
	Spannungsabhängiger Widerstand		blinkender Leuchtmelder (Richtungsanzeiger)
	Fotoelement		leuchtender Melder mit selbsttätigem Rückgang
	Fotowiderstand		Melder ohne selbsttätigen Rückgang, Zeigermelder, Fallklappe
	Transistor (pnp)		Gasentladungslampe, allgemein

Lösungen

1.3.1 Seite 16, 17

1. a) 0,45 A
   b) 0,00 025 A
   c) 0,0071 A

2. a) 10 mA
   b) 0,72 mA
   c) 8 mA
   d) 0,000 03 mA

3. a) 1 kA
   b) 1000 MA
   c) 0,1 A
   d) 0,0031 mA
   e) 0,0005 A

4. Q = 20 Ah
5. t = 40 h
6. I = 2,5 A

1.3.2 Seite 20

1. a) 0,075 V
   b) 0,0005 V
   c) 0,000 000 1 V
   d) 0,000 000 2 V
   e) 60 V

2. a) 24 000 mV
   b) 90 mV
   c) 0,375 mV
   d) 0,0007 mV
   e) 10 mV

3. a) 0,1 kV
   b) 2,5 MV
   c) 10 MV
   d) 2,873 mV
   e) 226 V

1.3.3 Seite 23

1. a) 250 000 Ω
   b) 30 Ω
   c) 7,805 Ω
   d) 0,000 049 Ω
   e) 0,000 642 Ω
   f) 700 Ω

2. a) 0,427 kΩ
   b) 54 000 kΩ
   c) 0,037 kΩ
   d) 0,000 06 kΩ
   e) 10 000 kΩ
   f) 10^9 kΩ

3. a) R = 50 Ω
   b) R = 0,04 Ω
   c) R = 0,008 Ω
   d) R = 200 Ω

4. a) G = 0,025 S
   b) G = 2 S
   c) G = 20 S
   d) G = 1000 S
   e) G = 25 S
5. G = 400 S
6. R = 71,42 Ω

1.4.2.1 Seite 25

1. I = 0,5 A
2. R = 64,7 Ω
3. R_w = 64,28 Ω
4. U = 220 V
5. I = 240 mA
6. R = 2000 Ω
7. R = 36,66 Ω
8. U = 110 V

1.4.2.3 Seite 27

R_v = 12 kΩ

1.5.1.1 bis **1.5.1.4** Seite 32

1. R = 9,01 Ω
2. A = 15,85 mm^2
3. l = 2 m
4. A = 2,04 mm^2
5. d = 1,256 mm
6. A = 1,6 mm^2
7. 2,06 : 1
8. R = 0,163 Ω
9. A = 2,07 mm^2
10. l = 235,5 m

1.5.1.5 und **1.5.1.6** Seite 36

1. R_{293} = 59,84 Ω
2. t = 47,89 K
3. t = 49,8 K

1.5.3. Seite 45

1. R_ers = 90 Ω
2. R_ers = 28 Ω

3. a) R_ers = 50 Ω
   b) I_1 = 2,2 A
       I_2 = 4,4 A
4. R_ers = 16,8 Ω
5. R_2 = 2,5 Ω
6. a) R_ers = 76 Ω
   b) R_ers = 6 Ω
7. R_3 = 2,5 kΩ
8. R_ges = 17,87 Ω
9. a) R_ers = 15,83 Ω
   b) I = 6,95 A
10. a) R_ers = 22 Ω
    b) R_ers = 2 Ω
    c) R_{ges_1} = 14,4 Ω
        R_{ges_2} = 8 Ω
        R_{ges_3} = 9 Ω
11. R_ers = 6 Ω

1.6.1.1 und **1.6.1.2** Seite 48

1. I_ges = 10,5 A
2. a) I_ges = 6,69 A
   b) I_1 = 2,29 A
       I_2 = 4,4 A
3. a) R_ers = 1,88 Ω
   b) I_ges = 23,47 A
   c) I_1 = 11 A
       I_2 = 8,9 A
       I_3 = 3,67 A
4. a) R_ers = 160 Ω
   b) I_ges = 1,375 A
   c) I_1 = 0,275 A
5. a) I_w = 7,1 A
   b) I_ges = 22 A
   c) R_ers = 10 Ω
   d) R_H = 37,28 Ω

1.6.1.3 Seite 50

1. R_n = 0,0101 Ω
2. a) R_n = 0,0505 Ω
   b) R_ges = 0,0500 Ω

1.6.1.4 Seite 51

1. I = 1 A
2. I = 0,333 A

1.6.2.1 bis 1.6.2.3 Seite 57 f.

1. Bei $I = 19,3$ A ist
   $U_V = 7,7$ V und
   $U = 212,3$ V
2. $R_L = 1,257$ Ω
3. $R_L = 0,44$ Ω
4. a) $R_{ges} = 1,3$ Ω
   (mit Zuleitung)
   b) $U_k = 230,2$ V
   c) $u = 4,63$ %
5. $R_L = 11,9$ Ω
6. $I_k = 5,33$ A
7. a) $E = 1,5$ V
   b) $R_i = 0,2$ Ω

1.6.2.4 Seite 62

1. $U_1 = 19,4$ V
   $U_2 = 90,6$ V

2. Zeichnung

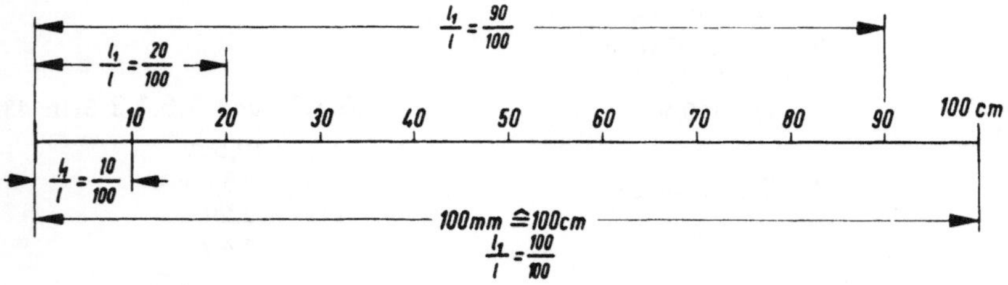

1.6.4 Seite 69

1. $I_1 = 1,125$ A
   $I_2 = 0,0225$ A
   $I_3 = 0,75$ A
   $I_4 = 0,375$ A
   $I_5 = 0,9$ A
   $I_6 = 0,525$ A
2. $I_1 = 0,11$ A

1.7 Seite 74 f.

1. $\ddot{A} = 3,74$ g/Ah
2. $I = 21\,957,5$ A
3. $t \approx 0,5$ h
4. $I = 0,2$ A

1.8.1. Seite 77

1. $P = 59,4$ W
2. a) $W = 3,6$ kWh
   b) $K = 0,72$ DM
3. $t = 25$ h

3. nach Tafel 1.6
   Gr. 1: Verhältnis 35:1
4. $J_1 = 1,275$ A/mm^2
   $J_2 = 3,53$ A/mm^2

1.8.4.4 Seite 90

1. $t = 0,319$ h
2. a) $P = 1,327$ kW
   b) $I_n = 10$ A flink
3. $\eta = 0,848$
4. a) $I = 3,6$ A
   b) $t = 2,12$ h
5. a) $P = 3,19$ kW
   b) $I = 14,5$ A
6. $m = 5,53$ l
7. $T = 361,98$ K ≈ 362 K
8. $W = 0,33$ kWh

1.8.5. Seite 91

1. a) $\eta = 0,75$
   b) $W_v = 9$ kWh

3. $U_x = 0,375$ V
4. $R_x = 33,33$ Ω

1.6.3 Seite 69

1. Reihenschaltung:
   $E_{ges} = 8$ V
   $I = 0,531$ A
   $U_K = 7,96$ V
   Parallelschaltung:
   $E_{ges} = 2$ V
   $I = 0,133$ A
   $U_K = 2,0$ V
2. $I = 0,55$ A bei $n = 2$
   und $m = 3$ Elementen
   (m = Anzahl der parallelen
   Zweige)
3. a) $n = 10$
   b) gemischte Schaltung
   c) $n \cdot m = 50$

4. $P = 9,9$ kW
5. a) $I = 20$ A
   b) $P = 4,4$ kW
6. $R = 60,5$ Ω
7. $P = 220$ W
8. $R = 806,66$ Ω
9. $I = 30,51$ A

1.8.4.1. Seite 84

1. a) $P_v = 2,016$ kW
   b) $Q = 7,25 \cdot 10^6$ J
   c) $U_B = 52$ V
2. $W = 0,54$ kWh
   $K = 0,16$ DM
3. $m = 4,62$ kg

1.8.4.2 Seite 86

1. $J = 420$ A/mm^2
2. $Q = 4,01 \cdot 10^5$ J

2. $\eta = 0,75$
3. $P_i = 6,5$ kW
4. $P_v = 1,17$ kW

1.8.6.1 bis 1.8.6.4 Seite 99 f.

1. $I_v = 65,28$ cd
2. $I_v = 175,15$ cd
3. $I_v = 58,12$ cd, also
   12,31 % niedriger
4. a) $E_v = 20$ Lx
   b) $E_v = 14,14$ Lx
5. $\Phi_v = 800$ Lm
6. $I_v = 480$ cd
7. $I_v = 336$ cd
8. $\Phi_v = 753,6$ Lm
9. $L_v = 1500$ sb
10. η_{La} steigt mit der Lampen-
    leistung
11. η_{La} steigt, wenn die Lampen-
    spannung U_B fällt und der
    Lampenstrom I_B steigt.

1.8.6.5   Seite 111

5 Transformatoren zu 15 kV
oder 9 Transformatoren zu 7,5 kV

1.8.8   Seite 135

1. $t = 30$ h
2. $U_L = 32,4$ V
3. $z = 41$
4. $t = 21,37$ h
5. $z = 5$
6. $z = 55$ (Bleisammler)
    $z = 92$ (Nickel-Stahlsammler)
7. $z = 5$ (Bleizellen)
    $z = 18$ (Alkalizellen)

2.2.2   Seite 150

1. $H = 8250$ A/m
2. $H = 5000$ A/m
3. $B = 0,628 \cdot 10^{-2}$ T
    $\Phi = 3,14 \cdot 10^{-6}$ Wb
4. $N = 18\,900$
5. $\mu = 188,5 \cdot 10^{-6}$ H/m
6. $R_m = 1,66 \cdot 10^8$ A/Wb

2.4.4   Seite 172

1. a) $E = 0,375$ V
    b) $I = 75$ mA
    c) $P = 0,035$ W
      $= 0,035$ Nm/s
2. $B = 2$ T

Aufgaben   Seite 186

1. $\epsilon = 2 \cdot 0,0866 \cdot 10^{-10}$ As/V·cm
2. a) $C = 278,2 \cdot 10^{-12}$ F
    b) $C = 556,4 \cdot 10^{-12}$ F
3. a) $E = 2200$ V/cm
    b) $Q = 6,12 \cdot 10^{-8}$ As
    c) $Q = 12,24 \cdot 10^{-8}$ As

3.5.2   Seite 189 f.

1. a) $C_{ers} = 100$ pF
    b) $C_{ers} = 450$ pF
2. $C_{ers} = 62,5$ nF
3. a) $C_{ers} = 100$ μF
    b) $Q = 22 \cdot 10^{-3}$ As
    c) $U_1 = 146,66$ V
      $U_2 = 73,33$ V

4.1.4.4   Seite 216

1. Zeichnung

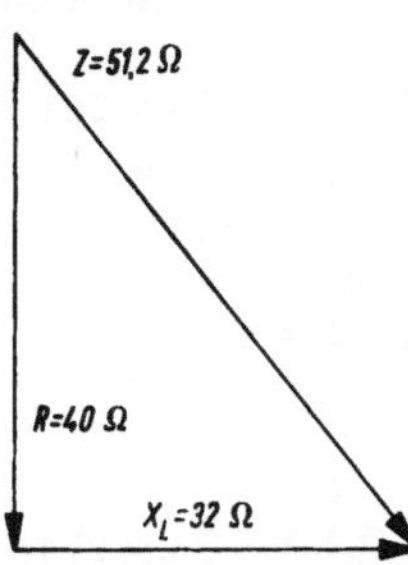

2. $Z = 51,22$ Ω
3. $L = 0,2$ H

4.1.4.5   Seite 219

1. Zeichnung

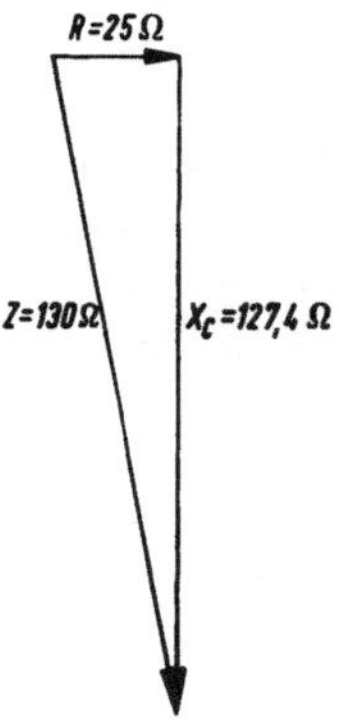

2. a) $X_C = 318,47$ Ω
    b) $Z = 352,02$ Ω
    c) $U_C = 191,08$ V
      $U_w = 90$ V
    d) $U = 211,21$ V
    e) $\tan\varphi = -2,1231$
      $\measuredangle\varphi = -64,8°$

4.1.4.6   Seite 229 f.

1. a) $I = 0,3846$ A
    b) $U_w = 192,5$ V
      $U_L = 302,22$ V
      $U_C = 408,87$ V

$$U = \sqrt{U_w^2 + (U_C - U_L)^2}$$
$$= 220 \text{ V}$$

2. Zeichnung

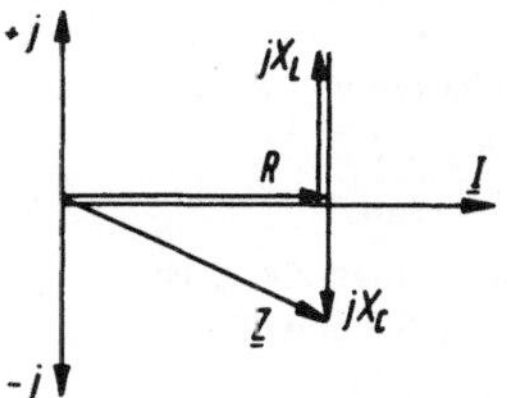

3. $\measuredangle\varphi = 29°$
4. $Z = 84,36$ Ω
    $I = 26$ A
    $I_w = 2,2$ A
    $I_{bL} = 1,4$ A
5. $Z = 93,43$ Ω
    $I = 1,28$ A
    $I_w = 0,991$ A
    $I_{bC} = 0,753$ A
6. $Z = 95,17$ Ω
    $I = 2,31$ A
    $I_w = 2,2$ A
    $I_{bL} = 1,4$ A
    $I_{bC} = 0,69$ A

7. $$\underline{Z} = \frac{R - j\omega(\omega^2 L^2 C + R^2 C - L)}{\omega^2 R^2 C^2 - 2\omega^2 L C + 1 + \omega^4 L^2 C^2}$$

$$\underline{Y} = \frac{R + j\omega(\omega^2 L^2 C + \omega^2 L^2 C - L)}{R^2 + \omega^2 L^2}$$

$$\omega_0^2 L^2 C = L - R^2 C$$

$$\omega_0 = \sqrt{\frac{1}{L \cdot C} \cdot \frac{L - R^2 C}{L}}$$

$$f_0 = \frac{1}{2\pi} \sqrt{\frac{1}{L \cdot C} \cdot \frac{L - R^2 C}{L}}$$

8. $C = 5986,3$ μF
    $\underline{I} = 73,21$ A
    $\underline{U}_1 = (219,99 + j\,77,895)$ V
    $\underline{I}_1 = (44,51 + j\,1,61)$ A
    $\underline{I}_2 = (28,65 - j\,1,61)$ A

Zeichnung

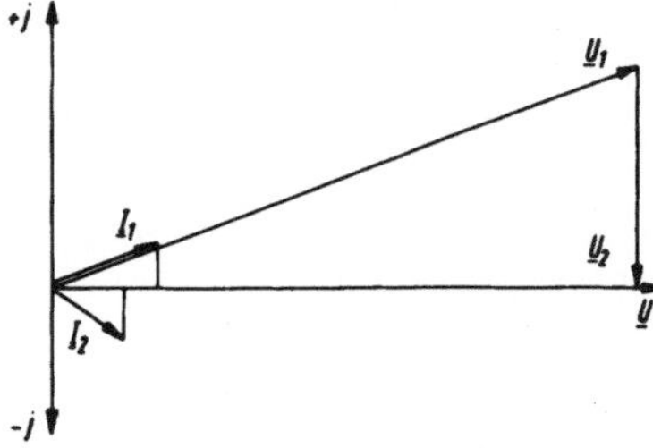

9. Ist R_2 ausgeschaltet, so ist

$$|\underline{Z}| = \sqrt{R_1^2 + \omega^2 L^2}.$$

Beim Einschalten von R_2 ist

$$\underline{Z} = R_1 + \frac{R_2\,j\omega L}{R_2 + j\omega L}.$$

Da in beiden Fällen $Z = \underline{Z}$ ist, lassen sich die Scheinwiderstände gleichsetzen.

$$Z = \sqrt{\frac{(R_1 \cdot R_2)^2 + \omega^2 L^2 (R_1 + R_2)^2}{R_2^2 + \omega^2 L^2}}$$

für R_2 folgt: $\quad R_2 = \dfrac{\omega^2 \cdot L^2}{2 \cdot R_1}$

4.1.5. Seite 238

1. $S = 39{,}68 \text{ kVA}$
2. $\cos\varphi = 0{,}877$
3. a) $I = 17{,}14 \text{ A}$
   b) $I_w = 12 \text{ A}$
   c) $I_b = 12{,}22 \text{ A}$
4. a) $I = 12{,}14 \text{ A}$
   $I_w = 11{,}99 \text{ A}$
   $I_b = 8{,}55 \text{ A}$
   b) $P_i = 2{,}2 \text{ kW}$
   c) $Q = 74{,}87 \text{ \%}$
   d) $P_e = 1{,}87 \text{ kW}$

5. a) $S = 148{,}5 \text{ kVA}$
   b) $P_{e1} = 105{,}43 \text{ kW}$
   c) $P_{e2} = 126{,}22 \text{ kW}$

5.1.2.3 Seite 261

1. $P_i = 4{,}84 \text{ kW}$
   $\eta = 0{,}824$
   $R_v = 6{,}36 \;\Omega$
2. $U_v = 4{,}5 \text{ V}$
   $U_g = 215{,}5 \text{ V}$
   $P_e = 5{,}41 \text{ kW}$

5.2.1.1 Seite 274

   a) $n = 250 \text{ 1/min}$
   b) $\omega = 104{,}66 \text{ s}^{-1}$
   c) $\omega = 26{,}16 \text{ s}^{-1}$

5.2.2.1 Seite 282

1. $z = 9 \text{ Feldspulen}$
2. $P_i = 1472 \text{ W}$
   $I = 8{,}33 \text{ A}$
3. $\cos\varphi = 0{,}836$

5.2.2.2 Seite 297 f.

1. $n = 1380 \text{ 1/min}$
2. $P_i = 5{,}91 \text{ kW}$
   $P_e = 4{,}72 \text{ kW}$

3. $I_\Delta = 15{,}69 \text{ A}$

$$I_Y = \frac{I_\Delta}{\sqrt{3} \cdot \sqrt{3}} = 5{,}23 \text{ A}$$

4. a) $U_1 = 562{,}5 \text{ V}$
   b) $I_2 = 50{,}03 \text{ A}$
   c) $A = 10 \text{ mm}^2 \text{ Cu}$

5.3.1 Seite 310

1. $\ddot{u} = 9:1$
2. $U_2 = 25 \text{ V}$
3. a) $\ddot{u} = 28:1$
   b) $U_2 = 8 \text{ V}$
   c) $N = 158$
   d) $U_2 = 8 \text{ V}; \; 5 \text{ V}; \; 3 \text{ V}$
   e) $I_2 = 4{,}06 \text{ A}$

5.3.3 Seite 314

1. $S_1 \approx 10 \text{ kVA}$
   $\cos\varphi_1 = 0{,}7474$
   $\ddot{u} = 26{,}3:1$
   $S_2 = 9{,}72 \text{ kVA}$
   $\eta = 0{,}972$
2. $I_1 = 11{,}56 \text{ A}$
   $P_1 = 90 \text{ kW}$
   $U_2 = 110 \text{ kV}$
   $I_2 = 0{,}525 \text{ A}$
   $S_2 = 99{,}9 \text{ kVA}$
   $P_2 = 84{,}9 \text{ kW}$

Sachwort- und Namenverzeichnis

Quellennachweis

AEG, Allgemeine Elektrizitätsgesellschaft, Berlin: 5.55, 5.57, 8.19, 8.20; Tafel 1.11;

Brown, Boverie & Cie, Mannheim: 1.111, 5.14;

Deutscher Normenausschuß, DIN 5040: 1.124 bis 1.128 (Die auszugsweise Wiedergabe erfolgt mit Genehmigung des Deutschen Normenausschusses. Maßgebend ist die jeweils neueste Ausgabe des Normblattes im Normformat A 4, das bei der Beuth-Vertrieb GmbH., Berlin W 15 und Köln, erhältlich ist);

Elektra-Faurndau, Elektro-Maschinen GmbH, Faurndau: 5.69, 5.70, 5.71, 5.72;

Felten & Guilleaume Schaltanlagen, GmbH., Krefeld: 7.22, 7.23;

Gossen GmbH., Erlangen: 1.142, 8.6, 8.10;

Lichttechnische Gesellschaft e.V., Berlin: Tafeln 1.19, 1.20, Beispiel Seite: 118 f., 120;

Osram GmbH., München: 1.88, 1.89, 1.90, 1.91, 1.92, 1.93, 1.98, 1.101, 1.102, 1.103, 1.104, 1.105, 1.106, 1.110, 1.112, 1.113, 1.114, 1.115, 1.116, 1.117, 1.118, 1.119, 1.120, 1.121, 1.122, 1.123, Tafeln: 1.9, 1.12, 1.13, 1.14, 1.17, 1.18;

Siemens AG., Erlangen, Karlsruhe: 5.101, 7.19, 7.21, 8.26;

Tafel 1.2 und 1.4 von Moeller und Kohlrausch

Das griechische Alphabet

Alpha	A	α	Ny	N	ν
Beta	B	β	Xi	Ξ	ξ
Gamma	Γ	γ	Omikron	O	o
Delta	Δ	δ	Pi	Π	π
Epsilon	E	ϵ	Rho	P	ρ
Zeta	Z	ζ	Sigma	Σ	σ
Eta	H	η	Tau	T	τ
Theta	Θ	ϑ	Ypsilon	Y	υ
Jota	I	ι	Phi	Φ	φ
Kappa	K	κ	Chi	X	χ
Lambda	Λ	λ	Psi	Ψ	ψ
My	M	μ	Omega	Ω	ω